LEÇONS

DE

PHRÉNOLOGIE

SCIENTIFIQUE ET PRATIQUE

—

TOME I

MARIANO CUBÍ I SOLER

NÉ A MALGRAT, EN CATALOGNE (ESPAGNE), LE 15 DÉCEMBRE 1 01.

LA PHRÉNOLOGIE RÉGÉNÉRÉE
OU VÉRITABLE SYSTÈME DE PHILOSOPHIE DE L'HOMME
CONSIDÉRÉ DANS TOUS SES RAPPORTS

LEÇONS

DE

PHRÉNOLOGIE

SCIENTIFIQUE ET PRATIQUE

COMPLÉTÉE PAR

DE NOUVELLES ET IMPORTANTES DÉCOUVERTES PSYCHOLOGIQUES ET NERVO-ÉLECTRIQUES

TRADUCTION DE L'ESPAGNOL

DE

DON MARIANO CUBÍ I SOLER

Ouvrage dédié à Napoléon III, empereur des Français,

ET APPROUVÉ PAR MONSEIGNEUR L'ÉVÊQUE DE BARCELONE

ÉDITION PUBLIÉE AVEC LE CONCOURS DE L'AUTEUR, ET ORNÉE DE 147 GRAVURES SUR BOIS
INTERCALÉES DANS LE TEXTE.

TOME PREMIER

PARIS

J. B. BAILLIÈRE ET FILS	Vᵛᵉ VINCENT ET BOURSELET
LIBRAIRES DE L'ACADÉMIE DE MÉDECINE	LIBRAIRES
RUE HAUTEFEUILLE, 19	RUE PAVÉE-SAINT-ANDRÉ, 13

MADRID	BARCELONE	LONDRES ET NEW-YORK
CH. BAILLY-BAILLIÈRE	P. BONNEBAULT, LIBRAIRE	H. BAILLIÈRE
Calle del Principe, 11.	Rambla del Centro, 22.	Libraire.

1858

PARIS. — TYPOGRAPHIE SIMON RAÇON ET COMP., RUE D'ERFURTH, 1.

HOMMAGE DE RECONNAISSANCE

A SA MAJESTÉ

L'EMPEREUR NAPOLÉON III

MARIANO CUBÍ I SOLER.

★

APPROBATION

DE L'AUTORITÉ ECCLÉSIASTIQUE

L'AUTEUR AU T. I. S. VICAIRE GÉNÉRAL DU DIOCÈSE DE BARCELONE.

Très-illustre seigneur,

Don Mariano Cubí i Soler recourt à Votre Seigneurie et lui expose respectueusement qu'il ne veut et n'a jamais voulu qu'aucun de ses écrits voit le jour, qu'aucune de ses doctrines devienne publique avant d'avoir reçu le précieux sceau de l'approbation de notre Sainte Mère l'Église catholique, apostolique et romaine.

En conséquence, lorsqu'au commencement de 1852, il se proposa de publier par livraisons un ouvrage illustré sous le titre de : LA PHRÉNOLOGIE ET SES GLOIRES (c'est le titre traduit mot à mot de l'édition espagnole de cet ouvrage), il supplia le seigneur D. Antonio Fabregas Caneny, prêtre et professeur au séminaire de Barcelone, de solliciter de notre Prélat la nomination des censeurs que Son Excellence illustrissime jugerait les plus capables pour examiner scrupuleusement et réviser complétement l'ouvrage en question, à mesure que paraitraient les livraisons dont il devait se composer.

L'ouvrage est aujourd'hui terminé, et l'exposant, désirant qu'il porte en tête son plus beau titre de gloire, qui est et sera toujours le rapport ci-inclus de MM. les Censeurs nommés à cet effet par notre digne Évêque,

Supplie instamment V. S. de daigner aussi couronner son œuvre en lui accordant l'honneur de votre approbation.

MARIANO CUBÍ I SOLER.

Barcelone, 4 Juillet 1857.

Rapport des censeurs nommés par l'Excellentissime et Illustrissime seigneur D. Jose Domingo Costa i Borras, évêque de Barcelone. — Approbation du T. I. S. vicaire général.

Nous, D. Manuel Rodriguez i Borí, prêtre, licencié en jurisprudence, et D. Antonio Fabregas Caneny i Soñer, prêtre, licencié en jurisprudence et ès sciences physico-mathématiques, professeur de phy-

sique expérimentale et de chimie élémentaire au séminaire de cette
ville,

Certifions qu'ayant été nommés par notre digne prélat, l'Excellentissime et illustrissime Sgr. D. Jose Domingo Costa i Borras, censeurs
de l'ouvrage intitulé la *Phrénologie et ses gloires*, publié par *livraisons*
dans cette ville de Barcelone, par *D. Mariano Cubi i Soler*, nous
nous sommes attachés à remplir notre charge consciencieusement et
sans préventions. A notre avis, rien dans cet ouvrage n'est en opposition avec le dogme et la morale. Nous ne nous occupons pas des questions philosophiques en elles-mêmes et des points purement phrénologiques qui y sont traités : ce n'était pas le but qui nous avait été prescrit, notre commission se bornait à la partie morale et religieuse.

Cependant les convenances, nous dirions presque un devoir de
justice, nous obligent de dire que M. Cubi s'est admirablement conduit
à notre égard : il a répondu avec empressement à notre appel toutes
les fois que nous l'avons mandé pour lui faire quelques observations
amicales, et il s'est soumis avec une docilité parfaite à nos plus légères observations. Nous avons eu peu de chose à lui faire corriger,
non encore qu'elles fussent contraires à la religion catholique, apostolique, romaine, que nous avons le bonheur de professer, mais parce
qu'elles auraient pu servir de prétexte à certaines personnes, ou trop
timorées ou trop prévenues, pour attribuer à la phrénologie des tendances qu'elle n'a pas.

Nous disons des tendances qu'elle n'a pas, parce que la phrénologie, telle que l'explique M. Cubi dans l'ouvrage en question, et telle
qu'elle doit être expliquée, à notre humble avis, ne détruit pas la liberté de l'homme et ne matérialise pas l'âme. La phrénologie, si
l'on ne veut pas encore lui donner le nom de science, — nous n'avons
pas à nous prononcer là-dessus, — la phrénologie est au moins une
branche du savoir humain, un système de philosophie de l'esprit, et,
partant, elle ne peut être en lutte avec la religion catholique, qui est la
mère des sciences ; avec la religion catholique, qui est la plus sainte
et la plus pure philosophie ; avec la religion catholique, qui tient
sous la protection de ses ailes tout ce qui tend à la vraie science,
à la vraie civilisation. La phrénologie, au contraire, prête un appui à
la religion, non pas que la religion, comme le soleil, ait besoin pour
briller de l'éclat des autres astres ; mais soleil et étoiles forment ce bel
ensemble qui nous transporte d'admiration. Si quelque attaque, si la
moindre opposition contre notre très-sainte religion se tire de la phrénologie, cette hostilité ne sera pas, assurément, le produit d'une vraie

branche de l'arbre phrénologique, mais bien d'une greffe ou d'une plante exotique à laquelle on donnera un nom qui n'est pas le sien.

Nous terminons ces observations, et nous croyons qu'on nous les pardonnera en faveur de la religion et de la science. En faveur de la religion, parce que nous voudrions faire disparaître tout d'une fois cette indifférence, disons mieux, ce mépris avec lequel certains savants regardent la religion, qu'ils jugent ennemie des lumières et opposée au progrès des sciences et des arts. Non, la religion catholique est un phare lumineux, et, loin de s'opposer au progrès artistique et scientifique, elle y applaudit, elle y aide. Les pages de l'histoire fournissent des milliers de témoignages de cette vérité. En faveur des sciences, car nous désirons que certaines personnes honnêtes ne prennent pas l'alarme à la nouvelle d'une découverte, d'une science dont le nom leur était inconnu, mais qu'elles examinent avec calme et tranquillité en quoi consiste la découverte, quel est l'objet de la nouvelle science, et qu'après avoir bien examiné, alors elles émettent leur jugement.

Usons donc de notre raisonnement sans prévention, examinons avec maturité, discutons avec bonne foi, faisons nos objections avec bonté et convenance, jugeons avec droiture. En agissant ainsi, nous aurons du respect pour ce qui est digne de respect, et de la vénération pour ce qui mérite de la vénération.

Tels sont nos sentiments, tels sont nos vœux.

Antonio Fabregas Caneny, *prêtre* ;

Manuel Rodriguez, *prêtre.*

Barcelone, 1er juillet 1857.

Vu la censure qui précède, nous donnons notre approbation,

Docteur Ezenarro, *vicaire général.*

Barcelone, 7 juillet 1857.

NOMENCLATURE PHRÉNOLOGIQUE

DE SPURZHEIM, OU NOMENCLATURE ANCIENNE

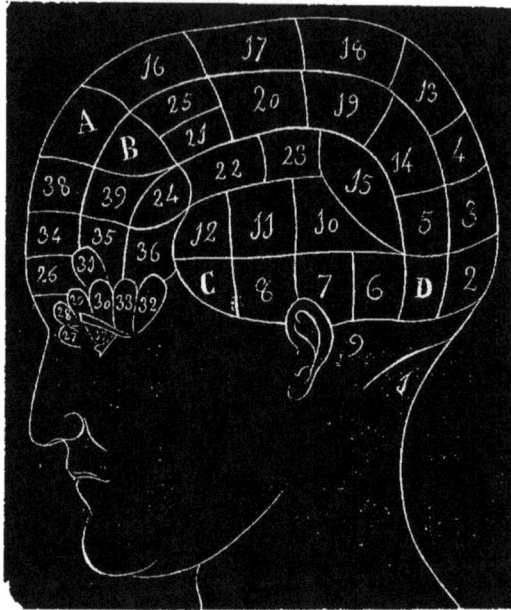

Les chiffres indiquent le siège ou localité, dans la tête, des organes des facultés.

Le lecteur trouvera une description complète de cette nomenclature, et les raisons qui me l'ont fait abandonner, aux pages 544 à 565 du 1er volume.

FACULTÉS AFFECTIVES

1	Amativité, 18 ¹.	14	Approbativité, 34.
2	Philogéniture, 24.	15	Circonspection, 28
3	Habitativité, 30.	16	Bienveillance, 42.¶
4	Concentrativité, 35.	17	Vénération, 43.
5	Adhésivité, 29.	18	Fermeté, 44.
6	Combativité, 22.	19	Conscienciosité, 40
7	Destructivité, 21.	20	Espérance, 39.
8	Alimentivité, 20.	21	Merveillosité, 38.
9	Conservativité, 19.	22	Idéalité, 32.
10	Secrétivité, 27.	23	Sublimité, 33.
11	Acquisivité, 26.	24	Gaieté, 31.
12	Constructivité, 25.	25	Imitation, 37.
13	Amour de soi, 41.		

FACULTÉS INTELLECTUELLES

26	Individualité, 9.	35	Temps ou Durée, 16.
27	Forme ou Configuration, 7.	36	Tons, 17.
28	Grandeur ou Étendue, 8.	37	Langage, 6.
29	Pesanteur ou Résistance, 11.	38	Comparaison, 45.
30	Coloris, 12.	39	Causalité, 46.
31	Localité, 10.	A	Pénétrabilité, 47.
32	Calcul numérique, 14.	B	Suavité, 36.
33	Ordre, 13.	C	Tactibilité, 1.
34	Éventualité, 15.	D	Conjugabilité, 23.

¹ Les chiffres qui suivent les noms se rapportent à l'ordre des facultés dans ma nomenclature ; ceux qui précèdent indiquent l'ordre des facultés dans la nomenclature de Spurzheim.

NOMENCLATURE PHRÉNOLOGIQUE

DONT JE SUIS L'AUTEUR, ET QUE J'AI ADOPTÉE DANS CET OUVRAGE

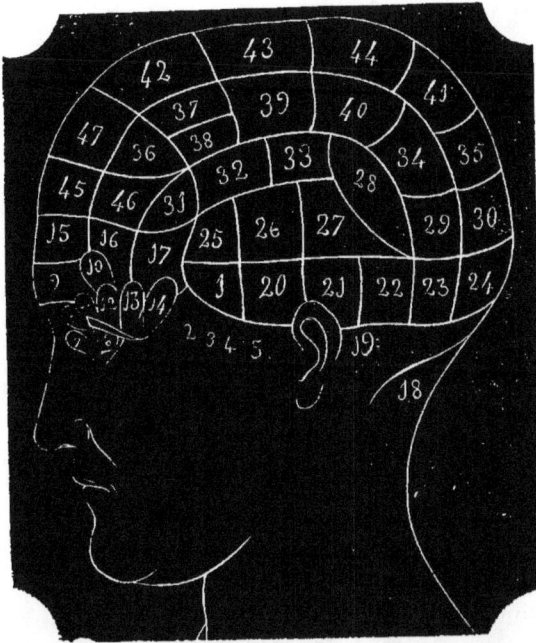

Les chiffres indiquent le siége ou localité, dans la tête, des organes des facultés.

Le lecteur trouvera une description complète de cette nomenclature, et les raisons qui militent en faveur de son adoption, aux pages 514 à 565 du 1er volume.

1	Tactivité, C¹	25	Constructivité, 12.
2	Visualitivité.	26	Acquisivité, 11.
3	Anditivité.	27	Secrétivité, 10.
4	Gustativité.	28	Précautivité, 15.
5	Olfactivité.	29	Adhésivité, 5.
6	Langagetivité, 37.	30	Habitativité, 3.
7	Configurativité, 27.	31	Saillietivité. 24.
8	Méditivité ou Mesurativité, 28.	32	Méliorativité, 22.
9	Individualitivité, 26.	33	Sublimitivité, 23.
10	Localitivité, 31.	34	Approbativité, 14.
11	Pesativité, 29.	35	Concentrativité, 4.
12	Coloritivité, 30.	36	Mimiquivité, B.
13	Ordonativité, 33.	37	Imitativité, 25.,
14	Comptativité, 32.	38	Réalitivité, 21.
15	Mouvementivité, 34	39	Effectuantivité, 20.
16	Durativité, 35.	40	Rectivité, 19.
17	Tonotivité, 36.	41	Supérioritivité, 13.
18	Générativité, 1.	42	Bénévolentivité, 16.
19	Conservativité, 9.	43	Inférioritivité, 17.
20	Alimentivité, 8.	44	Continuativité, 18.
21	Destructivité, 7.	45	Comparativité, 38.
22	Combativité, 6.	46	Causativité, 39.
23	Conjugativité, D.	47	Déductivité, A.
24	Philoprolétivité, 2.		

¹ La lettre ou les chiffres qui suivent les noms sont ceux de la nomenclature ancienne, ou de Spurzheim; ceux qui les précèdent sont de la nomenclature moderne, ou dont je suis l'auteur.

FACULTÉS ET ORGANES

SUIVANT LA NOMENCLATURE DONT JE SUIS L'AUTEUR, ET QUE J'AI ADOPTÉE
DANS CET OUVRAGE,
AVEC L'INDICATION DES PAGES OÙ J'EN TRAITE AVEC DÉVELOPPEMENT.

Ces quarante-huit facultés peuvent se diviser en DEUX CLASSES seulement : la première, que j'ai appelée *sensitive, particulière*, comprend tous les organes et les facultés, moins la comparativité, volonté ou harmonisativité, qui, à elle seule, forme la seconde classe, que j'ai appelée *rationnelle, générale* ou *suprême.*

La dénomination d'harmonisativité est préférée (t. II, p. 304. *note*), parce qu'elle exprime mieux le cercle de l'action passive ou raison, et celui de l'action active ou volonté de cette faculté suprême et souveraine par laquelle Dieu a distingué l'homme sur toutes les créatures terrestres (t. II, p. 240 à 372).

[1] Dans le courant de l'ouvrage, les diverses classes de facultés et organes sont distinguées par des qualificatifs différents, qui sont : pour la première, *contactifs* ou de contact; pour la seconde, *cognoscitifs, sensitifs, observateurs, connaissants* ou de connaissance; pour la troisième, *actionitifs, impulsifs*; pour la quatrième, *intellectifs, intellectualitifs, réflexifs, réfléchissants, logiques, de raisonnement, philosophiques.*

PRÉFACE DE L'ÉDITION ESPAGNOLE

AVEC UNE NOTE IMPORTANTE SUR CETTE ÉDITION FRANÇAISE.

Je n'avais pas l'intention de publier sitôt les leçons de phrénologie que j'ai données dans les principales villes de l'Espagne et dans quelques grandes capitales des pays étrangers; mais j'ai dû céder aux instances réitérées de personnes que j'estime et respecte pour leur zèle ardent à servir leur religion et leur patrie. Bien résolu à ne pas faire imprimer ces leçons, je ne les avais pas écrites, de peur qu'elles ne perdissent en force, en clarté et en vigueur, ce qu'elles auraient pu gagner peut-être en correction de style et en pureté de langage : qualités précieuses assurément, mais toujours plus importantes dans un discours écrit que dans un discours parlé.

Aujourd'hui que l'avis d'autrui a prévalu sur le mien, j'ai dû essayer de soumettre les ardeurs de l'improvisation aux règles du bien dire, et m'efforcer en outre de mettre mon langage à la portée de toutes les intelligences. Si j'y ai réussi au gré de mes désirs, je le devrai sans aucun doute aux polémiques et aux luttes dans lesquelles je me suis trouvé enveloppé pendant que je propageais la phrénologie en Espagne.

Comme dans son application la phrénologie peut parfois se rencontrer avec la morale et la religion, les autorités ecclésiastiques, dans leur louable zèle pour la pureté de la foi sainte que nous professons, ont envoyé à mes leçons, soit de leur propre mouvement, soit sur ma demande, un ou plusieurs censeurs pour les juger. A Valence, cette charge incomba au seigneur D. Miguel Paya, prêtre, théologien profond et humaniste distingué. A Málaga, le promoteur fiscal ecclésiastique lui-même, D. Ambrosio Dominguez, et à Barcelone, deux docteurs en jurisprudence des plus distingués, D. Antonio Fabregas Caneny et D. Manuel Rodriguez, assistèrent à mes leçons, en qualité de censeurs nommés *ad hoc* par les prélats de ces deux diocèses. Le rapport de tous mes censeurs ecclésiastiques a *toujours* été hautement favorable à mes doctrines et à ma personne.

Le tribunal ecclésiastique de Saint-Jacques de Galice, après avoir scrupuleusement pesé mes explications phrénologiques orales et écrites, après un examen minutieux de mes sentiments religieux explicites ou implicites, m'a délivré le jugement et les témoignages les plus consolants et les plus satisfaisants que mon cœur pouvait désirer. Le lecteur pourra s'en convaincre en jetant les yeux sur la *Polémique* dont je fais mention et donne des extraits dans ces leçons (t. I, p. 111 à 119; t. II, p. 195 *fin* à 196). Quant au rapport approbatif des censeurs nommés par mon évêque diocésain pour reviser ces mêmes leçons, où la phrénologie se montre en harmonie complète avec la religion, le lecteur a pu le lire en tête de cet ouvrage. Ce document réalise complètement ce que prédisait dans la *Polémique* citée un de mes censeurs, l'éminent théologien espagnol, une des lumières de l'Église catholique, D. Manuel Garcia Jil (voir plus loin, p. 111-115). A propos de quelques-unes de mes explications, il s'exprime ainsi :

« Cette explication (*Polémique*, p. 421-422, 452-453) et d'autres qui ont eu lieu, non-seulement m'ont fait grand plaisir et m'ont donné de M. Cubi une idée avantageuse, mais m'ont fait croire, et je ne crains pas de le dire, que c'est peut-être l'homme qui aura la gloire de purger la phrénologie et le magnétisme de tout ce qu'ils ont de dangereux et de faux, et de mettre par conséquent ces systèmes en harmonie avec la religion..... Ce jour sera glorieux pour lui et pour la patrie; il bénira le contre-temps qui l'a obligé à reconnaître et à examiner mieux ces doctrines, et nous aurons le bonheur d'honorer un Espagnol de plus pour les éminents services qu'il aura rendus à la religion et à la science. »

Le rapport des censeurs nommés par mon évêque doit, il me semble, prouver au lecteur que ce glorieux jour est arrivé, et que l'Espagne est la nation où, pour la première fois, la phrénologie s'est présentée dans toute la plénitude et la majesté de ses principes fondamentaux, de ses véritables tendances, de ses véritables applications, et a été admise par les tribunaux ecclésiastiques comme une doctrine qui se trouve en complète harmonie avec la religion sainte que nous professons.

Quant à la phrénologie philosophiquement considérée, c'est-à-dire par rapport aux faits qui la constituent, elle repose sur l'observation des œuvres du Très-Haut, sur l'évidence de nos sens, sur les déductions de la saine raison. Vouloir la *réfuter* sur ce terrain, c'est vouloir nier la Providence divine, démentir les sens, insulter à la raison. C'est ce qui a été prouvé dans les nombreuses polémiques sur la phrénologie qui ont été soutenues devant le tribunal du monde civilisé, et c'est ce dont se convaincra, en parcourant ces leçons, le lecteur qui ne fermera pas les yeux à l'évidence.

Lorsqu'en 1837, après quelques années d'observation, de méditation et d'expérience, je demeurai convaincu que la plus grande partie des découvertes de Gall et de Spurzheim étaient vraies, que les doctrines qu'ils avaient établies étaient basées sur la même évidence qui nous montre que le blanc est blanc, que le noir est noir, ou que le feu brûle et l'eau mouille, je sentis que ma mission était de propager dans ma patrie ces découvertes et ces doctrines, et de ne pas m'arrêter jusqu'à ce que j'aie rempli le grand vide que ces deux illustres maîtres et leurs successeurs avaient laissé dans la science phrénologique.

J'ai cru en effet que ma mission était dans ce monde de remplir ce vide. Ce qui m'y a fait croire, c'est la prédilection que j'éprouvai dès ma plus tendre enfance pour les études linguistiques et métaphysiques; ce sont les longs voyages que je fis plus tard dans les pays civilisés et dans les pays sauvages pour confirmer ou pour abandonner des théories psychologiques et idiomologiques formées au prix de grands efforts ; c'est la voie spéciale que prit naturellement et spontanément mon âme, à l'égard des inductions et vérifications phrénologiques dès l'instant où je compris dans ses principaux éléments la correspondance que Dieu avait établie entre l'esprit et ses manifestations extérieures. Chaque fois que je faisais une nouvelle découverte ou que je voyais plus clairement la démonstration de quelque principe, je ne pouvais m'empêcher de m'écrier avec ravissement : « Est-ce que le même créateur qui a produit l'âme n'a pas formé, pour ses manifestations externes, la tête et ses téguments, le visage et son expression ? Donc, comme œuvres du Créateur, les organes au moyen desquels l'esprit se manifeste sont aussi parfaits que l'esprit lui-même ; et attaquer la mystérieuse union qui existe entre eux, cette union que la phrénologie reconnaît comme sa seule base, comme point de départ de tous ses principes, de toutes ses doctrines et de toutes ses applications, c'est, sans vouloir faire allusion à personne en particulier, attaquer la Providence divine. »

Le grand vide à combler, ou, pour mieux dire, la grande découverte qui restait à faire en phrénologie, consistait dans un organe d'une faculté suprême et souveraine, rationnelle et libre, dans les modes d'action des facultés considérées isolément et en combinaison, dans la formation, la nature et la distinction des impressions, des sensations et des idées, et dans les harmonismes et antagonismes actifs et passifs auxquels l'âme est sujette dans toutes ses actions spontanées ou influencées. Avec une pareille lacune, la phrénologie ne pouvait se présenter comme un système complet de philosophie fondamentale, comme la source d'où émanent, comme la base sur laquelle s'appuient évidemment toutes les sciences morales, politiques et économiques. Avec une pareille lacune, la phrénologie ne se serait jamais montrée que timidement dans les chaires des universités, sans nomenclature uniforme, sans cohésion dans ses parties, sans harmonie, sans former un tout avec les découvertes antérieures de l'esprit humain dans la psychologie ou dans la métaphysique ; tantôt admise, tantôt repoussée ; méprisée ici comme une intruse, embrassée là comme une amie [1].

[1] Les développements que j'ai apportés à la phrénologie ou philosophie de l'esprit sont :

1° La découverte de l'action primitive et primordiale de toutes les facultés de l'âme, chacune considérée dans sa propre individualité. Cette action est un désir ou attraction et une répugnance ou répulsion. Cette découverte a permis de former une nomenclature naturelle et uniforme (voyez de la leçon XX à la leçon XXIV).

2° La découverte du cercle d'action spécial et particulier, propre et exclusif, de certaines facultés importantes qui, jusque-là, était douteux et très-controversé. Parmi ces facultés, il faut compter : la *mouvementivité*, auparavant éventualité ; la *stratégitivité*, auparavant secrétivité ; la *précautivité*, auparavant circonspection ; la *méliorativité*, auparavant idéalité ; la *réalitivité*, auparavant merveillosité ; l'*effectuativité*, auparavant espérance ; la *supérioritivité*, auparavant amour de soi ; l'*inférioritivité*, auparavant vénération ; la *continuativité*, auparavant fermeté de caractère ; l'*harmonisativité*, auparavant comparativité. (Voyez chacune de ces facultés en leur lieu respectif.)

3° La découverte que toutes les facultés peuvent agir comme principales ou comme auxiliaires, mais qu'une faculté seule, sans le concours d'une ou de plusieurs, ne peut rien produire ni passivement ni activement (t. II, p. 333 à 339) ; et que le concours d'un *trialisme* complet est nécessaire pour que les actions subjectives soient une vérité pour nous (t. I, p. 458-442).

4° La découverte d'une faculté suprême et souveraine, raisonnable et libre, qui est le

Pour tirer la phrénologie, la plus grande découverte qu'ait faite l'intelligence humaine, la science de prédilection pour moi; pour la tirer, dis-je, de cette condition douteuse et peu favorable, j'ai travaillé avec foi, avec espérance, avec ardeur, avec une constance et une opiniâtreté infatigables, comme un homme qui est poussé par quelque chose qu'il sent et qu'il ne connaît pas, par une influence supérieure qui l'entraîne et à laquelle il ne peut résister, par une voix intérieure qui lui dit, après mille tentatives vaines : « Encore un effort, la victoire est à toi. »

C'est à mes leçons, que je dédie à ma patrie et à l'humanité pour le service de la religion et de la science, à dire si j'ai ou non remporté la victoire, si j'ai ou non rempli dignement ma mission.

vrai principe qui stimule ou réprime l'âme. Ce principe est un MOI général ou gouvernant, UN, qui vainc forcément ou convainc raisonnablement les éléments nombreux, variés et opposés, ou *moi* particuliers et subordonnés, pour les harmoniser et les diriger vers le *bien général* de l'individu considéré dans tous ses rapports; bien général qui est la loi ou la règle à laquelle est soumis le MOI suprême et souverain.

5° La découverte des deux grands systèmes de télégraphie électrique en vertu desquels les impressions extra-crâniennes se transmettent aux organes intra-crâniaux, et les impulsions ou volitions intra-crâniennes aux organes extra-crâniaux et aux objets externes, ce que j'appelle force de transmission ou passage du matériel au spirituel (t. II, p. 448 à 495).

Un autre grand avantage pour la philosophie générale, considérée dans son objet primitif et fondamental, qui est d'étudier ou de rechercher ce que sont les choses examinées sous le plus grand nombre de rapports possibles, c'est la *découverte de son point de départ*, sur lequel les philosophes et les écoles philosophiques étaient en désaccord. Cette découverte, point de départ de toute recherche ou investigation philosophique, consiste en ce que j'ai prouvé la coexistence de l'unité et de la multiplicité en toutes choses (voyez t. II, p. 398 à 410).

Ces découvertes font de la phrénologie un véritable système complet de philosophie de l'esprit, et établissent sur sa vraie base la science du gouvernement humain, individuel ou social. Celui qui voudrait tout de suite se convaincre par lui-même de la vérité de ce que je viens d'exposer n'a qu'à parcourir la leçon LVIII ou dernière, qui est une espèce de *résumé synoptique* de tout l'ouvrage, sous le titre d'*éclaircissements et corrections.*

Je dois ajouter, pour terminer cette note, que l'édition française est conforme à l'édition espagnole, sauf les observations que l'on a jugées utiles ou nécessaires pour éclaircir, rectifier ou mieux faire comprendre certaines matières. Ces observations ont été faites sous forme de *notes* au bas des pages; pour les distinguer de celles qui existaient dans l'original, on les fait suivre des mots : *Note de l'auteur pour l'édition française.*

On a jugé à propos de supprimer quelques gravures qui ne représentaient pas la tête de l'original avec toute l'exactitude désirable, entre autres celle de lord Byron. On a dû, par conséquent, supprimer aussi les jugements qui se fondaient sur ces portraits.

(*Note de l'auteur pour l'édition française.*)

Paris, le 1er octobre 1858.

LEÇONS
DE
PHRÉNOLOGIE

LEÇON PREMIÈRE

Systèmes de philosophie fondamentale qu'a suivis l'humanité.

Messieurs,

Lorsque je rentrai en Espagne en 1842, après vingt ans de longs voyages et d'incessantes études à l'étranger, je me sentis destiné à propager, à enraciner dans ma patrie, la science phrénologique. Je me livrai à ma mission avec le zèle et l'ardeur que peuvent seules inspirer une foi aveugle et une espérance sans bornes. Le résultat personnel de neuf années de persévérants efforts, de luttes violentes et pénibles, de graves difficultés et d'obstacles formidables, fut une maladie qui me conduisit au bord de la tombe, et dont je ne me sens point encore entièrement rétabli. Toutefois la phrénologie triompha ; la première et la plus utile de toutes les sciences s'acclimata sur le sol espagnol. Quel succès plus grand, quelle récompense plus flatteuse, quelle satisfaction plus glorieuse pouvais-je attendre de mes efforts, de mes luttes, des difficultés que j'avais eu à surmonter ?

Je jouissais d'une profonde tranquillité et me reposais de mes fatigues dans la retraite et l'oubli, quand j'appris que la *Société philharmonique de Barcelone*[1], dont j'avais l'honneur d'être membre, allait fonder dans son sein une section de littérature, dans l'intention d'ouvrir un Athénée. J'applaudis à un dessein si louable et je bénis le nom des hommes qui l'avaient conçu, en acceptant, avec empressement et orgueil, l'offre qui me fut faite d'y choisir une chaire.

Fasse le ciel qu'il me soit donné de pouvoir dignement marcher dans la

---

[1] Aujourd'hui cette société porte le nom de *Centre philharmonique*.

carrière qu'ont ouverte, avec une gloire si méritée, les illustres écrivains et professeurs qui m'ont précédé [1] !

Ayant fondé toutes mes espérances sur la phrénologie, sur ma science privilégiée, la regardant, ainsi que je la regarde, comme destinée à produire, dans le monde moral, les mêmes effets bienfaisants que la vapeur et l'électricité produisent dans le monde physique, je l'ai préférée à toute autre matière que j'aurais pu choisir dans l'intérêt de ma réputation littéraire. Et le discours d'inauguration que cette nombreuse et brillante assemblée a daigné venir entendre roulera sur les divers systèmes fondamentaux que l'homme a suivis pour s'étudier lui-même et pour mieux se connaître.

L'inspiration, l'observation et la déduction sont, messieurs, les seuls moyens que Dieu a accordés à l'homme pour se former une philosophie ou acquérir ses connaissances. Ces moyens ne sont point parfaits ou infaillibles ; ils participent de la condition humaine, qui est imparfaite, mais perfectible ; sujette à l'erreur, mais capable d'en revenir. C'est pourquoi, s'il est vrai que l'âme, et l'âme seule, conçoit les principes et forme les pensées, soit par une inspiration ou une action spontanée, soit par l'observation, soit par voie de déduction, il est vrai aussi que chacun de ces principes, que chacune de ces pensées, peuvent être plus ou moins complétement vrais ou faux.

Il était donc nécessaire qu'il existât un criterium, une pierre de touche, une méthode ou une règle de vérification, pour établir, d'une manière fixe ou précise, la vérité ou la fausseté d'une inspiration, d'une observation ou d'une déduction.

Cette pierre de touche, c'est l'*expérience*, c'est l'examen des principes ou des idées mis en œuvre, c'est l'observation des effets ou résultats. Il ne faut pas croire toutefois que cette règle ou méthode soit *absolument* certaine ou positive; car les facultés mêmes qui servent à l'observation et à l'expérience, non-seulement sont exposées à s'égarer, mais encore manquent de ressources actuellement non existantes, que l'on parviendra peut-être à découvrir successivement dans la suite. Nous tenons aujourd'hui pour *faux* ce qui passait hier pour *vrai*, et demain, plus sages ou plus éclairés, nous signalerons comme une *erreur* ce que nous appelons aujourd'hui une *vérité*. Ce qui, à une certaine époque, fut l'*alchimie* pour quelques savants est aujourd'hui la *chimie* pour le grand nombre, et le mélange de vérités et d'erreurs que l'on appelait jadis l'*astrologie* s'est confondu peu à peu avec les connaissances *astronomiques*. Et qui sait si l'*astronomie* de nos jours ne deviendra point l'*astrologie* des âges futurs, quand les astres seront mieux connus au moyen de découvertes dont il ne nous est pas possible de nous former maintenant une idée, même dans nos rêves?

[1] Ceux qui ont inauguré l'ouverture de l'Athénée furent notre estimable ami D. Victor Balaguer (voir plus loin la leçon XLI), qui lut un mémoire sur l'*Histoire de la marche de la littérature et l'importance de son étude*, travail qui mérite d'être publié et d'être lu d'un bout à l'autre; et D. Félix Maria Falguera, qui lut, sur l'*Histoire générale de la musique*, un discours que j'admire également, à cause de l'élégance, de la clarté et de la manière neuve avec lesquelles l'auteur a traité son sujet.

Ce n'est pas à dire, messieurs, qu'il n'y ait des principes éternellement vrais, que l'homme ne possède des connaissances de tout point exactes. S'il n'en était pas ainsi, nous ne pourrions pas exister un seul instant. En parlant de la sorte, mon intention est seulement de vous faire comprendre que la *philosophie*, ou le savoir humain, n'est pas toute *vérité*, de même que l'existence de l'homme n'est pas tout *bonheur* et que sa condition n'est pas tout *bien*. La vérité est mêlée à l'erreur, le bien au mal : l'univers entier ne présente qu'un vaste antagonisme [1].

Dans l'enfance de l'individu, comme dans l'enfance de la société, l'homme n'a ni ne saurait avoir autant d'expérience que dans la virilité. Il n'est donc pas étonnant qu'à cette époque de l'enfance il se dirige bien plus par les inspirations de son génie ou de son instinct que par les principes fournis par l'expérience. Il germe dans l'esprit d'un jeune homme inspiré une conception qu'il considère comme sublime, un principe qu'il prend, sans l'avoir éprouvé, pour absolument vrai. Plein de *foi* et d'*espérance*, il s'élance hardiment dans les voies que ces idées lui tracent, et tombe, s'il s'est trompé, dans un précipice affreux, ou triomphe s'il a fait quelque découverte utile. Plus tard, quand les déceptions arrivent, il reconnaît que ses inspirations ou conjectures, ses déductions ou conséquences, peuvent être fausses; que, s'il est juste de leur attribuer tous les principes et de nombreuses découvertes, il doit néanmoins tâcher de se guider plutôt par les doctrines dont la vérité a été confirmée par le témoignage de l'expérience que par ses propres inspirations ou par ses instincts, quelque brillantes ou quelque sûrs qu'ils lui paraissent.

La société se comporte comme l'individu. Dans son enfance, le philosophe prend les inspirations ou les conjectures pour des vérités établies; il s'en sert dans le raisonnement, il en tire des conséquences, il en étaye ses systèmes, il y puise des règles de conduite et des théories. Puis arrivent les déceptions, qui démontrent la nécessité de l'expérience, de cette expérience qui atteste comme vraie ou rejette comme fausse l'inspiration ou l'idée primitive, en consolidant, en renversant, en modifiant l'édifice construit sur le terrain de la philosophie conjecturale.

Il est toutefois nécessaire de ne pas oublier que l'idée que tout principe fondamental, soit qu'il se révèle spontanément, soit qu'on le fasse sortir de la déduction, doit avoir été contrôlé le plus et le mieux possible par l'expérience avant qu'on puisse en tirer des conséquences décisives et incontestables, a été, si on la considère en elle-même, connue dans tous les temps, à toutes les époques, et de tous les hommes qui n'ont pas été dénués de la raison naturelle ou du sens commun; mais, comme principe social général, comme principe philosophique universellement admis, tant dans les sciences naturelles que dans les sciences morales, cette idée ne s'est répandue et ne s'est généralisée qu'au seizième siècle, quand Galilée, montant à la tour de

---

[1] Voir la leçon XXVI.

Pise, en jeta deux objets de poids fort inégal, pour prouver par l'expérience, c'est-à-dire par l'arrivée presque simultanée des deux objets sur le sol, la

GALILÉE, né en 1564, mort en 1642.

fausseté du principe posé comme une vérité absolue par Aristote, qui enseignait que deux objets lancés d'une hauteur devaient tomber avec une rapidité d'autant plus grande que le poids de l'un ou de l'autre serait plus grand; de sorte que, si l'un pesait vingt fois plus que l'autre, il devait tomber vingt fois plus vite sur le sol.

On donne le nom de *philosophie expérimentale* à ce système de vérification, que Bacon, dans les sciences physiques ou naturelles, et Gall, dans les sciences morales ou intellectuelles, établirent et fixèrent comme l'unique moyen de démontrer la vérité incontestable des principes généraux que l'on pose.

Voici les portraits authentiques de ces deux illustres fondateurs de la *philosophie expérimentale*. Qui, en regardant ces deux têtes, et surtout celle de Galilée, pourrait s'empêcher de s'écrier : « Vous étiez nés pour faire faire de grands progrès à la science humaine ? »

S'il est vrai qu'aucune inspiration, aucune conjecture ou opinion, aucun pressentiment ne saurait être considéré comme absolument positif et certain tant qu'il n'a pas été contrôlé par l'expérience, c'est-à-dire tant qu'il n'a pas été confirmé par l'observation d'une longue et invariable série de faits pertinents, il n'est pas moins vrai que l'homme est un être *progressif;* que, dans son existence, le présent s'enchaîne à l'avenir, l'individuel à l'universel, et que, placé dans ces conditions, il entrevoit, et aura toujours à entrevoir dans le lointain, des vérités qu'il ne parvient pas actuellement à découvrir; il a et aura toujours des *idées* neuves, dont il ignore la tendance réelle; il pose et posera toujours des *principes généraux* dont la vérification

BACON, né en 1561, mort en 1626.

est d'abord impossible; il élève et élèvera toujours des *systèmes fondamentaux* dont la première base est une supposition ou hypothèse; il admet et

GALL, né en 1758, mort en 1828. — Voir la leçon VII.

admettra toujours des doctrines sur l'autorité ou l'expérience d'autrui; sans

6   LEÇON I.

quoi tout ordre serait impossible, tout enseignement stérile, tout progrès inutile.

Il résulte de ce qui précède que, si nous nous attachions exclusivement et rigoureusement au principe du système expérimental, nous enlèverions à l'âme sa foi, son espérance et sa perfectibilité; nous irions même plus loin : nous lui ôterions toutes ses idées religieuses; nous la rendrions incapable de croire à aucun mystère en élevant sa débile et faible raison au-dessus de la vérité religieuse, qui, émanant directement de l'intelligence divine, est éternelle, stable, immuable, infaillible.

S'attacher, d'un autre côté, exclusivement et rigoureusement au principe du système de l'inspiration ou de la pensée pure, c'est faire du caprice individuel d'un homme quelconque la pierre de touche, le thermomètre unique, le criterium absolu de tout ordre de vérités : voilà pourquoi, dans l'enfance de la société, lorsque ce système règne presque exclusivement, nous voyons l'*opinion* du maître être le tribunal auquel on doit et l'on peut soumettre en dernier ressort toute question philosophique ou doctrinale, non-seulement sur des points douteux, mais jusque sur des points que les sens extérieurs peuvent seuls décider. Avec cette méthode systématique de ne vouloir admettre en aucun cas l'expérience comme moyen de vérification philosophique, tout se réduit à une *foi aveugle* à ce que dit le maître ou le supérieur. En ce cas, le libre examen ou le droit à une opinion personnelle n'existe pas : tout est soumis à l'*autorité*, fille légitime de la *foi*, qui, si elle est ignorante ou tyrannique, peut, par ses rigueurs, paralyser tous les efforts de l'esprit humain. D'autre part, ne vouloir reconnaître l'autorité et n'accepter la parole d'aucun homme comme le témoignage ou le fondement d'une vérité philosophique, c'est détruire la confiance et tout soumettre violemment au *libre examen*, fils légitime du doute, qui peut, par des prétentions excessives, s'égarer dans ses investigations. L'autorité, confirmée et éclairée par le libre examen; le libre examen, dominé et appuyé par l'autorité : voilà, en principe, la saine philosophie, et, en pratique, le bon gouvernement.

Si j'ai réussi, comme je l'espère, à bien établir ce que je viens d'exposer, vous vous convaincrez facilement que plus certains philosophes ont attaqué les notions *a priori*, c'est-à-dire la méthode qui consiste à prendre une inspiration personnelle ou une doctrine étrangère pour une vérité démontrée, sans la *foi*, sans la *croyance*, sans la *soumission* innées dans l'homme, dont cette méthode exige l'exercice, plus ils ont fait de vains efforts pour changer notre monde en un monde sans illusion, sans espérance, sans avenir; en un monde décoloré, positif, matériel, emprisonné dans le présent et livré au seul égoïsme. La méthode *à posteriori*, ou le système qui demande la vérification des notions, est, d'autre part, absolument nécessaire pour que nous puissions avoir toujours le pied posé sur quelque chose de philosophique, sur quelque chose que l'homme puisse appeler la *terre ferme;* de sorte que tous ses sens internes et externes lui disent : « Ceci est vrai; ceci est un appui fixe et inébranlable, un point de départ certain et positif. » Mais ne point admettre d'autres vérités philosophiques que celles que nous avons reconnues par notre propre expérience, c'est sacrifier, je le répète, ce que Dieu a donné à l'homme de plus grand, de plus sublime, de plus consolant, à savoir : sa *foi*, son *espérance* et sa *perfectibilité*. Ainsi la *philosophie humaine* [1], ou le savoir humain, est la réunion de vérités et d'erreurs en progression éternelle vers des vérités et des erreurs nouvelles.

Au moyen des facultés de l'inspiration, de l'observation et de la déduction que Dieu a accordées à l'homme, qu'elles aient été reconnues ou niées par la science, l'esprit humain a suivi séparément ou concurremment, dans tous les temps et à toutes les époques, quatre systèmes pour s'étudier lui-même et pour établir les véritables principes des recherches et des explications psychologiques ou intellectives : le premier est le système du *moi* ou du *sens intime*, dont l'existence, loin d'exclure la phrénologie, la prouve d'une manière irréfragable ; le second est celui de l'observation extérieure ou de la sensation pure ; le troisième consiste à réfléchir sur la *vie humaine;* le quatrième est le système physiologique ou *phrénologique*, dans lequel on étudie les fonctions de l'instrument même de l'âme.

Je n'entreprendrai pas, messieurs, de vous raconter l'origine de chacun de ces systèmes dans les temps fabuleux ou antéhistoriques, ni de vous exposer les idées d'anciens philosophes ou sages plus ou moins connus. Dans l'antiquité savante, à cette époque qui doit servir de point de départ pour presque tout ce qu'il y a de certain et de véridique dans l'histoire profane, Platon et Aristote étaient, pour ainsi dire, le centre et le miroir réflecteur de toute la philosophie et de toutes les connaissances. Platon était, il y a plus de deux mille ans, le chef et le représentant de la philosophie du *moi,* ou du *sens intime ;* Aristote, celui de la philosophie de l'observation, de la sensation, des impressions extérieures : l'un pose comme principe fondamental que,

---

[1] Le mot *philosophe*, d'après l'étymologie, signifie *ami de la sagesse*, et le mot *philosophie*, amour de la sagesse ; mais, dans l'acception commune, on désigne par le nom de *philosophe* celui qui s'applique à l'étude de la nature, des propriétés et des relations des êtres, en d'autres termes, celui qui s'adonne à la recherche de la vérité ou réalité des choses ; et, par le nom de *philosophie*, l'ensemble des observations et hypothèses vraies ou erronées qui ont été ou seront faites sur une matière quelconque, ensemble exposé dans les systèmes présents et futurs.

C'est pourquoi l'on dit qu'il y a une *philosophie vraie*, une *philosophie fausse*, une *philosophie saine*, une *philosophie perverse*, une *philosophie de l'esprit*, une *philosophie de la nature*, une *philosophie de l'histoire;* car c'est à la philosophie qu'il appartient *d'approfondir*, *d'apprécier et de juger les objets*. Une *philosophie parfaite*, c'est-à-dire un ensemble parfait et complet de vérités sur une matière quelconque, n'est pas possible, parce que l'homme est, par sa nature, imparfait et progressif ; et que rien de ce qu'il produit ne saurait être assez parfait, assez complet, pour ne plus être susceptible d'amélioration et de perfectionnement. Il connaîtra aujourd'hui une vérité, demain une autre, d'ici à un siècle mille vérités sur un objet ; mais toutes les vérités relatives à cet objet dans ses relations infinies avec tout l'univers, non, jamais il ne les connaîtra. De sorte que la *philosophie* ne saurait être un ensemble de vérités, puisque le savoir humain n'est pas toute vérité, mais seulement un mélange de vérités, d'erreurs, d'égarements, de connaissances en progression constante vers la perfection. (Voir la leçon LV.)

dans l'âme, tout est *inné*, ou *à priori;* l'autre que tout est *acquis*, ou *à posteriori*.

Platon partait du principe que toute doctrine, toute conception, et même toute idée du monde extérieur, existe dans l'esprit humain du moment où il est créé. Pour découvrir et connaître ces idées et principes, nous n'avons qu'à méditer et à réfléchir sur ce qui se passe et existe au fond de nous-mêmes. Dans l'opinion de ce philosophe, tout doit sortir du *dedans*, rien ne doit venir du *dehors*. Méditer, et toujours méditer, réfléchir, et toujours réfléchir sur nos sensations internes ou sur nos convictions intimes, telle est l'unique voie qui puisse nous conduire à la découverte de la vérité. Ce que nous communiquent, relativement à nos impressions intimes, les facultés de la réflexion et de la pensée, c'est-à-dire les facultés qui nous donnent l'idée de notre identité personnelle, ou conçoivent en nous cette individualité constituant le *moi*, voilà ce que l'on considérait uniquement comme formant une science, une philosophie, une connaissance intellectuelle. Aristote établit comme base des recherches philosophiques un principe diamétralement opposé, en prétendant que tout était *acquis*. Selon lui, il n'y a dans l'homme aucun principe, aucun sentiment, aucune idée, qu'il n'ait reçu du monde extérieur. Dans l'opinion de ce philosophe, l'âme n'est qu'une feuille de papier blanc ou une table rase. Pour Aristote, rien ne peut sortir du *dedans* qui ne soit d'abord entré du *dehors* sous une forme ou sous une autre. Observer, et toujours observer, recevoir des impressions, et rien que des impressions, du monde extérieur, tel est l'unique moyen par lequel on puisse arriver à la découverte et à la conquête de la vérité. Platon croyait que les sens extérieurs n'avaient point d'objet, qu'ils étaient absolument inutiles. Aristote, au contraire, supposait que tout ce que l'homme désire et peut désirer, sent et peut sentir, sait et peut savoir, devait être expérimenté et acquis par la voie des sens. *Nihil est in intellectu quod non prius fuerit in sensu :* c'était là pour lui un axiome, un principe éternellement vrai. Selon Aristote, l'âme ne fait que recevoir ou percevoir; en d'autres termes, elle est exclusivement passive. Suivant Platon, elle ne fait que produire ou créer; en d'autres termes, elle est exclusivement active; mais le fait est que l'âme est à la fois active et passive; ses facultés sont génératrices et fécondes : c'est pourquoi les conceptions instinctives internes d'un individu sont, comme les impressions qu'il reçoit du dehors, des germes qui prennent racine dans l'esprit, qui se développent, qui croissent, qui produisent bientôt mille idées nouvelles, mille principes divers, que n'eussent jamais révélées, à elles seules, ni l'inspiration avec sa puissance créatrice, ni l'observation avec ses innombrables conceptions.

Toutefois, quand on médite sur l'ensemble des raisons qui militent en faveur du système de Platon comme en faveur de celui d'Aristote, examinés séparément, on ne s'étonne point de voir que presque jusqu'à nos jours tous les systèmes de philosophie de l'esprit aient été basés sur le principe de l'un ou de l'autre de ces deux illustres philosophes, flambeaux qui depuis l'anliquité la plus reculée ont éclairé l'humanité, et continueront à l'éclairer jusqu'à la fin des siècles.

Celui qui considérera que nos désirs, nos sentiments, nos conceptions et nos déductions procèdent de facultés innées; que sans un *à priori*, sans un instinct, un génie, un moteur, une puissance, qui crée, produit, inspire par une force spontanée, l'homme n'eût eu aucune donnée morale dont il eût pu déduire des conséquences, aucune inspiration qui l'eût poussé dans le champ des conjectures, des hypothèses ou des théories, en dehors duquel nous aurions difficilement fait une seule découverte et fait quelques pas dans la carrière du progrès, celui-là se prononcera en faveur du système de Platon. Quand Bacon découvrit le principe que l'observation et l'analyse des faits firent ensuite reconnaître comme une vérité incontestable, quand il avança que nous devons interroger la nature par des expériences, afin qu'elle nous réponde par les effets produits, ne dut-il pas cette découverte, d'où résultèrent les autres importantes découvertes de ce génie immortel, à l'inspiration ou à la conception pure? Et Gall lui-même, qui était, certes, assez enclin à n'admettre que les notions *à posteriori*[1], ne nous dit-il pas qu'après avoir médité sans cesse pendant plusieurs années sur la question de savoir quel pourrait être l'instinct manifesté par l'occiput ou la partie postérieure de la tête, qui se trouve, dans tout le règne animal, plus développée chez le mâle que chez la femelle, il eut un jour, pendant qu'il expliquait une leçon à ses élèves, par une soudaine et heureuse inspiration, l'idée que l'occiput était le siége ou l'organe révélateur de l'amour paternel? Depuis la création, l'examen des occiputs était à la portée des facultés observatrices de tous les hommes : pourquoi personne n'en a-t-il conclu que leurs différentes formes correspondaient aux divers degrés de la tendresse paternelle, avant que cette idée se fût tout à coup et spontanément présentée à l'esprit de Gall? Parce que Dieu n'avait accordé à personne avant Gall le génie, l'instinct, la puissance génératrice qui la lui fit concevoir. Loin que ce principe phrénologique ait été le résultat des faits, c'est seulement après qu'il se fût spontanément révélé à l'esprit de Gall que l'on se mit à chercher et à réunir des données suffisantes pour pouvoir l'établir comme une vérité hors de doute. Qui enseigna au berger de d'Alembert, à l'Américain Colburn, et à l'Italien Vito Mangiamele les théorèmes des hautes mathématiques qu'ils trouvèrent? Qui enseigne une invention à l'homme qui la fait?

Bien plus, si l'on disait qu'il n'est possible de déduire des principes généraux que de la réunion de données isolées, on nierait par là même leur existence; car il est impossible de connaître ou de réunir jamais toutes les données qui entrent ou peuvent entrer dans un principe général. Et les principes purement moraux ou intellectifs, qui sont par eux-mêmes synthétiques, généraux, qui ne sont ni ne sauraient être l'objet exclusif des sens extérieurs, comment arriverions-nous à les connaître, à les sentir, sinon par

[1] Lettre au baron de Retzer. — Œuvres de Gall; Boston, 1856, t. I".

leur propre manifestation au dedans de nous? Qui *saurait qu'il sait*, si sa propre conviction intime ne le lui assurait?

Aussi ne faut-il pas s'étonner de voir des hommes éminents, tels que Descartes, Voisin, Reid, Brown et d'autres géants intellectuels pencher pour Platon, et sembler croire que c'est seulement par le système du *moi*, du *sens intime*, de la réflexion sur les opérations intimes de l'âme, sur ce qui se passe au dedans de nous, que nous pouvons devenir de véritables métaphysiciens, de véritables psychologues, en d'autres termes, que nous pouvons vraiment connaître notre propre intelligence.

D'un autre côté, Aristote, et, à son exemple, Condillac, Locke, et d'autres métaphysiciens modernes, s'arrêtaient exclusivement à l'idée, certaine et positive, qu'il n'y a guère de déduction dont les données ne soient presque exclusivement puisées dans des notions déjà fournies par le monde extérieur; que l'éducation et les habitudes modifient chez beaucoup d'individus la direction des inclinations ; que les aveugles, les sourds, les insensibles, ne connaissent pas les couleurs, les sons, les sensations physiques; que l'âme, enfin, ne peut se former une idée que des objets qui ont d'abord frappé les sens extérieurs. « Aurai-je jamais l'idée d'un œillet, par exemple, se demandent-ils, s'il ne frappe d'abord mes sens, si d'abord ils n'en reçoivent l'impression? Comment le cerveau pourra-t-il transmettre à l'âme la connaissance des propriétés d'un objet quelconque, si le cerveau n'a d'abord reçu l'impression de cet objet au moyen des sens? Et, quelles que soient les déductions, quelles que soient les réflexions, quelles que soient les pensées que fasse naître dans l'âme l'idée de cet œillet ou de tout autre objet, y en a-t-il une seule qui cessera de reposer tout entière sur cette idée ou image primitive qui provient exclusivement de l'observation de la nature extérieure? La crainte, l'espérance, l'amour et les autres affections se produisent-ils jamais, demandent-ils, sans que d'abord les sens extérieurs aient perçu les causes, les objets ou les phénomènes qui provoquent ces affections? Le progrès est-il autre chose que la conséquence d'un progrès antérieur déjà réalisé dans le monde extérieur? Le sens commun du genre humain ne dit-il pas que l'expérience est la mère de la science? » Il n'est donc pas étonnant, non plus, qu'en s'appuyant sur ces raisonnements et sur d'autres semblables, Aristote et tous ceux qui l'ont suivi jusqu'à nos jours se soient obstinés à prendre l'observation, l'impression ou la sensation comme l'unique base d'investigation philosophique.

Les hommes pratiques et de bon sens, les militaires, les commerçants, les artistes, les moralistes, les peintres de mœurs, les écrivains ingénieux, et tous ceux qui ont des rapports constants et continuels avec l'humanité, n'ont suivi, en général, d'autre système d'investigation, dans leurs études, que l'observation de la conduite de l'homme. Pour eux toutes les discussions métaphysiques, toutes les profondes recherches psychologiques, toutes les disputes des écoles philosophiques sur l'âme sont du *temps perdu*, le vain travail d'intelligences qui se détruisent à force de méditer sur elles-mêmes,

Dans leur langage, *homme contemplatif, homme aimant la retraite, la méditation, la solitude,* sont synonymes d'*homme qui ne connaît pas le cœur humain;* car ce dernier mot leur suffit pour désigner les facultés intellectives. Un tel est homme de bien, un tel est méchant; celui-ci a du talent, celui-là est un imbécile; celui-ci a une grande faiblesse, et celui-là une grande force de caractère; Dieu a donné à Benoît une aptitude spéciale pour telle carrière, et l'a refusée à Bernard : telles sont les expressions vagues et générales dont ils se servent d'ordinaire pour énoncer leurs notions psychologiques, notions dont la plupart sont exactes, parce qu'elles s'appuient sur l'expérience et sur l'observation des résultats, et qu'elles forment un système pratique de philosophie de l'esprit, qui remplace souvent avec avantage les études les plus profondes des philosophes.

La quatrième méthode que les hommes ont suivie pour s'étudier eux-mêmes a été de chercher à reconnaître à des signes *extérieurs* les qualités *intérieures.* Ce système physiologique, ce système qui tend à constater les attributs moraux ou intellectifs, par la tête et le faciès de l'individu, date d'un temps immémorial. Dans presque tous les souvenirs humains, historiques ou traditionnels, on trouve des indices de cette disposition qu'a eue l'homme à étudier ses semblables, d'après l'aspect de leur visage et le développement de leur tête, soit au moyen de ce que nous appelons aujourd'hui la phrénologie et la physiognomonie. L'instinct de notre conviction intime nous dit, l'évidence de nos observations extérieures nous prouve qu'il y a quelque chose dans la tête. « Qu'est l'homme, dit saint Ambroise[1], qu'est l'homme sans sa tête, puisque c'est par elle qu'il existe? Si la tête lui manque, il n'est plus capable de recevoir aucune sensation : le corps s'affaisse, comme une masse grossière sans beauté et sans nom. Il n'y a que la tête, il n'y a que le visage des princes que l'on reproduise, pour les adorer, dans des bustes en bronze, en métal ou en marbre. Ce n'est donc pas sans raison que les autres membres servent la tête comme leur souveraine, et la portent, comme des esclaves soutiendraient une divinité placée sur un lieu éminent. »

LEÇON II

Examen du système psychologique ou fondé sur le pur sens intime.

Messieurs,

Après avoir retracé, au moins à grands traits et par de rapides coups de pinceau, le caractère des divers systèmes fondamentaux qu'ont suivis les

[1] *Hexameron,,* lib. VI, c. ix.

hommes pour s'étudier eux-mêmes, je vais maintenant tâcher de démontrer jusqu'à quel point ils sont vrais, faux ou incomplets, tels, c'est-à-dire, qu'il y a lieu de les adopter tous, mais aucun à l'exclusion des autres. La lumière naturelle elle-même nous montre, à vous aussi bien qu'à moi, que ce sont tous les *systèmes fondamentaux* et non un *système fondamental*, qui constituent la *philosophie fondamentale*, en d'autres termes, la base et les premiers principes de tout savoir humain L'histoire, la médecine, la science du droit, comprennent non une histoire, mais toutes les histoires; non un système médical, mais tous les systèmes médicaux; non une loi, mais toutes les lois, faites et à faire; et cela, par la raison bien claire et bien simple que les expressions de *philosophie, histoire, médecine, science du droit* ou *jurisprudence*, sont des termes synthétiques ou universels, qui indiquent le vrai et le faux que renferment et que pourront renfermer toutes les sciences, toutes les chroniques, toutes les thérapeutiques et toutes les lois.

Ainsi, dans la recherche et l'examen des vérités de l'ordre intellectif, comme dans la recherche et l'examen de tout autre genre de vérités, tout système exclusif doit être rejeté. Il n'y a guère de donnée philosophique, fût-elle erronée, qui ne mène à la vérité. Phrénologue, je me garderai bien de dire : « La phrénologie est la philosophie de l'esprit; c'est le seul système vrai qui puisse nous conduire à la connaissance de l'âme. » Que ferait la phrénologie sans le système du *moi*[1], qui démontre l'organologie céphalique, en la confrontant avec nos sensations internes? Que ferait la phrénologie, sans l'observation externe, qui nous permet d'établir les rapports qui existent entre la conformation particulière de certaines têtes et des facultés de l'esprit particulières, aux divers degrés de leur activité? Que ferait, enfin, la phrénologie, sans le spectacle de la vie humaine, qui nous offre des résultats palpables à l'appui ou en contradiction des théories établies? Par conséquent, les systèmes philosophiques ne sont que des anneaux qui forment la grande chaîne du savoir humain.

Dans la philosophie de l'esprit, dans la science qui s'applique à étudier et à connaître l'homme dans sa partie spirituelle, la phrénologie n'est qu'un pas en avant que vient de faire l'intelligence humaine dans la carrière illimitée du progrès. Elle est à la philosophie ce que sont à la médecine l'hydropathie, l'homœopathie, l'aéréopathie; elle est ce que sont les chemins de fer aux anciens moyens de transport; les métiers mécaniques au métier du tisserand; le gaz à l'éclairage des réverbères. Toutes ces découvertes nous ont apporté de nouveaux moyens, de nouvelles ressources, de nouvelles facilités; elles nous ont fait faire un pas dans la voie des progrès successifs à travers lesquels Dieu appelle l'homme à continuer sa marche irrésistible; et si, en faisant ce pas, nous sommes parvenus, dans certains cas et sous cer-

[1] Il s'agit ici du *moi* rationnel pur; de ce *moi* qui émane de notre faculté la plus haute, de notre faculté souveraine. Il sera utile de se reporter ici à ce que j'en dis dans la leçon XLVII. (Note de l'auteur sur l'édition française.)

tains rapports, à améliorer l'éclairage de nos villes, la fabrication de nos tissus et nos moyens de transport, nous sommes également parvenus, comme j'aurai mille occasions de le démontrer dans ces leçons, à mieux connaître l'homme et tout ce que produit l'homme pour la gloire de Dieu et l'avantage du prochain. Plût au ciel, messieurs, que tous ceux qui aiment la science, phrénologues ou antiphrénologues, renonçassent, pour mieux comprendre ces vérités, à toute idée exclusive ! Chacun alors travaillerait peut-être avec plus de *foi* et d'*espérance* au triomphe de son système favori, mais aussi chacun traiterait avec plus de respect et de charité tous les autres systèmes, toutes les autres doctrines, quelque contraires, quelque opposés qu'ils fussent à son propre système, à ses propres doctrines.

Le premier système, le système qui consiste à dire que les révélations du *moi*, les révélations de notre sens intime, peuvent seules nous faire connaître les facultés de l'esprit, a été appelé par excellence ou antonomase la *psychologie*. Ce terme vient de deux mots grecs, ψυχή, souffle, âme, esprit, et λόγος, discours, doctrine, traité ; nous nous en servons non-seulement pour désigner le système dans lequel l'âme s'étudie en méditant intérieurement sur elle-même, mais encore, comme je l'ai déjà insinué, pour exprimer l'étude de l'âme par tous les systèmes réunis ; nous l'employons alors comme synonyme du terme de *philosophie de l'esprit* [1]. Contre la *psychologie*, dans son acception propre, la seule objection possible, c'est qu'elle est incomplète, parce qu'elle n'embrasse pas les *impressions*, c'est-à-dire les sensations qui se produisent au dedans de nous-mêmes, au contact de nos sens avec les objets extérieurs, et parce qu'elle ne détermine pas avec la précision de l'analyse les facultés spéciales de l'âme.

En considérant ce qui se passe au dedans de nous, nous y constatons l'existence de désirs et d'aversions, de sentiments agréables et désagréables, de la volonté, de la mémoire, des facultés pensantes ou de la raison ; mais nous ne saurions constater l'existence des objets extérieurs, ni parvenir à savoir ce qui se passe dans l'esprit des autres hommes ; car, pour suivre exclusivement ce système, nous devrions nous garder de les observer [2], tandis que l'observation est le seul moyen par lequel nous puissions arriver à les connaître. Celui qui s'étudie d'après ce qu'il sent en lui-même ne fait qu'étudier son propre individu, et rien de plus. Mesurer ensuite les facultés et les forces intellectuelles de tous les hommes sur celles que nous *sentons* en nous-mêmes, c'est supposer que, *intellectuellement*, *nous sommes tous égaux*, lorsque l'expérience des siècles et l'évident témoignage de nos sens *prouvent le contraire*.

Tel homme qui ne fait que suivre les inclinations d'une heureuse nature,

---

[1] *Filosofia mental*, dit l'auteur. Voy. la leçon LV.

[2] C'est ce que posent en principe et ce que conseillent pour la pratique les coryphées de ce système. Pour étudier l'homme et le monde extérieur, Descartes veut que nous nous enfermions dans une chambre bien close, dans un *poêle*, dit-il, afin que nos sens ne puissent ni nous tromper ni nous distraire.

en se vouant à des œuvres de charité et de bienfaisance, nous paraît un
ange ; et tel autre nous paraît un être sorti des abîmes de l'enfer, tant il y
a d'infamie et de férocité dans ses actes, tant ils révèlent un satanique
instinct de destruction. Il y a des personnes qui se rient de la mort, il y en
a d'autres qui tremblent à la vue du moindre danger; celui-ci se laisse fas-
ciner par une femme, tandis que celui-là regarde le beau sexe avec la plus
grande indifférence. A côté de l'avare, qui se laisse mourir de faim, nous
rencontrons le prodigue. Il y en a que le simple récit d'un événement malheureux touche et émeut jusqu'aux larmes, comme il en est que rien n'a
jamais pu attendrir. Certains hommes aiment la gloire, l'encens, les éloges,
comme le bien suprême de la terre, et nous en voyons d'autres qui ferment
l'oreille au bruit de la renommée, et restent tout à fait insensibles à l'aiguillon de la critique. Celui-ci, doué d'une volonté de fer, surmonte ou
renverse tous les obstacles ; celui-là se décourage ou s'abat à la moindre difficulté. Colomb découvrit le nouveau monde ; Garai et Fulton inventèrent
le bateau à vapeur, et Whitney la machine à préparer le coton, tandis que
d'autres n'auraient pas conçu, même dans les rêves de leur imagination,
la possibilité de semblables découvertes. L'intelligence profonde et sagace
d'un Cervantes pénètre dans les replis les plus cachés du cœur humain, en
révèle les secrets et excite l'admiration universelle, pendant que l'intelligence obtuse et superficielle d'un grossier manant n'inspire qu'aux uns la
pitié, aux autres le mépris.

Milton et Shakspeare, Dante et le Tasse, Calderon et Lope de Vega, Molière et Racine, s'élèvent sur les ailes de l'imagination dans les régions supérieures et créent des chefs-d'œuvre intellectuels qui jettent l'âme dans
l'extase et le ravissement, tandis que les cieux n'ont rien de sublime, la
terre n'a ni grâce ni beauté pour l'imagination lourde et stérile d'un être
stupide.

De cette diversité naturelle de caractères, de génies et de talents, il résulte d'une manière claire et évidente que si l'homme prenait uniquement
son sens intime comme principe fondamental pour faire la philosophie de
l'entendement humain, il y aurait autant de philosophies que d'individus.
Dans la philosophie de l'homme courageux, l'homme en général serait représenté comme courageux ; et, dans celle du poltron, il serait décrit suivant
son degré de pusillanimité. Dans la philosophie de Calderon il n'y aurait
que des hommes de génie, que des dramaturges sublimes, et, suivant celle de
l'imbécile, nous serions tous des niais. Le voleur, le fourbe, le prodigue,
écriraient des philosophies toutes différentes de celles que nous exposeraient
l'homme probe, l'homme sincère, l'homme économe. Et cependant tous auraient également le droit de dire et de croire qu'ils ont trouvé la véritable
philosophie de l'esprit : car, fidèles à la métaphysique, tous auraient suivi
les inspirations du sens intime, de la conscience individuelle, du *moi*, qui est,
suivant les principes psychologiques, la base, le point de départ, l'autorité
absolue et exclusive en ces matières.

Une philosophie de l'esprit fondée sur de pareils principes sera toujours la philosophie d'un seul homme; jamais elle ne découvrira les facultés de l'esprit, telles qu'elles se manifestent en chacun des individus qui composent la grande famille humaine. La faculté qu'un philosophe reconnaîtrait, dans son système, comme étant la plus énergique de l'esprit humain, serait considérée comme la plus faible par un autre, et un troisième irait peut-être jusqu'à en nier l'existence, suivant le degré d'activité qu'elle aurait en chacun d'eux. En fait, les choses se sont passées ainsi. Cobbet et Bentham, chez qui le sentiment du beau idéal et du sublime se trouvait presque éteint, malgré la puissance de leurs facultés intellectuelles, donnent peu d'importance, si tant est qu'ils en donnent, aux arts d'imitation, à la poésie, à l'éloquence: ils les rejettent, non-seulement comme inutiles, mais même comme pernicieux. En parlant du *Paradis perdu*, ce magnifique poëme de Milton, le premier dit qu'il n'est bon qu'à faire des cornets d'épicier, et le second proclame le principe de l'*utilité* comme l'unique règle des actions humaines. Paley refuse à l'homme cet instinct particulier de justice qu'on appelle la conscience, tandis que Brown, Voltaire et d'autres philosophes soutiennent hautement qu'il le possède. La Rochefoucauld base ses maximes ou sa philosophie morale sur ce principe que l'*amour-propre* est le plus fort de tous nos sentiments, et le considère comme le premier mobile de toutes nos actions. Il l'était chez lui sans doute, et c'est pour cela qu'il oubliait que l'avare sacrifie l'amour-propre pour une somme d'argent, que le poltron le foule aux pieds par peur, que le disciple de Bentham y renonce par intérêt, et que des hommes tels que saint Vincent de Paul et un John Howard n'ont été animés toute leur vie que de l'ardent désir de faire le bien et de diminuer les misères et les souffrances de leurs semblables, et ne se sont jamais laissé diriger dans leurs actions par un autre motif naturel.

Ces faits et mille autres du même genre, qui frappent les yeux de tout observateur, n'ont pas suffi pour renverser la philosophie qui s'appuie uniquement sur le sens intime ou la conscience personnelle. Certains psychologues se sont obstinés à interroger le *moi* et à ne s'entretenir qu'avec leurs pensées [1], au point que Descartes, vous le savez déjà, voulait, pour se livrer à l'étude de l'homme, s'enfermer dans un *poêle*, afin d'empêcher que les impressions du dehors ne vinssent troubler les inspirations intérieures, qui peuvent seules, aux yeux des Cartésiens, faire connaître la vérité.

Si c'était réellement là un principe certain, il n'y a et ne pourrait y avoir en aucun sens et d'aucune manière une divergence quelconque dans les opinions. Si nous possédions tous des facultés intellectuelles douées d'une égale force et du même degré d'activité, dont les opérations naturelles se trouveraient en harmonie avec la vérité, sans qu'il fallût en vérifier les résultats d'après les faits, ainsi que le suppose dans ses prémisses le système du sens intime, l'homme serait parfait, au lieu d'être imparfait; stationnaire, au

---

[1] Voir le *Discours de la Méthode* de Descartes, II* partie.

lieu d'être progressif. La première impression, le premier pressentiment, la première inspiration d'un homme quelconque sur des sujets intellectuels, moraux ou politiques, seraient d'emblée universellement admis avec la même faveur qu'un véritable principe fondamental. Il n'est pas douteux qu'il ne puisse en être, et il est incontestable qu'il en a souvent été ainsi : la vérité pure et éternelle peut jaillir et a plus d'une fois jailli spontanément d'une âme privilégiée; personne ne saurait le nier. Néanmoins nous voyons que, par suite de la divergence des esprits, il est bien rare qu'une opinion, quelle qu'elle puisse être, soit reçue comme un principe général, la première fois qu'elle est avancée. Une opinion vraie ou fausse, utile ou inutile, est combattue par une autre opinion qui à son tour doit lutter contre cent opinions que font naître des organisations, des éducations, des intérêts différents, jusqu'au moment où un ensemble de faits, une série de longues expériences prouvent et confirment la vérité de l'opinion avancée, ou permettent de la rejeter comme fausse ou inutile. Toutefois ce qui arrive le plus souvent, c'est que toutes les opinions émises sont rapprochées, réunies, confondues, pour être soumises au creuset de l'expérience; il se fait alors au sein de toutes ces opinions un travail d'où sort un principe universel que tout le monde admet, parce que, quant à son application pratique ou naturelle, il convient également à tous les individus, dans les conditions particulières où ils se trouvent. Dans l'ordre physique comme dans l'ordre moral, une découverte utile, féconde et applicable à tous les individus en particulier et en général, peut-être l'effet d'une inspiration individuelle ou le résultat d'un effort momentané; mais d'ordinaire elle est l'œuvre de plusieurs hommes et de plusieurs siècles.

Le système psychologique, exclusivement fondé sur le *moi*, ou sur le sens intime, est et sera toujours, comme système général, un système vague, confus et très-incomplet, à cause de sa base et de son point de départ. L'homme que nous montre la métaphysique du *moi* ou du sens intime, et les divers hommes que nous rencontrons dans le monde et avec lesquels nous devons avoir des rapports dans la vie réelle, sont des créatures tout à fait distinctes : le premier est tel que se le représente un philosophe, en méditant *sur lui-même*, dans un désaccord complet avec un autre ou mille autres philosophes; les seconds sont tels que Dieu les a créés, tels que la nature et les influences extérieures nous les montrent, et tels que la science devrait les considérer.

Toutefois, convaincu comme je le suis que tous les systèmes fournissent une pierre au grandiose édifice de la *philosophie humaine*, je dois franchement avouer, pour ne trahir ici ni la vérité ni la justice, que si, au fond et par sa base, la métaphysique ou la psychologie, exclusivement appuyée sur le *moi* ou sur le sens intime, est incomplète ou incapable de conduire au but qu'elle se propose, c'est-à-dire de découvrir et de déterminer les diverses facultés de l'esprit et leurs différents degrés d'activité dans chacun des hommes qui composent la grande famille humaine, les travaux philosophiques des psychologues n'en ont pas moins été importants, considérables et extrêmement utiles. En proclamant que la conscience personnelle ou le sens intime de chacun était l'unique autorité dans les *matières philosophiques*, ils ont contesté l'autorité de l'opinion individuelle, quelle que fût la qualité du personnage qui l'émettait, tant que la vérité de cette opinion ne serait pas confirmée par l'expérience, et ils ont établi ainsi, sur un fondement indestructible, la *liberté de la pensée*, sans abandonner pour cela le principe d'*autorité*, sans lequel, ainsi que je l'ai déjà dit, tout ordre, tout gouvernement, toute éducation, seraient une chimère. Comme, d'ailleurs, les hommes en général ont tous les mêmes facultés intellectuelles, bien que très-différemment développées, les métaphysiciens du *moi* ou du sens intime ont pu poser, en outre, certains principes généraux, utiles par eux-mêmes, et plus utiles encore à raison des nombreux éclaircissements et des faits importants par lesquels ils se sont attachés à les soutenir et à les appliquer.

Je présente ici les portraits, considérés comme authentiques, de Platon et de Descartes. On peut appeler l'un le fondateur, et l'autre l'apôtre zélé,

PLATON, né en 430, mort en 347 avant l'ère chrétienne.

et même la lumière du système exclusivement psychologique. Dans ces deux têtes on voit un front beaucoup plus haut que large, surtout dans celle de Descartes, dont je puis garantir l'exacte ressemblance, puisqu'elle est reproduite d'après un portrait original. L'expérience démontre que les individus

ainsi constitués sont très-conceptifs ou spéculatifs; leur monde est au dedans;
on dirait que leur âme ne se nourrit que de ses sentiments et inspirations
propres; la méditation est l'état normal de leur existence. Pour les hommes
à pareille organisation, le monde extérieur offre peu d'attraits; l'analyse leur

DESCARTES, né en 1596, mort en 1650.

répugne, et la synthèse est leur idole. De tels hommes naissent pour créer
des principes, pour former des conceptions sublimes, pour vivre dans les
hauteurs du mysticisme. Plus vous étudierez la phrénologie, plus vous reconnaîtrez et admirerez la profonde et mystérieuse correspondance que Dieu
a établie entre l'âme et la tête, entre l'esprit et l'organe dont il se sert pour
se manifester.

LEÇON III

Examen du système métaphysique ou idéologique, basé sur la simple observation du monde extérieur.

MESSIEURS,

Après la mort d'Aristote, ceux de ses disciples qui publièrent ses ouvrages, voulant désigner par un terme générique son *Idéologie* (ou sa
Dialectique et sa *Logique*), afin de la distinguer de ses écrits sur les

objets physiques ou naturels, lui donnèrent le nom de métaphysique, mot de la basse latinité, dérivé du grec, qu'on pouvait traduire par l'expression *super naturalia*, au-dessus ou au delà des choses de la nature. En effet, le mot *métaphysique* s'emploie, au moins dans la langue espagnole, pour exprimer, soit ce qui n'est discuté et expliqué que d'une manière trop subtile et trop obscure, soit la science qui traite des premiers principes de nos connaissances, des idées universelles et des êtres spirituels : c'est ainsi qu'on le trouve communément défini dans des ouvrages estimés. Toutefois beaucoup de personnes s'en servent dans un sens identique à celui qu'exprime le mot de *psychologie*, dans sa signification générique, c'est-à-dire qu'elles le prennent comme synonyme de *philosophie de l'esprit*, de philosophie comprenant tous les systèmes établis pour faciliter l'étude de l'âme. C'est presque toujours cette acception qu'on lui donne quand on parle des métaphysiciens dans un sens philosophique [1].

Il est fort singulier qu'une philosophie, fondée sur le pur matérialisme de la nature extérieure, soit précisément désignée par un nom qui, d'après son étymologie et son application, signifie l'étude la plus abstraite et la plus *psychologique* que l'on connaisse. C'est pourtant ainsi ; mais ce fait même prouve que les partisans de ce système matérialiste, de ce système funeste, démentaient, rien qu'en les énonçant, leurs *croyances* ou *convictions* philosophiques, puisque, loin de pouvoir venir *du dehors*, il fallait nécessairement qu'elles eussent leur première origine *au dedans*.

Le grand vice radical du principe *nihil est in intellectu quod prius non fuerit in sensu*, considéré comme base d'un système de philosophie, c'est qu'il fait l'âme purement *passive* ou *réceptive*, et nullement *active* ou *génératrice*. En preuve de cette erreur fondamentale, nous pouvons citer les expressions suivantes : « L'âme est une table rase, une feuille de papier blanc, un morceau de cire, une ardoise, » qualifications par lesquelles on désignait l'essence et les facultés de notre esprit immortel. Les philosophes qui considèrent l'âme ainsi, et il faut ranger parmi eux tous les aristotéliciens, depuis leur chef jusqu'à Locke, Hobbes, Condillac et Hume, posent en principe que, d'elle-même et par ses propres forces natives, elle ne peut rien produire.

En partant de ce principe, ils ne peuvent point faire un pas, ils ne peuvent point tirer une conséquence, sans se mettre en contradiction directe avec leurs doctrines. Si l'âme est purement passive et réceptive, comment pourrait-on lui assigner des facultés primitives et particulières? Et cependant c'est sur ces facultés qu'ils fondent leurs doctrines, lorsqu'ils disent que l'âme reçoit toutes ses sensations *du dehors*, mais qu'ensuite elle compare, elle réfléchit, elle choisit et elle déduit, au moyen de l'*entendement*,

---

[1] Pour avoir une idée complète de la signification des mots *phrénologie*, *philosophie*, *philosophie de l'esprit*, etc., on peut consulter la leçon LV ci-après. (Note de l'auteur sur l'édition française.)

de la *mémoire* et de la *volonté*, facultés qu'ils admettent et proclament. Les nier, ce serait saper par la base leur édifice philosophique.

Il y a dans tout cela une inconséquence fort singulière, une aberration presque inconcevable. Ils appellent l'âme une ardoise, une feuille de papier, une table rase, un morceau de cire. Eh bien, il est clair que l'on peut tracer des caractères sur une ardoise, sur une feuille de papier, mais sans leur faire subir aucune modification ; que ces caractères soient effacés, ils disparaissent complétement ; qu'ils ne soient pas effacés, ils restent à jamais sur l'ardoise, sur la feuille de papier, sans pouvoir être remplacés par d'autres.

Ni l'ardoise, ni le papier, ni la table, ni la cire, n'ont la propriété innée de concevoir les caractères, c'est-à-dire d'en rester imprégnés, de manière que d'eux-mêmes, ou à volonté, ils apparaissent ou disparaissent, pour produire le phénomène de la mémoire ou de l'oubli. Beaucoup moins encore ces objets ont-ils par eux-mêmes la faculté de choisir ou la faculté de déduire. Et pourtant ces facultés innées que les aristotéliciens refusent à l'âme quand ils la comparent à une table rase, ils les lui accordent quand ils lui attribuent la *mémoire*, l'*entendement* et la *volonté*.

Il est vrai que, parmi ces philosophes, il en est de si peu spiritualistes, de si peu mystiques, de si peu contemplatifs, qu'ils ne savent concevoir l'âme que comme une essence purement passive, purement réceptive, et qu'ils lui refusent, comme émanant de facultés innées, la mémoire, la volonté et jusqu'à l'entendement. Hobbes ne reconnaît chez l'homme que la faculté de *connaître* et la faculté de *se mouvoir ;* comme si, à force de connaître des objets extérieurs, nous pouvions jamais nous élever aux sublimes créations d'un Dante ou d'un Calderon de la Barca. Helvétius n'accorde guère à l'âme d'autre faculté que l'*attention*, qu'il considère comme le principe de tous les actes de l'esprit ; comme si l'attention soutenue, avec laquelle tous les astronomes du monde ont observé les astres pendant des milliers d'années, eût pu suffire pour découvrir les lois de l'attraction, sans les sublimes conceptions d'un Newton, dues en partie à des inspirations purement intérieures, en partie à des observations purement extérieures. Condillac fait dépendre de la *sensation* ou des impressions reçues, même l'entendement et la volonté ; comme si les données qui se présentent à notre faculté innée de raisonner constituaient la faculté du raisonnement ; comme si les objets sur lesquels notre volonté exerce son action et son empire constituaient la volonté elle-même. Le croire, ce serait supposer que la lumière est l'œil ; que les odeurs sont l'odorat ; les sons, l'ouïe ; les aliments, l'estomac. De pareilles doctrines ôtent à l'âme ses prérogatives les plus précieuses, les plus hautes, les plus essentielles, qui sont les facultés innées de désirer, de vouloir, de penser, de déduire et de sentir : prérogatives dont chacun reconnaît irrésistiblement en soi l'existence, rien qu'en se recueillant pour méditer sur ce qui se passe dans son intelligence ; prérogatives dont Hobbes, Helvétius et Condillac eux-mêmes eussent intérieurement reconnu l'existence, s'ils avaient seulement aperçu que sans elles il était impossible qu'ils *crussent* aux doctrines qu'ils *professaient*.

Réduire toutes les opérations de l'esprit à celles qu'exécute la mémoire, l'entendement et la volonté, au moyen des impressions que nous recevons du dehors, c'est tout convertir en *sensations* produites dans l'âme par les objets qui existent dans le monde extérieur. Il n'est donc pas étonnant que l'*idée* ait été confondue avec la *sensation*, par une erreur déplorable [1] que j'ose me flatter d'avoir éliminée du champ de la philosophie. Il n'est donc pas étonnant que l'on ait présenté une *idéologie*, fondée sur les *sensations* que produisent *au dedans* les impressions reçues *du dehors* par nos sens : il suffisait de supposer que les désirs et les inclinations, les affections et les sentiments que nous éprouvons, soit spontanément, soit occasionnellement, et que les jugements et les conjectures que nous formons, et qui proviennent, les uns et les autres, des facultés innées de l'âme, aussi simplement, aussi naturellement que les plantes sortent de la terre, à cause de ses propriétés natives, émanent directement et exclusivement de l'observation. Il n'est donc pas étonnant, je le répète, que la faculté de penser, celle de déduire des conséquences, celle de former de pures et sublimes conceptions, aient été considérées comme des produits du monde extérieur, comme des effets de la matière, et que, par conséquent, ceux qui se qualifiaient d'*idéologues*, se soient vus en butte aux critiques amères, mais justes, des philosophes purement mystiques ou spiritualistes.

La philosophie de l'esprit scolastique ou philosophie des cours théologiques a adopté, dès son origine, au septième siècle, a conservé et conserve encore généralement la *Dialectique* et la *Logique*, en d'autres termes, l'idéologie ou métaphysique d'Aristote. Mais si, d'une part, elle a adopté et conservé les doctrines et les formes syllogistiques du philosophe de Stagyre; si elle a adopté et maintenu le principe *nihil est in intellectu quod non prius fuerit in sensu*, elle l'a toujours fait en conciliant cette métaphysique avec la voix de la nature, qui parle par les affections, avec les impulsions dites du cœur, qui se manifestent par les désirs. En théorie et en fait, les scolastiques ont suivi Aristote pour l'*idéologie* proprement dite, et Platon pour l'*éthique* ou la *philosophie morale*. C'est pour cette raison que, bien qu'une critique spécieuse ait essayé de prouver le contraire, ce sont les scolastiques qui ont présenté les meilleurs systèmes des connaissances humaines. C'est ce qu'a compris Gall lui-même, qui, en s'abreuvant aux sources pures et limpides des œuvres de saint Jean Chrysostome, de saint Bonaventure, de saint Thomas d'Aquin, d'Albert le Grand et de plusieurs autres Pères de l'Église, y trouva ses doctrines phrénologiques pressenties et entrevues. « J'ai lu vos ouvrages avec une attention sérieuse, me dit un jour un célèbre théologien espagnol, et je n'y trouve ni plus ni moins que notre *philosophie scolastique* : le mérite de la phrénologie, c'est d'avoir fait un pas en avant,

---

[1] Voir plus loin les leçons XXXIII, XLV, et LVIII.

c'est-à-dire d'avoir découvert et signalé les organes par lesquels l'âme manifeste ses inclinations et ses opérations intellectuelles. — C'est son seul mérite, répondis-je; et il en résulte que la phrénologie n'est que la confirmation pratique des spéculations scolastiques. De sorte que ce n'est ni dans la *Psychologie* de Platon, ni dans la Métaphysique d'Aristote, ni dans la *philosophie de l'esprit* des écoles modernes, mais dans les œuvres philosophiques des saints Pères qu'il faut chercher la véritable origine de la phrénologie. »

S'il est vrai que la Dialectique et la Logique d'Aristote, universellement suivies pendant des siècles et ensuite employées seulement dans l'enseignement scolastiques, peuvent, lorsqu'on *abuse* de ses *nego* et de ses *concedo*, de ses *probo* et de ses *distinguo*, de ses *atqui* et de ses *ergo*, offusquer l'entendement et obscurcir la raison, il ne l'est pas moins que lorsqu'on ne fait qu'en *user* pour établir des prémisses et en tirer des conséquences rigoureuses, elles contribuent à développer et à fortifier la faculté de la réflexion, de la pensée, de la pénétration; et personne n'a le droit de nier que ces doctrines et ces formes aient servi à défricher le champ de l'intelligence humaine, d'où ont jailli ensuite les inventions et les découvertes qui excitent aujourd'hui notre étonnement et notre admiration. A cet égard, ceux qui, comme l'auteur de *Gil Blas*, ont comparé à des énergumènes les argumentateurs de l'enseignement scolastique, se sont plus attachés à attaquer l'*abus* qu'à justifier l'*usage*. Si ceux qui argumentaient dans les cloîtres et dans les cours publics étaient possédés du malin esprit et dépourvus d'idées saines, de quel esprit doivent donc être possédés, selon ces critiques, les hommes qui, dans le sein de nos assemblées législatives modernes, abusant de leurs facultés intellectuelles, soulèvent parfois des discussions orageuses, et se livrent même à de honteuses querelles? Le même système de confondre l'abus de la chose avec la chose a été suivi par ceux qui nous citent certains exemples réels ou supposés, pour donner une idée de la profonde dialectique, de la saine logique et des sages inductions des écoles. Nous connaissons tous la phrase célèbre par laquelle notre immortel Cervantes a attaqué le style dans lequel étaient écrits les livres de chevalerie, et étaient énoncés les arguments de dialectique en usage dans les Facultés. Je fais allusion au passage conçu en ces termes : « La raison du tort sans raison, qui est fait à ma raison, nuit tellement à ma raison, que je me plains avec raison de votre beauté. »

Le célèbre métaphysicien Brown, dans ses *Leçons* justement estimées *sur la philosophie de l'esprit humain*, nous donne, pour prouver l'absurdité de la logique scolastique, un exemple d'argumentation par laquelle on voulut démontrer en quoi l'*impossible* diffère du *possible*.

« Ce qui de soi et en soi, dit l'argumentant, renferme des choses contradictoires, diffère essentiellement de ce qui de soi et en soi n'implique rien de contradictoire. Or ce qui de soi et en soi est impossible renferme des choses contradictoires; par exemple, *un homme irraisonnable, un cercle carré;* tandis que ce qui de soi et en soi est possible n'implique rien de contradictoire. Donc, ce qui de soi et en soi est impossible diffère de ce qui est possible. »

Rivethal, auteur allemand, pour montrer qu'avec la forme syllogistique on peut tout affirmer et tout nier, suppose qu'un professeur, demeurant dans les bâtiments de l'Université de Paris, voulant prouver qu'il était le plus bel homme du monde, se mit à argumenter de la manière suivante :

« L'Europe est la plus belle partie du monde; la France, le plus beau pays de l'Europe; Paris, la plus belle ville de France; le quartier de l'Université, le plus beau quartier de Paris; mon appartement, le plus beau de l'Université; et je suis le plus bel homme de mon appartement; donc, je suis le plus bel homme du monde. »

Ceux qui prennent ces exemples d'*abus*, d'*erreur*, d'*excès*, que présente l'*idéologie* scolastique, pour *toute* cette idéologie, et qui savent qu'elle a régné au moyen âge en souveraine dans tout l'univers civilisé, parlent d'une manière telle, que, si l'on prenait au pied de la lettre ce qu'ils disent, on croirait que la philosophie de l'enseignement public était, quant au fond, purement matérialiste, et, quant à la forme, pleine d'arguties psychologiques et de subtilités métaphysiques : or ce serait là une erreur complète.

La *foi*, l'*espérance*, la *charité*, la *justice*, le *beau idéal*, et tous les sentiments qui élèvent la nature humaine, et dont les phrénologues ont depuis confirmé l'existence par la découverte des organes qui les manifestent, forment partie intégrante de cette philosophie, quoique le principe d'Aristote *nihil est in intellectu quod non prius fuerit in sensu*, semble les en exclure. La gourmandise, la luxure, l'avarice, la colère, l'orgueil, la paresse, l'envie, la force, le courage, dont les extrêmes opposés sont l'abstinence, la chasteté, la générosité, la patience, l'humilité, l'activité, la faiblesse, la lâcheté, qui sont des inclinations et des affections de l'âme, poussées jusqu'à l'abus, jusqu'à l'excès, dans un cas, contenues dans de justes bornes et sagement dirigées dans l'autre cas, procèdent de facultés de l'esprit, dont non-seulement les philosophes scolastiques ont reconnu l'existence, pour leur donner une place dans l'exposé de leurs doctrines morales, mais dont ils ont même établi la classification, en donnant aux unes le nom de *vice*, aux autres celui de *vertu*. Ils ont cru que les efforts de l'homme n'étaient pas impuissants pour arrêter le débordement des *vices* et pour activer le développement des vertus, et que, pour qu'ils fussent tout à fait victorieux, l'intervention de la grâce divine était nécessaire. Ainsi, dire que la philosophie scolastique enseigne que c'est l'observation de la nature extérieure, et non l'âme, qui produit ces désirs et ces affections, c'est dire ce que tous les ouvrages, toutes les doctrines et toutes les leçons des philosophes et des moralistes scolastiques contredisent et réfutent. Ils affirment ce que la phrénologie prouve, à savoir que ces désirs et ces affections peuvent être modifiés, corrigés et même changés dans leur direction par les efforts de la raison et par l'éducation religieuse et philosophique, comme je vous l'expliquerai amplement et longuement plus tard dans les douzième, treizième et dix-huitième leçons et dans beaucoup d'autres. Si la philosophie des universités n'eût pas été divisée en *éthique* ou morale humaine, d'une part, et en *idéologie* ou *dialectique* et *logique*, d'autre part, parce que l'on eût supposé que la première était du domaine exclusif des moralistes pratiques, et la seconde, de celui des professeurs d'un enseignement purement théorique [1], il faudrait considérer la scolastique comme se rattachant à la philosophie qui part de l'observation de la vie humaine et que la religion préconise, et nullement à celle qui reconnaît pour base unique les désolantes doctrines d'Aristote. Méditer sur ce qui se passe au dedans de nous et sur ce qui se passe dans le monde extérieur, en subordonnant tout à la religion, suivant les prescriptions communes du bon sens et de la saine raison, voilà ce qui constitue essentiellement le principe fondamental des doctrines scolastiques. De là à la phrénologie il n'y a qu'un pas : ce pas, l'immortel Gall l'a fait.

J'ai dit que les philosophes purement mystiques, du sens intime ou spéculatifs ont le front plus haut que large ; et maintenant je dis que les philosophes de la pure observation ou analyse ont le front plus large dans sa région inférieure que haut dans sa partie supérieure.

ARISTOTE naquit en l'an 584, et s'empoisonna en l'an 522 avant l'ère chrétienne.

Je présente ici un portrait d'Aristote que l'on regarde et que je considère comme exact. Vous remarquerez que la face révèle une extrême activité intellectuelle, et que dans son volume total le front paraît très-grand, notablement plus large que haut : ce sont là autant d'indices d'une intelligence vaste, étendue, profonde, observatrice, et éminemment apte à réfléchir sur les observations faites. Je suis convaincu que tout phrénologue habile, après avoir lu les œuvres d'Aristote, lui attribuerait probablement une tête semblable à celle que je vous présente, comme en la voyant, sans les avoir lues, il supposerait que celui qui l'avait devait être un génie privilégié pour les sciences où ont une grande part l'observation, l'analyse et le raisonnement.

Locke a été, dans les temps modernes, pour la philosophie de l'esprit d'Aristote ce que Descartes a été pour celle de Platon. Il est vrai qu'il n'admit pas les formes syllogistiques et qu'il se déclara en faveur du bon sens et

[1] Voir plus loin la leçon XXXIII.

de la logique naturelle. Mais c'est lui qui, dans les deux derniers siècles, a le plus contribué à propager et à enraciner l'idée que l'âme est, comme il se plaisait à le dire, *une feuille de papier blanc*. Et pourtant, ô contradiction humaine! le même homme qui désignait ainsi notre esprit créateur lui accordait la mémoire, l'entendement, la volonté et diverses aptitudes innées.

Locke a longtemps joui de la réputation d'être l'*Hercule des métaphysiciens*. C'est Voltaire qui l'a appelé ainsi d'après l'opinion d'autrui, ou pour n'avoir pas compris ses ouvrages. D'autres ont conservé ce nom à Locke, en reproduisant l'opinion de Voltaire. Ce qui est certain, c'est que, au sentiment de ceux qui ont le droit d'énoncer une opinion sur ce sujet, ce philosophe a été fort applaudi et peu étudié. J'ai eu beau me fatiguer les yeux à la lecture de ses œuvres, je n'y ai point

Locke, né en 1652, mort en 1704 [1].

trouvé un seul système d'une application utile, un seul principe d'utiles explications, une seule idée mère, utile ou féconde. Il ne concevait guère clairement les matières abstruses qu'il traitait, et par suite son style est ordinairement obscur, toujours diffus. Je présente son portrait à votre examen. C'est la copie d'un portrait qui se trouve au frontispice de ses œuvres d'après un original. Il est inutile de vous faire remarquer que cette tête est proportionnellement petite. Vos propres yeux révèlent ce fait à votre intelligence. Vous remarquerez aussi que le front est bien plus large que haut. Ces deux caractères, qui forment un contraste si frappant avec ceux que présente la tête du premier véritable phrénologue par inspiration, de saint Bonaventure, du portrait authentique duquel je vous montrerai plus loin [2] la copie, expliquent ce qu'il y a de commun et d'étroit dans les vues de Locke et sa tendance à tout faire dériver de l'observation des objets extérieurs, sans que cela l'empêchât d'accorder à l'âme diverses apti-

---

[1] Pour apprécier la forme de cette tête, il faut faire abstraction complète de la chevelure, qui fait paraître le front plus haut que large. (Note de l'auteur sur l'édition française.)

[2] Voir la leçon VII.

tudes innées, et de se mettre par là en contradiction complète et absolue avec lui-même.

Là où l'on signale dans la tête humaine les facultés du beau idéal, et d'une vaste compréhension, celle de Locke, comme vous le voyez vous-mêmes, était fort déprimée. En lisant ses ouvrages, où abondent les observations communes, la première personne venue, lettrée ou illettrée, sent et reconnaît qu'elles sont toutes vraies, et, trompée par la réputation de l'auteur, elle suppose que les choses qu'elle ne comprend pas sont de grandes et sublimes vérités, qui échappent à son intelligence, parce qu'elles dépassent la portée de ses facultés intellectuelles. Mais le fait est que celui qui était doué de pauvres facultés, c'était l'auteur lui-même, qui ne comprenait pas bien clairement ce qu'il écrivait. En effet, c'était l'insuffisance des lumières, de la portée d'esprit et du talent de Locke, qui ne lui permettait pas de s'exprimer avec clarté du moment où il s'élevait à une hauteur vraiment métaphysique. Comment énoncer clairement ce que l'on ne conçoit pas, ou ce que l'on conçoit confusément? Combien à cet égard le philosophe anglais était loin d'Aristote, son devancier! Que l'on compare les têtes de l'un et de l'autre, et l'on verra si elles ne procurent pas à la phrénologie un de ces nouveaux et grands triomphes qui étonnent jusqu'à ses détracteurs!

LEÇON IV

Rapide coup d'œil sur la philosophie de l'esprit, depuis sa première origine jusqu'à l'avénement de la phrénologie.

MESSIEURS,

J'ai essayé d'expliquer, bien que sommairement, dans les deux dernières leçons, ce qu'ont fait pour la philosophie de l'esprit les psychologues et les métaphysiciens qui ont suivi, soit le système de méditer exclusivement sur ce qui se passe au dedans de nous, soit le système de méditer exclusivement sur les impressions que nous recevons du monde extérieur. Le moment est venu où je dois appeler votre attention sur le système qu'a suivi instinctivement à toutes les époques et dans tous les temps la grande majorité du genre humain, et qui consiste à observer la conduite de l'individu et la marche de la société, et d'établir sur cette expérience des règles de conduite utiles à chacun.

Je croirais néanmoins manquer au devoir que je me suis imposé, si je ne jetais d'abord un rapide coup d'œil sur l'histoire ou la marche de la philosophie de l'esprit depuis sa première origine jusqu'à l'avénement de la phrénologie. Depuis Platon et Aristote jusqu'à Reid et Brown, pendant un espace de plus de deux mille ans, les philosophes et les écoles philosophiques se sont prononcés tantôt en faveur des *idées innées*, tantôt en faveur des *idées acquises*; et cette divergence a été l'origine, sinon de toutes les disputes psychologiques ou métaphysiques, au moins de la plupart, durant cette longue période. Même au temps où vivait Aristote, la doctrine *innéiste* de Platon, son maître, régna si souverainement, que les péripatéticiens, jaloux de son influence, brûlèrent ses œuvres. Plus tard, à partir de la chute finale de l'empire romain jusqu'au seizième siècle, les doctrines d'Aristote furent considérées, dans le monde philosophique, presque comme des articles de foi. En 1543, Ramus osa élever la voix pour combattre la doctrine qui présentait l'âme comme une *table rase*, c'est-à-dire pour combattre le péripatétisme, et une commission nommée par François Iᵉʳ fit brûler sa thèse comme *téméraire, malsonnante, hérétique* et *fausse*. Vint ensuite Descartes, qui soutint, contre Aristote, la doctrine des *idées innées*. On en profita pour l'accuser d'athéisme, quoiqu'il eût écrit sur l'existence de Dieu, et ses ouvrages furent brûlés publiquement par ordre de l'Université de Paris. Bientôt après, l'Université adopta elle-même la doctrine des *idées innées*; et, quand à leur tour Locke et Condillac l'attaquèrent, on cria au fatalisme, au matérialisme.

Vous ne vous étonnerez pas de cette conduite après ce que j'ai dit dans la première leçon sur la facilité avec laquelle l'esprit peut se laisser séduire par l'une ou l'autre de ces doctrines. Grande leçon qui nous montre la nécessité de considérer une question sous toutes ses faces et dans tous ses rapports connus, pour qu'on puisse la décider avec le plus de sagesse possible.

Dans les temps anciens comme dans les temps modernes, il y a eu à toutes les époques, indépendamment des disputes sur les notions innées ou acquises, diverses sectes ou écoles philosophiques, dont les systèmes renfermaient plus ou moins de vérités, plus ou moins d'erreurs. En général, dans l'histoire de la philosophie, les temps présents se sont toujours crus en possession *de toute la vérité*, et n'ont parlé des temps passés que pour en signaler les erreurs et les égarements.

Aujourd'hui nous parlons avec un certain mépris des sectes philosophiques des Éléatiques, des Héraclitiens, des Épicuriens et des Sceptiques des Grecs. Nous nous souvenons à peine des Romains Lucrèce, Horace, Épictète et Marc-Aurèle, sinon pour leur reprocher les défauts et les vices de leurs doctrines. La même chose arrive, comme je l'ai déjà dit, à l'égard de la philosophie scolastique, seul flambeau qui éclaira la république des lettres, au sein de l'Europe, depuis le septième jusqu'au quatorzième et jusqu'au quinzième siècle. Et, si nous jetons un regard sur les sectes des Nominalistes et des Réalistes, des Verbalistes et des Formalistes, sur les Scotistes et sur les D'occamistes, n'est-ce pas pour prendre en pitié leurs erreurs, leurs disputes et leurs querelles?

Néanmoins les vérités nombreuses qu'admettaient tous ces philosophes et

toutes ces sectes philosophiques furent les étapes successives ou les points de
départ de la philosophie, dans sa marche éternelle en avant et toujours en avant,
jusqu'à ce qu'elle eût atteint l'étape marquée par Leibnitz et par Kant[1], où les
doctrines de Platon et les doctrines d'Aristote se donnèrent pour la première
fois un embrassement fraternel. La philosophie de l'esprit de Leibnitz et de
Kant, véritables Hercules de la métaphysique, fondateurs de l'école appelée
allemande, consiste à supposer une harmonie établie dès le principe par le
Créateur suprème entre les opérations internes de l'âme et les objets externes
de la nature. Rien n'est plus certain. Il n'y a point de faculté sans objet.
L'œil suppose la lumière autant que la lumière suppose l'œil. Il y a le même
rapport entre l'air et les poumons qu'entre les poumons et l'air. Est-ce que
les périls qui nous menacent de toutes parts et notre marche constante dans
les voies du progrès ne supposent pas en nous l'existence de la crainte et de
l'espérance, comme les formes des objets extérieurs supposent l'existence
d'un réceptacle intellectif qui puisse les concevoir? Sans ce dualisme, sans
cette double existence, pourquoi la création physique? pourquoi la création
des êtres animés? Mais ce principe d'harmonie, qui brillait d'un si vif éclat
dans l'esprit de ces deux hommes immortels, ils l'obscurcirent et l'embrouil-
lèrent, en voulant trop l'approfondir et trop le développer.

Leibnitz et Kant prirent les divers résultats ou actes des facultés de l'âme
que nous appelons idées, principes, notions, désirs, affections, pour les facultés elles-mêmes; et c'est ainsi qu'ils ont parlé de ces actes et de ces résultats, comme éternellement existant dans l'âme, tandis qu'ils doivent se
produire successivement, et peuvent être et sont en effet aussi variés dans
leur nature, dans leur intensité ou dans leurs combinaisons, que le sont et
peuvent l'être les phénomènes naturels qui se sont produits, se produisent
et se produiront. Kant admit aussi cette harmonie; mais il divisa ou isola les
deux existences qui la formaient. Il appela l'une l'existence *subjective*, et
l'autre, existence *objective*. Par *existence subjective*, il entend l'âme et ses
phénomènes, en d'autres termes, le sujet qui désire, sent et pense; et, par
existence objective, les objets et les phénomènes du monde extérieur. Rien
de plus certain; mais il veut déterminer ce qui est propre au sujet, ce qui est
propre à l'objet, et ce qui constitue leurs rapports; et c'est ici que commencent la confusion et l'obscurité.

Il suppose que nous ne pouvons connaître ni le sujet ni l'objet, mais que
nous pouvons seulement nous rendre compte de leur relation ou harmonie,
qui est ce qui pour nous constitue la réalité. Il suppose que tout ce qui est
général et nécessaire est propre au sujet, tandis que tout ce qui est individuel et variable est l'attribut de l'objet. Il suppose que le sujet a les notions de
l'espace, du temps, de la causalité, et les autres qui résultent, non des impressions extérieures, mais des facultés *innées*, lesquelles nous font connaître
ces objets. Il suppose également que nos notions de moralité, de Dieu, de

---

[1] Leibnitz naquit en 1646 et mourut en 1716. Kant naquit en 1724 et mourut en 1804.

l'immortalité, émanent de facultés innées sans lesquelles nous serions privés de ces connaissances. C'est dans l'explication de ces vastes, profondes et sublimes conceptions, où presque tout est or pur, que se forment les brouillards d'une métaphysique nuageuse, qui les enveloppent bientôt d'épaisses ténèbres. Au surplus, on voit par les œuvres de Leibnitz et de Kant qu'ils n'ont point étudié seulement le sujet, comme Platon, ni seulement l'objet, comme Aristote, mais à la fois l'un et l'autre dans leurs mutuels rapports et dans leur enchaînement. Voilà le grand principe qu'ils ont établi; voilà la vérité sublime par laquelle ils ont éclairé l'esprit de tous les psychologues qui voudront dans les générations futures se livrer à une étude philosophique de l'entendement humain. Ce principe n'a pu être ébranlé, cette vérité n'a pu être obscurcie ni par l'école de l'*idéalisme transcendental*, ou du pur platonisme, que fonda depuis Fichte, ni par la *philosophie de la nature*, qu'enseigna ensuite Schelling, en le basant sur la supposition qu'il y a uniquement une existence dans l'ordre physique, et une existence avec la liberté dans l'ordre moral; d'où il conclut que toutes les propriétés objectives et subjectives sont purement et simplement telles que chacun de nous peut à son gré les attribuer à l'existence. Le peu d'influence qu'eurent relativement ces doctrines, assez plausibles et à certain point de vue soutenables, permit à la philosophie de l'esprit de continuer sa marche, sans embarras ni obstacles, avec les principes de Platon et d'Aristote combinés, pour arriver à l'époque où apparut l'école écossaise, fondée par Reid, Dugald Stewart et Brown, génies illustres qui achevèrent de compléter une union désormais indissoluble.

Thomas Reid[1] publia en 1769 un ouvrage intitulé : *Recherches sur l'entendement humain, d'après les principes du sens commun.* Cet ouvrage fut suivi de plusieurs autres, dans lesquels il établit que l'âme est douée de facultés actives et de facultés intellectuelles. Il ne s'agit plus ici de phénomènes ou de résultats intellectifs, existants dans l'âme, mais de facultés qui les produisent, c'est-à-dire de *facultés actives* et génératrices, dans lesquelles germent les désirs et s'engendrent les principes, et les seules dont Platon reconnût l'existence, et de *facultés intellectuelles* ou de perception et de raisonnement, les seules qu'admit Aristote. Dugald Stewart[2] sut, par un style brillant et séducteur, généraliser ces principes vrais, et, en repoussant certaines doctrines erronées de son devancier, il resta maître du terrain de la métaphysique en Écosse, jusqu'à ce que parût Thomas Brown[3], qui, en admettant des facultés primitives et intellectuelles, sut déduire et expliquer les conséquences de ses doctrines avec tant de précision, de clarté et de supériorité, qu'il ne fut dès lors plus question, dans la philosophie de l'esprit, d'idées innées ou acquises, proprement considérées comme telles, mais seu-

[1] Naquit en 1704, mourut en 1796.
[2] Naquit en 1753, mourut en 1811.
[3] Naquit en 1778, mourut en 1820.

lement de facultés ou puissances intellectives, qui produisent des désirs, sentent des affections, perçoivent des idées et forment des conceptions.

N'oublions jamais cependant, messieurs, que, six siècles avant que se fondât l'école écossaise, saint Thomas d'Aquin parlait déjà de sens ou facultés internes qui produisaient les phénomènes de l'esprit. Il disait déjà que, si l'âme est *une* dans son essence, elle n'en est pas moins *multiple* par sa perfection. Il disait déjà que, pour ses diverses opérations, elle a besoin de trouver de différentes dispositions dans les parties du corps auquel elle est unie. Et ici qu'il me soit permis de faire remarquer que la distinction entre les facultés de l'esprit et les phénomènes de l'esprit est aussi appréciable, aussi facilement intelligible que l'est celle que nous établissons entre notre organisme ou notre corps et le mouvement de cet organisme ou de ce corps. Le mouvement est un phénomène particulier produit par le corps; mais il n'est point une partie constitutive du corps lui-même. Un *désir*, une *affection*, n'est point une faculté de l'esprit, mais un phénomène ou un résultat produit par une faculté de l'esprit. Il est donc aussi inexact de dire que le mouvement est inné dans le corps que de dire qu'un désir ou une affection est *inné* dans l'âme ; ce qui est inné dans le corps et dans l'âme, ce sont les forces ou puissances productrices de ces phénomènes, qui doivent nécessairement varier à l'infini quant à leur intensité, à leur nature, à leurs combinaisons, à mesure que l'humanité et tout ce que produit l'humanité vont se développant progressivement.

Désirant que vous vous formiez une idée claire et nette sur cette matière abstruse ou métaphysique, sans laisser place aux doutes et aux interprétations, je dirai en résumé (et notre sens intime nous en convainc tous) que les désirs et les aversions, les sentiments agréables et désagréables, comme de se sentir porté à aimer, pressé de rendre justice, poussé à obéir, dominé par l'orgueil, par le chagrin, par le ressentiment, par la fierté, par la vanité ou entraîné par l'affection, etc., prennent naissance au dedans de nous, soit par les seules forces inspiratrices ou spontanées de l'âme, soit par l'excitation d'objets ou de phénomènes extérieurs; et c'est seulement dans ce sens qu'on peut les appeler *innés*. D'un autre côté, le témoignage de nos sens nous atteste que les objets ou phénomènes extérieurs qui les frappent restent imprimés dans l'âme, et y laissent des images ou idées que la mémoire réveille; et dans ce sens on peut aussi dire qu'elles sont *acquises*. Il y a, en outre, dans l'âme, d'autres facultés désignées par les noms synthétiques ou génériques de raisonnement, d'entendement, qui embrassent nos désirs et nos sentiments spontanés ou provoqués, comme nos idées acquises. C'est sur le terrain de ces facultés qu'ils se nourrissent et se développent, pour produire de nouvelles idées ou de nouvelles images, moule des notions *à priori*, c'est-à-dire de nouvelles hypothèses, de nouvelles théories, de nouveaux principes généraux, de nouvelles inspirations, et source de nouveaux progrès et de nouvelles découvertes. Cette explication, que la philosophie a trouvée avant les découvertes de la phrénologie, est la réponse victorieuse et décisive qui a écarté à jamais, comme fausse et erronée, l'idée que tous nos désirs et nos premières inclinations, toutes nos affections et tous nos sentiments particuliers, toutes les idées que nous avons reçues, toutes les conceptions que nous avons formées, étaient le résultat exclusif soit de la sensibilité, soit de l'intelligence, soit de la volonté, soit de ces trois facultés réunies seulement, soit encore de telle autre faculté que chacun désignait à son gré. Toutefois, à l'étonnement, à la stupéfaction des hommes d'un véritable savoir, il en est encore, même de nos jours, qui reproduisent de pareilles doctrines, abandonnées et oubliées depuis des siècles par les écoles philosophiques, et qu'abandonneront tous ceux qui réfléchiront, sans préjugés, à ce qui se passe en eux et autour d'eux. Mais non-seulement il en est qui reproduisent la théorie mille fois réfutée qui fait résulter tous les actes de l'esprit uniquement des trois facultés de la *sensibilité*, de l'*intelligence* et de la *volonté*; il en est encore qui vont jusqu'à appeler philosophie schismatique celle qui ne se soumet pas à leur principe. S'il en était ainsi, aucune philosophie ne pourrait être plus *schismatique* que celle de saint Thomas d'Aquin, qui admet un grand nombre de sens ou de facultés internes, ou que celle de l'illustre Balmès, qui, s'appuyant sur la philosophie des saints Pères et sur ce que nous disent hautement le sens intime, la saine raison et la conduite du genre humain, prouve et démontre, d'une manière irréfragable, que les facultés primitives de l'âme ne sont point seulement au nombre de *trois*, mais qu'elles sont *nombreuses*. Il admet les diverses classes de facultés intellectives ou de l'esprit dont les phrénologues ont constaté l'existence, et résume la question dans les termes suivants, à la fin de son ouvrage intitulé l'*Art d'arriver au vrai*.

« L'homme a reçu des facultés multiples; aucune n'est inutile, aucune n'est mauvaise en soi; mais nous en faisons un mauvais usage : leur stérilité ou leur malice viennent de nous. Une bonne logique devrait embrasser l'homme tout entier, car la vérité présente des relations avec toutes les facultés de l'homme : développer l'une et négliger l'autre, c'est souvent nuire à la première en paralysant la seconde. L'homme est un *microcosme*. Ses facultés sont nombreuses et diverses, et il a besoin d'harmonie : or point d'harmonie sans une juste combinaison de toutes choses; point de juste combinaison, à moins que chaque chose ne soit à sa place et n'entre en mouvement ou ne s'arrête à propos. On a comparé l'homme à une harpe; les facultés de son âme sont comme des cordes harmoniques. L'homme laisse-t-il inactives quelques-unes de ces facultés, l'instrument est incomplet; il le met en désaccord s'il les tend outre mesure ou s'il les touche d'une main inhabile. La raison est froide, mais clairvoyante : échauffez-la sans l'obscurcir; les passions sont aveugles, mais pleines d'énergie : dirigez-les, mettez leur énergie à profit[1]. »

En présence de ces faits, plaignons les hommes qui, adoptant une philo-

[1] Traduction de M. Manac.

sophie matérialiste et funeste, comme je le prouverai bientôt, veulent de leur faible main arrêter l'essor et les progrès de notre intelligence, et apprenons à ne point opposer une vaine résistance au souffle divin qui anime, pousse et développe toutes choses.

L'école écossaise est arrivée à l'explication des opérations de l'esprit que je viens de soumettre à votre attention. Il est vrai que, pour concevoir clairement ces doctrines, il faut faire abstraction de beaucoup d'erreurs, de doutes, d'inconséquences et d'obscurités métaphysiques répandus dans les ouvrages de ses fondateurs; mais, en réalité et en définitive, l'école écossaise est allée jusque-là. Ce fut son mérite; que ce soit sa gloire. Elle a établi l'existence des *passions*, ou des désirs et des affections, et celle de l'*intellect*, ou des idées et des pensées, procédant les uns et les autres de facultés ou puissances *innées* dans l'âme. Mais, comme ces facultés ne se révèlent point à la réflexion intérieure, et qu'elles échappaient alors à l'analyse de l'observation extérieure, il était impossible de les découvrir. Il en résultait, comme je l'ai déjà dit plus haut, qu'un philosophe reconnaissait un instinct ou une faculté primitive qu'un autre niait. Stewart dit : « Ce que nous appelons imagination n'est pas un don de la nature, mais le résultat d'habitudes acquises. Le génie des mathématiques, de la musique, de la peinture, se forme graduellement par l'habitude acquise de les étudier. » Brown admet diverses *passions* ou *émotions* que d'autres nient; les uns disaient que le sentiment du beau idéal était acquis, les autres qu'il était inné; celui-ci nie la conscience, celui-là l'attribue à la réflexion. On se livrait, sur le nombre et sur le rôle des facultés de l'esprit, aux mêmes disputes qui avaient eu lieu sur les idées innées et sur les idées acquises. Il arriva pour la philosophie de l'esprit ce qui arrive pour toutes les choses humaines : à peine arrive-t-on au point que l'on croit le plus avancé, que l'on en entrevoit un autre plus loin; l'horizon humain ne cesse de s'agrandir et de reculer ses limites. A peine se fut-on mis en possession du principe vrai et fondamental que les facultés de l'esprit sont en relation avec les objets extérieurs, qu'il y a une existence *subjective* et une existence *objective*, faites l'une pour l'autre et unies par des rapports et des liens étroits; à peine eut-on reconnu qu'il y a des phénomènes intellectifs indépendants du monde extérieur, tels que les désirs et les affections, et des phénomènes intellectifs occasionnés par le monde extérieur, tels que les impressions et les idées, et que les uns ou les autres de ces phénomènes, ou les uns et les autres à la fois, sont l'objet de comparaisons et de déductions d'où découlent des principes généraux, soit purement intellectifs, spontanés ou instinctifs, soit provenant simplement du monde extérieur, soit dus à la combinaison d'influences intérieures et extérieures, mais procédant tous de facultés innées de l'âme, que l'on entrevit la nécessité de découvrir ces facultés *innées primitives*, de les analyser et de les rendre, autant que possible, perceptibles à l'intellect, afin de parvenir à en démontrer l'existence même par des preuves physiques et à en asseoir la connaissance sur un terrain solide, sur le témoignage irrécusable et sur

la base indestructible de l'observation et de l'expérience extérieures et des
inductions et déductions intérieures les plus rigoureuses. La philosophie
de l'esprit atteignit ce degré des preuves physiques, ce degré de l'analyse des
facultés intérieures au moyen de signes extérieurs; en un mot, elle arriva
à l'étape marquée par la phrénologie, au terrain solide sur lequel elle marche, pour arriver à une autre étape plus avancée, que le magnétisme et
l'électricité nous permettent déjà d'entrevoir dans le lointain.

Gardons-nous bien, toutefois, messieurs, de nous enorgueillir de nos triomphes en croyant follement, comme chaque siècle, chaque époque, chaque
temps l'a cru, que nous sommes arrivés au dernier terme du savoir humain. Rappelons-nous qu'il a fallu six mille ans, oui, six mille ans, pour
arriver à découvrir les vérités qui, bien que mêlées encore, sans doute, à
quelques erreurs, constituent la *philosophie de l'esprit* de notre époque;
oui, il a fallu six mille ans pour arriver seulement à déterminer d'une manière certaine et positive ce que l'homme a instinctivement pressenti dès
les temps primitifs, à savoir que l'âme se sert d'organes pour se manifester;
ou, ce qui revient au même, que l'âme révèle ses facultés et ses opérations
au moyen de la tête. Grande leçon qui doit nous prémunir contre les illusions de la vanité et nous empêcher de supposer que les générations futures

Kant, né en 1724, mort en 1804.

ne pourront aspirer à aucune découverte et à aucune gloire propre dans le
champ de la philosophie de l'esprit. Où en serions-nous si nos ancêtres
avaient tout fait ? où en seraient nos héritiers si nous faisions tout ? A chaque
siècle comme à chaque homme, Dieu a assigné sa mission spéciale.

La mission de Kant fut de fonder une école philosophique qui a combiné les systèmes de Platon et d'Aristote, et proclamé l'existence des grands sentiments et des conceptions spontanées qui élèvent la nature humaine à une si sublime hauteur.

Vous venez de voir son portrait. Celui d'après lequel il est reproduit est la copie d'un portrait original. Spurzheim le donne dans le tome Ier de sa *Phrénologie.* Que l'on regarde attentivement la partie supérieure du front, organe par lequel l'âme manifeste ses facultés d'abstraire, de comparer, de former des catégories, de raisonner, de concevoir et de conjecturer, et que l'on dise ensuite s'il est étonnant que l'homme doué d'une tête semblable admit des facultés primitives ou conceptions pures, qu'il pressentit les instincts du temps, de l'espace, de l'unité, de la pluralité, de la totalité, de l'affirmation, du moi, et les autres dont les phrénologues ont depuis confirmé l'existence. Leibnitz et Kant ont commencé à purifier la philosophie de l'esprit du matérialisme qu'y avait introduit la métaphysique d'Aristote, et la phrénologie vint ensuite compléter ce travail salutaire, en prouvant que toutes les opérations de l'âme sont des phénomènes de ses facultés spirituelles innées.

Jetons encore un coup d'œil, messieurs, sur cette partie supérieure du front de Kant, dont les dimensions sont si vastes, avant de tourner nos regards sur une autre tête privilégiée; celle du coryphée de l'école écossaise.

DUGALD STEWART, né en 1753, mort en 1811.

Je vous montre Dugald Stewart, qui, s'il n'a pas, comme métaphysicien, le mérite de Brown, et s'il n'est venu, comme chef d'école, qu'après Reid, est considéré comme étant et est en effet celui qui a le plus enraciné, propagé et popularisé les doctrines métaphysiques des psychologues écossais. Regardez et admirez ce front, grand dans son ensemble et proportionné dans toutes ses parties, pour former un tout complet et harmonieux. Telle vous voyez cette tête, tel était l'homme; tel était son style, qui, suivant Buffon, est l'homme. Élégant, correct, clair comme les eaux cristallines des fleuves, dont le fond brille à la vue de l'observateur, coulant sans être diffus, énergique sans dureté, et doux sans mollesse, le style de Dugald Stewart procura une si grande faveur populaire à ses ouvrages généralement abstrus et métaphysiques, qu'il mit les études psychologiques à la mode dans toutes les classes de la société. Stewart était un philosophe écossais; et son style, ses idées saines et ses doctrines avancées firent prendre pendant quelque temps, au moins dans sa patrie, sa métaphysique écossaise pour la métaphysique. En terminant cette leçon je ne puis résister à la tentation de vous prier de jeter un nouveau regard sur cette tête de Dugald-Stewart, si heureusement développée et si harmoniquement équilibrée, en nous écriant avec l'illustre Balmès : « Il y a ici quelque chose à étudier. »

LEÇON V

Examen du système pratique, ou basé exclusivement sur la conduite individuelle et sociale.

MESSIEURS,

Dans le court et rapide résumé de l'histoire de la philosophie que je viens de présenter à votre considération, j'ai omis à dessein les noms illustres des Voisin, des Cousin, des Laromiguière et d'autres encore, parce que, s'ils ont écrit sur la matière qui nous occupe, ils n'ont donné que des explications, des éclaircissements, mais rien de leur fond, rien de leur invention. Ils ne forment ni époque, ni temps d'arrêt, ni point de départ. Ils ont tous suivi la route que d'autres leur avaient ouverte et tracée. Par exemple, cette phrase magnifique et sublime, et plus encore que magnifique et sublime, vraie et exacte, sur laquelle Laromiguière base ses doctrines métaphysiques : « Les deux attributs inséparables de l'âme sont l'*activité* et sa *sensibilité*, » est la même où s'appuie et s'affermit l'école de Leibnitz et de Kant, la même que l'école écossaise exprima en ces termes par la bouche de Reid : l'âme a pour attributs des *puissances actives* et l'*intellect*, et en ceux-ci, par la bouche de Brown : il y a dans l'âme des émotions et un intellect. La phrénologie part de ce même principe; ses découvertes sur ce point n'ont eu d'autre objet et d'autre fin que de prouver, par l'expérience, que les facultés de l'âme ont de l'*activité* et sont susceptibles de *sensibilité*, ou, en d'autres termes, sont génératrices et perceptives : et de là nos désirs et nos aversions, nos impressions agréables ou désagréables, nos conceptions et nos idées.

Après la digression que forment cet exorde et la précédente leçon, digression presque indispensable pour l'entière et parfaite intelligence de la leçon actuelle, entrons dans l'examen attentif du système de philosophie, basé exclusivement sur la conduite individuelle et sociale, système suivi dans tous les temps et à toutes les époques par l'homme pratique dans l'étude de ses semblables.

Les poëtes, les romanciers, les historiens et les publicistes ont communément décrit l'homme d'après sa conduite, ou ses actes consommés, et non d'après aucun principe psychologique ; ils l'ont représenté dans leurs écrits avec ses vices et ses vertus, sa force et ses faiblesses, sa gloire et ses ignominies. Ces auteurs ne nous disent que les actions des différentes classes d'hommes en général ; ils ne nous disent pas ce qu'est tel ou tel homme, *avant de l'avoir connu par expérience*. C'est comme s'ils nous décrivaient dans le meilleur style et la plus parfaite exactitude les divers fruits que produisent les diverses plantes, sans nous indiquer aucun signe auquel nous puissions reconnaître le fruit déterminé produit par une plante déterminée. Nous aurions de belles et sublimes descriptions, par exemple de la pomme, de l'orange, de la noix et de la nèfle ; mais nous ne connaîtrions ni ne pourrions distinguer, malgré l'examen le plus attentif, quels sont les arbres qui ont produit les uns ou les autres de ces fruits. On ne peut tirer des ouvrages de Calderon, de Lope de Vega, de Cervantes, de Quevedo Villegas, de Solis et de Jovellanos, qui ont si parfaitement peint l'homme tel qu'il est dans toutes ses phases, des principes fixes pour reconnaître les différents individus avant de voir leurs œuvres respectives. Nous aurons beau lire ou étudier des drames, des romans, des essais, nous ne saurons jamais si l'homme qu'on nous présente pour la première fois, et sans que nous ayons sur lui aucun renseignement, est un héros ou un personnage secondaire, un méchant ou un bon, un stupide ou un génie. Jamais cette sorte d'étude ne conduirait à vérifier avec toute exactitude les facultés de l'âme, avec leurs différents degrés d'activité et dans la variété de leurs combinaisons ; jamais à découvrir les instruments matériels au moyen desquels l'âme exerce ses facultés : seules connaissances qui puissent et doivent constituer la vraie philosophie humaine.

L'homme pratique, l'homme du monde, le commerçant, l'avocat, le fabricant, le soldat, l'artisan, étudient leurs semblables, comme le poëte et le romancier, par les faits accomplis. L'expérience qu'ils acquièrent ne leur sert que pour connaître ce que les hommes sont, ce qu'ils font ; mais en aucune manière ce que tel ou tel homme sera ou fera, approximativement, dans telles circonstances déterminées. Ces connaissances vagues produisent autant de manières de considérer l'homme dans la vie pratique qu'il y a de têtes sur la terre avec leur expérience partiale. L'homme confiant, qui a eu dans sa jeunesse des liaisons et des rapports avec des gens honorables, garde toute sa vie une haute idée du genre humain. S'il apprend, s'il éprouve quelques traits de méchanceté, ces cas sont pour lui de pures exceptions qui doivent nécessairement, dans son idée, être extrêmement rares. Au contraire, un individu de caractère soupçonneux, mélancolique et peu sociable, qui a été trompé les premières fois qu'il a eu affaire avec les hommes, croit positivement qu'il ne se trouve dans le genre humain ni vertu ni honneur. C'est un fait étrange que deux personnes à la fois et en même temps voient dans les hommes pris en masse des qualités différentes et même diamétralement opposées.

Ce système d'étudier l'homme nous rend plus ou moins circonspect, nous porte à nous précautionner plus ou moins, à sentir plus ou moins la nécessité de connaître ses antécédents avant de mettre notre confiance en quelqu'un, à avoir une idée plus ou moins exacte du cœur humain, et à le décrire avec plus ou moins de vérité; mais jamais les travaux du poëte, de l'historien, du publiciste, de l'homme pratique, n'auraient produit une philosophie qui nous fît connaître le *fruit* par l'*arbre*, c'est-à-dire la conduite d'un homme par le seul aspect de cet homme, et déterminer les instruments dont l'âme se sert directement pour se manifester.

Je ne veux pas dire que cette méthode, suivie par l'homme pour s'étudier et étudier ses semblables, ne mène à rien et n'a pas produit des résultats très-avantageux : ce serait nier ce que l'expérience de tous les siècles démontre. On ne peut lui reprocher qu'une chose, c'est qu'elle est insuffisante. Une pareille base ne suffirait pas pour élever exclusivement sur elle une philosophie complète. Du reste, cette voie a été et sera utile pour arriver à la connaissance vraie et exacte de l'homme en général, pour le dépeindre, dans les œuvres d'imagination, tel qu'il est d'après ses actes. Des diverses descriptions des historiens, des poëtes, des moralistes ; des diverses opinions plus ou moins exactes, plus ou moins erronées, que les politiques, les hommes pratiques, les hommes du monde, ont données de l'espèce humaine, on a tiré des apophthegmes, des sentences, des réflexions, des pensées, des règles, des principes, des maximes, des doctrines de conduite philosophico-morale, fondée sur la base solide de l'expérience pratique, dont personne, en les prenant en général, ne pourra nier l'immense utilité. Mais il faut le répéter, et le répéter souvent pour qu'on le comprenne dans toute son importance, ces corps de doctrines, sous quelque point de vue qu'on les considère, servaient uniquement, en premier lieu, pour régler notre conduite à l'égard du genre humain *in globo*, en masse considérée synthétiquement, et non d'après les différents caractères des divers individus en particulier qui le composent; en second lieu, ils ne nous apprennent pas à *connaître l'individu avant de l'avoir expérimenté*. Les désabusements de l'expérience, les doctrines des moralistes, la lecture des ouvrages d'imagination, peuvent

contribuer à nous rendre plus prudents, plus circonspects, plus avides sur
le point d'étudier les antécédents de quelqu'un avant de mettre en lui notre
confiance; mais l'opinion d'un individu sur le genre humain ne laisse pas
d'être fondée sur ses connaissances spéciales, sur son caractère personnel, et
par conséquent en opposition et en discordance, comme je l'ai déjà indiqué,
avec l'opinion d'un autre individu qui a plus ou moins de connaissances ou
des connaissances différentes, et qui a un caractère et des dispositions opposés; et ni l'un ni l'autre, je le répète, ne peut savoir d'aucune manière,
avec fondement et sûreté, ce qu'une personne donnera de soi avant de la
connaître par l'expérience.

Que cette méthode d'étudier l'homme par les faits accomplis soit néanmoins supérieure à celle que suivent les métaphysiciens du *moi*, ou sens intime, personne ne le niera, car, quels que soient les principes qu'elle établit,
elle les fonde, non sur la manière de sentir d'un homme seul, mais sur la
manière dont on voit agir les hommes, en général. Contre ce système d'étudier les hommes par les faits accomplis, je le répète, il n'y a rien à dire;
c'est un système vrai, fondé sur une expérience irrésistible; c'est sur lui que
reposent les bonnes méthodes d'éducation, de législation, de morale, de politique, etc.; il est le seul moyen de prouver, en dernier résultat, ce qu'est
véritablement l'homme, quelle que soit la voie suivie pour l'étudier. Mais il
ne va pas assez loin. Il ne nous fournit aucun indice pour connaître l'homme,
considéré individuellement, avant de l'avoir expérimenté; il ne nous dit pas
non plus quels sont les instruments des facultés mentales, sans la connaissance positive desquelles il n'y a pas, dans l'ordre naturel, de philosophie
fondamentale de l'esprit.

Il est entièrement hors de doute que la philosophie, fondée sur la conduite
de l'humanité, a pour base la vérité des actions humaines; mais ces actions
ne sortent pas des données abstraites, dénuées de leur cause, de leur origine
fondamentale. Il fallait, il faut, il faudra tout ce que nous avons, tout ce
que nous fournit la conscience propre, tout ce que nous pouvons recueillir
par l'expérience de la conduite humaine; il faut en outre, pour établir une
philosophie de l'esprit *fondamentale* et complète, des faits et des données vrais
sur les instruments spéciaux qui manifestent, comme organes de l'âme, cette
conscience propre et cette conduite humaine. Sans ces faits et ces données,
sans ce progrès, la philosophie de l'esprit ne pouvait avoir de base, ne pouvait être affermie sur son vrai point d'appui.

Tant qu'on étudierait les actions physiques du corps humain séparément
de ce corps, tant qu'on étudierait la digestion indépendamment des organes
qui l'exécutent, la vision indépendamment des yeux, la bile indépendamment du foie, la circulation indépendamment des veines, des artères et du
cœur, les doctrines qu'on baserait sur ces fonctions manqueraient d'appui,
jamais leur philosophie n'aurait un fondement solide et stable. De même,
tout en étant le premier à appeler l'estime et la reconnaissance de tous sur
les utiles travaux de ceux qui ont étudié l'entendement par le sens intime

et par l'expérience que présente la conduite humaine, ou par les deux systèmes à la fois, comme il est arrivé ordinairement, je crois cependant qu'il y a plus de prétention que d'exactitude à donner le nom de *philosophie fondamentale* à celle qui, en matière de facultés mentales, n'a pas pour base les organes au moyen desquels l'âme se manifeste. En douter, ce serait supposer *botanique fondamentale, physiologie fondamentale*, celles qui n'auraient pas de fondement, c'est-à-dire la botanique qui traiterait seulement des fleurs, sans se *fonder* sur les plantes qui les produisent; la physiologie qui traiterait des fonctions, sans se *fonder* sur les organes qui les exécutent.

Le monde n'a peut-être jamais vu deux plus grands moralistes pratiques que frère Louis de Léon et frère Louis de Grenade, gloire du monde et honneur de l'Espagne. L'un est le plus grand poëte lyrique des temps modernes; l'autre, l'orateur le plus éloquent de tous les âges. Celui-là n'a point d'égal pour l'habileté, la profondeur, la sublimité; celui-ci, pour le vaste, le grandiose, le terrible. Le premier, tout bonté, tout douceur, tout charité, tout justice *miséricordieuse;* le second, tout énergie, tout véhémence, tout expiation, tout justice *redoutable.* Tous deux étudiaient et peignaient l'homme et la société tels qu'ils les voyaient dans leur conduite, dans leurs actes; mais ils les regardaient chacun avec l'œil de leur propre subjectivité, c'est-à-dire à travers le prisme de leur caractère individuel. Tous deux contemplaient la nature dans ses tentations et ses mauvaises pensées, dans ses triomphes et dans ses g'oires, dans ses faiblesses et dans ses misères. Comme Pascal, tous deux voyaient l'homme *ver* dans sa chair; étincelle de la raison divine dans son esprit. L'un voulait l'éloigner du vice en lui décrivant les délices de la vertu; l'autre voulait lui faire embrasser la vertu, en lui peignant les horreurs du vice. Celui-là attirait le pécheur par la tendresse qu'il lui témoignait; celui-ci l'épouvantait par l'intérêt passionné qu'il prenait pour son sort.

Louis de Léon partait du principe que tout était faiblesse, fragilité dans l'homme; Louis de Grenade, que tout était tiédeur et manque de volonté. L'un se plaisait à montrer Dieu comme un tendre père, toujours prêt à pardonner les faiblesses de ses enfants; l'autre, comme un juge sévère, toujours armé de la verge de la justice pour châtier le transgresseur.

D'où venait cette manière différente de voir dans ces deux hommes? D'où émanait chez l'un le désir inné de consoler, d'exciter les espérances; chez l'autre, d'épouvanter et d'aiguillonner les craintes, puisque tous deux lisaient leur philosophie dans le même livre des penchants humains en action? Cette manière différente de sentir et de procéder avec les mêmes doctrines religieuses, avec le même intérêt pour le sort présent et futur de leurs semblables, prenait sa source dans la différence de leurs instincts naturels, de leurs aptitudes et de leur caractère.

Voici le portrait de frère Louis de Léon, copié sur celui que Sedano a placé en tête de ses œuvres, et généralement regardé comme un des plus fidèles et ressemblants. Voyez l'élévation et la largeur de ce front, contemplatif

comme celui de Platon, observateur comme celui d'Aristote. Voyez sur le
front ce développement où saint Bonaventure a placé le siége de la modestie et de la pudeur, et vous aurez le prisme de la philanthropie, de la
bonté, de l'humanitarisme, de la douceur, à travers lequel il voyait tout.

Fr. Louis de Léon, né en 1527, mort en 1591.

Quelle admirable correspondance entre cette tête et les écrits, les actes et
les paroles de Louis de Léon! Cette correspondance suffirait presque à elle
seule pour établir la phrénologie sur des bases indestructibles.

La tête de frère Louis de Grenade, que je mets sous vos yeux, ne prouve
pas moins la vérité phrénologique. Pour vous la présenter comme authentique, je l'ai comparée à beaucoup de portraits que j'ai vus dans les diverses
éditions de ses œuvres. Dans tous j'ai trouvé une ressemblance frappante,
pour ne pas dire identique. La tête est grande. La région où siégent la vénération, la beauté idéale, la merveillosité, est très-développée. On voit que la
base de la tête est très-nourrie et que le centre inférieur est large. C'est une
marque que l'âme y avait les instruments les plus propres pour manifester
les impulsions, les mouvements impétueux, la véhémence. La partie supérieure postérieure de la tête où siégent les organes de la fermeté, de l'empire, de la domination sur soi-même, est très-développée chez Louis de Grenade. D'ailleurs, ne voit-on pas sur ce front jaillir les pensées, voltiger les
images, germer les idées?

Fixons notre attention sur la différence qui existe entre les manifestations mentales de ces deux illustres personnages, et comparons-les avec ces
locutions proverbiales : « Si nous n'avions pas d'orgueil, nous ne nous

plaindrions pas de l'orgueil des autres ; » — « Il semble au voleur que tous les hommes sont comme lui; » et nous aurons une preuve de plus que la simple considération de la conduite humaine ne suffit pas pour former un système complet de philosophie.

Fr. Louis de Grenade, né en 1505, mort en 1588.

Frère Louis de Grenade, tourmenté par de violentes passions, mais exerçant en même temps sur lui-même un fort et vigoureux empire, croyait que tous les autres étaient comme lui ; et c'est sur cette croyance instinctive qu'il fondait son système de prédication. Frère Louis de Léon n'avait pas un empire naturel sur lui-même aussi puissant, quoiqu'il eût aussi des passions fortes et véhémentes; mais son amour naturel pour le prochain était si grand, qu'il paraissait surhumain. Il se prenait instinctivement pour type des autres hommes, et croyait, comme je l'ai dit, qu'en eux tout était faiblesse, et partant digne de pardon. Il lui semblait qu'il était impossible que des hommes s'aveuglassent dans le mal, fussent volontairement pervers, et que, par conséquent, la rechute dans quelque faute pouvait et devait être corrigée par un tendre reproche et par un doux système d'enseignement.

Les idées générales de ces deux illustres moralistes espagnols sur l'homme étaient, sans aucun doute, vraies dans quelques cas spéciaux, comme dans eux-mêmes; mais, dans le commun des hommes, il n'y a pas naturellement tant de bonté, de candeur, de génie; tant de vigueur, de puissance, de talent oratoire. Pour la majeure partie, la nature ne s'est pas montrée si prodigue; elle n'a pas donné aux divers individus des signes aussi notables. Mais,

sans signes perceptibles pour les sens externes qui indiquassent, vrais ther-
momètres de l'esprit, les différences individuelles et sociales entre les hommes, nous aurions toujours gardé les idées intimes qu'en vertu de notre
caractère naturel, ou particulière subjectivité, nous nous formons du genre
humain. Ces signes appréciables à la vue et au tact, voilà ce qui manquait
pour compléter la *philosophie de l'esprit*, autant qu'elle peut l'être actuellement; et ce sont ces signes qu'a découverts la Phrénologie, science dont nous
commencerons à nous occuper dans la prochaine leçon.

LEÇON VI

Examen du système physiologique ou phrénologique, considéré comme une vérité naturelle, vaguement et indéterminément manifeste aux instincts humains.

MESSIEURS,

Dans l'examen général où nous allons entrer du *système de philosophie*,
physiologique ou phrénologique, nous considérerons la question sous deux
aspects; à savoir, comme *vérité naturelle* plus ou moins à la portée de l'observation *instinctive* de l'homme depuis les premiers âges, et comme *vérité
philosophique*, prouvée par l'observation et l'expérience successives de tous
les siècles subséquents. Dans le premier cas, matière d'*instinct;* dans le
second, matière de *science.*

Dieu, en créant l'âme, l'a mystérieusement unie au corps et a établi entre
ces deux existences, physique et spirituelle, une *correspondance*, révélée
extérieurement par des lois fixes que l'homme ne peut changer. Cette correspondance est de tous les temps et de toutes les époques; elle a existé dans
le premier homme, comme elle existera dans le dernier. Le sceau divin l'a
imprimée sur la tête et sur le visage en caractères ineffaçables, caractères qui
se savent sans s'apprendre et se lisent sans effort.

Cette correspondance naturelle fut d'abord instinctivement remarquée
comme un phénomène inexplicable, puis observée spontanément comme pressentiment, opinion, soupçon, *conjecture*. Plus tard, ce phénomène commença à être l'objet de recherches, d'études, dans son enchaînement avec une
cause : enfin il fut connu. La conjecture instinctive du simple phénomène fit
place à l'observation d'un phénomène uni à sa cause immédiate, et cette
observation, démontrée comme une vérité inébranlable, devint une science
fondamentale et féconde.

Pour procéder avec ordre et clarté dans cette matière, nous considérerons
la *phrénologie* comme une *vérité naturelle* spontanément pressentie par l'*instinct;* et ensuite, comme une *vérité philosophique* ou *scientifique*, démon-

trée par l'expérience, le raisonnement et la sévère induction. En un mot, dans l'examen général de la phrénologie où nous allons entrer, nous la considérerons d'abord comme matière d'*instinct*, ensuite comme matière de *science*.

La science n'est que le raisonnement après l'*instinct*. Nous voyons, nous entendons, nous sentons par *instinct*, c'est-à-dire naturellement et spontanément; la science qui vient après s'occupe seulement des causes qui produisent et excitent la vision, l'audition, l'odorat. L'œil et la lumière, l'ouïe et le son, l'odorat et l'odeur, sont objet du raisonnement, de la *science*; mais voir, entendre, sentir, sont des opérations instinctives, dont il est aussi vain de prouver que de réfuter l'existence, parce qu'elle constitue une vérité de soi évidente et se prouvant par elle-même.

De même que l'homme voit, entend, sent par instinct, et fait ensuite de ces fonctions un objet de raisonnement ou de science; de même, sans le savoir, et par le seul instinct du volume et de la configuration de la tête, de l'expression de la figure, il infère les inclinations, les qualités, le caractère et les mouvements actuels de l'esprit, à quoi l'on donne le nom de *phrénologie* et de *physionomie*. En effet, le plus rustique paysan, aussi bien que le plus savant philosophe, à la première vue d'une tête, voit tout de suite si elle est d'un imbécile; il le voit instinctivement; c'est-à-dire sans se rendre compte du pourquoi ni du comment il le voit. L'homme est donc né phrénologue et physionomiste; il l'est par instinct, par nature; et par instinct et par nature il sent qu'il l'est. La science, le raisonnement, qui viennent ensuite, ne changent pas, ne modifient pas le fait, ils l'éclaircissent, le rattachent à des causes qui se découvrent successivement, pour le rendre plus applicable, plus utile.

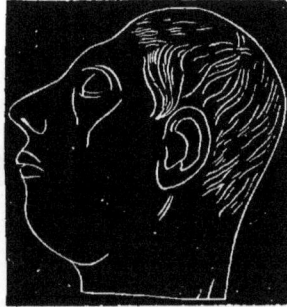

Imbécile d'Édimbourg.

La *phrénologie*, qui renferme nécessairement la *physionomie*, peut donc se diviser en instinctive et en scientifique. Les divers jugements que nous portons rapidement, naturellement et spontanément, à la vue de la tête et de la figure, sur le caractère et les qualités d'une personne que nous voyons pour la première fois, c'est de la phrénologie *instinctive*. La phrénologie *scientifique* prend ces jugements, les confirme ou les réforme au moyen de tout ce qu'elle sait des causes qui les produisent. Dans les deux cas, les différentes impressions que font naître en nous, par rapport au caractère et aux qualités, les différentes têtes, les attitudes et les expressions, sont basées, reposent sur une vérité aussi claire, aussi évidente que celle qui nous dit que les différents objets et les différents sons produisent des impressions différentes pour l'œil et pour l'oreille.

En effet, en contemplant cette tête, n'éprouve-t-on pas, qu'on sache ou non la phrénologie, une impression très-différente de celle produite naturellement et spontanément par la précédente? *Quel coquin!* s'écriera ou pensera involontairement un phrénologue ou un antiphrénologue, un savant ou un ignorant, en contemplant la tête qu'il a sous les yeux. Donc, nier les impressions *différentes* que causent les différentes têtes présentées, et ces différentes impressions sont la *phrénologie*, c'est nier que l'eau mouille, ou que le feu brûle.

Que l'âme sente et pense par la tête et non par aucune autre partie du corps, le même fait que je viens de rapporter le prouve. La vue d'un bras, d'une jambe, d'un cœur, aurait-elle donné l'idée de ce que pouvait être mentalement la personne à qui ces organes appartenaient? Impossible. Voici le portrait qui m'a paru le plus authentique de notre immortel Cervantes.

CARACALLA, empereur romain, né en 188, mort assassiné en 217.

CERVANTES, né en 1547, mort en 1616.

Au premier coup d'œil jeté sur cette tête, un simple paysan ne s'écriera-t-il pas, tout aussi bien qu'un savant philosophe : Oh! quel grand homme !

quel sublime génie! Toute autre partie du corps de Cervantes, placée sous les regards de l'observateur, ferait-elle naître l'idée de capacité mentale? Non certes. Et pourquoi? Parce qu'il a plu à la toute-puissance divine d'allier mystérieusement avec la tête et l'expression de la figure, et non avec aucune autre partie du corps, les facultés et les mouvements de l'esprit. Nier cette mystérieuse union, qui constitue le premier principe fondamental de la Phrénologie, c'est nier les œuvres du Très-Haut aussi nettement que si l'on niait que l'homme voit par les yeux, perçoit les odeurs par l'odorat et les sons par l'ouïe.

Considérée comme vérité ou loi naturelle évidente à l'instinct humain, la phrénologie n'a pas cessé d'être remarquée, en aucun temps et à aucune époque; et il n'est pas d'individu, pour peu qu'il ait *deux doigts de front*, et qu'il ne soit pas aveugle, qui ne soit, je le répète, né phrénologue. Il n'est donc pas étonnant, puisqu'il en est ainsi, d'entendre parler phrénologiquement la plus simple bergère, le plus grossier paysan, lorsqu'ils appellent *tête dure* celui qui n'apprend pas vite; *têtu* celui qui ne cède pas; *tête à l'envers*, celui qui est étourdi; *grande tête*, celui qui est un génie; *tête vide*, celui qui est fou; *bonne tête*, celui qui a de la maturité et de la circonspection; ils comprennent que la diversité des opinions a pour origine la différence des caractères, manifestée par les têtes, lorsqu'ils s'écrient dans leur naturelle simplicité: *Chaque homme pense à sa tête.*

S'il en était autrement, d'où viendrait cette figure de rhétorique par laquelle on prend le contenant pour le contenu, et dont se servent instinctivement les hommes sans culture et sans lettres aussi bien que les hommes cultivés et lettrés? N'entendons-nous pas à chaque instant des expressions comme celles-ci? « Il a une tête qui aime à dominer. Dans la guerre, la tête travaille plus que les bras. Autant de têtes autant de sentiments. Où ai-je la tête? Je ne sais où j'ai la tête. Ah! tête de linotte! Quelle mauvaise tête! Nation sans tête! Maison sans tête! Que peut-on attendre d'une pareille tête que vices, iniquités, crimes de toutes sortes? Ah! je n'ai pas la tête à moi! Citano a une tête de fripon. Mengano porte son procès écrit sur son front. » Et mille autres expressions de ce genre qui prouvent sans dispute que chez tous les individus existe la conviction spontanée et intime que l'âme sent et pense par la tête.

Si des individus nous passons aux nations et aux classes de la société, nous trouverons encore que l'homme est né phrénologue, que la phrénologie est une vérité naturelle qui ne peut échapper à l'œil humain. De temps immémorial, les Chinois jugent des qualités et du caractère de l'homme par l'apparence extérieure du front, et de celles de la femme par la partie postérieure de la tête. Les Arabes, depuis une époque inconnue, placent le *sens commun* dans les premières cavités du crâne, l'*imagination* dans les secondes, le *jugement* dans les troisièmes, la *mémoire* dans les cavités postérieures.

Les anciens Grecs et Romains regardaient les têtes coniques comme un signe de friponnerie; les rondes, aplaties sur les côtés, comme une marque

de grande intelligence. Ils disaient que les personnes qui avaient une grande
tête avaient le nez fin comme des chiens; que celles qui avaient une petite
tête étaient stupides comme des ânes; que ceux qui avaient la tête pyramidale n'avaient pas plus d'honnêteté que des oiseaux de proie. A peine trouve-
t-on un auteur notable de l'antiquité qui ne tire pas des conséquences mentales, plus ou moins certaines, de l'apparence ou de la conformation spéciale
de la tête. La mythologie prouve que l'instinct ne s'égarait pas toujours en
cette matière. Voici *Bacchus*. Comparez sa tête large et aplatie à la partie su-

Bacchus.

périeure avec celle de Jupiter, haute et d'un front colossal. Mettez en parallèle la tête de Vénus, déesse des plaisirs, avec celle de Minerve, déesse de
la sagesse; vous y remarquerez des différences qui démontrent que la phrénologie est une vérité naturelle manifeste pour tous, et servent en même
temps de preuve et d'explication scientifique à ses doctrines.

Si de l'antiquité nous passons aux premiers siècles de l'Église, nous
voyons quelques-uns des plus grands philosophes, — on ne contestera pas ce
titre aux saints Pères, — chercher, avec des croyances plus solides que celles
des anciens, des indications des phénomènes de l'esprit dans la configuration
et l'apparence extérieure de la tête.

Saint Grégoire de Nazianze, Père de l'Église, patriarche de Constantinople
en 382, regardait la tête, non-seulement comme *complexe*, mais comme
servant, suivant sa conformation, d'instrument à l'âme pour se manifester.
Dans son poëme de l'*Ame*, chant VIII, vers 91, il dit : « De même qu'un
bon musicien s'essouffle en vain pour faire produire de beaux sons à un
mauvais instrument à vent, et tire sans peine la cadence et la belle harmo-

nie d'un instrument qui admet l'air plus largement et le rend plus exactement, de même l'âme est faible si elle opère avec des membres faibles, et

JUPITER.

brille et se manifeste dans toute son intelligence si elle a de bons organes
à son service. »

Némésius, évêque d'Émèse au cinquième siècle, plaçait la sensation dans
la partie antérieure de la tête, la mémoire dans la partie centrale, et l'entendement dans la partie postérieure. Saint Thomas d'Aquin, au treizième siècle
(né en 1227, mort en 1274), considérait la tête comme un composé d'organes
dont l'âme se servait pour manifester ses facultés; il plaçait au centre l'organe de la *raison particulière*. Comme c'est ce saint qui a démontré l'existence des sens ou facultés internes, c'est lui qui a fondé la phrénologie en
doctrine ou théorie psychologique, de même que saint Bonaventure l'a établie en doctrine organologique, comme le démontrent les paroles que vous
connaissez[1], et auxquelles je me reporterai souvent dans le cours de ces
leçons.

Pierre Montagna, en 1491, Jean Rohan de Retham, en 1500, Bernard
Gordon et Louis Dolci, en 1562, ont publié des têtes dessinées où ils indiquaient, suivant leurs suppositions, les siéges des facultés mentales.

---

[1] Ce sont celles qui sont rapportées dans le prologue de ces leçons.

Voici celle qu'a divisée Louis Dolci. Vous remarquerez qu'il n'y a que sept divisions, correspondantes aux sept instincts ou facultés, les seules dont l'auteur supposait l'existence, et qu'il nomma : 1° Fantasia; 2° Cogitative; 3° Vermis ou Esprit[1]; 4° Sens commun; 5° Imaginative; 6° Estimative; 7° Mémorative.

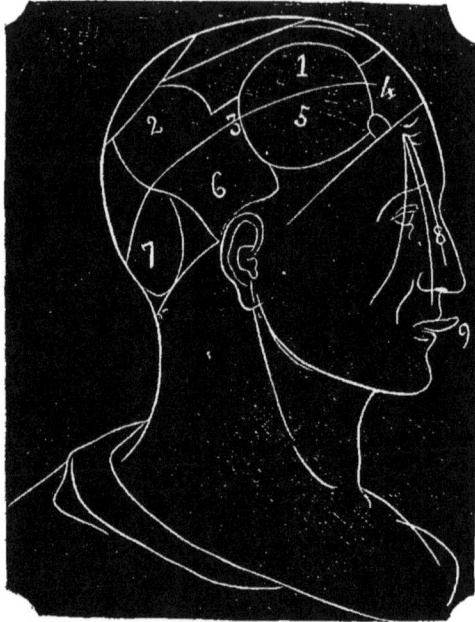

Division phrénologique en 1562.

Tandis que les philosophes nous démontraient de cette manière que la phrénologie était une vérité naturelle manifeste pour tous, les poëtes, les historiens et les peintres contribuaient par leurs œuvres à prouver invinciblement ce fait. Cervantes nous dit, dans son prologue à Persiles et Segismunda, que *son front était large et spacieux*. Milton, dans son *Paradis perdu*, dit du Sauveur : « Son front grand et beau, son regard sublime, annonçaient l'autorité absolue. » « Je ne veux pas, dit Shakspeare, de *fronts ignoblement bas*, nous perdrions le temps avec eux. » Dans les tableaux historiques de Raphaël, de Vélasquez, de Murillo et d'autres peintres sublimes, on remarque des têtes grandes et bien développées chez les personnages principaux, tandis que, chez les personnages secondaires ou d'ordre infé-

---

[1] A cette époque, et longtemps encore après, on expliquait tout par *grsauillos*, ou petits esprits qui couraient à travers les nerfs et les artères.

rieur, on ne voit que des têtes vulgaires et communes. Qui n'a été frappé
du contraste que forme la tête de Judas avec celle de notre divin Maître
dans le tableau de la *Cène* d'Avinci? Il suffit d'avoir la partie supérieure
d'une statue antique pour savoir si elle a représenté un héros ou un philosophe, un gladiateur ou un poëte, tandis qu'avec un tronc sans tête nous
ne parviendrons jamais à nous faire une idée de la personne qu'il représente.

Comme je désire que mes leçons soient le plus pratiques possible, toutes
les fois que l'occasion se présentera, je passerai la revue de quelque tête que
je vous aurai présentée sans en faire alors un examen attentif. Nous nous
occuperons maintenant de celles de Galilée et de Bacon, les premières sur
lesquelles j'ai appelé votre attention. (Voy. p. 4 et 5.) Vous admirez la merveilleuse correspondance que vous remarquez entre le développement de ces
deux têtes et la manifestation des facultés mentales dont elles furent l'instrument. Vous aurez un plus grand sujet d'admiration quand je vous expliquerai les applications utiles, fécondes, transcendentales, qu'on peut faire de
cette correspondance pour étendre et fortifier le libre arbitre et prouver en
même temps la vérité des locutions populaires que je signalais tout à l'heure.
La philosophie naturelle, naïve et profonde de ces expressions vulgaires démontre avec une évidence irrésistible que la plus sublime philosophie s'allie
toujours avec les plus simples inspirations, comme l'éloquence la plus élevée
avec les expressions les plus simples.

Voici Galilée. Voyez ce front élevé et grand, bien nourri : ne vous dit-il
pas avec une éloquence muette, mais expressive, qu'il y a là du génie et
de la bienveillance? Eh bien, que nous dit l'histoire du personnage?
Écoutez.

Galilée découvrit la loi de l'accélération dans les corps graves, l'usage du
télescope dans les observations célestes, les taches du soleil, les satellites de
Jupiter et la vibration de la lune. Il a écrit ses ouvrages en un style si élégant et si pur, que son langage scientifique a servi de règle et de modèle
aux générations suivantes. Il était d'un caractère bon, complaisant, aimable.
Il avait pour la poésie un penchant décidé, et il aurait pu, sans difficulté,
conquérir sur le Parnasse une place distinguée et même éminente.

Contemplons maintenant cette tête, qui semble n'être qu'un front : c'est
celle de Bacon. Ici brille aussi le génie; il y brille aussi visiblement pour la
simple paysanne que pour le profond philosophe; mais c'est le génie intellectuel qui resplendit, c'est l'intelligence, la science qui éblouissent.

On trouverait difficilement une tête qui réponde d'une manière aussi
frappante, aussi visible, avec les œuvres et la renommée de celui qui la possédait. Nulle nation ne peut se glorifier d'avoir produit un homme plus
éminent en science. Le grand poëte allemand Gœthe a dit de lui « qu'il
passa l'éponge sur la grande ardoise des connaissances humaines. » Tous ses
biographes conviennent qu'il s'est élevé à une telle hauteur dans toutes les
branches du savoir humain, que ses contemporains ne purent le suivre. Il

le pensa lui-même avant de mourir, puisqu'on lit dans son testament : *Je légue mon nom et ma mémoire aux nations étrangères et à ma propre nation, non immédiatement, mais lorsqu'un certain temps se sera écoulé après ma mort.*

Remarquez bien que la partie postérieure de cette tête, autant qu'on peut la découvrir, est plus basse que l'antérieure. Cette configuration dénote un manque de fermeté de caractère, un manque d'empire sur soi-même, un excès de faiblesse, une grande peine à dire NON. Cette faiblesse d'esprit le conduisit, en 1617, lorsqu'il était grand chancelier d'Angleterre, sous les instigations et les influences d'amis ambitieux que, par défaut de courage moral, il ne repoussa pas avec indignation, à concéder des emplois et des priviléges pour de l'argent, et à abuser ainsi du sceau de l'État, dont la garde lui était confiée. Il confessa sa faute, fut condamné et incarcéré.

En harmonie avec la vérité religieuse, qui nous dit que notre condition est imparfaite et pleine de tentations, la phrénologie signale ou détermine celles auxquelles généralement chacun de nous est sujet. L'immense intelligence de Bacon lui montrait clairement et avec les plus vives couleurs que, par de pareils actes, il déshonorait son caractère et souillait sa réputation; mais cette conviction intime et profonde ne fut pas pour lui un contre-poids suffisant pour contre-balancer les entraînements de sa cupidité et l'influence de ses faux amis.

Les facultés mentales exercent et subissent mutuellement entre elles une puissance d'influence, de domination, d'impulsion, de séparation et de réunion. Bacon avait une force intellectuelle immense pour voir les résultats; mais les suggestions de ses sentiments pour ses amis, les insinuations de son naturel plein de bonté, les entraînements de sa cupidité, les défaillances de sa résolution, son manque de dignité personnelle, sa conscience peu active, étaient autant de moyens de tentation qui troublaient sa raison, affaiblissaient ses bons propos, l'inclinaient au *pire* lorsqu'il voyait le *mieux;* il fut coupable par faiblesse d'âme, faiblesse punissable.

L'intelligence connaît et dirige; les passions de toute sorte excitent, émeuvent; mais ni à l'une ni aux autres n'appartient de droit le gouvernement moral. Les facultés intellectuelles recueillent les données, prévoient les résultats, mais elles restent froides; les facultés affectives émeuvent et poussent, mais elles sont aveugles et antagonistes : aux unes manque la force impulsive, aux autres la lumière et l'harmonie. Ni celles-ci ni celles-là, considérées séparément, ne peuvent constituer le gouvernement intérieur de l'individu. Ce gouvernement DOIT résider dans l'exercice *tempéré* de chaque faculté individuelle et dans la direction de toutes réunies en une combinaison *harmonique*. J'ai dit que le gouvernement mental de l'individu aussi bien que de la société DOIT résider *de droit* dans la modération et l'harmonie des facultés intellectuelles, et, je le répète, DOIT *de droit*, parce que, *de fait*, il se trouve dans le groupe des facultés naturellement le plus actives, à un temps donné, aussi bien dans l'individu que dans la société. S'il en était autrement, si le gouvernement des facultés intellectuelles se trouvait de fait et naturellement constitué dans l'intelligence, nous serions parfaits; il n'y aurait alors ni mérite ni démérite, parce qu'il n'y aurait ni force ni faiblesse, et, partant, point de lutte entre le vice et la vertu, entre l'erreur et la vérité : l'établissement de la récompense et du châtiment serait une absurdité. (Voy. leç. XLVI et XLVII.)

L'intelligence ou la raison DOIT gouverner, a des forces pour gouverner ; mais elle doit faire des efforts, combattre, vaincre et triompher.

Autre chose est donc le gouvernement *de fait*, et autre chose le gouvernement *de droit* dans la tête humaine. Le gouvernement *de fait* peut être différent dans chaque tête ; mais le gouvernement *de droit*, le gouvernement que la religion et la science, la loi divine et la loi humaine ordonnent, est la force qui naît de l'harmonie et de la modération dans toutes les facultés, c'est-à-dire le triomphe complet de la raison sur les passions.

Le gouvernement intérieur était naturellement, chez Bacon, livré à la bienveillance, à l'amitié, au désir d'acquérir, à la vanité de paraître; et ce gouvernement ne rencontrait d'autre opposition que la raison ou l'intelligence personnelle, qui montrait avec son éclatante lumière les terribles résultats que devait produire la prédominance de ces facultés. Mais, comme cette prédominance, dans ses résultats, ne pouvait affecter désagréablement que la conscience et l'esprit de dignité personnelle, dont la voix était faible et éteinte dans cette tête, il n'est pas étonnant que Bacon, l'illustre Bacon, l'immortel baron de Vérulam, ait cédé volontairement, *puisqu'il le savait*, à des tentations qui souilleront éternellement sa réputation de probité et d'honneur.

Voyons maintenant le rôle de la phrénologie dans ce drame. Il ne sera pas inutile de vous faire remarquer tout de suite que la phrénologie, ici ni ailleurs, n'a qu'un seul rôle qui lui est propre, celui d'enseigner. Oui, la phrénologie n'a qu'une mission, une mission exclusive, celle de nous apprendre à nous connaître nous-mêmes un peu plus et mieux qu'avant sa découverte.

En effet, les tribunaux de sa patrie déclarèrent Bacon coupable, le condamnèrent à une amende de plus d'un million et à l'emprisonnement dans la tour de Londres, pour tout le temps qu'il plairait au roi ; et la phrénologie le déclare coupable par la simple raison que celui *qui sait, qui a l'intelligence* pour voir et savoir que l'action qu'il va commettre est criminelle, a l'intelligence, si sa volonté n'est pas forcée, pour inventer ou découvrir mille moyens de l'éviter; par conséquent, la phrénologie, comme la religion et la législation humaine, déclare volontaires tous les actes commis à bon escient. Si la tempête des mauvaises pensées et des tentations croît en violence, si les forces humaines faiblissent sous sa fureur, il reste le secours de la grâce divine, qui ne manque jamais à qui l'implore. Outre que, si Bacon, phrénologiquement parlant, a cédé aux instigations qui l'ont mené à sa criminelle faiblesse, c'est qu'il n'a pas voulu faire les efforts humains suffisants qu'il était en son pouvoir de faire : sa tête l'indique.

En admettant que le gouvernement mental est *de fait* dans le groupe des facultés les plus actives, et que *de droit* il doit être dans le calme et l'harmonie de la combinaison de toutes ensemble, la phrénologie sert à nous signaler plus clairement les facultés que nous devons humainement affaiblir, et celles que nous devons fortifier, afin de rendre plus libre l'usage de la raison et d'augmenter ainsi nos forces naturelles dans le but de produire un harmonieux équilibre. Si Bacon eût pu juger par la partie externe de sa tête que son penchant à se laisser séduire par l'amitié contre le devoir, par la cupidité contre sa dignité personnelle, et par les spécieuses suggestions contre l'honneur, il eût dirigé avec plus de certitude, de lumière et de précision analytique, son moi, sa réflexion, sa raison, vers l'état de son âme, et se fût, en plus grande connaissance de cause, préparé à éviter ou à repousser les tentations qui assiègent tout homme élevé en pouvoir. Notez bien qu'en cela la phrénologie n'aurait joué d'autre rôle que celui d'enseigner. Elle n'aurait ni donné ni retranché de facultés: elle n'aurait augmenté ni diminué le nombre des tentations ; elle n'aurait pas établi des nécessités ni prédit des actions ; elle aurait seulement signalé les tentations, indiqué les penchants. Mais dans quel but? Est-ce dans le but de nier le libre arbitre? ou dans le but de le rendre omnipotent? Dieu ne le permet pas. Dans le but, vous le voyez vous-mêmes, vous le voyez en toute évidence, de mettre la raison ou l'intelligence en alerte, en lui indiquant formellement les ennemis contre lesquels elle devait se mettre en garde et s'armer pour les vaincre avec le secours de Dieu. Par la phrénologie, Bacon eût appris à se connaître mieux, et ce mieux lui eût facilité, humainement parlant, la victoire sur ses passions, ou, ce qui est la même chose, le triomphe de la raison. (Voy. leç. XI et XII.)

On l'a fort bien dit, la raison que le Tout-Puissant nous a donnée est comme un cavalier qui monte un cheval plus ou moins utile, plus ou moins farouche; mais Dieu a donné à ce cavalier les moyens suffisants pour le dompter et l'assujettir à son service. La raison, c'est les facultés intellectuelles ; le cheval, c'est les facultés ignorantes ou aveugles. Eh bien, je le répète, à quoi peut nous servir la phrénologie dans cette lutte entre le cheval des passions et le cavalier de la raison? Le voici.

Le cavalier ou la raison qui monte le cheval de nos passions, ou, pour dire la même chose, nos facultés aveugles excitées, est sujette à se troubler, à perdre la prudence, à s'affaiblir, à se laisser choir enfin. En nous apprenant à connaître la vivacité de telles inclinations, la douceur de telles autres, c'est comme si la phrénologie nous mettait sous les yeux, préalablement à l'expérience, les vices et les qualités du cheval, afin que le cavalier, se tenant ferme et profitant des meilleurs moyens que lui offre une plus grande connaissance des choses, puisse mieux dompter ses dangereuses attaques, et mieux diriger son impétuosité et ses forces. Nous enseigner à connaître mieux notre propre raison, nos inclinations, voilà, au fond et en toute vérité, la fin et l'objet, les tendances et les aspirations de la phrénologie, soit qu'on la considère comme matière d'instinct ou comme matière de science. Celui qui pour l'élever lui attribuera plus, ou qui pour la rabaisser lui accordera moins, est, dans l'un ou l'autre extrême, à une égale distance de la vérité.

LEÇON VII

Examen du système physiologique ou phrénologique, considéré comme une vérité philosophique annoncée.

MESSIEURS,

Si nous voyons que, dès l'antiquité la plus reculée, l'homme, par instinct, ou sans savoir ni pourquoi ni comment, déduisait de l'apparence extérieure de la figure et de la tête le caractère et les talents de ses semblables, nous voyons aussi, dès ces temps lointains, que des efforts ont été tentés pour convertir ce phénomène en vérité philosophique. On ne connaît pas d'époque où quelque profond scrutateur de la nature, quelque philosophe privilégié, n'ait attribué à des causes céphaliques ou encéphaliques [1] les manifestations mentales ou phénomènes perceptibles de l'âme, dans le but de fonder sur la physiologie cérébrale un système de doctrines psychologiques. Sachant que si, de la partie externe de la tête, on déduisait l'activité de l'âme, ce devait être en vertu du cerveau [2], on s'empressa de tirer parti de ce principe et de lui faire produire, dès les premiers temps, des résultats d'utilité pratique.

On commença par comparer la masse cérébrale de l'homme avec celle des animaux. Aristote, Galien et d'autres personnages éminents, affirmaient que les humains, comparés avec les brutes, avaient une plus grande masse de cervelle.

Partant de cette fausse impression, comme si elle eût été une vérité prouvée, ils crurent pouvoir former une échelle, dont le point de départ serait la quantité cérébrale, comme mesure positive de l'intelligence, pour tous les êtres vivants, et établirent ainsi une philosophie de l'esprit basée

[1] Du mot grec *kephalè*, qui signifie tête. D'où *acéphale*, sans tête; *encéphale*, ce qui est dans l'intérieur de la tête; *céphalique*, ce qui a rapport à la tête; *encéphalique*, ce qui regarde l'intérieur de la tête.
[2] *Cerveau*, *encéphale*, *cervelle*, sont des termes absolument synonymes, qui expriment la masse que contient le crâne; *cérébral*, *encéphalique*, sont des adjectifs qui expriment également ce qui a rapport au cerveau. Du mot crâne se sont formés *cranial*, *cranien*, *cranioscope*, *craniographie*, *cranioscopie*, *craniologie*, etc.

sur des données physicologiques. Mais toutes ces espérances et ces belles
théories tombèrent devant la découverte que la baleine et l'éléphant
possédaient une masse encéphalique beaucoup plus grande que celle de
l'homme.

Avec une même intention, Cuvier et d'autres physiologues distingués ont
essayé de déterminer la quantité mentale d'après le volume du cerveau,
comparé avec le reste du corps; mais le moineau, diverses espèces de singes
et d'autres animaux ont, proportionnellement à leur corps, un cerveau
beaucoup plus grand que l'homme.

Wrisberg et Sœmmering ont cru que, de tous les animaux, l'homme avait
une plus grande quantité de masse encéphalique, en proportion des nerfs en
général; mais, si on lui compare, sous ce rapport, les moineaux et beaucoup
d'autres oiseaux, ceux-ci remporteront l'avantage.

Quelques physiologues, parmi lesquels Sœmmering et Cuvier, ont comparé la grandeur du cerveau en général avec l'ensemble du visage; d'où ils
ont établi le principe que les animaux et l'homme étaient plus ou moins
stupides, plus ou moins intelligents, suivant que le visage était grand ou
petit comparé avec la tête. L'inexactitude de ce principe est prouvée par
Montaigne, Leibnitz, Haller, Mirabeau et d'autres qui avaient des figures
et des têtes d'égale grandeur; tandis que Bossuet, Voltaire, Kant et d'autres
avaient comparativement des figures très-petites et des têtes très-grandes.

Dans le même but de vérifier les fonctions des différentes parties cérébrales, on les a comparées entre elles; on a comparé le cerveau ou les
hémisphères cérébraux avec le cervelet, avec la moelle allongée, avec les
nerfs, etc.; mais ces méthodes n'ont jamais conduit à aucun résultat satisfaisant.

Camper inventa ce qu'il a appelé l'*angle facial*, dans le but de mesurer
le cerveau, et d'estimer par ce moyen la force et la vigueur relative des
facultés mentales. C'étaient deux lignes, l'une menée perpendiculairement
du front à la lèvre, à la naissance des dents supérieures; l'autre menée horizontalement de ce dernier point à l'os occipital. Selon que l'angle formé par ces
deux lignes est plus obtus ou plus grand, on suppose que l'individu a plus
d'intelligence, et, selon qu'il est plus aigu ou plus petit, on suppose qu'il en
a moins. Pour se convaincre de l'inexactitude de ce principe, il n'y a qu'à
remarquer que la ligne perpendiculaire se tire et ne se peut tirer que du
centre inférieur du front. Ce point peut se trouver proéminent ou saillant,
tandis que la partie supérieure du front et de la tête peut être, et fréquemment est aplatie et déprimée. Cet aplatissement ou cette dépression, qui,
aux yeux du sens commun ou de l'intelligence la plus ordinaire, dénote un
manque d'intellect et de force mentale, n'affecte en rien l'angle facial; de
sorte que les exemples que l'on présente pour prouver qu'il est la mesure
exacte de l'intelligence proclament précisément le plus haut sa fausseté.
Voici les deux têtes si souvent mises en comparaison pour prouver l'exactitude de l'angle facial.

Il n'y a pas de têtes plus convenables que ces deux-là pour faire voir, d'abord, que l'ouverture de l'angle est plus large chez l'Africain que chez

Tête bien développée de blanc
européen.

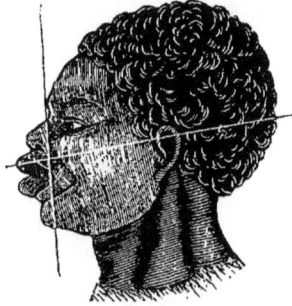

Tête bien développée de noir
africain.

l'Européen, et, ensuite, que l'intelligence de l'Européen, en contradiction avec la largeur de l'angle facial, est plus grande que celle de l'Africain.

Si au premier coup d'œil nous remarquons une contradiction si directe, il n'est pas étonnant que Blumenbach, un des plus grands anatomistes et philosophes qu'ait vus le monde, ait pu, et que le premier venu puisse instantanément prouver que les deux tiers des animaux ont un même angle facial, et renverser du même coup la célèbre échelle de perfection, établie par Lavater avec cet angle pour base, et allant depuis la grenouille jusqu'à l'Apollon du Belvédère.

Admettons néanmoins pour un moment que l'angle facial puisse servir à mesurer l'intelligence, il n'en sera toujours pas moins inexact et incomplet, puisqu'il ne peut jamais faire entrer en ligne de compte la largeur ni la hauteur de la tête. Il y a plus d'un demi-siècle qu'on a prouvé qu'il était absurde de prétendre mesurer la puissance mentale par ce moyen, et pourtant il ne manque pas de gens qui le reproduisent encore comme un système de vérité reconnue. Le plaisant de la chose, c'est que les tenants de cette absurdité ont l'habitude de se moquer des doctrines phrénologiques, ou de les dénoncer et de les attaquer comme fausses et erronées. Dans ce cas comme dans beaucoup d'autres nous aurons à déplorer les funestes effets de l'orgueil et de l'égoïsme humains, lorsque l'ignorance ou la volonté mal dirigée les étale dans tous leurs excès. Le moyen d'utiliser à notre profit ces aberrations mentales, c'est de suivre le précepte de l'Évangile, qui nous commande de les pardonner et de ne nous en souvenir que pour ne pas les imiter.

Toutes les recherches et les expériences ayant été infructueuses de ce côté, l'esprit humain ne se rebuta pas pour cela. Encouragé par cette apparence d'un *quelque chose de plus* qui le pousse vers ce *plus loin* écrit à son horizon, il reprend sa route, et nous avons vu dans tous les temps, mais surtout à la fin du dernier siècle, beaucoup d'hommes bien doués couper, trancher dans tous les sens le cerveau, à l'instant même de la mort, afin de découvrir son mode de fonctionner dans les manifestations des opérations mentales. Mais toutes ces tentatives ont été vaines ; dans le cerveau mort on n'a jamais trouvé, on ne trouvera jamais un reste de pensée enveloppé dans ses circonvolutions, ni un sentiment endormi caché parmi ses fibres ; l'esprit moteur qui les produisait est parti pour des contrées tout autres au moment de cet examen.

Voyant qu'on ne pouvait rien tirer du cerveau mort, le génie humain, sans se rebuter ni se décourager jamais, tourna ses expériences sur le cerveau vivant. Ces expériences, par leur nature, ne se pouvaient faire que sur des animaux ; mais, après des essais nombreux, on a dû y renoncer ; comme les autres, ils n'amenèrent aucun résultat utile et satisfaisant.

Les parties du système nerveux et surtout de celui de l'encéphale sont si intimement unies, si étroitement liées, qu'on ne peut offenser l'une sans compromettre ou affecter l'autre. Ils blessaient, par exemple, le cervelet, duquel s'étend jusqu'à la moelle allongée une colonne de fibres, et soudain apparaissaient des mouvements irréguliers, convulsifs et anomaux de toute manière. D'un autre côté, les animaux ne parlent pas, n'ont pas une physionomie qui puisse exprimer autre chose que des sensations très-marquées, de douleur profonde, par exemple, de faim vorace ou d'irritation violente ; ils ne peuvent pas, conséquemment, nous communiquer aucune idée sûre, arrêtée, fructueuse sur leurs affections : tout doit se déduire de l'état anomal où se trouve mis le cerveau dès l'instant où on le blesse. Si l'on ajoute à cela que les animaux ne peuvent, ni directement ni indirectement, ni normalement ni anomalement, nous donner aucune idée des nombreuses facultés, quelles que soient les expériences pratiquées, parce qu'ils manquent totalement de ces facultés, on aura les raisons pour lesquelles toutes les preuves de cette sorte, quoique mises en vogue pendant quelque temps par les célèbres physiologues Flourens et Magendie, ont été abandonnées comme complétement vaines et stériles. D'où l'on peut conclure que ceux-là sont peu avisés qui disent : « Je crois à la *phrénologie, mais je ne crois pas à la craniologie* ; » c'est-à-dire : Je crois à la phrénologie qui se tire du cerveau et non à la phrénologie qui se déduit du crâne ou partie externe de la tête ; comme s'il y avait, comme s'il pouvait y avoir une autre phrénologie que celle qui se déduit du volume et du développement extérieur de la tête. Qu'importe de *supposer* l'existence de quelque organe mental dans le cerveau, s'il n'y a pas d'autre moyen de connaître ni de prouver cette existence que par le crâne ou la partie externe de la tête ?

Lavater[1], en présence de ces phénomènes, prit la route que les uns

---

[1] Jean-Gaspard Lavater naquit à Zurich le 15 novembre 1741, et mourut le 2 janvier 1801. Il fut une notabilité du dix-huitième siècle. Le grand ouvrage de Lavater a été publié en allemand, et il en fut fait une édition bien augmentée en français, sous ce titre : *Art de connaître les hommes par la physionomie*, Paris, 1805, 10 vol. grand in-4°, avec quantité de planches et de gravures.

avaient ouverte dès les temps les plus reculés et que les autres avaient suivie dans tous les temps ; il crut pouvoir fonder un système de *philosophie
de l'esprit* sur l'expression ou le langage naturel du visage. Dans ce but, il
établit pour base de son système la comparaison des visages humains avec
les faces des animaux. Je mets sous vos yeux
des exemples de ces comparaisons, exactement et fidèlement tirés de ses ouvrages.
Vous voyez dans ces gravures la face d'un
lion comparée avec le visage d'un homme ;
je dis d'un homme pour marquer la différence avec la figure humaine et l'en distinguer. Sans doute, et j'en ai l'intime conviction, il peut exister un homme dans la
figure duquel on peut remarquer quelque
ressemblance avec celle du lion. Il est probable aussi que la ressemblance des traits
entraîne la ressemblance des penchants.
Mais que conclurons-nous de ces probabilités en les admettant pour des vérités dé-

Tête de lion.

montrées? La seule conséquence saine et logique que nous puissions en
tirer, c'est que, parmi les mille personnes que nous voyons ou que nous

L'homme comparé au lion.

connaissons, si nous en rencontrons une dont la figure ressemble à celle du
lion, les penchants de cette personne sont destructeurs. Mais quel jugement
formerons-nous sur les qualités intelligentes et morales dont le lion est
privé? Et la ressemblance ne nous offrira-t-elle pas des doutes? Car, si elle

existe, elle sera toujours très-éloignée, très-vague, très-indéfinie, partant, très-douteuse.

Voici maintenant la figure humaine comparée avec celle d'un bœuf ; c'est encore une copie d'après les planches originales que Lavater a publiées dans ses œuvres. Comme cette espèce de comparaisons n'a produit que des résultats très-vagues et très-incertains, on les a promptement abandonnées à cause de leur inutilité et de leur stérilité.

Lavater se livra ensuite à des comparaisons entre la figure de quelques grands hommes qui se sont distingués par leurs talents, leurs écrits ou leurs vertus, avec celle d'hommes très-bornés, stupides ou insensés, comme nous l'avons fait nous-même en comparant entre elles les têtes de Cara-

Tête de bœuf.

L'homme comparé au bœuf.

calla, de Cervantes avec celle de l'idiot d'Édimbourg. Ces comparaisons devaient avoir pour résultat de prouver la différence d'expression qui existe entre un homme de talent et un imbécile, entre un homme d'un caractère emporté et un homme d'un caractère timide, différence que personne ne nie, et que tous, naturellement physionomistes, nous reconnaissons naturellement.

Ces essais ne suffisaient pas pour fonder sur la physionomie un système de philosophie de l'esprit ; il était nécessaire de connaître et de déterminer analytiquement la cause immédiate des différentes expressions, gestes ou physionomies qui manifestent le talent, la stupidité et autres phénomènes de l'intérieur. Lavater crut trouver cette cause immédiate dans la forme et la couleur des traits du visage.

Partant de ce principe, il disait que l'œil noir ou bleu, rond ou bien fendu, que le nez aquilin ou en trompette, que le menton saillant ou fuyant, avec fossette ou sans fossette, étaient les indices de tel ou tel caractère. En appelant les faits à l'appui de ces théories, on les trouvait entièrement fausses ; car les hommes qui ont des yeux bleus, tout aussi bien que ceux qui ont des yeux noirs ; ceux qui ont un nez camus, comme ceux qui ont un nez pointu, sont des hommes de peu ou de beaucoup de talent, des génies prodigieux ou des sots.

L'origine véritable des diverses expressions, aspects, gestes et attitudes qui constituent la physionomie est dans les diverses parties ou organes qui composent la tête, et, tant qu'on n'aurait pas découvert et signalé ces diverses parties ou organes *comme la cause immédiate de ces expressions, de ces attitudes,* la physionomie, bien que certaine, et vraie, et incontestable en soi, aurait toujours manqué de base, et jamais on n'aurait pu fonder sur elle un *système.* De sorte que la phrénologie, en découvrant les organes de l'esprit, a déterminé le langage spécial de chacun d'eux et établi ainsi les doctrines physionomiques sur des principes certains et fondamentaux que j'aurai l'occasion de prouver dans les leçons XXIV et XXV.

C'est dans cet état d'incertitude et de conjecture que se trouvait le *système de philosophie de l'esprit* fondé sur la physionomie, comme s'y trouvaient, du reste, tous les autres systèmes de philosophie fondés, soit sur le moi ou conscience intime, soit sur la sensation, soit sur d'autres principes, quand M. de Bonald disait, au commencement de ce siècle :

« La diversité des doctrines est allée en s'augmentant de siècle en siècle avec le nombre des maîtres et le progrès de la science ; et l'Europe, qui possède aujourd'hui des bibliothèques entières pleines d'ouvrages philosophiques et compte tant d'écrivains philosophes, pauvre au milieu de tant de richesses, ne sachant, avec tant de guides, quel chemin elle doit suivre, l'Europe, centre et foyer de toutes les lumières du monde, n'a encore une philosophie qu'en *expectative.* »

La philosophie en expectative dont parlait l'illustre vicomte avait déjà paru brillante et éclatante dans les œuvres des saints Pères et surtout dans celles de l'angélique docteur saint Thomas d'Aquin et dans celles de son éloquent contemporain saint Bonaventure. Le premier a posé comme principe que l'âme a plusieurs sens ou facultés, et le second, que ces divers sens ou facultés se manifestent par la configuration de la tête et l'expression de la figure. Saint Bonaventure a, en outre, déterminé avec une exactitude inspirée plusieurs de leurs siéges, localités ou organes dans la configuration de la tête, et de leurs langages respectifs dans l'expression de la figure. Ainsi les vrais fondateurs de la phrénologie, en tant qu'elle est la réunion des doctrines psychologiques et physiologiques, sont saint Thomas d'Aquin et saint Bonaventure. Le premier établit en principe et en fait que l'âme est UNE dans son essence et MULTIPLE dans sa perfection; le second, que cette multiplicité de sens ou facultés se manifeste par le moyen des différentes configurations de la tête. Ils n'établissent pas ces doctrines par induction, déduction ou conclusion, mais ils les posent comme des prémisses, comme des données certaines, comme des principes fondamentaux, d'une manière claire, nette et formelle. De sorte que ces saints Pères sont les vrais fondateurs de la phrénologie, considérée comme vérité philosophique, comme vérité appuyée sur sa vraie cause immédiate, mais non encore comme vérité rendue par une multitude de faits et de données positives et négatives si claire et si évidente à toutes les intelligences, qu'elle arrive à être de soi évidente et irrécusable, et que toutes les arguties, les subtilités, les attaques spécieuses dirigées contre elle, viennent se briser contre elle.

Je vous présente ici les portraits de ces deux lumières philosophiques qui, semblables à des phares, brillaient dans les ténèbres intellectuelles répandues au moyen âge sur toute l'Europe centrale. Voici le portrait de saint

SAINT THOMAS D'AQUIN, né en 1227, mort en 1274.

Thomas d'Aquin; il doit être authentique, c'est celui qui nous a été transmis de génération en génération depuis l'époque où vivait l'original. Nous sommes

tous familiarisés avec ce portrait, c'est le même que nous sommes accoutumés
à voir et à admirer dans les tournois théologiques.

Il ne nous est pas donné de voir ni la partie supérieure ni la partie postérieure de cette tête ; mais nous pouvons contempler la partie frontale inférieure, saillante, nourrie, et si largement développée, qu'elle semble à peine
naturelle. Quiconque jettera un simple coup d'œil, même distrait, et d'une
lieue de distance, sur la partie visible de cette tête, s'écriera, saisi d'admiration, pour peu qu'il sache un mot de phrénologie : « Quelle vaste intelligence !
quel observateur profond ! »

Cette exclamation spontanée, attendu ce que démontrent d'elles-mêmes les
œuvres philosophiques de saint Thomas, rend pour nous évidentes, de deux
choses l'une, à savoir : ou que le portrait est une copie exacte de la nature,
ou que les premiers peintres qui l'ont dessiné avaient une idée intime ou instinctive de la phrénologie. Dans les deux cas, la vérité de cette science brille
et éclate dans la tête de saint Thomas comme dans toutes celles qui sont
offertes à notre examen.

Saint Bonaventure, né en 1221, mort en 1274.

C'est avec un plaisir ineffable que je vous présente maintenant la figure du
véritable fondateur de la phrénologie scientifique, de celui qui découvrit par
inspiration, sans se tromper dans aucun des détails qu'il a annoncés, la phré-

nologie comme une vérité philosophique. Voilà la tête de saint Bonaventure, tirée d'un tableau où le saint, déjà général de son ordre (Franciscains mineurs), est représenté lavant, par humilité, la vaisselle de son couvent, et surpris dans cette occupation par le légat de Grégoire X, qui lui apportait la nouvelle de sa nomination au cardinalat. Le peintre le représente au moment où il tourne la tête vers le légat avec une figure où se peignent complétement l'humilité et la surprise ; car notre saint se croyait indigne d'une si haute distinction. On ne peut désirer une position plus favorable pour l'inspection phrénologique ; joignez à cela un avantage non moins important : la tête est entièrement découverte. Quel bonheur pour cette science de pouvoir se prouver par la tête de son premier fondateur !

Contemplez ce front haut, large, carré. Observez l'élévation de toute la partie supérieure de la tête en général, et de la partie postérieure en particulier. Remarquez une sorte de plénitude et de rotondité dans toutes les parties, magistralement dominées par les régions antérieure et supérieure. Fixez votre attention sur une certaine finesse qui se voit dans la contexture de la peau qui couvre le front et le visage, indice certain d'une bonne qualité encéphalique. Après avoir médité attentivement sur tout cela, comparez ce que vous voyez avec les mémorables paroles dont s'est servi notre saint pour poser les bases de la phrénologie, et dites si cette tête n'est pas une tête privilégiée. (Voy. ces paroles dans la préface et dans la leç. XI.)

Voyez maintenant si, examinée d'après les règles phrénologiques établies par celui qui la possédait, cette tête ne répond pas parfaitement à ce que l'histoire nous révèle. Saint Bonaventure fut, dès la plus tendre enfance, si pur dans ses mœurs, si doux dans ses manières, si sévère dans ses principes, que son professeur, Alexandre de Harlès, disait que le péché d'Adam semblait ne pas lui avoir été transmis. Nommé, en 1256, général de l'ordre de Saint-François, il gouverna avec une douceur et une affabilité si bien mélangées de fermeté et de constance, qu'il s'attira l'amour et le respect de tous ses subordonnés, en même temps qu'il rétablit la régularité de la discipline et fit renaître par son exemple l'esprit d'humilité et d'obéissance du fondateur. Ses œuvres remplissent sept volumes grand in-folio, et dans toutes on remarque une grande élévation de pensée et de sentiment, avec une candeur, une simplicité et une onction religieuse qui ont fait pendant des siècles l'admiration de tous ceux qui ont lu ces ouvrages, et surtout de Gall, qui alla y puiser ses inspirations philosophiques. Lorsque Sixte IV et Sixte V le proclamèrent docteur de l'Église et le nommèrent le *Docteur séraphique*, rien ne parut plus éclatant dans la vie du saint, selon les informations qui furent faites, que la pureté de ses mœurs, la douceur de ses manières et la fermeté de son caractère. En contemplant l'ampleur générale, les belles proportions et l'élévation de sa tête, qui ne voit resplendir en elle toutes ces qualités ? Qui ne voit pas là une preuve irrécusable de la vérité de la correspondance mentale et céphalique annoncée par le saint, et démontrée ensuite, comme je le prouverai dans les prochaines leçons ?

LEÇON VIII

Examen du système physiologique ou phrénologique, considéré comme une vérité philosophique établie, déterminée et prouvée par une série d'observations et d'expériences innombrables.

MESSIEURS,

Nous avons considéré la phrénologie comme *vérité naturelle*, manifeste, dès les temps primitifs, pour l'instinct de l'homme; nous l'avons considérée aussi comme vérité philosophique annoncée, c'est-à-dire comme phénomène uni et enlacé à sa cause immédiate, mais que l'absence d'une somme suffisante de données laisse encore sur le terrain du doute. Nous devons maintenant l'examiner, non-seulement comme vérité philosophique, mais comme vérité philosophique *prouvée*, illuminant de sa brillante clarté tous les esprits qui veulent l'étudier sans prévention, et servant, en même temps, de principe, de base, d'appui à un nouveau *système psychologique* qui a fait faire à l'humanité un grand pas dans le chemin de la *philosophie*.

Pour qu'une vérité soit admise comme principe fondamental certain et démontré d'un *système* ou d'une *science*, il ne suffit pas qu'elle soit patente ou manifeste pour tous les instincts, pour toutes les intelligences, que sa cause immédiate soit annoncée et proclamée; il faut qu'un homme supérieur découvre et analyse une masse de ses parties et de ses relations, les rétablisse, les relie les unes aux autres et toutes au principe, à la vérité générale qui servira d'appui, de base, de tronc, de fondement, de point de départ; et tout cela de telle sorte que cela soit naturel, démontrable et facile à persuader : sans cet assemblage, cet enlacement, les vérités observées, de même que les vérités conçues, quelle que soit leur importance, demeurent simple opinion, conjecture, croyance, pressentiment.

Avant de pouvoir former un *système* dont la vérité éclate aux yeux de toutes les intelligences et se fortifie de toutes les expériences successives, les hommes éprouvent de nombreux mécomptes, font bien des tentatives vaines. Les Chinois, les Arabes, les anciens Grecs et Romains, les saints Pères, les écrivains qui sont venus après eux, n'ont pu former un *système de philosophie* basé sur les configurations de la tête, parce qu'ils n'appuyaient pas leurs inspirations ni leurs observations d'un nombre suffisant de faits, pour confirmer les vraies et écarter les fausses; bien plus, ils posaient comme des principes certains ce qui n'était que des conjectures de leur imagination.

Louis Dolci disait, par exemple, que la *mémoire* était derrière la tête;

non que les faits le lui eussent démontré, mais parce qu'il affirmait que cela devait être, vu que pour elle c'était un siége tout à fait convenable. Dans tous les principes posés par ces auteurs, *excepté saint Bonaventure*, il y avait d'innombrables erreurs au milieu desquelles se perdaient quelques vérités. Les données que nous a laissées saint Bonaventure sont toutes certaines; et il eût été le premier phrénologue scientifique par la démonstration, comme il est le premier vrai phrénologue scientifique par l'inspiration, si de plus sacrées et de plus sublimes occupations lui eussent permis de se consacrer entièrement à l'étude des facultés mentales par le moyen de l'apparence extérieure de la tête.

Toute découverte a toujours été *pressentie* d'abord par l'instinct de l'humanité en général, *annoncée* après par quelque génie privilégié, et *prouvée* ensuite par la puissance d'analyse et d'induction de quelque éminent philosophe. Ainsi fut-il pour l'imprimerie; les hiéroglyphes la firent pressentir, les alphabets l'annoncèrent, les lettres gravées sur bois la prouvèrent. Avant que Colomb prouvât l'existence du nouveau monde, déjà Sénèque, deux mille ans auparavant, l'avait annoncé ; et, dès les premiers temps, l'instinct humain avait constamment cherché de nouveaux mondes. Point de chimie, je l'ai déjà fait remarquer, qui n'ait été précédée de l'alchimie; point d'astronomie qui n'ait été astrologie pendant un certain temps. En somme, toute découverte a dû être d'abord obscurément entrevue, de même que toute philosophie a dû résider d'abord dans l'instinct. Comment l'homme chercherait-il une chose ignorée, inconnue, si un désir primitif, vague et incertain, aveugle et indéterminé, ne le poussait à la chercher? C'est ainsi que ceux qui font tout dépendre de la *sensibilité*, de l'*intelligence*, et de la *volonté*, tuent, sans le vouloir sans doute, le génie et anéantissent l'inspiration instinctive. Ils n'admettent dans l'âme qu'une force féconde ou conceptive, et lui refusent la plus grande et la meilleure, qui est sa force spontanée ou génératrice. Qu'est-ce que certain désir primitif, certaine inclination naturelle, sinon une plante indigène de l'âme, comme certains arbustes, certaines herbes, sont des plantes indigènes de la terre? Est-ce que Dieu, en donnant des forces productrices à l'âme, comme il en a donné aux terres, ne les a pas partagées en leurs primitives différences, déposant en elles, de sa main puissante, les semences qui se développent ensuite?

Les divers penchants et les aversions peuvent, sans doute, être excités; ils peuvent être des sensations produites par quelque souvenir du dehors ou par un mouvement intérieur; mais nier que ces différentes attractions et répulsions aient leur source dans des facultés différentes, ou qu'elles puissent, par leur force naturelle et spontanée, se manifester dans ces mêmes différentes facultés, c'est, d'une part, nier le *motu proprio*, l'*à priori* de l'âme et ses impulsions primitives ; c'est, de l'autre, nier la différence qui existe entre les attractions et les répulsions, et identifier l'amour avec la haine, la crainte avec l'espérance, le penchant à détruire avec le mouvement qui porte à édifier.

Si par *sensibilité* on veut faire entendre la sensation, la conscience, le sens intime que nous avons de tout acte, phénomène ou mouvement mental qui se passe au dedans de nous, alors ce mot a une signification que personne ne peut nier. Qu'une attraction ou une répulsion soit spontanée ou excitée, nous en avons et nous devons nécessairement en avoir, au moment de la sentir, sensation ou conscience intime. Personne, de jugement sain, ne niera à l'âme la faculté de sentir ses propres sensations. De même que sentir ou éprouver de la crainte, de la confiance, tout cela est *sentir* ou *éprouver*; de même, savoir que nous voyons, que nous sentons, que nous goûtons, que nous entendons, tout cela est *savoir*.

Mais ce n'est pas là le sens exclusif dans lequel emploient ce mot ceux qui n'admettent dans l'âme que les trois seules facultés, *sensibilité*, *intelligence* et *volonté*. Ils se servent, en effet, du mot pour exprimer la conscience même ou le sens intime de l'âme; mais ils veulent, en outre, faire entendre qu'il n'y a dans l'âme que *différents modes de sentir ou d'être*, tous produits par ces trois uniques facultés.

Reproduisons leur propre langage :

« Il est vrai, disent-ils, que nous pouvons éprouver du plaisir, de la douleur, de l'intérêt, du déplaisir, de l'apathie, de la joie, du contentement, de la fatigue, de la crainte, de la confiance, de l'animation, de la vivacité, de l'énergie, de l'ennui, de l'horreur, de l'épouvante, etc., etc.; mais toutes ces capacités de l'âme ne sont pas des facultés distinctes, ne sont pas des *causes* par lesquelles l'âme produit des faits, car toutes ces différentes affections de l'âme rentrent parfaitement dans la *sensibilité*. Tous ces divers états de l'âme et une infinité d'autres peuvent très-bien s'exprimer en disant : Je *sens* du plaisir, de la douleur, de l'intérêt, du dégoût, etc.

« C'est dire que la *sensibilité* est une vraie faculté. En voilà déjà une ; elle sera la première.

« Poursuivant l'analyse de l'âme, nous remarquerons qu'elle peut se trouver pensant, se souvenant, doutant, priant, comprenant, induisant, prouvant, connaissant, comparant, raisonnant, expliquant, considérant, etc., etc.; mais toutes ces opérations mentales ne sont pas des facultés de l'âme distinctes; elles ne sont pas des causes par lesquelles l'âme produit des faits *généraux*; mais tous ces actes intérieurs se rangent parfaitement sous le mot d'entendement. Qu'on le remarque bien, et l'on verra qu'en disant que l'homme a l'entendement ou l'*intelligence*, on dit que l'homme pense, croit, se souvient, doute, prie, comprend, etc., etc.

« Donc l'entendement ou l'*intelligence* est une vraie faculté de l'âme ; et c'est la seconde que nous lui assignerons.

« Continuant notre analyse, nous trouvons que l'âme agit par puissance, par rapport, par caprice, par effort, par résolution, par liberté, etc., etc. Mais tous ces efforts, ces aiguillons, ou tout autre nom qu'on leur donne, ne sont pas des facultés de l'âme distinctes; ils ne sont pas non plus des phénomènes de la sensibilité ou de l'intelligence; mais tous s'entendent par le mot *volonté*. Qu'on y fasse bien attention, et l'on verra que l'homme qui a volonté peut, veut, avec réflexion, sans réflexion, etc., etc.

« Ainsi la *volonté* est une vraie faculté de l'âme, et c'est la troisième.

« Qu'on poursuive tant qu'on voudra l'analyse de l'âme, après ces trois facultés que nous venons de signaler, on n'en trouvera pas d'autre : tout effort sera vain. On remarquera dans l'âme de nombreux phénomènes ; on comptera ses actes par milliers, mais tous, tous sans exception, se ramènent aux trois facultés : sensibilité, intelligence et volonté. »

Les phrénologues assignent à l'âme une faculté mentale, appelée *amativité*, qui produit spontanément, avec plus ou moins de vigueur, le désir dont la satisfaction est pour nous le moyen de propager notre espèce. Ceux qui n'accordent à l'âme que les trois facultés désignées plus haut font sortir d'elles *cet amour sexuel*, en disant qu'il provient :

« De la *sensibilité*, par le moyen de la sensation produite sur nous par la simple vue des individus de différent sexe, de l'amour que fait naître l'objet par elle apprécié ou mis en correspondance de sentiment, etc., etc.; de l'*intelligence*, qui dirige plus ou moins bien les résultats de la sensation, et qui juge sur elle, compare, raisonne, doute, etc.; et de la *volonté* qui veut ou ne veut pas exécuter ces actes, s'y soumettre ou ne pas s'y soumettre, etc. »

Non contents de cette explication de l'amour sexuel, dans les termes que nous venons de citer, ils ajoutent, de peur que le sens n'en soit équivoque ou puisse s'interpréter autrement, ils ajoutent, en forme de conclusion :

« Donc l'amativité est un effet des trois facultés; donc, étant un effet, on ne peut l'appeler cause ; donc, l'amativité n'est pas une faculté, parce qu'elle est un effet de faculté et que, pour être faculté, elle devrait être *cause* productive des effets que les phrénologues groupent sous sa dénomination. »

D'où l'on infère que toute vertu, comme tout vice, dépend des impressions ou tentations extérieures. Il n'y a pas d'impulsions primitives intimes. D'après cette doctrine, que l'homme fuie la vue de la femme, la femme celle de l'homme, et l'amour sexuel n'existera plus dans son usage ni dans son abus, qui est la *luxure*. Pour être chaste, on n'aura plus besoin que d'éviter les impressions qui viennent du dehors. En nous et au dedans de nous, suivant ce principe, n'existe pas le germe de l'imperfection de l'amour, pas plus que d'aucune autre imperfection. Le *vœu de chasteté* serait une absurdité, les *grilles* et les *murs* suffiraient; il suffirait d'empêcher les excitants pour éviter toute espèce de tentation. Ce principe nie la voix de la nature, qui crie du *dedans* et constitue notre vocation. Le mot le *naturel* serait un contre-sens; il n'y aurait pas de propriétés mentales actives, il n'y aurait que des modes de sentir passifs, formés purement par des excitations externes. Quand l'imbécile furieux d'amour, et il y a beaucoup d'imbéciles de cette espèce, cherche frénétiquement la satisfaction sensuelle, il le ferait, suivant cette doctrine, en vertu de sa *sensibilité*, qui est presque nulle ; de son *intelligence*, qui ne peut coordonner deux idées ; de sa *volonté*, qui agit à peine. Quand le lion, entrant dans sa puberté, cherche ardemment une compagne pour propager son espèce, et fait retentir les forêts de rugissements épouvantables, il agirait en vertu d'*un mode de sentir* produit par un objet qu'il n'a peut-être jamais vu, par une *intelligence* supérieure qu'il n'a pas, et par une *volonté éclairée* que Dieu lui a refusée.

Ne savons-nous pas que chez Kant, Newton, Charles XII de Suède et autres hommes extraordinaires, l'amour sexuel fut presque nul; qu'il se fit à peine sentir, et que, selon ce qu'on rapporte et ce qui est comme prouvé, ces personnages illustres sont morts ayant gardé leur pureté virginale, sans avoir fait vœu de chasteté, et après une vie passée tout entière au milieu des attraits et des tentations de l'autre sexe? Et, au contraire, l'histoire ne nous apprend-elle pas que l'amour sexuel était, même avant l'âge de puberté, dans l'impudique Sapho, dans le cruel Néron, dans l'éloquent Mirabeau et autres personnages distingués, une passion dévorante qui les poussait aveuglément à mille actes de criminelle concupiscence? Quant à la sensibilité, à l'intelligence et à la volonté, ces facultés étaient aussi actives dans les premiers que dans les seconds, et pourtant, relativement à l'*amativité*, combien d'effets différents produiraient les mêmes causes, si nous prenions pour guide le principe de l'existence exclusive de ces trois facultés, facultés ainsi nommées par les doctrinaires, qui les considèrent comme les seules puissances mentales, tandis qu'elles ne sont réellement que les *attributs généraux de diverses facultés de l'âme*, comme je le prouverai surabondamment en lieu opportun. Pour le moment, je terminerai sur cette matière, en établissant que nier une faculté primitive et fondamentale, dans laquelle prend en nous sa source le désir, dont la satisfaction est le moyen de propagation de l'espèce; que nier une faculté primitive et fondamentale pour chaque classe primitive et fondamentalement distincte d'opérations mentales, c'est nier que pour voir, entendre, sentir, goûter, il faille autre chose qu'une sensibilité générale, dont tous les phénomènes ne sont que des sensations ou des modes spéciaux de sentir; mais Dieu a disposé autrement les choses, en nous donnant des yeux pour tout ce qui se rapporte à la vue, des oreilles pour tout ce qui se rapporte à l'ouïe, l'appareil olfactif pour tout ce qui se rapporte à l'odorat, et de même des facultés ou sens distincts pour tout ordre d'opérations complétement distinctes. Vous voyez que dans le cours de ces leçons nous aurons à déplorer et à pardonner bien des erreurs et des égarements, commis par ceux-là mêmes qui attaquent, par des calomnies et des personnalités injustifiables, les doctrines les mieux prouvées de la science que nous étudions.

Oublions ces inconvenances, qui, au bout du compte, ne sont que des ombres qui font mieux ressortir les figures sur le tableau de la vérité, admettons des facultés primitives distinctes pour des opérations primitives distinctes, lesquelles, pour la plupart, ont une existence aussi évidente que l'est la lumière du soleil pour une vue saine, comme je le démontrerai en temps convenable, et entrons entièrement dans le sujet de cette leçon, qui est de considérer le *système mental physiologique* comme une vérité démontrée.

Un enfant, fils de parents honorables, né à Tiefenbronn, dans le grand-duché de Bade, se trouvant, à l'âge de neuf ans, à l'école, à Brucsal, sent qu'il est l'égal des élèves les plus aptes à acquérir des connaissances en général, mais que, pour apprendre de mémoire, il est inférieur aux plus mal partagés. Cet enfant était François-Joseph Gall, né le 9 mars 1758, mort à Paris le 22 août 1828, destiné à fonder, comme en effet il fonda, un système de philosophie, qui fit faire à la psychologie le pas le plus gigantesque qu'on ait vu jusque-là.

A combien d'enfants avant Gall la même chose n'est-elle pas arrivée? Des milliers se sont trouvés dans le même *prédicament;* mais aucun ne s'est senti aiguillonné, poussé avec tant de force à chercher la cause immédiate de ce phénomène inexplicable jusqu'alors. « D'où vient cette différence? se demandait sans cesse le petit philosophe. J'apprends et je sais plus que mes camarades, et ils répètent leurs leçons mieux que moi. Pendant la semaine, par mon application et mon savoir, j'obtiens les meilleures places. Vient le samedi, et me voilà délogé par des condisciples qui en savent moins que moi, mais qui possèdent le don de réciter deux ou trois cents vers sans s'arrêter et sans se tromper d'un mot. Qu'ont-ils? qu'ai-je? Qu'y a-t-il en nous, pour que cette remarquable et singulière différence existe? »

Ces réflexions l'occupaient et le tourmentaient jour et nuit; il se sentait poussé par une ardeur fébrile à rechercher la cause immédiate d'une si singulière différence, comme il l'appelait.

La persévérance, l'opiniâtreté dans cette recherche, révèlent une intelligence active, robuste, brûlant de la soif de savoir; elles montrent encore que l'intelligence se compose de diverses facultés : le tout est intelligence, sans doute; mais autre chose est de désirer savoir une cause qui naît de l'activité de cette partie intellectuelle qui unit l'antécédent au conséquent; autre chose est d'observer, de signaler, de voir instantanément des individualités dans le monde extérieur.

Ces deux facultés dans Gall étaient extraordinaires, comme on peut le voir dans le portrait authentique que je reproduis (voy. page 5). Voyez cette autre gravure sur fond noir (p. v, avant la leçon I), où sont numérotées les localités ou siéges des organes phrénologiques. Le n° 59 indique le siège de l'organe de la faculté appelée *causativité,* c'est-à-dire celle qui inspire le désir de rechercher, et qui a le pouvoir de concevoir les causes, d'unir ou enchaîner le subséquent avec l'antécédent. C'est la faculté qui donne naissance au *pourquoi?* Le n° 26 indique le siège de l'organe de la faculté appelée *individualité* ou *divisionitivité,* c'est-à-dire la faculté qui conçoit la division, en individualités ou totalités, des objets externes, et inspire des désirs plus ou moins vifs, suivant qu'elle est plus ou moins active, de découvrir ou signaler ces divisions, ces séparations ou totalités plus ou moins subordonnées. Maintenant que vous connaissez les siéges de ces facultés, contem-

plez et contemplez encore le front de Gall, et vous verrez quel grand développement avaient dans sa tête les organes qui les manifestent, et combien
il est peu étonnant qu'un enfant de neuf ans, qui avait de si grandes forces
d'induction et d'observation, se soit senti poussé à rechercher et à observer,
ce à quoi le mena son défaut de mémoire.

Par son individualité ou divisionitivité extraordinaire, Gall remarqua
instantanément que les élèves dont il avait le plus à craindre étaient ceux
qui avaient les yeux grands, gros et saillants : ainsi étaient les yeux de ses
condisciples qui apprenaient rapidement de mémoire, quelque dépourvus
qu'ils fussent d'autres aptitudes. La même immense causativité qui avait
activé et aiguillonné sa divisionitivité conçut enfin l'idée qu'il pourrait peut-
être exister quelque correspondance entre les yeux et la mémoire verbale.

Voilà l'origine, l'embryon, le principe d'une grande découverte, qui,
comme l'origine de toutes les autres découvertes, est une présomption, une
lueur, un soupçon, un *à priori*. Ce pressentiment peut être vrai, il peut
être faux ; mais, sans ces présomptions, sans ces premières lueurs, sans ces
indices, produits des facultés mentales primitives, qu'est-ce que serait,
qu'est-ce que saurait, quel progrès ferait l'homme ?

Sénèque annonçait, il y a deux mille ans, l'existence d'un nouveau monde.
Dans les siècles du moyen âge, on annonçait aussi que sous la ligne équinoxiale, où l'on place la zone torride, tout était feu, dévastation, que
l'homme, par conséquent, ne pouvait y exister. Ces deux annonces, ces deux
pressentiments, ces deux soupçons, ces deux suppositions, ces deux opinions, sont-elles vraies ou fausses ? C'est ce qui a dû être démontré par
l'expérience ; c'est ce qui a dû être décidé par la perception des sens
externes.

Si un Colomb, muni du secours de la boussole, traversant les mers, et
surmontant les difficultés, n'était pas venu découvrir de fait ce qui jusque-
là n'était qu'un soupçon dans l'âme, l'existence du nouveau monde aurait
continué à être matière à doute, quelle que fût l'autorité de la personne qui
l'annonçait, et quoique en soi elle fût une vérité réelle et positive. Sans
cette découverte préalable, on n'aurait pas pu savoir certainement et positivement que la zone torride, sous la ligne équinoxiale, loin d'être toute feu,
avait de hautes montagnes dont les pics, couverts de neige, touchaient au
ciel, et dont les vallées, favorisées d'un climat doux et bénin, étaient peu-
plées de millions de créatures humaines vivant dans une paix complète, dans
le repos et l'abondance.

Nous voyons ici que, s'il est certain que de ces deux pressentiments l'un
fut démontré vrai et l'autre faux, il n'est pas moins certain que si l'âme
n'eût pas pressenti, soupçonné, supposé l'existence d'un nouveau monde, sa
découverte serait éternellement restée dans le domaine de l'irréalisé.

Si, grâce à une *causitivité* prodigieuse, Gall n'eût pas été saisi du vif désir
de savoir à quoi tenait que, privé d'une mémoire facile, il faisait, dans les
études auxquelles il s'adonnait, plus de progrès que beaucoup de ses condis-

ciples en qui cette aptitude était très-active, et si, en vertu de sa *divisioni-tivité*, il n'eût pas remarqué que les élèves en qui se manifestait cette particularité avaient tous des yeux grands, gros et saillants, la phrénologie appuyée sur des preuves n'aurait pas été découverte, du moins dans ce siècle. (Voy. les leçons XLIV et L.)

Soupçonnant en lui-même qu'entre les yeux et la mémoire verbale il devait exister une certaine correspondance, le désir de l'établir par l'expérience ou par une somme de faits qui la démontrassent réelle et positive ne lui laissa plus ni repos ni trêve. Mais occupons-nous du fait *sujestionatif*. Voyons si, en effet, les personnes qui ont les yeux grands, gros et saillants, paraissant vouloir sortir de leur orbite, entourés de protubérances semblables à des moitiés d'orange, ont ou n'ont pas le talent des langues et la mémoire verbale. Voyons d'abord si l'observation du petit Gall, du petit philosophe de Tiefenbronn, était ou non exacte.

Voici le portrait que l'on suppose le plus authentique de notre historien Solis, dont le langage et le style, que personne n'a surpassé, font l'admira-

Solis, né en 1610, mort en 1686.

tion du monde littéraire. « Jamais je ne lis Solis, me disait un jour William Prescott, le célèbre écrivain de l'Amérique du Nord, historien de nos rois catholiques Ferdinand et Isabelle, sans être abattu et découragé; son mérite me fait si bien sentir mon peu de valeur, qu'après avoir lu quelques pages de son Histoire, je me sens incapable de rien écrire. »

Voici donc le portrait de notre Solis, désespoir des grands historiens du
siècle, et par son langage et par son style. Je vous présente ce portrait parce
qu'il n'est pas moins connu parmi nous que celui de Cervantes, et parce
qu'il se présente dans l'original une circonstance très-importante dans la
matière qui nous occupe, circonstance qui, jusqu'ici, du moins que je sache,
n'a été soupçonnée ni révélée par aucun auteur ni nulle part, circonstance
que chacun de vous peut vérifier, que j'ai eu le désir de vérifier presque
dès les premières lueurs de la raison en moi.

Ce que je veux signaler, c'est que Solis est l'auteur qui a achevé de compléter chez nous le langage en prose. Comme il a écrit, quant aux formes du
langage, on a écrit après lui, on écrit encore et on écrira jusqu'au jour désigné de Dieu pour la décadence de la langue espagnole. Dans l'immortel
Quevedo i Villegas, dans Lope de Vega, dans Louis de Grenade, dans Louis
de Léon, dans Cervantes, se trouvent des formes de langage que nous appelons aujourd'hui archaïques, antiques ou inusitées. Il n'y a pas d'auteur,
avant le dix-septième siècle, dans lequel on ne rencontre de temps en temps
les formes vieillies de notre prose. Solis forme la ligne de démarcation à laquelle finit le langage ancien. Il en arrive de même dans toutes les langues. De
Cicéron à Tacite, il y eut un intervalle où la langue latine atteignit son point
de perfection. Avant Cicéron, elle se ressent de son enfance; après Tacite,
de sa décrépitude. La langue grecque se maintint depuis Eschyle jusqu'à
Ménandre. Pierre Corneille pour le français, Clarendon et Dryden pour l'anglais, Lessing pour l'allemand, Dante, Pétrarque et Boccace pour l'italien,
sont ce qu'est Solis pour l'espagnol.

Voyez les portraits authentiques de tous ces hommes illustres, de tous ces
grands linguistes, vous remarquerez chez tous, comme chez Solis, des yeux
grands, gros et saillants, en tous cas des orbites très-grands et proéminents
à la partie supérieure postérieure externe. Voyez, au contraire, les portraits
des personnages qui, loin de se distinguer par ce don, ont peu de facilité
d'élocution, et vous remarquerez que quelque grands, quelque éminents
et extraordinaires qu'ils aient été dans d'autres branches de la science ou des
arts, ils avaient des yeux enfoncés ou des orbites petits. Canova, le fameux
sculpteur, sentait et concevait la beauté idéale avec une force et une puissance que peu d'hommes ont possédées, mais, du côté de la parole, la nature
s'était montrée peu prodigue à son égard. Sous son ciseau, sous son pinceau,
le marbre parlait, la toile était éloquente ; mais, s'il parlait, lui, son expression était languissante, froide, morte; sa capacité linguistique était presque
nulle.

Voici son portrait, copié de la collection authentique que H. Bruyères a
insérée dans sa *Phrénologie pittoresque*. Remarquez les yeux enfoncés, petits, avec des orbites extrêmement réduites. Cette organisation correspond
entièrement avec la difficulté naturelle de trouver des mots pour s'exprimer, dont l'illustre Canova se plaignait constamment. On voit sur d'autres
parties de la tête un développement notable. La constructivité, la meillora-

tivité, l'imitativité [1], qui résident dans la partie supérieure latérale coronale, étaient prodigieusement développées, comme on les distingue dans le portrait authentique qui est sous vos yeux. Que les *cinquante-trois* statues, les cinquante-trois chefs-d'œuvre qu'il a taillés de ses propres mains disent si elles ne correspondent pas à l'organisation et à la configuration spéciale de sa tête!

CANOVA, né en 1757, mort en 1822. VOLTAIRE, né en 1694, mort en 1778.

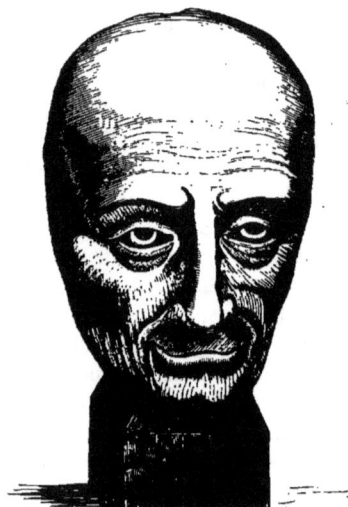

La gravure que je vous offre maintenant représente le *faciès* et la tête de Voltaire; ce portrait est authentique. La tête a, comme celle de Canova, dans les régions latérales frontales supérieures, un développement extraordinaire; mais on remarque dans les yeux une différence très-notable, toute la différence qui existait entre la facilité qu'avait Voltaire de s'exprimer par la parole et la difficulté qu'éprouvait Canova. Le premier dit lui-même que parfois il n'écrivait que des mots; toutes les paroles du second étaient pleines d'idées et de sentiments. Examinons bien la différence qui existe entre ces deux têtes sous le rapport de la forme ou de l'apparence générale des yeux, et nous saurons avec certitude quand la faculté du langage se manifeste faiblement et quand elle se manifeste vigoureusement. Si, dans beaucoup de têtes, nous ne pouvons la saisir sur-le-champ, comme dans ces deux-ci, c'est par la raison toute simple qu'une pareille facilité ou une pareille difficulté de parole n'existe pas chez tous les hommes. Cela même prouve que ce n'est ni l'intelligence générale, ni la sensibilité, ni la volonté, ni d'autres puissances, qui

[1] Voyez les n°° 12, 22 et 23 de la gravure, page v avant la leçon I, qui indiquent le siége des organes de ces facultés.

produisent le *pouvoir parler*, mais une faculté primitive et spéciale. Canova n'était-il pas doué d'une intelligence supérieure, d'une sensibilité exquise, d'une volonté forte? Avait-il pour cela la facilité d'élocution? Non. Pourquoi? Parce qu'il n'a pas plu à la Providence, dans ses impénétrables secrets, de lui accorder un grand développement de l'instrument ou organe par lequel se manifeste la faculté mentale de la parole.

C'est à vous maintenant de corroborer le fait par tous les cas qu'il est en votre pouvoir d'examiner. A proprement parler, toute créature humaine constitue un cas, parce que Dieu a doué toute créature humaine de la faculté de la parole; mais, s'il a accordé à la grande majorité des individus cette faculté avec une force et une vigueur, sinon égales, du moins approximatives, nous devons chercher, pour la preuve du fait qui nous occupe, des personnages en qui elle existe à un degré extraordinairement grand ou petit. Bientôt j'attirerai votre attention sur différents orateurs et écrivains dont le talent éminent pour la parole n'est mis en doute par personne, et chez tous vous verrez des yeux plutôt grands que petits, gros, et paraissant vouloir sortir d'orbites en forme de moitié d'orange. Voyez les portraits de Larra, de Balmès, de frère Louis de Léon, d'Alphonse X, de Mirabeau, de Frédéric de Prusse, du Tasse, de Casimir Delavigne, de Fénelon, de Buffon et de beaucoup d'autres.

En observant d'autres personnes qui ont eu le don de l'expression et qui n'offrent pas un développement de la faculté linguistique aussi prononcé que chez les individus que je viens de mentionner, il est nécessaire de toujours se rappeler que les facultés, comme je l'ai déjà dit et comme je le répéterai bien des fois, peuvent recevoir l'impulsion et peuvent donner l'impulsion, peuvent être modifiées et peuvent modifier, peuvent être dominées et peuvent dominer, être réunies et réunir; et c'est pourquoi la faculté linguistique est d'autant plus activée qu'elle est mise en mouvement par une plus grande quantité de facultés intellectuelles excitées. Un individu qui a beaucoup d'idées et qui en même temps se trouve pressé par de violents désirs de parler ou d'écrire, donnera une occupation plus forte et plus constante à la langagetivité, et aura conséquemment une plus grande affluence, une plus grande élégance de paroles qu'un autre, chez lequel une faible partie intellectuelle et quelques désirs étouffés tiennent cette faculté dans un état d'assoupissement et de torpeur. Je fais cette observation parce qu'il nous importe beaucoup de partir du principe que toute force humaine doit être considérée sous trois aspects : sous l'aspect purement *naturel*, sous l'aspect *acquis* et sous les deux aspects *naturel* et *acquis* à la fois.

Le fondateur même de la phrénologie ou du système physiologique de philosophie nous donne un exemple très-remarquable et très-instructif de cette double force. Il avoua lui-même que sa faculté linguistique était très-faible, et que cependant, par l'étude, par l'application, par un exercice bien dirigé, il parvint à s'exprimer avec clarté, exactitude, élégance, avec aisance même, en allemand, sa langue *natale*, et en français, sa langue *adoptive*. Néanmoins Gall ne passera jamais pour un modèle de facilité d'élocution, pour un modèle oratoire, pour un modèle de style. S'il eût eu une facilité linguistique naturelle, Gall eût peut-être écrit quelque ouvrage d'imagination pour appuyer et embellir ses découvertes ; mais Dieu ne lui avait pas fait ce don.

Combien voyons-nous de personnes dans les humbles professions de la société, avec de grands yeux dans de spacieux orbites, qui ne se servent pas de mots aussi bien choisis et qui n'ont pas une facilité de parole aussi grande que d'autres individus de la société cultivée, avec des yeux moins saillants et des orbites moins vastes ! Mais comparons-les avec des gens de leur classe, et tout à coup leur faconde naturelle nous frappera. Toute faculté mentale, comme tout organe physique, se fortifie et s'active par l'exercice modéré et harmonique, de même qu'elle s'affaiblit et s'engourdit par l'absence d'exercice. Le couteau dont on ne se sert pas se couvre de rouille et ne coupe plus, celui dont on se sert modérément et qu'on affile coupe bien et dure en proportion de sa qualité naturelle ; celui dont on se sert trop est promptement usé, et celui dont on fait abus est sur-le-champ brisé. Ce qui en ce cas arrive dans l'ordre physique, arrive dans l'ordre moral. C'est pourquoi le *lemme* phrénologique relatif à l'usage naturel des facultés est celui-ci : « *Modération dans chacune d'elles et harmonie entre toutes.* »

L'enfant philosophe, Gall, en remarquant que, parmi ses condisciples, ceux dont les yeux étaient grands et saillants avaient une plus grande facilité de parole, faisait ses observations sur des individus en qui la force acquise ou artificielle était peu considérable ; partant, il était moins exposé à se tromper. Il est hors de doute que plus une faculté morale est exercée, plus aussi son organe matériel est fortifié, ce qui peut se prouver en comparant, prises au hasard, cent têtes de personnes illettrées et sans occupation qui oblige à beaucoup méditer, avec cent têtes, prises également au hasard, de personnes d'une éducation intellectuelle soignée et dont les occupations maintiennent l'intelligence en un continuel exercice. Mais dans les observations du petit Gall, il ne pouvait y avoir doute au sujet de savoir si les phénomènes qu'il remarquait venaient de l'art ou de la nature ; car tous étaient bien de la nature, tous se manifestaient dans des enfants qui commençaient à peine leurs premières études.

Le petit philosophe de Tiefenbronn, partant d'une découverte certaine, d'une correspondance que son esprit avait entrevue, commença bientôt à porter son attention sur la différence des talents, des dispositions, des aptitudes et des caractères qu'il avait remarquée et qu'il remarquait dans des personnes qui avaient reçu la même éducation, qui avaient été exposées aux mêmes influences et qui s'étaient trouvées entourées des mêmes objets extérieurs. Dans ses frères, ses sœurs, ses camarades et ses connaissances, se voyaient, comme il s'en souvenait actuellement ou comme il l'observait nouvellement, des talents différents, des aptitudes, des dispositions différentes qui constituaient l'individualité mentale et la différence particulière de chacun d'eux. Quelques-uns de ses condisciples se distinguaient par la beauté de leur écriture, d'autres par leurs progrès dans l'arithmétique; ceux-ci faisaient briller leur génie natif dans l'histoire naturelle, ceux-là dans leurs progrès dans les langues; un autre montrait une exquise élégance dans ses compositions, tandis que le style de son camarade était sec, languissant, lourd, et qu'un troisième se faisait remarquer par la logique de ses arguments, par la manière claire, énergique et imposante de les exprimer. Le naturel de ses condisciples n'était pas moins varié et différent que leurs talents, et cette diversité déterminait, en apparence, la diversité de leurs affections et de leurs aversions. Quelques-uns montraient, naturellement et spontanément, une disposition pour des emplois et des occupations qu'on ne leur avait pas enseignés et dont peut-être ils n'avaient jamais entendu parler; ils s'amusaient à tailler ou à sculpter des figures dans du bois ou à en esquisser sur leurs cahiers. Ceux-ci consacraient leur loisir à la culture silencieuse d'un jardin, tandis que leurs compagnons, préférant les exercices athlétiques et bruyants, couraient dans les bois, sautant, jouant ou luttant, cherchant des nids, cueillant des fleurs, ou chassant les papillons. Chacun montrait ainsi un talent ou une disposition spéciale et particulière, et le jeune Gall observait que celui qui s'était fait remarquer pendant un an pour son naturel égoïste ou méchant n'était pas, l'année suivante, distingué pour sa générosité ou par un amical attachement. S'il existe des modifications et des changements notables en ce point, et il en existe, ils proviennent soit des influences divines, soit des influences humaines, et la phrénologie explique clairement et d'une manière satisfaisante les cas dans lesquels opèrent ces dernières. La correspondance des manifestations naturelles enfantines avec la conduite générale de la vie est la règle; la modification ou le changement complet du naturel est l'exception. « Caractère et figure jusqu'à la sépulture; la chèvre tire toujours à la montagne; » dit la sagesse instinctive des nations, et la phrénologie se trouve d'accord avec cette doctrine populaire générale; mais elle explique aussi, je le répète, clairement et d'une manière satisfaisante, et conformément à ses principes, pourquoi l'on voit de temps en temps un changement total de naturel ou de direction dans les inclinations prédominantes opéré humainement. (Voyez, à ce sujet, la leçon XVIII.)

De Brucsal, Gall alla étudier dans un collège d'enseignement secondaire à Strasbourg. Il se trouvait beaucoup plus avancé et il était dans un âge de plus de réflexion, quoique très-jeune encore. Sa famille, catholique, apostolique, romaine, était d'origine italienne; *Gallo* était son nom, mais les premiers qui s'expatrièrent supprimèrent l'*o* pour lui donner une certaine forme allemande. Son père était marchand et premier officier de justice de Tiefenbronn, mais sa fortune ne lui permettait pas de donner une carrière littéraire à tous ses fils. Un oncle paternel, curé d'une paroisse, se chargea de la première éducation du jeune François-Joseph, que son père désirait vivement voir embrasser l'état ecclésiastique. Gall ne se sentit pas de vocation pour un ministère si sublime et si élevé, et se résolut, pendant qu'il étudiait à Strasbourg, à suivre la profession de médecin.

De seize à vingt-trois ans, le futur fondateur de la phrénologie demeura dans cette dernière ville, où il se consacra si exclusivement à l'étude et à la méditation, que ses premières découvertes datent, d'après lui-même, de cette époque. C'est là qu'il se répétait souvent, après avoir vu cent et cent fois confirmée la correspondance entre les yeux et le langage : « S'il a plu au Tout-Puissant de manifester par un signe ou indice extérieur la faculté mentale de la parole, pourquoi n'aurait-ce pas été sa volonté de manifester aussi les autres facultés mentales par d'autres signes ou indices extérieurs? » Et c'est à la solution affirmative de ce problème qu'il consacra toute sa vie et tout ce que lui rapportèrent ses occupations accessoires de médecin distingué.

En 1781, Gall quitta Strasbourg pour Vienne, en Autriche, où, après avoir assisté aux leçons des célèbres professeurs Van Swieten et Stoll, il reçut le diplôme de docteur en médecine au bout de quatre années. Il continua sans repos ni trêve, jusqu'en 1797, ses études de prédilection; alors, se sentant appuyé par une multitude de faits irrécusables, par mille arguments irréfutables, tirés en grande partie des œuvres des saints Pères, et par des exemples éclatants sans nombre, il résolut de communiquer ses découvertes et ses nouvelles doctrines au public de Vienne.

Pendant longtemps les recherches de Gall ne furent que *physionomiques,* comme celles de saint Bonaventure ; c'est-à-dire qu'elles se bornèrent à examiner les configurations spéciales de la tête qui pouvaient indiquer des particularités spéciales de talent ou de caractère. Il est indubitable qu'il ne pouvait faire autrement, et que c'est la seule manière de découvrir les signes ou indications extérieures des diverses facultés mentales. Il est indubitable que la seule preuve phrénologique admissible consiste dans la détermination des différentes configurations céphaliques correspondantes à différentes activités mentales. Il est indubitable que, quelque certaine, quelque positive que soit la découverte des facultés mentales, jamais on ne pourrait la démontrer si ces facultés ne correspondaient pas à des indications déterminées, à des apparences ou à des marques sur la partie extérieure de la tête. Qu'importe que le cerveau, l'encéphale, cervelle ou partie intérieure de la tête soit ce que l'âme fait fonctionner directement pour manifester ses facultés et ses attributs, si on ne peut y rien observer pendant la vie, et si après la mort il ne reste plus vestige aucun de l'esprit qui y habitait ! Dans les plis et les replis de la cervelle, dans ses fentes et ses circonvolutions, ne se trouvent ni l'ombre d'un désir, ni l'apparence d'un sentiment, ni l'embryon d'une idée ; l'âme, unique agent, unique moteur, unique générateur de tous ces résultats, s'est envolée dans les régions célestes. L'esprit s'est séparé de la matière; il n'y a plus que des restes matériels. C'est ainsi que dans les démonstrations phrénologiques, le tempérament de l'individu, le volume et la configuration extérieure de sa tête, sont les principaux éléments dont on tienne compte, ou dont on puisse tenir compte. Têtes et crânes, voilà, *pour le moment*, les seules preuves de la phrénologie. L'étude du cerveau, *en phrénologie*, n'est qu'une étude secondaire, prouvant plus ou moins, appuyant plus ou moins les découvertes phrénologiques, mais elle ne fait pas l'objet principal ou primordial de l'examen.

L'illustre fondateur de la phrénologie, néanmoins, réfléchit bientôt que la partie *externe* de la tête n'était que le tégument ou boîte osseuse de la partie *interne*, et que, partant, il était nécessaire de vérifier si l'une correspondait à l'autre en grandeur et en forme. Pour arriver à ce résultat, il se livra entièrement à la dissection de l'encéphale; c'était, selon lui, le seul moyen de découvrir et de prouver d'une manière irréfutable la physiologie ou les vraies fonctions de cet organe, les lois qui président à sa formation et les rapports qui existent entre ses parties constituantes. En vertu de ces dissections, et grâce à elles, il arriva à prouver d'une manière qui n'admet pas le doute, que l'encéphale est un organe multiple ou complexe, et qui correspond, en règle générale, à la configuration de la partie externe du crâne.

Avec ces données, comme base et point de départ de ses études, il découvrit, vérifia, et mit hors de doute, l'existence de vingt-sept facultés mentales manifestées par vingt-sept organes céphaliques, ou vingt-sept différentes parties du cerveau et du crâne qui le couvre. Ces vingt-sept facultés correspondantes à vingt-sept organes, Gall les nomma comme il suit :

1. *Zeugungstrieb*, instinct de génération ; 2. *Jungenliebe, Kinderliebe, amour de la race;* 3. *Anhænglichkeit*, affection ; 4. *Muth, Raufsinn*, courage, défense personnelle; 5. *Würgsinn*, désir de tuer ; 6. *List, Schlauheit, Klugheit*, astuce, sens de la stratégie ; 7. *Eigenthumsinn*, sentiment de la propriété; 8. *Stolz, Hochmuth, Herschsucht*, orgueil, amour-propre, superbe ; 9. *Eitelkeit, Ruhmsucht, Ehrgeitz*, vanité, ambition ; 10. *Behuthsamkeit, Vorsicht, Vorsichtigkeit*, précaution, prévoyance, prudence ; 11. *Sachgedæchtniss, Erziehungsfæhigkeit*, mémoire des choses, éducabilité : 12. *Ortsinn, Raumsinn*, sens local ; 13. *Personensinn*, sens des personnes : 14. *Wortgedæchtniss*, mémoire verbale; 15. *Sprachforschungssinn*, sens philologique ; 16. *Farbensinn*, sens de la couleur; 17. *Tonsinn*, sens des tons ; 18. *Zahlensinn*, sens du calcul ; 19. *Kunstsinn, Bausinn*, sens artistique, sens de la construction ; 20. *Vergleichender Scharfsinn*, sagacité comparative ; 21. *Metaphysischer Tiefsinn*, profondeur métaphysique ; 22. *Witz*, finesse d'esprit, enjouement ; 23. *Dichtergeist*, génie poétique ; 24. *Gutmüthigkeit, Mitleiden*, bon naturel, compassion ; 25. *Darstellungssinn*, sens de représenter; 26. *Theosophie*, amour de Dieu, religion; 27. *Festigkeit*, fermeté.

Tel est le résultat des découvertes de Gall, tel est le pas gigantesque fait par la philosophie dans la nomenclature des facultés de l'âme ; tel est, enfin, le système de démonstration externe quant à l'existence et aux diverses affections des facultés spirituelles internes.

Gall découvrit les vingt-sept facultés qui viennent d'être énumérées, et remarqua l'extrême cactivité de ertaines d'entre elles ou leur inertie presque complète dans quelques individus ; particularité qui le conduisit à chercher quelque configuration céphalique correspondante dans les mêmes individus qui présentaient ce phénomène. D'autres fois il s'élevait des données extérieures à des conséquences intérieures. Voyait-il une personne avec une configuration de tête qui appelait l'attention par son irrégularité, aussitôt il cherchait à connaître son histoire, il étudiait sa conduite, notait attentivement les particularités de son caractère, jusqu'à ce qu'enfin il ait cru avoir trouvé la correspondance qui existait entre cette configuration spéciale et une faculté ou une disposition spéciale de l'âme.

Si Gall s'était arrêté là, s'il n'était pas allé plus loin, si ses découvertes n'étaient pas sorties de la sphère des convictions morales et individuelles, et qu'il les eût *annoncées* comme telles au monde, il n'aurait rien fait de plus que ses prédécesseurs. Il aurait laissé la phrénologie sur le terrain où l'avait portée saint Bonaventure ; sur le terrain de la vérité, sans doute ; mais non sur le terrain de la *vérité démontrée*, sur le terrain favorable pour jeter les bases d'un système philosophique qui puisse résister, ferme et immobile, à tous les coups du doute, des arguments spécieux, des arguties, des calomnies et des faussetés. Mais Gall ne se contenta pas de la seule conviction de son esprit au sujet des facultés et de leurs organes de manifestation qu'il avait découvertes ; il voulut prouver leur vérité en des termes qui pussent infailliblement convaincre toute personne sans prévention qui prendrait la peine d'observer et d'étudier un peu. Ainsi les faits qu'il produit sont si nombreux, si nombreux les exemples qu'il apporte, si faciles et tellement à portée les modes qu'il nous indique d'étudier, de vérifier et de démontrer ses découvertes, que celui qui n'est pas persuadé de leur vérité, ou ferme les yeux à l'évidence, ou possède pour réfuter les doctrines de Gall une quantité de données et d'observations supérieure à celles que Gall a publiées et à celles que chacun peut réunir par milliers, s'il lui plaît, pour les démontrer. Des gens qui ferment les yeux à l'évidence, il y en a eu *quelques-uns ;* mais des gens qui apportent la somme de données et d'observations requises pour une réfutation, jusqu'ici il ne s'en est pas présenté *un seul.* Quant à ceux qui lancent leurs bons mots et leurs diatribes contre la phrénologie, c'est-à-dire, contre ce principe, que l'âme a diverses facultés, qu'elle les manifeste par autant d'organes céphaliques, et que beaucoup de ces facultés et de ces organes sont découverts, ils savent ou ils devraient savoir que ces faits se trouvent prouvés par une série non interrompue d'expériences infinies, comme le fait voir le dernier ouvrage du catholique Gall, en huit volumes in-octavo, dont la lecture ôterait toute envie d'injurier la phrénologie à quiconque serait tenté de le faire n'importe en quel sens.

LEÇON IX

Facultés de l'âme et attributs de ces facultés, considérées psychologiquement, c'est-à-dire en dehors de toute preuve expérimentale.

MESSIEURS,

Dans nos précédentes leçons, nous avons examiné les différents systèmes de philosophie de l'esprit adoptés et suivis par l'humanité dans l'étude d'elle-même. Il est temps de porter notre attention sur le système physiologique connu sous le nom de *phrénologie*, objet de ces leçons. Avant d'entrer en matière, qu'il me soit permis, pour un moment, de vous rappeler un principe que la phrénologie, active dès sa découverte, a adopté, et à propos duquel ses détracteurs l'accusent constamment, sous la fausse supposition qu'elle l'a repoussé; c'est que, d'abord, dans ce qui est humain on ne doit rien regarder comme exclusif, d'une part, et rien, de l'autre, comme imperfectible ou incapable d'un plus grand développement.

Vous savez avec quelle ardeur et quelle énergie j'ai dit que la phrénologie n'est pas le seul système de philosophie de l'esprit, mais qu'il est un de ceux qui constituent la *philosophie de l'esprit*; et qu'il est loin d'avoir atteint son entière perfection. Je vous disais, il y a peu de temps, et je me plais aujourd'hui à le répéter : « Phrénologue, je me garderai bien de dire : La phrénologie est la philosophie de l'esprit; c'est le seul système vrai qui puisse nous conduire à la connaissance de l'âme. » Que ferait la phrénologie sans le système du *moi*, qui prouve l'organologie céphalique, en la comparant avec nos sensations internes? Que ferait-elle, sans l'observation externe, qui nous fait comparer des têtes spéciales avec des facultés spéciales de l'esprit et leur degré d'activité? Que ferait-elle, enfin, sans la conduite humaine, qui nous offre des résultats palpables à l'appui des théories établies, ou contre ces théories? Je redisais aussi combien il est illusoire de supposer que, la phrénologie étant découverte, les générations futures n'auraient plus d'espérance à fonder ni de gloire à moissonner dans le champ de la philosophie de l'esprit. Que serions-nous, ajoutais-je, si nos prédécesseurs avaient tout fait? Que seraient nos successeurs, si nous pouvions tout faire?

J'ai voulu vous rappeler ces explications pour vous laisser convaincus qu'on nous fait une grande injure en nous supposant des vues purement exclusives, et la conviction profonde que la phrénologie est maintenant ou pourra être, un jour, le dernier anneau de la grande chaîne que forme la philosophie de l'esprit. Je désire aussi que vous ayez toujours présentes ces observations, afin de fortifier le principe que j'ai si énergiquement essayé de vous inculquer, à savoir : que la vérité côtoie toujours l'erreur et que la doctrine qui passe aujourd'hui pour certaine, demain paraîtra fausse. Soyons donc toujours ouverts à la conviction ; ne donnons place dans notre esprit à une doctrine philosophique, comme vérité, que jusqu'au moment où d'autres doctrines plus lumineuses, plus exactes et mieux combinées, nous prouvent que celle précédemment admise est incertaine ou fausse.

Avec cette volonté, avec cette tolérance philosophique, avec cet esprit impartial et sans prévention, entrons dans l'examen attentif des facultés de l'âme, de leurs attributs ou forces, comme base première et fondement de la matière qui nous occupe.

Les défenseurs et les détracteurs de la phrénologie, les psychologues platoniciens et les métaphysiciens aristotéliens, les auteurs sacrés et les profanes, tous accordent à l'âme différentes facultés. Tous établissent ou laissent entendre que l'âme est *une* dans son essence et *multiple* dans sa perfection, comme l'a dit saint Thomas.

A la moindre attention, à la plus légère réflexion que nous ferons sur cette matière, nous nous convaincrons, sans étude préalable, qu'il est impossible de ne pas sentir et de ne pas conclure que l'âme a différentes puissances ou facultés innées. Pour qu'il n'en fût pas ainsi, il faudrait que, lorsque la manifestation d'une faculté s'affaiblit ou se perd, la manifestation des autres s'affaiblisse et se perde ; que, quand un homme a du génie pour un art ou pour une science, il en ait pour tous les arts et toutes les sciences ; que, quand une faculté se trouve en un état, toutes les autres soient dans le même état, ce qui est démenti par l'expérience de tous les hommes et de tous les siècles. Chez l'enfant, la *curiosité* s'éveille beaucoup plus tôt que le *raisonnement;* et certains individus perdent la mémoire quand leur jugement est dans sa plus grande vigueur. Dans les rêves, la *raison* ordinairement sommeille et l'*imagination* veille, tandis que, dans la peur, la *raison* est alerte et l'*imagination* paralysée. Lope de Vega était une nullité dans les mathématiques et faisait de très-beaux vers, dès ses premières années ; Vito Mangiamele était une nullité en poésie, et, dès l'âge de quatre ans, il était un mathématicien prodige.

A cinq ans, Gall faisait déjà des observations profondes sur le caractère de ses camarades, tandis qu'il avait si peu la mémoire des visages, qu'il ne reconnaissait pas, en se levant de table, la personne à côté de laquelle il avait mangé. Un de mes amis gardait un souvenir ineffaçable d'une figure qu'il n'avait vue qu'une fois, et il était incapable de distinguer deux notes de musique, quelque séparées ou rapprochées qu'elles fussent. Pour lui, elles étaient toutes pareilles, même lorsqu'elles étaient émises l'une immédiatement après l'autre ; tandis que le fils de l'aveugle Isern de Mataro, connu pour son prodigieux génie musical, distinguait déjà, à l'âge de quatre ans, et marquait les notes qui avaient été produites, en frappant instantanément des deux mains un coup sur les touches d'un piano.

Notre illustre compatriote Balmes, que je cite toujours avec plaisir, à cause de la perspicacité de son génie et de la grande réputation que lui ont valu ses écrits, eut l'occasion de faire de nombreuses observations sur cette matière, lorsqu'il était professeur de mathématiques au séminaire de Vich. Voici le résultat de son expérience : « Il est extrêmement curieux d'observer les différents caractères que présentent les intelligences et l'étonnante variété qu'on y découvre, non-seulement par rapport à leurs degrés de portée et de force, mais encore par rapport à leur capacité pour tels ou tels objets. Il y a des hommes, et celui qui écrit ceci les connaît, d'un talent très-heureux pour tout ce qui concerne les sciences politiques et morales, et qui n'en ont qu'un très-médiocre s'il s'agit des sciences naturelles et exactes. »

Pour corroborer cette vérité, que les talents et les dispositions des hommes sont différents, et que, partant, les facultés de l'âme sont différentes, bien que toutes réunies dans une unité spirituelle, je ne puis résister à la tentation de vous lire ce que dit là-dessus, avec autant de justesse que d'éloquence notre Saavedra Fajardo. Le voici :

« Les esprits des hommes sont aussi divers que leurs visages. Les uns sont généreux et altiers; sur eux les moyens de gloire et de renommée sont puissants. Les autres sont bas et vils, et ne se laissent gagner que par leur intérêt et leurs propres convenances. Les uns sont orgueilleux et présomptueux; il faut les écarter doucement du précipice. Les autres sont timides et ombrageux, et, pour les faire agir, il faut leur faire toucher du doigt l'inanité du danger. Les uns sont serviles; avec eux, la menace et le châtiment peuvent plus que la prière. Les autres sont arrogants; on les réduit par la fermeté, on les perd en voulant les soumettre. Les uns sont fougueux et si résolus, qu'ils se repentent aussi vite qu'ils se déterminent; il est dangereux de les conseiller. Les autres sont lents et indécis; le temps les guérira à leur préjudice : si on les pousse, ils se laissent choir. »

Les jésuites, ces maîtres en éducation si sages et si habiles, dont nous avons tous entendu parler, se guidaient dans leurs systèmes d'enseignement d'après ce principe, que la nature elle-même déroulait spontanément devant leurs yeux. Ils ne prêtaient pas ou n'ôtaient pas à l'homme des facultés, suivant qu'ils les sentaient ou croyaient les sentir en lui; mais ils les observaient partout où elles se présentaient, les appliquaient, en tiraient parti, sans se jeter dans les obscurités et dans les profondeurs psychologiques. Celui qui, dès son enfance, donnait des marques positives qu'il pourrait exceller dans l'éloquence, ils en faisaient un orateur; celui qui se distinguait par la perspicacité, la profondeur, l'adresse, ils le consacraient aux affaires réservées et épineuses. Ils n'ont jamais fait peintre celui que la nature avait fait poëte, ni homme de cour celui qui était né pour la retraite.

Il y a eu cependant des philosophes qui ont accordé à tous les hommes une manifestation égale des facultés de l'âme, bien que leurs croyances philosophiques soient démenties par les imbéciles et les fous, et par ce fait qu'il n'y a pas deux personnes qui aient des dispositions absolument identi-

ques, pas plus qu'il n'y a deux figures ni deux autres objets absolument
identiques dans la nature. Ces métaphysiciens croient que quelque hasard,
quelque événement inattendu, quelque acte spécial, éveille dans l'homme le
génie, jusqu'alors latent ou en germe dans l'esprit. Ils disent que le génie
de Newton dut son existence à la chute d'une pomme, et le talent poétique
de Byron à la critique mordante que les écrivains de la *Revue d'Édimbourg*
firent de ses premières poésies; mais s'il en fut ainsi, s'écrie fort sensément
Combe, « tous ceux qui ont vu tomber des pommes devraient être des Newton, et ceux qui ont senti la dent mordante de la critique, des Byron, puisque les mêmes causes produisent les mêmes effets.»

De tout ce qui a été dit, on infère que l'âme est véritablement une *unité
multiple*, comme l'appelait saint Thomas d'Aquin. Considérée comme une
réunion de facultés, on explique facilement pourquoi les unes peuvent se
montrer saines, endormies, lucides, développées, en même temps que les
autres se montrent malades, éveillées, faibles ou peu développées. Cette
multiplicité démontre la nature de ces phénomènes. S'il en était autrement,
il faudrait admettre qu'une unité, simple et incomplexe, peut se *manifester*
à la fois et en même temps endormie et éveillée, saine et malade, hébétée
et perspicace, forte et faible, ce qui est aussi évidemment impossible qu'il est
impossible qu'*une* unité soit *deux* unités de même espèce. Néanmoins ces
phénomènes pourront s'expliquer comme il plaira le mieux à chacun ; mais
nier que l'âme soit une *unité multiple* ou *complexe*, une unité qui réunit
diverses facultés, c'est nier ce que la nature crie bien haut; c'est nier l'expérience de tous les siècles, la révélation de notre sens intime, le témoignage de tous les faits sur la matière bien observés, et l'autorité des saints
Pères et de l'Église, qui ont toujours attribué *diverses puissances à l'âme.*

En présence de ces données et devant la force de ces arguments, on n'a
jamais douté que diverses puissances ou facultés n'aient été accordées à
l'âme. La difficulté a toujours été de déterminer le nombre et les attributs
de ces facultés ou puissances premières. Sur ce point, chaque auteur a suivi
son bon plaisir et établi des principes à sa volonté.

Dès l'antiquité la plus reculée nous avons entendu que les puissances de
l'âme sont au nombre de trois : *intelligence, mémoire, volonté.* Quant à l'in-
telligence et à la *volonté*, les métaphysiciens des temps anciens et des temps
modernes qui ne les admettent pas sont bien rares. Saint Thomas d'Aquin,
parlant avec intention sur cette matière, non-seulement admet les cinq
puissances ou facultés dont Avicène croyait l'âme douée, mais encore toutes
celles qui sont nécessaires pour la vie de l'homme ou de l'*animal parfait*,
comme il l'appelle. « Avicène, dans son livre de l'âme, dit saint Thomas,
établit cinq puissances sensitives intérieures, le sens commun, la fantaisie,
l'imaginative, l'estimative et la mémorative ou recordative. J'ajoute, continue le docteur angélique, que comme la nature ne fait pas défaut dans le
nécessaire, il convient qu'il y ait autant d'actions de l'âme sensitive qu'il
en est besoin pour la vie de l'animal parfait. Et, comme chacune de ces ac-

tions ne peut se ramener à un seul principe, elles *requièrent donc différentes puissances; une puissance de l'âme n'étant autre chose que le principe prochain de son opération* [1]. »

Telle est la doctrine qu'admit Balmes comme conclusion finale de son expérience et de ses études psychologiques, comme vous vous le rappellerez par les paroles qui forment l'épilogue de son *Criterium*, et que j'ai citées dans ma quatrième leçon, en touchant incidemment au sujet qui nous occupe spécialement aujourd'hui. Telle est la doctrine qui sert de base fondamentale psychologique à la phrénologie, à savoir : une faculté, puissance ou principe prochain de l'âme, différant pour chaque ordre d'actions. Ainsi vous voyez vous-mêmes que je n'ai rien avancé d'inexact ni d'aventuré en vous disant, dans une des dernières leçons, que saint Thomas d'Aquin avait été le fondateur de la phrénologie dans son principe fondamental psychologique.

Plus tard, en partant de ce principe, comme nous l'avons vu sur la tête dessinée en 1562 par Ludovico Dolci, on porta jusqu'à sept les facultés mentales. Mais, comme le caprice, la volonté ou la fantaisie de chacun déterminaient seuls et nommaient les facultés de l'âme, chacun établissait sur ce point les doctrines que lui suggérait son opinion.

Bacon, à l'imitation de quelques philosophes anciens, disait que nous avions *deux* âmes : une raisonnable et une sensitive. Il attribuait à la première les facultés de l'entendement, de la raison, du raisonnement, de l'imagination, de la mémoire, de l'appétit et de la volonté; à la seconde, les facultés du mouvement volontaire et de la sensibilité.

Suivant Descartes, les facultés de l'âme sont : la volonté, l'entendement, l'imagination et la sensibilité. Hobbes, je l'ai déjà dit, n'admet que deux facultés principales : *connaître* et *se mouvoir*. Condillac reconnaît la *sensation* comme origine commune de l'entendement et de la volonté; il admet ensuite l'attention, la comparaison, le jugement, la réflexion, l'imagination et le raisonnement. Il soutient que toutes les facultés, la pensée, les idées, les conceptions, l'imagination, ne sont que des transformations de la *sensation*. Peut-il y avoir une doctrine plus matérialiste? Et cependant c'est en substance ce qu'un acharné détracteur de la phrénologie, comme je l'ai déjà dit dans la précédente leçon, établit comme principe fondamental de psychologie catholique.

J'ai dit que Kant admit un grand nombre de facultés premières ou *con-*

[1] Sed contra est quod Avicenna in suo libro de anima ponit quinque potentias sensitivas interiores, scilicet *sensum communem, phantasiam, imaginativam, æstimativam*, et *memorativam.*
Respondeo dicendum, quod cum natura non deficiat in necessariis, opportet esse tot actiones animæ sensitivæ, quot sufficiant ad vitam animalis perfecti. Et quæcumque harum actionum non possunt reduci in unum principium, requirunt diversas potentias; cum potentia animæ nihil aliud sit quam proximum principium operationis animæ. — *Divi Thomæ Aquinatis Opera. Tomus* 20 *complectens Summæ Theologicæ primam partem. Venetiis*, 1760. *Questio* 78.

ceptions pures. Il admit deux formes de sensibilité, il admit l'instinct
faculté de l'espace et du temps, l'instinct de douze actions pures; il admit
l'unité, la pluralité, la totalité, l'affirmation, etc.; il admit trois différentes
forces premières de la raison : le moi et l'âme, Dieu et l'univers, etc., etc.

Ce serait nous engouffrer dans une mer insondable de difficultés, ce serait
vouloir écrire des volumes sur des arguties métaphysiques, que de prétendre citer toutes les opinions qui ont été émises sur le nombre et les
attributs des facultés mentales. En parlant de l'école écossaise, j'ai dit combien il y avait de différentes opinions sur cette matière. Maintenant, pour
vous donner une idée de la variété de celles qui se sont produites sur la
question de savoir si la conscience, ou criterium moral, comme quelques-
uns l'ont appelée, est le résultat ou non d'une faculté spéciale, je vous
dirai que Hobbes veut que la législation humaine constitue et soit la conscience ou la règle de la moralité. Cudworth veut que cette règle soit une
faculté humaine qui distingue instinctivement le bien du mal. Mandeville
croit que cette règle est la création politique du fort orgueilleux, mise au
monde par la faiblesse adulatrice. Le docteur Clarke fait dépendre la moralité d'une action de la « correspondance des choses. » Hume la fait dépendre
de l'UTILITÉ, qui est, dit-il, « la mesure ou le constituant de la vertu. » Le
docteur Hutcheson soutient que cette règle a son origine dans le sens moral de l'homme. Le docteur Paley n'admet pas l'existence d'une semblable
faculté, mais il déclare que la vertu consiste à faire du bien au genre humain
par obéissance à la volonté de Dieu et par amour pour le bonheur éternel.
Le docteur Adam Smith s'efforce à soutenir que la sympathie est l'origine
de toute approbation morale. Le docteur Reid, M. Stewart et le docteur Tomas Brown défendent l'existence dans l'homme d'une simple faculté qui
décide du moral ou de l'immoral : une infinité d'autres la nient. Un célèbre écrivain, le docteur Ralph Wardlow, ne voit dans la conscience que
les actes du jugement.

Maintenant que vous connaissez que l'âme a, et ne peut pas ne pas avoir
différentes facultés, mais que pour les déterminer et déterminer leurs attributs il n'y avait, avant la découverte de la phrénologie, d'autre autorité que
le jugement ou l'opinion que chacun se formait sur la matière, vous comprendrez plus clairement, vous sentirez plus fortement combien sont dignes
de pitié et de compassion ceux qui, préférant leurs conjectures à toutes celles
qui ont été émises sur ce point, veulent les élever à la hauteur d'un principe de vérité éternelle, et donner pour faux, erroné et inexact, avec force
grossièreté et inconvenance, tout ce que leur esprit ne peut concevoir ou
tout ce qui n'est pas sorti de lui.

Par exemple, Laromiguière, auteur distingué dans les rangs de la philosophie catholique, et qui passe pour un psychologue savant et profond, s'exprime en termes fort clairs sur les diverses facultés mentales. Je vais vous
rapporter textuellement ce que dit sur ce sujet, avec le préambule et l'épilogue dont il accompagne sa manière de citation, un antiphrénologue dont

je cite et citerai souvent les attaques comme un échantillon de la guerre que cette classe d'adversaires fait à la science qui nous occupe. Voici, avec lesdits préambule et épilogue, ce que dit Laromiguière, auteur vraiment estimable :

« *Ne sachant, pour exposer ces notions, à quel système recourir parmi ceux qui combattent dans la ligne de la philosophie catholique, nous nous sommes décidé à choisir celui de Laromiguière, excellent par sa clarté et sa précision, et surtout nous plaisant le plus et s'accommodant le mieux à nos idées.*

« *Les notions que nous recommandons de ne pas oublier, surtout à ceux qui veulent étudier philosophiquement ce cours d'antiphrénologie, sont les suivantes :*

1° L'homme est double, c'est-à-dire, il est composé de corps et d'âme, et, bien qu'il ne sache comment, il est certain et indubitable qu'il y a relation entre l'un et l'autre ; 2° l'âme est une, simple et immuable ; 3° les attributs inséparables de l'âme sont : l'*activité* et la *sensibilité;* 4° l'*activité* est *puissance* et *faculté.* Par l'activité l'âme se peut modifier elle-même, connaitre et agir ; 5° la *sensibilité* est *capacité,* par laquelle notre âme est susceptible d'être modifiée ; 6° l'*activité* est pensée ou faculté de penser ; 7° la *pensée* est tout à la fois pensée et volonté ; 8° l'*entendement* est le produit ou la réunion de trois facultés, qui sont : l'*attention,* la *comparaison* et le *raisonnement;* 9° l'*attention* est la faculté fondamentale de l'entendement ; 10° l'*entendement* est faculté de nom, collective des trois autres. N'étant donc pas faculté réelle, ce n'est qu'en cessant de parler avec précision (ce qui n'est pas toujours une erreur) qu'on peut appeler l'entendement une *faculté;* 11° la *volonté,* seconde partie de la pensée, est le produit ou la réunion du *désir,* de la *préférence* et de la *liberté* tout ensemble ; 12° la *liberté* est la faculté fondamentale de la volonté ; 13° la *volonté* n'est donc une faculté que de nom, et, n'étant pas réelle, ce n'est aussi qu'en cessant de parler avec précision qu'on peut lui donner ce nom ; 14° il n'y a pas de *volonté* sans désir, sans préférence et sans liberté. Il n'y a pas d'*entendement* sans attention, comparaison et raisonnement. Il n'y a pas de pensée ou d'activité sans volonté et entendement ; 15° le bon emploi de la pensée est la *raison;* 16° il y a quatre sentiments dans la *sensibilité :* sentiment-sensation, sentiment de l'action des facultés, sentiment de rapport, sentiment moral ; 17° les idées qui correspondent à ces quatre ordres de sentiments sont les idées sensibles, les idées des facultés de l'âme, les idées de rapport et les idées morales ; 18° l'origine des *idées sensibles* réside dans le sentiment de sensation ; 19° la cause des *idées sensibles* est l'attention exercée par le moyen des organes ; 20° l'origine des *idées des facultés de l'âme* réside dans le sentiment de l'action de ces facultés ; 21° la cause des idées des *facultés de l'âme* est la même attention, mais exercée mentalement et d'une manière indépendante des organes ; 22° l'origine des *idées de rapport* réside dans le sentiment de rapport ; 23° la cause des *idées de rapport* est dans la com paraison et le raisonnement; 24° l'origine des *idées morales* est dans le sentiment moral; 25° la cause des *idées morales* est dans la réunion simultanée ou non de l'attention, de la comparaison et du raisonnement; 26° toutes nos idées, quelles qu'elles soient, doivent leur origine à l'action de nos facultés : *attention*, comparaison et raisonnement; 27° la *mémoire* est le produit juste de l'attention, de la comparaison et du raisonnement.

« *Voilà toutes les notions philosophiques que nous recommandons d'avoir présentes pendant qu'on lira nos doctrines antiphrénologiques. On trouvera ces doctrines parfaitement conformes à ces notions, qui doivent nécessairement obtenir l'admiration de quiconque tient en quelque estime le nom de philosophe [1]*. »

Remarquez-le, messieurs, — et je voudrais que tous les hommes qui se livrent de bonne foi, et sans prévention aucune, aux études philosophiques pussent le remarquer, — dans cette déclaration de principes, Laromiguière admet seulement trois facultés : l'*attention*, la *comparaison*, le *raisonnement*. Il admet la *sensibilité* comme un attribut ou *capacité* générale de toutes les facultés, par laquelle l'âme est susceptible d'être modifiée; mais non comme une faculté ou force productrice, ce qui serait un contresens.

Remarquez encore, et n'oubliez pas que, dans le système psychologique dont je viens de redire les notions, l'entendement ou intelligence n'est pas une faculté, mais la réunion des trois facultés : *attention, comparaison, raisonnement*. La volonté, suivant les principes que nous examinons, n'est pas non plus une faculté, mais une affection, un attribut ou une partie essentielle de l'entendement; et Laromiguière a parfaitement raison lorsqu'il ajoute qu'on ne peut lui donner ce nom, sans manquer à la précision. Mais, un peu plus loin, par une confusion propre à tous ceux qui traitent ces matières sans le secours de la phrénologie, il dit que la liberté est la faculté fondamentale de la *volonté*.

Si la *liberté* est une faculté, pourquoi ne l'ajoute-t-il pas aux trois qu'il a admises? Si par faculté il entend ici un *élément* ou un *attribut*, pourquoi ne s'exprime-t-il pas avec précision? S'il suppose que la *volonté* a diverses facultés, alors il la confond avec l'âme, puisque l'âme seule a des facultés, les adversaires les plus acharnés de la phrénologie le disent. « L'*âme*, suivant l'expression d'un des plus violents d'entre eux, *est le seul être sur la terre qui ait des facultés*. »

Voilà la confusion, le vague et la continuelle contradiction à quoi sont sujets, sans pouvoir ne l'être pas, ceux qui n'étudient que par le *sens intime* ou le système platonicien le nombre et les attributs de nos facultés mentales. Le sens intime, ou le moi, appliqué à ce qui se passe en nous est bon, est indispensable. Je n'ai jamais nié l'utilité de ce système; tout

---

[1] La *Phrénologie et le Siècle*, par un philosophe sans préjugés (Barcelone, 1852), pages 29-52.

au contraire, je le proclame, et je dis que ce serait la plus grande des absurdités psychologiques que de le dédaigner. Mais je dis en même temps qu'il ne suffit pas, que, de soi et par lui, il ne constitue pas les moyens que Dieu nous a donnés pour nous connaître. Il ne faut pas se borner à étudier les phénomènes de l'esprit, selon qu'ils se révèlent au sens intime, il faut encore les étudier, selon qu'ils se remarquent dans les impressions que font sur nous les objets externes; selon qu'ils sont visibles dans la conduite, dans les actes consommés des hommes, et selon qu'ils apparaissent dans leur rapport avec les instruments qu'il a plu à la Toute-Puissance divine de leur assigner. Celui qui prétend s'assurer du nombre et des attributs des facultés mentales par la pure observation interne, ou par la pure réflexion sur ce qui se passe intérieurement en lui, celui-là, outre qu'il se ferme la voie vers le but auquel il aspire, repousse orgueilleusement les autres moyens que Dieu lui a offerts, et recueille pour prix de son fier dédain les erreurs auxquelles il se livre volontairement, comme vous l'avez entendu dans la seconde leçon, spécialement consacrée à cette matière. Maintenant vous allez les toucher dans la pratique, vous allez les voir tout en relief, telles que les font ressortir les vaniteux efforts de ceux qui crient : J'ai atteint le but, en moi se trouve la *vérité*. Pauvre humanité ! que de fois dans notre orgueil nous croyons avoir découvert une *vérité lumineuse*, qui n'est autre chose que ce que, depuis des siècles déjà, on a repoussé comme une *erreur plausible ou pernicieuse !*

Vous venez d'entendre notre adversaire dire qu'il choisit le système philosophique du célèbre Laromiguière, qu'il le choisit comme le meilleur entre les bons qui militent dans les rangs de la philosophie catholique, comme celui *qui lui plaît le plus*, qui s'accommode le mieux à ses doctrines; comme le plus digne d'occuper la mémoire et l'intelligence de ceux qui veulent suivre son *cours d'antiphrénologie*.

Mais, ô inconséquence humaine ! soudain notre professeur antiphrénologue se croit en possession d'un autre système meilleur ; soudain il croit que son *sens intime* est meilleur que celui de Laromiguière; soudain il croit avoir découvert un système philosophique *meilleur* que celui qu'un instant auparavant il appelle le *meilleur* ; dans le même livre, et à quelques pages de distance, il se met en complet désaccord avec lui-même; en complète contradiction avec les doctrines psychologiques qu'il admet comme le plus formidable levier qui puisse renverser l'édifice phrénologique. Écoutez-le, c'est lui qui parle. Oui, celui qui tout à l'heure nous a présenté Laromiguière, en nous promettant solennellement de mettre ses doctrines en conformité parfaite avec les notions de ce philosophe, c'est le même qui nous dit maintenant (pages 195-197 de l'ouv. cité) :

« Les facultés accordées à l'âme par les phrénologues sont-elles de vraies facultés? Et ces facultés sont-elles aussi nombreuses qu'ils le supposent ? C'est ce que nous allons examiner, et c'est avec ces armes que nous allons livrer à nos adversaires la GRANDE BATAILLE.

« Pour cela, il nous faut descendre dans le champ de la physiologie. Nous pourrions dès lors adopter les notions choisies dans Laromiguière que nous avons exposées plus haut, et les étendre jusqu'où besoin serait pour le cas actuel ; mais nous jugeons meilleur de *changer d'idée*. Non que nous ne trouvions pas la philosophie de Laromiguière complète et convenable en cette partie ; nous désirons seulement complaire à quelques personnes qui ont leurs doutes sur cette philosophie. Elle a ses taches, nous le comprenons ; mais, d'un autre côté, elle est d'une grande précision, d'une grande exactitude ; elle se place entre les philosophies suspectes et celles qu'on peut admettre aveuglément ; elle est enfin la mieux faite pour réunir à un même centre toutes les variétés de philosophes. C'est pourquoi nous l'adoptâmes, le présent ouvrage étant destiné à toute classe de personnes.

« Nous le dirons donc, ce que nous allons poser, nos lecteurs peuvent, s'ils le veulent, le rapporter à ces notions de Laromiguière, et ils feront bien ; ceux auxquels il ne conviendra pas ainsi *pourront le prendre comme une exposition nouvelle de la théorie des facultés de l'âme*. Nous aurions voulu de bon cœur nous *attacher à quelque système philosophique généralement accepté ;* mais, pour ménager les doutes et les opinions, nous avons résolu de nous en tenir à nous-même, et d'exposer la théorie des facultés de l'âme, sans nous mettre à la suite de personne et conformément à nos idées philosophiques particulières sur ce sujet. Ces réserves faites, et ces explications données, entrons en matière.

« L'homme est composé d'un corps et d'une âme. L'âme peut être appelée *activité humaine*, en tant que cette activité constitue l'âme. Étant *activité*, elle est *cause, force, origine, source d'action*, etc.; et, sous chacun de ces aspects, l'âme donne des effets, produit des faits, a des *facultés*.

« Il en est ainsi, parce qu'on entend par faculté la puissance de l'âme, comme d'être capable d'agir, de savoir ce qu'elle fait, de connaître comment elle agit, de vouloir agir, et de diriger l'action.

« Cette définition prouve que l'âme est le seul être sur la terre qui puisse avoir des facultés.

« Jusqu'ici nous ne croyons pas marcher en désaccord avec les phrénologues.

« Sachant que l'âme produit des faits, des effets ou des résultats ; il ne reste qu'à savoir combien elle a de causes pour les produire, et nous saurons combien *l'âme a de facultés.* »

Après ce préambule, il admet trois facultés uniques, comme je l'ai indiqué dans la quatrième leçon, page 31, et l'ai répété plus au long, page 65. Les trois facultés admises par notre adversaire, et qu'il prétend avoir découvertes, comme vous venez de l'entendre dans son préambule (ce qui ne l'empêche pas de dire un peu plus loin, par une flagrante contradiction, qu'elles sont vieilles de vingt-cinq siècles), sont : la *sensation* ou *sensibilité*, l'*intelligence* et la *volonté*. Celles qu'établit Laromiguière sont : l'*attention*, la *comparaison* et le *raisonnement*.

Notre adversaire fait de la volonté une faculté fondamentale ; Laromiguière en fait un attribut, une affection de la pensée. Celui-ci veut que l'attention soit une *puissance première*; celui-là, le résultat de la sensation, de l'intelligence et de la volonté. Celui-ci fait dépendre l'*intelligence*, soit toutes nos idées, de l'attention, de la comparaison et du raisonnement ; celui-là proclame l'intelligence comme faculté première et fondamentale. Peut-on se mettre en contradiction plus directe, en discordance plus complète, en divergence plus opposée ?

Mais ce n'est pas là le plus plaisant. Notre adversaire dit à ses lecteurs qu'ils pourront, à leur gré, attribuer ou rapporter sa théorie à Laromiguière ou la regarder comme une *exposition toute* NOUVELLE *des facultés de l'âme*. Qu'il soit à jamais impossible d'attribuer ou de rapporter cette théorie à Laromiguière, sa discordance complète avec les doctrines de ce philosophe le prouve fort bien ; et qu'il soit impossible à aucun lecteur de la regarder comme *nouvelle* ou due aux inspirations de notre contradicteur, l'aveu aussi candide qu'imprévu qu'elle compte vingt-cinq siècles d'antiquité le montre assez.

Mais écoutez ses propres paroles :

« *Un philosophe moderne*, dit-il, *qui fait des facultés de l'âme la même classification que nous avons faite, parce qu'elle est la plus certaine, et surtout incontestable, sous tous les rapports, dit, à ce sujet, les très-remarquables paroles que voici :*

« Notre classification compte, en outre, *une antiquité de vingt-cinq siècles*, car, au fond, elle n'est autre que celle de Platon et de Pythagore ; et elle a enfin la sanction de l'usage vulgaire, usage presque toujours déterminé par le plus sûr instinct. Les facultés de l'âme furent connues, nommées et classées bien avant que l'homme examinât le crâne et le cerveau, et sût l'anatomie. La pure observation interne, et non le scalpel, a réellement le droit de compter et de décrire les facultés de l'âme. Nous ne repoussons pas le secours des sciences physiologiques, nous avons déjà avoué qu'elles éclairent et fortifient la psychologie, et nous les regardons comme sœurs ; mais nous disons que la science de l'âme peut subsister et a subsisté sans elles. L'observation des siècles, bien longtemps avant Gall et autres novateurs, avait déjà établi la trinité mentale, c'est-à-dire l'existence des trois facultés premières : la SENSIBILITÉ, l'INTELLIGENCE et la VOLONTÉ. »

Que notre adversaire suive ou abandonne Laromiguière ou tout autre auteur, qu'il suive ce qu'il a promis d'abandonner ou qu'il abandonne ce qu'il a promis de suivre, que son exposition des facultés mentales lui soit propre, comme il le dit d'un côté, ou qu'elle lui soit étrangère, comme il l'avoue de l'autre, cela n'atteindrait en rien l'essence de sa théorie, si elle était certaine ; mais elle est la plus inexacte et la moins plausible de toutes celles qu'on a soutenues jusqu'ici, en dehors du terrain expérimental ou phrénologique.

Cette théorie admet, comme je l'ai répété plusieurs fois, trois facultés uniques : la *sensation*, l'*intelligence* et la *volonté*[1]. Si elle en admettait *une seule* comme Helvétius, ou *plus de quarante*, comme Kant, ou cinq, comme l'Université littéraire de Barcelone[2]; ou si, pour être originale, comme le prétend notre contradicteur, elle en admettait un nombre différent de tous les nombres admis jusque-là, passe : il y aurait en cela quelque chose de plausible; mais non, c'est un nombre admis déjà depuis l'antiquité la plus reculée, ce dont il ne s'aperçoit, paraît-il, que tout à coup et par distraction. Et l'on nous fait avec la plus belle candeur du monde l'aveu que nous venons d'entendre, comme si jamais l'on ne s'était attribué la fameuse découverte des trois facultés.

Soit que nous examinions la *sensation*, l'*intelligence* et la *volonté* à la lumière de la définition que donne des facultés notre adversaire, en les appelant « *causes des phénomènes de l'âme, cause, origine, source d'actions;* » soit que nous les examinions à la lumière de la définition de saint Thomas d'Aquin, qui les appelle « *principes prochains des opérations de l'âme;* » soit que nous les examinions à la lumière de toute autre définition[3], qui exprime la force active et la capacité sensible et conceptive de l'âme, nous en viendrons toujours à ceci, savoir : que ce serait parler de la manière la plus inexacte, la plus illogique, la plus incorrecte, que d'appeler facultés la *sensation*, l'*intelligence* et la *volonté*.

En effet, la sensation n'est ni cause ni origine; ce n'est qu'une capacité de l'âme en vertu de laquelle ses facultés peuvent être affectées de différentes manières. Les organes visuels, par exemple, peuvent être impressionnés de mille façons, leur impressionnabilité peut être excitée de mille manières; mais ils n'ont pas de facultés, ils n'ont que des fonctions, parce qu'ils ne sont ni cause, ni origine, ni source d'action première. C'est pourquoi Laromiguière a dit, et il a fort bien dit, que la sensibilité est une capacité, non une faculté.

[1] Voyez le préambule, page 85, et les arguments par lesquels il soutient sa théorie, page 65. Je réfute cet adversaire, non comme contradicteur spécial, mais comme représentant tous ceux de son espèce, dont il ne fait que répéter les attaques, les observations, le langage, les contradictions, les arguments spécieux, etc. Quand j'ai prononcé mes leçons à la Société philharmonique, artistique et littéraire de Barcelone, il n'avait pas encore écrit; mais, comme ses arguments et ses suppositions erronées ont été réfutés complétement par les phrénologues autant de fois qu'ils ont été mis en avant, je ne les reproduis ici que pour qu'on ne croie pas que je les ai supposés dans mon propre langage en prononçant ces leçons. Pour aucun autre motif je n'y aurais fait allusion, parce que l'adversaire qui entasse confusément et en désordre mille arguments, pris de côté et d'autre, et mille fois triomphalement détruits, qu'il donne comme nouveaux ou comme présentés pour la première fois, ne vaut pas la peine de la moindre allusion.

[2] Collection de définitions de logique pour faciliter l'étude et l'enseignement de cette science, d'après le programme suivi dans l'Université (Barcelone, imprimerie de Tomas Gorchs, 1849), page 33, réponse XI.

[3] Le mot *faculté* vient de « facere » et signifie : force, puissance ou vertu de faire quelque chose. C'est ainsi que l'Université littéraire de Barcelone définit le mot *faculté*. *Collect. citée*, page 50, réponse I.

La *sensation* s'éprouve en vertu de quelque chose qui se produit dans une faculté; c'est un *phénomène produit*, non une *force productrice*, ce qui s'entend d'une faculté. C'est pourquoi, dans la quatrième leçon, page 30, je me suis efforcé de vous faire comprendre la différence qu'il y a entre un *phénomène produit*, qui est la SENSATION, et une *force productrice*, qui est la FACULTÉ. L'on voit ainsi clairement que notre adversaire a commencé à parler des *facultés* en les confondant, même selon sa propre définition, avec les *phénomènes*, c'est-à-dire en prenant les effets pour les causes.

La *sensation* ou *sensibilité* est une capacité ou attribut général de l'âme; oui, mais si ses facultés n'étaient pas différentes, il n'y aurait pas différentes capacités de sensation, et, partant, les mêmes objets du *dehors*, ou les mêmes opérations du *dedans*, produiraient une même sensation. En ce cas, la méchanceté, la générosité, la délicatesse, la souffrance, le mérite, de même que la rondeur d'un tronc d'arbre, la couleur d'un oiseau, ne trouveraient en nous qu'une même capacité sensible, en vertu de laquelle ils ne pourraient produire qu'une même espèce de sensation, c'est-à-dire qu'il n'y aurait ni classes ni variétés de sensation. Ce serait comme si tous nos sens devenaient un seul sens, comme si toutes les impressions devenaient ou impressions visuelles, ou impressions auditives, ou impressions olfactives, auquel cas nous percevrions tout lumière, tout son, ou tout odeur, ou un mélange indéterminé de tous ces phénomènes, sans qu'il puisse y avoir, je le répète, des classes d'impressions différentes, mais seulement des variétés d'impressions d'une même espèce.

Nous voyons cependant qu'il n'en est pas ainsi. De la même manière qu'une classe de phénomènes physiques produit sur les sens externes une classe différente d'impressions, chaque classe d'opérations internes, d'actions externes et de qualités physiques produit une classe différente de sensations sur les facultés mentales. La *méchanceté* produit, chez celui qui la fait, les remords; la *bonté*, chez celui qui l'éprouve, la reconnaissance; la délicatesse donne naissance à la *tendresse;* la souffrance à la *pitié;* le mérite au *respect;* les objets externes aux *idées*, aux *concepts*. Toutes ces AFFECTIONS sont des sensations de différente classe, qui appartiennent à divers ordres, et qu'il serait aussi rationnel d'appeler des variétés d'une même espèce que de dire qu'*entendre* est une espèce de *voir* ou toucher une espèce d'entendre.

Vous voyez que psychologiquement, c'est à-dire par la pure réflexion sur ce qui se passe au dedans de nous-mêmes; ou idéologiquement, c'est-à-dire par la réflexion sur l'influence produite en nous par les phénomènes extérieurs; ou instinctivement, c'est-à-dire par la réflexion sur ce que nous voyons spontanément autour de nous, nous devons concevoir l'existence dans notre âme d'autant de différentes causes ou forces productrices et sensibles qu'il y a de différentes classes d'actions et de classes conséquentes de sensations.

Maintenant que je vous vois convaincus qu'en effet notre contradicteur phrénologique a pris, avec sa *sensibilité*, une seule faculté active de l'âme pour sa capacité générale passive ou récipiente, divisée en autant de classes qu'elle compte de facultés, examinons celle qu'il appelle la seconde faculté, à savoir l'INTELLIGENCE.

Les mots *pensée, intelligence*, se prennent communément pour synonymes de l'âme. Ainsi nous disons l'*intelligence* vole, la *pensée* vole. Mais il est clair que notre adversaire ne se sert pas de ces mots dans ce sens, puisqu'il appelle l'intelligence une *faculté;* puisqu'il dit que l'âme a trois facultés; bien plus, qu'elle est la seule essence en ce monde à laquelle on puisse attribuer des facultés.

Par intelligence ou pensée, en tout autre sens, nous entendons toutes nos idées et nos pensées. Or nos idées, nos pensées, ne sont pas des facultés, mais des actes ou phénomènes de facultés, des effets produits par les facultés, non les facultés mêmes. Je ne dirai pas Laromiguière, mais le plus mince psychologue se garde et se gardera bien d'appeler l'intelligence ou la pensée une faculté spéciale de l'âme; ce serait le mot le plus inexact, le plus dénué de précision qu'on pourrait choisir.

Quant à la *volonté*, c'est en toute inexactitude qu'il l'appelle faculté. La volonté est un attribut de tou'es les facultés *intelligentes, influencées* par celles qui désirent et sentent aveuglément. Pour vouloir, il faut *liberté* et *jugement de préférence*, et il ne peut y avoir liberté ni jugement de préférence où il n'y a pas une force active naturelle exercée en vertu de l'intelligence ou de la comparaison entre différentes idées ou différentes excitations. Laromiguière a fort bien dit en disant que la volonté est le produit, dans l'entendement, du désir, de la préférence et de la liberté. Donc, ôter la volonté, ou le vouloir, à la raison, c'est-à-dire aux facultés intelligentes, ce serait établir une philosophie qui pourrait à bien juste titre mériter quelqu'une de ces dures épithètes que notre adversaire prodigue si étourdiment et si peu nécessairement à la phrénologie et aux phrénologues [1].

Maintenant que, par le moyen de la discussion sur le terrain du LIBRE EXAMEN, vous voyez clairement et évidemment avec quelle précipitation. avec quel peu de discernement notre adversaire en est venu à cette exposition de la théorie des facultés de l'âme, que tout à la fois il dit sienne et non sienne, nous allons le conduire sur le terrain de l'AUTORITÉ et le mettre face à face avec ceux qui ont un droit incontestable à être écoutés sur la matière.

L'Université littéraire de Barcelone suit un programme adopté par les hauts pouvoirs de l'État, dans lequel sont déterminées et énumérées les diverses questions qui se font sur les matières qu'on y enseigne.

---

[1] J'ai fait l'importante découverte de la faculté suprême, souveraine ou générale, que j'appelle *harmonisativité*, et dont je parle, leçons XLV-XLVIII, d'une manière très-étendue. Cette découverte met en évidence ce fait, que la volonté, ou force unique de vouloir, réside dans la partie active de l'harmonisativité, ce qui a donné marge à éclaircir et à rectifier ce que je dis plus haut, comme je l'ai fait effectivement dans la LVIII° leçon.

(*Note de l'auteur pour l'édit'on française.*)

L'Université demande : « Combien l'âme a-t-elle de facultés? »

Notre Contradicteur répond : « Trois : la sensibilité, l'intelligence et la volonté. Que l'on poursuive, ajoute-t-il, tant qu'on voudra l'analyse de l'âme, on ne trouvera pas une seule autre faculté. » (Ouv. cit., p. 199.)

L'Université lui réplique : « Non; les facultés de l'âme sont innombrables; autant l'homme produit d'actes, autant de facultés a-t-il pour les produire. » (Collect., p. 31.)

L'Université. « Comment diviserons-nous proprement les facultés d l'âme? »

Le Contradicteur. « Tout effort sera vain : on remarquera dans l'âme beaucoup de phénomènes, on y comptera des actes par millions, mais tous, tous sans exception, se ramènent aux trois facultés de l'âme : sensibilité, intelligence et volonté. » (Ouv. cit., p. 199.)

L'Université. « Il n'en est pas ainsi. Nous diviserons proprement les facultés de l'âme en attention, mémoire, raison, imagination et parole. Dans ces cinq facultés se trouvent compris, sans doute aucun, tous les actes intellectuels produits par l'homme. » (Collect., p. 33.)

L'Université. « La sensibilité peut-elle proprement s'appeler faculté de l'âme? »

Le Contradicteur. « Oui. Nous pouvons éprouver du plaisir, de la douleur, de l'intérêt, du dégoût, de l'apathie, de la joie, du contentement, de la fatigue, de la crainte, de la confiance, de la vivacité, de l'énergie, de l'horreur, de l'épouvante, etc., etc., c'est vrai; mais toutes ces capacités de l'âme ne sont pas des facultés distinctes, ne sont pas des causes par lesquelles l'âme produit des faits; toutes ces différentes affections de l'âme se comprennent parfaitement dans la sensibilité; tous ces états de l'âme et une infinité d'autres peuvent très-bien s'exprimer en disant : Je sens du plaisir, de la douleur, de l'intérêt, du dégoût, de l'apathie, etc., etc.

« C'est dire que la sensibilité est une véritable faculté. » (Ibid., p. 197 et 198.)

L'Université. « Non. La sensibilité ne peut en aucune manière s'appeler une faculté de l'âme. Tous les sentiments étant des modifications passives de l'âme, la sensibilité n'est conséquemment que la capacité de sentir. » (Collect , p. 32-33.)

Comme l'Université n'admet, à proprement parler, que cinq facultés, parmi lesquelles ne sont pas et ne peuvent pas être comprises ni l'intelligence ni la volonté, elle ne reconnaît pas ces phénomènes de l'âme comme des facultés spéciales.

Ce dialogue vaut des volumes. L'Université dit qu'elle tient sa classification des facultés «pour la plus parfaite. » (Collect., p. 34.) Notre contradicteur, après avoir dit à l'Université et au monde entier qu'il ne faut pas se fatiguer, que, quelque loin que l'on pousse l'analyse de l'âme, on n'y trouvera jamais d'autres facultés que la sensibilité, l'intelligence et la volonté, défie tous les phrénologues présents et futurs de prouver le contraire. Ce défi est un nouveau Paso Honroso de Quiñones. Voici en quels termes il est exprimé :

« Nous prenons l'engagement de proclamer que la phrénologie est la première vérité de ce monde, si un phrénologue nous prouve qu'il existe un seul acte de l'âme qui ne puisse se rapporter exactement et précisément à l'une ou à l'autre des trois facultés que nous venons d'énumérer. En cela nous ne sommes plus d'accord avec les phrénologues; qu'ils nous confondent donc, qu'ils nous répondent, s'ils le peuvent. Nous les DÉFIONS de le faire. » (*Collect.*, p. 199.)

Après ce qui vient d'être lu, comment le bon sens qualifiera-t-il ce défi, défi adressé non-seulement aux phrénologues proprement dits, mais à tous ceux qui ont fait de l'esprit humain l'objet de leur étude? Je vois qu'une pareille présomption, après ce que nous venons d'exposer, vous étonne; je vois peinte sur vos visages la conviction que tant d'arrogance et de vanité ne peut exister que dans celui qui croit que citer la phrénologie au tribunal de la raison, c'est lui donner pour juge les contradictions et les erreurs de sa propre raison : c'est communément dans ce sens, confondant le général avec le particulier, que le mot phrénologie est employé par une classe nombreuse de contradicteurs.

En effet : « Je prétends citer la phrénologie au tribunal de la *raison*, seulement pour faire voir qu'on y exalte le plus souvent, non la vérité, mais l'erreur, » nous dit notre adversaire réfuté, dans les paroles qui terminent la préface de sa *Phrénologie et le Siècle*. C'est clair; une raison qui admet la capacité générale récipiente de l'âme pour une des facultés spéciales actives ou productrices; une raison qui dit : « Je viens d'inventer ce qui compte déjà vingt-cinq siècles d'antiquité; » « J'ai été forcé de recourir à moi-même pour une explication qui date de Platon et d'Aristote; » une raison qui assure que l'on peut assimiler la nomenclature : *sensibilité, intelligence* et *volonté*, à celle de Laromiguière : *attention, raisonnement* et *comparaison*, trouvera, je ne dis pas que la phrénologie, mais que les mathématiques mêmes proclament le plus souvent, non la vérité, mais l'erreur.

Personne, jusqu'ici, n'a attaqué la phrénologie, avec des armes de bon ou de mauvais aloi, qui n'ait reçu les coups mêmes qu'il voulait lui porter. Pour ceux qui ont voulu lui cracher à la face, le vent s'est retourné; pour ceux qui ont voulu lui détacher des ruades, l'aiguillon s'est levé. S'il en était autrement, si la phrénologie n'avait pas pour base, pour fondement de ses principes et de ses doctrines, le dualisme de la vérité religieuse et de la vérité philosophique, hélas! où en serait-elle? Comment serait-elle sortie victorieuse et triomphante des combats rudes et sans merci qu'on lui a livrés? Comment aurait-elle pu trouver un port de salut quelque part après les furieuses tempêtes qu'elle a eu à essuyer?

Mais qu'importe? La vérité ne se montre jamais plus brillante, plus éclatante, que quand elle est en opposition et en lutte avec l'erreur. Rien ne pouvait mieux faire ressortir, rien plus mettre en relief le principe que l'âme a différentes facultés, et qu'il est impossible de classer et de déterminer philosophiquement ces facultés et leurs attributs d'une manière certaine et qui porte la conviction dans tous les esprits, sans un moyen expérimental pour prouver l'exactitude ou l'inexactitude des mille opinions émises et nécessairement à émettre sur la matière, comme celui d'une discussion telle que vous venez de l'entendre. Le sens intime est différent dans chaque subjectivité ou esprit individuel, et, qui plus est, il ne s'occupe que de ce qui se passe dans ce même esprit individuel; la pure observation de la conduite extérieure des hommes ne détermine pas des facultés internes; par conséquent, lors même qu'un génie privilégié annoncerait une vraie classification *à priori*, possibilité que personne ne doit ni ne peut nier, il aurait toujours manqué un moyen de vérification, un thermomètre, une règle pour juger la vérité ou la fausseté d'une semblable classification. Ce moyen, comme je l'ai indiqué, et comme je l'expliquerai très-longuement dans les prochaines leçons, ce moyen s'est présenté et a été entrevu instinctivement par l'homme dès les premiers temps; saint Bonaventure l'a établi et annoncé par l'observation et le raisonnement; le philosophe de Tiefenbronn l'a démontré et mis hors de doute par la réunion d'une infinité de données qui s'y rattachent, qui s'y enlacent.

LEÇON X

Facultés de l'esprit dans leurs manifestations physiologiques, c'est-à-dire dans leurs relations avec les organes ou instruments matériels dont elles se servent pour rendre leurs phénomènes perceptibles à nos sens.

MESSIEURS,

L'existence des diverses facultés de l'âme une fois établie et admise par des écrivains de toutes les écoles, par les auteurs religieux comme par les adeptes de la philosophie, par les partisans comme par les adversaires de la phrénologie, j'ai maintenant à démontrer qu'il n'y a pas une seule de ces facultés, déjà connues ou encore inconnues, qui ne soit mystérieusement unie, en ce monde, à un instrument ou organe matériel, dont elles se servent pour se manifester : j'entends parler de l'ordre naturel ou philosophiquement explicable; car, dans l'ordre purement spirituel ou humainement incompréhensible, Dieu peut produire dans l'âme des phénomènes qui sont et peuvent être tout à fait indépendants de l'organisation. Nier ce principe, ce

serait non-seulement nier la foi, mais encore saper jusque dans sa base l'édifice de la phrénologie.

En effet, toute philosophie qui prétendrait expliquer ou concevoir par la
raison ou par la compréhension humaine tous les phénomènes de la création
rejetterait par là même les mystères, et, sans mystères, à quoi bon la foi?
à quoi bon ce don divin? D'un autre côté, la phrénologie n'est et ne pourra
jamais être que la science des facultés, qui, rattachées par un lien mystérieux à des instruments matériels, s'en servent pour rendre leurs phénomènes *naturellement* perceptibles à nos sens. Quant aux phénomènes de
l'esprit qu'on ne saurait pénétrer, découvrir ou expliquer par les moyens
naturels que Dieu nous a accordés, la saine phrénologie, comme toute branche quelconque de la saine philosophie, en parlera avec respect, vénération
et foi ; elle cherchera, comme cela doit être, à se mettre d'accord avec la
raison ; mais jamais elle ne prétendra, imprudente ou téméraire, à soulever
le voile du mystère dont Dieu les a couverts.

Il y a plus. Je n'ai jamais pu commencer et je ne puis maintenant continuer mes explications sans mettre ma conscience à l'abri de tout scrupule
religieux, relativement aux phénomènes de l'esprit, qui s'expliquent par le
système fondé sur le principe que toute faculté spirituelle se manifeste au
moyen d'un organe ou instrument matériel. Si je n'étais pas intimement
convaincu que l'union de l'esprit avec la matière et que la manifestion mystérieuse des facultés de l'esprit, au moyen d'organes ou d'instruments, sont
en parfaite harmonie avec la foi sainte que nous professons; si je n'étais pas
intimement convaincu que je puis vous prouver cette harmonie, sur le terrain du *libre examen*, par des arguments que peut faire valoir la logique
la plus saine et la plus rigoureuse, et sur le terrain de l'*autorité*, par l'opinion de théologiens éminents, et par la décision d'un tribunal ecclésiastique, jamais je n'aurais embrassé la phrénologie, jamais surtout je ne me
serais fait son apôtre zélé.

Et que l'on ne croie point que mes paroles sont amenées par les circonstances ou que mes déclarations ne sont que des excuses forcées. Il n'en est
rien. Mes convictions, mes doctrines et mes croyances à cet égard ont toujours été les mêmes : c'est ce que prouvent tous mes ouvrages, depuis le
premier jusqu'au dernier. Ce que je disais en 1844, dans ma polémique avec
D. José Maria Quadrado, à Palma (Majorque), je l'avais dit auparavant, je le
répète aujourd'hui et le répéterai toujours hautement. J'ai dit dès lors :
« Que el señor Quadrado sache et que le monde entier sache que, si la phrénologie, telle que je l'entends, était opposée en quoi que ce soit aux dogmes
de notre sainte religion, je serais le premier à l'attaquer, et, autant qu'il
me serait possible, à la détruire. »

Que mes détracteurs recherchent et examinent, autant qu'ils le voudront,
ce que j'ai dit et fait, ce que j'ai écrit et publié, les discussions que j'ai soutenues et les polémiques engagées contre moi ; je suis sûr qu'ils ne trouve-
ront pas une seule phrase, une seule syllabe, une seule lettre, qui, soit quant

au sens, soit quant à l'expression, ne soit entièrement conforme à cette déclaration. Heureusement une commission choisie, dirigée par le zèle religieux le plus vif et le plus ardent, a consacré onze mois, sans interruption ni relâche, à l'examen approfondi de mes leçons orales, de mes livres imprimés, de ma conduite privée, et s'est prononcée en faveur de MA PERSONNE ET DE MES SENTIMENTS. Oui, je le dis avec une légitime satisfaction, la discussion que j'ai soutenue devant le tribunal ecclésiastique de Santiago, du 12 mai 1847 au 6 avril 1848, est l'examen le plus étendu, le plus lumineux, le plus complet, qui ait été fait pour constater les rapports d'une science avec la Foi sainte que nous professons. Certes, le zèle religieux le plus pur et le plus éclairé y a présidé, et, s'il a été donné à la phrénologie et à son propagateur en Espagne de le subir avec honneur et même d'en sortir triomphants, il y a là quelque chose dont je puis me glorifier, il y a là quelque chose dont doivent peut-être se glorifier tous les Espagnols. Après la décision du tribunal ecclésiastique de Santiago et l'avis qu'ont formulé sur mon *système complet de phrénologie* deux théologiens des plus éminents, chanoines, l'un de cette sainte cathédrale, et l'autre de la collégiale de Sainte-Anne, dont le rapport a été déposé dans les archives du diocèse, tous les efforts qui pourraient être tentés, toutes les attaques qui pourraient être dirigées contre la phrénologie, pour altérer ou compromettre ses relations avec le catholicisme, seraient une entreprise inutile. Il n'est pas possible d'opposer à la phrénologie plus d'objections et plus de difficultés, sous plus de formes et en plus de diverses manières. Il me suffirait donc, pour détourner tous les nouveaux coups que l'on pourrait essayer de porter de ce côté à la phrénologie, et pour les faire retomber sur l'assaillant ou le provocateur, de renvoyer à la polémique que je viens de rappeler : elle a été publiée en cette ville, en 1848, et j'en recommande la lecture à tous ceux qui aimeraient à se rendre compte des accusations qui ont été élevées contre la phrénologie et qu'elle a victorieusement dissipées. Mais ce que je leur recommande plus que ma discussion devant le tribunal ecclésiastique de Santiago, plus que mes ouvrages, plus que les ouvrages de tous les phrénologues réunis, c'est la lecture du grand livre de Gall, qu'il a été à la mode d'attaquer sans le lire et de détracter sans le comprendre. A quelle distance de lui se trouvent tous ceux qui l'ont combattu et surtout ceux qui l'injurient par une bouche étrangère, c'est-à-dire en copiant les arguments que ses adversaires étaient accoutumés de faire valoir contre lui et qu'il a complétement refutés à leur confusion.

En vérité, depuis que Gall a publié à Paris, de 1825 à 1826, en six volumes in-8°, son ouvrage immortel, intitulé : *Sur les fonctions du cerveau*, on ne saurait s'occuper plus sottement, plus inutilement, on ne saurait perdre plus misérablement son temps qu'à vouloir répondre aux griefs qui sont articulés contre la phrénologie, si l'on ne pouvait en profiter pour glorifier la religion sainte que nous ont transmise nos pères, et pour faire ressortir e briller d'un plus vif éclat, comme je l'ai déjà dit plus haut, la vérité des doctrines que certaines gens cherchent à obscurcir.

7

Après les éclaircissements que vous venez d'entendre et que j'ai cru utile
de vous donner avant de continuer l'exposé du sujet qui nous occupe, nous
pouvons entrer, messieurs, dans l'examen général des instruments ou
organes matériels dont l'âme se sert pour manifester ses facultés spirituelles.

Que Dieu emploie, dans l'ordre de la nature, des instruments matériels
pour manifester des phénomènes spirituels, c'est là un fait que la création
entière, dans son ensemble comme dans ses parties, prouve d'une manière
évidente et irrécusable. En ce monde, et dans l'ordre de la nature, on ne
connaît pas une seule action pour l'exécution de laquelle Dieu n'ait créé un
instrument ou organe matériel. Que sont ces merveilleux systèmes plané-
taires dans l'espace, sinon des organes matériels dont se sert la volonté
toute-puissante? Qu'est la constitution physique de l'homme, sinon l'organisme matériel au moyen duquel agit l'âme spirituelle qui l'anime? Ne
voyons-nous pas, n'entendons-nous pas, ne sentons-nous pas au moyen d'organes matériels? Comment donc voudrions-nous, sans organes matériels,
pouvoir espérer, penser ou croire, régnant, comme nous voyons qu'il
règne de l'harmonie, de l'ordre et du parfait accord dans la création?
Il y a plus : il n'est et n'a été donné à l'homme d'expliquer l'ordre spirituel
que par des paroles qui sont en elles-mêmes matérielles. Il n'y a point un
mot, quelle que soit l'idée qu'il exprime ou fasse concevoir, dont l'étymologie ne présente un sens matériel. Ame, esprit, talent, génie, sont autant de
mots qui expriment, dans leur signification propre et primitive, un objet
matériel. Et pourquoi? Parce que Dieu n'a pas permis à l'homme, dans l'ordre naturel, de s'élever par la conception à l'ordre spirituel, sinon par des
moyens matériels; attendu que, dans ce monde, il existe entre l'âme et le
corps une union, qui est mystérieuse sans doute, que nous ne comprenons
pas, il est vrai, que nous ne savons pas expliquer, mais qui ne laisse pas que
d'être une union et une union complète.

L'instrument immédiat par lequel se manifestent les opérations de l'âme est
sans contredit la tête. Nous sentons tous que c'est dans la tête que se trouve
la direction spirituelle de tout notre être; et la vérité de ce sentiment est
confirmée et corroborée par toutes les observations et expériences qui ont
pu être faites à ce sujet. Il n'existe et il n'a jamais existé aucune affection
cérébrale qui n'ait fait apparaître une affection mentale correspondante. Un
épanchement de sang dans le cerveau cause une défaillance. Une fièvre cérébrale nous fait délirer; un coup sur la tête fait pousser des cris à la jeune
fille la plus modeste et la plus timide. Quelques grains d'opium, un narco-
tique quelconque, suspendent, en affectant le cerveau, l'exercice des facultés
de l'esprit. Quand notre esprit s'occupe, nous *sentons* que c'est la tête qui
travaille et non pas les pieds, ou les mains, ou tout autre organe. C'est
pourquoi, s'il a pu venir à l'esprit de certains philosophes, dans les temps
anciens et modernes, de supposer à l'âme une action indépendante du corps,
la croyance universelle qui fait agir l'âme avec l'intervention des organes

cérébraux est toujours restée si enracinée, que l'on a constamment pris le cerveau et la tête pour les facultés de l'esprit elles-mêmes.

Est-ce que *sens, sensé, sensément*, ne signifient point, au figuré, intelligence, doué d'une grande intelligence, avec beaucoup d'intelligence [1]? Est-ce que *tête creuse ou vide* ne signifie point, dans son acception morale, homme sans jugement, de même que *tête en l'air* signifie personne irréfléchie? Est-ce que, comme je l'ai amplement montré dans une leçon précédente, le vulgaire n'emploie pas mille expressions qui toutes confirment cette vérité?

Pythagore, Aristote, Galien, Hippocrate, tous les philosophes de l'antiquité, tous les philosophes et anatomistes modernes les plus célèbres, ont posé en principe que l'âme se sert directement de la tête pour se manifester. Au seizième siècle, le célèbre Huarte défendit ce principe, que ne combattirent ni l'Église ni l'inquisition. Une femme éminente, doña Oliva Sabuco de Nantes i Barrera, disait : « C'est de là (de la tête) que viennent les affections et les mouvements de l'âme. » Martin Martinez, dans son *Anatomie complète*, appelle la tête « le sanctuaire de Minerve, le siége où notre âme réside et exerce ses principales opérations. »

Carrasco a dit dans sa *Physiologie*, publiée en 1817, avec toutes les approbations nécessaires : « O homme, dont l'univers admire le génie et devant qui se prosterne une telle multitude d'admirateurs! que quelques caillots de sang séjournent dans ton cerveau, que quelques humeurs âcres en irritent les fibres, ou que quelques corps étrangers le compriment, à l'instant tu vois se rompre la chaîne de tes idées, tu associes des sensations qui n'ont entre elles aucun rapport, tu ne conserves plus rien de toi-même, et bientôt tu deviens la risée de ce peuple qui, la veille, t'érigeait une statue et te prodiguait l'encens. »

Notre adversaire admet entièrement ce principe, à savoir que l'âme se sert principalement du cerveau ou de la tête pour manifester ses opérations. Et, comme en l'admettant il s'appuie sur un passage du Dictionnaire théologique de Bergier, je tiens, messieurs, à vous faire entendre sur la question l'auteur de la *Phrénologie et le Siècle*.

« Il n'est pas douteux, dit-il, que l'âme n'agisse sur le corps et surtout sur le cerveau; car il n'y a là rien qui soit contraire au spiritualisme catholique, et c'est un point qu'établissent tous les systèmes philosophiques admissibles, quels qu'ils soient.

« L'expérience de tous les jours nous démontre que notre âme, mue par certaines impulsions ou impressions intérieures de plaisir, de joie, de terreur, de haine, etc., communique au corps les mêmes commotions, mais particulièrement au cerveau; cela nous prouve que l'âme se sert des organes

---

[1] Nous n'avons pu rendre d'une manière plus conforme au texte la phrase espagnole, qui est plus expressive, à cause de la signification particulière du mot *seso*, qui, en espagnol, veut dire *cerveau*, tandis que *sesudo* signifie bien *sensé*, et *sesudamente*, *sensément*.

(*Note de la traduction.*)

extérieurs pour faire connaître ce qu'elle éprouve, et que le cerveau est réellement l'organe qu'elle met le plus souvent en œuvre.

« Voici ce que Bergier dit à cet égard dans son Dictionnaire théologique, à l'article *Physiologie psychologique*.

« Dans tous les temps, il a été reconnu qu'il y a entre l'âme et le corps des rapports nécessaires DE FACULTÉS ET D'ORGANES; que le corps fournit, pour ainsi dire, des instruments à l'âme; toujours aussi l'on a cherché à déterminer quel organe était spécialement le siége des fonctions intellectuelles et rectrices; mais autant la première vérité était évidente et facile à déduire des faits et de l'étude de l'homme même, autant les déterminations de la seconde étaient difficiles à atteindre ; et *de là les divergences d'opinions*.

« Depuis Démocrite, qui disséquait des cerveaux d'animaux pour trouver le siége de la folie chez l'homme; Hérophile, qui fit faire à l'anatomie du cerveau son premier pas; Érasistrate, qui formula le système qui fait des circonvolutions cérébrales le siége des facultés intellectuelles; Galien, qui, résumant tous les travaux de ses prédécesseurs, combattit Érasistrate, et plaça le siége des facultés dans les ventricules du cerveau; Albert le Grand, saint Thomas d'Aquin, Scott, saint Bonaventure, etc., qui tous, suivant Galien, faisaient des ventricules le siége des facultés, et les réduisaient *par les formes extérieures du crâne*, jusqu'à Vésale, la science n'avait marché que lentement : Vésale, anatomiste topographique distingué, lui imprima un nouveau mouvement, sans toutefois toucher à la physiologie, qui ne devait venir que plus tard.

« Cependant, au milieu de la fluctuation des opinions diverses, les dogmes de l'immortalité de l'âme et du libre arbitre avaient toujours prévalu. » (La *Phrénologie et le Siècle*, t. I, p. 33-35.)

Cette dernière phrase, extraite du Dictionnaire de Bergier, dit en termes clairs et positifs et prouve d'une manière décisive et irréfragable que, malgré la fluctuation des idées qui ont été émises sur la question de savoir quelles sont les parties du cerveau qu'il faut considérer comme les organes des facultés de l'esprit, les dogmes du libre arbitre et de l'immortalité de l'âme n'ont jamais cessé de prévaloir, et que, par conséquent, comme l'a compris D. Jaime Balmes, comme l'a également compris le tribunal ecclésiastique de Santiago en Galice, ainsi que je le montrerai bientôt, on pouvait se livrer à l'étude des organes matériels de l'âme, sans s'exposer à affaiblir ou à ébranler le dogme de sa liberté et de son immortalité.

Néanmoins, pour voir à travers quel prisme notre adversaire et ses pareils regardent les choses, écoutez comment il s'exprime à propos de cette dernière phrase même.

« Cette dernière phrase, dit-il, prouve combien sont contraires à ces dogmes ces systèmes philosophiques qui prétendent expliquer le commerce du corps avec l'âme, d'une manière que ne saurait admettre la philosophie catholique. » (*Loco citato.*)

Déplorons, messieurs, l'aveuglement de ceux qui n'apportent dans la discussion qu'un esprit de parti ou de système. L'auteur de la *Phrénologie et le*

Siècle n'a pas vu, dans son zèle contradicteur, que par une semblable conclu-sion il n'accuse saint Thomas d'Aquin, Scott, saint Bonaventure, etc., de rien moins que d'avoir prétendu expliquer le commerce de l'âme avec l'esprit *d'une manière que ne saurait admettre la philosophie catholique.*

Il n'y a pas un phrénologue, à moins qu'il n'ait perdu le jugement, et si par hasard il y en a un, je ne le connais pas; il n'y a pas, dis-je, un phré-nologue qui ait entrepris, en aucun sens, d'expliquer le commerce de l'âme avec le corps. Supposer qu'un homme voudrait essayer d'expliquer le commerce, l'union et les rapports intimes de l'esprit avec la matière, ce se-rait supposer que cet homme est fou. On peut affirmer que nous sentons intérieurement et que nous observons extérieurement certains phénomènes de l'esprit au moyen de certains organes matériels ; mais la prétention d'ex-pliquer comment s'effectuent ces phénomènes, résultant de l'union de l'es-prit avec la matière dans laquelle ils apparaissent, ne saurait entrer dans aucune tête saine. Il y a là un mystère devant lequel la raison humaine doit s'humilier avec un profond respect.

L'illustre et éminent auteur du *Protestantisme comparé au Catholicisme* s'exprime en ces termes sur le sujet qui nous occupe en ce moment :

« Qu'il y ait une relation entre l'intelligence et le cerveau, que le cerveau soit le centre auquel aboutissent les sensations, que de sa bonne ou mau-vaise disposition naturelle ou accidentelle résultent les phénomènes les plus variés dans l'exercice des facultés de l'âme, c'est là une vérité hors de doute : aussi est-elle admise par tous les philosophes anciens et modernes, et attestée par l'expérience de chaque jour. Le délire et la folie, qui troublent si étrangement les fonctions de l'âme, ont leur origine dans des affections cérébrales ; de là proviennent également nos rêves plus ou moins variés, plus ou moins bizarres, et chacun a pu remarquer à cet égard combien in-fluent la quantité et la qualité des aliments, et tout ce qui communique au corps telles ou telles dispositions capables d'affecter cet organe. Même en ne supposant pas un dérangement aussi complet que dans le cas de l'aliéna-tion mentale, ou un état aussi différent par rapport à la veille que celui du sommeil, qui n'a pas remarqué l'exaltation des facultés de l'âme qui suit une lésion du cerveau causée par des agents accidentels? Une bouteille de vin de Champagne change parfois en un beau parleur, à la conversation facile, élégante, variée, tel homme qui, quelques instants auparavant, se montrait indifférent, froid et taciturne.

« Les divers systèmes psychologiques imaginés par les différentes écoles philosophiques ont été adoptés dans l'espoir d'expliquer la relation qui existe entre le corps et l'âme, et plus particulièrement entre l'âme et le cer-veau. Les influences physiques, les causes occasionnelles, l'harmonie prééta-blie et les autres hypothèses, plus ou moins analogues à celles-là, viennent toutes de l'embarras où se sont trouvées les diverses écoles pour rendre un compte raisonné d'une communication, d'une influence réciproque, aussi certaines qu'incompréhensibles.

« Bonald, copiant Platon, a dit que l'homme est une intelligence servie par les organes, et parmi les organes il faut sans doute compter le cerveau comme le principal, surtout en ce qui touche à l'exercice des facultés intellectuelles. Toutefois, pour ne point confondre les limites de la philosophie spiritualiste et de la philosophie matérialiste, en attribuant à ce qui est purement corporel des fonctions qui ne peuvent en aucune façon lui appartenir, il est nécessaire de préciser exactement le sens du mot *organe*, afin que, si l'on dit que le cerveau est l'organe de l'âme, on n'entende pas que par lui s'exercent d'une certaine manière les actes de l'entendement ou de la volonté. » (La *Société*, tome I, p. 439.)

Que l'âme se manifeste directement au moyen de la tête, c'est là une doctrine aujourd'hui admise par toutes les écoles philosophiques. Si le fait de l'union mystérieuse de l'âme entière avec toute la tête constitue une doctrine, vraie aux yeux de la science et vraie aux yeux de la religion, en affirmant que ces diverses facultés de l'âme se servent de diverses parties de la tête, on ne fait que tirer d'un principe établi une conséquence naturelle, qui ne change et ne saurait changer rien au fond de la question, ni par rapport à la science, ni par rapport à la religion. Celui qui admet que l'âme est unie à notre organisme matériel (et comment ne pas l'admettre, à moins de vouloir rejeter l'évidence des sens, ou démentir les convictions de la raison?) doit forcément admettre, par une conséquence nécessaire, que cette union de l'âme avec la matière s'opère dans toute son *unité*, c'est-à-dire dans *toutes ses facultés innées*.

Voyons donc. Notre adversaire admet dans l'âme trois facultés : la sensibilité, l'intelligence et la volonté. Pourquoi les admet-il? Parce qu'il remarque dans l'âme différentes espèces d'opérations. S'il remarque différentes espèces d'opérations, il les remarque parce qu'elles procèdent de facultés différentes, qui peuvent, par conséquent, agir d'elles-mêmes et par elles-mêmes, à part ou d'accord. Il serait contradictoire d'admettre diverses facultés dans l'âme, une et simple, et de nier en même temps que ces agents immédiats de l'âme puissent agir séparément. Donc, si l'on admet que l'âme possède diverses facultés ; si l'on admet que dans beaucoup de cas ces facultés doivent nécessairement agir séparément, soit au même moment, soit en des moments différents; si l'on admet, en outre, que ces facultés se manifestent au moyen du cerveau, il faut absolument admettre, par une conséquence inévitable, que ce cerveau doit se composer de divers organes.

La même unité spirituelle avec ses facultés ou agents immédiats différents peut à la fois vouloir haïr un objet et pourtant continuer à l'aimer; mais l'instrument matériel qu'affecte un acte de la volonté ou une volition, ne peut pas être affecté de même par un acte d'amour, et moins encore par un acte de haine ; car autrement il faudrait attribuer à un même organe deux usages différents, deux destinations spéciales, et ceci n'a lieu dans aucun des simples objets que présente la création. L'âme intellectuelle, en d'autres termes, l'âme dans son intellectualité, nous en fournit une preuve irrécusable. L'instrument cérébral par lequel lui sont transmises les sensations de la vue n'est point et ne saurait être (autant que notre raison parvient à le concevoir) le même que celui dont elle se sert pour recevoir les sensations de l'ouïe, pas plus que celles-ci ne lui sont transmises, et qu'on ne saurait philosophiquement concevoir qu'elles lui soient transmises par l'intermédiaire de l'instrument matériel qui soulève les sensations de l'odorat. S'il n'en était pas ainsi, il serait impossible de soutenir philosophiquement la doctrine d'une unité spirituelle indivisible; car alors il faudrait, d'après ce que notre conception naturelle nous permet de comprendre, que les actions différentes fussent exécutées par des agents ou des principes entièrement différents, qui formeraient une véritable pluralité spirituelle. Avec une diversité d'instruments mis en jeu par un seul moteur, on peut facilement concevoir des actions de diverses sortes, et l'unité spirituelle reste ainsi en complète harmonie avec la variété des manifestations de l'âme. C'est ainsi, en effet, que l'a entendu le Docteur angélique, quand il a dit : « L'âme intellectuelle, quoiqu'elle soit UNE par son essence, n'en est pas moins MULTIPLE par sa perfection. C'est pourquoi *elle a besoin,* pour ses diverses opérations, *de trouver des dispositions différentes dans les parties du corps auquel elle est unie.* C'est pourquoi encore nous voyons qu'il y a une plus grande diversité de parties dans les animaux parfaits que dans les animaux imparfaits, et dans ceux-ci que dans les plantes. »

Au point de vue psychologique ou physiologique, la phrénologie dit-elle, prétend-elle, enseigne-t-elle autre chose? Elle est renfermée tout entière, avec ses principes fondamentaux, dans ces quelques paroles de saint Thomas. Admettre, d'un autre côté, comme le font certains détracteurs de la phrénologie, et en particulier celui que je réfute, l'union de l'âme avec le corps; admettre dans l'âme diverses facultés ou divers agents immédiats ou opérations, et nier ensuite que pour ces diverses opérations il faille diverses dispositions matérielles ou organiques, c'est supposer que quand l'âme se détermine, par exemple, à remuer seulement le bras, le cerveau *tout entier* se met en mouvement [1], et, par conséquent, d'après les données positives que fournissent l'anatomie et la physiologie, que tout le corps doit se mouvoir. S'il en était ainsi, on ne pourrait point voir sans entendre, ni remuer un doigt sans mouvoir la tête. Qu'on comprenne bien qu'il n'y a pas dans le tronc du corps un organe particulier qui n'ait des rapports intimes avec le cerveau, et que si le cerveau *tout entier* devait concourir à chaque

---

[1] Voici comment s'exprime à ce sujet notre antagoniste : « Nous déclarons que le cerveau est le principal organe de l'âme, et nous affirmons même, sans crainte que personne nous démente, que le cerveau est l'organe de l'intelligence en général; que l'âme s'en sert pour la pensée, et qu'il concourt à toutes les fonctions intellectuelles et morales, mais toujours d'une manière générale et absolue, *toujours dans son intégralité,* et non par diverses parties, à chacune desquelles on attribuerait une fonction particulière.

« Donc, pour les fonctions intellectuelles et morales, il n'y a dans le cerveau qu'UNE UNITÉ ORGANIQUE. »

acte de l'âme, il faudrait que sur le visage, qui est le miroir de l'âme, nous vissions peintes à la fois et au même moment la joie et la tristesse, la colère et la bienveillance, la réserve et l'audace : car la figure humaine est susceptible de toutes ces manifestations, en obéissant à l'impulsion de différents ou divers organes cérébraux.

C'est donc faire fort peu d'honneur à la perspicacité de saint Thomas d'Aquin que de supposer, comme l'affirme notre adversaire, que quand le Docteur angélique a posé en principe que des dispositions différentes sont nécessaires dans les différentes parties du corps, il a parlé des sens à l'exclusion du cerveau ; comme si le cerveau n'était pas compris au nombre des sens, ou comme si le saint, parlant de la partie intellectuelle de l'âme, la confondait avec la partie sensitive ! Notre adversaire, suivant sa théorie de la sensibilité, croirait-il que les actes intellectuels se préparent dans les sens ? On aurait le droit de le supposer, lorsque, oubliant la maxime *est modus in rebus* ou la courtoisie, il s'exprime en ces termes : « Quant à ce que le saint a dit que pour ses diverses opérations l'âme devait trouver certaines (*diverses*) dispositions dans le corps, que Cubi nous prouve que saint Thomas a entendu parler de *dispositions dans les sens*, et nous lui répondrons ensuite. » Vous le voyez assez, c'est à notre adversaire qu'il incombe de prouver, pour que son défi soit un peu sérieux, que saint Thomas a voulu dire que l'âme intellectuelle est exclusivement unie aux sens et absolument indépendante du cerveau.

Mais, comme cela n'intéresse en rien ni pour rien la question, j'admets hypothétiquement que saint Thomas ait eu l'intention de ne parler que des sens. Quelle conclusion en tirer en faveur de l'unité cérébrale ? Aucune. Les principaux actes de l'âme intellectuelle ou de l'intellectualité de l'âme consistent, à moins de vouloir la matérialiser en les attribuant aux sens, à transformer en idées ou en images subjectives les impressions que les sens externes transmettent au cerveau. C'est d'après ces impressions matérielles que le cerveau reçoit, que l'âme forme des perceptions ou des conceptions spirituelles. Si le cerveau n'avait pas divers organes pour communiquer à l'âme les diverses sortes d'impressions qu'il reçoit des sens, si à cet effet il n'avait exclusivement qu'un seul et unique canal, il en résulterait forcément que, quand, après la perte de la vue, le cerveau ne pourrait plus transmettre à l'âme l'impression des couleurs, il cesserait aussi de pouvoir lui communiquer celles que fournissent le tact ou l'ouïe et réciproquement ; dans ce cas, l'âme, en perdant le moyen de manifester une catégorie d'actes intellectuels, aurait perdu en même temps le moyen de manifester toute espèce de perceptions subjectives ou d'idées provenant du monde extérieur. Mais l'expérience démontre qu'il n'en est point ainsi ; que quand le cerveau reçoit des impressions de l'ouïe ou du toucher, à l'exclusion de celles de la vue ou de l'odorat, il transmet à l'âme, par sa pluralité organique, les impressions particulières qui l'affectent. Je ne parle point ici dans un esprit de parti philosophique ; je ne parle point pour que mon opinion sur cette matière l'emporte sur toutes les opinions. Je parle uniquement en partisan de la vérité scientifique d'accord avec la vérité religieuse. J'ai déjà dit et je me plais à répéter qu'un sincère esprit de tolérance philosophique est celui qui doit nous guider. Conformons notre conduite à nos principes, bien que nos adversaires marchent dans une voie diamétralement opposée.

Du moment que l'on accorde la volonté à l'âme (et ne faudrait-il pas être insensé pour la lui refuser?) il faut lui reconnaître diverses puissances, facultés ou principes d'action, soumis à cette volonté; et lui reconnaître divers principes d'action, sans lui accorder (l'union entre l'esprit et la matière une fois admise) divers organes de manifestations, c'est, aux yeux de la saine philosophie, une absurdité qui répugne à la raison et blesse le sens commun. En vérité, je ne vois pas et je ne crois pas qu'aucun esprit impartial puisse voir de motif fondé pour ne pas admettre la variété organique du cerveau, après avoir admis l'existence de diverses facultés dans l'âme et l'union toute mystérieuse de ces facultés avec le corps. Est-ce que la même âme qui est unie à notre tête n'est pas unie au reste de notre organisme? Est-ce que ce reste de notre organisme n'est pas un ensemble ou un assemblage d'organes se rattachant tous au centre où réside l'esprit qui les meut et les anime? Pourquoi donc faudrait-il accorder des facultés diverses à l'âme, un organisme complexe au tronc du corps, et refuser cette complexité organique au cerveau? Je ne le conçois pas, et il est impossible de le concevoir, pour peu que l'on réfléchisse sérieusement sur la question.

Ajoutons que notre adversaire n'a pas vu, faute de réflexion, les écueils et les précipices où il se jette, lorsque, pour pouvoir soutenir par des raisons en apparence plus plausibles l'unité organique du cerveau, il admet un seul et unique principe de capacité sensible dans l'âme [1]. Si un seul et unique principe de capacité sensible résidait dans l'âme seulement, il faudrait que les transformations des impressions s'opérassent dans les sens et dans le cerveau [2]; le prétendre, ce serait accorder à la matière des opérations subjectives spirituelles; ce serait, en outre, reconnaître hautement la pluralité organique du cerveau, que nous venons d'entendre nier.

---

[1] Voir la *Phrénologie et le Siècle*, t. 1, pag. 197 et 198; voir aussi les citations faites dans notre huitième leçon.

[2] C'est ce qu'avoue notre adversaire. « On ne saurait, dit-il, tout au plus admettre la pluralité organique que pour les fonctions sensitives ou qui proviennent des facultés ayant leur siége dans la sensibilité. Cette sensibilité est une et simple, aussi bien que l'âme, mais le fait de sa manifestation au moyen des organes, que j'ai déjà indiqué, ne détruit pas cette unité et cette simplicité, tandis qu'elles seraient détruites par une pluralité d'organes destinés à l'activité. La raison en est que, par son activité une et simple, l'âme se modifie elle-même, tandis que par sa sensibilité une et simple elle peut devoir ses modifications à des causes étrangères. Puisque *ces modifications doivent lui venir du dehors*, il est convenable qu'elle ait à cet effet des organes particuliers, comme celui de la vue, de l'ouïe, etc. Ce diorama peut nous servir d'exemple dans ce cas : en supposant qu'il ne présentât qu'une seule vue, l'unité et la simplicité de cette vue ne serait pas détruite par le fait qu'elle pourrait être observée à travers différents cristaux. » (La *Phrénologie et le Siècle*, page 59.)

Peut-il y avoir quelque chose de plus contradictoire? D'abord, selon notre adversaire, le cerveau agit tout entier; bientôt l'âme se transforme elle-même; puis elle se transforme au moyen de la pluralité des organes. Si le cerveau doit agir tout entier, il est absurde de lui attribuer des organes; si l'âme doit se transformer elle-même, il est aussi absurde de lui assigner, à cet effet, des organes; et, si ceux-ci, comme il le dit, doivent opérer des transformations subjectives, cela devient le comble de l'absurdité : car cela mène à attribuer à la matière des opérations spirituelles, c'est-à-dire à matérialiser l'âme. Oh! à quelles extrémités nous conduit un esprit de contradiction systématique !

La phrénologie rejette avec indignation de semblables principes; elle rejette, comme produit par une fausse philosophie, tout principe qui tend directement ou indirectement à doter la matière d'attributs exclusivement propres à l'esprit. Il est fâcheux, il est déplorable que l'on ait si peu approfondi les véritables doctrines de la phrénologie, dans ses rapports avec la spiritualité de l'âme; leur étude sérieuse prouverait, avec une irrésistible évidence, que c'est seulement en accordant divers organes au cerveau ou à la tête [1] que l'on peut concevoir naturellement son unité indivisible, au milieu de ses diverses et différentes sortes de manifestations, dont nous sentons, nous expérimentons et nous reconnaissons la variété. Il y a néanmoins en moi un sentiment qui me console, qui m'encourage, qui me pousse, qui me fait entrevoir le jour glorieux où la religion et la philosophie, le sens intime et l'instinct général, proclameront la pluralité des organes céphaliques, et élèveront ainsi l'indestructible rocher contre lequel iront se briser les derniers restes des doctrines matérialistes.

Je conçois l'âme, s'il m'est permis de recourir à une comparaison pour expliquer un sujet si sublime, je conçois l'âme, messieurs, comme un foyer de lumière, pur, simple et indivisible, avec divers rayons ou principes immédiats d'action, entourée de tubes par lesquels cette lumière s'échappe et se manifeste au dehors sous des formes et dans des proportions en rapport avec l'état de ces tubes. Parmi les divers rayons ou principes d'action de la lumière, il en est un principal, qui repousse les vents ou autres influences qui pourraient s'introduire dans les tubes pour l'affaiblir, ou s'élever autour du foyer même, à raison de son imperfection naturelle. Ce principe rayonne avec force du foyer de la lumière spirituelle de tous les hommes; tous les hommes peuvent en étendre au dehors la puissante irradiation ; mais il se trouve toujours exposé à mille vents, à mille influences funestes, soit à cause de l'état imparfait des tubes par lesquels il se manifeste, soit à cause de sa propre imperfection naturelle, afin qu'aucun homme ne puisse se dispenser, en aucun cas, d'implorer la grâce divine, pour triompher d'une manière complète de ces vents et de ces influences.

---

[1] *En phrénologie,* cerveau et tête sont des termes synonymes. Quand on parle du *cerveau,* le sens du mot s'applique également aux téguments externes, et, quand on parle de la *tête,* on désigne aussi le contenu interne.

Eh bien, cette lumière, c'est l'âme; ces divers rayons d'une lumière simple et indivisible, ce sont les facultés de l'esprit; ces tubes dont elle se trouve entourée, ce sont les organes par l'intermédiaire desquels ces facultés transmettent *au dehors* leur action *du dedans*, et reçoivent *au dedans* les impressions *du dehors*. Ce rayon principal, c'est la raison avec sa liberté, capable à la fois de supporter' les vents et les influences des tentations ou des pensées mauvaises, et de les braver toutes, de les vaincre toutes glorieusement à l'aide de la protection divine. Que si nous voyons les hommes, avec des âmes égales, puisqu'elles procèdent toutes du même souffle divin primitif, se distinguer par des talents, des dispositions, des génies si divers, il n'y a là qu'un fait qu'on peut facilement expliquer, au moyen de la variété des instruments ou organes cérébraux dont il a plu à la Toute-Puissance divine de doter nos âmes. Avec cette doctrine, qui laisse intactes à l'âme toute sa *spiritualité*, toute son *immortalité*, toute sa *liberté*, on parvient à expliquer d'une manière philosophique et satisfaisante un grand nombre de ses phénomènes, qui, logiquement interprétés dans le système de ceux qui rejettent la pluralité des organes cérébraux, forceraient à la *matérialiser*, ainsi que je l'ai déjà démontré et que je le démontrerai plus longuement dans une autre leçon. Je ne dis pas, messieurs, que les personnes qui, pour attaquer la phrénologie, nient la pluralité des organes du cerveau, comme notre adversaire, ou celles qui nient qu'il y ait un commerce, une union quelconque entre l'âme et le corps, comme lord Brougham, se proposent ou désirent de *matérialiser* l'âme. Non; car je respecte les bonnes intentions, non-seulement des détracteurs de la phrénologie, mais même de mes ennemis personnels. Je me borne à dire que méconnaître tous les rapports de l'esprit humain avec l'organisme humain, ou les reconnaître et admettre ensuite dans l'âme l'existence de diverses facultés, pour nier aussitôt qu'il en résulte un système ou une complexité, soit dans le cerveau, soit dans le reste du corps, c'est tomber dans une contradiction de doctrines qui, à l'aide du raisonnement, conduit au matérialisme pur.

L'étrange idée que pour se servir d'organes cérébraux différents, l'âme doit résider en chacun d'eux, n'a pu entrer que dans l'esprit de notre adversaire [1]. Il serait tout aussi exact de dire que, quand on remue une jambe

---

[1] Voici comment il exprime cette idée, telle qu'il l'a conçue : « On peut dire que tout ce qu'il y a de répréhensible dans la phrénologie se réduit à ce que, plus ou moins formellement, elle suppose que l'âme réside d'une manière une et simple dans toutes les parties et dans chacune des parties du cerveau, et qu'elle ne réside en chacune que pour l'objet auquel la partie est destinée. Voilà par où la phrénologie attaque le spiritualisme dans ses racines ; voici l'écueil contre lequel elle va se briser, sans pouvoir l'éviter.

« Le fondement du spiritualisme, sa base inébranlable, sa condition *sine quâ non*, son *criterium*, comme dit le P. Debreyne, est son unité d'activité; c'est-à-dire son unité d'attention, de liberté, de raisonnement, etc., ainsi que je l'ai fait remarquer dans les notions philosophiques que j'ai présentées plus haut. D'après ce principe, il est aisé de voir aussitôt que si cette unité d'activité doit exister dans un organe ou dans une partie spéciale du cerveau pour la comparaison, dans un autre organe pour la sublimité d'imagina-on , dans un autre encore pour l'individualitivité, etc., cette unité, cette simplicité, à

en vertu du principe vital qui anime l'âme, celle-ci se transporte dans le membre; ou que, quand nous ouvrons et fermons les paupières, l'âme doit aller elle-même exécuter l'opération. Ce serait supposer que, pour que la roue d'une machine commence à tourner, il faut que le moteur s'y trouve. Sans aucun doute, l'impulsion du moteur se communique jusqu'à la roue; mais ce n'est pas dans la roue que réside la force motrice même, et il est impossible qu'elle y réside.

Personne ne sait, jamais personne ne saura, d'une manière précise, en quel point de la tête réside l'âme, où se trouve chez nous le moteur, le centre spirituel; mais on sait que son influence, sa force, son impulsion, les rayons de sa lumière, arrivent, non-seulement aux organes cérébraux, mais jusqu'aux dernières extrémités de notre organisme. Je répète que le mode d'existence de ce moteur, le mode de son action propre et directe, le mode de transmission des rayons de sa lumière et des effets de sa force directrice à toutes les parties matérielles de notre corps, sont des mystères sur lesquels nous pourrons former des conjectures, imaginer des théories, présenter des spéculations, sauf à les subordonner à la religion; mais jamais nous ne pourrons ni les expliquer ni les vérifier par la philosophie.

La phrénologie prétend seulement démontrer que, comme l'âme, une et indivisible dans son mystérieux commerce, dans ses intimes rapports avec les sens, reçoit par les yeux des *sensations visuelles;* par les oreilles, des *sensations auditives;* par l'odorat, des *sensations olfactives,* qu'elle transforme ensuite, par l'action de ses principes intellectuels immédiats, en images subjectives ou idées et conceptions; de même, lorsqu'elle remonte aux causes, elle le fait au moyen de son union avec un organe, un sens [1] ou un instrument intérieur; lorsqu'elle déduit des conséquences, elle se sert d'un autre organe; d'un autre encore, lorsqu'elle désire l'approbation d'autrui ou qu'elle se sent de l'affection pour un objet quelconque, se servant ainsi tour à tour des différents autres organes auxquels elle est unie, suivant qu'opèrent telles ou telles facultés et les différents principes immédiats d'action, qui déterminent des actes de nature différente.

Eh bien, cette doctrine, d'où il résulte que l'âme est unie au corps, et surtout au cerveau, par des rapports intimes, que l'âme a des facultés diverses, que ces facultés peuvent se manifester par l'intermédiaire d'autant d'organes cérébraux particuliers, est si peu contraire à un dogme quelconque de notre sainte religion, qu'elle est admise par tous les savants,

laquelle nous tenons tant et que personne n'est disposé à nier, cesserait d'exister. Si, plaçant chacune des facultés de l'âme dans un organe différent, nous la considérons ainsi divisée, fractionnée, éparpillée, comment pourrons-nous affirmer qu'elle est une et simple? Comprend-on une pareille folie?»

Les lecteurs décideront si ce style convient au langage de la philosophie et de quel côté se trouve la folie, s'il est vrai qu'il y en ait.

[1] Je fais observer que si j'emploie quelquefois le mot *sens* pour désigner une faculté et non point un organe, c'est que j'adopte le langage d'un auteur respectable qui se sert de ces deux mots comme de deux synonymes.

profonds et pieux théologiens qui ont approfondi la matière et exprimé leur opinion avec une consciencieuse impartialité.

Je m'en suis déjà référé à une pièce qui a été déposée parmi les archives de ce diocèse, et qui contient un avis signé par l'éminent chanoine et professeur D. Alberto Pujol et par l'un des censeurs ses collègues ; dans cet avis et dans le rapport qu'a dressé pour l'affaire le respectable fiscal ecclésiastique, cette doctrine est approuvée, et il y est déclaré que mon *Système complet de Phrénologie* [1] ne présente rien de contraire au dogme ni à la foi.

Quant aux articles phrénologiques insérés dans *la Antorcha* (le Flambeau), feuille hebdomadaire que j'ai publiée à Barcelone, du 12 août 1848 au 2 février 1850, et à mes *Éléments de Phrénologie et de Magnétisme humain*, qui ont paru en 1849, deux des théologiens les plus habiles, les plus profonds et les plus consciencieux d'Espagne ont été chargés de les examiner, et ils n'ont pas hésité un instant à m'accorder leur approbation, sans en effacer ou blâmer une seule lettre.

D. Jaime Balmes, notre célèbre publiciste, s'est exprimé, relativement à la multiplicité des facultés de l'esprit, dans les termes que je vous ai cités dans ma quatrième leçon. Quant à la multiplicité des organes cérébraux nécessaires pour manifester ces facultés, il en a parlé de la manière la plus glorieuse et la plus satisfaisante pour la phrénologie. Je cite ses paroles :

« La *spiritualité de l'âme*, dogme religieux et théorème philosophique, doit être à l'abri de toutes les attaques. La multiplicité des organes cérébraux qu'entreprend de démontrer la phrénologie ne prouve rien contre cette spiritualité. L'expérience enseigne qu'il existe une correspondance entre le cerveau et plusieurs fonctions de notre esprit. Que cet organe soit un ou multiple, cela n'importe ni à la nature de l'âme ni au caractère de ses opérations. Il est essentiel de ne jamais perdre de vue ces idées, de bien distinguer l'organe de l'être qui s'en sert, le corps de l'esprit, après quoi la voie reste ouverte au raisonnement et à l'observation, sans que ni la religion ni la psychologie aient à se plaindre » (La *Société*, tome Ier.)

Un autre théologien remarquable et distingué, frai Manuel Garcia Gil, nommé examinateur par le tribunal ecclésiastique de Santiago en Galice, lors du procès qui, à l'instigation du docteur D. Antonio Severo Borrajo, me fut intenté en 1847 et dura jusqu'en 1848, à propos des doctrines que j'avais soutenues dans mes ouvrages et dans mes discours, s'exprime ainsi sur la matière :

« Que l'âme agisse et se manifeste, durant son union avec le corps, au moyen du cerveau ; que le cerveau contienne des organes différents pour les différentes sortes d'opérations, d'inclinations et de sentiments ; et qu'enfin

---

[1] *Système complet de Phrénologie*, dans ses applications au progrès et à l'amélioration de l'homme, considéré au point de vue individuel et au point de vue social, par D. Mariano Cubi i Soler. — Deuxième édition, Barcelone, 1844, 1 vol. grand in-8°. — Troisième édition en deux volumes, 1846.

cette différence puisse être plus ou moins connue par le volume, le développement et la configuration du crâne, ainsi que par le tempérament qui
prédomine en chaque individu, c'est là une opinion ou un système philosophique qui n'est point contraire à la foi, et qui ne saurait être l'objet d'une
censure théologique, tant que l'on convient de deux choses : d'abord, que
l'âme est libre et maitresse, non-seulement quant à l'exercice de ses actes,
mais encore pour contrarier et combattre ses inclinations, bonnes et mauvaises, excepté s'il s'agit de *certains mouvements indélibérés, ou en cas de
maladie, d'idiotisme ou de démence ;* puis, que les jugements phrénologiques que l'on porte sur les personnes, à raison de leur tempérament ou
de la disposition de leur cerveau, doivent être considérés comme uniquement conjecturaux, appréciatifs, et nullement comme certains et infaillibles. »

Mais, comme la phrénologie a déclaré dès le commencement, et que j'ai
moi-même déclaré depuis la première jusqu'à la dernière page de mes ouvrages, qu'elle n'est qu'une science *estimative* ou *appréciative,* l'examinateur cite ensuite le passage suivant de mon *Système complet* (tome II,
pages 77 et 78) :

« Ni la phrénologie ni aucune autre science ne peuvent former de jugements sans avoir quelque chose de positif pour s'y appuyer, et, comme ni
la phrénologie ni aucune science humaine n'ont aucune donnée positive
sur laquelle elles puissent s'appuyer, pour connaître la direction que la
liberté de la volonté ou les circonstances ont imprimée ou imprimeront dans
la suite aux inclinations, dispositions ou talents d'un individu quelconque,
il est impossible de faire un pronostic sur cette direction. Le phrénologue
saura si une personne aime naturellement plus ou moins la gloire, si elle
a plus ou moins l'ambition des honneurs, plus ou moins le talent de la
musique ou le génie de la mécanique ; mais, comme il ignore la direction
qui a été donnée, qu'on veut ou qu'on peut donner à ces désirs, il ne lui
sera pas possible de pronostiquer, et aucun phrénologue qui n'a pas perdu
l'esprit ne pronostiquera si tels ou tels individus ont été ou seront de grands
généraux, ministres, cordonniers, serruriers ou musiciens. D'ailleurs, la
science phrénologique n'est qu'estimative. Elle permet seulement de dire
qu'un homme, qui a telle ou telle tête, placé dans telles ou telles circonstances, serait porté, toujours sous le domaine de la liberté morale, à
tenir telle ou telle conduite, à faire telles ou telles démarches. » Et un peu
plus loin : « Remarquez, je le répète, que la phrénologie est purement estimative, et nullement positive et infaillible : car elle n'a ni ne saurait avoir
ce caractère que dans certains cas déterminés, comme quand il s'agit de
personnes nécessairement imbéciles ou presque idiotes, par suite de la petitesse de leur tête, ou devenues folles, par suite du développement anomal
et excessif d'une région animale trop prépondérante. »

L'examinateur ajoute à cette citation :

« La phrénologie ainsi expliquée aura, comme système philosophique, le degré de vérité qu'on voudra ; mais elle ne détruit pas le libre arbitre, et, dans mon opinion, elle n'a rien de contraire à la foi. »

Après que la question eut été débattue dans tous ses détails et avec la circonspection scrupuleuse qu'inspirait le zèle religieux le plus pur et le plus ardent, le tribunal ecclésiastique ne trouva dans mes doctrines, dans mes discours, dans mes livres, dans mes leçons, que quelques passages dont le sens était ambigu, quelques expressions qui pouvaient prêter à des interprétations fausses ou erronées ; je les ai expliqués dans un sens catholique, et c'est après que j'eus donné ces éclaircissements que l'examinateur s'exprima en ces termes, dans son second rapport :

« Quand, au mois de septembre de l'année dernière, j'ai exprimé mon opinion sur les doctrines d'el señor Cubi, contenues dans ses ouvrages sur la phrénologie et le magnétisme, j'ai respecté et j'ai cru qu'on devait respecter ses intentions, et supposer sincères les protestations qu'il a faites à diverses reprises de son attachement au catholicisme et à l'orthodoxie. Aujourd'hui les réponses qu'il fait aux difficultés qui lui ont été opposées, la modération et la mesure de son langage, ses chrétiennes explications, et surtout ses dernières paroles, par lesquelles il soumet ses principes, son enseignement, ses écrits, au jugement de la sainte Église apostolique et romaine, tout prouve combien ma confiance était fondée, et que le señor Cubi n'avait point fait une vaine déclaration en répondant à D. Cuadrado : « Que le « señor Cuadrado sache et que le monde entier sache que si la phrénologie, « telle que je l'entends, était, en quoi que ce soit, contraire aux dogmes de « notre sainte religion, je serais le premier à l'attaquer, et, autant qu'il me « serait possible, à la détruire. » Je regarde donc le señor Cubi comme bien éloigné de ces esprits orgueilleux et indociles, qui, fiers de l'apparat d'une fausse science, ne craignent point de préférer leur jugement privé à celui de l'Église universelle, et leurs opinions d'un jour au témoignage et à l'autorité des siècles. El señor Cubi est religieux avant d'être phrénologue ; et je vois avec la plus vive satisfaction qu'il explique dans un sens catholique les passages mêmes de ses œuvres qui m'avaient paru répréhensibles ou du moins susceptibles d'une interprétation dangereuse : aussi lui offris-je mes félicitations et les offris-je également au tribunal ecclésiastique de Santiago, qui a demandé et provoqué ces explications. Un écrivain prudent a le plus grand intérêt à ce que la pureté de ses doctrines soit reconnue ; et l'Église, en mère tendre, considère toujours comme lui étant personnelles la gloire et la joie qui en reviennent à ses enfants. Je répète donc que j'ai entendu ces éclaircissements avec une vive satisfaction, d'autant plus que je les trouve d'accord avec divers fragments de ses écrits, dont j'avais copié quelques-uns ; et je suis vraiment heureux, enfin, de voir qu'ils ne contredisent point les passages que j'avais notés, mais que seulement je n'étais point parvenu à les comprendre. »

En terminant ses observations sur le libre arbitre, le même examinateur dit ce qui va suivre :

« Au moment où j'achevais d'écrire ces lignes, j'eus l'honneur de recevoir
la visite de el señor Cubi, qui s'entretint quelques instants avec moi. J'ai vu
avec le plus grand plaisir que ses opinions ne diffèrent point, autant qu'on le
croirait d'après ses écrits, des principes psychologiques que je professe. Il ne
soutient pas qu'il n'y ait des opérations de l'âme purement spirituelles ; il
reconnaît que les idées appartiennent à l'âme, se forment dans l'âme, et non
dans les organes, et il admet, par conséquent, que l'opération qui les produit (car il ne regarde point les idées comme innées) est aussi exclusivement
propre à l'âme, bien qu'elle ne se manifeste que par les organes. Cette explication et les autres qui l'accompagnèrent ne me causèrent pas seulement
une impression agréable, elles ne me firent pas seulement concevoir d'el señor
Cubi l'opinion la plus avantageuse, mais elles me portèrent encore à croire,
et je ne crains pas de le dire, qu'il est peut-être l'homme auquel est réservée
la gloire de dégager la phrénologie et le magnétisme de tout ce qu'ils ont
de dangereux et de faux, et, partant, de concilier ces systèmes avec la religion. Son ouvrage sur la phrénologie l'emporte déjà à cet égard sur les ouvrages de beaucoup d'autres auteurs et en particulier sur les écrits de Broussais, que notre compatriote accuse avec raison de *vouloir tout matérialiser*
(t. II, p. 35). Quant à sa traduction d'un livre sur le magnétisme, j'ai déjà
reconnu dans mon premier rapport qu'il a amélioré l'ouvrage de Teste par
des corrections nombreuses, bien qu'encore insuffisantes. Le jour où, mettant la dernière main à ses ouvrages, il les reverra avec soin, éclaircira,
changera ou supprimera certains passages, renoncera complétement à des
exagérations d'ailleurs si naturelles chez qui embrasse avec chaleur un sys
tème quelconque, se défera de toutes ses préventions et de tout esprit de
parti, et exposera sous un jour clair ni plus ni moins que ce que la raison
et sa propre expérience lui démontreront être vrai, ce jour sera glorieux
pour lui et pour sa patrie; il bénira l'opposition qui l'a forcé à mieux étudier, à mieux examiner ses propres doctrines; et nous aurons la satisfaction
d'honorer un Espagnol de plus, pour les services éminents qu'il aura rendus
à la religion et à la science. »

Ce sont les explications et les éclaircissements par lesquels je parvins à
dissiper entièrement toutes les accusations dirigées contre moi; c'est la connaissance de mes antécédents et de ma conduite, qui furent publiquement
examinés et discutés; ce sont, enfin, les rapports de mes censeurs[1], de l'a-
mitié desquels je m'honore, malgré les débats qui eurent lieu entre nous,

[1] C'est avec la plus grande satisfaction que je consigne ici les noms de mes deux censeurs ou examinateurs. Le premier, religieux cloîtré de l'ordre de Saint-Dominique, s'appelle D. Manuel Garcia Gil; le second est le docteur D. José Lopez Crespo, professeur au
séminaire diocésain de Santiago. Après la terrible accusation qui a été portée contre moi
et mes doctrines devant un tribunal ecclésiastique, les rapports des respectables censeurs prouvent au monde entier que l'Église compte en Espagne des hommes illustres
que leur piété, leurs talents et leur noble caractère fait viser à la défense et à la gloire
de la religion, mais fait agir en même temps avec la plus impartiale justice même envers
les personnes sur lesquelles on a pu, avec raison, concevoir une opinion défavorable.

qui déterminèrent le tribunal à ne repousser aucune de mes doctrines, à n'apporter aucun empêchement à la circulation de mes ouvrages, à mettre tout à fait hors de cause *ma personne et mes sentiments*, et, attestant à la face du monde ma fidélité au catholicisme, il a bien voulu rendre la sentence définitive, dont la teneur suit :

« Dans la ville de Santiago, le 7 avril 1848, le docteur D. Antonio de la Flecha i Castañon, prébendier du collége royal du Saint-Esprit, vicaire général provisoire dans la sainte et apostolique église cathédrale métropolitaine de Santiago, sa ville et son archevêché, au nom de l'excellentissime archevêque; ayant vu les pièces produites dans l'instance introduite par le ministère fiscal contre D. Mariano Cubi i Soler pour l'examen des propositions avancées dans les leçons de phrénologie et de magnétisme qu'il a données l'année dernière dans cette ville, examen qui a ensuite compris incidemment ses autres ouvrages sur les mêmes matières, et considérant que D. Mariano fait une profession expresse et formelle de sa foi catholique, apostolique, romaine; qu'il proteste qu'il est prêt à rectifier toute opinion erronée qui aurait pu se glisser dans ses systèmes et dans ses doctrines, et tendre, même indirectement, à jeter le plus léger doute sur les vérités révélées; qu'il soumet avec empressement et respect à la sainte Église apostolique et romaine ses principes phrénologiques et magnétiques, ses leçons et ses écrits; qu'il promet de corriger ses ouvrages sur la phrénologie et le magnétisme, en y faisant les additions nécessaires et en expliquant certains passages obscurs en termes clairs qui ne permettent pas de suspecter la sincérité de son attachement au catholicisme, et qui ne puissent pas donner lieu à des interprétations contraires aux dogmes de notre sainte religion, qu'il est et a toujours été décidé à défendre; et ayant sous les yeux les réponses et les explications qu'il a données aux objections et aux observations qui lui ont été faites, et qu'il s'engage à publier prochainement, A DIT *qu'il prononçait et ordonnait le sursis de l'affaire, en mettant hors de cause* LA PERSONNE ET LES SENTIMENTS dudit D. Mariano Cubi, et en espérant qu'à l'avenir il ne se servira plus, dans une matière d'une si haute importance, d'un langage vague et équivoque, susceptible de diverses acceptions et d'interprétations dangereuses, sans, bien entendu, que soient permis à toute classe de personnes ni l'enseignement ni la pratique du magnétisme tel que l'a réprouvé la sacrée congrégation de la Pénitencerie. Telle est la sentence qu'il a rendue par-devant moi, notaire majeur; ce dont je fais foi. — Docteur D. Antonio de la Flecha i Castañon. — Devant moi, Jacobo Freire. »

Après les observations de mes examinateurs et la décision d'un tribunal ecclésiastique dont on connaît assez le zèle ardent et infatigable pour maintenir dans toute leur pureté, dans toute leur intégrité, les dogmes de notre sainte religion, je ne cesserai de répéter, messieurs, que l'homme qui, comme moi, embrasse de bonne foi une cause philosophique avec la conviction intime que, non-seulement elle peut servir d'appui à ses croyances religieuses, mais qu'elle renferme en outre un grand principe d'utilité générale, doit bénir les contradictions et les oppositions qui l'instruisent et l'obligent à présenter, à expliquer cette cause à tous, en en faisant ressortir la vérité, la beauté et les relations harmoniques avec lesquelles il la conçoit. C'est seulement ainsi qu'il peut en sonder le fond et en étendre l'influence bienfaisante, dans toutes ses applications possibles, à toutes sortes de personnes, sans que soient exceptées, et elles ne doivent pas l'être, celles qui sont le plus timides et le plus scrupuleuses sur les matières qui touchent à la religion.

C'est au même point de vue et par le même motif que je bénis aussi le moment où a paru l'ouvrage intitulé la *Phrénologie et le Siècle*, dont nous avons déjà commencé à nous occuper; car, quoique l'auteur ait adopté, pour l'écrire, un langage et un style peu propres à lui concilier des sympathies, son livre n'en a pas moins servi à rendre plus vif, plus véhément encore, le désir qui me pousse à faire tous les efforts dont je suis capable pour réaliser pleinement les espérances de mes examinateurs et de mes juges. Voilà pourquoi j'ai publié, entre autres écrits que j'ai déjà rappelés, *la Antorcha* et les *Éléments de Phrénologie et de Magnétisme humain*, le tout préalablement soumis à la censure et revêtu de l'approbation de l'Ordinaire.

Après ce que vous venez d'entendre, vous devez être profondément convaincus, ou du moins supposer qu'il a fallu qu'aucune des objections ou difficultés qui m'ont été faites ne restât debout ou ne fût complétement réfutée, avant que se soient exprimés, dans les termes que je vous ai cités, des examinateurs, des personnages qu'on peut justement appeler des lumières de l'Église et la gloire de l'Espagne; aussi serez-vous étonnés d'entendre mon nouvel adversaire, ce soi-disant philosophe sans préjugés, qui n'a pas, il le déclare, et je lui donne acte de sa déclaration, l'intention de me blesser; de l'entendre, dis-je, articuler, dans la *Phrénologie et le Siècle,* une accusation extrêmement grave qu'intenta contre moi, devant le tribunal ecclésiastique de Santiago, le docteur en théologie D. Antonio Severo Borrajo. Mais notre adversaire se garde bien de dire que j'ai repoussé et réfuté cette accusation avec un noble orgueil et une religieuse soumission, et que ma réponse a été admise par l'autorité compétente comme une justification complète, devant laquelle disparaissaient toutes les erreurs que l'on avait pu m'imputer.

Pour que vous vous formiez une idée complète de la nature de l'accusation et de la réfutation, réfutation qui jette un grand jour sur le sujet que nous avons abordé dans cette leçon, vous voudrez bien me permettre de vous en donner lecture. L'accusation, copiée par mon adversaire dans l'objection qu'il me fait aux pages 17 et 18 du premier volume de son ouvrage, est ainsi formulée :

« Le docteur Borrajo, dans sa brochure contre les doctrines de Cubi, intitulée: *A tous ceux qui ont des yeux pour voir et des oreilles pour entendre,* s'exprime en ces termes :

« En recommandant la phrénologie et en vantant son utilité, el señor Cubi « dit que *c'est seulement au moyen de cette science que l'on peut corriger les*

« *mauvaises inclinations ou les dispositions naturelles au mal.* Cette doc-
« trine nie virtuellement le péché originel, car elle semble attribuer l'incli-
« nation au mal aux dispositions du cerveau, comme si elle n'était pas la
« conséquence du premier péché. En outre, en établissant que la phrénolo-
« gie est l'unique moyen de corriger les mauvaises inclinations, elle nie la
« nécessité de la grâce de Jésus-Christ, à laquelle, suivant la foi, on doit
« attribuer la correction des mauvaises inclinations de l'homme. Cette doc-
« trine tend donc au pélagianisme, si toutefois elle en diffère. »

Je citerai en entier, à cause de son importance, la réfutation complète
que je fis d'une accusation si grave.

« Je repousse et la phrénologie repousse une semblable imputation. En
ce qui me concerne, je dis qu'on me calomnie quand *on me fait nier, soit
virtuellement, soit formellement, soit directement, soit indirectement, le
péché originel ou la grâce divine;* c'est ce dont je donnerai des preuves
nombreuses et irréfragables dans le cours de cette *Réfutation complète.*

« Quant à la phrénologie, je puis ajouter qu'elle ne s'occupe que des organes, des véhicules, des instruments ou des conducteurs dont l'âme se sert
pour se manifester; que l'âme, tout en conservant sa spiritualité et son immortalité, se manifeste en ce monde suivant l'état de ces conducteurs ou
organes; que, de cette manière, nous nous rendons philosophiquement
compte de la folie, de l'idiotisme, des infirmités appelées mentales, de la
différence des talents et des dispositions, pendant que l'âme reste toujours
la même, toujours immatérielle chez les différents individus, et ainsi le spiritualisme se dégage triomphant de la question.

« Je défie el señor Borrajo de me citer une seule doctrine de toutes les
écoles philosophiques, sans en exclure les écoles spiritualistes, qui soit plus
en harmonie avec les principes de la destinée de l'âme, sa spiritualité, son
immortalité et sa liberté innée. Il est absurde, il est calomnieux, il est faux de
prétendre que la phrénologie, telle que je l'explique, tende au matérialisme,
tandis qu'au contraire, sans la lumière qu'elle nous prête, les systèmes les
plus ingénieux des facultés de l'esprit matérialisent l'âme, sous prétexte de
la laisser intacte. Supposons pour un moment que l'âme agisse sans l'intervention d'instruments matériels, sans organes; dès lors il faudra, philosophiquement, supposer qu'elle se trouve dans l'état où elle se manifeste,
c'est-à-dire que, quand nous voyons un homme ivre, qui est fou, qui délire,
qui est mort, c'est parce que son âme est ivre, ou folle, ou délirante, ou
morte. Voilà vraiment le matérialisme.

« Toutefois voyons ce que dit la phrénologie. La phrénologie nous dit
que, comme un bateau à vapeur, quelque bon que soit le bâtiment, ne
peut pas marcher si la machine est dérangée, ou marche bien ou mal, suivant l'état où se trouve cette machine; que, comme un foyer de lumière,
quelque intense qu'il soit, ne peut pas se manifester s'il est entouré de tubes
bouchés, que suivant l'état où ces tubes se trouvent; de même, *autant
que le sujet comporte des comparaisons,* l'âme SE MANIFESTE, quelque subli-

mes, quelque inviolables, quelque purs, spirituels et immortels que soient ses attributs, suivant l'état de la machine ou des instruments au moyen desquels il a plu au Tout-Puissant de la faire agir en ce monde. De sorte que la phrénologie, sans jamais faire abstraction de la destinée de l'âme, de sa spiritualité, de son immortalité, de sa liberté innée, explique toutes ses aberrations comme des affections du cerveau, comme des affections de son organe matériel, et explique philosophiquement jusqu'à son existence, même quand elle a cessé de se manifester. Maintenant pourra-t-on sans injustice, sans calomnie ou sans ignorance, accuser cette science d'être matérialiste? Pour moi, je soutiens qu'aucun phrénologue ne saurait être *matérialiste*, et qu'aucun *matérialiste* ne saurait être phrénologue. Ce qui me le prouve, ce ne sont pas seulement tous les ouvrages qui font autorité sur la matière, c'est encore la conviction intime que tant d'hommes sérieux, mes élèves, qui se sont appliqués, soit aux sciences morales, soit aux sciences physiques, ont acquise au moment où ils ont commencé à approfondir la phrénologie et ses tendances. Indépendamment de ce que disent les pieux et savants théologiens Soto et Corminas, indépendamment de ce que disent d'autres hommes de poids, écoutons le témoignage de médecins et de chirurgiens de Reus, qui ont bien étudié la question :

« Il serait inutile, disent-ils, de réfuter les prétendues tendances au ma-
« térialisme que l'ignorance ou la mauvaise foi imputent à la phrénologie :
« cette science proclame comme un de ses axiomes fondamentaux que *la*
« *matière est incapable de penser;* guidée par ce principe dès les premiers
« temps de son origine, elle a fait résider dans le cerveau humain la partie
« spirituelle dont Dieu a doté sa créature privilégiée, comme formant le
« centre sensible et intelligent de son organisation ; cette science, en re-
« haussant la pensée, étudie avec respect et admiration les lois de son
« exercice : comment pourrait-elle ne pas reconnaître dans ce merveilleux
« attribut un trait de la Divinité imprimé à jamais dans la nature de
« l'homme? » (Déclaration des médecins de Reus à D. Mariano Cubi i Soler, *Système de Phrénologie*, t. 1er, Introduction.)

« Dans mon explication j'ai appliqué à l'éducation ce principe philosophique lumineux, consolant, sublime, qui confirme d'une manière si satisfaisante la réalité des espérances que nous offre la religion, et j'ai dit que la *phrénologie nous offrait le meilleur système humain* (et non pas théologique; car je ne cesse de faire cette distinction) *pour remédier ou donner une bonne direction aux mauvaises inclinations ou à la manifestation des vices de l'esprit.*

« L'éducation philosophique peut donc, si la phrénologie est un système vrai, activer ou endormir, exciter ou engourdir certains organes ou véhicules connus, par lesquels l'âme *se manifeste*, et obtenir par ce moyen des résultats favorables dans le traitement, la correction ou le changement de direction de certaines inclinations. En effet, c'est un principe physiologique que l'usage modéré et régulier d'un organe ou d'une partie simple du corps le développe et le fortifie, tandis que l'inaction l'énerve. Si, par exemple, et c'est là un fait confirmé par la tête de tous les hommes, si l'âme manifeste sa *bienveillance*, suivant l'état d'un certain organe, et sa *destructivité*, suivant celui d'un autre organe, et si ces organes fonctionnent plus ou moins activement, suivant l'usage ou l'exercice qui s'en fait, le *traitement* des vices de l'esprit ou des inclinations mauvaises n'est point une pure théorie.

« S'il existe, par exemple, naturellement, un développement excessif de l'organe de la *destructivité*, et un développement très-restreint de celui de la *bienveillance*, que l'on place pour quelque temps l'individu dans une situation où il se voie obligé à exercer des actes de *bienveillance*, et aucun acte de *destructivité*; et leurs organes respectifs se modifieront : celui de la bienveillance *se fortifiera*, et celui de la destructivité *s'affaiblira*. On pourra de la sorte corriger peu à peu, chez l'individu ainsi constitué, les mauvaises inclinations qui se manifestaient dans un accès de colère, d'emportement, de fureur, ou simplement de mauvaise humeur; et l'on verra se vérifier le proverbe qui dit : « L'habitude est une seconde nature. » Ce principe, établi, expliqué, commenté, éclairci, dans mes livres et dans mes discours, fait ressortir l'injustice, l'ignorance ou la mauvaise foi de ceux qui supposent la phrénologie disposée à admettre des *passions irrésistibles*, tandis qu'elle ne cesse de proclamer hautement l'empire du libre arbitre, ainsi que je le démontre dans la réfutation de la huitième objection.

« Si, à l'aide d'arguties, de subtilités ou de syllogismes, on veut prouver que ce principe régénérateur, consolant et sublime, est contraire à la morale ou à la religion, qu'on apprenne d'abord qu'il est aussi appliqué par les médecins dans certains cas analogues.

« A l'hypocondriaque, *chez qui l'âme manifeste un grand abattement*, on prescrit la distraction et l'exercice; à l'homme sujet à de violents maux de tête, *chez qui l'âme manifeste de la pesanteur, du trouble, du désordre*, on recommande les saignées, les purgatifs ou d'autres médicaments; au fou, *chez qui l'âme manifeste une maladie morale*, on prescrit un régime hygiénique particulier ou l'on ménage une scène inattendue, mais capable de l'affecter et de le surprendre vivement et profondément. Ce système d'affecter le physique pour modifier les manifestations mentales est pratiqué, admis et proclamé par la religion, par la morale, par la science et par le sens commun. Le nier, ce serait nier le péché originel, à la suite duquel l'homme a été condamné à employer ses propres efforts : « Tu mangeras ton pain à « la sueur de ton front. » (Genèse, ch. III, v. 19.)

« Mais s'ensuit-il de là que les phrénologues ou les médecins nient virtuellement le *péché originel*; la *nécessité de la grâce de Jésus-Christ*? De ce que la phrénologie et la médecine démontrent que, d'une part, les défauts, les vices, les erreurs de tout genre, *qui, selon l'enseignement de la foi, résultent du péché originel*, et, d'autre part, leur guérison, *qui, selon la même foi, doit être attribuée à la grâce divine*, SE MANIFESTENT par un état organique correspondant, défectueux ou amélioré, devra-t-on en conclure qu'elles

nient virtuellement cette action du péché, cette intervention de la grâce?
Quelle absurdité! parler de l'origine des inclinations au mal, *c'est-à-dire du
péché originel* et de l'origine de leur guérison, *c'est-à-dire de la grâce divine.* est-ce parler DE LA MANIFESTATION de ces inclinations et de leur guérison
au moyen d'un état exceptionnel de l'organisme? *Tirer son origine* de l'organisme, est-ce la même chose que *se manifester* au moyen de l'organisme?
Non, certes! La théologie pourra expliquer par le raisonnement l'origine,
la nature, etc., du péché originel, de la grâce divine et des autres dogmes
de foi et croyances religieuses; mais, ni la phrénologie, ni la médecine, ni
aucune science ne peuvent constater que leurs *manifestations* apparentes
dans l'organisme.

« Je n'ai pas nié et je ne nierai jamais que la cause de nos mauvaises inclinations ne soit le péché originel, ni que la grâce divine, *que j'implore
humblement dans la retraite où m'ont conduit les persécutions des hommes,*
ne continue d'agir; je sais au contraire et je crois que sans la grâce l'homme
n'est rien et ne peut rien être. Mais j'ai mes convictions scientifiques profondément enracinées, et je crois aussi qu'à moins d'un miracle, les défauts, soit du corps, soit de l'esprit, et leurs changements et modifications *se
manifestent* et se révèlent par les divers états de l'organisme.

« Bien plus, cette doctrine, qui alarme tant el señor Borrajo, est la seule
qui philosophiquement explique le péché originel d'accord avec la révélation.
Savons-nous si Adam et Ève avaient une tête *parfaite* qui devint *imparfaite*
aussitôt qu'ils eurent commis le péché originel? On n'a qu'à consulter les
célèbres théologiens Besnard [1], Soto et les autres, qui affirment que la *théologie empruntera des arguments humains de la phrénologie pour démontrer l'harmonie de la raison avec la vraie religion.* Mais, comme je ne puis
ni ne dois traiter cette dernière question, puisqu'elle n'est point purement
philosophique, je m'en rapporte à ces théologiens, et je l'indique seulement
ici pour prouver à mon adversaire que son opinion contre la phrénologie à
cet égard n'est plus qu'une opinion rejetée avec mépris et avec dédain par
des hommes d'une sagesse insigne et d'une piété reconnue. »

J'ai voulu vous donner une connaissance complète du procédé de notre
antagoniste, pour que vous puissiez mieux me comprendre, quand je viens
vous dire qu'il n'y a pas une seule des objections qu'il accumule dans son ouvrage directement contre Gall et ses doctrines, et qu'il emprunte à M. Cerise,
à M. Moreau, à l'abbé Debreyne et à beaucoup d'autres écrivains, à laquelle
Gall lui-même n'ait déjà victorieusement répondu dans le traité dont je vous
recommandais il y a un instant la lecture. Il a consacré tout un volume in-8°
à la réfutation de tout ce qui a été écrit et quasi de tout ce qui peut être

---

[1] L'abbé Besnard, auteur de la *Doctrine de M. Gall; son orthodoxie philosophique;
son application au christianisme* (Paris, 1850), un volume in-8° de 555 pages. — Que diront
les fidèles catholiques en comparant le ton de cet ouvrage, plein d'érudition et d'une foi
ardente, au langage peu mesuré d'el señor Borrajo et d'el señor Riera; ce dernier, auteur
du livre la *Phrénologie et le Siècle?*

écrit contre lui et ses doctrines. Tout le monde, hormis ceux qui s'obstinent à méconnaître les preuves de la phrénologie et à combattre son fondateur et ses propagateurs, sait que dans cette polémique les savants de toutes les nations ont, en général, opiné en faveur de Gall. Quant à Lélut, à Flourens et aux autres auteurs dont notre antiphrénologue ilurien [1] cite également les déclamations injurieuses contre la phrénologie, ils sont complétement battus par le raisonnement sur le terrain du *libre examen*, comme par les faits, sur le terrain de l'*autorité philosophique*. Il suffit, pour s'en convaincre, de lire les ouvrages de Molossi, de Chevenix, de l'abbé Besnard et de beaucoup d'autres auteurs qui ont récemment écrit sur la phrénologie et que je crois inutile de vous nommer.

En ce qui me concerne, personne ne pourra, sans fouler aux pieds la vérité, se vanter de m'avoir attaqué dans le champ clos de la phrénologie, sans que je me sois défendu. L'Espagne sait quel a été le vaincu, quel a été le vainqueur, dans les luttes que je me suis vu forcé de soutenir. Mon antagoniste cite très-fréquemment Balmes quant aux objections qu'il a faites à la phrénologie, dans son ouvrage intitulé la *Société*, aux premier, huitième, neuvième et dixième cahiers. Mais il ne nous dit pas comment j'ai répondu à ces objections. Et, si dans quelques cas il le dit, c'est en citant des phrases tronquées, décousues et seulement pour qu'elles concourent au but qu'il s'est proposé. Il a eu particulièrement soin de garder le plus profond silence sur l'*art d'arriver au vrai* de notre illustre Ausonien [2], parce que là Balmes ne se borne pas à admettre comme la base de son ouvrage les doctrines phrénologiques, considérées physiologiquement, mais qu'il va jusqu'à adopter les principales idées qu'il avait combattues dans la *Société*. La phrénologie s'honorera et se glorifiera toujours d'avoir de nombreux points de contact avec les doctrines de notre éloquent Balmes.

Pour que vous puissiez mieux apprécier encore avec le public la conduite qu'a tenue à cet égard notre antagoniste, pour achever de vous convaincre du peu de confiance que méritent les citations et les témoignages qu'il allègue contre la phrénologie, je vous signalerai un détail. Il dit, aux pages 111 et 112 de son livre, que mon respectable ami D. Joaquin Pascual, l'excellent médecin-chirurgien de Mataró, a publié un écrit destiné à combattre quelques

---

[1] Le titre entier de l'ouvrage de notre adversaire porte : la PHRÉNOLOGIE ET LE SIÈCLE, ou *Réfutation radicale des idées qui servent de base à la crânéologie, à l'organologie, à la cérébroscopie, à la phrénologie, en général, et aux autres inventions du même genre; et réfutation des systèmes phrénologiques de Gall, Spurzheim, Combe, Caldwell, Broussais, Vimont, Fossati et beaucoup d'autres, appuyée sur des preuves évidentes et irrécusables*, par Don J. M. R. i R. Plus loin, l'auteur explique ces initiales en mettant son nom tout au long : *Don José Mariano Riera i Comas*.
Je me suis abstenu de citer le titre entier de cet ouvrage avant que mes lecteurs sussent (ce que déjà ils commencent à savoir) le sens qu'ils peuvent et doivent donner au mot *inventions* et à l'expression *preuves évidentes et irrécusables*, que el señor Riera emploie au frontispice de son livre. Quant au nom d'*Ilurien*, que je lui donne, sans lui manquer de respect, je puis le lui donner parce qu'il est natif d'*Iluro*, aujourd'hui Mataro.
[2] Tout le monde sait que Balmes était natif de Vich, anciennement Ausone.

idées émises par D. José Oriol i Bernadet pour la défense de la phrénologie ; mais il ne fait aucune mention de la réponse qui était déjà sous presse
le lendemain et qui parut le surlendemain, réponse dans laquelle je repris
un à un tous les arguments d'el señor Pascual. A cette réponse il n'y eut ni
alors, ni depuis, aucune réplique. Au lieu de ne pas omettre ce fait, que
l'impartialité ne permettait pas de taire à un adversaire qui se vante de la
droiture de ses intentions, il ajoute, pour donner plus de force et de poids
à la publication de mon respectable ami :

« Il faut remarquer qu'au moment où D. Pascual publiait, entre autres,
ces observations (le 9 mars 1843), les idées de Cubi avaient à Barcelone
tout le mérite et tout le charme de la nouveauté, et qu'elles séduisaient
beaucoup de gens qui ne se tenaient pas sur leurs gardes. El señor Pascual
eut à lutter contre le torrent qui, à cette époque, il faut en convenir, était extrêmement impétueux ; mais sa première brochure eut tant de succès, et l'on
peut, d'autre part, tant attendre de son talent et de la justesse de ses principes, que nous regrettons vivement qu'il n'ait pas achevé alors une tâche
dans laquelle il aurait fini par triompher de la fantasmagorie phrénologique
et des comédiens qui la jouent. » (*Ouvrage cit.*, p. 110-111).

La *fantasmagorie phrénologique et ses comédiens !...* Et qui est-ce qui
use de ce langage? qui est-ce qui attaque de la sorte la phrénologie?
L'homme qui cite des faits, en en supprimant les circonstances les plus importantes ! L'homme qui prend la parole *au nom de la saine logique*, qui
se flatte d'avoir *des intentions droites, qui promet de n'offenser ni injurier
personne* [1], et qui oublie à l'instant même, en se permettant un langage si
peu délicat, si peu digne et si peu raisonnable, toutes les considérations,
tous les égards, toute la réserve que les hommes doivent se témoigner dans le
commerce social, au moins les hommes dont les intentions droites ne peuvent
être suspectées par personne! enfin l'homme qui, malgré cette contradiction manifeste entre ses paroles et sa conduite, se nomme lui-même, avec
une affectation étudiée, un philosophe catholique et sans préjugés!

N'ayons néanmoins, messieurs, que de la compassion et de l'indulgence
pour ces misères humaines et rendons grâces au Très-Haut des moyens qu'il
nous fournit par sa providence, pour faire ressortir de plus en plus la vérité scientifique, en la conciliant de plus en plus avec la vérité religieuse.

Oui, messieurs, la *philosophie* n'est que le savoir humain progressif avec

---

[1] « Dans la discussion de toutes ces matières, dit-il, je ne me laisserai jamais diriger
que par une saine logique et par des intentions droites. Mais je dois déclarer d'avance
que, D. Mariano Cubi i Soler étant le premier apôtre de la phrénologie en Espagne, il faut
bien que je me propose, pour réfuter ses opinions phrénologiques, de les examiner minutieusement. Je déclare aussi que, dans le cas où la présente publication me susciterait des
polémiques et des disputes avec les partisans de la phrénologie, et avec el señor Cubi lui-
même, j'espère que l'on me traiterait avec tous les égards dus à un écrivain ou à un philosophe, attendu que, loin de vouloir offenser ni injurier personne, je prétends seulement
appeler la phrénologie au tribunal de la *raison*, pour prouver comment elle travaille le
plus souvent au profit, non de la vérité, mais de l'erreur.. » (La *Phrénologie et le Siècle*,
préface, page 9.)

ses illusions et ses égarements, que l'étude de la réalité des choses, que l'ensemble des résultats de cette étude, toujours susceptibles d'augmentation et d'amélioration, et enfin que la somme de plus en plus considérable des vérités mélangées d'erreurs que nous avons découvertes et que nous découvrirons encore avec les ressources de notre nature imparfaite, mais perfectible. La *religion* est la réunion de toutes les vérités pures et infaillibles qui nous viennent du ciel, sans aucun mélange d'erreurs, que Dieu nous a révélées et qui n'entrent dans le domaine de la raison que pour la rapprocher de la religion, pour l'élever et en quelque sorte la diviniser. *Toute vérité philosophique* est un résultat de l'intelligence humaine; elle est, par conséquent, comme elle, progressive, expansive, en marche constante vers son plus grand développement, vers une séparation plus complète d'avec l'erreur dont elle est et doit inévitablement être enveloppée. *Toute vérité religieuse* émane de l'intelligence divine; par conséquent, elle est, comme elle, éternelle, absolue, immuable, sans mélange d'erreur. La *vérité philosophique* laisse toujours place à *quelque chose de plus*; elle trouve toujours quelque chose qui lui échappe; elle a toujours à chercher une relation ou une application quelconque que les générations futures découvriront, et voilà pourquoi elle est soumise à l'empire de la raison d'où elle émane. La *vérité religieuse* est parfaite, complète; elle est l'image de la Divinité qui renferme en soi la perfection suprême, le commencement et la fin de tous les progrès possibles. Elle n'entre dans le domaine de la raison que pour démontrer qu'elle est en harmonie avec elle, toute mystérieuse qu'elle soit, et lors même que nous ne parvenons pas à la comprendre. Un *mystère philosophique*, c'est-à-dire un effet naturel dont nous ignorons la cause, pourra être l'objet de nos investigations, de nos raisonnements, de nos doutes; mais un *mystère religieux*, ou surnaturel, ne peut être qu'un objet de foi, de vénération et de respect. Si l'on en fait un objet de raisonnement, ce ne pourra être qu'autant que nous parviendrons à expliquer, au moyen du discours, son harmonie avec notre condition présente et future, et son accord avec les connaissances acquises par l'intelligence humaine.

Ainsi la vérité philosophique et la vérité religieuse émanent également d'un même Dieu, qui est le centre et la source de toute vérité, et c'est pourquoi elles se trouvent et doivent nécessairement se trouver en une harmonie admirable, complète et absolue. Si cette harmonie n'est pas toujours apparente et manifeste, si elle ne frappe pas toujours les yeux de l'intelligence, c'est que la vérité philosophique est une révélation qui ne vient pas directement du ciel, mais qui n'en vient qu'indirectement par le milieu variable de la raison humaine, si imparfaite, bien que perfectible; c'est que, par conséquent, elle n'est destinée à se développer que successivement, progressivement, et à ne se dégager que peu à peu des erreurs et des nuages dont elle est toujours enveloppée. Les mêmes vérités philosophiques, qui, à leur apparition, semblent obscurcir les vérités religieuses, ne servent, en réalité, comme on le voit par leur marche, qu'à faire briller d'un plus vif éclat la lumière de la révélation. C'est ce qui est arrivé pour ce qu'ont de vrai l'ethnologie, la géologie, l'astronomie et d'autres sciences; c'est ce que nous voyons arriver aussi pour la PHRÉNOLOGIE, et ce qui arrivera pour toutes les découvertes utiles et vraies qui se feront, dans leurs rapports avec les doctrines révélées.

LEÇON XI

Découverte de certaines régions céphaliques, comme organes qui manifestent extérieurement certains principes mentaux; début scientifique de la phrénologie.

MESSIEURS,

Maintenant qu'il a été établi et prouvé, tant par les faits que par le raisonnement, que l'âme est douée de diverses facultés et que ces facultés se manifestent par l'intermédiaire d'autant d'organes cérébraux ; maintenant qu'il a été reconnu et décidé par les autorités et par les juges compétents que ces deux propositions, qui forment la base fondamentale de la phrénologie, n'ont rien de contraire à la foi sainte que nous professons ni aux dogmes de la liberté et de la spiritualité de l'âme, le moment est venu de commencer à déterminer et à spécifier quelles sont ces facultés mentales et quels sont ces organes cérébraux qui les manifestent.

Je ne doute pas que vous ne soyez pleinement convaincus, par ce qui a été dit précédemment, de l'impossibilité de déterminer les facultés de l'âme, à l'aide du sens intime ou de la simple observation de la conduite des hommes. Les données que renferme la dernière leçon achèvent de nous prouver surabondamment qu'aucune faculté ne peut être déterminée d'une manière spéciale, sans que l'on ait d'abord découvert l'organe particulier dont cette même faculté se sert pour se manifester. Aussi longtemps que l'on n'eût pas découvert ce moyen perceptible de vérification, jamais on ne fût parvenu à déterminer dans l'âme aucun principe d'action. On eût été d'accord sur le fait que l'âme en a plusieurs, qu'elle en a beaucoup; mais eût-on jamais été unanimement d'accord sur la question de savoir *quels sont ces principes*, d'une manière qui n'eût souffert aucun doute, qui eût prévenu toutes les difficultés? L'expérience répond que la chose eût été impossible.

Vous venez de le voir vous-mêmes. Chaque auteur a présenté, à défaut d'un moyen de vérification saisissable, une analyse particulière des facultés de l'âme, suivant ce que lui faisaient inventer ses raisonnements personnels, son caprice, ses fantaisies ou ses conjectures. Comme il n'existait aucune règle, aucune méthode, aucun moyen de vérification expérimentale pour déterminer la vérité ou la fausseté d'une semblable analyse, explication ou classification, elle ne pouvait reposer que sur l'opinion individuelle ou sur la conviction intime de celui qui la faisait. Or la conviction intime d'un individu, quoiqu'elle soit pour l'individu lui-même l'unique point de départ de toutes les vérités, n'est la règle confirmative d'aucune. Dieu seul, au moyen de ses lois naturelles, *en philosophie*; Dieu seul, au moyen de ses doctrines révélées, *en religion*, forme l'unique règle confirmative de la vérité.

En l'absence de toute révélation sur l'analyse, l'explication ou la classification des facultés mentales, la vérité en cette matière ne pouvait être connue sans la découverte des lois naturelles auxquelles Dieu avait soumis ces mêmes facultés. Le génie de quelque philosophe privilégié eût pu les concevoir peut-être ; mais jamais on n'eût eu un moyen de constatation positive de la vérité ou de la fausseté d'une conception semblable, tant que l'observation expérimentale des facultés n'eût pas pu s'effectuer. Et comment l'effectuer, si, comme nous l'avons déjà vu, l'homme, dans l'ordre naturel, ne peut arriver à la connaissance positive du spiritualisme qu'au moyen du matérialisme? Quand et comment l'âme eût-elle, en s'étudiant instinctivement elle-même, exclusivement dans le *moi* spirituel, découvert les organes spéciaux auxquels ses facultés sont unies, si ces organes ne peuvent être découverts qu'au moyen de l'observation extérieure que l'âme ne peut vérifier sans l'intervention des sens externes? Ainsi, sans la découverte préalable par l'observation extérieure de l'organe auquel une faculté mentale est mystérieusement unie, la détermination positive de cette faculté n'eût jamais pu être constatée.

Tant que la conviction intime ou l'opinion particulière de l'individu, et non l'observation expérimentale du fait, eût été l'unique moyen de vérifier la classification des facultés de l'esprit, il y eût eu autant de classifications que de convictions intimes ou d'opinions différentes sur la matière. Et, en effet, c'est ce que l'on a réellement vu. L'auteur qui concevait dans son esprit une classification des facultés mentales, ne pouvant la corriger, la modifier ou la vérifier par l'observation expérimentale du fait même, n'avait d'autre conviction intime que celle qu'il puisait dans ses propres méditations alimentées par les réflexions d'autrui. Pour lui, cela va sans dire, sa classification était vraie, était exacte, était la seule possible. Tout principe, toute doctrine psychologique qui ne s'y adaptait pas, il le tenait pour erroné et faux, occupé qu'il était seulement à chercher toute sorte d'arguties, de subtilités, d'arguments spécieux pour prouver tant bien que mal, logiquement ou illogiquement, que la classification présentée était la vraie, et que par conséquent toutes les autres étaient fausses. Mais, comme chacun se croyait également en droit de proclamer son opinion à cet égard comme la seule vraie, aucune ne faisait ni ne pouvait faire *autorité*. Il en résultait un singulier spectacle, et, à entendre les auteurs, ceux-ci comme ceux-là, toutes les classifications étaient à la fois vraies et fausses. Il manquait une autorité à laquelle toutes les opinions pussent se soumettre ; or cette autorité, dans les matières philosophiques, ne pouvait reposer que sur l'observation expérimentale du fait que l'on admettait, et cette observation expérimentale ne pouvait à son tour être vérifiée qu'au moyen de la découverte des organes qui révélaient et déterminaient extérieurement les facultés elles-mêmes.

C'est pour cela que l'Université de Barcelone a dit : « Formuler un système des facultés de l'âme, c'est trouver la chaîne qui relie les facultés humaines et les rattache à un fait primitif, auquel toutes viennent aboutir. »

Cette chaîne continue, cette chaîne qui rattache les facultés à un fait primitif et en rend la classification possible, c'est l'organe matériel que Dieu leur a destiné. Saint Bonaventure, ainsi que je l'ai déjà répété à diverses reprises, annonça le premier scientifiquement ce fait, en désignant certaines régions céphaliques, comme les organes qui manifestaient certains principes d'action de l'esprit.

Voici comment il commence son *Traité de la Physionomie humaine*[1]. « Les diverses dispositions des membres, d'après la physiognomonie, indiquent dans l'homme divers effets et diverses mœurs; ce n'est pas qu'il en résulte une influence nécessaire et fatale sur la conduite; mais elles n'en révèlent pas moins les inclinations de la nature, inclinations qui peuvent toujours être modifiées avec le secours de la raison[2]. » Puis le saint continue en faisant des observations plus ou moins certaines sur les traits du visage considérés comme exprimant ou indiquant certaines dispositions et inclinations mentales, jusqu'au passage remarquable que vous connaissez déjà, mais que vous me permettrez de reproduire à raison de son importance et de sa valeur probante :

« Une tête trop grosse indique de la stupidité, tandis qu'une tête ronde et petite annonce peu de jugement et peu de mémoire. La dépression et l'aplatissement de la tête dans sa partie supérieure sont les indices de l'orgueil et du libertinage. Quand elle est plus ou moins allongée, de sorte qu'elle ressemble à un marteau, elle indique chez l'homme de la circonspection et de la prévoyance. Le front étroit accuse une intelligence indocile et des appétits brutaux; trop large, le front annonce peu de discernement, et, rond, la propension à la colère. S'il est incliné sur le devant, il caractérise la modestie et la pudeur; s'il est carré et bien proportionné, il fait supposer une grande sagesse et une âme grande[3]. »

---

[1] Sancti Bonaventuræ ex ordine minorum, S. R. E. Episcopi Card. Albanen. eximii Ecclesiæ doctoris operum tomus septimus, complectens tertiam et quartam partem opusculorum, nunc primum in Germania, post correctiones Romanæ Vaticanæ editionis, impressus Mogontiæ, sumptibus Antonii Hierati coloniensis Bibliopolæ, anno 1609, cap. 78, p. 721.

[2] « Diversæ membrorum dispositiones secundum artem physionomiæ diversos effectus ac mores indicant in homine, non quod ista signa necessitatem imponant moribus hominum, sed ostendant inclinationes naturæ, quæ tamen retineri potest freno rationis. » (*Ouvrage. cit., loco cit.*) C'est précisement ce que j'ai dit à la fin de la sixième leçon, à laquelle je renvoie le lecteur.

[3] Caput nimis magnum stolidum indicat. Caput autem globosum et breve, est sine

Comme notre adversaire ne nous attaque que par esprit de parti, il a cherché à échapper aux conséquences de ce passage si remarquable au moyen d'un subterfuge qui lui fait pleinement admettre, sans doute contre son gré, non-seulement la pluralité cérébrale, contre laquelle il s'est prononcé si illogiquement, mais plusieurs des organes de l'esprit, dont il se plait tant à se moquer dans le cours de son ouvrage. Voici comment il interprète les paroles de saint Bonaventure :

« Saint Bonaventure, observe notre adversaire, dit que la grosseur de la tête est un indice de stupidité; que sa petitesse annonce le manque de jugement et de mémoire, et son aplatissement l'incontinence, et ainsi du reste. Là-dessus, nous sommes d'accord avec le saint, et l'on ne saurait douter qu'il n'en soit ainsi. Mais assurément Cubi oublie cette règle de la logique : *A particulari ad universale nihil sequitur.* De ce que la grosseur de la tête indique la stupidité, il ne s'ensuit pas que toute personne stupide doive avoir une grossetête; de ce que l'aplatissement de la tête annonce l'incontinence, il ne s'ensuit pas que toutes les personnes incontinentes doivent avoir une tête aplatie, et ainsi du reste. Saint Bonaventure était bien loin de le supposer; et il aurait dû le supposer, pour que el señor Cubi pût invoquer son témoignage. Mais saint Bonaventure ne pouvait même pas le supposer; autrement il eût attaqué de front le spiritualisme. Si, à l'appui de son système, el señor Cubi peut citer quelque passage où le saint affirme dans des termes généraux la proposition qu'il énonce seulement pour des cas particuliers, nous nous ferons volontiers phrénologues. Mais nous sommes sûrs que ce n'est point de ce côté ni avec une pareille autorité que el señor Cubi aura l'occasion de nous convertir. » (La *Phrénologie et le Siècle*, p. 96 et 97.)

Notons bien, messieurs, les paroles de notre adversaire quand il dit qu'il est d'accord avec le saint. Vous devez vivement vous réjouir avec le monde scientifique, je dois moi-même singulièrement me réjouir d'un semblable aveu, fait publiquement et sorti de la bouche d'un homme qui ne s'en sert que pour dénigrer la phrénologie et pour poursuivre ma personne d'accusations odieuses. Mais comme, en cette circonstance, mon intention est de le juger en temps opportun, d'après les lois qu'il a lui-même portées, et au tribunal qu'il a lui-même érigé, l'avis que chacun formulera spontanément sur ce jugement aussi impartial que possible vaudra une réfutation complète de ces accusations, qui, dès lors, retomberont naturellement et ne pèseront plus que sur leur auteur.

Notre adversaire reconnaît, ainsi que vous venez de l'entendre, qu'on ne saurait douter qu'une tête extraordinairement grosse ne soit un indice de

sapienta et memoria. Caput humile superius, et quasi planum, insolentiæ et dissolutionis dat indicium. Caput oblongum aliquantulum, et malleo simile, hominem circumspectum ac providum indicat. — Frons angusta nimis indocilem et voracem declarat; lata vero parvitatem significat discretionis, sed rotunda designat iracundiam. Item humilis et demissa significat verecundum et non admittens turpia. Item quadrata et moderatæ magnitudinis, magnæ sapientiæ et magnanimitatis est indicium. » (*Ouvr. cit.*, *loc. cit.*)

stupidité; qu'une tête aplatie n'annonce la propension de l'esprit à l'incontinence, et que les autres propositions ou doctrines que saint Bonaventure établit dans le passage précédemment cité ne laissent pas que d'être vraies.

Je ne dis pas autre chose. J'admets entièrement les principes phrénologiques du saint. Mais, en les admettant à son tour, notre adversaire m'objecte qu'*on ne peut conclure du particulier au général*, c'est-à-dire que, de ce qu'un principe particulier est vrai, il ne s'ensuit pas nécessairement qu'il le soit encore si on en fait une application générale et universelle. Comme si saint Bonaventure avait particularisé ce que j'ai généralisé !

Cette supposition est absolument gratuite; car il suffit de savoir les premiers rudiments des langues latine et espagnole pour comprendre que le mot *caput*, une tête, ou la tête, sans détermination de la tête individuelle, spéciale ou particulière dont on parle (et saint Bonaventure ne la détermine pas), exprime une classe ou un ordre considéré à un point de vue général. Nous n'avons, ni en latin, ni en espagnol, une manière de nous exprimer plus clairement quand nous voulons parler dans un sens qui s'applique à la généralité des objets d'une classe ou d'un ordre quelconque.

Quand saint Bonaventure dit : *Caput nimis magnum stolidum indicat*, il exprime ce qui, traduit mot à mot, signifie : *une tête ou la tête trop grande ou trop grosse indique un homme stupide*. Cette phrase ne signifie pas autre chose que ceci : Cette classe ou cette sorte de têtes qui sont démesurément ou excessivement grandes indiquent ou signalent l'imbécillité ou la stupidité; et, si l'on parle soit latin, soit espagnol, il n'est pas possible de lui donner un autre sens. Par conséquent, on ne saurait appliquer ici la règle : *A particulari ad universale nihil sequitur;* car il ne s'agit ni d'une chose individuelle particulière ni d'un principe absolument universel, mais il s'agit d'un genre spécial de têtes, qui, ayant telles dimensions déterminées, manifestent la stupidité. Si l'on admet, comme l'admet carrément le professeur antiphrénologue, qu'*une tête d'une grandeur extraordinaire* (et remarquez que *tête* est un substantif qui comprend tous les individus de l'espèce) indique la stupidité, on admet qu'un certain volume de la tête signale un certain principe mental. Si l'on admet, comme notre adversaire vient de l'admettre, qu'une tête aplatie signale dans l'esprit une propension à l'incontinence, on admet qu'une certaine configuration céphalique ou de la tête est un autre indice qui annonce un autre principe mental; et par là même on admet que les dimensions et la configuration de la tête dénotent, expriment, signalent, indiquent ou manifestent, en principe général, des dispositions, des tendances, des particularités mentales. Voilà de la pure phrénologie, puisque la phrénologie enseigne uniquement que l'âme a certaines dispositions, et que ces dispositions se révèlent directement par les dimensions et la configuration de la tête. Après cela, que l'on découvre un plus ou moins grand nombre de dimensions et de configurations spéciales ou particulières qui correspondent à un plus ou moins grand nombre de dispositions mentales, spéciales ou particulières, cela ne fait rien, absolument rien au principe général qu'établit saint Bonaventure, et qu'admet pleinement notre adversaire.

Il peut ensuite, pour échapper aux conséquences d'une doctrine dont l'admission est la réfutation radicale et complète de tout son ouvrage, recourir à des subterfuges dont le dialecticien le plus novice lui prouvera la puérilité et lui interdira l'usage; il peut, pour nier son propre aveu, dire ou ne pas dire que « de ce qu'une grosse tête indique de la stupidité, il ne suit pas que toute personne stupide doive avoir la tête grosse; de ce qu'une tête déprimée indique la propension à l'incontinence, il ne suit pas que tous les libertins doivent avoir la tête aplatie. » Cela n'importe; le principe n'en reste pas moins certain, et son admission par notre adversaire n'en est pas moins positive, claire et complète. Jamais on ne pourra reprocher à la phrénologie, sans fouler aux pieds la vérité ou sans dénaturer les faits, de faire dépendre toutes les conditions des manifestations de l'âme, absolument et exclusivement, des dimensions et de la configuration du cerveau et du crâne. Or c'est seulement dans ce cas qu'on pourrait donner quelques apparences de probabilité au faible argument par lequel on soutient que si l'on admet qu'une grosse tête annonce de la stupidité, il faudrait nécessairement, pour que la phrénologie fût vraie, que toute personne stupide eût la tête grosse. Mais notre adversaire lui-même nous démontre, par des preuves irréfragables, qu'en fait la phrénologie ne fait pas dépendre les manifestations de l'âme exclusivement des dimensions ou du volume de la tête. Au fond, il ne saurait y en avoir de plus propres à le confondre; et, quant à la forme, elles ne peuvent qu'inspirer le dégoût et l'indignation à toutes les classes de lecteurs. Parmi les nombreuses circonstances modificatives de l'action du cerveau, et par conséquent des manifestations de l'esprit, il en est une si importante, qu'elle peut complétement neutraliser tous les effets des dimensions ou du volume. Cette cause de modification capitale est la *maladie*. Il en est une autre dont il faut tout autant tenir compte : c'est la *vieillesse* ou la *décrépitude*. Notre adversaire ne méconnaît pas ces circonstances, puisqu'elles provoquent à chaque instant ses plaisanteries à l'endroit des phrénologues qui les admettent comme des causes qui modifient considérablement les manifestations mentales [1].

Si vous ne voulez pas admettre, comme preuve que les phrénologues re-

---

[1] Voici, à l'appui de ce qui précède, quelques observations prises au hasard dans la *Phrénologie et le Siècle :*

« Cette possibilité de déclarer que toutes les têtes qui prouvent contre les principes phrénologiques sont malades est un excellent expédient, mon cher Cubi; c'est vraiment une trouvaille. Mais quelle plaisante science que celle qui, s'occupant de l'examen des têtes, peut seulement examiner celles des individus bien portants et à la fleur de l'âge!... Et les malades? et les vieillards? est-ce à dire que ce n'est pas pour eux qu'on a inventé la phrénologie? Bénissons le père Gall de nous avoir fait un si précieux cadeau. En fin de compte, nous savons que c'est sur le petit nombre que la phrénologie exerce ses investigations. Il ne manquait plus que cela à une pareille science pour que nous lui signions aussitôt son état de services. » (*Ouvr. c't.*, p. 139-140.)

Indépendamment du dégoût qu'inspire un semblable langage, peut-il y avoir une plus

connaissent que la maladie est la circonstance la plus capable de modifier l'influence du volume du cerveau, le témoignage de l'écrivain antiphrénologue, qui se contredit si étourdiment à chaque pas, prenons à l'appui de mon assertion la tête démesurément grosse dont parle saint Bonaventure. Un principe fondamental en phrénologie, c'est que la grandeur ou le volume du cerveau dénote la force, la vigueur et l'énergie de l'esprit. Si ce principe était admis d'une manière exclusive ou absolue (et c'est dans ce cas seulement, je le répète, que l'argument de notre adversaire aurait quelque chose de plausible), plus grande ou plus grosse serait une tête, plus grandes aussi seraient la force, l'énergie et la vigueur d'esprit qu'elle annoncerait. Dès lors il n'y aurait rien de plus absurde que d'admettre qu'une tête très-grande annoncerait la stupidité ou le manque d'intelligence, tandis que, d'après le principe qui vient d'être établi, elle devrait dénoter une vigueur, une force d'esprit extraordinaire. Mais une science qui proclame avant tout et surtout que Dieu seul est absolu, que tout le reste subit les modifications produites par mille circonstances, n'admet point et ne pourrait jamais admettre un principe semblable d'une manière exclusive et absolue.

Pour qu'une tête soit démesurément grande, comme, par exemple, celle que je vous présente, et le saint ne pouvait désigner qu'une tête de ce genre quand il employait l'épithète de *nimis magnum*, il faut qu'il y ait hydrocéphalie [1], c'est-à-dire maladie; oui, maladie, quelles que soient les plaisanteries de mauvais goût que notre adversaire se permet à l'endroit des

grande absurdité que de supposer, comme on le fait dans ce passage, que les têtes saines se trouvent en moindre nombre que les têtes malades?

En dénaturant complétement la découverte de l'*amativité*, comme je le prouverai plus amplement en temps et lieu, notre adversaire, parlant de son ton accoutumé qui suffirait, à lui seul, pour lui faire perdre toutes les causes qu'il entreprendrait de défendre, s'exprime en ces termes sur la matière en question :

« Le même vague, la même incohérence d'idées qui règnent dans les écrits de D. Mariano Cubi se remarquent dans le paragraphe qui précède. On ne peut imaginer une explication plus pitoyable que celle qu'il donne de la découverte de l'amativité. Vit-on jamais rien de plus ridicule? Parce qu'une femme, sujette à des accès de nymphomanie, éprouve, pendant ces accès, une chaleur, une tension particulière à une certaine partie du crâne, faut-il affirmer que là se trouve précisément l'organe de l'amativité? Mais comment l'affirmer d'un ton si doctoral? Où sont les preuves? Cubi se borne à dire que des cas très-nombreux ont confirmé depuis l'exactitude de la découverte. Soyons généreux et admettons ces cas ; mais que el señor Cubi et ses partisans sachent bien qu'autant de fois ils nous citeront des cas qui prouveront ce qu'ils avancent, autant de fois nous nous engageons à leur citer un nombre double de cas qui prouvent le contraire. Nous comptons que, pour ces derniers cas, ils ne considéreront pas comme malades ou trop vieux les crânes sur lesquels ils ont été observés ; sinon, nous perdrions assurément notre pari. » (*Ouvr. cit.*, page 224.)

A la page 237, on lit les lignes suivantes :

« Ce que nous ne voulons pas négliger de dire, c'est que nous aimons passionnément à causer et à cajoler les petits enfants, sans que la tête présente chez nous aucun développement qui l'annonce. Et pourtant nous ne croyons pas que notre crâne puisse être considéré comme malade ou comme trop vieux. »

N'est-ce pas vouloir donner des nausées au lecteur bienveillant et délicat?

[1] Des mots grecs ὕδωρ, eau, et κεφαλή, tête.

phrénologues qui regardent la maladie comme la circonstance la plus capable de modifier les fonctions du cerveau, tout en réclamant pour sa personne des égards dont il se dispense envers les autres. Quand une tête est atteinte d'hydrocéphalie, elle contient un ou plusieurs dépôts de sérosités qui, empêchant dans beaucoup de cas le jeu régulier des fonctions du cerveau, produisent *ordinairement* le phénomène de la stupidité. Mais la stupidité ne se manifeste pas seulement à la suite de l'hydrocéphalie ou de l'hydropisie céphalique, elle se manifeste aussi dans diverses autres conditions anomales du cerveau, telles que l'*atrophie*, l'*ossification*, l'*extrême petitesse* des parties, et beaucoup d'autres causes connues ou inconnues.

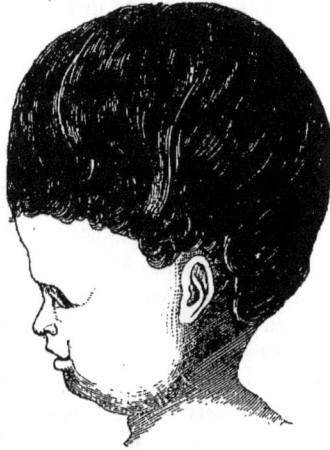

Tête hydrocéphale ou hydropique
d'un enfant imbécile [1].

De ce qu'une tête démesurément grande dénote la stupidité, il ne suit pas

Tête hydrocéphale d'un adulte intelligent.

que toutes les têtes qui annoncent de la stupidité doivent être démesuré-

[1] C'est une des nombreuses têtes hydropiques ou hydrocéphales qu'ont examinées Gall et Spurzheim, son disciple. Ces auteurs traitent la matière à fond et expliquent longue-

ment grandes : on en voit une preuve irréfragable dans la figure que je
viens de vous montrer, et qui a été copiée sur un portrait d'après nature;
c'est celle d'un adulte intelligent qu'a observé et qu'a fait portraire Spurzheim [1]. J'ai vu moi-même un type identique à Haro (province de Logroño) :
c'était la tête d'un jeune homme de dix-huit ans, en pleine possession de
toutes ses facultés mentales. Le principe général que l'hydrocéphalie est ordinairement un signe de stupidité cessera-t-il pour cela d'être vrai? Au contraire : cette exception et les autres exceptions analogues ne font que confirmer de plus en plus ce principe et prouver également que le cerveau est
l'organe immédiat de l'âme; car on est parvenu à découvrir les causes
particulières pour lesquelles les fonctions cérébrales peuvent ne point être
troublées dans des anomalies semblables.

En effet, Gall connut une femme de cinquante-six ans qui, quoiqu'elle
eût été atteinte d'hydrocéphalie dans son enfance, avait et avait toujours eu
l'esprit sain et très-actif. « Le cerveau, se dit-il à cette occasion, doit avoir
une structure toute différente de celle qu'on lui suppose communément [2], »
et cette observation, Tulpio, célèbre médecin hollandais, l'avait déjà faite
deux siècles auparavant en trouvant aussi un hydrocéphale en pleine possession de ses facultés mentales.

Gall ne se contenta pas de cette simple observation; mais, la prenant pour
point de départ d'observations nouvelles auxquelles il était naturellement
conduit, il constata, par la dissection de diverses têtes hydrocéphaliques, que,
dans plusieurs d'entre elles, les circonvolutions du cerveau étaient complètement déployées, et c'est pourquoi ses fonctions n'avaient pas été troublées
par l'eau qui avait séjourné dans la tête [3]. C'est à cette observation qu'on
doit le principe anatomique posé par Gall, et aujourd'hui universellement
admis comme incontestable, à savoir qu'on peut mieux étudier et connaître
les diverses parties du cerveau en les ouvrant et les déployant qu'en y in-
troduisant le scalpel, comme on le pratiquait toujours avant l'importante
découverte de Gall.

On objecte ensuite que les individus incontinents n'ont pas tous la tête
aplatie; il est clair et évident que tous ne l'ont pas ni ne peuvent l'avoir.
Tous les médecins savent que les irritations cérébrales produisent tour à
tour, suivant leur nature, différentes espèces d'incontinence. C'est pourquoi

ment les causes pour esquelles l'hydrocéphalie ou l'hydropisie céphalique parfois ne
suspend point les fonctions cérébrales. Le dessin qui se trouve dans le corps du texte est
la copie exacte de celui que Spurzheim joint à son ouvrage, dont je recommande beaucoup la lecture à ceux qu'intéresse ce genre d'études ; il est intitulé la *Phrénologie, ou
la Science des phénomènes de l'esprit.* Il y en a une édition française; mais il n'en existe
encore aucune traduction espagnole.

[1] SPURZHEIM, ouvrage cit., t. 1er, 1re pl. à la fin de l'ouvrage.
[2] Biographie du docteur Gall, par Winslow Lewis, M. D. dans sa traduction anglaise
des œuvres de Gall, en six volumes in-8°, t. 1er, page 5.
[3] SPURZHEIM, ouvr. cit. *Maladies et plaies du cerveau*, pages 58-52. — Du même auteur,
Anatomie du cerveau; Boston, 1834.

Je saint, en traitant ces matières, s'est exprimé avec une réserve, une prudence et une mesure qu'on ne trouve malheureusement pas dans le livre de notre antagoniste. Il a observé que l'incontinence n'existait pas exclusivement chez les gens dont la tête était aplatie, et c'est pour cela qu'il a dit que cette configuration annonçait *ordinairement* l'incontinence, mais qu'elle ne l'annonçait pas *nécessairement;* car il voyait sans doute des hommes dont la tête était plus ou moins aplatie, qui étaient continents, ou qui pouvaient l'être, pourvu qu'ils voulussent faire les efforts qu'il était en leur pouvoir de faire.

C'est précisément là le principe fondamental de la phrénologie. L'aplatissement de la tête est l'indice d'une inclination générale à l'incontinence; mais il serait absurde d'en conclure qu'il faut admettre que tout libertin doive avoir la tête aplatie, puisqu'une irritation cérébrale peut déterminer cette incontinence; puisque, quel que soit le degré de l'incontinence, elle peut se manifester avec une tête relativement haute; puisque enfin une forte impression tout à coup reçue peut produire la propension à l'incontinence si elle n'existe pas d'avance, ou la faire disparaître si elle existe. Si l'on affirme, et, selon moi, avec raison, que la phrénologie rendra de grands services à la religion et à l'humanité, c'est précisément parce que, comme vous vous en convaincrez quand nous aborderons directement cette question, elle peut expliquer d'une manière philosophique et satisfaisante ces phénomènes de l'esprit et les autres.

Je vous présente ici de nouveau la tête de *Caracalla,* avec la démarcation des trois grandes divisions céphaliques, la supérieure, l'antérieure et l'inférieure, en lesquelles les phrénologues partagent la tête humaine. Saint Bonaventure, en parlant de têtes aplaties, ne voulut point désigner des têtes comme celles de Caracalla, Vitellius, Danton, etc., c'est-à-dire des têtes dont la configuration indiquait une *tendance prononcée*, quoique *non irrésistible*, à l'incontinence en général, puisqu'il ne détermine pas à quel genre d'incontinence se trouvent enclins les individus dont la tête est aplatie.

CARACALLA, empereur romain, né l'an 188, assassiné l'an 217 de l'ère chrétienne.

Chacun de vous pourrait lire, s'il ne la connaissait déjà, la vie de ces personnages historiques dans quelque dictionnaire biographique, pour mieux apprécier la justesse des observations du saint. Lisez même la vie de tous les hommes dont la tête était aplatie, et vous verrez que leurs inclinations natives les portaient, lorsqu'ils ne réprimaient pas leur nature, à l'incontinence, sans qu'il faille en conclure, pour les raisons que j'ai déjà déduites et d'autres que je vous exposerai plus tard, que tout sujet incontinent doive avoir la tête aplatie.

La tête de Caracalla, que je vous montre, est une copie fidèle et exacte de celle que reproduit Spurzheim, d'après un buste antique qui se trouve au musée impérial de Paris, ainsi qu'il le déclare lui-même et que *je l'ai reconnu.* Qu'on la compare à celle d'Euripide, que tout le monde connaît et que je vous présente, d'après une excellente copie, aussi d'un buste antique.

Vous avez déjà vu la tête de Caracalla. Eh bien, qu'est-ce que l'histoire nous dit de ce personnage? Elle nous dépeint Caracalla comme un homme féroce, altier, hypocrite, intrigant, licencieux, implacable dans sa haine, égoïste, extravagant et cruel en temps de guerre comme en temps de paix. Il désirait posséder toutes les richesses de l'empire et se plaisait à dissiper en prodigalités tout ce qu'il pouvait extorquer des citoyens pour gagner l'armée et amuser la populace. Son intelligence était bornée, et il ne fut toute sa vie qu'un ignorant, malgré tous les soins qu'on avait donnés à son éducation. Les belles-lettres ne lui inspiraient que du mépris, et la dignité personnelle que de l'aversion; aussi n'avait-il que des goûts bas et ignobles, et réservait-il toute son amitié pour les êtres les plus abjects et les plus vils. Il choisissait jusqu'à ses propres ministres dans le peuple et parmi ceux qui se distinguaient par leurs désordres et par leurs infamies. Il se livrait au vice, au libertinage, aux excès les plus honteux, en même temps qu'il punissait de mort l'adultère. Sous les dehors insinuants d'une hypocrisie raffinée, il affectait en général un zèle ardent pour le règne de la morale et des bonnes mœurs, en même temps que dans sa conduite il ne cessait de les violer et de les fouler aux pieds.

Reportez vos regards sur la tête d'Euripide: contemplez ce type grec; examinez les trois régions antérieure, supérieure et inférieure, toutes largement et proportionnellement développées; comparez-la à celle de Caracalla, et vous remarquerez combien la partie antérieure et la partie supérieure en sont relativement petites. Puis rapprochez les deux têtes pour mieux les considérer, et vous verrez que vous direz instinctivement, spontanément, sans idée préconçue et presque sans intention, en regardant Caracalla : Tu es *un incontinent;* en regardant Euripide : Tu es *un génie.*

Et, en effet, que nous disent d'Euripide l'histoire et ses ouvrages? Que, tout auteur tragique qu'il fût, son premier vœu était de ne point trouver dans les fastes des nations de sujet propre à être représenté sur la scène : qu'élevé pour la guerre, il s'adonna à la culture des belles-lettres et sut y immortaliser son nom, en devenant l'un des meilleurs auteurs tragiques qu'ait produits le monde ; que, poursuivi et calomnié par l'envie de ses rivaux contemporains, il a transmis sa mémoire à la postérité, comme celle d'un homme doué de grandes vertus naturelles; que, vivant à une époque où les écrivains sacrifiaient beaucoup aux circonstances du moment, il mé-

rita d'être surnommé le *Phi-losophe de la scène*, parce qu'il sut à la fois attendrir, émouvoir et toucher, ravis-sant d'une commune admira-tion les ignorants et les sa-ges.

Mais un trappiste juste-ment célèbre, le P. J. C. De-breyne, que j'ai déjà cité une fois dans ces leçons, demande « ce que l'on peut conclure des observations faites sur des bustes *idéalisés* par les artistes, c'est-à-dire ciselés suivant leur caprice ou leur imagination ? Tels sont les bustes d'Homère, de Socrate, de Platon, etc. [1]. »

A cette question je répon-drai avec tout le respect et toute la vénération que mé-rite, à raison de ses lumières et de ses bonnes intentions, un champion si illustre parmi

EURIPIDE, grand poëte tragique, né en l'an 480, mort en l'an 402 avant Jésus-Christ.

les adversaires de la phrénologie, que, sans aucun doute, on peut dire avec raison que tous les bustes antiques que l'on connaît et que l'on découvrira sont idéalisés, et cette épithète est loin d'être malsonnante. Mais cet argument ne saurait être admis que comme plausible, jamais comme concluant. Je dis plausible, car, au fait, il est aussi difficile de prouver que ces bustes ont été *idéalisés par les artistes* qu'il l'est de prouver qu'ils sont des copies exactes des têtes qu'ils représentent. Tou-tefois, vous savez qu'on tient un peintre en d'autant plus haute estime que ses portraits sont plus ressemblants; et les bustes que l'antiquité sa-vante nous a laissés sortent en général de la main d'artistes dont peuvent

---

[1] Note au bas de la page 241 des *Pensées d'un croyant catholique* ou Considérations phi-losophiques, morales et religieuses sur le matérialisme moderne, l'âme des bêtes, la phrénologie, le suicide, le duel et le magnétisme animal; ouvrage destiné en général aux personnes instruites, et spécialement aux jeunes gens qui s'appliquent à l'étude de la médecine et du droit, et à ceux qui se livrent aux études ecclésiastiques, par le P. J. C. Debreyne, docteur en médecine de la Faculté de Paris, professeur de clinique, prêtre et religieux de la grande Trappe (Orne).

bien envier la glorieuse réputation ceux qui tranchent si carrément une
question dont la solution est impossible, une question sur laquelle on ne
peut se former qu'une conviction morale; mais cette conviction morale repose sur des faits qui tous attestent la probabilité de la ressemblance des
bustes aux personnages qu'ils représentent.

D'ailleurs, on ne produit ces copies de bustes antiques que comme des
devises et des illustrations propres à expliquer une doctrine qui perdrait
à l'instant toute sa consistance, si les têtes analogues, que nous pouvons
observer à chaque pas, soit parmi les personnes que nous connaissons, soit
dans les portraits que nous voyons, ne manifestaient pas des passions, des
talents et un caractère analogues à ceux des anciens personnages que ces
bustes représentent. Mais, si nous observons, en effet, que les têtes aplaties,
comme celle de Caracalla, et les mieux organisées, comme celle d'Euripide,
manifestent, les premières, l'incontinence, et les secondes, le génie, suivant la doctrine de saint Bonaventure, alors, loin qu'elles ébranlent la
phrénologie, la phrénologie servira à en constater la ressemblance. Pour
moi, je n'entreprends de soutenir l'édifice phrénologique que parce que je le
regarde comme fondé sur une base solide, comme utile, comme se raccordant
avec la spiritualité et la liberté de l'âme; jusqu'à présent, tous les faits, tous
les arguments qu'on a entassés pour le renverser, ne sont, dans mon opinion,
qu'autant d'étais qui le consolident et en empêchent la chute, qu'autant de
flambeaux qui l'éclairent et en font mieux ressortir la beauté et la magnificence.

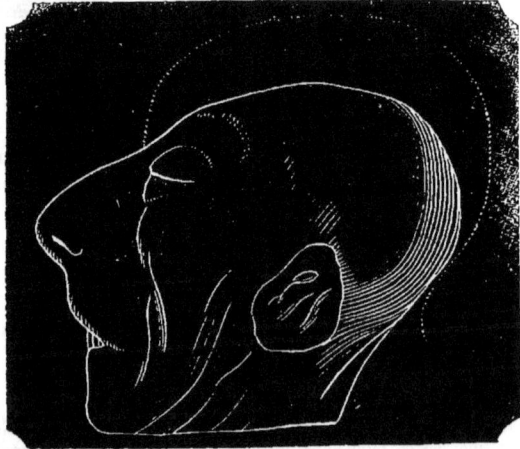

Tête d'un sujet imbécile par le peu de développement du volume du cerveau.

Saint Bonaventure nous a dit qu'une tête extrêmement petite accuse le
manque de jugement et de mémoire; en d'autres termes, l'imbécillité ou

la stupidité, comme une tête trop grande. C'est là un fait que vous avez
vérifié vous-même sur la tête de l'imbécile d'Édimbourg, que j'ai déjà soumise à votre examen dans la sixième leçon ; mais, pour achever de prouver
la vérité de l'observation du saint, il suffira de jeter un coup d'œil sur la
tête d'un autre imbécile d'Amsterdam, qui a vécu vingt-cinq ans.

La ligne supérieure que vous remarquez décrit le degré plus grand de
développement cérébral que cette tête aurait dû avoir, pour que ses dimensions et son volume eussent été réguliers. J'ai examiné en plusieurs musées
phrénologiques, surtout en celui de MM. Browne et Rudall [1], un grand nombre de crânes présentant la même déformation, et tous ont appartenu à des
individus imbéciles. Un médecin homœopathe distingué de Barcelone, Jean
Sanllehi, conserve le crâne d'un individu imbécile, qui semble dire dans un
muet, mais expressif langage : *Je représente l'imbécillité*. Maintenant il
paraît presque inutile d'ajouter que, de ce que les têtes réduites à un trop
petit volume indiquent la stupidité, on ne doit pas conclure que tous les
imbéciles aient nécessairement une tête ainsi conformée, puisque, comme
vous venez de le voir, elle peut être énorme, et n'en annoncer pas moins
la stupidité.

Que dirons-nous des têtes rondes, que
saint Bonaventure signale comme le siége
habituel d'une humeur violente et
comme le trône de la colère ? Voici la
tête de Martin, parricide français de
notre époque, dont la scélératesse est
généralement connue. Ce dessin est la
copie exacte de la gravure que H. Bruyère
a publiée dans sa *Phrénologie pittoresque*, en reproduisant un modèle d'après
nature. Toutes les têtes que j'ai vues
présenter au-dessus et autour des oreilles ce volume considérable qui leur donnait cette rotondité, parce que la partie
supérieure se trouvait ainsi relativement
déprimée, ont appartenu à des malfai-
teurs, à des assassins ou à des bandits.

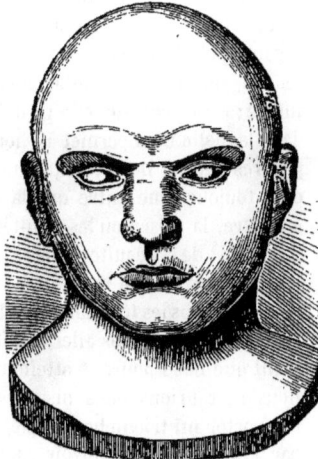

MARTIN, parricide.

J'expliquerai bientôt pourquoi les indi-
vidus qui avaient des têtes semblables, loin d'être, au point de vue phrénologique, *nécessairement* des criminels, auraient pu devenir des citoyens
honnêtes et utiles, et mes explications vous prouveront les immenses services que la phrénologie est appelée à rendre à la religion et à la société.

Ce qui est vrai relativement à la forme des têtes que je viens de vous
montrer l'est aussi pour toutes les autres dont parle saint Bonaventure.

[1] A Londres, 135, Strand.

Pour reconnaître si le saint s'est ou ne s'est pas trompé, je conseillerai aux ennemis, aux détracteurs, aux adversaires, aux vérificateurs des principes phrénologiques, un procédé tout différent de celui dont ils usent parfois, en niant l'exactitude de la ressemblance des figures, dans l'examen desquelles les phrénologues cherchent des éclaircissements pour leurs doctrines. Qu'ils cherchent des sujets ayant la tête haute, bien développée dans sa partie supérieure et inclinée du côté de la région supérieure antérieure; qu'ils observent leur caractère et leur conduite, et, après cette vérification, la seule admissible, ils verront si la doctrine du saint était vraie ou fausse. Si, en effet, ils trouvent des têtes d'un *volume ordinaire, saines,* dont les fonctions s'exercent régulièrement, qui, avec la configuration que j'ai décrite plus haut, appartiennent à des personnes peu bienveillantes, peu modestes, peu généreuses et peu sensibles, alors, et seulement alors, ils auront le droit de ne point admettre comme vraie l'observation du saint, et de nier, à cet égard, la vérité de la phrénologie. Qu'ils se livrent à ces recherches, et je leur prédis qu'ils en sortiront phrénologues. Au moins, je n'ai vu jusqu'à présent personne, et Vimont en est une preuve éclatante, qui n'ait embrassé la phrénologie, après l'avoir approfondie sur son véritable terrain, sur le terrain de la configuration céphalique.

Il est nécessaire de ne jamais perdre de vue que chaque faculté, avec son organe spécial de manifestation, a, en harmonie avec l'ordre naturel de ce monde, un principe d'antagonisme et un principe de direction dans la tête même; c'est pourquoi elle peut être neutralisée et dominée, dans la mesure dans laquelle Dieu permet à l'homme de se diriger et de se dominer par ses propres efforts. De sorte que, même quand il y a *une forte inclination,* il y en a toujours une autre qui la contrebalance plus ou moins; nous avons, en outre, la raison ou les facultés intelligentes, avec une puissance directrice naturelle : de là résultent notre culpabilité et le châtiment qui la suit, si nous les tournons vers le *mal;* de là notre triomphe et la récompense qui l'accompagne, si nous les tournons vers le *bien.* Il est, du reste, toujours bien entendu que nous ne pouvons aller, créatures finies que nous sommes, que jusqu'au point que nous pouvons atteindre par nos efforts naturels; et c'est pourquoi nous ne saurions nous dispenser d'implorer les secours de la grâce, pour remporter un triomphe complet. Car, d'une part, supposer que la raison a par elle-même un pouvoir souverain pour dominer les inclinations de la nature ou pour s'en laisser dominer, c'est nier son imperfection et la faire toute-puissante, en déclarant l'inutilité de la grâce. D'autre part, affirmer que la raison doit nécessairement se laisser entraîner par le premier désir dominant qui se fait sentir, c'est nier son empire, assimiler l'homme à la brute, et fouler aux pieds l'un des principaux dogmes de notre sainte religion.

La phrénologie, dont nous trouvons les premiers éléments dans saint Bonaventure, se tient à une égale distance de ces deux points extrêmes et nous explique : en premier lieu, pourquoi une passion, même quand elle se déchaîne avec fureur, peut être dominée, étouffée, ou bien dirigée par la raison ; et, en second lieu, pourquoi ni les inclinations ni la raison ne sont par elles-mêmes assez parfaites pour se passer d'un secours divin spécial ; c'est précisément ce que nous enseigne la foi, et la vérité philosophique se confond ainsi avec la vérité religieuse sur un point pour lequel la phrénologie est en butte à des accusations injustes, tandis qu'elle mériterait des éloges.

J'ai cru utile de vous communiquer ces réflexions avant d'appeler votre attention sur un monstre à forme humaine, qui, pourtant, aurait eu une vie et une mort toutes différentes, s'il avait reçu une autre éducation, et si, de son côté, il avait écouté la voix de la religion. La figure que je vous retrace a été exécutée d'après un moule que j'ai pris sur la tête même du sujet, immédiatement après qu'il eut été pendu.

Thibets avait environ vingt-cinq ans lorsque je le vis et que j'examinai sa tête pour la première fois, à la fin de 1841. Il était dans les prisons de la Nouvelle-Orléans, les fers aux pieds et aux mains ; son regard était hautain, dur, menaçant. Malgré l'impossibilité de nuire où il se trouvait, il dominait et terrifiait, par la seule expression de sa physionomie, tous les compagnons d'infortune qui l'entouraient.

Denis Prieur était l'homme bon et éminent, compatissant et habile, qui remplissait à cette époque les fonctions de maire ou de corrégi

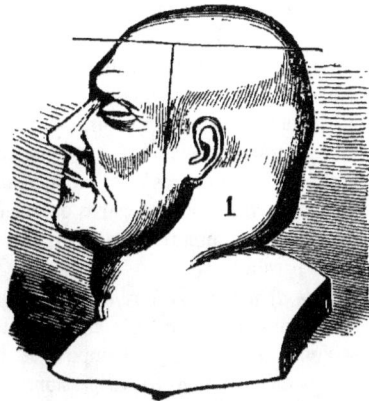

THIBETS, coupable de plusieurs vols, viols et assassinats.

dor de la Nouvelle-Orléans. Elles sont, à peu près, aux États-Unis, celles de nos gouverneurs civils. A la demande de ce magistrat, et en sa compagnie, j'allai reconnaître phrénologiquement la tête de Thibets, qui, par l'immense contour qu'elle présentait à sa base, c'est-à-dire par la distance qui séparait les oreilles, par son aplatissement dans sa partie supérieure et par l'étroitesse du front, avait frappé et frappait l'attention de tous ceux qui l'observaient.

Quand nous lui eûmes annoncé l'objet de notre visite, il se tourna vers nous et dit d'une voix rauque et d'un air farouche :

« Je ne veux pas. Ce que vous désirez, c'est d'aggraver ma situation. »
Puis il s'arrêta, et, cessant, après quelques instants, la lutte que l'on voyait, à l'expression de sa physionomie, s'être élevée dans son âme, il s'écria :

« De toutes les façons, je dois être pendu. Eh bien, j'y consens, mais à la condition que je reste seul avec ce monsieur (il se tourna de mon côté), et que l'on me donne dix dollars. »

Avec le plus grand sang-froid, et comme si rien ne se passait devant nous, Denis Prieur mit la main dans sa poche, et, en tirant un billet de banque, il le tint un instant sous les regards du prisonnier, à qui il fit baisser les yeux par une force morale supérieure qui, comparée à l'énergie brutale de Thibets, est ce que le ciel est à la terre, ce que l'esprit est à la matière; puis, étendant la main, il lui dit avec un doux sourire : « *Les voilà.* »

Le prisonnier fut entièrement vaincu par ce regard; ce qu'il pouvait y avoir d'honnête dans sa nature l'emporta; les facultés morales l'emportèrent. Il rougit, et, ne sachant s'il devait ou non prendre l'argent qu'on lui offrait, il regarda le magistrat, dont la supériorité l'avait complétement dominé, d'un air qui, malgré son silence, disait clairement : « Dois-je le prendre? — Je te le donne volontiers, prends-le, » lui répondit Prieur, devinant sa question ; puis il ajouta : « Plus tu feras de révélations à ce monsieur, plus tu y gagneras. » Cet homme terrible se sentit entièrement subjugué par l'influence d'une force morale supérieure que jusqu'alors peut-être il n'avait jamais subie. Dompté peut-être pour la première fois, il sentit que sa volonté était vaincue par une volonté étrangère, à la merci de laquelle elle se trouvait, sans savoir pourquoi ni comment. Dans cet état d'entière obéissance, ces yeux, qui, jusqu'alors hardis et menaçants, défiaient les supplices et la mort, maintenant humblement baissés et incapables de soutenir les regards de Prieur étincelants de l'éclat que leur communiquait la lumière morale, disaient, sans que la bouche dût proférer une seule parole :

« *Je dirai tout et je répondrai à tout.* »

Je contemplais cette scène avec une muette et profonde admiration. « Voilà, me disais-je, l'empire de la raison sur les passions, des sentiments élevés sur les basses passions. Voilà la force animale anéantie devant la puissance morale; voilà le courage de l'attaque complétement vaincu par le courage de la défense; voilà les excès de la *liberté* à côté des correctifs de l'*autorité*. Voilà tout un monde d'expérience : d'une part, des passions fougueuses et aveugles qui veulent franchir les limites du *bien* pour se vautrer dans le bourbier du *mal*; et, d'autre part, la force de l'*autorité morale*, qui oblige l'homme, avant de se jeter dans le *mal*, à se renfermer dans les limites du *bien*; de ce bien que la religion, la lumière naturelle et la philosophie nous apprennent à *préférer*, longtemps avant que les leçons de l'expérience nous obligent à le *chercher*. Hommes abusés, continuais-je à me dire, plongé dans mes réflexions, jusques à quand, dans votre aveugle frénésie, demanderez-vous toujours la liberté effrénée des passions, sans l'autorité modératrice de la raison? Jusques à quand admettrez-vous que puissent exister parmi les hommes la fougue animale sans la réflexion morale, le poids qui entraîne au crime sans le contre-poids de la religion, les aspirations de l'ambition sans les tempéraments de la raison? Serait-ce que, comme le prétendent certains publicistes, il n'y a dans l'homme aucune force d'autorité capable de le retenir dans les limites de la véritable liberté, autre que les effroyables leçons de la licence? C'est impossible ! »

Thibets m'arracha à cette méditation philosophique en me disant : « *Professor, when you please* (Monsieur le professeur, quand il vous plaira); » et en même temps il me montrait la chambre que le maire avait mise à notre disposition.

Nous y entrâmes et nous restâmes seuls. Assis en face de moi, Thibets rompit le premier le silence par ces paroles :

« Monsieur le professeur, vous pouvez m'interroger, je vous répondrai.

— Thibets, est-il vrai que vous avez la rage d'assassiner la personne qui ne cède point à vos désirs?

— Si, c'est vrai; et, jusqu'au moment où ces terribles yeux de Prieur m'ont complétement dominé, je croyais qu'il m'était tout à fait impossible de me réprimer. Maintenant je me sens tout autre; *mais je veux mourir;* car, malgré tout, il serait à craindre que je ne recommence.

— Si vous sentez qu'il y a en vous des moyens de répression, pourquoi craindre de vous voir entraîné à commettre de nouveaux crimes?

— Je ne sais pas; je ne pourrais pas l'expliquer. Je comprends que, pour m'empêcher de recommencer mes viols et mes assassinats, il faudrait qu'on m'enfermât, comme on l'a déjà fait, dans la maison pénitentiaire de *Bâton-Rouge*[1] ; et, pour moi, ce serait mille fois pire que la mort.

— Qu'est-ce qui se passe en vous quand vous voyez une femme?

— Je sens des transports frénétiques, qui bientôt m'entraînent avec une violence irrésistible à la violer.

— Irrésistible, non, puisque vous ne vous jetez pas sur toutes les femmes que vous rencontrez.

— Je crains, quand on me voit, l'intervention des témoins.

— Et quand personne ne vous voit?

— Alors je ne puis plus me retenir, quand je verrais mille potences devant moi.

— Et les remords?

— Je ne sais pas ce que c'est.

— Et quand le crime est commis, n'avez-vous pas quelque inquiétude?

— Si je manque mon coup, c'est alors seulement que je suis fâché.

— Et pourquoi êtes-vous fâché?

— Au moment même, parce que je ne puis satisfaire mes désirs, et, plus tard, je crains qu'on ne connaisse ma tentative, qu'on ne m'arrête, qu'on ne me condamne et qu'on ne m'enferme.

— Et maintenant, la potence ne vous effraye-t-elle pas?

---

[1] Il n'avait que quatorze ans quand il assassina sa belle-mère, parce qu'elle ne voulait point se prêter à ses honteux désirs. En considération de sa jeunesse, les tribunaux ne le condamnèrent point à mort pour ce crime, mais seulement à huit ans de réclusion. Lorsqu'il fut sorti de prison, loin de s'être corrigé, le premier usage qu'il fit de sa liberté, ce fut de commettre de nouveaux viols et de nouveaux assassinats.

— Au contraire, je suis content qu'on m'y pende. Voilà un cou, ajouta-t-il en se le touchant et en donnant à ses traits une singulière expression de plaisir, voilà un cou qui ne déshonorera pas le sang des Thibets. Le jour où l'on me pendra sera mon jour le plus glorieux: »

En entendant ces dernières paroles, je sentis s'élever en moi tout à coup mille sentiments confus et contradictoires : la satisfaction et la douleur, la pitié et l'indignation, le mépris et l'admiration. J'éprouvai une vive satisfaction en voyant confirmer par l'observation la correspondance si complète qui existait entre ce qui se passait devant moi et ce qu'avait annoncé saint Bonaventure il y a plusieurs siècles. J'éprouvais un véritable plaisir et une profonde admiration en constatant que l'aplatissement et la rondeur de la tête et l'étroitesse du front révélaient en effet la propension à l'incontinence, la colère et les appétits brutaux. Je me sentais intérieurement tout joyeux de pouvoir recueillir une leçon qui pouvait être si utile et si profitable à la société. En même temps je ne pouvais me défendre d'un sentiment d'amère tristesse en voyant combien la vue, la vocation et les inspirations de l'Esprit-Saint avaient été contrariées ou faussées dans l'âme de Thibets, à cause de son ignorance, de ses résistances ou d'autres circonstances, et à quelles terribles et fatales conséquences il avait été conduit par cette déviation. Je souffrais de voir un homme, une créature faite à l'image de Dieu, naturellement destinée au *bien*, si profondément engagée dans le *mal*, et devenue le fléau de la société, dont elle pouvait et devait être le protecteur utile et courageux. Je reconnaissais la grande culpabilité de l'individu qui s'était laissé entraîner par de mauvais penchants auxquels il aurait pu résister, puisqu'il avouait lui-même que la présence d'un témoin suffisait pour arrêter la fougue de la passion qui l'entraînait avec le plus de violence. Cela ne pouvait manquer d'exciter jusqu'à un certain point mon indignation, qui faisait bientôt place à la compassion ou à l'admiration, suivant les phases et les circonstances particulières de sa vie auxquelles mon imagination s'arrêtait.

« Je vois, me dit-il en interrompant mes réflexions, que d'un côté vous me plaignez, et de l'autre vous m'abhorrez ; moi-même je ne sais pas si je mérite autant de pitié que de châtiments. Il y a en moi deux esprits, l'un du mal et l'autre du bien : celui du mal l'emporte toujours. C'est pour cela que je veux être pendu : au moins j'aurai *un jour de glorieux triomphe.*

— Croyez-vous, Thibets, répondez-moi franchement, que vous ayez toujours fait tous les efforts dont vous vous sentiez capable pour ne point succomber aux tentations auxquelles vous avez été exposé? Au moins vous ne les avez pas toujours fuies ou évitées, comme vous pouviez le faire?

— Non, non ; je reconnais, oui, je reconnais que j'aurais pu me dominer davantage; mais ces femmes... c'est pis que le diable; je ne puis pas leur résister, elles m'entraînent au crime.

— Avec une autre éducation, sans le mépris que vous avez fait des secours de la religion, si votre père avait entouré votre enfance de plus de soins, et surtout si vous vous étiez engagé dans une carrière aventureuse, où vous auriez eu mille difficultés à vaincre, mille obstacles à renverser, mille périls à courir dans une de ces carrières où, tour à tour attaquant et attaqué, vous auriez combattu pour la défense d'une cause, et toujours sous le commandement d'un homme comme Prieur, croyez-vous que vous auriez été un rusé voleur, un audacieux libertin, un cruel assassin?

— Oh! non, non; alors j'aurais été honnête et heureux[1]! » s'écriat-il avec le ton d'une amère, mais vive et profonde conviction.

Je le félicitai de sa franchise; il se montra satisfait de mes questions. Nous nous saluâmes cordialement, et nous nous séparâmes très-contents l'un de l'autre.

En sortant de la prison, je racontai au maire la conversation qui avait eu lieu.

« J'avais toujours pensé, me dit-il, que mille hommes comme Thibets, soumis à un commandement sévère et rigoureux, tempéré par une intelligente bonté, formeraient une armée de lions dociles. »

Une coutume barbare existait alors et existe peut-être encore à la Nouvelle-Orléans. On conduisait au gibet les condamnés à mort dans une charrette, où ils étaient assis sur le cercueil même qui devait, un moment après, recevoir leur cadavre. C'est dans cette position que je vis Thibets quelques jours après. Sa fermeté, son calme, son imperturbabilité, sa satisfaction à l'aspect de la mort, étaient dignes d'un meilleur sort. A son point de vue, et dans le sens qu'il avait donné à ses paroles, il ne déshonora certainement pas à la potence le sang des Thibets.

Eh bien, que nous dit saint Bonaventure d'une tête comme celle de Thibets? Ce que vous avez déjà entendu : qu'elle accuse la propension à l'incontinence, la férocité et des appétits brutaux, mais sans faire peser sur l'homme le joug de la *nécessité*. Or est-ce que l'aveu franc, loyal, complet que vous venez d'entendre ne s'accorde pas avec tout cela? Est-ce que Thibets n'avait pas connaissance du mal qu'il faisait, et n'a-t-il pas avoué luimême qu'il avait négligé de faire les efforts naturels qu'il dépendait de lui de faire pour vaincre les tentations et les pensées mauvaises? N'a-t-il pas avoué avec douleur et amertume, n'a-t-il pas hautement et vivement protesté qu'avec une autre éducation, dans une autre carrière et sans le mépris de l'assistance divine, il eût été honnête et heureux? N'est-ce point là un triomphe pour la religion? N'est-ce point là un triomphe pour la phrénologie?

Que c'en soit un pour la religion, qui nous prescrit de prier Dieu et d'implorer sa sainte grâce, qui nous enseigne que nous avons tous une destinée ou une vocation particulière, sans préjudice du libre arbitre ou de la liberté morale qui nous permet d'y répondre ou de ne pas y répondre, on ne sau-

----

[1] « *Oh! no! no! I had then been a good and a happy man.* » Telles sont les paroles qui sortirent de sa bouche et que je notai aussitôt.

rait en douter après avoir observé un homme comme Thibets ; que c'en soit
un pour la phrénologie, on ne saurait non plus en douter un instant quand
on voit que le résultat de la complète analyse phrénologique de sa tête est
pleinement confirmé par les paroles du saint, par les propres aveux du
criminel et par les enseignements de notre sainte religion.

A la suite de cette analyse générale, je puis, messieurs, vous donner tout
d'abord une des plus importantes leçons pratiques de phrénologie qu'il me
soit donné de vous expliquer. En voyant une tête, quelles qu'en soient la
conformation, les dimensions ou la configuration, commencez par tirer en
esprit deux lignes : l'une, horizontale et droite, qui, partant de la partie
supérieure du front, fasse le tour de la tête ou en décrive du moins un
côté tout entier ; l'autre, verticale, qui, partant de la ligne horizontale,
à l'endroit des tempes, descende jusqu'en bas. En d'autres termes, la
ligne horizontale se tire entre les bosses frontales et pariétales ; la ligne
verticale se détache de la ligne horizontale sur l'angle inférieur pariétal,
en descendant ensuite au côté postérieur de la suture zygomatique, ainsi
que vous l'avez remarqué dans plusieurs têtes que je vous ai montrées pour
éclaircir mon sujet.

La partie de la tête qui se trouve au-dessus de la ligne horizontale est le
siége des *facultés morales*, c'est-à-dire de celles qui donnent à l'homme un
pouvoir régulateur, qui lui en font sentir le besoin, qui le portent naturellement à faire du bien à ses semblables et le poussent à rechercher les
consolations et les saintes joies de la religion. La partie antérieure de la
ligne verticale est le siége des *facultés intellectuelles*, c'est-à-dire de celles
par lesquelles on connaît, on délibère, on résout ; et la partie postérieure
est le siége des *facultés animales*, c'est-à-dire de celles qui n'envisagent
que les intérêts personnels et égoïstes de l'individu. Naturellement, plus
le développement de l'une de ces trois régions est considérable, plus
l'homme se sent enclin à être moral, intellectuel ou animal, *mais non à
être absolument et exclusivement l'un ou l'autre*. Seulement il a, quant à
l'impulsion naturelle et propre que lui communiquent les organes, une plus
grande tendance à être l'un que l'autre.

Chez Thibets, l'organe de la faculté désignée sous le n° 1 de la nomenclature de Spurzheim, ou de la *générativité*, était développé au plus haut
degré, comme vous le remarquez à l'ampleur et à la forte saillie de la nuque. Cette faculté est celle qui produit en nous le *désir aveugle* de consommer l'acte par lequel nous procréons. Mais il faut observer, considérer et
ne jamais oublier que l'extrême activité de cette faculté ne saurait empêcher l'action de tous les organes des autres facultés, à quelque degré d'activité qu'elle puisse arriver dans sa plus grande surexcitation. Plusieurs de
ces facultés intellectuelles, morales et animales, en s'exerçant dans toute
leur vigueur, dans toute leur plénitude, avec des efforts convenables, peuvent dominer, réprimer ou diriger les violentes impulsions de la faculté
générative.

Le développement excessif de cette faculté générative n'empêche pas que l'individu puisse prendre des moyens indirects pour que ces impulsions intérieures ne déterminent pas des actes extérieurs. Est-ce que celui qui craint une maladie dont il sait être menacé ne garde point la chambre, ne s'abstient pas de certaines boissons ou de certains aliments, n'emploie pas les dérivatifs et toutes les ressources humaines dont il peut disposer pour éviter l'atteinte du mal qu'il veut prévenir?

Est-ce que, quand un homme sait que quelque passion le domine (comme Thibets aurait pu le savoir d'une manière certaine et positive en se touchant la nuque, même avant qu'une passion furieuse l'entraînât au crime exécrable dont il se rendit coupable), il ne cherche pas à fuir la tentation, autant que cela lui est humainement possible, s'il veut véritablement la vaincre ou la réprimer? Le joueur qui veut se dominer, le voleur qui veut se corriger, n'évitent-ils pas les objets et les occasions capables d'exciter leurs funestes inclinations?

Or, quant aux influences ou aux considérations morales et religieuses, quelle différence y a t-il entre savoir par le sens intime ou par l'expérience des résultats, ou par l'inspection extérieure du crâne, qu'un vice, une passion, une faiblesse, nous domine, et que, par conséquent, nous devons nous efforcer de ne pas nous laisser vaincre? Dans les trois cas, le fait de la tentation intérieure, de l'impulsion intérieure, reste toujours le même. La seule différence qu'il y ait ici, c'est que les inclinations étant connues *a priori* par le développement extérieur de la tête, ce développement est un PHARE qui nous signale les écueils, est un GUIDE qui peut nous conduire dans un port sûr.

La phrénologie est donc ce *phare*; la phrénologie est donc ce *guide*. Mais plutôt, voyons quelle autre impression aurait pu éprouver Thibets en se palpant son monstrueux organe de la générativité, sinon la conviction profonde que, livré à son activité naturelle, cet organe produirait pour lui les plus funestes effets, s'il ne prenait pas les précautions nécessaires pour les éviter? En pareil cas, la phrénologie crie à l'homme : *Attention! je te préviens!* Et cette même phrénologie lui offre-t-elle les moyens d'éviter ces effets, ou lui indique-t-elle seulement le mal sans lui procurer le remède? C'est en ce dernier point précisément que la phrénologie atteste son utilité, et c'est précisément ce que ses adversaires ne cherchent pas, ne parviennent pas ou se refusent à comprendre.

Si l'activité de l'organe de la générativité ou de toute autre faculté ne pouvait pas être modifiée, comme presque tous nos adversaires le croient à tort ou supposent que nous l'admettons, tandis qu'il n'y a que leur imagination qui, expressément ou implicitement, établisse des principes si absurdes, il est hors de doute qu'alors la phrénologie ne dût assumer toutes les conséquences de pareilles extravagances. Mais c'est tout le contraire qui a lieu.

En effet, la phrénologie nous enseigne que, lorsqu'une faculté est trop active à cause du développement exagéré de son organe, on peut réprimer ses excès en excitant les autres facultés avec lesquelles elle est en antagonisme ou qui ont à souffrir de ses exigences. En voyant son énorme générativité, Thibets pouvait exciter ses facultés intellectuelles, en considérant les maux et les châtiments que ses affreux désordres devaient lui attirer; il pouvait exciter son peu de bienveillance, son insensibilité aux idées de justice, sa crainte de l'opinion publique; il pouvait enfin mettre presque tous les organes de sa tête en lutte avec un seul et en triompher par cette réunion de forces. Il pouvait faire davantage. La phrénologie, d'accord avec le sens commun, détermine les objets extérieurs qui provoquent ou paralysent l'action de chacune des facultés. Si la vue de personnes de sexe différent, les lectures et les conversations obscènes excitent la générativité, la vue d'objets doux provoque notre tendresse; d'actions nobles, notre bienveillance; d'actes religieux, notre mépris de la chair, fortifiant ou affaiblissant, suivant que nous recherchons ou fuyons certains objets, les facultés dont nous désirons le triomphe ou la défaite. Sous ce rapport, la phrénologie a la gloire de présenter un point d'appui ferme et grandement utile à la religion et à la morale pratiques: ce que méconnaissent ou ne veulent pas comprendre nos adversaires.

. Si tout cela ne suffit pas, la phrénologie indique encore un autre remède qu'on ne saurait nier et dont l'expérience a maintes fois constaté l'efficacité, bien que cette assertion fasse hocher la tête à certaines gens ou amène sur leurs lèvres un sourire de compassion. Ce remède est curatif ou fourni par la thérapeutique. Par les effets que la morphine, l'opium, les alcools, les alcalins et d'autres substances produisent dans le cerveau et les résultats qui s'ensuivent dans les facultés mentales, on commence à découvrir les conditions particulières dans lesquelles se trouvent, suivant les cas, les organes particuliers de l'encéphale. Si l'on parvient à découvrir un jour la manière d'augmenter ou diminuer par ce moyen l'action de certaines facultés mentales déterminées, on le devra à la phrénologie. Quant à présent, on sait déjà, d'après les résultats obtenus, que des calmants sur la nuque débilitent physiquement l'organe de la générativité. Cela s'explique par le principe que c'est dans la mesure de la force ou de la faiblesse d'un organe que se manifeste la faculté dont il est l'instrument et par la découverte du fait que la générativité réside dans la nuque, ainsi que vous le remarquez dans le portrait de Thibets, et que je le prouverai d'une manière irréfutable quand j'aborderai directement le sujet. Et comme, sans l'assistance divine, tous les efforts humains sont inutiles, si Thibets avait recouru à tous ces moyens, il aurait eu la conscience de la bonté de ses intentions, de ses désirs, de ses aspirations et de leur conformité aux lois de Dieu, il aurait imploré sa sainte grâce avec une plus grande ferveur, et il aurait remporté sur ses mauvais instincts une victoire complète, à moins d'un secret et impénétrable jugement de la Providence.

Quel rôle peut jouer, dans une lutte semblable, la phrénologie? Pas d'autre, je crois, que celui que j'ai déjà indiqué dans ma sixième leçon, et je ne pense pas qu'un esprit exempt de préjugés puisse lui en assigner un autre. La phrénologie donne ses renseignements ; elle signale la nécessité de l'éducation pour donner par l'exercice plus d'énergie, plus de ressort au libre arbitre ; en même temps elle nous fait connaître, au développement plus grand de certains organes, la vocation, la mission ou la profession à laquelle nous sommes naturellement destinés, et que, d'après notre constitution, nous devons embrasser, pour devenir personnellement plus vertueux et plus heureux, plus utiles à la société et plus agréables à Dieu ; voilà, oui, voilà quels sont les triomphes, les véritables triomphes DE LA PHRÉNOLOGIE.

LEÇON XII

Des fausses suppositions et des espérances mal fondées sur la phrénologie.

MESSIEURS,

Deux erreurs capitales, ainsi que je l'ai démontré dans ma leçon précédente, ont servi de point de départ à ceux qui ont attaqué la phrénologie au point de vue moral et religieux. Ils ont cru que les phrénologistes confondaient l'organe avec la faculté, et la faculté avec l'organe, erreur qu'il importe de détruire sans cesse, parce que sans cesse elle se reproduit après avoir été anéantie des centaines de fois.

Une autre erreur non moins funeste a donné lieu, bien injustement sans doute, pour la rendre plausible, à mille déclamations contre la phrénologie. Je l'ai déjà réfutée dans la leçon précédente ; je vais la réduire à néant ici. Cette erreur repose sur l'hypothèse que l'étendue ou le volume d'un organe, considéré isolément, est la seule condition matérielle qui préside à l'excitation, à la répression et à la manifestation d'une faculté mentale. On croit que l'organe n'est pas sous la domination d'une puissance étrangère qui le met en mouvement, le calme, le réprime ou le dirige ; comme si l'âme se composait d'une force unique et que cette force eût son siége dans un organe non susceptible de modification.

Retranchés derrière cette erreur, que l'on a regardée comme un des principes fondamentaux de la phrénologie, les adversaires auxquels je fais allusion raisonnent de la façon suivante : « N..., par exemple, a l'organe de la destructivité très-développé. Cet organe ne peut être matériellement diminué ; la faculté dont il est le siége ne peut se soustraire à son influence ; donc cette faculté destructrice doit se manifester dans son développement excessif, lequel consiste à nuire, à tuer ou à assassiner. Donc la phrénologie fait l'homme irrévocablement assassin ; donc elle lui enlève son libre arbitre ou la liberté morale. »

Cette manière de raisonner n'a qu'un défaut, c'est de s'appuyer sur des faits ou prémisses fausses ou incomplètes. En premier lieu, ces prémisses ne disent pas que l'organe de la destructivité est toujours accompagné de ceux de la bénévolentivité, de la rectivité (*rectividad*), de la supérioritivité (*superioritividad*) et d'autres encore qui sont ses antagonistes, ses modificateurs, et peuvent neutraliser, anéantir même son action; elles ne disent pas que les facultés intellectuelles président à cette action et peuvent la dominer jusqu'à un certain point pour diriger cette même destructivité vers des fins bénévoles. (Voyez, leç. XLII et XLIII, l'explication de ces facultés.)

En second lieu, tout organe, par suite des lois organiques que rien ni personne, si ce n'est un miracle, ne peut suspendre ou varier, est sujet à diminuer sa force par le non-usage, à l'augmenter par un usage modéré et harmonique, à la perdre par l'abus, comme je l'ai dit dans la leçon huitième. Ce fait se trouve aussi sous la puissance de la volonté et peut servir d'une manière efficace à affaiblir ou à renforcer l'action des organes, suivant que les circonstances le demandent. En outre, il existe mille influences étrangères dont nous pouvons nous servir, comme je viens de les passer en revue dans la leçon dernière, pour exciter ou apaiser les facultés et diriger aussi l'action générale de l'âme vers des fins très-différentes de celles qu'inspirerait une faculté exclusive, exclusivement influencée par la fonction spéciale de son organe de manifestation. En harmonie avec toutes ces influences auxquelles sont soumis les organes cérébraux ou phrénologiques, nous entendons parler constamment de la prédominance de la volonté ou de la raison, de la fureur des passions, de la vacillation de l'esprit pour des motifs opposés, du triomphe et de l'entraînement des passions, d'autres opérations mentales enfin qui mettent en évidence les forces diverses et opposées de l'âme avec un principe intelligent autour duquel elles se groupent pour l'éclairer, le fortifier, mais aussi avec le possible antagonisme de l'affaiblir et l'aveugler.

Ne pouvant mettre d'accord ces phénomènes avec l'idée erronée que nos adversaires se forment de la phrénologie, ils se croient en droit de l'accuser de matérialisme et de fatalisme ; et, sans forme de procès ou tout au plus après une information très-légère, très-incomplète et très-partiale, ils prononcent contre elle un arrêt terrible. Parmi ces auteurs, le rédacteur de la *Frenolojia i el Siglo*, ouvrage dont j'ai déjà donné le titre en entier, en a cité des plus furieux, des plus fulminants ; mais ce sont précisément ceux qui ont le moins médité, le moins étudié le sujet avec soin et conscience, avec attention.

Profondément convaincu, ainsi que je l'ai dit plusieurs fois, que jamais le soleil de la vérité ne brille avec tant d'éclat que lorsqu'il apparaît au milieu des ténèbres de l'erreur, j'éprouverai un véritable plaisir à vous répéter les

jugements de ces auteurs, d'ailleurs très-dignes et très-estimables, car, en
fin de compte, ils n'ont donné, comme quelques autres, qu'un libre cours à
leurs attaques diffamatoires. Il importe, respectables auditeurs, que vous
et tout le monde sachiez comment on a attaqué la phrénologie, après
avoir prouvé mille fois, comme une vérité irrécusable, les grands principes
fondamentaux qui la constituent, à savoir :

1° L'âme a plusieurs facultés innées.

2° Les facultés innées de l'âme se manifestent par le moyen d'autant d'organes céphaliques.

3° Beaucoup de ces organes ont été reconnus et peuvent être déterminés,
appréciés par l'examen de l'extérieur du crâne.

4° Par suite de cette découverte, on peut *à priori* se faire des jugements
plus ou moins exacts, suivant celui qui les forme, sur le caractère, les talents et les inclinations de la majorité des individus qui se présentent à
nous pour la première fois.

5° Cette découverte, les doctrines qui en sont la conséquence et les jugements qu'on s'en forme, viennent à l'appui de la spiritualité et de la liberté
de l'âme, et ne sont nullement en opposition, comme vous l'avez déjà vu,
avec notre sainte religion en général ni avec ses dogmes en particulier.

Il est très-important, oui, il est très-important que vous sachiez de quelle
manière on a attaqué cette découverte, même après avoir prouvé de mille
manières différentes sa vérité et sa catholicité ; cette découverte qui, dans
mon esprit, est une de celles qui élèvent le plus la dignité humaine, exal-
tent le plus la spiritualité sublime de l'âme ; qui démontrent l'harmonie du
libre arbitre avec la grâce divine ; qui déterminent le plus exactement les
facultés de l'esprit ; qui jettent le plus de lumière sur l'éducation, la législation et l'administration ; une de celles enfin qui poussent le plus l'humanité vers cette perfection progressive à laquelle Dieu l'a soumise par une loi
imprescriptible de sa nature.

Dans le *Dictionnaire théologique* de Bergier, article *Phrénologie*, on lit
ces mots :

« Dans le système phrénologique, résumant tout dans la constitution physique, soumettant tout à l'empire fatal de l'organisation, il n'y a évidemment
avec lui ni vice ni vertu ; ce système est la négation de toute loi morale, la
négation du libre arbitre. » (Cit. de *la Fren. i el Siglo*, p. 17.)

Dans l'*Exposition et Examen critique du système phrénologique* de M. Cerise, page 12, on dit :

« Maintenant, si nous avions à répondre à cette question : Qu'est-ce que
la phrénologie ? nous dirions que la phrénologie est un système psychologique qui nie virtuellement et directement toutes les vérités en vertu desquelles l'homme se distingue des animaux ; que ce système est hostile à la
morale ; qu'il est contraire à toutes les données générales de la physiologie ;
que, par conséquent, il est faux et mauvais ; qu'il est à la fois une immora-
lité et une erreur, et que travailler à le combattre, à l'anéantir, c'est en

même temps une œuvre de foi et une œuvre de science. » (Cit. de *la Fren*
i el Siglo, p. 21.)

La *Gazette médicale* de Paris, à la page 183, s'exprime ainsi :

« La phrénologie n'a jamais paru digne d'une sérieuse discussion :
comme système psychologique, c'est une hypothèse entièrement dénuée de
preuves.... Il est très-remarquable qu'aucun des zoologistes français de ce
siècle, qui ont si profondément étudié l'organisation des êtres vivants, et la
haute physiologie, ne s'en sont occupés. Cuvier n'en a jamais parlé qu'avec
dédain. MM. Blainville, Geoffroy Saint-Hilaire, Serres, Flourens, Dutrochet,
Duméril, enfin les physiologistes dont le nom est connu en Europe, y sont
restés étrangers. Il en est de même en Angleterre, où l'on ne pourra citer
personne, excepté M. G. Combe, homme de génie et de talent, qui est dans ce
pays le champion officiel de la phrénologie, comme Broussais en France. En
Allemagne, berceau de l'organologie, cette prétendue science n'est presque
connue que de nom. » (Cit. de *la Fren. i el Siglo*, p. 21 et 22.)

L'abbé Debreyne, *Traduc. cast.*, (Valencia, 1849), p. 189, 243, dit ·

« La science phrénologique conduit directement au matérialisme, si elle
n'est déjà une doctrine toute matérialiste. Pour notre part, la conclusion
finale sur la phrénologie est la suivante : considérée comme principe et
comme science, c'est un système de déception et de dupe, un peu plus, un
peu moins que le mesmérisme ou *magnétisme animal*, la mégalanthropo-
génésie et l'homœopathie, et, quant à ses conséquences et applications, cette
science mensongère est une œuvre fataliste, antichrétienne et antisociale.»
(Cit. de *la Fren. i el Siglo*, p. 22 et 23.)

M. Moreau, dans son *Matérialisme phrénologique*, t. IV, p. 210, s'exprime
ainsi :

« Le système de Gall est une erreur psychologique, une erreur morale,
et, au même degré, c'est nécessairement une erreur scientifique, car la
vérité est une et ne peut se diviser contre elle-même.

« Dieu n'a pas voulu qu'une erreur de conscience fût jamais une vérité
scientifique. La science sérieuse et solide se joint à la morale et à la vérité
philosophique pour réduire à néant les théories de Gall. Seul, l'empirisme
incrédule, poussé à l'extrême, soutient ce système inconcevable; que dis-je?
cette fable licencieuse, sans lien et sans frein. Gall était un grand anatomiste, et il s'est égaré sciemment. Empressé de faire la cour à l'esprit d'irréligion qui régnait alors, il a cherché à prêter l'appui d'une science illusoire aux préoccupations de la mode; il a inventé cette science fausse et
coupable pour soutenir une fausse et coupable philosophie.

« Gall croit que la conscience (la conscience, qui est l'âme se jugeant elle-
même) n'est que la modification d'un sens particulier, du sens de la bienveillance.

« L'homme n'est pas une force, c'est un résultat; l'homme n'est point
une cause, mais un effet; l'homme n'est pas une intelligence, c'est un mécanisme dont les ressorts expriment ses pensées et ses instincts aussi fatale-

ment que l'horloge marque les heures. De même que celle-ci, l'homme n'a
point la volonté des mouvements qu'il produit, ni l'intelligence de l'idée
qu'il énonce. A peine peut-on lui concéder un sentiment vague des phénomènes qui se passent en lui. Eh quoi? Gall et ses disciples seraient-ils assez
aveugles pour ne pas voir que la multiplicité des personnes est la négation
de la personne, et, en un mot, que, s'il y a autant d'intelligences et de personnes que d'organes et de facultés, il n'y a ni intelligence ni personne?

« Non, l'erreur n'est pas aveugle jusqu'à ce point. La volonté est celle
qui se plonge dans les ténèbres; elle se forme le nuage qu'elle aime. On
n'usurpe pas des droits à l'homme sans les usurper à Dieu; on ne les
usurpe pas à la liberté humaine sans les usurper à la Providence; on ne
les usurpe pas à l'unité, au *moi* de l'homme, sans les usurper à l'unité, à
la personne divine....

« Gall sait bien ce qu'il veut, et il va où il veut....

« La phrénologie dissèque et nie. Elle supprime le moi, la liberté, la vie.
Que reste-t-il? Un cerveau mort, un cadavre; le scalpel est toute sa philosophie. » (Cit. de *la Fren. i el Siglo*, p. 23-25.)

Une seule réflexion, messieurs, une seule réflexion nous fera voir de suite
et nous prouvera d'une manière irréfragable que si ces jugements, prononc-
cés, comme je l'ai dit, sans une complète information de la cause, sous
forme de fausses conclusions, de censures amères et d'alarmantes déclamations, étaient justes et bien fondés, ils ne pourraient retomber avec plus
de raison que sur les doctrines des auteurs qui les ont prononcés. En effet,
si l'on réfléchit que ces auteurs disent à chaque instant et ne cessent de répéter que l'âme a plusieurs facultés, qu'il y a entre elle et le corps, et surtout avec le cerveau, une union intime, nous ne pouvons nous empêcher de
demander avec surprise : Ces messieurs ne voient-ils pas, par hasard, que,
dans le procès qu'ils formulent contre la phrénologie, ils se trouvent eux-
mêmes compris en première ligne, puisque cette doctrine n'admet et ne
proclame autre chose que les principes qu'ils admettent et proclament à
chaque instant? Combien il est facile de voir la paille dans l'œil d'autrui!
combien il est difficile de voir la poutre dans le sien!

« Vous admettez des facultés *diverses* dans l'âme, pourrais-je leur répli-
quer, donc vous détruisez l'unité de l'âme, vous annihilez le moi. Vous en-
chaînez les facultés à la *matière;* vous les faites, par conséquent, agir à
l'aide de la matière. Celle-ci est soumise au scalpel; donc vos doctrines dis-
sèquent, nient et suppriment la liberté, la vie. Que reste-t-il? Un cerveau
mort, un cadavre; le scalpel est votre philosophie tout entière. Vous êtes
matérialistes, vous êtes fatalistes, vous êtes antireligieux, antimoraux, anti-
sociaux; vous êtes des monstres. »

Serait-il juste, serait-il convenable, serait-il raisonnable que je m'expri-
masse ainsi à votre égard? Non, mille fois non; et cependant reconnaissez-
vous bien dans ce que je vous dis, *parce que c'est votre miroir.*

Il en a été de même avec notre éminent Balmes et avec tous ceux qui ont déclamé contre la phrénologie, car ils s'appuyaient, non sur ce que la phrénologie a dit et établi, mais bien sur l'idée que les déclamateurs se sont formée de cette science sans l'approfondir et souvent sans l'avoir même saluée. Avant que l'illustre auteur du *Protestantisme comparé avec le Catholicisme* admit complétement, quoique virtuellement, dans son *Criterio*, les doctrines phrénologiques, ses écrits portèrent l'alarme dans les esprits contre elles, parce qu'on craignait qu'elles ne conduisissent au *fatalisme*, au *matérialisme* et à la *nécromancie*. Et pourtant, dans ces mêmes écrits qui ont alarmé plusieurs savants et des hommes très-pieux, auxquels il ne donnait pas le temps d'examiner avec soin cet ordre de matières, on lit la phrase suivante :

« *Qui n'a pas remarqué le front large de presque tous les hommes célèbres? Les signes que nous donne l'intelligence ne pourraient-ils pas nous être fournis par d'autres facultés?* » (BALMES, *Société*, Études phrénologiques.)

La phrénologie a-t-elle dit, a-t-elle jamais pu dire quelque chose qui puisse d'une manière plus plausible faire conclure au *fatalisme*, au *matérialisme* et à la *nécromancie?* Non, jamais; car je pourrais répondre, avec une apparence de saine logique, dans les termes suivants :

« Monsieur l'abbé Balmes, vous avez dit que la haute capacité se trahit par un large front, et, par conséquent, une capacité ordinaire par un front peu étendu; donc l'intelligence de l'homme dépend de son front, et celui qui naît avec un petit front est prédestiné à avoir peu de capacité, tandis que celui qui naît avec un front large est prédestiné à en avoir beaucoup. Voilà le matérialisme, puisque, selon vous, la matière est le signe de l'intelligence. Voilà le fatalisme, puisque, suivant son front, vous prédestinez l'homme à avoir peu ou beaucoup de capacité. Voilà la nécromancie, puisque vous devinez par le front les degrés de l'intelligence. »

Mais cette manière de répondre n'est que syllogisme, argumentation, arguties dont on abuse malheureusement trop souvent pour obscurcir ou fausser la vérité. Je suis intimement convaincu que la vérité *philosophique* doit être en harmonie avec la vérité *révélée*, et que la seule question à l'égard d'une doctrine philosophique, quelle qu'elle soit, doit toujours se borner à l'observation et à l'expérimentation des faits. Qu'on prouve, par des faits, que l'âme, par exemple, ne manifeste pas ses impulsions génératrices par la partie du cerveau qui siége à la nuque, ses impulsions bénévoles par celle qui siége sur le front, ses impulsions belliqueuses par celle qui siége autour des oreilles, et les autres impulsions par les autres parties que j'indiquerai, signalerai et démontrerai d'une manière irréfutable, et alors, mais seulement alors, il restera prouvé que la phrénologie est tout ce que ses adversaires de toute classe veulent qu'elle soit; mais on ne peut et on ne pourra jamais le prouver. Et pourquoi ne peut-on pas, ne pourra-t-on pas y parvenir? On ne peut, on ne pourra jamais y parvenir, par la raison bien simple que la phrénologie est une vérité philosophique expérimentalement démontrée.

Pour se faire une idée de la confiance que doit inspirer la *Gazette médicale* de Paris, dans l'extrait que je viens de vous lire, et qui est cité par M. Riera, il suffit de dire que Georges Combe, l'unique célébrité littéraire de l'Angleterre qu'on prétend attachée à la phrénologie, avait, à l'époque où l'on a écrit l'article, un frère appelé Andrés ou Andrew, mort il y a peu de temps, lequel jouissait d'une réputation scientifique européenne, et qui fut un des plus grands défenseurs qu'ait eus la phrénologie; ses ouvrages sur la physiologie le prouvent de reste. Chenevix n'est-il pas Anglais? Où est né Elliotson? Et que dirons-nous de Simpson et de tant d'auteurs éminents qui, par leurs écrits, ont contribué à la rédaction du *Phrenological Journal*, publié en Angleterre pendant trente ans, publication périodique la plus remarquable qu'on connaisse dans le monde scientifique.

La mémoire de Gall est digne de vénération. Aussi l'humanité commence-t-elle à le proclamer, et la postérité éternisera cette sentence. C'est à nous tous, qui avons admis ses doctrines comme philosophiquement utiles et catholiquement appréciables, à publier à la face du monde que jamais, non jamais, il n'a cessé de distinguer très-clairement et définitivement la faculté mentale de l'*organe cérébral*, que jamais il n'a cessé de mettre la phrénologie en harmonie avec le dogme de la religion.

Je ne dirai pas que quelquefois, et même plusieurs fois, Gall n'ait pas pris le contenant pour le contenu; je ne dirai pas que plusieurs fois il n'ait pas parlé de l'organe pour la faculté, de la même manière que nous disons constamment les yeux pour la vue, la tête pour l'esprit. Mais c'est une manière de parler souvent élégante, nécessaire parfois, admise toujours. Au reste, personne comme Gall, non, personne, ni les spiritualistes les plus scrupuleux, n'ont pas fait d'aussi grands efforts pour distinguer l'organe et la faculté, distinction que, plût à Dieu, ils eussent toujours faite d'une manière aussi claire et aussi concluante, ceux qui n'hésitaient pas à l'attaquer sans le lire, à l'injurier sans le comprendre. Qui peut s'exprimer avec plus d'énergie, plus d'éloquence et de fermeté sur ce sujet? Qui s'appuiera sur des autorités plus catholiques et plus irrécusables que Gall, à cet égard, lorsqu'il dit :

« La *condition matérielle* par laquelle, dans l'ordre de la nature, se manifeste l'exercice d'une faculté, je l'appelle organe. Les muscles et les os sont les *conditions matérielles* du mouvement, mais ils ne sont point la faculté qui produit le mouvement; l'organisme tout entier de l'œil est la *condition matérielle* de la vision, mais il n'est point la faculté de voir. La *condition matérielle* par laquelle se manifeste un attribut moral ou une faculté mentale, je l'appelle un *organe de l'âme*. Je dis que l'homme, dans ce monde, pense et veut par le moyen du cerveau. Mais, si l'on conclut de là, si l'on déduit que l'être pensant et voulant est le cerveau, ou que le cerveau est l'être pensant et voulant, c'est comme si l'on disait que les muscles sont la faculté du mouvement, que l'organe de la vue et la faculté de voir sont une seule et même chose. Dans les deux cas, on confondrait la faculté avec l'organe, et l'organe avec la faculté.

« Cette erreur est d'autant moins pardonnable qu'elle a été faite et réfutée une infinité de fois. Saint Thomas répondit de cette manière à ceux qui confondaient la faculté avec l'instrument : « Quoique l'âme ne soit pas une « faculté corporelle, les fonctions de l'âme, comme la mémoire, le penser, « l'imagination, ne peuvent s'effectuer qu'à l'aide d'organes matériels. D'où « il résulte que, lorsque les organes, par suite de quelque désordre, ne « peuvent fonctionner, des désordres se manifestent aussi dans les opé- « rations de l'âme, comme on le voit dans la frénésie, l'asphyxie, etc. Il « suit de là aussi qu'*un organisme privilégié du corps humain a toujours* « *pour résultat des facultés privilégiées.* » (*Contra Gentiles*, cap. LXXXIV, num. 9.)

« Dans le quatrième siècle, saint Grégoire de Nazianze compara le corps de l'homme à un instrument de musique. « Il arrive à beaucoup de musi- « ciens habiles, dit le saint, de ne pouvoir donner les preuves de leur talent « à cause du mauvais état de leur instrument. De même, les fonctions de « l'âme ne peuvent s'exercer parfaitement que lorsque les organes de ces « fonctions sont conformés à l'ordre prescrit par la nature; de sorte que « ces fonctions cessent ou s'arrêtent quand les organes ne peuvent plus « servir à leur mouvement, car *c'est une particularité de l'âme que ces* « *facultés* ne peuvent s'exercer parfaitement qu'à la condition que ses or- « ganes soient sains. » (*De homine opificio*, cap. XII.)

« Si nous ne prenons pas en considération la différence qui existe entre les organes et les facultés, et si, pour être matérialiste, il suffit de déclarer que l'exercice des facultés mentales dépend de l'organisme, quel est l'auteur ancien ou moderne que nous ne pourrions avec raison accuser de matérialisme [1] ?

« Nous devons admettre ou que tout le corps est l'instrument des forces morales et intellectuelles, ou que le cerveau est cet instrument, ou enfin que le cerveau est un composé de divers instruments. Toutes les opinions émises sur ce sujet peuvent se réduire à ces trois propositions. Il est évident qu'à première vue chacune de ces propositions, n'importe laquelle, ou même toutes, ont pour conséquence immédiate les facultés intellectuelles dépendant de conditions matérielles.

« D'après la première proposition, le corps est une condition nécessaire pour la manifestation des facultés de l'âme. Si c'était là du matérialisme, Dieu même serait la cause de notre erreur. N'est-ce pas Dieu même, dit Boerhaave, qui a uni l'âme avec le corps d'une manière si intime, que ses facultés semblent défectueuses lorsque l'organisme est défectueux et désordonné, lorsque le corps est malade. Saturnin déduit les différences qui se remarquent dans les facultés morales et intellectuelles de l'homme, de la structure différente de ses organes. Tous les moralistes anciens, Salomon [2],

[1] Voyez Pluquet, *du Fatalisme*, t. 1, p. 158.
[2] *Sagesse*, chap. IX.

saint Paul [1], saint Cyprien, saint Augustin [2], saint Ambroise [3], saint Chrysostome [4], Eusèbe [5], etc., etc., considèrent le corps comme un instrument de l'âme; ils admettent clairement et définitivement que l'âme se conduit toujours d'après l'état du corps. Les philosophes admettent, avec Herder, que toutes les facultés, même celles du penser, dépendent de l'organisme et de la santé, et que si l'homme est la créature la plus complète de la création terrestre, c'est parce que les facultés les plus parfaites que nous connaissons s'exercent en lui par le moyen des instruments organiques les plus parfaits que nous connaissons, et auxquels ces facultés sont unies [6]. »

Pourra-t-on exprimer plus clairement, plus catholiquement, la différence entre la faculté et l'organe, entre l'organe et la faculté? Pourra-t-on donner une réfutation plus complète à tous ceux qui ont attaqué ou peuvent attaquer les doctrines de Gall comme matérialistes? Ces écrivains dont le zèle d'ailleurs est louable, et dont les motifs sont dignes de louange, savaient-ils, ces coryphées antiphrénologues, M. Cerise, M. Moreau, l'abbé Debreyne, notre détracteur Riera, qui s'abrite à l'ombre de ces noms, et divers autres auteurs; savaient-ils, je le répète, qu'en traitant Gall de matérialiste et d'annihilateur du libre arbitre, ils s'attaquent d'abord à eux-mêmes, à presque tous les saints Pères ensuite, à presque tous les philosophes anciens et modernes, et surtout à Dieu lui-même, auteur de l'union de l'esprit avec la matière? Savaient-ils le mal qu'ils faisaient avec leurs déclamations exagérées, avec l'abus du syllogisme auquel ils se livraient? Ils basaient leurs théories fantastiques et leurs scrupules religieux, que j'approuve et que je suis le premier à respecter et à qualifier de louables, sur des arguments et des déductions dont les prémisses étaient leurs craintes. Savaient-ils cela? Je ne le pense pas; je crois qu'un peu plus d'égards pour les opinions d'autrui, un peu moins de préoccupation pour les théories qui nous répugnent, seulement parce qu'elles ne nous appartiennent pas, un peu plus de charité chrétienne pour ceux que nous regardons comme nos adversaires (sans l'être le plus souvent), leur aurait fait comprendre facilement, clairement, fermement et finalement, que, du moment qu'ils admettaient eux-mêmes et ne pouvaient pas ne pas admettre diverses facultés dans l'âme, et l'union de ces facultés avec l'organisme, ils se rendaient coupables des mêmes doctrines matérialistes et fatalistes dont ils accusent, avec si peu de mesure,

---

[1] Épître aux Romains, XIII, 11.
[2] Livre du Libre arbitre.
[3] Livre I, de Off.
[4] Homélies 2e, 3e, sur l'épître aux Hébreux.
[5] Préparat. évangélique, liv. VI, n° 6.
[6] On the origin of the moral qualities and intellectual faculties of man, and the conditions of their manifestation; by François Joseph Gall, M. D. Translated from the french by Winslow Lewis, Ir. M. D. M. M. S. S., in six vol. (Boston, 1855). — « Sur l'origine des facultés morales et intellectuelles et les conditions de leur manifestation, par François-Joseph Gall, Dr M.; traduit du français par Winslow Lewis, P. M. D. M. M. S. S., en six volumes. » (Boston, 1855). Tome I, pag. 198-201.

les phrénologues, et particulièrement Gall, qui s'était défendu si dignement et si noblement.

Cette erreur, cette fausse idée, d'après laquelle les phrénologues ne distinguent pas la faculté de l'organe et l'organe de la faculté, jointe à l'absurde supposition dont j'ai déjà parlé longuement, et ne cesserai de le répéter, à savoir, qu'ils n'admettent pas de modification dans l'action ou l'activité d'un organe, excepté celle qui résulte de son développement individuel et considéré isolément, appartient exclusivement à nos adversaires. Les antiphrénologues ci-dessus mentionnés supposent, comme vous l'avez déjà entendu, que nous avons pour maxime, basée sur le principe de notre science, que le *moi*, le penser, la raison, les facultés intellectuelles, en somme, le principe rationnel de l'âme, quelque nom qu'on lui donne [1], n'a pas d'influence sur la modification de l'activité d'un organe, et que, par conséquent, suivant eux, la faculté dont cet organe est le siège a besoin d'agir exclusivement d'après son volume, sans que la volonté ait en son pouvoir aucun moyen de modifier les effets de ce volume.

Mais en quoi la phrénologie est-elle coupable, si ses adversaires forment de si absurdes suppositions et de si extravagantes théories, sans autre base que leur caprice, sans autre fondement que leur imagination ? et, s'ils croient ensuite, comme article de foi, que ces suppositions, exclusivement à eux, sont les principes fondamentaux de la phrénologie, qu'ils sachent, et que le monde entier sache que tout cela est précisément le contraire ; que, s'il y a quelque avantage ou quelque utilité à savoir que telle ou telle partie de la tête est un organe ou un instrument matériel de telle ou telle faculté mentale, c'est d'après le plus grand empire, d'après le plus grand pouvoir que la volonté et la raison peuvent avoir sur l'action de cette même faculté, comme il a été déjà irrécusablement prouvé dans la leçon antérieure, en décrivant le cas de *Thibets*. La phrénologie part du principe que l'âme fait mouvoir le cerveau, et non le cerveau l'âme ; que les facultés font mouvoir les organes, et non les organes les facultés ; que l'âme et ses facultés ont un pouvoir sur le cerveau et ses organes, et non le cerveau et ses organes sur l'âme et ses facultés. La matière ne pense pas, ne sent pas ; donc, c'est une folie, c'est un délire de la raison de lui accorder pouvoir ou direction. L'âme est un être spirituel, libre, immortel, éternel ; donc, c'est une folie, un délire de la raison de la supposer sensible par la matière. Cela posé, l'action des organes est purement passive, comme les roues d'une machine ; si leur situation empêche le moteur qui les met en mouvement de se manifester, ce n'est point parce que la direction, le pouvoir ou l'impulsion leur sont échus, mais parce que cette direction, ce pouvoir, cette impulsion, ne peuvent exécuter, réaliser ou manifester leurs actions sans elles ; de même qu'un général ne peut livrer bataille sans son armée, sans sa force matérielle.

---

[1] Je l'ai découvert depuis pour le bien de la science en général et de la phrénologie en particulier. Voyez les leçons XLVI-XLIX.

Ainsi donc les facultés humaines ont un empire et un pouvoir mutuels sur elles-mêmes, puisqu'elles sont mutuellement enchaînées. Toutes, et chacune d'elles, ont entre elles un pouvoir neutralisant et neutralisable, dominant et dominable, influent et influable, dirigeant et dirigeable, impulsant et impulsable, réunissant et réunissable, séparant et séparable, en résumé, modifiant et modifiable. Tous, nous en avons heureusement une connaissance positive, tant par le sens intime que par l'expérience de la conduite extérieure de l'homme. Tantôt nous nous sentons nous-mêmes, tantôt nous voyons que les autres se sentent, aujourd'hui sous l'influence d'une affection, et demain sous l'influence d'une autre. Tantôt, poussés par la cupidité, nous nous déterminons à ne faire l'aumône à personne ; dans ce même moment, nous rencontrons un mendiant qui intéresse notre bienveillance, nous inspire la pitié, et cette pitié maîtrise complétement l'avarice en faisant triompher la générosité. Entraîné par la luxure, le luxurieux cherche une satisfaction érotique ; mais tout à coup l'avarice se sent offensée par la dépense que cette satisfaction doit entraîner, et l'esprit chancelle, lutte entre la luxure et l'avarice, devenues deux forces antagonistes. La raison [1] contemple ce combat ; elle appelle à son aide la justice ou bien le sentiment du devoir ; et les désirs lascifs sont anéantis ou dirigés vers un autre objet.

Lorsque la colère ou tout autre mouvement violent de la *destructivité* est dominant, le père se décide à châtier corporellement son fils pour une faute légère ; si l'enfant se présente à lui, soumis, riant et avec des joues qui reflètent l'innocence, tout à coup la philoprolétivité (*filoproletividad*) se réveille et apaise ses fureurs destructives. A ce sentiment de tendresse vient se joindre celui de la bienveillance, sentiments qui appellent à leur aide la raison, qui voit des résultats, et le principe de justice, qui produit le repentir. Tout à coup, par suite de ces phénomènes, la destructivité dirigée un moment auparavant par le père contre son fils, nous la voyons agir contre le père, qui se fait des reproches amers et va jusqu'à vouloir se punir lui-même, au point que, dans son désespoir, l'intervention opportune de sa bonne et tendre épouse est nécessaire pour le détourner de l'acte qu'il allait commettre.

Observez, dans un coin de rue où sont nouvellement affichées les listes du dernier tirage, un groupe de personnes qui ont dans leurs mains les billets qu'elles ont pris à la loterie.

Comme on voit clairement et successivement que l'espérance domine la crainte, la crainte la mélancolie, et la crainte et la mélancolie le dépit ! Combien d'émotions différentes produit la conviction positive d'avoir *gagné* ou de n'avoir *rien gagné !* Et tout cela, qu'est-ce qui le produit ? qu'est-ce

---

[1] Je ne puis pas moins faire que de renvoyer le lecteur aux leçons XLVI-XLIX, parce qu'il y verra les découvertes que j'ai faites sur le principe de ce phénomène mental.
(*Note de l'auteur pour l'édition française.*)

qui met en mouvement les facultés que ces sensations réveillent? L'*acqui-*
sivité, ou le désir d'acquérir, et la crainte de perdre. Et cette acquisivité,
par quoi ou comment est-elle mue à son tour? Peut-être par son propre
mouvement (*motu proprio*), peut-être par d'autres facultés excitées de
mille manières différentes. Ne voyons-nous pas enfin prédominer, en général, chez les individus de toute cette réunion, c'est-à-dire parmi les
sentiments opposés, mais harmonisables, que je viens de décrire, une
pensée, une résolution, qui naît des facultés qui voient, comparent, déduisent, constituent le *moi*, dominent, arrètent les excès et produisent ou
la modération dans la joie, sachant que le sort est capricieux, ou la résignation dans la tristesse, sachant que le malheur est passager?

Ce qui est vrai du corps individuel ne l'est pas moins du corps social.
Aujourd'hui règne un sentiment, demain un autre, le jour suivant un troisième tout à fait différent. Aujourd'hui nous croyons impossible qu'un peuple
maitrise certains emportements, qu'il abandonne certains préjugés, et demain nous sommes étonnés de voir qu'il pèche par les extrêmes. A quoi
devons-nous attribuer ces changements, ces modifications? A l'influence
mutuelle que, sans aucun doute, les facultés ont entre elles, et que la phrénologie, comme vous le verrez dans le cours de ces leçons, en faisant un
grand pas dans la philosophie mentale, détermine, explique et enseigne.

Partant de cette influence qu'ont entre elles les facultés mentales, je vais
démontrer que plus nous connaîtrons, par des signes extérieurs, ces facultés et ces influences, plus la volonté, la raison, l'intelligence, auront de
pouvoir sur elles-mêmes et leurs diverses influences, pour que l'âme se dirige mieux vers le bien, le droit, le convenable, et vers ce qui conduit à la
sagesse, à l'utilité du prochain, à la gloire de Dieu.

Pour bien comprendre cela, il suffit de se rappeler que nous ne pouvons
mieux combattre l'ennemi que lorsque nous connaissons mieux ses forces,
ses piéges, ses ruses. Plus le général sait ce que peut l'ennemi, plus il a de
chances de le battre. Le cavalier gouverne complétement son cheval quand
il connait toutes ses habitudes, tous ses vices, toutes ses bonnes qualités et
sa fougue. Si Bacon, comme je l'ai longuement expliqué dans la sixième leçon, eût mieux connu les penchants auxquels il était naturellement enclin,
il aurait peut-être vaincu certains vices dans lesquels il tomba, et dont la
faiblesse criminelle ternit et ternira toujours la gloire brillante de son
immense réputation scientifique.

Retenez bien, messieurs, les trois grandes divisions de la tête. La partie
antérieure ou intellectuelle, la partie *supérieure* ou morale, la partie *infé-*
rieure ou animale, ainsi que vous les avez vues marquées dans les têtes de
Caracalla, d'Euripide et de Thibets. Déterminées d'après la règle du plus
ou moins de force mentale, suivant le plus ou moins de volume de toutes
et de chacune de ces trois divisions générales, on reconnaît de prime abord
que la première tête sera plus intellectuelle que morale et animale, la seconde plus morale qu'intellectuelle et animale, et la troisième beaucoup plus

animale qu'intellectuelle et morale, car dans cette dernière prédomine extrêmement encore le n° 1 ou la *générativité*, que Gall nomme « instinct de génération, » et Spurzheim, avec trop de latitude, par les raisons que je donnerai, *amativité*.

Ne croyez pas que les calculs de ces mesures et comparaisons puissent être mathématiques, car alors vous tomberiez dans les erreurs de nos adversaires, qui prennent pour doctrines phrénologiques ce qui n'est que suggestions fantastiques de leurs imaginations. Les calculs mathématiques opèrent sur des forces positives et déterminées ; les calculs phrénologiques sur des forces appréciables et modifiables de mille manières : les unes constituent des faits, les autres des principes.

Notre calcul serait erroné et très-erroné si, d'après les divisions de la tête de Thibets et de Caracalla, nous raisonnions comme il suit : la partie *intellectuelle* de la tête de ces deux personnages est, par exemple, égale à 2 ; la partie *morale* égale à 4, la partie *animale* égale à 7 ; donc la partie animale est aux deux autres comme 6 est à 7 ; donc la partie animale dominera complétement ; donc son action est irrésistible ; donc la *nécessité* a été imposée à ces deux individus ; donc il ne peut y avoir pour eux culpabilité, parce que la partie animale domine en maîtresse chez eux ; donc il est tout à fait injuste de les punir pour une transgression à laquelle les entraîne leur nature par une force supérieure à leur raison et à leur volonté.

Avec la préoccupation de l'idée que ce calcul mathématique est une vérité irrécusable, tout antagoniste pourrait imaginer un plan par lequel, dans son esprit, la phrénologie devrait se suicider sans rémission avec ses propres principes phrénologiques. Il pourrait supposer un *tribunal phrénologique*, devant lequel il serait très-facile à Thibets, Caracalla, Vitellius, Danton et à d'autres criminels de ce genre, de justifier leur exécrable conduite, démontrant par des arguments que les juges ne pourraient récuser leur innocence et leur non-culpabilité.

D'après l'idée erronée, aussi fausse qu'absurde, que cet antagoniste se serait formé de la phrénologie, il pourrait se demander avec fierté que répondrait ce tribunal à Thibets s'il exposait son innocence, s'il présentait sa défense ainsi :

Thibets. « O juges, dont les lois sont les doctrines phrénologiques et dont la rectitude est basée sur l'interprétation que vous en faites, voyez ma tête. Regardez combien mon intelligence est petite, combien ma moralité est réduite, combien mon animalité est monstrueuse, et surtout remarquez l'organe qui produit en moi une concupiscence qui m'entraîne avec furie vers les plus horribles excès. Comment aurais-je pu agir d'une autre manière si votre code est vrai ? Et, s'il est juste, comment pouvez-vous m'inculper sans fouler aux pieds vos propres principes ?

« La région antérieure et supérieure de ma tête, réunies, n'ont pas une force aussi grande que la région animale ; que dis-je, comme la partie animale ? Trois ou quatre organes de cette région animale, suivant l'irrésistible logique des nombres, ont peut-être une force aussi grande que tous ceux qui constituent la partie morale et intellectuelle.

« Si les lois physiques et morales de l'univers, comme vous l'avouez vous-mêmes, sont vraies, une force plus grande emporte et maitrise une autre force moindre. Dans ma tête, cette force *moindre* est la région intellectuelle qui éclaire, avec la région morale qui contemple le bien d'autrui, et la *plus grande*, la région animale, qui seule cherche une satisfaction égoïste. La force de l'intelligence et de la moralité, qui doit constituer l'empire, le pouvoir, le vouloir ou le non-vouloir, se trouve naturellement vaincue par la *force* des passions aveugles et égoïstes qui doivent obéir et être conduites.

« Chez moi, ce qui doit naturellement obéir commande et ce qui doit commander obéit naturellement. Triste exemple de ces peuples agités chez lesquels tout individu ne voit que son intérêt propre et particulier, dépourvus d'un gouvernement éclairé, moral et fort qui oblige en même temps à respecter et à faire respecter l'intérêt d'autrui ou social, je suis une victime des instincts purement égoïstes, qui, pour se satisfaire, fouleraient aux pieds, attaqueraient, détruiraient ce qu'il y a de plus imprescriptible, de plus sacré, de plus vénérable parmi les hommes.

« Suis-je donc coupable si les passions égoïstes, furieuses, attellent à leur char la raison et la morale et entraînent, suivant leur fantaisie et leur aveugle frénésie, les forces qui devraient constituer le pouvoir, le gouvernement, la volonté, le libre arbitre de mon âme? Suis-je coupable si les *instincts* animaux sont plus forts en moi que le *moi* rationnel? Le lion sera-t-il coupable, à cause de sa férocité, ou le renard à cause de son astuce?

« Si vous inculpez un Bacon ou un Aristote, dont l'histoire nous raconte quelques actes de faiblesse criminelle, il est très-facile de comprendre, il est raisonnable et juste que vous agissiez ainsi, d'après les lois qu'il est de votre devoir d'interpréter et d'appliquer; il serait encore plus facile de concevoir que vous appelassiez coupable un Euripide, un Platon, un Descartes, un Gall, dans le cas où ils auraient attaqué les droits légitimes et les véritables intérêts de leurs semblables. Chez quelques-uns de ces personnages, l'intelligence qui éclaire était immense, et chez d'autres c'était la morale qui contemple le bien d'autrui ; chez tous, les deux régions réunies surpassaient en volume, et par conséquent en force, la région animale. Inculper et punir de semblables individus pour des actes contraires aux intérêts d'autrui est une conséquence logique de votre code ; mais moi qui me trouve dans un cas tout opposé, ce serait, vous gouvernant d'après lui, une absurdité aux yeux de la raison et une injustice aux yeux de la morale.

« Vous dites que l'éducation bien dirigée met un frein aux passions, fortifie l'intelligence et éclaire la morale. Je l'accorde. Mais moi, pauvre malheureux, quelle éducation ai-je eue? L'éducation ignoble qui laisse de plus en plus les passions égoïstes sans frein : dans mon enfance, délaissé de mes parents ; dans mon jeune âge, abandonné à la miséricorde d'autres petits vauriens comme moi; au commencement de ma puberté, forcé, pour ne pas avoir un métier, de m'engager comme tambour, désertant au bout de quelques mois pour ne pouvoir supporter aucune sujétion; et puis, avec des penchants irrésistibles, forcé de les satisfaire. A cette satisfaction vous donnez très-improprement le nom de *crime*, lorsque, d'après votre code, ce n'est tout au plus qu'un acte inévitable de ma nature. Soyez conséquents; dites qu'il n'y a ni vice ni vertu, ni mérite ni démérite, ni lutte ni triomphe; que tout est le résultat d'une plus ou moins grande force organique; que moi, par la même raison, j'agirai en vertu de forces auxquelles je ne puis résister, et dont, par conséquent, je ne suis pas responsable, publiant, comme vous le devez, mon innocence et ma non-culpabilité. »

Quant à Caracalla, parmi divers autres arguments que notre antagoniste a déjà placés dans la bouche de Thibets, on pourrait établir sa défense en ces termes ou en d'autres analogues :

« O juges justes et droits! remarquez ma pauvre tête; contemplez cette région qui produit l'ambition égoïste, les plans de la fourberie, l'escroquerie et la perversité; comme elle est grande, comme elle est immense! En même temps vous remarquerez combien elle est aplatie (examinez-le bien) à la partie supérieure : c'est là le siége de la moralité. Et cette division frontale antérieure, qui devrait m'avoir inspiré des idées claires et nettes du résultat de mes actions, qu'elle est petite en comparaison!

« Je sens aussi que les traits de mon visage obéissent aux impulsions de mon âme et prennent une expression analogue. Dans ce langage naturel, irrésistible, résultat de mes mouvements intérieurs prédominants, langage naturel qui peint extérieurement mon caractère, vous devez voir, si vous êtes conséquents, la non-responsabilité de mes actes appelés iniques. Ce langage naturel ou de la physionomie est l'incorruptible témoin que ma conduite provient de forces dont la supériorité est si peu douteuse, qu'elle se peint même sur mon visage.

« Si vous ne déclarez pas que j'ai agi sous l'empire de la *nécessité*, si vous ne déclarez pas que tous mes actes brutaux, pour lesquels vous me jugez et me suis attiré l'exécration universelle, sont innocents et non coupables, pourquoi agirez-vous envers moi contre vos principes et foulerez-vous aux pieds le code irrésistible de vos législateurs? »

Les juges phrénologues contempleraient avec une indignation mêlée de pitié une pareille allégation.

« Ne voyez-vous pas, hommes pervers et abusés, répondraient-ils aux inculpés, que votre défense vous accuse davantage? Ne voyez-vous pas que vos raisonnements proclament vos crimes et sont le témoignage de votre culpabilité? Ne voyez-vous pas que celui qui argumente comme vous ne peut déjà avoir une tête si amoindrie ou si effacée à la partie intellectuelle qu'elle soit *imbécile de petitesse?* Ne voyez-vous pas que vos réflexions prouvent que celui qui les fait connaît le bien et le mal, et qu'il est absurde de supposer l'irrésistibilité pour quelques-unes de vos facultés à cause de l'excès de volume de leurs organes, alors que votre intelligence jouit d'un exercice complétement libre pour éviter la tentation?

« Personne vous a-t-il empêchés de vous exposer à agir suivant les instigations de vos impulsions désordonnées? Autre chose est éprouver un *désir* ou avoir une *pensée*; autre chose est consentir à ce désir, à cette pensée, et les exécuter. Sentir ou cesser de sentir un désir ou avoir une pensée n'est pas en notre pouvoir; c'est ce qui, précisément, constitue l'*imperfection* de notre nature. Mais Dieu a mis en nos mains beaucoup de moyens et de ressources naturelles, en plus de sa grâce, pour les rejeter, les maîtriser, les faire disparaître; il nous a donné un pouvoir complet, non omnipotent, pour empêcher que ces inspirations se réalisent ou s'exécutent, à moins que l'individu ne soit *malade*, phrénologiquement parlant, *imbécile*, ou ne se trouve saisi de quelque emportement subit de l'esprit, cas dans lequel les lois divines comme les lois humaines n'admettent point la responsabilité du crime.

« Mais vous trouvez-vous dans un de ces cas? Non, certes.

« Vos plus horribles forfaits ont été commis à dessein, avec l'astuce la plus raffinée, avec la trahison la plus perverse. Vous invoquez pour votre défense l'irrésistibilité de certains organes, comme la combativité (*acometividad*), la destructivité, la stratégitivité (*estratejitividad*), l'acquisivité et quelque autre, parce que leur volume est plus grand que celui des organes intellectuels et moraux.

« Si vous vous étiez rendu compte des attributs de l'intelligence[1], vous ne donneriez pas une si misérable allégation. Vous, et avec vous tous les contradicteurs de la phrénologie, vous supposez qu'elle mesure la force de l'intelligence au volume des organes qui en sont le siége. Quelle erreur! L'intelligence n'a pas de limites; l'intelligence est ce qui dispose des moyens internes et externes, et elle ne doit pas seulement se mesurer d'après ce qu'elle est dans son intérieur, mais d'après tout ce qui la rend ou peut la rendre maitresse et souveraine dans l'extérieur. Considérée dans son double pouvoir direct et indirect, l'intelligence, répétons-le, n'a pas de limites; elles vont chaque jour, à chaque instant, en s'agrandissant dans l'individu comme dans la société[2].

« Votre intelligence avait la faculté de prévoir que tel ou tel objet, tel ou tel accident, pouvait être une excitation et une tentation pour vos appétits, et de les éviter à temps comme vous évitez de mettre la main au feu, parce que vous savez que, si vous le faisiez, vous vous brûleriez. Ce sont là les ressources de l'intelligence sans qu'elles soient dans l'intelligence. Vous pouviez non-seulement prévoir les tentations, et, avec cette prévision, les éviter,

---

[1] Par intelligence j'entends ici la force de la raison et de la volonté, dont j'ai découvert le principe, que j'appelle *harmonisativité*. Voyez les leçons XLVI jusqu'à XLVIII.
(*Note de l'auteur pour l'édition française.*)

[2] Voyez la leçon XLVII, où l'on explique ce pouvoir direct et indirect de notre intelligence ou force rationnelle. (*Note de l'auteur pour l'édition frança'sc.*)

mais encore trouver les moyens d'empêcher la satisfaction de vos désirs, alors même que *vous eussiez voulu* les alimenter, puisque vous aviez le moyen de vous faire enfermer ou attacher par d'autres, en ôtant tout pouvoir d'action exécutive à vos passions. Voilà des ressources de l'intelligence sans être dans l'intelligence.

« Si cependant vous accordez à cette intelligence des connaissances phrénologiques, ne voyez-vous pas, malheureux, que vous augmentez ainsi ses ressources, et avec elles votre responsabilité, de ne les avoir pas employées à faire le *bien* et à éviter le *mal?*

« Que signifie palper la tête, si ce n'est communiquer à votre intelligence, si petite qu'elle soit, une connaissance plus claire de ses forces, des penchants qu'elle a à combattre, des talents qu'elle a à utiliser, des tentations contre lesquelles elle doit se prémunir? Plus elle voit clairement tout cela, plus vous êtes responsables des efforts que vous devez faire pour le réaliser, puisque la *connaissance* est du pouvoir. Que signifie de savoir qu'une faculté a toujours dans l'âme une ou plusieurs autres facultés qui peuvent lui servir d'antagonisme, sinon que vous êtes responsables du bon usage de cette connaissance? Et n'oubliez jamais ce que je viens de vous dire, que la *connaissance* est du *pouvoir.* Que signifie de savoir que, lorsque la combativité (*acometividad*) ou la destructivité, par exemple, nous entraînent à un acte criminel, il existe en même temps la bénévolentivité, la rectivité, l'inférioritivité, qui peuvent servir de forces contraires pour s'opposer à ses impulsions destructives, si ce n'est de donner une force, un pouvoir ou un empire plus grand à l'intelligence pour vaincre les passions, ou, ce qui revient au même, de donner une plus grande extension naturelle au libre arbitre et augmenter par suite la responsabilité morale de l'individu? C'est pourquoi la science dont vous invoquez l'appui pour proclamer votre innocence vous accuse davantage, car elle vous dit : *Puisque,* d'après le développement de votre cerveau, vous voyez plus clairement vos penchants criminels; puisque, par vos connaissances phrénologiques, vous avez acquis un plus grand empire moral, vous devez fuir les tentations avec plus de rapidité ou leur résister plus vivement avec la protection divine.

« La grande responsabilité morale que la phrénologie nous impose à tous remonte jusqu'à ceux qui ont conduit votre éducation; s'ils l'avaient connue, elle leur aurait appris qu'en excitant et faisant toujours agir vos organes intellectuels et moraux par un exercice modéré et harmonique, leur force se serait raffermie, et qu'en ne mettant pas en action les organes de l'animalité, qui, chez vous, vous ont conduits au crime, leur force se serait affaiblie. N'apprivoise-t-on pas jusqu'aux bêtes féroces? L'histoire ne nous dit-elle pas que le roi D. Juan II de Castille était toujours suivi par un lion qui, à son commandement, se couchait docile et soumis à ses pieds?

« Eh bien, comment expliquer un changement si remarquable, une modification aussi extraordinaire dans une bête féroce chez laquelle le sens commun, d'accord avec la phrénologie, proclame le manque absolu d'un empire moral? Ce phénomène s'explique très-simplement par le principe que l'usage *active* certains organes, et que le non-usage *engourdit* les autres. N'a-t-on pas vu, il y a peu de temps, un tigre, très-féroce de sa nature, s'intimider en présence de quelques chiens sur la place des Taureaux de Madrid? Et pourquoi? Parce que, depuis des années, il était encagé, et, par le non-usage, les organes agressifs et destructeurs avaient perdu leur force à mesure que, la circonspection étant constamment excitée par les dompteurs (*domadores*), les organes de la crainte ou de la circonspection s'étaient fortifiés. Entendez-le donc bien, hommes abusés, la doctrine de la pluralité des organes *céphaliques* et celle de la révélation des facultés mentales par leur aspect extérieur, loin de favoriser votre innocence ou votre non-culpabilité, comme vous le croyez, vous accusent davantage, parce que leur connaissance vous fournissait des ressources humaines dont vous n'avez pas voulu profiter pour raffermir de plus en plus votre intelligence, votre moralité, ou, ce qui revient au même, pour agrandir et rendre plus expéditif votre libre arbitre.

« Vous voulez aussi que, sous un autre point de vue, la phrénologie protège votre innocence. Suivant elle, dites-vous, on pourrait, avec raison et avec justice, incriminer et rendre punissables les actes qui, émanant de personnes telles qu'Aristote, Bacon, Gall, Galilée, et autres semblables à Galilée, portent préjudice au prochain ; parce que, dans leurs têtes, la partie morale et intellectuelle était très-développée, tandis que, suivant les déductions erronées que vous tirez des principes phrénologiques, ces actes devaient être considérés comme non coupables en vous, car ils émanaient de têtes dans lesquelles la région animale avait la prépondérance sur la région morale et intellectuelle.

Philippe II, roi d'Espagne, né en 1527, mort en 1598.

« Vous oubliez, sans doute, que la phrénologie, en se donnant la main avec l'Évangile, exige plus de celui qui a plus. Voici le portrait authentique de Philippe II, roi d'Espagne. Une tête comme celle-ci est dite, par saint Bonaventure, « *prolongée et en forme de marteau;* » elle nous fournit tous les signes de la prévoyance et de la circonspection. En outre de cela, nous y voyons un front carré, assez grand et de justes dimensions, lequel représente la sagesse et parfois le génie. L'histoire nous apprend qu'il en fut en effet ainsi du roi Philippe II, sa tête et toutes celles de son genre étant la preuve incontestable de la vérité du principe phrénologique qu'a établi le saint. Et vous croyez qu'une tête ainsi conformée n'est pas responsable du bon usage de *tous les talents* qu'elle a reçus? Le même Évangile [1] ne nous dit-il pas que chacun est responsable des talents qu'il a reçus?

« Pour vous, *Thibets*, si la phrénologie nous dit que, vous étant dominé jusqu'au point de ne pas commettre les crimes pour lesquels vous êtes jugé, vous auriez accompli votre devoir et remporté un grand triomphe, pour les hommes que vous avez cités, il devait à peine leur être tenu compte de cette victoire. Il ne suffisait pas pour eux, comme pour vous, d'avoir évité le mal, considéré moralement; il fallait qu'ils fissent le *bien*, et ils étaient responsables de ne pas le faire. Au reste, de même que vous auriez suivi la vocation manifestée par le développement de votre tête en vous livrant à une carrière de lutte, de défense et de mouvement, ils suivaient la leur en se consacrant, comme ils le firent, à éclairer l'humanité de leurs lumières.

« Aux yeux de la justice et de la postérité, ces hommes illustres ont rempli leur devoir, sans cesser pour cela d'avoir commis quelques fautes plus ou moins graves, qui mettaient en évidence leur imperfection. Mais ni vous, Thibets, ni vous, Caracalla, vous ne l'avez accompli. Vous êtes donc, Thibets, digne de pitié; mais vous, Caracalla, vous êtes digne d'exécration. Les ressources naturelles internes et externes, directes et indirectes de votre intelligence, Thibets, réunies à celles de votre force morale et à la grâce divine, auraient suffi, avec de grands efforts, pour vous vaincre, quand même toutes les circonstances de l'éducation et de l'exemple fussent contre vous ; c'est ce qui excite et excitera toujours notre pitié. C'est ce qui est et sera toujours une leçon pour les gouvernements de votre nation et de toutes les nations. Mais ceci ne vous déclarera pas non coupable.

«Combien votre cas est différent, Caracalla! Avec une tête douée des plus faibles inclinations pour le mal, avec d'immenses ressources internes et externes pour le bien, vous avez préféré le surnom de *grand coquin* à celui de *bienfaiteur* universel. Vous avez commis d'horribles atrocités contre des milliers de créatures humaines, et cependant votre intelligence *vous disait* bien, votre conscience vous faisait bien *sentir* que vous auriez pu faire le bonheur de millions de personnes. Qu'est-ce que cela vous coûtait? Quelques efforts dont le triomphe était assuré par le pouvoir immense dont vous disposiez. La phrénologie indique, oui, elle indique que vos tendances étaient exterminatrices, cruelles, barbares; que le fratricide dont votre poignard assassin s'est rendu coupable en présence de votre mère le dise; que les *vingt mille* victimes que vous avez ordonné d'immoler le disent. De plus,

---

[1] Voyez saint Matthieu, xxv, 14-50; ép. de saint Paul *aux Romains*, xii, 6-8; ép. i, *aux Corinthiens*, iv, 7 et vii, 7; saint Pierre, ép. i, iv, 10-11.

cette même phrénologie indique que vous n'étiez ni fou, ni sot, ni furieux; que votre intelligence et votre moralité agissaient par le moyen d'organes sains et suffisamment développés pour vous maîtriser, si vous n'aviez pas repoussé les suggestions de votre vertu naturelle et la grâce divine, et si vous aviez utilisé, par cela même, les immenses ressources dont votre intelligence disposait. Vous êtes doublement coupable, coupable pour le mal que vous avez fait, coupable pour le bien que vous avez dédaigné de faire.

« Et cet argument déduit de la physionomie, ou expression du visage, dont vous avez parlé, ne se trouve-t-il pas rétorqué par les mêmes lois naturelles qui président à cette même physionomie ou expression? N'avouez-vous pas vous-même que ce sont des effets de vos mouvements antérieurs? Eh bien, plus vous auriez dominé les impulsions animales en fortifiant l'intelligence et la moralité par l'usage, plus elles auraient été affaiblies. Quel aurait été le résultat physionomique de ce changement? Il tombe sous le bon sens que, l'empire des infâmes passions intérieurement subjugué, le langage extérieur de votre douceur et de votre bonté aurait brillé avec éclat et splendeur sur votre visage.

« Pour vous faire une idée nette du pouvoir que l'intelligence possède sur les passions lorsqu'elle fait tous les efforts dont elle est capable, il n'y a plus qu'à considérer ce que serait la société si chaque individu se laissait entraîner par ses impulsions. S'il n'y avait pas une éducation intellectuelle, morale et religieuse, s'il n'y avait pas des lois répressives, des mesures préventives, des maisons de correction et des châtiments pour la transgression, nous ne pourrions pas exister. Les éléments moraux auraient perdu leur consistance, la raison son influence, la religion sa force naturelle. Considérez, pour un moment, ce que serait la société si l'on disait à tous les hommes : *Agissez à votre fantaisie, dirigez-vous d'après vos passions dominantes, suivez vos plus véhémentes impressions.* La vie individuelle, domestique et sociale ne serait plus qu'un champ de bataille ou une boucherie.

« La preuve incontestable de cette assertion se trouve dans les résultats de toutes les révolutions anarchiques, c'est-à-dire de ces révolutions dans lesquelles toute autorité est détruite, tout droit nié, toute répression morale relâchée. Dans cet état de choses, qui n'est que l'abandon du frein moral et intellectuel aux passions animales, survient un déluge d'horreurs, de malheurs et de maux, qui arrache cette exclamation générale : *Mieux vaut la tyrannie que l'anarchie.* Au milieu de cette conviction s'établit UNE AUTORITÉ qui, maintenant tendues les rênes de l'État, apaise la tempête sociale et fait renaître la paix, le progrès et la prospérité. Cela n'empêche pas, toutefois, que si cette autorité tient les rênes trop tendues, comprime trop fortement; si cette autorité ne laisse pas les soupiraux nécessaires, ne donne pas une latitude suffisante aux passions, n'offre pas un champ spacieux aux nobles et sublimes aspirations de l'âme, les hommes ne trouvant pas le soulagement, l'expansion, la liberté, l'action à laquelle la nature les en-

traine, une explosion éclate et porte partout l'horreur, la misère et l'épouvante.

« D'où vient-il que les mêmes hommes *aujourd'hui* dans le tourbillon de
l'*anarchie* semblent être des émanations de l'enfer, commettent toute sorte
d'actes iniques, infâmes et féroces; et, demain, sous l'influence d'une compression intelligente, saine et bien dirigée, qui laisse cependant un vaste
champ à la liberté, se consacrent à des actes pacifiques, héroïques et mutuellement utiles? D'où vient-il, en un mot, que les mêmes hommes commettent tant d'actions différentes?

« En phrénologie, ceci, tout en paraissant un arcane mystérieux, s'explique
avec beaucoup de simplicité et de clarté. Sachant que les facultés mentales
se divisent en *supérieures* ou morales, *antérieures* ou intellectuelles, *inférieures* ou animales, et que plus on stimule les unes, ou on laisse les autres
dans l'inertie, plus celles-là se fortifient, et plus celles-ci s'affaiblissent, il ne
faut pas beaucoup de logique pour se rendre compte de cet arcane apparent.
Si l'on offre un champ et un stimulant aux instincts animaux, si l'on étreint
et si l'on affaiblit les impulsions morales et les facultés intellectuelles, il est
évident, et cela est mathématique, que plus cette pratique dure, plus
l'homme deviendra brutal, et plus, par conséquent, ses actes seront brutaux, sa force morale et intellectuelle affaiblie; dans le contraire on aura
des effets contraires. Toute la nature nous fournit des exemples analogues.
Si, en pleine mer, on diminue les forces du gouvernail à mesure que le
vent augmente, et si l'on restreint les moyens de serrer la voile, plus on
augmente le danger, faute de contre-poids et de moyens de direction. Si à
mesure qu'un attelage de chevaux a plus de tendance à s'emporter, ou à
prendre, indocile, des directions capricieuses, on le met sous le pouvoir d'un
cocher faible et inhabile, sans intelligence ni force pour obliger les chevaux
à suivre tous la voie tracée, plus on empêchera la marche, plus une catastrophe sera probable et imminente par excès de mouvements impétueux et
contraires, et par faute de talent et de force pour les maintenir et les diriger. Au contraire, si l'on enlève au navire les moyens de mettre la voile et
aux chevaux leur fougue, le gouvernail et le cocher ne serviront de rien.
Éléments impulsifs, éléments restrictifs; éléments dirigeants, voilà le
monde, voilà l'homme; l'un a été créé pour l'autre, et tous deux se trouvent
en harmonie complète, en relation et enchaînement réciproque.

« Toutes nos facultés mentales sont susceptibles d'être aiguillonnées; et
souvent, si un homme, si une société, sont bons ou mauvais, cela vient de
la nature des stimulants, qui servent à la fois d'éperon et de répression.
Néanmoins l'homme est toujours responsable de ses mauvaises actions. Ré-
compensez dans une armée la lâcheté et punissez la valeur, et presque tout
le monde sera lâche; encouragez le désordre et méprisez l'ordre, et presque
tout le monde sera désordonné; abandonnez la discipline, et vous rendrez
impossible l'existence de toute espèce de milice; chassez le principe de la
sainte obéissance dans le sacerdoce, et vous rendrez sa moralité victime de

la fureur des passions; donnez de l'encouragement au vol, à l'ivrognerie, au suicide, à l'assassinat, et beaucoup d'hommes qui, aujourd'hui, ont horreur en entendant seulement prononcer ces noms, deviendront voleurs, ivrognes, suicides et assassins. Excitez enfin la partie animale de l'homme, endormez sa partie morale, n'éclairez pas sa partie intellectuelle, et nous deviendrons tous des bêtes féroces.

« Il n'est pas douteux, comme nous l'enseignent la religion et la philosophie, le sens commun et l'expérience de l'humanité, qu'il y a des hommes imbéciles, fous et emportés, qu'aucun stimulant ne peut changer, qu'aucun effort humain ne peut modifier. S'il y a en eux quelque changement moral ou intellectuel, ce doit être un effet exclusif de la grâce divine. Ces individus sont des exceptions, exceptions dont les lois divines et humaines ont décrété la non-responsabilité. La médecine, dont les lumières à cet égard éclairent souvent les tribunaux tant civils qu'ecclésiastiques, connait déjà beaucoup de ces exceptions.

« Quel rôle, croyez-vous, ô hommes abusés! que joue la *médecine* dans ces cas exceptionnels? Ni plus ni moins que celui de la phrénologie en d'autres cas analogues. La médecine ne forme pas l'organisme, elle ne crée pas les maladies; son objet, sa juridiction, son domaine exclusif, c'est d'indiquer, par des *signes* ou *symptômes*, l'état de l'organisme, de déterminer la maladie et de proposer les moyens de guérison. La phrénologie agit de même : elle ne forme pas la tête, elle ne crée aucune configuration céphalique; son pouvoir se borne, absolument et exclusivement, à déterminer l'état de cette tête à l'aide de cette configuration déjà existante, dans le but d'éclairer la législation, l'éducation, l'administration et d'autres sciences.

« La phrénologie n'a pas construit la tête de l'imbécile d'Édimbourg, ni celle de l'idiot d'Amsterdam, ni celle du niais dont le crâne est entre les mains du docteur Sanllehi; elle n'a pas non plus formé ou construit la tête d'Euripide, ni celle de Bacon, ni celle de Gall : la phrénologie considère seulement les têtes telles qu'elles sont, de même que la médecine considère les organismes comme elle les trouve; et ces deux sciences se prononcent ensuite d'après les symptômes ou les signes qui se présentent.

« Avant la découverte de la phrénologie, la médecine était en possession du fait qu'une irritation cérébrale ou d'autres causes faisaient délirer la raison et agir irrésistiblement les passions qui constituaient la folie; elle savait aussi qu'une atrophie cérébrale ou d'autres causes produisent l'imbécillité. Dans quelques cas, elle connaissait ces extrêmes par des symptômes ou signes; dans d'autres, elle ne pouvait pas les déterminer. Maintenant la phrénologie agrandit le domaine de sa *symptomatologie*, c'est-à-dire les symptômes ou signes perceptibles à l'aide desquels la médecine détermine l'état morbide ou anomal de l'organisme.

« Aujourd'hui la phrénologie apprend à la médecine qu'un aplatissement général, c'est-à-dire une petitesse extrême de toute la tête, est un symptôme d'imbécillité *complète*, et que l'aplatissement partiel, ou petitesse ex-

trême d'une de ses parties, est un symptôme d'imbécillité *partielle*. Il y a
des hommes qui savent à peine compter jusqu'à trois; il y a des personnes
qui ne peuvent presque pas concevoir les harmonies musicales, et des individus qui sont incapables de former un syllogisme, si peu compliqué qu'il
soit, tandis qu'ils provoquent l'admiration par la perspicacité de leur talent
dans les autres branches du savoir humain.

« D'un autre côté, la phrénologie apprend à la médecine que le volume
excessif d'une région céphalique sans un développement correspondant
dans les autres régions, qui, avec tous les autres excitants externes, lui
servent de contre-poids, est un symptôme ou signe de démence. Par suite
de l'agrandissement que la symptomatologie reçoit de la médecine au
moyen des découvertes phrénologiques, les tribunaux, ô malheureux Thibets! ô pervers Caracalla! agrandissent de même leurs connaissances pour
juger avec plus d'assurance et de rectitude les actions diverses, d'origine
douteuse, et pour lesquelles on fait comparaître devant nous beaucoup
d'accusés.

« Ces connaissances font évanouir, à votre sujet, tous les doutes que votre
cause pourrait nous susciter. La phrénologie nous démontre, avec une clarté
aussi grande que celle que répand le soleil en son méridien, que, chez
vous, l'organisme n'est pas de sa nature tellement disgracié, que les manifestations de l'intelligence et de la morale se trouvent entièrement
éteintes; tellement exceptionnel, que la crainte n'apaise pas les passions
brutales, que l'*espérance* ne réveille pas les sentiments bénévoles; tellement
insensible ou excitable, qu'aucun stimulant, aucune répression, ne puissent
vous porter à faire le bien ou à éviter le mal. Ceux qui possèdent un organisme
aussi défectueux, heureusement peu nombreux, et que, plus heureusement
encore, nous pouvons déterminer *à priori* par le moyen de la phrénologie,
sont entièrement sous la tutelle de la miséricorde du gouvernement moral
de leurs semblables, comme les enfants, à cause de leur faiblesse morale,
se trouvent sous celle de leur père ou de leur tuteur. Nous répétons que
vous n'êtes pas dans ce cas; que, par conséquent, vous êtes coupables et
socialement punissables à cause des actes d'atrocité brutale que vous avez
commis, l'horreur et l'exécration des siècles vous poursuivant, Caracalla; et
vous, Thibets, la compassion et la pitié des hommes sensibles! »

Tel serait le jugement que prononcerait un tribunal dont le code serait
la phrénologie. Mais, en même temps qu'il prononcerait ce jugement, il
adresserait respectueusement et avec déférence une exposition au pouvoir
suprême de l'État en mettant en relief la nécessité d'assurer les moyens de
subsistance et d'éducation religieuse et philosophique à tous les jeunes gens
délaissés, à tous les jeunes coupables d'une première faute, qui, comme
Thibets, se voient dès l'âge tendre sujets et exposés à des influences démora-
lisantes et criminelles. Dans cette révérente et respectueuse exposition, on
expliquerait comment l'État n'est qu'un corps de la tête duquel le gouvernement est le *libre arbitre*; car dans le gouvernement est ou se trouve ou

doit se trouver l'intelligence et la faculté de prévenir et empêcher le mal, de prévoir le bien et de l'obtenir.

Il y a trois mots magiques qui expriment la manière de remplir parfaitement ce *devoir*, ce *premier* devoir de tout gouvernement, qu'il soit individuel, domestique, partiel ou général, à savoir, *exciter*, *réprimer*, *éclairer*, et produire ainsi l'harmonie générale [1] : exciter les facultés dont les organes sont trop faibles, réprimer celles dont les organes sont trop robustes, éclairer les facultés dont les organes permettent à l'âme de percevoir les faits extérieurs; donner une sphère d'action utile à ces têtes disgraciées, imbéciles ou folles de naissance, chez lesquelles les influences naturelles de l'excitation, de la répression ou de l'instruction ne peuvent rien, soit pour pousser au *bien*, soit pour retirer du *mal* : voilà la quintessence de tout gouvernement général ou national. En augmentant les moyens certains et efficaces d'exciter, réprimer et éclairer les personnes naturellement susceptibles d'amélioration et de progrès ainsi que la connaissance des signes ou symptômes relativement aux individus qu'aucun effort humain ne peut modifier, la phrénologie devient un nouvel appui, un aide ou une ressource naturelle qu'elle offre aux gouvernements de la terre pour le plus grand avantage de leurs sujets et pour la plus grande louange de la gloire divine. Et, comme un gouvernement civil, politique ou social, est d'autant meilleur, qu'il encourage le bien et empêche le mal, qu'il prévient le crime et par conséquent qu'il a moins à punir, il ne pourra jamais, dans un cas donné, dédaigner une science qui répand une si grande lumière sur le moyen le plus facile et le plus efficace d'arriver aux fins pour lesquelles il a été constitué.

Maintenant que vous connaissez jusqu'à quel degré extrême les têtes peuvent manquer de moralité et d'intelligence sans perdre, dans l'ordre de la nature, la conviction intime du mal qu'elles font, ni le pouvoir de résister en même temps par des efforts proportionnés à toutes les impulsions brutales, je vais soumettre à votre examen quelques-uns des cas dans lesquels les organes moraux sont tout à fait ou presque tout à fait *imbéciles* et ne peuvent point ou ne peuvent presque point s'opposer à la violence des impulsions animales ou brutales. Dans ces circonstances, les individus, à moins d'un miracle, n'ont presque pas de *sens moral*. Les moyens de correction ou d'excitation sont presque inutiles. Admettre, dans des cas semblables, les raisonnements que l'on a mis dans la bouche de Thibets et de Caracalla serait un contre-sens. Les têtes que je présenterai maintenant, de *Williams*, de *Hare*, de *Boutillier* et autres semblables, sont des avortements de la nature ou sont des déments de leur naissance. Avec ou sans la phrénologie, elles existent et elles sont au pouvoir d'une certaine espèce de torpeur frénétique qui ne respire que sang, méchanceté, extermination ; la seule différence qu'il y a, c'est qu'avec la phrénologie on reconnait ces têtes *à priori*,

---

[1] Voyez tout ce que j'ai dit dans les leçons XLVI, XLVII et XLVIII sur le gouvernement, la volonté ou l'harmonisativité de l'individu. (*Note de l'auteur pour l'édition française.*)

et qu'une fois connues, le libre arbitre social, sous l'empire exclusif duquel se trouvent seulement les individus auxquels elles apartiennent, peut non-seulement éviter leurs actes horribles, mais encore les diriger vers des fins qui convertiraient ces monstres en créatures inoffensives et utiles.

Dans cette tête de Williams il y a si peu de force morale, que le gouvernement devrait, dès le principe, se charger de sa direction, afin qu'elle accomplisse, avec l'aide de la grâce divine, le rôle utile auquel elle est destinée. Ces cas montrent bien à découvert que si, dans ce monde, l'âme ne peut voir sans les yeux, ni marcher sans les jambes, ni bien raisonner dans certaines fièvres, ni retenir ses mouvements destructeurs dans certaines irritations, elle ne peut pas plus penser ni sentir sans la tête; donc elle ne peut pas manifester sa

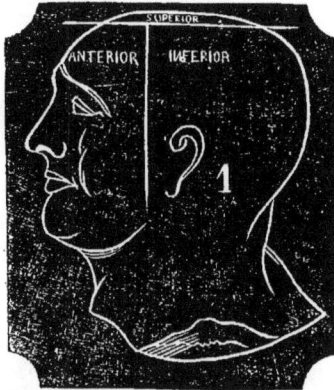

WILLIAMS, horrible assassin anglais.

lumière morale ou intellectuelle lorsque le tube, l'organe ou le véhicule qui doit lui servir de manifestation est trop affaibli.

Celui-ci est le portrait de Hare (Her), dont la tête, sauf une petite différence, est analogue à celle de Williams. Tous les deux furent pendus, il y a peu d'années, l'un à Édimbourg, et l'autre à Londres, pour avoir commis une foule de meurtres dans le but de vendre les cadavres comme objets de dissection aux collèges de médecine. Tout ce que ces malheureux dirent pour leur défense, tout ce qui résulta de leurs causes respectives, tout ce que leur conduite antérieure et postérieure révéla sur leurs crimes, tout annonçait qu'ils furent des enfants quant au sens

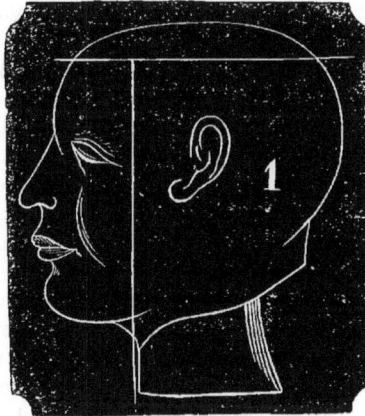

HARE, horrible assassin anglais.

moral. Ils commettaient leurs crimes sans presque avoir une véritable et intime connaissance de ce qu'ils faisaient. Ils vécurent et moururent sans avoir à peine éprouvé des scrupules de conscience avant de faire le mal, ni des remords après l'avoir exécuté. Ils se divertissaient, suivant leurs propres expressions, en tendant mille piéges et embûches à quelques personnes honnêtes et inoffensives pour les étrangler et les vendre ensuite.

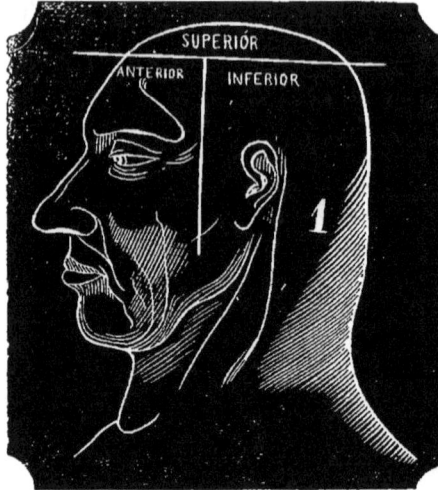

Boutillier, brutal et horrible bandit et parricide français.

Voici la tête de Boutillier, homme qui, suivant Broussais, adonné à toute sorte de vices et souillé du crime de parricide, était possédé d'une abominable frénésie d'homicide et de violateur. En 1827 il expia ses crimes sur l'échafaud. Il paraît encore que, d'après tout ce que révéla son procès, sa partie morale était très-déprimée. On a fait des modèles de la tête de ce monstre à figure humaine, ainsi que de celles de Hare et Williams, au moment où ces individus ont été suppliciés. Toutes les grandes collections phrénologiques possèdent des copies de ces modèles. Les gravures que je présente ici ont été tirées de ces copies. Je réponds de leur exactitude.

Vous connaissez déjà aussi bien que moi la forme de ces têtes malheureuses. C'est pourquoi, en me présentant, à Saragosse, une tête analogue d'un jeune homme qui avait environ quatorze ans, vous l'auriez, sans balancer un moment, trouvée, comme je le fis, possédée de violents penchants pour l'assassinat. C'était le 7 septembre 1845. J'étais allé, sur invitation spéciale, en compagnie de plusieurs personnes respectables, visiter la *Casa de Misericordia*. Là, entre autres personnes qu'on me présenta pour un examen phrénologique, on me donna le cas du jeune homme cité.

« Voici, m'exclamai-je aussitôt, une tête qui, si le libre arbitre social ne la dirige pas, sera *patibulaire* (digne de la potence). Il est très-probable que ce garçon se laissera entraîner par ses penchants à l'assassinat sans qu'il reconnaisse à peine la nécessité, sans qu'il ait la force de les repousser. Il faut qu'il ne sorte jamais d'ici, qu'il soit toujours occupé, que le jour il soit surveillé, que la nuit il dorme seul dans une chambre séparée dont il ne puisse sortir.

— C'est, en effet, une tête patibulaire, répondit un commissaire de police qui était présent, puisqu'il a déjà fait sept ou huit tentatives d'assassinat sur quelques-uns de ses compagnons. »

Vous ne devez pas vous étonner de ce fait, car nous voyons des tribus entières dont la configuration céphalique est pareille à celle de Hare, Williams,

Boutillier et de ce jeune Saragossais. Ainsi sont les Caraïbes, dont je vous présenterai quelques portraits; ainsi sont quelques tribus arabes situées sur les limites de la colonie française d'Alger. L'un de ces monstres, racontaient les journaux, après la conquête d'Alger nouvellement faite par les Français, avait assassiné un des soldats conquérants, lui avait ouvert ensuite le ventre et arraché les entrailles, les foulant aux pieds et crachant dessus, assouvissant ainsi la fureur de ses féroces et abominables instincts. Lorsque nous voyons quelques peuples remarquables par leur piété, leur moralité, leur civilisation, leurs progrès, engagés dans une guerre fratricide, s'égorger, s'incendier, se tuer atrocement entre eux, qu'est-ce, sinon l'incendie de la partie brutale qui éteint provisoirement la lumière morale et donne une fausse direction à la partie intellectuelle? Quand un individu intelligent et moral, de mœurs douces et d'emportements dominables, se laisse entraîner jusqu'à commettre des actes d'une nature cruelle et féroce, qu'est-ce, sinon une excitation instantanée et infernale de ses facultés animales qui suspend pour le moment l'action des facultés morales et alourdit ou détourne du bon chemin les facultés intellectuelles? Voilà comment nous devons tous être en alerte contre les tentations et les mauvaises pensées; et voilà comme serait la plus grande des absurdités, si l'on supposait que, parce qu'une certaine configuration céphalique dénote des penchants et peu de résistance naturelle au crime, il devait s'ensuivre, comme le prétendrait quelque antiphrénologue, que tout criminel doit avoir une tête patibulaire.

En contraste avec ces têtes, nous voyons celles qui sont hautement morales et intelligentes respirer la vertu et la bonté naturelles. A cette classe appartient celle qu'en ce moment j'ai le plaisir de vous présenter : c'est la tête du nègre Eustache. (Voyez ci-contre.)

Le nègre Eustache, esclave de M. Bélin, naquit en 1773, à Saint-Domingue, aujourd'hui Haïti, lorsque c'était encore une colonie des Français. Dans sa jeunesse, il évitait naturellement et spontanément toute sorte de conversation obscène avec ses compagnons, profitant de toutes les occasions qui se présentaient pour écouter les blancs respectables et intelligents. Modèle de bonté et de vertu, pendant que les Haïtiens commirent toutes sortes de brutalités et de barbaries, en 1791, afin de se rendre indépendants de la France, Eustache brilla comme un astre moral au milieu de tant de crimes et de tant d'atrocités. Fort, actif, courageux, énergique et poussé par le plus vif désir de faire le bien, il sauva beaucoup de blancs, entre autres son maître, qu'il n'abandonna jamais. Arrivé en France, il travailla avec la plus grande énergie, avec une infatigable persévérance, comme domestique et serviteur partout où on l'appelait, s'oubliant lui-même et consacrant toujours les récompenses qu'il recevait au soulagement des malheureux et au secours de son maître, ruiné par la perte de ses biens.

Il y a cependant dans Eustache un *trait moral* qui explique toute sa vie et corrobore complétement la vérité des principes phrénologiques touchant les divisions générales de la tête. Se trouvant encore à Port-au-Prince, capitale d'Haïti, il entendait souvent son maître se plaindre de la perte graduelle de sa vue; il se plaignait surtout de ce que bientôt il ne pourrait plus lire, s'évanouissant ainsi le seul plaisir qui lui rendit la vie agréable. Eustache regrettait amèrement de ne pas savoir lire; mais, pour une âme comme la sienne, il n'y avait pas d'impossibilité quand il s'agissait de faire le bien.

Il se résolut à prendre secrètement des leçons de lecture à quatre heures du matin, parce que, en sa qualité d'esclave, il ne croyait pas qu'il pût lui appartenir un autre temps que celui qu'il donnait à son sommeil. Sans manquer à aucun de ses services et obligations, il acquit rapidement, avec son intellectualité, la connaissance désirée. Qu'on juge de la joie, du plaisir qu'éprouva M. Bélin, dont la vue le servait à peine

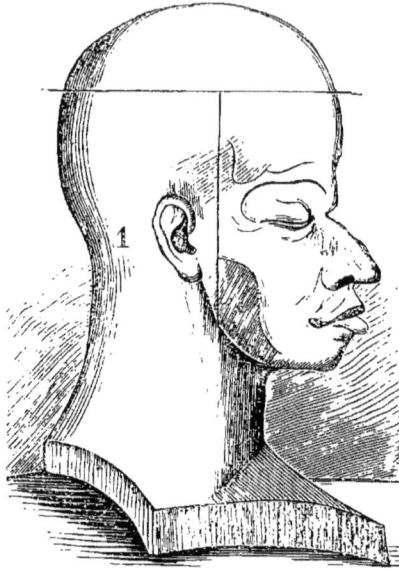

Le nègre EUSTACHE, né en 1775, mort en 1856.
L'Institut de France lui adjugea, en 1832, le premier prix de vertu.

alors pour lire, lorsqu'il trouva à son côté un lecteur dont il pouvait disposer à tout moment; il fut convaincu que, si rien n'est facile à l'ignorance et à l'indifférence, rien n'est impossible au dévouement et à l'intelligence. Les éminentes qualités de ce nègre humble, mais heureusement doué, ne pouvaient rester longtemps cachées. En effet, en 1832, l'*Institut national de France* l'honora du plus grand hommage dont il pouvait disposer en lui adjugeant la somme de cinq mille francs comme le *premier prix de vertu* [1].

Si la phrénologie, messieurs, prouve qu'il y a des hommes d'un naturel dépravé et des hommes d'un naturel bénévole; si elle rend évident [2] que ces

[1] Afin que ces dernières têtes ne soient pas considérées comme idéalisées (*idealizadas*), je crois opportun de renvoyer mes lecteurs à la collection de la Société phrénologique d'Édimbourg, où se trouvent les modèles tirés des têtes propres de Hare et de Williams, et à celle de Paris, où se trouvent celles de Boutillier et d'Eustache, dont les gravures présentées dans cet ouvrage sont des copies exactes de leurs modèles.

[2] « Puisque tout arbre se reconnaît à son fruit, qu'on ne cueille pas des figues sur des épines, ni des raisins sur des ronces: l'homme bon tire de bonnes choses du bon trésor de son cœur, de même que l'homme mauvais en tire de mauvaises du mauvais trésor de son cœur. » Évangile de saint Luc, vi, 44-45. — « Je vous dis qu'il y aura dans le ciel plus de joie pour le pécheur repentant que pour quatre-vingt-dix-neuf justes qui n'ont pas besoin de faire pénitence. » Le même, xv, 7.

individus ont une disposition, et ceux-là une autre très-différente; si elle démontre que certaines personnes sont douées d'un génie sublime, tandis que d'autres sont entièrement nulles[1]; si elle apprend que les uns sont doués d'un talent et les autres de plusieurs[2]; si elle établit que tous nous sommes responsables pour l'usage de ce que nous avons reçu et non pour le peu ou la quantité que le ciel nous a octroyé[3]; si elle démontre que le même individu et la même nation sont sujets à mille changements, à mille variations et mille modifications, par mille et mille influences diverses auxquelles l'organisme humain est naturellement soumis[4]; si elle fait voir que les différentes facultés ou principes de l'esprit sont souvent en lutte et en opposition, la région supérieure devant triompher[5], elle prouve, elle rend évidente, elle démontre, elle apprend, elle établit, elle fait voir cette science, ce que les saintes Écritures proclament et nous enseignent clairement et définitivement, comme on l'a déjà vu.

[1] C'est pourquoi, puisque nous avons des dons différents suivant la grâce qui nous a été donnée, que celui qui, par le moyen de cette grâce, a reçu le don de prophétie l'exerce toujours suivant la règle de la foi; que celui qui a été appelé au ministère de l'Église s'attache à son ministère; que celui qui a reçu le don d'exhorter, exhorte; que celui qui donne l'aumône, la donne avec simplicité; « que celui qui préside on gouverne le fasse avec vigilance; que celui qui fait des œuvres de miséricorde les fasse avec douceur et avec joie. » Ép. de saint Paul *aux Romains,* xii, 6-8. — « Avec le saint vous serez saint, et innocent avec l'innocent; avec l'élu vous serez élu ou sincère, et avec le méchant vous serez comme il le mérite. » Salomon, xvii, 26-27. Traduct. d'Amat.

[2] « Le Seigneur agira comme un homme qui, se trouvant dans un pays lointain, convoqua ses serviteurs et leur livra ses biens, donnant à l'un cinq talents, à l'autre deux, et un seul à un troisième, *à chacun selon sa capacité.* » Év. de saint Matthieu, xxv, 14-15.

[3] « Au serviteur qui avec les cinq talents en avait gagné cinq autres, comme à celui qui avec deux talents en avait gagné deux autres, le maître leur dit : « C'est très-bien, bon serviteur, diligent et loyal; puisque tu as été fidèle en peu de chose, je te confierai beaucoup; viens prendre part à la joie de ton maître. Quant au serviteur qui n'avait reçu qu'un talent, il le réprimanda, non parce qu'il manquait de capacité pour faire bénéficier son talent, mais parce qu'il n'avait pas fait bénéficier ce talent. » (Évangile de saint Matthieu, xxvi, 20-30.)

[4] Voyez à ce sujet tout le saint livre de la *Sagesse.*

[5] Il est impossible de décrire les attributs des facultés animales et morales de l'âme avec ses luttes et ses combats mieux que ne l'a fait saint Paul, qui exprimait ce qu'il sentait se passer naturellement en lui-même. Quand je veux faire le bien, je trouve en moi une loi, une inclination opposée, parce que le mal est attaché à moi; c'est pourquoi je prends plaisir à la loi de Dieu, suivant *l'homme intérieur*; mais, en même temps, je vois dans mes membres une autre loi qui résiste à la loi de *mon esprit* et me subjugue à la loi du péché qui *est dans les membres de mon corps.* » Ép. de saint Paul *aux Romains,* vii, 21-23. — « La chair a des désirs contraires à ceux de l'esprit, et l'esprit en a de contraires à ceux de la chair, comme deux choses opposées l'une à l'autre; de sorte que vous ne faites point tout ce que vous voulez; que, si vous êtes conduits par l'esprit, vous n'êtes point sujets à la loi. Les œuvres de la chair sont très-manifestes : telles sont l'adultère, la fornication, l'impureté, la luxure, l'idolâtrie, l'empoisonnement, les inimitiés, les disputes, les jalousies, les colères, les querelles, les divisions, les hérésies, les envies, les meurtres, l'ivrognerie, la gloutonnerie et les choses semblables, pour lesquelles je vous dis et je ai déjà dit que ceux qui font de telles choses n'hériteront point du royaume de Dieu. Mais les fruits de l'esprit sont la charité, la joie, la paix, la patience, la douceur, la bonté, la longanimité, la mansuétude, la foi ou la fidélité, la modestie, la tempérance, la chasteté; ceux qui vivent de cette manière n'ont point de loi contre eux. » Épître de saint Paul *aux Galates,* v, 17-23.

En résumé, la phrénologie, comme je l'ai déjà dit, n'a pour objet que de nous offrir les moyens de nous connaître nous-mêmes individuellement et socialement pour éviter un peu plus et mieux le mal et faire davantage et mieux le bien. A ce sujet, vous vous êtes déjà rendu compte de sa mission. Je suis persuadé que vous êtes profondément convaincus des saines et bienfaisantes tendances de la science que nous étudions, tant dans ses principes que dans ses vastes et nombreuses applications. Je vous trouve donc préparés pour comprendre et sentir l'opportunité et la vérité des questions et réponses suivantes qui terminent cette leçon, et avec elle la partie préliminaire ou introductrice de toute la série ou tout le cours des leçons.

Quelle est la mission de la phrénologie sous le point de vue religieux?

Démontrer l'harmonie qui existe entre les principes psychologiques que la véritable religion nous révèle et que la saine philosophie nous enseigne, nous poussant d'un côté à fortifier le libre arbitre, et de l'autre à implorer la grâce divine.

Quelle est la mission de la phrénologie sous le point de vue éducatif?

Établir un système d'enseignement qui dirige le mieux et le plus possible la force aveugle des facultés et qui instruise le plus et le mieux possible leur force de connaître ou perceptive.

Quelle est la mission de la phrénologie sous le point de vue administratif?

Éclairer les directeurs de l'État afin qu'ils puissent soumettre à l'ORDRE le plus grand degré de LIBERTÉ possible, dont la concession est sa première et sa plus sainte obligation.

Quelle est la mission de la phrénologie sous le point de vue social?

Prouver avec la clarté du soleil en plein jour que l'homme est une créature égoïste, domestique et nationale; que tous ses intérêts et libertés sont subordonnés à cette triple nature, et que pourtant toute réforme sociale qui ne provient pas de ce principe multiple est impossible.

Quelle est la mission de la phrénologie sous le point de vue législatif?

Enseigner la conciliation des diverses libertés et des intérêts qui naissent de notre nature multiple, les encourager tous sans sacrifier les uns aux autres.

Quelle est la mission de la phrénologie sous le point de vue philosophique?

Démontrer l'origine première des arts et des sciences comme étant de pures émanations des facultés de l'âme.

Quelle est la mission de la phrénologie sous le point de vue de la thérapeutique ou curatif?

Individualiser et déterminer l'organe matériel spécial de chaque faculté mentale spéciale, en étendant aussi la symptomatologie médicale et les ressources de l'art de guérir avec une plus grande précision analytique à certaines maladies cérébrales.

Quelle est la mission de la phrénologie sous le point de vue de l'utilité pratique?

Diminuer les probabilités d'erreur dans le jugement que nous nous formons tous naturellement et spontanément du caractère et du talent de nos semblables d'après l'aspect de la tête, l'expression de la figure et l'état de tout l'organisme.

Quelle est la mission de la phrénologie sous le point de vue général?

Fonder l'analyse et la classification des facultés mentales sur un système d'observations et preuves expérimentales, plaçant ainsi la métaphysique, la psychologie ou la philosophie mentale, sans laquelle, selon Vico, il n'y a ni science morale ni histoire, sur un terrain ferme, sûr et vrai, qu'on avait en vain cherché jusqu'à ce jour.

Je serai heureux, mille fois heureux, si, comme je l'espère, je parviens à prouver par des faits irrécusables que ce sont là la MISSION et les TRIOMPHES de la phrénologie.

LEÇON XIII

Le développement et la forme de la tête d'un individu correspondent perceptiblement à ses dispositions et à ses talents.

MESSIEURS,

L'intelligence humaine, dans sa marche incessante vers le progrès, suit une route fixe qu'elle ne quitte jamais. Sa direction va toujours du matériel à l'immatériel, de l'externe à l'interne, de la synthèse à l'analyse, de la conjecture à la preuve expérimentale, de l'individualisme au sociabilisme.

Si nous fixons bien la vue sur la gradation hiérarchique naturelle des créatures humaines, nous verrons que plus elles sont charnelles que spirituelles, plus elles étudient le superficiel que le profond, le général que l'analytique, le théorique que la pratique, plus elles se trouvent retardées.

L'Indien sauvage, ou l'homme dans son enfance, n'a presque pas d'autres goûts, n'a d'autres aspirations que celles qui sont purement animales. Ses connaissances se bornent à ce qu'il perçoit; ses idées sont toutes indéfinies, obscurément générales, peu ou nullement analytiques, ses *sciences* sont de vagues théories.

Dans son enfance, l'homme prend la tête pour le principe spirituel et moteur qui lui donne la vie et le mouvement; il prend la parole pour l'idée, l'indéfini pour l'analytique, le fabuleux pour le philosophique.

La preuve irrécusable de cette assertion se trouve dans les étymologies primitives des mots. *Tête*, dans son origine, signifie « principe moteur; » *raison, argument, raisonnement, discours*, signifient *harangue*, langage, conversation; *connaissance* signifie ce qui se divise et se perçoit par les sens externes; *intelligence* (inter legere) signifie faire choix ou choisir parmi ce qui est divisé et perçu par les sens externes. Seulement, à mesure que l'homme se perfectionne et s'approche de plus en plus du Créateur, il va en acquérant des conceptions et des croyances plus pures, plus spirituelles, plus précises et plus analytiques.

Les philosophes qui ont cru exalter la nature humaine en éteignant les aspirations idéales, en tarissant ses sources sublimes, en détruisant ses espérances futures, en matérialisant toutes ses études philosophiques, se sont grandement mépris.

Ses doctrines, si leur enseignement exclusif eût été possible, son objet, si son obtention exclusive eût été possible, auraient fait détériorer, rétrograder, animaliser la race humaine, en lui enlevant toute sa consolation, en annihilant toutes ses plus grandes joies, en détruisant son avenir toujours progressif, en effaçant le *par delà* (mas allà) écrit par la Providence dans son horizon, et en limitant sa vie à l'existence matérielle et momentanée des brutes. Voilà, oui, voilà, messieurs, ce qu'obtiendrait le triomphe complet de la *philosophie matérialiste*, s'il était possible.

Mais il n'y a rien à craindre. La philosophie exclusivement matérialiste est tout à fait impossible, car l'homme avance et ne recule pas, il marche vers Dieu et non vers les brutes. Savez-vous pourquoi Platon dans l'antiquité, et Gall dans les temps modernes, furent si grands, si sublimes, si immenses? Parce qu'ils ne considérèrent le *matérialisme* que comme un échelon du *spiritualisme*.

Platon proclame que la tête ne sert qu'à la faire recueillir en elle-même pour étudier ce qui se passe en elle. Gall dit que la tête n'est qu'un instrument et que l'âme est seulement le moteur; qu'elle n'a que des organes, et que l'esprit possède seul les facultés. Platon et Gall sont les philosophes qui ont subordonné par excellence la matière à l'esprit, déterminant, fixant à chacun sa véritable attribution. L'esprit donne la vie et fait mouvoir, la matière reçoit et transmet; celui-là est immortel et éternel, celle-ci mortelle et périssable. En proclamant la spiritualité, l'immortalité et la liberté de l'âme, en indiquant les facultés toutes innées en elle, en établissant que la matière est seulement et peut être seulement un instrument, que l'organe seulement est et peut être seulement un moyen dont la faculté se sert, Gall a proclamé, signalé et établi le *spiritualisme* soutenu, appuyé et prouvé par le matérialisme.

Il n'est donc pas étonnant, comme vous l'avez entendu, que l'auteur de l'article *Philosophie psychologique*, dans le Dictionnaire théologique de Bergier, ait dit en termes clairs et précis que les dogmes de l'immortalité de l'âme et du libre arbitre n'ont jamais cessé de prévaloir, quoique l'on ait étudié les facultés de l'âme par les formes extérieures du crâne. Si quelqu'un ou quelques-uns, avec des intentions pures ou mauvaises, ont tergiversé sur le sens de cette étude en l'interprétant à leur façon et en *bestia-*

lisant l'homme, la faute n'en est pas à cette étude, mais à l'abus qu'on en a fait. Les saintes Écritures sont-elles coupables des interprétations fausses et erronées qu'on en fait au détriment de la religion elle-même?

Celui qui proclama le premier la phrénologie est un Père de l'Église; celui qui la démontra est un fils de la même Église. Tous deux ont proclamé, avec une éloquence irrésistible, avec des arguments irréfutables, avec des faits irrécusables, le libre arbitre et l'immortalité de l'âme.

Celui qui annonça et celui qui démontra la phrénologie s'élevèrent de la matière à l'esprit, de la tête à l'âme, des organes aux facultés. Il n'y a plus rien à dire à l'égard de l'apparition scientifique de la phrénologie. Vous le savez entièrement, vous l'avez vue complétement constatée; vous pouvez déjà l'utiliser.

Nous allons maintenant entrer dans le champ de la *phrénologie démon-trée* que saint Bonaventure nous a annoncée, et nous emparer, non-seulement des découvertes qu'on a faites en elle, mais encore des applications qui se déduisent de ses principes et de ses doctrines, afin de les mettre en pratique pour l'avantage et pour l'utilité de l'homme individuellement et collectivement considéré.

En entrant dans ce vaste champ, nous remonterons à l'époque où elle était tout à fait inconnue; puis, accompagnés de ceux qui le découvrirent et l'agrandirent, nous suivrons la voie et la direction que leur génie leur inspira. Nous ne laisserons ainsi aucun coin à reconnaître, aucun objet à examiner.

Joseph-François Gall, comme je l'ai longuement dit dans la leçon VIII, est celui qui a véritablement fait la découverte du champ dont nous allons aujourd'hui entreprendre la reconnaissance. Ce champ embrasse l'organisme entier.

Il comprend la tête, tant dans sa partie externe ou le crâne, que dans sa partie interne ou le cerveau. La partie interne ou le cerveau est proprement l'instrument qui fait directement fonctionner l'âme pour mettre en évidence ses opérations. Mais il est impossible, pour les raisons données dans la leçon VII, d'observer, par aucun moyen connu, les fonctions elles-mêmes au moment où elles s'exécutent, et de les déduire par l'examen de la partie interne de la tête quand elle est inanimée : nous n'avons d'autre ressource que de les étudier d'après l'aspect ou la surface de la partie externe ou le *crâne*. De sorte que, si les indications que nous donne la surface externe de la tête pour reconnaître les fonctions de sa partie interne trompent, les fondements et les appuis qui soutiennent l'édifice de la phrénologie s'écroulent.

En outre de la tête, le champ que nous allons parcourir comprend le visage, aux traits duquel les organes cérébraux transmettent un témoignage vivant de leur action, opération ou mouvement. En effet, il n'y a pas de fonction cérébrale qui ne transmette à la figure une *expression* plus ou moins vive, indiquant, dans un langage spontané, sa nature et sa spécialité. Tous les arts d'*imitation morale* doivent leur origine à cette expression ou physionomie.

Enfin, le champ de la phrénologie démontrée embrasse le tronc réuni à la tête pour produire le GESTE, ce qui, joint à l'*expression* du visage, forme la mimique ou la complète manifestation externe des fonctions cérébrales, connue sous le nom de *langage naturel.*

En plus du cerveau et du crâne comme organes des facultés, en plus de la physionomie et du geste comme expression des fonctions cérébrales, ce qui constitue la base fondamentale de la doctrine ou dogme phrénologique, il est nécessaire, pour compléter l'œuvre que nous avons entreprise, d'étudier les applications théoriques et pratiques qu'on peut et qu'on doit faire de cette connaissance relativement à l'individu comme relativement aussi à la société.

L'homme, ai-je dit, va toujours du matériel à l'immatériel, de l'externe à l'interne; et ce principe général n'a été suivi, dans aucune branche du savoir humain, avec plus d'exactitude et de fermeté que dans la *Phrénologie démontrée.* Gall, le premier qui parmi les hommes le découvrit complétement, remonta de la tête matérielle à l'esprit immatériel, et puis du crâne externe au cerveau interne.

Vous avez déjà vu comment il s'éleva de l'aspect matériel des yeux à la faculté immatérielle du langage, du signe *externe du crâne* à l'organe *interne* cérébral.

Telle est l'histoire de la phrénologie démontrée et de tout ce qu'on connaît, de tout ce qu'on doit connaître de cette science. Tel est ensuite le sentier que nous avons à parcourir, le chemin dont nous ne devons pas dévier.

Étudions d'abord, à l'exemple de Gall, un assez grand nombre de têtes ou de crânes, et, les dispositions des individus auxquels ils ont appartenu étant connues, voyons si, en effet, il y a la correspondance qu'on nous dit exister entre la forme externe matérielle et l'essence interne spirituelle, selon qu'elle se révèle perceptiblement. Cela fait, voyons ensuite l'autre correspondance; voyons si, en effet, la forme externe du crâne correspond à la forme interne cérébrale. Si dans les deux cas la correspondance ne fait pas faute à la généralité des exemples qui s'offrent à notre inspection, alors nous aurons des faits irrécusables, évidence positive que la phrénologie est fondée sur un principe de vérité éternelle.

Si, au contraire, cette correspondance manque dans la majorité des cas, on aura alors des motifs fondés pour abandonner la phrénologie comme une création absurde des imaginations fantastiques dans lesquelles elle a pris naissance. Mais, comme je suis entièrement convaincu et persuadé, d'après l'examen personnel de milliers de cas positifs et négatifs, qu'il n'y a pas à tenir compte d'une semblable sentence, mais qu'au contraire plus on reconnaît, on examine et on étudie le champ phrénologique, plus est grand l'éclat, plus est grande la splendeur avec laquelle cette correspondance brille, je la donne comme établie et démontrée.

Si, prenant pour point de départ cette correspondance générale établie et démontrée, l'on descend à un examen partiel, non-seulement on constatera à chaque investigation la correspondance entre la matière et la manifestation de l'esprit, entre la forme du crâne et celle du cerveau, mais on acquerra encore un plus grand degré de certitude tant sur la vérité des doctrines partielles que sur celle des principes généraux.

Toutes les gravures, et particulièrement les dernières que j'ai soumises à votre examen, doivent déjà vous servir pour l'étude de la correspondance qui existe entre les manifestations de l'âme et la forme extérieure de la tête. Avec elles vous avez un champ d'investigation très-vaste. En voyant la tête d'une personne qui se présente à vous, reconnaissez-la sous le point de vue intellectuel, moral et animal, montez ensuite de la matière à l'esprit et corroborez vos études avec ce que l'expérience vous a déjà révélé sur les individus examinés. Vous accumulerez ainsi des données qui confirmeront ou détruiront les croyances phrénologiques; en même temps vous acquerrez sûreté et exactitude dans vos jugements par l'exercice et la pratique, moyens sans lesquels aucune science ne peut être convertie en art.

En outre des têtes que je vous ai présentées, je vais attirer votre attention sur une série de crânes de races originaires, indigènes ou primitives, indiennes ou américaines, provenant de la magnifique collection que, malgré toute sorte de frais et de travaux, M. Morton a publiée à Philadelphie en 1839 [1]. Les planches qu'elle renferme ont été exécutées avec soin et sont des chefs-d'œuvre de l'art lithographique, de grandeur et de forme naturelles.

Ce crâne que je vous présente appartient à un Caraïbe de Venezuela. Après avoir tiré les lignes qui limitent les trois régions antérieure, supérieure et inférieure, vous trouverez la partie intellectuelle proportionnellement plus restreinte que celles de Hare, Williams et Boutillier. Tous étaient Caraïbes, cela n'est pas douteux. Mais les Européens, qui naquirent au milieu de la civilisation et de l'instruction, ont les organes intellectuels plus développés. Pour ce

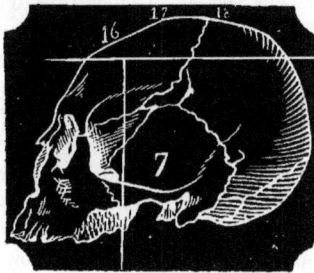

Caraïbe de Venezuela.

qui concerne la partie morale ou supérieure, on la trouve malheureusement déprimée dans toutes les têtes caraïbes, qu'elles soient nées dans l'Europe civilisée ou qu'elles soient indigènes de l'Amérique.

[1] CRANIA AMERICANA, or a comparative View of the skulls of various aboriginal nations of North and South America, to w ch is prefixed an Essay on the varieties of the human species, illustred by seventy-eight plates and a coloured Map. — By Samuel George Morton, M. D., professor of anatomy in the medical department of the Pensylvania college, etc., etc. (Philadelphia, 1839.) — « Crania américaine, ou Aperçu comparatif des crânes de diverses nations originaires ou indigènes de l'Amérique septentrionale et méridionale, précédé d'un

Comme l'objet de ces leçons n'est pas seulement d'élever la phrénologie à la hauteur digne de son importance, mais encore de l'enseigner, et de l'enseigner d'une manière nette et complète, vous devez bien faire attention aux chiffres que vous voyez marqués sur ce crâne et sur toutes les planches que je présenterai comme instruction.

Dans la tête que vous avez devant vous, outre que la région morale est petite, vous remarquerez que la région particulière, marquée du nombre 16, est tout à fait aplatie; elle est le siége de la bénévolentivité, ou désir de faire le bien. Cette région, dans ce Caraïbe, possède à peine un pouvoir de manifestation. Ce pouvoir, nul ou peu sensible, laisse sans antagonisme direct le numéro 7, ou destructivité, lequel, par conséquent, agit sans presque aucune restriction naturelle, c'est-à-dire sans que la raison puisse prendre le frein avec lequel elle maintient dans de justes bornes les élans de la faculté qui nous porte à détruire ou à nuire.

Le chiffre 18 indique le siége de la continuitivité, ou désir de ne pas abandonner un objet ou un plan; cette faculté, dans sa capacité sensible, est aussi l'origine de la fermeté du caractère. Le chiffre 17 désigne l'organe de la vénérativité ou inférioritivité, qui engendre le désir d'obéir, de se trouver sous la direction, sous un gouvernement ou pouvoir étranger; cette faculté, dans sa capacité affectable, nous fait sentir notre petitesse et notre insignifiance.

Une tête qui serait tout à fait aplatie dans la région des numéros 16 et 17, et élevée dans celle du chiffre 18, aura quelque chose de pire que des penchants pervers : elle aura des tendances à continuer dans l'exercice de ces inclinations perverses, des impulsions naturelles à persévérer dans la méchanceté. Ainsi donc, quand on dit qu'une tête aplatie indique des penchants à l'incontinence ou à la méchanceté, cela doit s'entendre toujours d'un aplatissement complet de *toute* la région supérieure; ou bien l'aplatissement, la dépression, doivent exister à la partie antéro-supérieure, et jamais à la partie postéro-supérieure, puisque la partie postérieure est le siége de la fermeté, de la constance morale, c'est-à-dire du désir et du sentiment général de persévérance, de continuité. Plus il y aura aplatissement à la partie supérieure, moins il y aura de manifestation morale. Dans le cas d'un grand aplatissement de la région supérieure, sans prédominance de la région postérieure, l'homme pourra être moins violent dans ses actes de brutalité, mais toujours il sera naturellement d'autant plus brutal que sa tête sera plus aplatie.

Ce qui confirme et fortifie ces principes phrénologiques, c'est que les Caraïbes de toutes les Antilles ont une même configuration générale de la tête; tous ont une région intellectuelle extrêmement petite et une région

Essai sur les variétés de la race humaine. Ouvrage illustré de soixante-dix-huit planches et d'une carte géographique enluminée par Samuel George Morton, M. D., professeur d'anatomie dans le département médical du collége de la Pensylvanie, etc., etc. (Philadelphie, 1859). Un volume grand in-folio. »

morale insignifiante. Le *langage naturel* d'une semblable configuration, exprimé par la physionomie et le geste de ces peuplades, était, suivant Pedro Martir, compagnon de Colomb, terrifiant.

Le fait que la tête caraïbe est analogue à celle de ces avortons de la nature vient à l'appui de cette confirmation des principes phrénologiques, que quelques bêtes féroces, dans la société humaine, y sèmeraient le désordre et la destruction si leurs inclinations infernales n'étaient pas arrêtées ou si on leur laissait un frein libre. Mais ce qui doit nous surprendre davantage et augmenter le degré de conviction morale relatif à la vérité des principes phrénologiques, c'est que plus les tendances de la tête humaine sont dépravées, plus il y a analogie entre son volume et sa forme externe et ceux des animaux féroces, comme j'aurai occasion de le prouver pour votre complète satisfaction. Tous les monstres à figure humaine, de quelque époque qu'ils soient, à quelque race ou civilisation qu'ils appartiennent, ont la tête extérieurement conforme et analogue à celles du tigre, du lion, de l'ours et autres bêtes sauvages : aplatie à la partie supérieure, enfoncée à la partie antérieure, développée à la partie inférieure. Il est bien entendu qu'il y a toujours entre l'homme et la bête féroce cette grande différence que l'homme, n'importe la classe à laquelle il appartient, est un animal doué de raison, et la bête féroce un animal sans raison. (Voir les leçons XLV jusqu'à L.)

Regardez cette gravure qui représente le crâne d'un *Caraïbe de Saint-Vincent*. Elle manque presque complètement du n° 16, ou bénévolentivité; la région intellectuelle est très-réduite, tandis que la partie animale est développée comme elle l'est généralement dans la tête européenne des nations éclairées et civilisées.

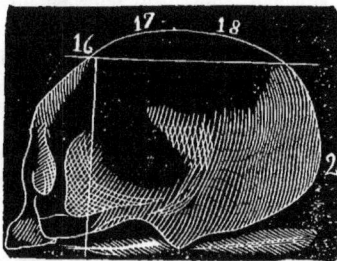

Caraïbe de Saint-Vincent.

Avec les seuls rudiments que vous possédez déjà sur la phrénologie, quel jugement porteriez-vous sur les personnes qui auraient des têtes comme celles que vous venez d'examiner? Je suis sûr que vous diriez : Si nous devons baser notre jugement sur ces têtes considérées au point de vue phrénologique, nous n'éprouvons aucun embarras pour affirmer que ces individus étaient des hommes sauvages, c'est-à-dire des hommes à penchants féroces. De la personnalité humaine, ils n'avaient plus, en manifestation, que la parole et un sentiment faible, vague et indéfini de moralité. La raison, c'est certain, ne pouvait pas leur faire faute; mais elle était étouffée par suite de la continuation des mêmes actes de cruauté et de méchanceté raffinée. Une pareille race serait très-difficile à dominer, et, par conséquent, à civiliser.

Écoutons le témoignage de ceux qui virent les Caraïbes et s'efforcèrent de les civiliser, et nous serons surpris de voir combien ce témoignage s'accorde complétement avec le jugement que vous avez formé et exprimé à *priori*, d'après l'examen des crânes que vous venez d'analyser.

Les Caraïbes étaient une race d'Indiens originaires de la partie septentrionale de l'Amérique du Sud. Ils étendirent leur domination jusqu'à la grande vallée de l'Orénoque; ils gagnèrent de là les provinces qu'on appelle aujourd'hui Guyane et Venezuela, et ils envahirent bientôt presque toutes les Antilles.

De toutes les tribus indiennes de l'Amérique, les Caraïbes étaient celles qui se distinguaient le plus par leur brutale férocité. Ils n'avaient point de lois; à peine suivaient-ils quelques observances religieuses. Vindicatifs et soupçonneux à un degré presque incroyable, ils poursuivaient leurs entreprises avec une astuce et une adresse particulières. Ils étaient nés répulsifs et mélancoliques; ils regardaient les autres naturels ou indigènes comme de vraies bêtes sauvages qu'ils devaient tuer et dévorer. L'immonde cannibalisme arriva à de tels excès, que nos autorités, dans ce pays, furent obligées de décréter, en 1504, une loi qui donnait aux Espagnols le droit de faire esclaves tous les Caraïbes qui tombaient entre leurs mains. On ne pouvait les soumettre ni par la persuasion ni par le châtiment. « Leurs yeux, miroir de leur âme, disent tous ceux qui les ont vus, et, parmi eux, l'historien Chanvallon, ont une expression stupide. »

On remarquait chez ces horribles anthropophages une qualité particulière : ils aimaient tendrement leurs enfants, seule manière de nous expliquer, au milieu de leur immonde appétit de chair humaine, le phénomène de la propagation de leur espèce. Malgré une telle abomination, ils possédaient l'instinct de conservation pour leurs propres enfants, ce qui explique et fait comprendre leur penchant naturel relativement au tendre et au délicat, et le sentiment de propriété exclusive qui les distinguait encore. Cette inclination au tendre et au délicat, ou la philoprolétivité, indiquée sur le dernier crâne par le chiffre 2, était généralement bien développée dans la race caraïbe.

Ils avaient même l'abominable coutume d'aplatir artificiellement leur tête.

A la fin du siècle dernier, lorsque Humboldt visita le Mexique et les Antilles, les Caraïbes avaient déjà presque disparu. Aujourd'hui on les connaît à peine.

Le crâne du Caraïbe de Venezuela que possède Morton fut acquis par Morton lui-même par l'entremise de D. José Maria Vargas, de Caracas. On le trouva dans un vase de terre, où il s'était conservé probablement pendant des siècles. Morton fit une copie exacte de ce crâne naturel, et c'est d'après elle qu'a été dessiné l'original que je viens de vous présenter.

Le crâne du Caraïbe de Saint-Vincent se trouve dans le musée royal de Paris; c'est lui qu'ont successivement publié Gall, Spurzheim, Combe et d'autres phrénologues. Quant aux observations et aux preuves qui constituent l'authenticité des faits que je viens de raconter sur les Caraïbes et leurs crânes, je renvoie le lecteur au grand ouvrage de Morton, pages 256-240, dont je viens de donner le titre en entier.

En opposition avec les Caraïbes, on remarque les Araucaniens, qui forment la race la plus célèbre de toutes les tribus du Chili; ils habitent et sont fixés depuis un temps immémorial entre les fleuves Bio-Bio et Valdivia, et entre les Andes et l'océan Pacifique. Leur nom est tiré de la province d'Arauco.

« Cette gravure, c'est-à-dire la gravure sur laquelle on a copié ce crâne araucanien, représente, dit Morton (p. 242), le crâne, vu de côté, du chef appelé Bampuni; il périt dans une mêlée avec l'armée chilienne, commandée par le général Balmès en 1835. Mon ami le docteur Casanova m'en procura l'original. » (Voyez un autre crâne araucanien à la fin de la leç. XV.)

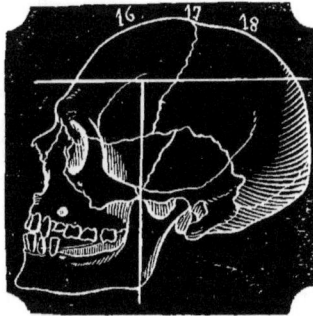

Crâne d'Araucanien copié sur un dessin d'après nature.

Qu'on étudie ce crâne phrénologiquement, et l'on verra de suite à quelle distance considérable il se trouve du crâne des Caraïbes quant aux régions intellectuelles et morales. L'impression que vous avez reçue en passant de la tête de Williams à celle d'Eustache, vous la recevrez également en passant des crânes caraïbes à ceux des Araucaniens. Il est vrai que tous les crânes araucaniens ne seront pas aussi bien formés que celui-ci; mais il y en a trois dans la collection de Morton, et tous présentent un développement semblable, et même plus large à la partie supérieure. Ce crâne est cité comme type général de la race, et, comme tel, on l'étudie pour établir son harmonie avec ce que l'histoire rapporte des Araucaniens. Voyons d'abord, messieurs, ce qu'indique cette tête phrénologiquement considérée, et puis ce que dit l'histoire véridique du peuple auquel l'individu qui la possédait appartient.

De prime abord, on y voit un crâne de dimensions considérables; sa grandeur est celle d'une tête européenne régulière qui prouve une énergie générale. Ce développement heureux de la région morale exprime une force supérieure qui réprime les passions animales, mais qui jamais ne cède à l'injustice; un amour profond de la liberté, mais qui ne cède jamais à l'humiliation. La région intellectuelle engendre la science et les arts; unie à un bon développement moral, elle est la source de bonnes coutumes, de bonnes lois et d'un bon gouvernement. La région animale qui donne la fougue, l'élan, l'animation, la valeur offensive, s'y trouve bien développée.

Voyons maintenant si l'histoire est conforme à la phrénologie quant aux Araucaniens. De ce que raconte le missionnaire distingué, l'abbé D. Juan Ignacio Molina, dans ses ouvrages sur la conquête du Chili par les Espagnols et sur l'histoire naturelle de ce pays, il résulte que les Araucaniens passent

proverbialement pour être vaillants et discrets, durs à la fatigue et enthou-
siastes dans toutes leurs entreprises. Trois siècles d'une guerre constante
ne les ont ni vaincus ni domptés. Leur vigilance leur fit promptement reconnaître tout ce que valait la discipline militaire des Espagnols, et surtout
l'importance de la cavalerie dans leur armée. Ils adoptèrent très-promptu-
ment ces immenses ressources de l'art de la guerre, à la stupéfaction et terreur de leurs ennemis. Ainsi, dix-sept ans seulement après leur première
rencontre avec les Européens, ils possédaient déjà divers escadrons de cavalerie, dirigeaient leurs opérations suivant les règles militaires, et, contrairement à la coutume des Indiens de l'Amérique en général, ils se présentaient à l'ennemi en champ découvert. Rien n'a pu surpasser leur valeur, et
leurs guerres avec les Espagnols sont remplies de ces épisodes héroïques et
chevaleresques qui font le charme des romans et de l'histoire.

Les Araucaniens sont susceptibles d'une grande culture et d'un grand
progrès pour les œuvres de l'esprit, mais ils ont une aversion décidée pour
les restrictions de la civilisation. Avant leur contact et leurs rapports avec
les Européens, ils possédaient déjà quelques arts utiles; ils extrayaient et
purifiaient les minerais d'or, d'argent et de cuivre ; ils faisaient des ustensiles en terre, connaissaient certains procédés pour les vernir et construi-
saient même des vases en marbre. Ils avaient inventé des nombres pour
exprimer une quantité quelconque, et conservaient la mémoire des faits
importants en faisant des nœuds à certaines cordes, suivant la coutume des
Péruviens. Leur langage est moins guttural que celui des tribus voisines, et,
d'après le peu de mots qu'en cite Hervas[1], que j'ai sous les yeux, des circonstances hautement esthétiques ont présidé, paraît-il, à sa formation comme
à celle du castillan.

Les Araucaniens[2] ont maintenu leur indépendance, malgré qu'ils aient
été fréquemment attaqués par des forces bien supérieures aux leurs. Leurs
institutions sociales et leur gouvernement politique annoncent que les têtes
d'où ils provenaient n'étaient pas inférieures à celles des nations les plus
privilégiées de la terre, car ils ont su les maintenir depuis leur formation
immémoriale et à travers les siècles jusqu'à ce jour. Leur État se divise en
trois classes : l'une, la *noblesse héréditaire supérieure*, est composée de quatre
membres appelés *toquis*; l'autre, la noblesse inférieure, est assez nombreuse
et porte le nom d'*ulmenes*; la troisième classe comprend la grande masse
du peuple araucanien.

Le principal *toqui* dirige les affaires publiques; il répond de sa conduite

[1] Abbé don Lorenzo Hervas, *Catalogue des langues* (Madrid, 1800), six volumes in-4°,
t. I, p. 128. — *Arcu*, signifie « libre, » *puelche* « oriental, » *puelcherie* « vent oriental, » etc.
D. Alonso de Treilla, dans son *Araucana*, a donné une preuve irrécusable de ce que je viens
de rapporter. Peut-on citer des mots plus gracieux que les noms significatifs de beaucoup de personnes et de lieux qu'il présente? Caupolican, Leocan, Leutaro, noms de personnes; Cauten, Coquinubo, Chaquiras, Mapocho, noms de vallées; Mita, contribution;
Yanacona, garçon, etc., etc.
[2] Suivant l'*Encyclopedia americana* (Philadelphie, 1830), au mot *Araucanienne*.

et de son administration aux *ulmenes*, qui le destituent et nomment un des leurs à sa place s'il n'est pas digne de leur confiance. A leur tour, les *ulmenes* sont responsables devant les masses; ils s'attirent le mépris général s'ils ne se distinguent pas par leur courage, leur audace et leur intelligence. Quant à la formation des lois et à la direction des affaires militaires, tout Araucanien a voix délibérative. Il est à remarquer que le général en chef nomme son second, et celui-ci son inférieur immédiat.

Il n'est pas étonnant après cela que D. Alonso de Ercilla ait écrit un poëme épique, le meilleur et le plus long que nous possédions, pour immortaliser les dons sublimes et caractéristiques d'un peuple indigène, original et si extraordinaire.

Craignant qu'on ne taxe d'exagération les peintures et descriptions, il fait dans le prologue de son poëme les observations suivantes:

« Et si quelqu'un trouvait que je me montre un peu enclin pour les Araucaniens, en parlant de leurs affaires et de leurs exploits plus longuement qu'on ne le fait pour les barbares; si nous voulons considérer leur éducation, leurs coutumes, leur manière de faire la guerre et leur armée, nous verrons que beaucoup ne les ont pas surpassés, et que peu ont montré autant de constance et autant de fermeté à défendre leur terrain contre d'aussi fiers ennemis que les Espagnols. Il est certes digne d'admiration que, ne possédant pas plus de vingt lieues de frontières, n'ayant que de petits villages épars, sans murs, sans fortifications pour se défendre, sans armes, au moins défensives, celles qu'une guerre longue et les Espagnols leur ont épuisées, sur un terrain peu difficile, entouré de trois villes espagnoles avec deux places fortes dans son intérieur, les Araucaniens aient racheté et soutenu leur liberté, versant, en sacrifice, autant de leur sang propre que du sang espagnol, si bien qu'on peut dire avec vérité qu'il y a peu de lieux qui n'en soient teints et qui ne soient peuplés d'ossements : à leurs morts succédait quelqu'un pour transmettre et soutenir leur opinion; les enfants, jaloux de venger la mort de leurs pères, avec la fougue naturelle qui les poussait et la valeur dont ils avaient hérité, accélérant le cours de leurs années, prenaient les armes avant le temps et s'exposaient aux rigueurs de la guerre; le manque d'hommes, à cause de la quantité qui avait succombé dans la mêlée, était si grand, que, pour augmenter et remplir les escadrons, les femmes viennent aussi au combat, se battent quelquefois comme des hommes et marchent avec un grand courage à la mort. J'ai voulu rappeler tout cela comme preuve et garantie de la valeur de ce peuple digne d'une louange plus grande, plus grande que celle que je pourrai lui consacrer par mes vers. D'ailleurs, ainsi que je le dis ci-dessus, il y a aujourd'hui en Espagne quantité de personnes qui se sont trouvées en beaucoup des circonstances que je rappelle et décris ici; c'est à elles que je confie la défense de mon ouvrage pour ce qui les concerne, et je le recommande à ceux qui le liront. »

Ercilla parlait ainsi des Araucaniens, il y a plus de trois siècles; le sa-

vant missionnaire Molina dit la même chose, en abrégé, en 1782. Voilà ce
que disent aujourd'hui ceux qui visitent ce peuple; voilà ce que dirait un
phrénologue quelconque, en voyant un peuple dont la majeure partie des
individus auraient une tête analogue au dernier crâne que j'ai soumis à
votre examen; je vous ai avertis que j'en ai vu quelques-uns, dans les collections phrénologiques diverses, plus volumineux encore et plus élevés, égaux
ou supérieurs au crâne des anciens Grecs, dont je vous parlerai bientôt.

Comparez à présent, et pour le moment, les usages, habitudes et coutumes
des Caraïbes, avec ceux des Araucaniens, et voyez si l'on n'y remarque point
la même différence que phrénologiquement leurs crânes respectifs nous
annonçaient : les uns indomptables pour leurs inclinations animales, les
autres moralement invincibles ; ceux-là avec une férocité frénétique, ceux-ci
avec des instincts bénévoles, et une force défensive presque surnaturelle dans
l'homme. Les Caraïbes, sans frein moral, sans gouvernement, sans lois, sans
arts, sans même quelques traces de civilisation, vivaient d'après l'individualisme des bêtes féroces ; les Araucaniens ont un ordre social complet, des lois
sages, un gouvernement que la philosophie la plus élevée qualifierait d'admirable, une civilisation moyenne, presque complète ; ils vivent avec un
socialisme que les nations les plus instruites de la terre peuvent leur envier.
Les premiers ont des appétits incontinents et purement brutaux, se nourrissent de la chair de leurs semblables et ne se distinguent ni par leur forte
constitution ni par leur longévité ; les derniers, économes et sobres, n'ont
pour toute alimentation que les herbes et les graines dont ils se nourrissent presque exclusivement, ont une apparence robuste, des membres forts,
sont durs au travail, et supportent courageusement les fatigues, la faim et
les chaleurs. Les uns ont été soumis par des forces inférieures; mais, une fois
soumis, ils se sont anéantis pour n'avoir pu supporter aucune restriction :
les autres ont repoussé toutes les attaques formidables qu'on a dirigées
contre leur nationalité ; mais avec leur liberté et leur fière indépendance,
ils ont eux-mêmes, par l'autorité de leur partie morale, soumis et dominé
la violence de leurs passions. Pourra-t-il y avoir une plus grande différence
de caractère, de coutumes, de conditions morales et sociales entre deux
peuples? Mais aussi pourra-t-il exister une plus grande analogie entre cette
différence et la différence qu'on a remarquée entre leurs têtes respectives,
phrénologiquement considérées? C'est impossible.

Seulement au moyen de différences si remarquables et si extrêmes, dont
la seule vue nous impressionne et nous étonne irrésistiblement, vous pourrez
dès le commencement vous rendre compte avec clarté et certitude du sujet
qui nous occupe.

Le crâne que je vous présente en ce moment vient de la grande collection
de Blumenbach [1]. Il n'y a pas lieu ici de supposer ou de soupçonner que ce

---

[1] John Friederich Blumenbach, *Collectio craniorum diversarum gentium ilus.* (Gœttingen,
1790-1824). Les gravures qui forment cet ouvrage ont été copiées sur la collection naturelle que, durant sa longue vie, Blumenbach forma lui-même il fut l'un des philosophes

crâne est ou peut être une tête idéalisée. C'est un crâne naturel, de provenance ni douteuse ni problématique, objet le plus précieux et le plus religieusement conservé qu'ait eu le *Nestor de l'université*, Blumenbach, ainsi nommé pour avoir été pendant une longue série d'années, professeur à l'université de Gœttingue, lieu de sa naissance.

Je ne dirai pas, et personne n'affirmera, que tous les Grecs avaient des têtes semblables à celle que représente le crâne ci-contre ; on peut toutefois assurer qu'il forme et constitue le type grec antique. Les têtes d'Euripide, de Platon, de Zénon et d'autres hommes illustres, étaient semblables à ce crâne ; celles des individus qui formaient le peuple grec étaient également semblables à ce crâne, quoique à un degré moindre, ce peuple, dont la civilisation était si supérieure à celle des Égyptiens leurs prédécesseurs et à celle des Romains leurs conquérants ; ce peuple intelligent et moral, de

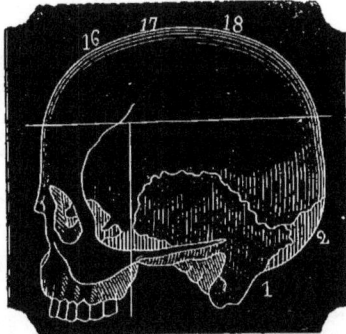

Crâne modèle de Grec antique, dessiné d'après une copie tirée de la collection de Blumenbach.

mœurs douces et tempérées, modèle de pureté, d'élégance et de finesse sociale.

Les Romains, avec leur tête grande, mais déprimée en général à la partie supérieure, subjuguèrent par leur ambition tenace et infatigable les divers peuples de la Grèce ; mais ces rudes conquérants furent conquis à leur tour par la douceur et le prestige moral de leurs vaincus. Athènes fut toujours le berceau et le centre des délices de la civilisation, et, quoiqu'elle eût perdu l'empire des armes, elle n'en fut pas moins la maîtresse et le modèle de la Rome triomphante.

Il y a eu chez les Grecs, comme dans Eustache, un trait moral qui, à lui seul, démontre la douceur de leurs mœurs, l'élévation de leurs idées, et le degré éminent de leur bon sentiment et de leur bon goût. Les Athéniens réunis pour délibérer sur l'adoption du spectacle des combats des gladiateurs, auxquels les Romains étaient si attachés, repoussèrent avec indignation une pareille proposition, s'écriant, avec l'orateur qui les haranguait : « Avant d'adopter de semblables spectacles, détruisons les autels que nos pères ont *érigés à la Miséricorde!* » Un sentiment si moral, si pathétique, si délicat, si bénévole, si sublime, peut seulement surgir, dans l'ordre de la nature, de têtes comme celle d'Eustache, comme celle qui constitue le crâne grec que je viens de signaler à votre attention, comme celle d'un beau type

naturalistes les plus éminents que le monde ait connus. Il naquit, en 1752, à Gœttingen. Il est mort depuis peu.

araucamen [1], comme celle de « l'homme de bien » qui, selon ce que nous dit saint Paul, « tire de bonnes choses du bon trésor de son cœur. »

Comme contraste complet avec ce type grec, je présente ici le crâne d'une race très-ancienne de Péruviens, c'est-à-dire antérieure à la conquête des Incas. Pour se faire une idée exacte de ce crâne, il est nécessaire de le mettre en parallèle avec la tête d'une bête féroce.

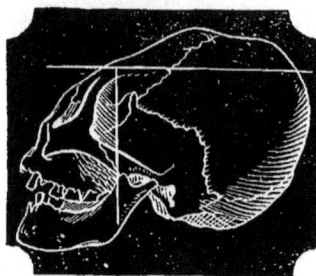

Crâne de Péruvien très ancien,
légèrement aplati artificiellement à la partie supérieure.

Tête de lionne,
dessinée d'après nature.

Voici la tête d'une lionne dessinée d'après nature; comparée à celle du Péruvien, elle viendra à l'appui de l'observation que j'ai faite auparavant, à savoir, que plus l'homme est sauvage et brutal, plus sa tête ressemble à celle des animaux féroces, sauf toujours la différence radicale et essentielle entre l'homme et la bête sauvage.

Nous voyons ici un type inférieur à celui des Caraïbes, et cela doit être, en effet, puisque, d'après *Morton*, page 105, dont la planche V de la collection a été copiée avec la plus fidèle exactitude, il appartenait, d'une manière presque certaine et positive, à une race de Péruviens si brutes, que, lorsque les Espagnols leur demandaient à quelle classe de gens ils appartenaient, ils répondaient : « *Nous ne sommes pas des hommes, mais des uros* » (taureau sauvage), comme s'ils se fussent considérés d'une race inférieure à la race humaine; Garcilaso de la Vega, dans ses *Commentaires*, liv. III, ch. III, décrit les anciennes tribus du Pérou comme des peuples livrés à la barbarie la plus immonde et la plus sauvage. A l'appui de cette assertion, il rapporte leur *Mythologie*, qui accordait et adjugeait des attributs divins à un objet se distinguant dans leur esprit par quelque chose de remarquable. Ils adoraient le renard à cause de son astuce, le daim à cause de sa vélocité, l'aigle à cause de sa vue perçante. Si ces basses superstitions ne suffisaient pas

[1] J'ai déjà dit que j'ai vu, dans quelques collections, des crânes araucaniens plus favorisés, même en volume et en configuration, que le type que je vous ai présenté. (Voy. leç. XV.)

pour corroborer l'opinion de Garcilaso, il y a beaucoup d'autres faits qui l'appuient, au moins relativement aux tribus diverses du lac *Titicaca*. Des familles entières vivent sur l'eau, au moyen de palissades de balisiers ou roseaux, qui se meuvent suivant les changements et la force des vents. Morton, pages 97-112, démontre cependant que, pris en bloc, les Péruviens, avant la conquête des Incas, malgré leur barbarie et leur brutalité, jouissaient déjà des avantages d'une civilisation médiocre. La conquête Incas, ou par les Incas du Pérou, s'explique ainsi.

Parmi les anciennes tribus du Mexique les plus remarquables par leur civilisation, il y avait les *Tolcaltecas*, qui, depuis 1050, émigrèrent au Pérou. On croit qu'ils sont les véritables *Incas*, depuis lesquels existait l'empire moderne des Péruviens. Les progrès que les Espagnols remarquaient parmi ces Indiens étaient, d'après les dates alors en vigueur, postérieures à la conquête des *Tolcaltecas* ou *Incas*.

En faisant leur conquête, les Espagnols trouvèrent chez eux, comme ils l'avaient vu chez les Mexicains, un mélange de civilisation et de barbarie plus ou moins arriéré. Leur mythologie, leurs coutumes, leurs habitudes, leur gouvernement, fournissaient de nombreux indices qui prouvaient qu'il s'était opéré entre eux une fusion d'éléments sociaux les plus divers et les plus discordants. A côté de progrès dans certains arts, dans les lois et les mœurs, progrès que la philosophie la plus sublime qualifierait d'éclairés, se voyaient des abominations si immondes, qu'elles dégraderaient même les peuples les plus arriérés de la terre.

Parmi ces dégradants usages, on remarquait, surtout chez les dernières classes de beaucoup de tribus péruviennes, la coutume absurde et abusive d'aplatir la tête de la même manière que les Chinois étreignent leurs pieds ou quelques élégantes modernes leur buste. On déterminait la forme que l'on s'efforçait de produire par l'aplatissement, la configuration que possédaient naturellement les têtes des Caciques et autres peuples recommandables chez lesquels il n'y avait pas un si absurde abus.

Leçon sublime pour ceux qui ne veulent pas se convaincre que les classes élevées sont le miroir des classes inférieures, et que nous n'obtenons des dons qu'à la condition d'en user pour le bien du prochain et pour la gloire de Dieu!

Chez les Caraïbes, chez les uros péruviens et dans d'autres tribus américaines, qui, à cause de leur naturel féroce, méritent à peine le nom d'humains, les *grands* avaient des têtes conformées comme celles des bêtes féroces, et les *petits*, par suite de cette imitation qu'on appelle la *mode*, donnaient, sans le savoir, une plus grande férocité à la configuration des leurs. Chez quelques tribus péruviennes, les grands avaient naturellement la tête haute ou exhaussée, configuration à laquelle aspirait le vulgaire en s'aplatissant la sienne par le front et l'occiput. Ce fait singulier est démontré par le témoignage de tous les voyageurs européens qui ont visité ce pays depuis la conquête.

« Les individus de race royale, dit Morton, p. 151, ou ceux qui appartiennent aux classes élevées, ne s'aplatissaient jamais ou presque jamais la tête. Ce qui était naturel chez eux était imité par les classes inférieures, et notamment par les habitants des provinces conquises et par d'autres personnes dont les têtes n'avaient pas la configuration aristocratique. Quoique les premiers voyageurs espagnols de ces pays nous parlent souvent des têtes artificiellement aplaties du peuple soumis, ils n'ont jamais rapporté ce fait des chefs et autres dignitaires qui abondaient dans le Pérou à l'époque de la conquête. » Morton, afin d'éclaircir ces faits importants, a puisé aux sources primitives de nos historiens des Indes. « Zieza, *Chronique du Pérou*, chap. xxvi, l'une des autorités les plus anciennes, continue Morton, dit que, « dans la province d'Anzerma et de Quinbaya, de même qu'en d'autres « parties de ce continent, lorsqu'une créature naît, ils donnent à la tête la « forme qu'ils veulent lui conserver. Ainsi les uns manquent d'occiput, les « autres ont le front aplati et beaucoup ont la tête prolongée. Dès le début, cette configuration s'obtient au moyen de tablettes, et elle se continue ensuite à l'aide de bandages. »

Chez les Indiens appelés Caraques, dit le même auteur (*loco citato*), dès qu'un enfant naît, ils lui façonnent la tête et la placent ensuite entre deux tablettes, de telle sorte qu'à l'âge de cinq ans elle reste toujours étroite et élevée ou entièrement dépourvue d'occiput. Ces Indiens croient que cette modification de la tête contribue à leur meilleure santé et augmente leur force pour soulever des fardeaux.

Torquemada, dans sa *Monarchia indiana*, tome II, p. 581, édition de Madrid, 1723, en parlant des Péruviens, rapporte aussi sur ce sujet le paragraphe suivant : « Dans le but de paraître plus féroces à la guerre, il était ordonné, dans quelques provinces, que les mères rendissent le visage et le front de leurs enfants larges, comme le racontent Hippocrate et Galien des Macrocéphales, qui donnaient artificiellement à leurs têtes une forme conique et élevée. Cette coutume règne dans la province de Chiquito plus que dans aucune autre partie du Pérou. »

Les citations qui précèdent montrent d'une manière évidente que la coutume de déformer le crâne était commune à beaucoup de provinces du Pérou à l'époque de l'invasion espagnole, et qu'on y avait recours afin d'augmenter la férocité du visage à la guerre, lui donner une apparence de beauté imaginaire et augmenter la force et la santé du corps.

Le passage suivant de Garcilaso de la Vega prouve que cette coutume n'a pas été importée par les Incas, mais qu'elle y était déjà en usage avant leur conquête. L'Inca Huma Capac ayant envahi la province de Manta pour la subjuguer, y trouva, dit-il, un peuple qui vivait dans la condition la plus barbare et la plus dénaturée. Ainsi les hommes et les femmes se coupent les joues avec des pierres ; ils déforment également la tête de leurs enfants dès leur naissance en mettant une tablette sur le front et une autre sur l'occiput, pour rétrécir tous les jours et de plus en plus leur tête jusqu'à ce que l'enfant soit arrivé à l'âge de quatre ou cinq ans. Par ce procédé la tête devient saillante sur les parties latérales et étroite entre le front et l'occiput.

Ainsi l'on voit que la coutume de donner au crâne des formes artificielles est très-ancienne et très-répandue au Pérou ; elle existait parmi les Péruviens primitifs que nous avons appelés civilisés ; elle était commune parmi beaucoup de tribus barbares à l'époque de l'invasion des Incas, et elle se continuait comme caprice ou mode populaire lorsque les Espagnols s'emparèrent de ce pays. Blumenbach, *De Gen. humani var. nat.*, p. 220, cite, d'après Aguirre, une partie d'un décret du tribunal ecclésiastique de Lima, de l'année 1585, défendant, sous certaines peines, aux parents de déformer et de comprimer la tête de leurs enfants d'après les divers moyens qui étaient encore en vogue à cette époque. Cette coutume n'était pas complétement détruite il y a peu d'années, comme le prouve le témoignage de M. Skinner, voyageur anglais, qui, dans un ouvrage intitulé : *État présent du Pérou*, publié depuis peu, dit, en parlant des Connivos :

« Ils mettent toute leur attention à conserver au corps une forte constitution et un aplatissement du front et de la partie postérieure de la tête, suivant une direction ascendante, dans le but de ressembler, comme ils disent, à la pleine lune et d'être la nation la plus forte et la plus vaillante du monde. Pour atteindre le premier but, ils serrent les jointures de leurs enfants mâles, dès leur tendre enfance, avec des bandelettes de chanvre ; pour arriver au second, ils couvrent le front et l'occiput de coton, placent ensuite sur chaque partie ainsi couverte une tablette carrée ; puis, à l'aide de cordes ou de bandes, ils serrent tous les jours davantage les deux tablettes jusqu'à ce que la forme désirée se produise. De cette façon la tête s'élève à la partie supérieure et s'aplatit aux régions antérieure et postérieure. »

Le crâne que je vous présente en ce moment est celui d'un Indien postérieur à l'invasion des Incas. Le docteur Ruschenberger, ami du docteur Morton, l'a trouvé, durant ses voyages au Pérou, dans le temple du Soleil, à Cacharnac (Lima). Il présente la difformité que produit l'aplatissement ascendant antérieur et postérieur que je viens de décrire, tandis que le crâne du Péruvien primitif que j'ai déjà offert à votre attention présente la dé-

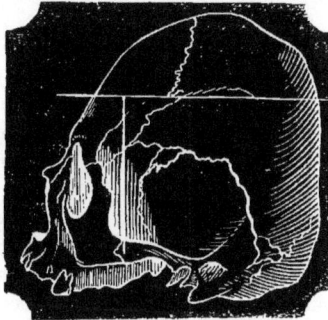

Crâne péruvien aplati artificiellement aux régions antérieures et postérieures, trouvé dans le temple du Soleil, à Cacharnac (Lima).

formation que produit l'aplatissement de la région supérieure.

J'appellerai maintenant votre attention sur deux reliques d'un grand prix à cause de leur authenticité et des utiles déductions dont elles ont été l'objet : ce sont deux crânes, l'un d'un Péruvien très-ancien ou antérieur à l'invasion des Incas; l'autre moins ancien ou postérieur à cette invasion. Ni l'un ni l'autre n'ont été déformés artificiellement.

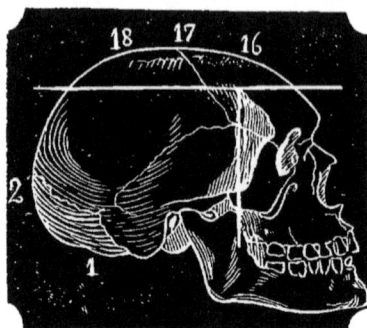

Crâne de Péruvien très-ancien, type supérieur, sans difformité artificielle.

Voici le crâne d'un Péruvien très-ancien. Sa grande capacité, comparativement parlant, fait voir qu'il appartenait à un grand ; sa forme basse et prolongée démontre qu'elle était le type de quelque race qui, quoiqu'elle eût progressé un peu en civilisation, n'en avait pas moins des instincts féroces et brutaux.

Telle était précisément la condition des Péruviens antérieurs à l'invasion des Incas, et particulièrement à celle des Collas ou tribu établie sur toute l'étendue du lac Titicaca et habitant les eaux et les iles du lac à l'époque de la conquête des Espagnols. Ce sont les Collas qui, comme je l'ai dèjà fait remarquer, répondaient, quand on leur demandait qui ils étaient : « Nous ne sommes pas des hommes, mais des uros. » On suppose, sans en être bien sûr, que le crâne très-aplati que vous avez vu appartient à cette race.

Le docteur Ruschenberger, aux aimables attentions duquel le docteur Morton doit ce crâne, pl. IV, p. 108-110, fait dans ses *Tres años en el Pacifico*, p. 541, la description suivante d'une si importante trouvaille.

« A environ un mille du village (Arica), vers le côté méridional du *Morro*, il y a un cimetière des anciens Péruviens. On y arrive par un chemin un peu difficile, tracé sur le coteau et par un autre qui part de la pointe d'Arica, et est le seul praticable pendant la basse mer. Sur un côté de la colline on trouve des tombes de ce peuple cruellement traité indiquées par des amas de terre retournée et par le grand nombre d'ossements qui blanchissent le sol; elles sont recouvertes d'un ou deux pouces de terre, laquelle, étant remuée, laisse voir une couche de sel de trois ou quatre pouces d'épaisseur répandue sur toute la colline. Immédiatement au-dessous de cette couche on trouve les corps placés dans des sépultures ou des fosses de deux ou trois pieds de profondeur. Le corps auquel appartenait ce crâne était accroupi, et avait les genoux rapprochés et les mains placées des deux côtés de la tête. Il était tout à fait enveloppé dans une toile commune, mais serrée avec des bandes coloriées; elle avait résisté merveilleusement aux effets destructeurs des siècles, car ces inhumations se firent avant la conquête. c'est-à-dire, avant 1050, quoique l'époque précise ne soit pas connue. »

La gravure qui suit représente le crâne d'un Péruvien après la conquête. c'est-à-dire lorsque la race supérieure et plus civilisée des Incas eut exter-

miné toutes les tribus sauvages des Collas ou indigènes, lorsqu'ils eurent excité, d'un côté, par une large domination, l'infériorilité ou vénération,
la rectivité ou consciensiosité, la pré-
cautivité ou circonspection, et lorsque, d'un autre côté, ils eurent, par
quelques lois trop répressives, soumis à un frein trop puissant la combativité, la destructivité et les emportements des autres facultés impulsives.

Il est vrai que ce moyen fit avancer beaucoup la civilisation, mais il
rendit le chemin plus facile à la conquête. Les Péruviens perdirent leur
ardeur, leur activité, leur fougue,
leur valeur, leur force et tous les
ressorts qui servent à l'homme, en

Crâne péruvien inca, type supérieur,
sans difformité artificielle.

dernière ressource, à se défendre contre les invasions étrangères. La phré-
nologie nous apprend que, lorsqu'une race se trouve comprimée par des institutions trop répressives pendant quelques siècles, elle perd l'énergie animale, et les parties morales et intellectuelles s'atrophient. Dans ce cas, elle rétrograde et devient une proie facile au premier conquérant qui se présente, parce que, se mêlant seulement à une race supérieure dominante, la classe dégradée peut se perfectionner; suivant ainsi la loi incon-
testable de l'amélioration progressive.

Les Incas dominèrent les Collas ou Péruviens primitifs, par leur supériorité animale, morale et intellectuelle; mais ensuite, à cause de leurs insti-
tutions trop *répressives* pour les gouvernés et trop peu *excitatives* pour les gouvernants, leur assoupissement mental devint si grand, que ces mêmes Incas, modèles de valeur, d'intrépidité, d'énergie et de civilisation pendant un temps, furent une proie facile pour une poignée d'Espagnols. L'histoire raconte que, lorsque des peuples entiers de Péruviens se soulevaient, le vice-roi espagnol n'avait seulement qu'à se présenter, et ils se prosternaient humbles et repentants à ses pieds. Sans paix et sans ordre, toute existence sociale, civile ou domestique est une chimère; mais sans expansion, sans liberté, sans espace pour la sphère d'action des aspirations et impulsions animales, dirigées, bien entendu, vers le bien, tout est décadence et lan-
gueur. Sans *excitation*, point de vie; sans *restriction*, point d'ordre; sans *instruction*, point de ressources : voilà la grande leçon qu'enseigne la phrénologie d'accord avec l'histoire de tous les temps et de toutes les époques.

Les quatre crânes que je viens de soumettre à votre examen sont la preuve irrécusable que la mode d'aplatir les têtes sur les deux points opposés que nous avons remarqués a son origine, comme je l'ai dit, dans le penchant naturel qui porte les *petits* à imiter les *grands*. Les grands des

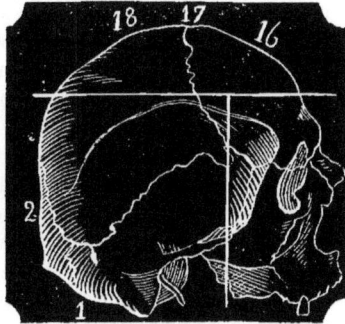

Collas, ou Péruviens très-anciens, avaient la tête grande, mais sa forme était aplatie, par conséquent la populace voulait l'avoir aplatie; au contraire, celle des dignitaires péruviens modernes, ou moins anciens, nommés ainsi depuis la conquête des Incas à la fin du onzième siècle, était élevée à la partie supérieure, et, pour cette raison, la classe inférieure cherchait à donner à la sienne la forme pyramidale.

Quel effet produit sur l'action physiologique du cerveau un semblable aplatissement artificiel? Lorsqu'il est d'une nature telle que celui des pieds des femmes chinoises, le résultat est évident de lui-même; il laisse presque sans action ou sans vie la partie aplatie et compromet les parties immédiates. Lorsqu'il est produit si lentement, qu'il empêche seulement ou arrête en partie l'accès de la quantité suffisante de sang pour la nutrition des organes comprimés, sans donner lieu à un engorgement dangereux pour les organes libres ou sans dépression, il est tout naturel alors que cette manière d'agir ne produise qu'un effet débilitant pour les organes *comprimés*, et fortifiant pour les autres *organes*. Il est cependant plus naturel d'affecter dangereusement, le plus souvent par le moyen de cet aplatissement aveugle et mal dirigé, l'action générale de l'encéphale, de même que la *compression excessive* du corps entrave l'action de tous ses organes internes.

Je ne doute pas néanmoins que, de même qu'une chaussure bien ajustée, mais ne comprimant pas le pied, peut contribuer à augmenter sa consistance et à améliorer sa forme, qu'un corset, par son élasticité et sa bonne confection, peut contribuer à fortifier et à assujettir les chairs en améliorant la forme et la bonne apparence du corps, de même on pourrait inventer un instrument semblable à celui que les chapeliers ont déjà l'habitude d'employer pour mesurer la tête; cet instrument, appliqué avec savoir et intelligence dès la plus tendre enfance, et sans offenser en aucune manière ni en aucun sens quelque organe cérébral, permettrait de débiliter la force des organes naturellement trop volumineux et de favoriser le développement de ceux qui sont trop affaiblis comparativement, améliorant ainsi la forme et l'action générale de l'encéphale.

Quand arrivera, comme nous ne doutons pas qu'elle n'arrive, l'époque où un semblable *corset céphalique* sera inventé et employé universellement, nous aurons une autre preuve parmi les milliers déjà existantes, qu'une coutume brutale et absurde, érigée en principe par la mode, au détriment de la race, a été utilisée, avec le cours des siècles et les progrès de la science, pour l'améliorer, la moraliser et l'élever. On verra ainsi la différence qu'il y a entre ce que l'homme fait par un instinct *aveugle* et ce qu'il fait par un instinct *éclairé*. Et, lorsque cette époque, que je crois très-peu éloignée, sera venue, qu'aura fait la phrénologie sous le point de vue moral et religieux? La réponse est très-simple; elle aura fortifié autant le libre arbitre que les nouvelles ressources artificielles seront capables de fortifier les organes intellectuels et moraux.

Au reste, l'aplatissement et le volume de la tête à laquelle nous donnons la forme que nous recherchons par le moyen de forces externes, comme on l'a vu dans les cas que j'ai présentés, et le développement céphalique excessif produit par les eaux ou forces internes qui s'accumulent dans le cerveau, comme le démontrent les exemples d'hydrocéphales déjà cités, sont une preuve incontestable, irréfutable, que le crâne forme une partie intégrante du cerveau; ils démontrent qu'il croît et se développe avec lui, qu'il s'affaisse et se rétrécit avec lui, comme je le prouverai de nouveau dans la leçon prochaine.

A l'appui des principes qui ont été établis, voyez, relativement à Danton et à Zénon, la correspondance qui existe entre le volume, la forme extérieure de la tête et le caractère, les talents qu'ils ont montrés pendant leur vie. C'est le moyen de nous convaincre de la vérité de la phrénologie et de tirer ensuite parti de ses doctrines pour notre bien et celui d'autrui, pour notre utilité *présente* et notre utilité à *venir*. Considérez cette tête de Danton. Malgré la chevelure qui empêche un examen complet, vous verrez, à une lieue de distance, que cette tête est bien plus ample et large que haute et élevée; la région antérieure ou intellectuelle est bien développée; mais la bénévolentivité et l'inférioritivité sont presque aplaties. Sa tête ressemble à celle des chefs ou grands des Péruviens très-anciens.

Eh bien, que dit l'histoire de Danton? Quelles furent les ambitions dominantes de son caractère? Ce célèbre révolutionnaire fut remarquable par ses fortes passions animales, par son audace, par son impétuosité et les moyens violents avec lesquels il mit à exécution

GEORGES JACQUES DANTON, né en 1759, guillotiné en 1794. Il fut un des chefs de la Révolution française pendant le règne de la Terreur. — Portrait authentique.

ses projets. Mais la partie supérieure de sa tête était peu développée, de même que la partie supérieure intellectuelle; par conséquent il n'était pas, phrénologiquement parlant, capable de diriger des affaires difficiles et compliquées. Ainsi l'histoire nous apprend qu'il manquait de sagacité, de ce pouvoir dominateur qu'ont certains génies privilégiés sur leurs semblables, et cela, sans effort, sans intention de le rechercher. Une grande âme qui se manifeste à l'extérieur par une tête très-volumineuse et bien élevée domine et dirige naturellement et spontanément une âme petite, de même qu'au physique une force supérieure met en mouvement et entraine une force inférieure. (Voyez Prieur à l'égard de Thibets, leç. XI, p. 137-141.)

La nouveauté de Danton dura peu. A une poitrine ample et large il joignait une voix de stentor, qui, avec quatre lieux communs et son langage violent et passionné, attirait, dès le principe, l'attention du peuple. Mais à peine fut-il chef de parti ou de faction, à peine eut-il le mandat et la direction des masses, parmi lesquelles se trouvent toujours quelques têtes dominatrices, à peine eut-il l'occasion de mettre son talent à l'épreuve, qu'il perdit tout son prestige, toute son influence, toute sa nouveauté et toute son importance. Il tomba, homme déchu, avec autant de rapidité qu'il était monté. Pour s'élever une seconde fois, il appela à son secours les moyens qu'il avait employés avant; mais déjà sa réputation et son influence étaient à leur déclin. Cette voix, qui auparavant émouvait et entraînait les masses, se perd comme dans un ouragan, sous les mêmes voûtes qu'elle faisait retentir. Ah! si la plupart des ambitieux voulaient apprendre les nombreuses et sublimes leçons que leur offre la phrénologie, combien n'y en aurait-il pas qui s'éviteraient des dégoûts et des lamentations! Comme orateur véhément et audacieux pour divulguer et propager des principes admis ou presque admis, Danton aurait été un homme dont la renommée vivrait encore, dont la mémoire réveillerait même des souvenirs agréables peut-être. Sorti de sa vocation, ayant franchi les limites que la nature lui avait posées, dévié de la direction que le doigt de l'omnipotence lui avait tracée, Danton, enveloppé dans le tourbillon de la Révolution française, monta au pouvoir pour rendre seulement plus manifeste son incapacité, ensevelissant avec des larmes et de la honte une gloire de quelques jours, dont la jouissance lui avait coûté des années de travaux, de misères, de dégoûts et de chagrins.

En voyant ces élévations et ces chutes subites, ces immenses regrets chèrement achetés, je ne puis concevoir la négligence avec laquelle on a remarqué jusqu'à présent, parmi nous, l'influence cérébrale sur les actes de l'esprit. N'étudie-t-on pas le cœur, le foie, les poumons, pour mieux diriger leurs fonctions et pour les rendre dignes de plus en plus de l'objet pour lequel Dieu nous les a donnés? Quelle raison y a-t-il à négliger la tête, dont les fonctions servent à la manifestation des facultés mentales? La circulation du sang, la sécrétion de la bile, la respiration, sont-elles, par hasard, plus dignes, plus nobles ou plus sublimes que le penser, le sentir ou le diriger notre conduite, comme nous l'ordonnent la religion et la saine philosophie?

Voici la tête de Zénon, célèbre stoïcien, copiée sur un dessin que Spurzheim fit d'après un buste antique du Musée de Paris. L'examen phrénologique que vous avez déjà fait des gravures sur lesquelles j'ai attiré votre attention et celui des têtes naturelles qui, dans le cours de la vie, se présenteront à vous, vous mettront en état de voir que Zénon avait toute la partie intellectuelle presque colossalement développée, la partie supérieure ou morale, et surtout la région postéro-supérieure bien organisées, la partie animale proportionnellement petite et d'une domination facile. Considérée dans son ensemble, vous trouverez la tête, sans aucun doute, grande dans son volume, belle et imposante dans sa forme ou configuration.

Quelle serait la vocation ou l'inclination de Zénon s'il avait suivi les règles de la phrénologie appliquées à sa tête? Son intellectualité presque colossale indique qu'il avait de grands désirs de se consacrer aux études philosophiques; sa partie inférieure fait voir qu'il pouvait facilement maintenir bridée l'impétuosité des passions brutales; le grand développement de la partie postéro-supérieure prouve enfin qu'il était un homme ferme, énergique, d'un caractère et d'une rectitude inflexibles, soumettant tout à un système ou à un principe fixe qu'il n'aurait jamais abandonné sans difficulté.

Si un homme de ce genre avait fixé ou naturellement établi un système de conduite humaine, quelles

ZÉNON. Il vécut entre la 340e et la 260e année avant l'ère chrétienne [1].

auraient été ses bases ou fondements, vu son organisation céphalique?

La réponse ne pourra plus être bien difficile maintenant. Avec une partie morale très-bien développée, avec des appétits brutaux peu exigeants, la tempérance et la sobriété seront le premier élément de vertu naturelle, tant par sentiment ou instinct que par principe ou raison. Comme, dans cette même partie morale ou supérieure, la partie postérieure domine complètement l'antérieure, il est évident que les sentiments de compassion, de pitié, de condescendance, céderont naturellement à ceux d'une rectitude opiniâtre, ferme, résolue, et de laquelle provient cet empire, ce pouvoir sur nous-mêmes, empire qui d'ordinaire se change en un stoïcisme outré. Avec une tête grande, équilibrée, modèle d'esthétique par sa configuration, l'*harmonie* sera le second élément de vertu naturelle qui se manifestera spontanément en lui, unie à cette volonté énergique, ferme, résolue, non chancelante, qui s'observe toujours chez l'homme dont la région céphalique supéro-postérieure est élevée et volumineuse.

D'après ce que je viens d'exposer, il est facile de concevoir, en résumé, messieurs, que Zénon, étudié phrénologiquement suivant la tête que nous

---

[1] La partie au-dessus de la ligne horizontale dans cette gravure de la tête de Zénon doit être, d'après l'original sur lequel elle a été copiée, un peu plus élevée.

(*Note de l'auteur pour l'édition française.*)

ont transmise les meilleurs artistes de l'antiquité, se sentait, d'un côté, vivement enclin au savoir ou à la philosophie[1], et, de l'autre, il avait des habitudes douces et paisibles, des principes fermes et sévères, et cherchait le
bonheur dans la satisfaction modérée et harmonique de ses désirs, ce qui
constitue l'épicurisme sage et bien entendu. Quant à la plus ou moins
grande exactitude de ressemblance du buste antique sur lequel on a copié le
dessin que je viens de vous présenter avec l'original, vous savez ce que j'ai
dit dans la leçon XI en me reportant à Caracalla et à Euripide; si à toutes
ces réflexions l'on ajoute que le principe esthétique des artistes grecs et des
artistes anciens était fondé bien plus sur les formes matérielles que sur les
manifestations spirituelles, nous conclurons, d'après ce qui a paru, que les
bustes anciens ne le cèdent en rien à ceux des modernes.

Ceci posé, voyons si l'histoire n'est pas d'accord avec les indications de ce
buste. Né dans l'île de Chypre, Zénon fut élevé pour le commerce. Son
père, obligé par son genre de négoce de faire des voyages à Athènes, acheta
pour son fils, dans cette cité, quelques écrits des philosophes socratiques.
A l'âge de vingt-cinq ans, suivant les uns, de trente, suivant d'autres, Zénon se vit contraint de visiter Athènes pour les mêmes raisons que son
père. Le vaisseau sur lequel il avait embarqué les marchandises qu'il portait
fit naufrage, mais cela ne le découragea pas; il continua son voyage, et il
arriva sans autre accident à sa destination.

Dès son enfance, il avait montré de grandes dispositions pour s'instruire.
Pendant son voyage à Athènes, il put satisfaire complétement sa passion dominante; il se consacra à l'étude de toutes les philosophies qu'on connaissait et qu'on enseignait alors en Grèce. Devenu maître de ces connaissances, il résolut de fonder une nouvelle secte. Ses disciples furent appelés
stoïciens, du portique, en grec *stoa*, qu'il avait choisi pour prononcer et enseigner ses leçons. Il acquit une grande habileté dans l'argumentation, et,
comme sa conduite particulière était sans tache, il s'attira le respect et l'admiration de ses nombreux disciples.

Lorsque le roi de Macédoine visita Athènes, il alla l'entendre; captivé par
ses leçons, il l'invita à sa cour; mais Zénon ne voulut faire aucun usage
intéressé de la faveur royale. On dit enfin qu'il fut un homme de grande
valeur en Grèce; cependant il vécut toujours avec la plus grande modération
et avec la plus grande abstinence, puisqu'il n'avait plus qu'un serviteur et
ne se nourrissait que de pain et de fruits. Il était très-réservé pour les
autres plaisirs ou satisfactions; sa modestie l'obligeait à fuir les distinctions
personnelles. Telle fut la confiance des Athéniens pour la probité de Zénon,
qu'ils déposèrent dans ses mains les clefs de la citadelle, élevèrent une statue à sa mémoire et lui décernèrent une couronne d'or. Sa complexion ou
son organisme était débile; mais avec la tempérance il prolongea le terme
de sa vie et parvint à une vieillesse extrême.

[1] Voyez les diverses acceptions de ce mot dans la leçon LV.
(*Note de l'auteur pour l'édition française.*)

Ses principes moraux étaient fermes et sévères; il mettait le bonheur dans la pratique de la vertu. Il disait avec insistance que nous devions nous conduire de même dans l'adversité que dans la prospérité et être toujours contents. Il croyait qu'il était plus sage et plus prudent d'écouter que de parler et de se contenter de l'ignorance des choses qu'il est impossible de savoir que de chercher, par de vaines tentatives, à découvrir celles qui sont inscrutables.

Ses biographes allemands disent : « Il ne fut pas seulement philosophe à l'école, il le fut encore pendant tout le cours de sa vie privée; sa conduite répondit toujours à ses principes. » « Quoiqu'il soit impossible, dit Spurzheim, de suivre les principes de sagesse de Zénon, ils n'en ont pas moins formé, illustrés par sa conduite, un modèle de vertu, modèle pour lequel étaient faits les plus grands hommes que l'antiquité ait produits. »

J'ai voulu exposer les principaux traits moraux que l'histoire nous présente de Zénon, parce que non-seulement on voit la correspondance admirable et étonnante qui existe entre le caractère d'un philosophe et le développement de sa tête, mais encore pour que vous commenciez à en déduire déjà un principe grand, sublime, fécond. Si, en effet, vous remarquez qu'il y a entre le développement de tant et de si diverses têtes comme celles que je vous ai présentées, et le caractère et les dispositions des individus auxquels elles appartenaient, une correspondance palpable, irrésistible, qu'à moins de fermer les yeux il est impossible de ne pas voir, il résulte, comme conséquence précise, que, les causes immédiates de cette correspondance étant connues, on peut former *à priori* des jugements plus ou moins approximatifs, suivant notre capacité et les connaissances que nous avons de ces causes, du caractère et des dispositions des individus qui se présentent pour la première fois devant nous.

Si nous voyons que Zénon, en vertu de sa grande tête, possédait beaucoup de force mentale générale, qu'en vertu du grand développement de la partie intellectuelle il avait de grands désirs de savoir et de grandes dispositions pour satisfaire ces désirs; qu'en vertu d'une forme céphalique élevée, son âme se révélait morale et religieuse; qu'en vertu d'une région supérieure du crâne, très-élevée et volumineuse à la partie postérieure, il avait un caractère ferme, opiniâtre et constant; qu'en vertu de la petitesse comparative de la partie inférieure de sa tête, il se montrait abstinent, sobre et tempérant; si nous voyons que cette correspondance existe dans toutes les autres têtes que vous avez vues, chacune pour ses particularités spéciales, il ne sera point difficile de déterminer *à priori* les dispositions générales d'un individu par le développement et la configuration des trois régions que vous connaissez. De là vient la conséquence naturelle et logique, qu'à mesure que vous analyserez, raisonnerez, spécifierez davantage, c'est-à-dire que vous avancerez davantage dans la connaissance des relations spéciales et particulières entre le volume, le développement céphalique et le caractère et les dispositions mentales, vous pourrez former sur le sujet qui nous occupe des jugements plus circonstanciés et plus empreints d'exactitude.

Pour le moment, je ne doute pas que les connaissances que vous avez déjà acquises sur la correspondance qui existe entre la tête et les manifestations mentales ne vous mettent à même de vous former un jugement complet et assez sûr des tendances et des dispositions générales de l'original que représente la gravure suivante. La partie inférieure du front, si considérablement développée et la partie supérieure si élevée, le volume général de toute la tête, si peu ordinaire pour sa grandeur, la région supéro-postérieure, si saillante mais ne prédominant pas, la partie inférieure, si volumineuse, mais soumise à la partie intellectuelle et morale, tout vous annonce une âme capable de comprendre, vaste, immense, un génie susceptible d'embrasser l'univers entier, quelle que soit la branche du savoir humain à laquelle il se consacre.

Le portrait que je vous présente ici, que vous qualifierez de suite et à

MICHEL-ANGE BUONAROTTI, né en 1474, mort en 1564.

simple vue d'*extraordinaire*, est celui que l'on considère comme le plus exact et le plus authentique. Il a été copié d'après celui que Combe produit dans son *Système de phrénologie*, édition de New-York. A cause de sa ressemblance avec celui qu'on trouve en tête des biographies les plus respectables de cet éminent artiste, on ne peut pas le considérer comme idéal. Il passe même pour être plus fidèle et plus exact, au moins quant à la région supérieure postérieure de la tête, que celui qu'a fait Michel-Ange lui-même. *Silas Jones*, du nord de l'Amérique, donne, dans sa *Phrénologie pratique*, une copie de ce dernier portrait, regardé généralement comme exagéré, sur lequel il fait des observations si opportunes et si importantes, que je les trouve dignes d'être reproduites.

« Ce portrait, dit-il, doit avoir été un peu *exagéré*; autrement la tête de l'original aurait été l'une des plus remarquables que le monde ait connues. Il s'élève beaucoup et il est extraordinairement grand à la région supérieure postérieure. La partie intellectuelle est immense ; cependant il n'en avait pas moins la partie affective ou animale bien développée. Vue de profil, la tête de Michel-Ange, d'après un autre portrait que j'ai en ce moment devant moi[1], paraît être grande aussi à la région occipitale ou postérieure-inférieure.

« Dans la région intellectuelle les organes perceptifs et les organes réflecteurs sont très-grands. Son visage indique une activité peu commune dans les organes perceptifs. Son regard exprime beaucoup de gravité, d'austérité, de dignité personnelle, une certaine irritabilité et un mépris des vues et des conceptions mesquines et étroites de ceux qui l'entouraient. Avec de semblables talents et une santé robuste, à quoi ne pourrait pas atteindre un homme, à quelle hauteur ne parviendrait-il pas? Il serait un génie universel; il aurait été éminent comme orateur, poëte, philosophe, sage ou artiste. Les sentiments supérieurs auraient eu naturellement la prédominance sur les passions inférieures, ses conceptions étant hautement empreintes de vénération, de beauté idéale et de merveillosité. Modifié.s cependant par une comparaison constante, elles auraient toujours été, en se manifestant, en harmonie avec le bon goût, la majesté et l'effet grandiose qu'elles tendaient à produire. Ses vues vastes, nobles et sublimes, seraient si différentes de celles de tous ceux qui l'entouraient, qu'il serait constamment réprimé dans ses aspirations et ressentirait une poignante mortification en se voyant contraint de soumettre ses idées à des personnes dont il ne pourrait pas moins sentir et plaindre l'infériorité. Son ambition marcherait de pair avec sa conscienciosité, sa vénération, son idéalité, et appellerait à son aide toutes les facultés intellectuelles pour exceller dans l'art du dessin. Sa partie animale est trop active pour se contenter d'une vie sédentaire exclusivement consacrée aux lettres; en d'autres termes, il aurait été un des plus grands poëtes de n'importe quelle époque. »

Telles sont les impressions de Silas Jones, contemplant phrénologiquement la tête de Michel-Ange. Nous savons tous que son histoire s'accorde complétement avec ces impressions.

[1] C'est celui que je viens de présenter à votre examen comme le plus exact et le plus authentique. Dans celui-ci la région *supéro-postérieure* est haute et volumineuse, mais non de dimension et de grandeur telle qu'elle paraisse anomale.

Le père de cet homme extraordinaire était, à l'époque de sa naissance, gouverneur du château de Chiusi et Caprèse. La carrière d'artiste était peu en estime dans ce temps-là; lorsque Michel-Ange manifesta pour elle, dès son enfance, une inclination décidée, son père s'efforça de le détourner d'un semblable projet par tous les moyens de douceur et de rigueur en son pouvoir. Voyant enfin que rien ne pouvait le faire dévier du chemin que la nature semblait avoir tracé dans son cœur [1], son père le plaça sous la direction du meilleur peintre de l'Italie.

Avec un tel maître et un si sublime génie, il surpassa promptement tous les artistes de son époque. Les hommes les mieux entendus dans l'art disent que la sublimité de la conception et la noblesse de la forme furent les éléments de son genre. Comme peintre, comme sculpteur, comme architecte, il réunit plus que tout autre la simplicité la plus séduisante à la magnificence du plan et à la variété infinie des parties subordonnées des détails secondaires. Ses esquisses sont, sans exception, vastes. Quant à l'expression et à la beauté, il ne les admettait seulement que tout autant qu'elles pouvaient contribuer à réaliser la magnificence. Il appartenait seulement à Michel-Ange de donner l'apparence d'une facilité très-élevée aux difficultés les plus compliquées.

Il est l'inventeur de la peinture épique, comme on le voit dans le contour sublime de la chapelle Sixtine; il a personnifié le mouvement dans le groupe du carton de Pisa; il a incorporé le sentiment dans les monuments de Saint-Laurent; il a découvert les traits de la méditation chez les prophètes et chez les sibylles de la chapelle Sixtine; et, dans le *Jugement dernier*, par toutes les attitudes dont est capable le corps humain, il a dépeint l'expression dominante de toutes les passions dont l'âme est susceptible.

Relativement à sa conduite, tous les biographes le représentent comme un homme assez indépendant de caractère, mais bienfaisant, généreux et aimant à être utile. Mille actions de sa vie le démontrent, et particulièrement le fait, connu de tout le monde, qu'il donnait avec joie aux sculpteurs obscurs et de peu de mérite des modèles pour des images de saints, afin qu'ils pussent mieux gagner leur vie. Les œuvres littéraires qu'il composa sans études et sans soin suffiraient pour faire une réputation distinguée à tout homme de lettres. Pour Michel-Ange, elles servent seulement à faire connaître l'immense hauteur à laquelle il était parvenu dans cette voie.

Ceci ne doit pas vous surprendre; car, en effet, que pourrait vous indiquer, sinon la bienveillance prédominante, la tête qui aurait la région antérieure supérieure si extraordinairement haute et développée, comme on

---

[1] *Cœur* s'emploie dans ce sens pour *tête*, et *tête* veut dire *âme*, prenant, par une figure de rhétorique ou par un mode particulier naturel de parler, l'instrument pour la cause. Relativement à la manière impropre de nous servir du mot *cœur* au lieu du mot *tête*, il est nécessaire de prévenir que les langues ont pour base l'*usage* et non la *raison*, que leur formation ne date pas de l'époque civilisée d'un peuple, mais de toutes les époques, et que, par conséquent, quand une manière de parler compte des siècles, quelque incorrecte qu'elle soit aux yeux de la philosophie, l'usage la fait propre, correcte et exacte.

le voit dans le portrait que je viens de vous présenter? Que peut vous démontrer, sinon un génie sublime pour les lettres, un front si élevé, si vaste et si volumineux, comme celui que vous venez d'observer? Que peut manifester, sinon un sentiment profond de dignité personnelle, ni dominant toutefois, ni orgueilleux, une région *supérieure postérieure* haute et développée, mais soumise à la région antérieure, ainsi qu'on le voit dans le portrait qui nous occupe?

Il n'y a point de milieu : ou il faut fermer les yeux à l'évidence, ou il faut convenir qu'entre la tête et les manifestations mentales il y a une correspondance naturelle, constante, visible, correspondance qu'il est aussi inutile de prouver que de réfuter, puisqu'elle est évidente d'elle-même et en elle-même.

Comme le désir primordial qui m'anime dans ces leçons n'est pas seulement d'expliquer, mais encore d'enseigner la phrénologie d'une manière positive, j'appellerai encore votre attention sur une autre tête remarquable; remarquable non par sa bénévolentivité affectueuse, comme frai Luis de Léon, non par sa probité et sa rectitude, comme Zénon; non par la sublimité de ses conceptions morales, comme Platon; non, enfin, par les attributs de l'esprit que dénote une région supérieure céphalique bien développée, une partie intellectuelle haute et ample, une animalité volumineuse, mais subordonnée. Tout au contraire. La tête que je viens vous présenter appartient à la classe de celles des Caracalla, des Thibets et des grands coquins.

Néron, tel est le personnage dont vous avez devant vous le portrait, tiré d'une copie qu'a publiée Spurzheim d'après un buste antique déposé dans le Musée royal de Paris.

Vous voyez clairement que Néron a la tête volumineuse d'une manière générale. La région intellectuelle est bien développée, la partie supéro-postérieure de la région morale l'est suffisamment encore, et la partie animale beaucoup plus. On voit donc que cette tête a sa plus grande dépression à la région de la bé-

Néron, empereur romain, naquit en l'an 37, et se suicida en l'an 68 de l'ère chrétienne.

névolentivité, c'est-à-dire là où habite et ou siège la faculté qui souffre des malheurs et se réjouit de la joie des créatures sensibles.

Si cette région céphalique avait été activée, la partie animale assoupie et la partie intellectuelle éclairée comme il convenait, la postérité aurait conservé de Néron des souvenirs bien différents de ceux que son histoire nous a transmis et nous fait rappeler. Si celui qui a une organisation cérébrale analogue à celle que représente la gravure que vous considérez en ce moment se laisse entraîner par ses impulsions naturelles, sans vouloir écouter les voix de sa raison et de sa conscience, les passions animales domineront toujours les sentiments humains, ou, en d'autres termes, les passions qui, agissant pour elles seulement, constituent la férocité et la méchanceté, règneront en souveraines, quelle que soit la condition dans laquelle se trouve une semblable organisation; les bons principes et la moralité lui paraîtront naturellement des illusions et des niaiseries, et l'âme sera entraînée et maîtrisée par les penchants égoïstes et brutaux.

Voyons ce que nous dit l'histoire. Néron sortit d'une basse extraction; au moment de sa naissance, son propre père s'écria : « De moi et d'Agrippine, mon épouse, il ne peut rien sortir, si ce n'est un monstre venu pour la calamité publique. »

En effet, dès le berceau Néron fut cruel. Il se maria jeune; mais cela ne l'empêcha pas d'avoir son épouse en grande aversion, son amativité étant entraînée par une liberté qui parvint à obtenir un grand empire sur toutes ses affections. Octavie, son épouse, était fille de l'empereur Claude, qui, après avoir eu un fils qui lui succédait en ligne directe, fut conduit par Agrippine à adopter Néron. Le résultat de cet acte aussi faible qu'injuste fut un large catalogue de crimes. Agrippine, mère de Néron, empoisonna Claude; et Néron, qui n'avait encore que dix-huit ans, obtint par d'infâmes et secrètes intrigues qu'on donnât un poison à Britannicus pendant qu'il était à table en compagnie de Néron lui-même, de sa mère et de son épouse.

Par suite de sa profusion et de ses gaspillages, il était toujours dans le besoin; on ne connaît pas de moyens si infâmes ni si atroces qu'il ne mît en pratique pour arracher et extorquer l'argent des malheureux peuples qu'il dominait. A ses agents et à ses administrateurs il disait : « Vous savez ce dont j'ai besoin, ne laissez rien à personne. » Il dévalisait sans aucun scrupule les temples les plus sacrés, expiant ces crimes par des hommages et des adorations extraordinaires qu'il faisait rendre à quelques divinités préférées.

On trama contre sa vie une conspiration qui avorta, et dès lors il n'y eut plus de bornes à sa cruauté et à sa vengeance féroce, de même que son mépris n'en eut plus pour tout ce qui doit être respectable et sacré parmi les hommes. Tandis qu'on exécutait par son ordre les hommes les plus vertueux et les plus distingués de Rome, il se présentait au théâtre pour disputer le prix de sa supériorité comme musicien et comme acteur. Son iniquité *vaniteuse* en arriva à un tel point, qu'il avait des espions cachés parmi les spectateurs afin d'observer ceux qui étaient ou se montraient lents à l'applaudir, et leur faire subir ensuite les châtiments les plus atroces.

Néron fut rusé, adroit, ingrat envers ses bienfaiteurs, féroce et exécrable aux yeux de tout homme honnête. A l'âge de trente et un ans et à la quatorzième année de son règne, il perdit l'affection de ses troupes, et Galba fut proclamé empereur. Dès le début de ce changement, Néron montra un caractère irrésolu et vacillant. Il s'enfuit de Rome et se réfugia dans une maison de campagne appartenant à un de ses affranchis; sa fuite étant devenue publique, le sénat le déclara traître à la patrie et le condamna à une mort ignominieuse. Quelques fidèles amis l'accompagnèrent jusqu'à la fin, et l'engagèrent à conjurer cette catastrophe par une mort volontaire. Il chancela, hésita, se plaignit faiblement et lâchement, s'efforçant en vain à prendre une résolution pour commettre cet acte. Enfin le bruit de la cavalerie envoyée à sa poursuite mit un terme à son irrésolution; il se coupa la gorge avec un poignard dont sa main tremblante était armée. Sa mémoire a été et sera éternellement détestée.

Il me semble qu'en voyant la différence qui existe entre les têtes de tant d'individus et de tant de personnages différents que j'ai soumis à votre examen, et que cette différence se trouve en harmonie complète avec tout ce que leur histoire nous révèle; en voyant pour la première fois, par exemple, un frai Luis de Léon, vous ne direz pas qu'il pourrait être un Néron, ni un Michel-Ange un Caracalla. Je suis persuadé qu'alors même que vous concéderiez à Zénon la même fermeté de caractère qu'à Thibets, vous proclameriez l'un continent, tandis que vous tiendriez l'autre pour un emporté. Je suis sûr que vous ne chercheriez pas une personne qui eût la tête comme celle de Williams pour lui confier votre vie et vos trésors; vous ne croiriez pas non plus que l'utopie de Platon pourrait sortir d'une tête comme celle de Boutillier. D'une région supérieure intellectuelle comme celle de Kant, vous espéreriez les conceptions pures et abstraites qui distinguent sa philosophie; mais il ne peut pas venir dans votre esprit qu'elles pourraient surgir du crâne d'un Caraïbe ou de celui d'un Péruvien très-ancien. Si, par suite du développement spécial et particulier d'une tête, l'on remonte ou l'on peut remonter, en conception ou idée, à la philosophie spéciale et particulière qu'une pareille tête décrirait, cela ne vous paraîtra pas étrange, et bien moins encore si, d'une philosophie spéciale et particulière, l'on remonte à la tête spéciale et particulière qui la fonda et l'établit.

Sous ce point de vue, vous comprendrez bien maintenant ce que je disais en parlant, dans la leçon II, du principal défaut du système de philosophie mentale, exclusivement fondée sur le moi ou sens intime : Cobbet et Bentham, chez lesquels le sentiment du beau idéal et du sublime était presque éteint, tandis que leur faculté intellectuelle était très-puissante, accordent peu ou n'accordent aucune importance aux arts imitatifs, à la poésie, à l'éloquence, les rejetant, non comme inutiles, mais bien comme dangereuses. Le premier dit du sublime *Paradis perdu* de Milton qu'il n'est bon qu'à envelopper des épices, et le second regarde le *principe d'utilité* comme la seule mesure des actions de l'homme. Paley nie que l'homme possède un instinct spécial de justice ou conscience, tandis que Brown, Voltaire et d'autres philosophes le défendent à outrance. La Rochefoucauld établit pour base de ses réflexions, ou philosophie morale, que l'*amour-propre* est la plus puissante de toutes nos affections, et il la considère comme la cause impulsive de toutes nos actions. Chez lui elle existait sans nul doute, et c'est pour cela qu'il oubliait que l'avare la vend pour de l'argent, le lâche la foule aux pieds pour sauver sa vie, le benthamiste l'abandonne pour l'utilité, et que les personnes, comme un saint Vincent de Paul ou un John Howard ne connurent dans leur vie d'autre aiguillon et leurs actions n'eurent d'autre cause naturelle qu'un ardent désir de faire le bien et de diminuer les misères et les souffrances de l'humanité.

En résumé, et comme conclusion, je dirai que je vous trouve en état de pouvoir apprécier la vérité de cette phrase de l'évangile de saint Luc, ch. VI, v. 44, où il est dit : « Les figues ne se cueillent sur des épines, ni les raisins sur des ronces, » de même que celle de cette sentence populaire, pleine de bon sens et de profonde philosophie, exprimant l'origine des divergences humaines dans ce peu de mots très-simples : *Autant de têtes, autant d'opinions*.

LEÇON XIV

Le volume et la configuration du cerveau correspondent au volume et à la configuration du crâne.

MESSIEURS,

« *Obras son amores, que no buenas razones,* » dit le proverbe espagnol[1]. Et ce proverbe, comme la plus grande partie des autres proverbes, exprime la quintessence de la sagesse, du bon sens et de la philosophie du genre humain. « *Obras son amores, que no buenas razones,* » en effet. Quels arguments, quels discours, quelles paroles pourraient expliquer, prouver avec une évidence aussi irrécusable la correspondance cérébrale et crâniale, comme la simple présentation de cette gravure. Elle vous montre un cerveau normal vu de côté, couvert naturellement par le crâne. Il est facile de comprendre que ces sortes d'ondulations, appelées *circonvolutions*, représentent le CERVEAU; et les deux lignes qui les entourent, le CRANE. Dans l'espace com-

---

[1] *Mieux vaut bon acte que bon mot*, pourrait-on traduire.

pris entre la ligne qui décrit les circonvolutions ou le *cerveau* et la première des deux qui figurent la boîte osseuse ou le *crâne*, il y a trois membranes

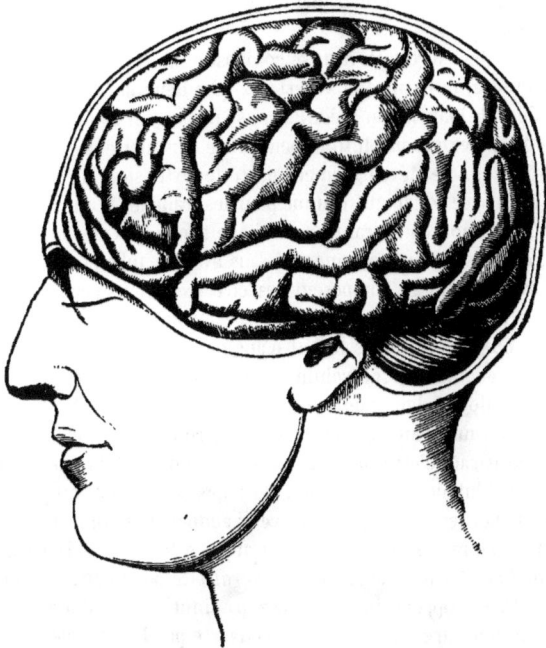

Cerveau vu de côté.

ou peaux semblables à du parchemin. Ces trois membranes ou peaux, minces comme du papier, forment le premier tégument ou couverte du cerveau. Les deux premières, qui sont adhérentes au cerveau, s'appellent *pie-mère* et *arachnoïde;* la troisième, qui adhère au crâne, se nomme *dure-mère.* Le second tégument, ou couverte du cerveau, c'est le *crâne,* qui est une boîte osseuse aussi parfaitement ajustée au cerveau qu'un *moule* l'est à la *figure* qu'il forme. Voilà la loi, la règle, la normalité du cas; il pourra se présenter des exceptions, des irrégularités, des anomalies, mais elles affirmeront et confirmeront le fait principal. Dans quatre-vingt-dix-neuf cas sur cent le crâne se moule ou s'ajuste avec une complète exactitude au cerveau, et réciproquement le cerveau au crâne.

Tous les objets analogues à la tête humaine suivent en ce point la même règle. Que l'on voie si la substance nutritive d'un œuf n'est pas couverte par son écale, ou si la partie tendre d'une pomme n'occupe pas tout le dessous de la superficie. Supposer que la forme extérieure d'un œuf ou d'une orange ne détermine pas leur forme intérieure, ce serait manquer de sens commun ou de force logique.

Les ondulations appelées *circonvolutions* que vous voyez se composent d'une substance nerveuse *cendrée*, que l on nomme CORTICALE. Ces circonvolutions pénètrent vers le dedans d'un demi-pouce à un pouce et demi. Les sillons ou fentes qui se remarquent entre les circonvolutions, s'appellent *anfractuosités*.

Le centre intérieur du cerveau se compose d'une substance *blanche*, également nerveuse, qui s'appelle MÉDULLAIRE. Ces deux substances, la cendrée ou corticale et la blanche ou médullaire, se mélangent soudainement et non graduellement. Les circonvolutions peuvent se dérouler et s'étendre, formant une seule bande. Ce développement et cette extension ne se peuvent pas toujours faire avec les doigts, comme pour les tranches d'une orange; il faut opérer la séparation en lançant un jet d'eau sur le cerveau au moyen d'une seringue, ou en soufflant fortement dessus avec un tube ou un soufflet. Les fibres nerveuses dont se composent les circonvolutions peuvent facilement se montrer au moyen du scalpel. Les circonvolutions sont doublées de la manière qu'on les voit, dans le but d'augmenter l'étendue superficielle du cerveau, sans augmenter son volume absolu, comme cela s'observe dans une disposition analogue dans l'œil de l'aigle.

A l'extrémité inférieure postérieure, derrière l'oreille, vous apercevez une espèce de petit sac, c'est un petit cerveau. composé des mêmes matières corticale et médullaire que le grand. On l'appelle cervelet, ou petit cerveau, à cause de sa petitesse, comparé avec celui auquel il est uni, à la partie postérieure inférieure, par une membrane appelée *tentorium*. Il est le siége de l'organe de l'amativité, que j'appelle *générativité* pour des raisons que j'exposerai en temps opportun. Il ne sera pas inutile d'ajouter que, la partie inférieure postérieure du crâne étant couverte par les muscles, les nerfs et les tendons, qui constituent la partie postérieure du cou, nous ne pouvons savoir si le cervelet est grand ou petit, et par conséquent si l'organe de la *générativité* est fort ou faible, qu'en examinant, depuis le derrière des oreilles en direction descendante, si la nuque est large ou étroite, saillante ou enfoncée, creuse ou plane.

En voyant le cerveau dans sa partie supérieure, tel que le représente le dessin qui est devant vos yeux, vous reconnaîtrez facilement qu'il se divise en deux moitiés, c'est-à-dire qu'il se compose de deux parties ou hémisphères égaux. Chacun des hémisphères contient tous les organes cérébraux, de sorte qu'ils sont tous DOUBLES, comme ceux des sens externes. Il y a deux *générativités*, comme il y a deux yeux; deux *bénévolentivités*, comme deux oreilles. La ligne qui se remarque au centre de la partie supérieure, appelée *médiane*, est celle qui sépare les deux hémisphères, lesquels se maintiennent unis ou attachés par une membrane ou peau tenace en forme de faucille, configuration qui lui a fait donner le nom de *grande faucille*. Les organes qui règnent de chaque côté de la ligne médiane, pour être si près et si voisins, ne laissent pas d'être, dans leur individualité, aussi séparés que les plus éloignés. Notez que le cerveau est habituellement plus large à

sa partie postérieure et plus étroit à la partie antérieure. Dans l'une les circonvolutions sont plutôt horizontales; dans l'autre, verticales; dans celle-là,
il y en a moins, mais elles sont plus grandes; dans celle-ci, il y en a plus,
mais elles sont plus petites. Les premières manifestent des facultés qui conçoivent et désirent moralement; les dernières des facultés qui conçoivent
et désirent physiquement et universellement.

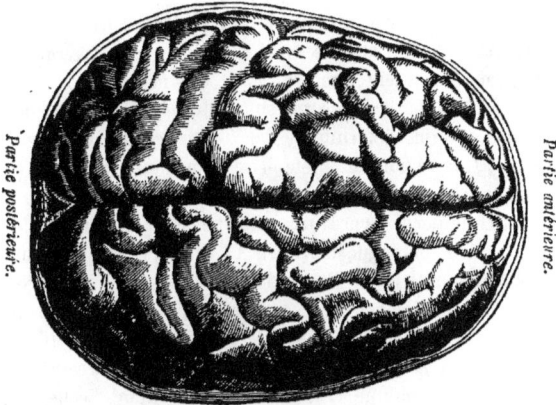

Cerveau vu par la partie supérieure.

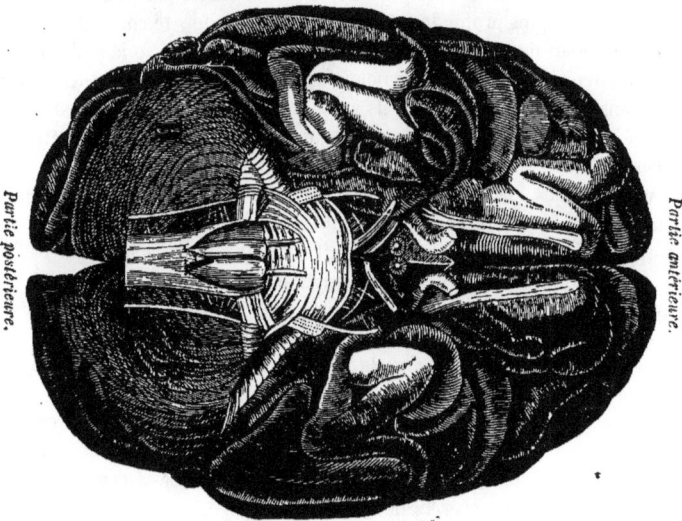

Cerveau vu par la base.

Voici le cerveau vu par sa base; plus tard on le verra par l'intérieur.

Celui qui entend répéter cette chanson que le cerveau est un et non multiple, après avoir observé la variété des parties et la différence qui existe entre nombre de ces parties qui le constituent, dira : « *Obras son amores,
que no buenas razones.* » Le cerveau est un, comme un vaisseau vu de loin,
ou comme notre globe vu d'un aérostat à dix mille pieds de hauteur. Il est
UN sans doute ; mais c'est un UN qui contient plusieurs *uns*, c'est un *tout
général* composé de nombreux *tous partiels.*

Assez souvent c'est du cerveau qu'on veut parler en parlant de ses trois
principales parties, qu'on appelle *lobe antérieur, lobe central* et *lobe postérieur*, divisions purement imaginaires et qui nous permettent de nous
exprimer avec plus d'exactitude au sujet du siége encéphalique, qu'il est
dans notre intention de déterminer. Par *lobe antérieur*, on entend le front ;
par *lobe central*, la région de la tête prise un peu en avant et un peu en arrière des oreilles ; par *lobe postérieur*, la région restante.

On a, dans cette dernière gravure, une vue complète du cervelet marqué
BB, et de la moelle oblongue marquée A. On l'appelle ainsi, parce qu'elle
est une prolongation de la moelle épinière vers la partie intérieure du crâne,
et sert de communication active et sensitive entre la tête et le tronc.

Chez les animaux d'une classe infime, les circonvolutions n'existent pas.
Elles ne se trouvent ni dans les poissons, ni dans les oiseaux, ni dans les
petits quadrupèdes, comme la souris. En remontant l'échelle des êtres
animés, les circonvolutions apparaissent et vont en augmentant, à mesure
qu'on arrive aux animaux les plus favorisés. Le singe, par exemple, a des
circonvolutions plus profondes et plus nombreuses que le chien. La dissection du cerveau de Cuvier a montré aux assistants le cerveau le plus compliqué, les circonvolutions les plus nombreuses et les plus pressées, les fentes,
les sillons les plus profonds qu'ils eussent jamais vus ; tandis qu'on a remarqué, chez les plus atroces criminels, des circonvolutions petites, étroites
et peu profondes, dans la région morale du cerveau.

Par ces raisons, parce que le cerveau de l'embryon humain, dans les premiers mois de son existence, ne présente pas de circonvolutions, parce que
ces circonvolutions sont unies et en petit nombre chez les idiots, par ce fait
que, suivant Desmoulins et Magendie (*Anatomie des systèmes nerveux des
animaux vertébrés*, p. 620), l'intelligence dans tous les mammifères est en
raison directe du nombre, de la complication et de la profondeur des circonvolutions, l'on croit que c'est la partie externe du cerveau immédiatement adhérente au crâne qui constitue les organes immédiats de l'âme, et
que la partie blanche ou intérieure du cerveau constitue un appareil de
communication, au moyen duquel les divers organes de l'esprit se mettent en
mouvement de coopération et influent sur les autres parties du corps [1]. Voilà
l'unité et la multiplicité cérébrales.

[1] Voyez ce que disent à ce sujet Combe, *System of Phrenology* (New-York, 1841), p. 76-79,
et Broussais, *Cours de Phrénologie* (Paris, 1856), p. 142-158.

Le cerveau arrive à son développement complet, dans les divers individus, à des âges différents, rarement avant vingt ans, et parfois, suivant Gall, à quarante. Mes observations personnelles m'ont fait connaître qu'il se développe spontanément jusqu'à l'âge de vingt-trois ans et quelquefois jusqu'à l'âge de vingt-huit ans.

Dans son état complet de développement, un cerveau de bon volume pèse, chez l'homme, trois livres huit onces; chez la femme, trois livres quatre onces. Le cerveau des personnages illustres est un peu plus pesant : celui de Cuvier pesait trois livres dix onces quatre drachmes et demi.

Selon Combe, peut-être le plus grand anatomiste du cerveau dans ce siècle, le cerveau de la femme pèse, comme je viens de le dire, quatre onces de moins que celui de l'homme. C'est précisément la différence que j'ai trouvée dans les nombreux cerveaux que j'ai pesés ou que j'ai vu peser. Cependant Zuriaga (*Compendio de Anatomia*, t. II, p. 358), s'en rapportant à l'opinion de quelques anatomistes modernes, dit que « le cerveau est proportionnellement un peu plus volumineux chez la femme. » J'ai probablement mesuré plus de trois mille têtes des deux sexes, et j'ai toujours trouvé, à quelques rares exceptions près, que le volume de la tête de l'homme, et par conséquent du cerveau, est considérablement plus grand que le volume de la tête de la femme.

Quelques modernes ont assuré, d'après les idées d'Aristote et de Galien, que le cerveau de l'homme pèse plus que celui d'aucun autre animal; ce qui n'est pas vrai, puisque le cerveau de la baleine et de l'éléphant est d'un poids supérieur à celui de l'homme. Le cerveau d'une baleine qui se conserve au Musée de Berlin pesait cinq livres cinq onces et un drachme [1].

Suivant Haller, la cinquième partie du sang qui circule dans le corps est absorbée par le cerveau; suivant le docteur Monro, la dixième partie. De toutes manières, la quantité de sang qui nourrit le cerveau est très-considérable. Chaque hémisphère a ses propres artères; mais le sang veineux sort par un même canal ou conduit. Par une loi naturelle de notre organisation, quand une partie du système général est active, elle attire à elle, par le simple appel de cette activité même, une plus grande quantité de sang. Le cerveau, dans son tout et dans ses parties, est soumis à cette loi. Lorsqu'il est très-actif, comme chez l'orateur dans le feu de la parole, chez l'écrivain dans le feu de la composition, il circule en lui beaucoup plus de sang que lorsque ces personnes sont calmes [2].

Les cas cités à l'appui de ce fait sont nombreux et curieux. Sir Astly Cooper dit d'un jeune homme qui avait perdu une partie du crâne : « J'ai vu la pulsation de son cerveau; elle était très-régulière et lente; mais un mouvement d'agitation, causé au patient par une opposition à ses désirs, précipita plus vivement et en plus grande quantité le sang au cerveau, et la pulsation

[1] Voyez Boardman, dans Combe, *Lectures*, p. 55.
[2] Voyez Pinel, *Éléments de Physiologie*, septième édition, t. II, p. 195-105; *Sur l'Aliénation mentale*, p. 157, § 160; *Journal de la Société phrénologique de Paris*, n° 2, p. 171.

devint plus rapide et plus violente. » (*Lectures on surgery* — Leçons de chirurgie, t. I, p. 279). — Le docteur Pierquin a vu à l'hôpital de Montpellier, en 1821, une femme qui avait perdu une portion considérable du péricrâne, du crâne et de la dure-mère, de sorte que la partie du cerveau subjacente était visible à l'œil. Quand la malade dormait et ne rêvait pas, le cerveau demeurait tranquille et ne sortait pas du crâne ; mais, quand son repos était troublé par quelque songe, on voyait le cerveau poussé hors et formant une hernie cérébrale. Voyez les *Annals of Phrenology* (Boston, États-Unis, oct. 1833, p. 37). — Dans la *Medico-chirurgical Review*, célèbre journal de Londres, n° 46, oct. 1835, p. 366, un écrivain dit qu'il a eu occasion de voir une infinité de cas semblables. Il n'est donc pas étonnant que le front pâlisse et se refroidisse, en même temps que les parties latérales de la tête d'un homme furieux s'échauffent ; puisque en pareil cas la raison, qui réside dans le front, n'agit pas, tandis que les passions de la colère, qui siégent dans les parties latérales de la tête, ont une action morbide. De là cette expression du sens commun : « S'aveugler, s'enflammer de colère, de rage. » En effet, les organes de la raison s'aveuglent ou demeurent inactifs, et ceux de la combativité et de la destructivité s'enflamment ou acquièrent une violente activité.

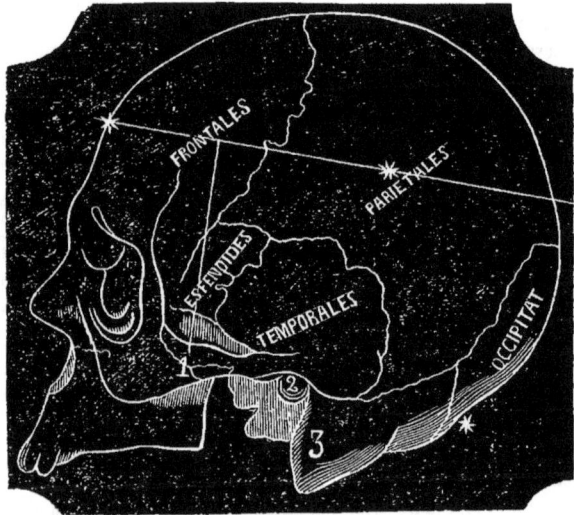

Crâne où sont indiquées les parties qui le composent.

Après avoir décrit le cerveau, occupons-nous du CRANE. Vous voyez marquées dans le dessin qui précède toutes les parties qui le composent. Les lignes qui sont tracées en serpentant s'appellent *sutures*. Elles forment une espèce de dentelure assemblée, par laquelle les huit os dont se compose le crâne sont unis. L'espace que chacune de ces lignes serpentantes renferme indique un de ces os.

Ce sont les deux os FRONTAUX ou *coronaux*, ainsi nommés, dit Zuriaga (*Anatomie*, t. I, p. 181), d'abord parce qu'ils forment le front, ensuite parce que la couronne des rois porte généralement sur eux. A l'âge de six ans ordinairement, ces deux os n'en font plus qu'*un*, comme vous pouvez le voir dans presque tous les crânes que vous observez. La figure qui est sous vos yeux vous montre la situation qu'ils occupent, c'est-à-dire qu'ils forment toute la partie antérieure du crâne.

Les deux PARIÉTAUX, ainsi appelés du mot latin *paries*, muraille, parce qu'ils forment la plus grande partie des parois latérales du crâne. Vous le voyez sur le dessin, ils suivent une grande partie de la ligne supérieure postérieure et de la ligne latérale du crâne.

Les deux TEMPORAUX autour de l'orifice de l'ouïe, ainsi nommés du latin *tempora*, tempes. Vous voyez sur la figure la superficie qu'ils couvrent, c'est-à-dire la superficie que l'un d'eux couvre ; mais l'autre en couvre autant du côté opposé. Les temporaux se divisent en deux parties : la partie *supérieure*, fine, plane et semi-circulaire, appelée aussi *squameuse*, parce qu'elle ressemble à une écaille de poisson, et la partie inférieure postérieure, semblable à ue mamelon, appelée *mastoïde*, du grec *mostos*, teton, et *eidos*, forme.

Le SPHÉNOÏDE, situé dans la partie antérieure de la tête, en avant des temporaux et au-dessous des coronaux. Le mot se tire de *sphen*, berceau, et *eidos*, forme ; et en effet le périmètre de cet os, comme vous le voyez dessiné dans la figure, ressemble à un berceau.

L'OCCIPITAL, du latin *occiputium*, nuque, qui se trouve en arrière et sous cette partie du crâne qui est sur le cou, c'est-à-dire à la partie postérieure du crâne. Il se termine par le haut en forme pyramidale, et sa configuration rappelle la lettre grecque *lambda*, ou un V retourné ainsi Λ. Parfois se trouvent enveloppés ou interposés dans l'occipital quelques petits os, qui ne signifient rien, appelés *wormiens*, d'*Olaüs Worm*, célèbre médecin danois (1588-1654) [1], qui les a observés le premier.

Enfin, l'on voit dans le crâne un os appelé ETMOÏDE, dont on ne fait presque jamais mention en phrénologie. Il est situé à la partie inférieure du crâne, derrière le nez. On l'appelle *etmoïde*, des mots grecs *etmos*, crible, et *eidos*, forme. Cet os ressemble en effet à un crible, à cause des trous dont il est percé ; mais comme, d'une part, on ne s'en sert jamais pour marquer ou indiquer la situation d'aucun organe phrénologique, et que, de l'autre, pour s'en former une idée, il faut le voir séparé du crâne, je n'en parlerai plus.

En parcourant la surface externe du crâne, outre les os, on rencontre les

---

[1] Né en 1588, mort en 1654 ; c'est en cette forme que j'indique ordinairement l'époque de la naissance et celle de la mort des hommes célèbres.

sutures, dont j'ai déjà parlé et qui prennent les noms des os qu'elles divisent. On trouve aussi certaines bosses, appelées crêtes, épines ou proéminences.

Il y a les *sutures frontales*, qu'on voit rarement ailleurs que chez les enfants, qui seuls ont deux os frontaux. Quand elles se présentent, elles partagent longitudinalement l'os frontal en deux. Les sutures *bipariétales* ou *sagittales*, qui séparent les os pariétaux des os frontaux, sphénoïdes, temporaux et occipital. Les *lambdoïdes*, dont j'ai indiqué l'étymologie, qui séparent l'occipital des pariétaux. On appelle sutures *temporales*, sutures *sphénoïdes*, celles qui séparent ces os des os contigus. Vers l'âge adulte, les os du crâne se consolident, et les sutures commencent à se souder, jusqu'à ce qu'elles disparaissent totalement dans la vieillesse.

Les crêtes sont des pointes ou excroissances osseuses plus ou moins proéminentes, visibles et palpables. Les principales sont les bosses *frontales*, à la partie supérieure du front; les *pariétales*, au centre latéral des os pariétaux; l'*occipitale*, sur les bords inférieurs de l'os de ce nom. On trouve celle-ci en mettant la main derrière la tête, sur la ligne ou le sillon qui forme ces bords. Dans la figure que je mets sous vos yeux, les bosses sont indiquées par des astérisques.

Vous trouverez, marqué par le n° 1, l'arc ou pont zygomatique, qui est, il est vrai, l'os ou la pommette du visage, mais dont la suture sert de point de départ pour mener la ligne verticale qui va former deux angles à sa rencontre avec la ligne horizontale : l'angle *antérieur*, qui décrit la région intellectuelle; l'angle *postérieur*, qui décrit la région animale. Tout ce qui s'étend au-dessus de la ligne horizontale est la région supérieure ou morale, comme on le voit dans cette gravure. Le n° 2 indique l'*orifice auditif*, le méat ou l'ouverture de l'ouïe, d'où se mesurent les différentes proportions des organes. Le crâne, par exemple, peut être uni, lisse, sans bosses et sans creux, sans élévations et sans dépressions. Partant alors de l'orifice auditif et dirigeant notre vue vers l'extrémité supérieure de la tête, nous saurons si elle est haute ou basse; vers la partie antérieure, si la région intellectuelle est étroite ou large; vers l'occiput, si la région animale est peu ou très-étendue. Je développerai davantage ce sujet quand je donnerai des instructions pratiques sur l'examen des têtes pour, au moyen de leur volume, de leur forme et de leur qualité, porter un jugement plus ou moins juste du caractère et des talents de l'examiné, suivant la capacité et les connaissances phrénologiques de l'examinateur. Le n° 3 indique la partie mastoïde des os squameux, près de laquelle se trouve immédiatement l'organe de la combativité. On la signale dans le but de faire remarquer que le crâne est ici très-osseux, et qu'il faut se tenir sur ses gardes pour ne pas confondre ce qui peut être une simple proéminence mastoïde avec un développement du cerveau subjacent.

Après cette description du crâne, maintenue dans les limites où elle vous est utile, j'appellerai votre attention sur son développement graduel, afin de

vous convaincre de ce fait naturel, à savoir que le crâne se moule complétement au cerveau, et réciproquement, le cerveau au crâne, comme vous avez
déjà pu le remarquer dans le cerveau qui vous a été présenté vu de côté et
par sa partie supérieure.

Le crâne, qui protége le cerveau contre le choc des corps externes, ne le
comprime ni ne l'opprime; il le maintient dans les limites voulues pour que
son action soit meilleure et plus puissante. Le crâne n'est donc pas une
barrière de fer ni de diamant, mais un tégument dur, solide et résistant,
qui couvre et enveloppe le cerveau, se moulant sur lui et sur sa forme à
mesure qu'il s'en va croissant. Le crâne est petit en naissant; il augmente à
mesure qu'augmente le cerveau, s'altère et change de forme à chaque altération et changement de forme du cerveau, cesse de se développer quand le
cerveau a atteint son volume complet, et diminue quand le cerveau diminue, comme cela arrive dans la vieillesse ou dans quelques cas de maladie :
*de sorte que le crâne suit toutes les formes du cerveau, de même que la
peau suit celle des muscles.* La raison scientifique en est que la substance
du crâne se trouve constamment assujettie à un procédé d'absorption et de
déperdition; de sorte que si le cerveau pousse du dedans, les particules ré-
novatrices se rangent conformément à cette extension, en raison de laquelle
la configuration du crâne et celle du cerveau sont, comme règle générale,
en correspondance complète à toutes les diverses époques de leur existence,
ce qui se remarque même dans les hydrocéphales (qui ont la tête pleine
d'eau) et dans ceux à qui l'on a aplati la tête par des moyens artificiels. On
l'a vu dans la leçon précédente, pages 189-194.

Le crâne est une boîte osseuse composée de deux lames, l'une intérieure,
très-compacte; l'autre extérieure, moins compacte, et d'une couche de substance osseuse appelée diploé, entre ces deux tables. La superficie externe
du crâne correspond *quasi* exactement à la superficie interne, à quelques
petites exceptions près que je vais mentionner.

Quand il n'y a pas parallélisme parfait entre les deux superficies, la différence se borne à un dixième ou à un huitième de pouce. En outre, les téguments ou couvertures du crâne sont si uniformes en épaisseur et si serrés
à leur superficie, qu'ils manifestent leur vraie figure. Il n'existe donc, en
général, aucun obstacle qui empêche de connaître la forme du cerveau par
la forme externe du crâne ou de la tête.

Le crâne normal est très-mince dans les tables orbitaires, ou la voûte sous
laquelle s'enchâsse le globe de l'œil, dans la partie squameuse des os temporaux; il est épais aux extrémités des os frontal et occipital; mais, comme
cela arrive constamment, cela ne présente aucune difficulté.

Le crâne s'amincit ou grandit en proportion du degré de vigueur et de
continuité d'action où sont les organes cérébraux, et il s'épaissit ou se resserre à mesure que le cerveau s'affaiblit par une continuelle inertie.

On peut citer une foule de cas où l'on a vu le crâne s'agrandir dans des
régions dont les organes cérébraux ont été très-exercés, tandis que, dans les

régions dont les organes ont eu peu d'exercice, il est resté stationnaire. J'ai observé un cas de cette nature singulier et rare. Pendant mon séjour au collège de la Louisiane (de 1837 à 1841), j'ai vu un jeune homme de vingt ans, John Mac Vea, fort appliqué et plongé constamment dans une profonde méditation, chez lequel, en deux ans, et sous mes propres yeux, le crâne s'éleva d'un pouce dans l'organe de la causalité; et il était impossible de douter que le cerveau ne se fût augmenté d'une pareille quantité dans cette même région, en présence des manifestations extraordinaires de la faculté dont elle était le siége. Spurzheim et Deville ont vu croître le front jusqu'à l'âge de quarante ans[1], et Georges Combe jusqu'à l'âge de vingt-huit. D'un autre côté, le célèbre anatomiste Charles Bell (*Anat.*, II, 390), qui fut très-peu ami de la phrénologie, affirme avoir vu un cas où l'inertie d'une partie du cerveau fut accompagnée d'un resserrement correspondant du crâne. Depuis lors on a observé tant de cas de cette nature, que l'on peut considérer comme établi ce principe déjà posé, à savoir que le crâne s'amincit ou s'agrandit en proportion du degré de vigueur et de continuité d'action où sont les organes cérébraux, et s'épaissit ou se resserre à mesure que le cerveau s'affaiblit par une continuelle inertie.

De ce principe qu'un organe mental croît matériellement si on le tient en action, et diminue ou se perd si on le laisse inactif, ressort une application qui peut procurer un bien immense à la société. En effet, si nous pouvons endormir et affaiblir, en les laissant inactifs, des organes qui sont naturellement trop peu développés, et si, par un usage bien dirigé, il nous est donné de leur communiquer une nouvelle énergie, une nouvelle vigueur, une nouvelle puissance constitutive, la solution du problème de la perfectibilité humaine, jusqu'à la limite où nous pouvons la concevoir, ou que Dieu lui a assignée, n'est plus à chercher.

Une seule partie du crâne présente ordinairement quelque difficulté. Je veux parler de la cavité qu'on appelle *sinus frontal*, qui se trouve au-dessus du nez et se forme entre les lames externe et interne du crâne. Son étendue est très-diverse; mais, il faut le remarquer, il nous empêche tout au plus de nous former une idée de cinq organes, à savoir : forme, étendue, pesanteur, individualité et localité. Il est très-important d'observer qu'avant l'âge de douze ans ce sinus n'existe pas, et que ces cinq organes étant ordinairement très-actifs avant cet âge, le sinus n'offre alors aucune difficulté. Le seul cas où il puisse être une source d'erreur est celui où il produit une protubérance *en dehors* à laquelle le cerveau ne correspond pas *au dedans*. Mais encore, dans ces cas, il est possible, en général, de saisir la différence qui

[1] J'ai observé d'une manière positive, dit Spurzheim (*Phrenology*, ed. cit., p. 307), « qu'après l'âge de trente-six et quarante ans, le front a grandi d'un pouce en étendue. »
On trouvera dans l'*American phrenological Journal* de 1842 des exemples de cas où le crâne s'est accru extraordinairement dans quelques parties qui couvraient quelques organes cérébraux activement et vigoureusement exercés pendant longtemps. O. S. Fowler (*Practical Phrenology*, New-York, 1842, p. 369-370) prouve aussi ce principe par un grand nombre de cas authentiques.

existe entre le renflement extérieur produit par un grand développement du sinus frontal et celui qui doit son origine au grand développement des organes cérébraux intérieurs. Dans le premier cas, les proéminences externes sont abruptes et pointues; dans le second, elles présentent une bosse arrondie et suivent la direction des organes, comme on le voit sur les bustes ou sur les gravures marqués phrénologiquement.

Broussais dit des objections tirées de ce sinus et dirigées contre la phrénologie : « Les conséquences que l'on tire de la bosse du sinus chez quelques individus ont peu de valeur. Le sinus ne se développe qu'avec l'âge. D'autre part, M. Dumoutier nous fait observer que si, du point de l'os frontal où commence la saillie du sinus, l'on mène une ligne jusqu'au sourcil, on aura en dessus ou en dehors de cette ligne la saillie ou bosse du sinus. » (*Cours de Phrénologie*, p. 115.) Broussais continue ensuite à donner des raisons philosophiques à l'appui de la vérité de l'observation de M. Dumoutier.

Je l'ai dit, il y a des cas anomaux, un sur cent, qui affirment et confirment la règle générale; partant, il est absurde de présenter l'exception pour attaquer la règle. Dans quelques maladies du crâne, la lame intérieure s'abaisse, la lame supérieure demeure stationnaire, l'intervalle entre l'une et l'autre s'emplit de matière osseuse, et le crâne devient ainsi d'une épaisseur extraordinaire.

Gall a dit, il y a bien des années, s'en référant à l'autorité du célèbre Greding, qu'il jugeait plus influente à cette époque que sa propre expérience : « Ce médecin, dans les deux cent seize corps de fous qu'il a ouverts, a trouvé cent soixante-sept crânes très-épais, sans parler de ceux qui, pour n'être pas épais, étaient très-denses. Sur cent crânes de maniaques aliénés, il en trouva quatre-vingt-sept très-épais, et, sur trente d'idiots, il en trouva vingt-deux[1]. » CALDWELL, un des plus célèbres médecins, anatomistes, philosophes et écrivains du jour, dans son profond traité du *Paralelism of the tables* (parallélisme des lames), fait de semblables observations. Appuyé sur ce principe, toutes les fois que j'ai vu un crâne d'une épaisseur anomale, je n'ai jamais hésité à déclarer, selon son volume, fou ou imbécile celui qui le possédait. Néanmoins le docteur Sewall, de Washington, a publié contre la phrénologie un ouvrage où il ne présente que des crânes malades. Dernièrement, un journal médico-chirurgical italien rapportait, comme une attaque contre la phrénologie, le cas d'un *fou* qui avait le crâne d'une épaisseur extraordinaire, cas, il faut bien le reconnaître, qui vient à l'appui de cette science. Vous ne devez pas être étonnés si le docteur Sewall, aussi bien que le rédacteur du journal italien, se sont fait une réputation d'étourdis pour avoir attaqué une règle par ses exceptions; exceptions qui, je le répète, la cause accidentelle d'où elles viennent étant connue, ont confirmé la règle. Elles l'ont confirmée; car, si des conditions irrégulières produisent des ré-

---

[1] *Sur les fonctions du cerveau*, trad. anglaise de Boston, 1835, t. III, p. 56. — Spurzheim, *Phrenology* (Boston, 1838), t. II, p. 120, fait des observations analogues.

sultats analogues irréguliers, les effets réguliers produits par les conditions
régulières sont plus solidement établis comme règle générale.

Vers le milieu du mois de juin 1850, je donnais, à Mataró, une suite de
leçons sur la phrénologie. Le succès et les applaudissements unanimes
qu'elles obtinrent excita chez quelques écrivains le désir d'attaquer cette
science, sans autre but, du moins je n'en devine pas d'autre, que d'appeler
sur eux l'attention publique.

Une polémique s'engagea entre ces écrivains, qui se couvrirent du voile
de l'anonyme, et celui qui a l'honneur de vous parler aujourd'hui. Au moment où les esprits des habitants de Mataró étaient très-excités sur le point
qui nous occupe, les uns soutenant, les autres niant que le crâne se moulât
au cerveau et réciproquement, survint un déplorable accident qui mit la
matière hors de question relativement à ceux qui *doutaient* et *niaient* alors
à Mataró ; non hors de question quant à la matière considérée en elle-
même, puisque sous le point de vue de cette correspondance, de cette conformité de moulage, il n'y a plus ni doute ni question depuis que Gall, à la
fin du siècle dernier, l'a démontré par une infinité de faits présentés et
analysés d'une manière irrécusable.

Voici le déplorable événement qui arriva. Un maçon tomba d'un mur
très-élevé et se tua du coup. Mes nombreux élèves, accompagnés du savant et zélé docteur en médecine et en chirurgie *D. Domingo Pons i Garrell*,
assistèrent à l'autopsie publique du crâne et du cerveau qui fut faite par cet
intelligent médecin, avec l'autorisation des autorités compétentes. Tout se
passa de manière que les assistants pouvaient voir, toucher et questionner ;
et ils virent, et ils touchèrent, et ils questionnèrent tant et si bien, que la
vérité qu'on cherchait se montra dans tout son lumineux éclat. A la satisfaction évidente de tous, on vit que la forme et le volume interne du cerveau correspondent à la forme et au volume interne du crâne ; que la superficie ou face externe cérébrale s'ajuste parfaitement à la superficie ou
face interne crâniale.

Si quelqu'un, dédaignant les faits en cette matière, ne voulait former son
jugement que sur le témoignage d'autorités, et en citait quelques-unes pour
contredire la correspondance qui est l'objet de cette leçon, moi, j'invoque
en faveur de cette correspondance[1], outre les autorités phrénologiques
qui la prouvent irrécusablement, l'autorité des plus grands physiologistes
connus, tels que Charles Bell, Cuvier, Monro, Blumenbach, Magendie et autres.

« Il n'y a pas d'autres moyens, dit Magendie, d'estimer le volume du cerveau dans une créature vivante, qu'en mesurant les dimensions du crâne. »

---

[1] Le lecteur qui désirerait étudier à fond cette matière pourra voir Gall et Spurzheim,
Anatomie et Physiologie du système nerveux (Paris, 1810-1819), t. I. — Spurzheim, *Anatomy
of the brain* « Anatomie du cerveau » (Boston, 1834). — Serres, *Anatomie comparée du cerveau*, ouvrage couronné par l'Institut de France (Paris, 1824). — Burdach, *vom Baue und
Leben des Gehirns* « de la structure et de la vie du cerveau. » (Leipzig, 1819-1822.)

« Les os de la tête, dit Charles Bell, sont moulés sur le cerveau, et les formes particulières des os de la tête sont déterminées par les particularités originelles dans les formes du cerveau. »

J'apporte, en faveur de la correspondance crâniale et cérébrale, une autorité espagnole d'un grand poids; c'est celle du docteur D. *Juan Balanchana*, une des notabilités médicales espagnoles les plus grandes du siècle, aujourd'hui retiré à Palamós. J'apporte en faveur de cette vérité aussi claire que la lumière du soleil, aussi bien prouvée que nous prouvons tous les jours que l'écorce d'une orange, l'écale d'une noix, la coquille d'un œuf, correspondent à la partie interne de ces objets alimentaires, j'apporte en faveur de cette vérité l'autorité de tous les médecins-chirurgiens de Reus, de la majorité de ceux de Saragosse et des principaux de Malaga, parmi lesquels se trouvent des notabilités et des célébrités anatomiques et physiologiques. Tous ces hommes de science, tous ces hommes éminents, tous ces hommes qui ont ouvert ou qui ont vu ouvrir une immense quantité de crânes, auraient-ils appuyé la phrénologie s'ils avaient pu le moins du monde douter que la forme et le volume du crâne ne correspondaient pas à la forme et au volume du cerveau? Du reste, la phrénologie est une vérité admise par la science. C'est la physiologie du céphale et de l'encéphale; physiologie aussi bien démontrée que celle des poumons et du foie. S'il me plait d'attaquer cette dernière, personne ne peut m'ôter le droit de le faire, mais je ressemblerais à celui qui nierait que nous voyons avec les yeux, et que ces yeux se composent d'une pluralité d'organes, à chacun desquels Dieu a assigné une fonction différente. Si j'insistais, si je continuais à crier et à répéter : « Cela n'est pas prouvé, » on me répondrait, comme je réponds une fois pour toutes à tous ceux qui ont attaqué le principe qui nous occupe : *C'est vrai, ce n'est pas prouvé, mais pour vous seuls; étudiez, et ce le sera pour vous comme pour les autres.* Écoutez d'ailleurs le langage de plus de cent cinquante élèves de la Nouvelle-Orléans, parmi lesquels ne manquaient certes pas les médecins et les avocats éminents.

« La phrénologie, qui, pour le bonheur du genre humain compte aujourd'hui au nombre même des sciences exactes, est destinée, *suivant l'opinion de ceux qui l'ont étudiée*, à exercer la plus grande influence sur le progrès futur de l'homme; et nous ne connaissons personne qui mérite plus que vous des actions de grâces pour le zèle et l'infatigable labeur que vous avez dans vos efforts pour exposer les faits et rendre éclatants les principes qui la constituent. »

Écoutez ce qu'ont dit les médecins de Reus. Dans un mémoire lumineux, scientifique, consciencieux, rempli de preuves, de données, de logique irrésistible, ils exposent les raisons par lesquelles ils se sont convaincus de la vérité de la phrénologie, et terminent par le paragraphe suivant :

« Ces indications générales que nous venons d'esquisser sur la phrénologie sont l'acceptation franche et vraie de ses principes, superficiellement connus déjà de tous les hommes de notre profession. Quand nous exigeons

la connaissance d'une science pour la combattre, nous ne nous sommes
pas crus dispensés de montrer que nous sommes en règle, même pour dire
uniquement que nous croyons à cette science.

« Plût à Dieu que les critiques nous suivissent dans cette voie; alors, loin
de les redouter, les sciences rechercheraient leur intervention, et leurs jugements seraient respectés comme la sentence impartiale d'une philosophie
analytique. — José Simó i Amat, médecin-chirurgien. — Manuel Pamies,
médecin. — Francisco Figuerola, médecin-chirurgien. — Prudencio Aulestia, médecin. — José Soriano, médecin-chirurgien du régiment provincial
de Murcie. — Pedro Baiges, docteur en médecine et chirurgie. — José de
Aixemus, docteur en médecine et chirurgie. — Antonio Baiges, docteur en
médecine et chirurgie. — José Juncosa, médecin-chirurgien. »

Écoutez ce qu'ont dit les médecins de Malaga :

« L'assurance et l'exactitude avec lesquelles D. Mariano Cubí i Soler a
qualifié les crimes et l'état moral des individus soumis à son examen prouvent que la phrénologie n'est pas une de ces théories qui, reposant sur des
faits isolés, sont démenties dans la pratique, mais une science exacte, dont
les importants résultats, dans leur application aux sciences morales et psychologiques, font qu'on l'étudie aujourd'hui avec le plus vif intérêt. —
Malaga, 19 mai 1849. — Docteur Diego Maria Piñon i Tolosa, subdélégué
de santé en médecine et chirurgie et médecin du préside. — A. J. Velasco,
médecin de l'hôpital militaire. — Le licencié en pharmacie, Pablo Prolongo.
— Agustin Jimenez Sales, médecin-chirurgien. — José Garcia Boix, aide de
pharmacie militaire. — Docteur Franck Pfendler. »

Écoutez les médecins de Saragosse :

« Nous considérons la phrénologie comme une branche de la philosophie.
Si on la cultive *sans prévention de mesquines passions* et par la seule observation des faits, elle pourra contribuer aux progrès des autres sciences, et
entièrement au bien de l'homme, en améliorant ses institutions, comme
nous avons eu l'occasion de l'entendre dans les leçons données par M. Mariano Cubí i Soler, auquel nous donnons le témoignage de notre estime et
de notre considération. — Saragosse, 25 décembre 1845.

« Florencio Ballarin, docteur en médecine et chirurgie. — Diego Lanuza,
licencié en médecine et professeur de botanique. — Pedro Camps Aguirre,
licencié en médecine. — Bonifacio Carbó, licencié en médecine. — Felix de
Azúa, médecin militaire. — Angel Gomez de Carrascon, licencié en médecine. — Mariano Marco Elvira, docteur, premier adjudant de la P. M. de
médecine de l'armée. — Celestino Loscos, licencié en médecine. — Jacinto
Corralé, docteur en médecine et chirurgie, directeur des travaux anatomiques. — Manuel Godet, licencié en médecine. — Valero Caussada, docteur
en médecine et suppléant de physique et chimie. — Vicente Lasera, licencié en médecine. — Braulio Bayona, licencié en médecine. — Domingo
Barat, docteur en médecine et chirurgie. — Vicente Bruno, licencié en médecine et chirurgie. »

Il serait inutile d'allonger la liste des autorités et de publier le témoignage d'un plus grand nombre d'auteurs, pour faire ressortir l'évidence d'une proposition qui se trouve démontrée par un simple coup d'œil jeté sur la partie interne et sur la partie externe de quelques crânes; d'où je dois conclure que le principe fondamental de la phrénologie, à savoir : « Le volume et la forme du cerveau se distinguent par le volume et la forme externe du crâne ou de la tête, » repose sur des bases fixes et immuables.

En présence de tant de notabilités médicales tant nationales qu'étrangères, en présence de ce fait, que ce sont les médecins les plus éminents des temps modernes qui ont découvert et démontré la phrénologie, qu'ils sont les premiers qui ont observé et démontré la correspondance qui existe entre le volume et la configuration du crâne et le volume et la configuration du cerveau, s'il se trouvait encore quelque antiphrénologue qui persistât à demander avec un air de mépris : « Quels médecins ont adopté la phrénologie? » Nous pourrions bien lui répondre avec un légitime orgueil : « La phrénologie a été adoptée par Gall, Spurzheim, Andrew Combe, Caldwell, Elliotson, Balanchana, Broussais, Fossati et autres génies illustres dans l'art de guérir.» Ils savent, ou ils savaient, pourrions-nous ajouter, que c'est la phrénologie qui nous explique les fonctions du cerveau; que les fonctions du cerveau constituent la physiologie cérébrale; que, sans physiologie cérébrale, la physiologie du corps humain manque de sa partie la plus importante, la partie morale; que, sans sa partie la plus importante, qui est la partie morale, la physiologie, source et origine de toute saine médecine, sera toujours nulle relativement aux affections morales. Voilà comment *Obras son amores, que no buenas razones.*

LEÇON XV

Lignes de division dans le cerveau : bosses et creux dans le crâne : preuves phrénologiques pratiques.

MESSIEURS,

Les organes phrénologiques ne sont pas marqués dans le cerveau par des lignes de division perceptibles; s'ils l'étaient, la phrénologie eût existé dès l'ouverture du premier crâne humain, parce qu'aussitôt le premier crâne humain ouvert, les différentes parties spéciales qui composent l'encéphale eussent sauté aux yeux. De là à la découverte que ces parties correspondaient aux différentes facultés spéciales de l'esprit il n'y avait qu'un pas, et l'intelligence eût fait ce pas naturellement et spontanément. Mais il eût été contraire à l'ordre naturel partout établi, qu'il en arrivât ainsi. De toutes parts une évidence irrésistible nous montre que le Tout-Puissant n'a créé aucune faculté sans sa sphère d'action, aucun désir sans ses moyens de satisfaction. Là où il y a des ailes, il y a des espaces pour voler; là où il y a des jambes, il y a un champ pour courir. Quand Dieu a créé les yeux, il avait déjà créé la lumière qui devait les satisfaire. L'air existait avant les poumons, qui devaient l'aspirer et l'expirer.

Cette correspondance, cette belle et sublime harmonie entre la faculté et sa sphère, entre le désir et sa satisfaction, n'eût pas existé si tous les arcanes de la science eussent été ouverts et livrés en évidence aux sens externes. Où eût été, dans ce cas, la sphère d'action de nos facultés de raisonnement, dont le moyen de satisfaction propre et exclusive consiste à avoir un champ pour *chercher*, et, à la suite de nombreux efforts, de tentatives successives, *trouver* les causes cachées? Où eût été la sphère d'action de nos puissances *déductives* dont le moyen de satisfaction propre et exclusive se trouve dans les données que leur fournissent d'autres facultés, pour en tirer avec plus ou moins d'efforts, avec plus ou moins de rapidité, des conséquences inconnues? Et sans la nécessité de ces efforts, comment s'accomplirait, relativement au monde moral, le précepte imposé de Dieu à l'homme, quand il lui dit : « *Tu mangeras ton pain à la sueur de ton visage?* » (Genèse, c. III, v. 19.)

De cette sueur, de l'exercice des facultés mentales, surtout des facultés qui comparent, qui vérifient, qui déduisent dans le champ de la conjecture, ou des vérités cachées, est sortie la *conception* des divisions cérébrales et de leur correspondance complète avec les manifestations des facultés mentales. Je dis la conception de cette division, parce que jusqu'ici et pour le moment nous n'avons à notre portée aucun moyen qui puisse nous la rendre perceptible. Le grand mérite de Gall et de ceux qui l'ont suivi a donc été de conjecturer d'abord et de prouver ensuite l'existence de cette division, de ces lignes de démarcation, qui ne peuvent se voir, ni se palper, ni s'apercevoir d'aucune manière.

En effet, l'anatomie du cerveau ne nous offre aucune preuve directe de ses fonctions, ni aucune trace positive de la démarcation de ses divers organes; mais douter pour cela, comme l'ont fait quelques-uns, que cette démarcation existe véritablement, que ces organes possèdent réellement leur individualité, c'est douter des vérités reconnues les plus importantes et les plus sublimes qui constituent l'anatomie. Est-ce que les nerfs de la moelle épinière, dont les uns, selon l'expérience pratique, produisent sensation et les autres mouvement, ne sont pas en apparence tout à fait pareils?

« La structure de la peau, dit Spurzheim (*Phrenology*, p. 80) doit être différente aussi dans les divers endroits, comme il apparaît des exhalaisons qui en émanent et du poil qui croît sur certaines parties; et cependant on n'a pas encore démontré cette différence. » Parce qu'on n'explique pas de semblables différences, il est étrange qu'on abandonne un principe physiologique fondé sur l'expérience des résultats, lorsqu'il y a plus de deux mille ans on avait admis comme règle fondamentale qu'on ne devait pas, s'il était impossible de reconnaître à la vue qu'un objet était composé, conclure qu'il était simple. « La nature, dit Galien, cité par Huarte, a fait dans le corps humain beaucoup de choses composées, que le sens juge comme simples, à cause de la finesse de leur composition : et il pourrait en être de même dans le cerveau humain, quoique cela ne paraisse pas ainsi à la vue. »

D'un autre côté, l'*anatomie* doit ses données à la *physiologie* plutôt que la physiologie ne doit les siennes à l'anatomie. « Il y a peu de cas, dit Spurzheim (*Phrenology*, tom. I, p. 86), où la *structure* indique la *fonction*. Avant d'avoir observé les muscles en action, qui eût pu déduire de leur structure qu'ils étaient contractiles? Qui pourrait annoncer, sur l'anatomie de l'estomac, ses puissances digestives? Qui pourrait déclarer, sur la structure des viscères, que le foie est pour sécréter la bile et les reins pour sécréter l'urine? Il en est de même pour le cerveau. On connaît la direction de ses fibres, son plus ou moins de consistance, ses différences de couleur, sa grandeur, sa largeur, etc. Mais quelles déductions tirer de tout cela quant à la fonction? Aucune. D'où l'on doit conclure que le meilleur système à suivre pour étudier l'anatomie du cerveau, c'est de commencer par l'étude de sa physiologie, c'est-à-dire par la phrénologie. Je ne dis pas cela pour rabaisser le mérite de l'anatomie; au contraire, je pense que nulle éducation, même l'éducation primaire, ne peut être regardée comme complète sans la connaissance de cette science, facile à apprendre comme toute autre, si on l'enseigne par une méthode claire et simple, telle que la nature l'indique elle-même.

Que les lignes de démarcation, qui indiquent dans le cerveau et déterminent la circonférence des divers organes phrénologiques, soient ou non perceptibles, les considérations précédentes démontrent clairement que cela n'affecte absolument en rien leur existence et leur vérité. Joignez-y que les signes occultes et inconnus *aujourd'hui* sont manifestes et patents *demain*; et que ce que l'on croit impossible dans un siècle est réalisé dans le siècle suivant. L'année même où l'on publia un volume d'*arguments* pour prouver l'impossibilité de traverser l'Atlantique avec la vapeur; le *fait lui-même* vint PROUVER qu'il était réalisable. Belle leçon pour tous ceux qui ne croient que ce que leur raison individuelle peut naturellement et spontanément concevoir et s'expliquer!

Comme le cerveau ne présente pas de lignes de division perceptibles, comme on ne peut pas examiner ou observer les opérations du cerveau vivant, comme dans un cerveau mort la dissection ne nous fait pas découvrir, cachée dans ses circonvolutions ou anfractuosités, l'ombre d'une idée, d'une affection, d'une pensée, nous ne connaissons pas et ne pouvons pas concevoir actuellement d'autres moyens de vérification et de démonstration phrénologiques que ceux que nous a enseignés le père de la phrénologie, lesquels consistent à étudier la correspondance qui existe entre la superficie externe particulière du crâne ou de la tête d'un individu avec la conduite particulière ou la manière d'agir en général de cet individu.

L'expérience des anatomistes et des physiologistes les plus célèbres qu'ont produits les siècles, de ces anatomistes et de ces physiologistes qui se sont livrés à mille expérimentations de tous genres, l'attestent ainsi. Mundini, Servetto, Willis, Vieussens, Haller, Van Swieten, Cabanis, Meyer, Richerand, Sœmmering et autres lumières médicales parlent toujours de la conviction qu'ils ont que l'âme agit par le moyen des organes; mais, en même temps, ils donnent toujours à entendre qu'ils désespèrent de pouvoir jamais arriver à découvrir ces organes par le moyen de l'anatomie et de la physiologie appliquées au cerveau. Gall, avec plus de foi et d'espérance, avec plus d'intelligence et de pénétration, partit du même principe que ces savants éminents; il partit du principe que l'âme se manifeste par les organes, mais il ne désespéra pas d'en découvrir quelques-uns par le moyen de la physiologie cérébrale. Comme ces savants, il imagina l'existence de ces organes dans le cerveau; comme eux, il savait que, ni pendant la vie, ni après la mort, les observations anatomiques ou physiologiques ne pouvaient atteindre le cerveau, c'est-à-dire la partie même où ces organes se trouvent. Mais il entrevit que si ces observations ne pouvaient atteindre le cerveau, elles pouvaient atteindre sa couverture, son tégument, son crâne, et, par ce moyen, quoique indirect, atteindre réellement et positivement le cerveau.

Grâce à cette idée, il avait, comme on l'a vu dans les leçons précédentes, les vagues impressions du sens commun, les inspirations indéterminées de beaucoup de philosophes et de plusieurs saints Pères, particulièrement de saint Bonaventure; il avait surtout ses propres conjectures, faites quand il était enfant, et vérifiées plus tard relativement à la faculté du langage, comme je l'ai longuement indiqué dans ma neuvième leçon, pages 68-78.

Il fallait, néanmoins, deux choses encore : la preuve scientifique anatomique du fait, et, ensuite, la découverte des différentes facultés, cherchées et trouvées par l'application du principe physiologique à la superficie externe de la tête, comme il l'avait fait déjà pour la langagetivité.

Si, dans ses rapports avec le crâne, le cerveau eût été tel naturellement, que la raison, le sens commun et l'observation immédiate eussent démontré l'*impossibilité*, et que tous les efforts de l'imagination n'eussent pu concevoir qu'il existât la correspondance même la plus éloignée entre le crâne et le cerveau sous le rapport du volume et de la configuration; alors toute étude sur le crâne, pour en déduire les conséquences physiologiques du volume et de la configuration du cerveau, eût été vaine, inutile et absurde. Mais, loin qu'il en fût ainsi, Gall prouva le premier que, relativement au volume et à la configuration, étudier la superficie externe du crâne, c'était, *en règle générale*, comme vous l'avez vu dans la leçon précédente, la même chose qu'étudier la superficie externe du cerveau.

Dans cette hypothèse, c'est-à-dire dans l'hypothèse qu'une élévation ou une dépression dans le crâne correspond à une élévation ou à une dépres-

sion dans le cerveau, qu'un volume crânial plus grand ou moindre correspond à un volume cérébral plus grand ou moindre, il chercha des correspondances entre ces élévations et ces dépressions, entre ces volumes plus ou
moins grands, plus ou moins petits, et la conduite des individus : il découvrit ainsi les vingt-sept organes dont j'ai spécifié les noms dans la huitième
leçon, page 77.

Qui ne remarque une immense différence entre ces deux crânes, par
exemple?

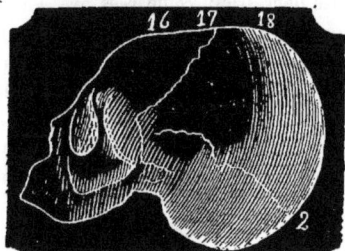

Crâne d'un soldat français.   Crâne d'une jeune fille anglaise.

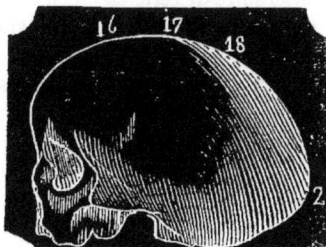

Dans le premier on voit une élévation là où dans le second l'on voit une
dépression; et, *vice versa*, nous voyons dans le second une élévation là où
dans le premier nous voyons une dépression. Qu'est-ce que cela signifie? Ce
que Gall nous a enseigné par ses observations sur des têtes analogues, à savoir : que le soldat était extraordinairement opiniâtre et la jeune fille extraordinairement faible, que le soldat était peu bienveillant et la jeune fille
extrêmement bonne. Et que l'on ne croie pas que ces crânes sont *idéalisés;*
ils sont dessinés sur des copies prises par Combe sur les originaux déposés
dans la collection de la Société phrénologique d'Édimbourg [1].

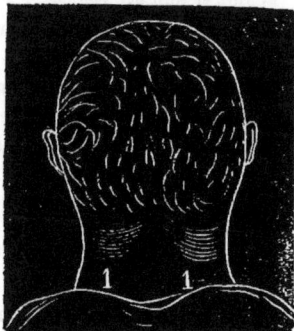

Grande générativité.   Petite générativité.

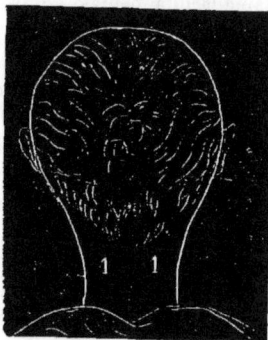

Dans la première de ces têtes, à la région postérieure inférieure, on voit

Combe, *Traité de Phrénologie*, trad. de l'anglais, t. I, p. 577.

la nuque excessivement rebondie, tandis que dans la seconde elle est extrêmement creuse. Qu'est-ce que cela nous indique? La nuque rebondie nous
indique un grand cervelet, la nuque creuse un petit cervelet. Et qu'est-ce
qu'a remarqué Gall au sujet des personnes qui avaient un grand cervelet et
de celles qui en avaient un petit? Que les premières avaient naturellement le
désir génératif, érotique ou reproductif très-développé, tandis que dans les
dernières il se faisait à peine sentir.

Quelle conclusion naturelle et logique, quelle autre conclusion pouvait-
on déduire de cette élévation et de cette dépression, comparées avec l'invariable effet du désir génératif grand ou petit dont elles étaient toujours
accompagnées? Il tombe de soi que la conclusion obvie, que l'irrésistible conclusion qui se pouvait tirer de ces faits c'est que le cervelet, dont la grandeur se manifeste extérieurement par la nuque, constitue l'organe de la
générativité ou l'instrument matériel au moyen duquel l'âme manifeste son
désir procréatif, son *zeugungstrieb* ou « instinct de génération, » comme
l'a appelé Gall.

Les organes phrénologiques furent découverts de cette manière ; car ils
ne pouvaient être découverts et leurs localités ne pouvaient être notées, et
leur forme ne pouvait être plus ou moins décrite que dans les cas extrêmes
d'élévation et de dépression où ils se présentaient. Voilà comment, si les
lignes de division, tracées sur les têtes marquées phrénologiquement, ne
sont que de simples conceptions, des déductions de l'intelligence humaine,
des conjectures hypothétiques, elles n'en reposent pas moins sur des données si certaines, si positives, démontrées de tant de manières et si complétement, que ce serait pousser le scepticisme jusqu'à l'absurde que de nier
la vérité de leurs siéges et de leurs divers degrés de développement.

Du fait bien établi sur la preuve tirée des cas extrêmes, que si une partie
quelconque de la tête est *déprimée*, c'est un signe que la manifestion d'une
certaine faculté mentale est très-faible, et que si elle est *renflée*, c'est un
signe que la manifestation est très-active, il résultera mathématiquement
que si la région est *moyennement* renflée, la manifestation de certaine faculté mentale sera moyenne, ordinaire ou régulière. Or un développement
régulier ou moyen veut dire qu'il n'y a ni protubérances ni enfoncements;
mais il n'en est pas moins certain que la région désignée est le siége de la
faculté qui a été découverte par sa manifestation *vigoureuse* quand cette
région cérébrale est protubérante, et *faible* quand cette région est déprimée.

Il ne faut donc pas oublier qu'une tête peut être aussi unie, aussi lisse sur
sa superficie cérébrale interne, et par conséquent sur sa superficie crâniale
externe, que la table d'un damier, ou qu'un champ parfaitement plan;
mais elle n'est pas moins *divisée* en différentes parties ou organes, comme
la table du damier est divisée en ses différents *carrés*, et le champ en ses
différentes semences. Ceux qui ont cru et assuré que la phrénologie était
une science de montagnes et de vallées, de vagues et de sillons, de reliefs
et de creux, de protubérances et de dépressions, de bosses et de trous, ont

confondu la *chose* avec les moyens de *preuve* de la chose. D'autres, au contraire, ne trouvent que des têtes unies et lisses sur toute la superficie; aussi s'exclament-ils : « Je ne crois pas à la phrénologie ; je ne vois que bien rarement ces bosses et ces creux, ces élévations et ces dépressions, qu'on nous dit être les organes phrénologiques. »

Eh ! non : ces bosses et ces creux ne sont pas les organes ; les organes sont le cerveau et le crâne, divisés en autant de parties qu'il y a de facultés premières, soit que ces parties se montrent unies comme les carrés sur la table du damier, soit qu'elles se montrent comme les vagues et les sillons d'une mer agitée.

Partant du principe erroné que les élévations et les dépressions constituent les organes et non pas les parties composantes du crâne et du cerveau, unies ou inégales ; ne sachant pas, ou ne voulant pas savoir que la seule chose que signifie une dépression, c'est que ses organes immédiats sont renflés, et qu'une proéminence signifie que ses organes immédiats sont déprimés, beaucoup de gens ont manifesté une volonté systématique de nier les vérités phrénologiques, en niant que la tête humaine présente jamais des inégalités, ou soit onduleuse. Ils ont cru que, la phrénologie étant fondée sur des *hauts* et sur des *bas*, s'ils niaient hardiment l'existence de ces *hauts* et de ces *bas*, ils nieraient complètement la phrénologie.

Il en est qui disent : « Les os qui forment la boîte du crâne ont leur superficie externe *uniformément unie et arrondie*, sans que la vue ni le tact les plus fins puissent y découvrir une aspérité, ni même, dans les régions où les phrénologues ont placé leurs vingt-sept organes, la moindre trace de ces éminences ou protubérances que les mêmes phrénologues y *touchent* et qu'ils donnent comme la preuve matérielle et positive de l'existence de ces organes, comme leur unique thermomètre pour connaître le degré d'activité morale et intellectuelle de chaque individu. Chacun peut en faire l'expérience en examinant un crâne humain [1]. »

Personne ne peut mieux répondre à cette objection et la réfuter plus complétement que les chapeliers, qui se plaignent constamment des bosses et des dépressions qu'ils rencontrent dans les têtes. Ils ne mesurent pourtant que la circonférence de la base. Que serait-ce s'ils mesuraient toute la superficie du crâne? Dire à un phrénologue que toute la superficie externe de *toutes* les têtes est unie et arrondie ; que ni la vue ni le tact les plus fins ne peuvent en *aucune* d'elles découvrir *aucune* éminence, c'est leur dire que tout ce que voient leurs yeux est illusoire, et faux tout ce que touchent leurs mains. Le dire au commun des hommes, c'est leur dire, en parlant de la tête, que ce qui est raboteux est poli, qu'une montagne est une plaine, qu'un creux est une élévation. Le dire comme principe général, c'est nier à tout le genre humain l'évidence de ses sens externes et les conceptions de ses facultés internes.

---

[1] Le *Sol* (Soleil), journal de Barcelone, numéro du 14 juin 1850, article communiqué.

Voilà à quelles absurdités conduit l'esprit de parti, ou le désir systématique de nier. Lorsque, dans les leçons précédentes, j'ai dû défendre la phrénologie des grandes erreurs qu'on lui impute pour l'insulter et la calomnier
dans ses tendances spirituelles, morales et religieuses, j'entrai dans la lice
en champion qui ne tolère aucun outrage à l'honneur et à la pureté de la
cause *honorable* et *pure* qu'il a embrassée. Mais, quand il s'agit de la négation des faits sur lesquels repose la phrénologie considérée en elle-même,
faits parlant d'eux-mêmes, se défendant d'eux-mêmes, et, comme le soleil,
mettant en évidence les objets que ceux-là seuls ne voient point qui se plaisent dans leurs ténèbres, je ne vous fatiguerai pas de nouvelles polémiques,
qui, bien qu'intéressantes et instructives sous certains aspects, finissent
néanmoins à la longue par causer de l'ennui et du dégoût. Nous laisserons
donc les polémiques et n'y reviendrons que si elles sont inévitables pour
éclairer le sujet en question, ou si l'on dirige des attaques contre l'honneur
et la pureté des doctrines qui brillent et brilleront d'elles-mêmes, radieu-
ses, resplendissantes malgré les efforts de leurs ennemis pour amasser autour d'elles les brouillards et la nuit.

Et comment serait-il possible d'affaiblir ou d'obscurcir une science qui a
pour appui les faits les plus palpables et les témoignages les plus véridiques?
Comment réfuter une science qui se fonde tout entière sur l'observation,
et quand toutes les observations faites avec connaissance et bonne foi cor-
roborent son fondement?

Sans autres principes que ceux que je viens d'expliquer, sachant que la
qualité cérébrale se connait par le *tempérament* — j'en parlerai bientôt
longuement; — connaissant les localités des quarante-trois organes découverts, — je ne tarderai pas non plus à les expliquer, — je me suis présenté
dans les principales prisons et lieux de réclusion d'Espagne et des pays étrangers, m'offrant à déterminer approximativement le caractère et les qualités
des détenus, et d'indiquer le crime ou l'acte qui les avait amenés là.

Dans ces examens, faits soit d'après ma propre demande, soit sur les
instances de mes élèves ou d'autres personnes, j'ai suivi un système qui,
d'une part ne laissait point de place au doute, et, de l'autre, ne blessait la
délicatesse de personne. Le juge, ou l'autorité qui nous accompagnait, appelait le prisonnier qu'il voulait, ou qu'il choisissait pour quelque circonstance particulière, et le faisait venir où l'assemblée était réunie pour assister à l'examen. Le détenu arrivé, je faisais mes observations, sans dire un
mot, et j'écrivais immédiatement le jugement qu'elles me suggéraient : cela
fait, le prisonnier se retirait.

Le silence était interrompu par la lecture de ce que je venais d'écrire ;
puis mon jugement était confronté avec le dossier judiciaire qu'on avait
sous la main et avec l'opinion que s'étaient formée des détenus examinés
les geôliers, les alcades, les chefs ou autres personnes qui les avaient constamment sous les yeux.

Généralement, ces examens étaient très-suivis. Comme ils établissaient la preuve la plus solennelle, la plus efficace, la plus convaincante, je tâchais de leur donner toute la publicité possible. Je savais que, dans de pareilles expériences, la phrénologie devait succomber ou demeurer debout, et j'étais content, très-content, de la soumettre dans mes mains à une épreuve aussi décisive. Si elle en sort victorieuse, me disais-je, que signifieront les arguments dirigés contre elle? Ce sera, continuais-je, des vagues qui se briseront contre les rochers, des bruits qui se perdront dans les airs. La phrénologie sortit en effet victorieuse; et elle ne sortit pas victorieuse par HASARD, parce qu'il y a à peine une prison en Espagne dont je n'aie pas reconnu, à une époque ou à une autre, les détenus. Il est clair que ce n'est pas par hasard que je pouvais, sans me tromper une seule fois, dire *à priori* le caractère et les dispositions d'une grande partie des prisonniers d'Espagne. Si je m'étais trompé, dans quelques cas, dans l'application pratique d'une science toute d'estimation, il n'y aurait rien de surprenant : quel général n'a pas perdu une bataille? quel médecin ne s'est pas trompé dans une maladie? quel commerçant n'a pas manqué une spéculation? Mais, entre les extraits des dossiers judiciaires, les opinions des surveillants et des geôliers sur les prisonniers examinés, et mes jugements, il ne s'est jamais rencontré la moindre dissidence.

De deux choses l'une : ou je devais agir sous des influences divines, qui n'étaient pas nécessaires en ceci, et dont je ne me crois pas digne; ou en vertu de principes scientifiques et vrais; autrement, était-il possible, pouvait-il être possible qu'à la première vue j'indiquasse le caractère de personnes que je n'avais jamais aperçues, et que mon jugement fût en conformité parfaite avec tous leurs antécédents et avec l'opinion de tous ceux qui les connaissaient à fond?

Je vous fatiguerais si je vous lisais tous les documents qui constatent le résultat de mes visites dans les prisons pendant que je propageais la phrénologie en Espagne; mais je tomberais dans un autre extrême si je ne vous en lisais aucun; je ne satisferais pas la curiosité que vous éprouvez, sans doute, et je vous priverais des armes les plus puissantes avec lesquelles nous pouvons combattre nos adversaires.

J'offrirai donc à votre attention quelques-uns des nombreux documents que je possède, et qui sont, à mon avis, pleins d'intérêt et d'instruction.

Voici celui qui se rapporte à ma visite à la prison publique de Tortosa :

« Tortosa, 15 juillet 1850.

« Sur la sollicitation et les vifs désirs de M. le maire, de M. le juge de première instance, de M. le comte de la Torre del Español, de M. le marquis d'Alos, de M. le premier lieutenant alcade, de quelques médecins, de quelques dignitaires ecclésiastiques, de la *junte* des prisons, et de quelques autres personnes honorables, je me rendis à la prison publique de cette ville, à cinq heures du soir, pour y reconnaître phrénologiquement les détenus que ces messieurs, qui m'avaient appelé dans ce but, devaient placer

sous mes yeux afin que je prononçasse sur la correspondance existante
entre le développement de leur tête et les antécédents connus de leur conduite.

« Les prisonniers soumis à mon inspection, et dont prit acte M. Antonio
Amigo de Ibero, avocat, conseiller secrétaire de la junte des prisons,
furent :

« N° 1 [1], une femme de vingt-huit ans. — J'ai dit : Femme qui dément
son sexe; elle est courageuse; c'est un homme plutôt qu'une femme; elle
a beaucoup de fermeté de caractère, une grande constance, sans aucune des
faiblesses qu'on attribue à son sexe; elle se trouve prisonnière probablement
pour quelque querelle, car elle n'est ni voleuse, ni escroc, ni très-sujette à
des accès de colère. L'examen fini, le juge prit la parole et dit : En effet,
cette femme, déguisée en homme, a longtemps appartenu à la faction ou
parti barliste, se battant avec beaucoup de courage et d'intrépidité en diverses occasions; elle est détenue sous prévention de vol, compliqué d'actes
de concupiscence; mais il n'y a pas de preuve suffisante.

« N° 2, femme de trente-deux ans. — J'ai dit : Elle est plus intelligente
que la première; mais elle est cruelle, vindicative, têtue, sans bienveillance
et capable de tout crime; générativité très-développée; elle est plus portée à
chercher les hommes qu'à attendre qu'ils la cherchent. M. le juge dit alors :
Elle est ici parce qu'on a trouvé chez elle le cadavre d'un enfant dont elle
venait d'accoucher et qu'elle avait enterré dans la cour de sa maison, non
certainement pour cacher son déshonneur. On remarquait sur la tête de
l'enfant une forte contusion avec meurtrissure de l'encéphale.

« N° 3, jeune homme de vingt-deux ans. — J'ai dit : Vif, entêté, grande
habileté pour le larcin, avec de fortes inclinations à l'assassinat. M. le juge
a dit : Il est arrêté pour avoir volé des ruches, dont il cacha très-habilement
le miel dans les fentes d'un rocher, où il allait le prendre secrètement au
fur et à mesure de ses besoins. Il a des antécédents de filouterie.

« N° 4, jeune homme de seize ans. — J'ai dit : Il a une grande combativité, une grande acquisivité, avec une tête équilibrée; la causalité se distingue dans la région intellectuelle; il y a un surcroit d'os sur la vénération,
et diverses crêtes osseuses sur d'autres parties du crâne; c'est une tête qui
dépend des circonstances : elle serait ce que l'éducation la ferait; il peut se
trouver ici pour rapines; s'il est sous l'inculpation d'une plus grande faute,
je le défendrais comme fou, car sa tête est *anomale*, et son cerveau peut se
trouver aplati et détaché des parois supérieures du crâne. M. le juge dit : Il
est accusé de complicité de parricide, crime où il a été conduit par cette circonstance : son père voulant convoler en secondes noces, il exigea de lui immédiatement une petite somme provenant de la légitime de sa mère, parce
qu'il se persuadait qu'elle ne lui serait pas donnée s'il attendait que le se-

---

[1] J'ai habituellement distingué par des numéros les prisonniers soumis à l'examen
phrénologique.

cond mariage fût contracté; du reste, pas d'antécédents; on sait seulement
que son éducation a été complétement négligée.

« N° 5, homme de trente áns. — J'ai dit : Circonspection nulle, mais, en
revanche, une telle fermeté de caractère, qu'elle dégénère en opiniâtreté ;
bienveillance presque nulle avec de fortes inclinations au vol et à la violence;
il a beaucoup de sang-froid et il est capable de tout crime. Le juge dit ensuite : Il a été chef d'une bande de voleurs. Dans une attaque dirigée contre
une maison pour en tuer et piller les maîtres, ceux-ci firent une telle défense, que deux brigands tombèrent frappés de mort, et que les trois autres
prirent la fuite; de ces derniers, deux furent décapités à Saragosse, et celui
que vous venez d'examiner est le seul survivant de la bande. Il a été arrêté
dernièrement dans le voisinage du théâtre de son premier crime, où il se
proposait, d'après son aveu, de se venger sur tous ceux qui passeraient par là
de l'échec qu'il y avait éprouvé deux ans auparavant.

« N° 6, homme de vingt-cinq ans. — J'ai dit : Beaucoup d'astuce et de
sagacité; peu d'activité morale; peu de circonspection et grande générativité;
sujet à des accès de fureur, dans lesquels il est capable de tout. Il doit être
prisonnier pour quelque rixe. — Oui, dit M. le juge, pour disputes et rixes.
C'est une nature orgueilleuse.

« N° 7 et dernier, homme de trente-cinq à quarante ans. — J'ai dit :
Grande fermeté de caractère et bienveillance, avec vénération faible ou nulle;
assez d'intelligence; partie animale très-développée, mais pouvant être facilement dominée par la région morale. Je ne serais pas étonné qu'il fût accusé d'avoir volé dans une église. M. le juge, avec un air d'agréable surprise : En effet, il est sous l'inculpation, et il en fait l'aveu, d'avoir volé une
cloche dans l'église de l'Ermitage de Saint-Antoine, sur les confins du ter-
ritoire de cette ville.   « MARIANO CUBÍ I SOLER. »

« Nous, soussignés, témoins présents, certifions que tout ce qui est exposé ci-dessus s'est passé devant nous tel qu'il est dit. Pour reconnaître et
confirmer la vérité de la science phrénologique, que professe avec tant d'habileté et que propage avec tant d'ardeur D. Mariano Cubi i Soler, nous lui
délivrons spontanément ce certificat. A Tortosa, le 15 juillet 1850.

« Mariano Escartón, *alcade corrégidor,* — Victor de Salinas, *juge de première instance.* — Le comte de la Torré del Español. — Vicente Lopez
Olivan, *prieur claustral de la sainte église cathédrale.* — Diego Amigo de
Ibero, *avocat, premier lieutenant d'alcade.* — Cándido Olesa, *avocat, lieutenant auditeur de guerre et troisième lieutenant d'alcade.* — José Roch,
avocat, *recteur premier de l'illustre ayuntamiento et vocal de la junte des
prisons de la circonscription.* — Manuel Estrany, *commerçant et recteur
huitième de l'illustre ayuntamiento.* — Antonio Amigo de Ibero, *avocat,
recteur dixième de l'illustre ayuntamiento et vocal secrétaire de la junte
des prisons.* — Francisco Castellvi i Pallarés, *médecin de l'hôpital civil, vocal de la junte de santé et régent de philosophie de seconde classe.* — Angel

Lluïs, *médecin-chirurgien, vocal de la junte de santé et régent de philoso-phie de seconde classe.*

« N'ont pas signé : M. le marquis de Alos, *gentilhomme de chambre en exercice et majordome de semaine de Sa Majesté*, et D. Ramon Altadill, *chanoine de la sainte église cathédrale et vocal de la junte des prisons*, les-quels ont manifesté qu'ils partageaient l'avis des signataires, mais qui, se trouvant absents au moment où on a recueilli les signatures, n'ont pu join-dre les leurs aux autres. »

Voici maintenant le document relatif à ma *visite phrénologique au pré-side de Séville*. La scène émouvante et pleine d'intérêt qui eut lieu à la fin de l'examen ne s'effacera jamais de ma mémoire. Combien ceux qui atta-quent la phrénologie savent peu qu'elle possède en faveur de sa vérité des preuves aussi évidentes, aussi incontestables, aussi formelles que celles que je vous présente! Dites-moi à quoi peuvent aboutir, en présence de ces preuves, les polémiques soulevées dans le but d'attaquer ou de défendre les bases qui constituent l'essence de la phrénologie?

Voici la relation de ma *visite phrénologique au préside de Séville.*

« Comme je visitais, *motu proprio*, cet établissement correctionnel, M. le commandant me proposa l'*examen phrénologique* de quelques détenus; à quoi je consentis très-volontiers.

« On m'amena un prisonnier que je nommai n° 1. J'ai dit de lui : Très-querelleur; pour un rien, il se bat avec ses compagnons; il est capable de commettre un assassinat; il donne fort à faire.

« D'un autre, n° 2, j'ai dit : Voleur consommé, mais au fond c'est un homme de très-bon cœur; il donne peu de peine. Avec une éducation bien dirigée, il n'aurait jamais commis aucun crime contre la société.

« Du n° 3 : Grand escroc, de l'astuce la plus raffinée, capable de tromper le plus habile, et tout cela avec les apparences des formes les plus graves. C'est un vrai Laméla[1].

« Du n° 4 : Homme qui, selon moi, a des accès de folie, mais qui a la partie intellectuelle bonne; il ne manque pas de connaissances, mais il n'a aucun respect ni pour les hommes ni pour les institutions humaines. Le préside peut tirer parti de son intelligence.

« Du dernier, n° 5 : Cet homme ne devrait pas être ici; quelle que soit l'ac-tion qui l'a amené en ce lieu, il l'a commise sous l'influence de circon-stances qui nous l'auraient fait commettre à nous-mêmes. Il n'est pas crimi-nel; il a une partie morale extraordinaire; il est incapable d'une injustice; il préférerait plutôt mille morts que de manquer à son devoir; il a la meil-leure intelligence, et spécialement la mémoire des contours et le talent ma-thématique.

---

[1] Tous les lecteurs se rappelleront sans doute l'hypocrite et astucieux escroc Laméla, dans les *Aventures de Gil Blas.*

« Comme M. le commandant avait laissé échapper certaines expressions pour m'induire à croire que ce dernier numéro était un grand criminel, il demeura stupéfait en entendant mon jugement. — Si vous eussiez dit, s'écriat-il, que cet homme était un criminel, je n'eusse pas cru à la phrénologie; je vois maintenant que c'est une science exacte, destinée à produire beaucoup de bien. L'examen que vous venez de faire de ces cinq prisonniers est merveilleux. Celui qui les connaîtrait comme je les connais porterait, d'après leurs sommiers judiciaires et leur conduite, le même jugement que vous venez de prononcer. La phrénologie ne peut pas avoir de plus beau triomphe; et nous tous, qui avons assisté à cette séance aussi intéressante qu'édifiante, nous aurons un plaisir tout particulier à certifier l'exactitude de ce qui s'y est passé.

Je témoignai ma gratitude à M. le commandant et le suppliai de rappeler une seconde fois le n° 5, afin de donner des preuves plus convaincantes encore de la vérité du jugement que j'avais porté. Il revint. Je mis la main sur son grand organe de CONSCIENCIOSITÉ, et je dis : Cet homme commettra difficilement une injustice. — Non! non! impossible, jamais! s'écria-t-il d'une voix tonnante et rendue convulsive par l'effet d'une invincible conviction.

« Cet homme est bon père, ajoutai-je alors, en mettant la main sur la *philogéniture.* — Oui, oui, ma fille, ma pauvre fille! j'adore mes enfants; je donnerais mille fois ma vie pour eux. » — Croyant que les convulsions allaient le prendre, et étant certain que cet organe de la philogéniture était si grand et si actif, qu'il pouvait facilement se magnétiser, et qu'il était en ce moment chargé de fluide, je me mis à souffler dessus et à faire des passes à rebours pour le démagnétiser, ce qui fut fait immédiatement [1].

---

[1] Celui qui a des doutes sur la possibilité de magnétiser un organe spécial, qui est une des plus grandes preuves de la phrénologie, les déposera en lisant la lettre suivante, dans laquelle MM. les médecins de Reus m'ont transmis leur imposant témoignage public en faveur de la phrénologie. Je le produirai à son temps.

A DON MARIA NO CUBÍ I SOLER.

« Reus, le 28 juin 1845.

« Nous avons cru, monsieur, ne pouvoir mieux vous témoigner notre reconnaissance pour les leçons de phrénologie que vous venez de nous donner, qu'en vous transmettant notre opinion, fondée sur ces mêmes leçons. Les critiques se déchaînent contre la phrénologie; il appartient à vos disciples de vous montrer si vos efforts ont produit beaucoup de fruits. Un jour peut-être nous sera-t-il possible de vous adresser quelque essai plus digne de cette science et plus digne des hommes qui la cultivent.

« Il se peut aussi que nos observations sur le magnétisme nous donnent occasion de connaître quelque loi générale sur ce fluide; mais, pour le moment, nous répondrons, avec toute la véracité dont nous sommes capables, à ceux qui le nient, que *son existence est aussi certaine que la nôtre,* et que sur la diversité de ses phénomènes et les cas d'application seulement peuvent exister des opinions contradictoires, parce qu'on n'a pas pu encore déduire de cas particuliers suffisamment étudiés les principes généraux de sa nature et de sa manière d'agir.

« Néanmoins les expériences récemment faites et observées par beaucoup de personnes ici prouvent positivement que son application à la phrénologie établit l'existence de cette doctrine plus que tous les faits et les autorités connus jusqu'à ce jour : nous avons vu

« Je fis ensuite d'autres observations relativement à quelques organes excessivement développés, qui excitèrent, ou, pour mieux dire, produisirent les manifestations rapides, profondes et convulsives des facultés mentales qui leur correspondaient. Cet examen arracha au prisonnier un franc aveu de certains actes merveilleux de sa vie qui nous émurent tous, et prouvèrent incontestablement les vérités phrénologiques[1]. — Séville, le 4 janvier 1846. — *Mariano Cubi i Soler.*

« Nous soussignés, témoins *de visu* de ce qui vient d'être rapporté, nous certifions que tout ce qui précède est l'exacte vérité. Date *ut supra.*

« Le *colonel commandant du préside*, le marquis de Sobremonte. — Le *major*, Martin Lerida. — Le *lieutenant d'infanterie et fourrier dudit établissement*, Blas Güell. — *Comme témoin présent*, Rafael Sobremonte i Ramirez. — *Comme témoin*, Juan J. Bueno, docteur en jurisprudence. »

Dans toutes les annales phrénologiques on ne trouve peut-être pas un *document* aussi important et qui offre un plus grand intérêt que les témoignages que m'ont délivrés les commandants des présides de Ceuta et de Valence. Ils suffisent à eux seuls à élever la phrénologie à une hauteur d'où ne pourront la faire descendre, je ne me lasse pas de le répéter, ni les coups de la médisance, ni les arguments de la critique savante ou ignorante, avec de bonnes ou de mauvaises intentions. A la lecture de ces documents, dont les originaux, ainsi que tous ceux qui se rapportent à mes visites phrénologiques dans les principaux établissements de punition et de correction d'Espagne, sont en ma possession et à la disposition de toutes les personnes qui désirent les consulter, il est impossible, à moins d'être incrédule par système, de nier la phrénologie.

Voici le document qui se rapporte à ma *Visite au préside de Ceuta.*

Attestation. — « D. Juan de Orcajada, décoré de la croix du courage civique

peint sur le visage le langage naturel des organes céphaliques dans l'ordre où ils ont été successivement magnétisés.

« Recevez cette manifestation comme une preuve de notre reconnaissance et de la haute considération avec laquelle nous sommes, etc.,

« José Simo i Amat, médecin-chirurgien ; Manuel Pamies, médecin; Francisco Figarola, médecin-chirurgien ; José Soriano, médecin-chirurgien ; Pedro Baiges, docteur en médecine et chirurgie ; José Juncosa, médecin-chirurgien; José de Ayxémus, docteur en médecine et chirurgie ; Prudencio Aulestia, médecin ; Antonio Baiges, docteur en médecine et chirurgie. »

[1] Dans la défense imprimée de ce malheureux père, on voit qu'un ami fourbe, sa créature, séduisit sa fille et lui fit prendre un remède pour la faire avorter. Au lieu de produire l'effet désiré, le remède tua la jeune fille. Au bout de quelque temps le père sut la cause de son malheur. Il alla trouver le misérable, le faux ami, qui confessa son crime et tenta de tirer un coup de pistolet au père outragé. Celui-ci, transporté de colère, tua celui qui avait déshonoré et assassiné son enfant. Il se livra lui-même à la justice humaine et resta sous sa main, sans vouloir jamais profiter des nombreuses occasions de fuir qui lui étaient offertes. Il fut condamné à la peine capitale, qui fut commuée en la peine immédiate qu'il subit aujourd'hui. Sa conduite, suivant le témoignage de M. le commandant, a toujours été celle d'un homme juste, honorable et estimable.

et de celle du volontaire, marque de distinction accordée à l'occasion du siége de Cadix, en 1823, notaire public de Sa Majesté dans toute la monarchie, attaché aux tribunaux de cette place et seul y résidant, certifie et déclare que D. Mariano Cubí i Soler m'a exhibé pour en obtenir attestation le certificat dont la copie littérale est comme suit :

CERTIFICAT. — « Préside de Ceuta. — Le 23 avril 1846, à cinq heures du soir, le célèbre phrénologue D. Mariano Cubí i Soler a visité le quartier des condamnés de cette place, et, en présence de tous les chefs et employés de l'établissement et de plusieurs personnes de la ville et des officiers de la garnison, a examiné le crâne de neuf individus sur lesquels il se prononça de la manière suivante :

« 1° Manuel Larañaga. — Peu de talent observateur; très-spécieux; opiniâtre, penchant au larcin et au vol; a besoin d'être bien manié pour être respectueux; il est incorrigible [1].

« 2° José Boldan Ordoñez. — Irritable, querelleur; il est prisonnier pour des disputes; il veut dominer; il lui en coûte d'avoir à plier; il supporte facilement le châtiment, c'est-à-dire qu'il est peu sensible au mal physique qu'on lui fait.

« 3° Meliton Gomez Fuentes. — Capable de tromper tout le monde par son hypocrisie et son habileté; escroc et voleur, mais de beaucoup de talent; avec une éducation convenable il aurait pu être un grand mécanicien ou un grand avocat.

« 4° Antonio Martin Perez. — Tête régulière; manque de circonspection; il craint beaucoup les menaces; il est plutôt lâche que non courageux; son crime, quel qu'il soit, est accidentel; c'est un homme médiocre.

« 5° Martin Morales Diaz. — Méchant, porté à la dispute, à la turbulence, à l'emportement à la moindre provocation; têtu et dominateur.

« 6° Francisco Palacio Solana. — Homme en apparence de bonnes façons, de beaucoup de talent et de jugement; mais voleur né [2]; ses vols montrent un grand talent mécanique : pour lui il n'y a pas de serrures; néanmoins c'est un homme de grande justice et bienveillance, et il pourrait peut-être se corriger par là; dans le commerce ce serait un fameux spéculateur.

« 7° Manuel Gomez Calabrès. — Il s'exprime avec convenance, prétend donner des conseils, parle toujours comme s'il était maître; c'est un fourbe de premier ordre; il se plaît à dire des mensonges et à tromper.

[1] Je n'emploie pas et l'on ne doit pas entendre ces mots *incorrigible, incurable*, dans un sens absolu. En m'exprimant ainsi je veux donner à comprendre que les tendances ou les inclinations au mal sont très-fortes et celles au bien très-faibles, que, par conséquent, le gouvernement social devrait non-seulement donner à ces malheureux les secours de la religion et de l'éducation, mais les mettre à même, tout en suivant leurs penchants, de faire une chose bonne et utile. La destructivité se satisfait en coupant des arbres, en creusant des tranchées, aussi bien qu'en enfonçant le poignard assassin dans le cœur d'un semblable.

[2] Ce mot *voleur né* signifie, comme on le voit par le contexte du paragraphe, tendances naturelles au vol.

« 8° Antonio Perez Porras. — Homme très-actif, grand rêveur, grand faiseur de plans; sa tête est toujours pleine de projets qui, d'ordinaire, sont projets de filouterie et friponnerie; il peut être aussi aisément religieux fanatique[1] que voleur et fripon. Du reste, dans l'un et l'autre cas, il serait inguérissable.

« 9° Bruno Lopez. — Incorrigible, voleur né, capable de tout crime pour s'approprier quelque chose; en somme, il n'est pas de crime qu'il ne puisse commettre.

« Et à dix heures du matin, le lendemain, 24, il visita de même l'établissement des ateliers dépendants du préside, et là, en présence de l'autorité supérieure de la colonie et autres autorités, et des personnes de la veille, il inspecta huit jeunes détenus sur lesquels il porta les jugements suivants :

« 1° Juan de Dios Padilla. — Étourdi, imprudent et exalté; pour lui imprimer le respect et la vénération, il faut lui faire voir le châtiment; il a le talent de la construction et il ne lui est pas difficile de se faire respecter; il a du penchant pour le vol et l'escroquerie, mais ce penchant se trouve dans beaucoup de têtes comme la sienne qui se conduisent bien, et je ne vois pas pourquoi il n'en eût pas été ainsi de celle-ci avec une éducation convenable; quand il est exalté il ne se connaît plus et pourrait commettre toute espèce de crime.

« 2° José de los Santos (Maure). — Ce garçon est méchant; il est menteur, faux, porté à la fourberie; il ne manque pas de talent pour apprendre, mais sa volonté n'y est pas; il ne faut faire aucun cas de ce qu'il dit, parce que tout, en lui, tout, je le répète, est fausseté et fourberie.

« 3° Joaquin Penalba. — Cette tête est bonne; bien dirigée ou bien élevée, elle serait utile à la société. Cet homme a du talent, de la valeur et même de la justice; la vie n'est pas difficile avec lui; il a des penchants très-vifs pour acquérir; mais ce penchant se rencontre à chaque pas dans la société chez des hommes qui ne commettent pas le crime ou qui échappent à son châtiment.

« 4° José Fernandez Ortigosa. — Tête qui dépend des circonstances; talent intellectuel bon; il serait excellent pour une maison de commerce, pour la direction d'un établissement; mais il a le grand malheur de ne respecter personne, d'attaquer et d'assassiner quiconque le froisse; il n'ira pas jusqu'à ce dernier point, poussé par des idées méprisables, mais parce qu'on le blessera ou qu'il sera entraîné par d'autres circonstances accidentelles.

« 5° José Aleman Jover. — Voleur et escroc, sans connaître presque un seul sentiment de bienveillance; très-rusé; il fait parfois le niais; ce n'est pas un grand criminel, mais il est incurable; hors d'ici, il retournera probablement toujours à ses petites filouteries.

[1] J'entends parler d'une *grande susceptibilité religieuse*, qui, bien dirigée, ferait un saint. C'est ainsi que la phrénologie, en des cas semblables, pourrait rendre de grands services à la sainte religion que nous professons.

« 6° Fernando Ojeda Pascua. — Celui-ci non plus ne devra pas sortir d'ici; il est actif, il a de la perception, il se conduit bien, il apprendra tout avec facilité, mais, hors de cet établissement, il attaquera quiconque le blessera et volera si l'occasion se présente.

« 7° José Areses Baralla. — Ne changera pas non plus facilement; tête spéciale; les dispositions à l'escroquerie, au vol, à l'assassinat, s'y montrent à qui mieux mieux; mais il est profondément rusé et peut paraître tout autre qu'il est. Cet homme est susceptible de remords; il en éprouve, en effet, mais il n'y a pas à s'y fier.

« 8° José Onsurbe. — Tête misérable; peu d'énergie, mais beaucoup d'entêtement; très-peu de respect, sinon par crainte; il est lâche; il a dû commettre quelques petits vols; devant la peur du châtiment il ne soufflera pas mot.

« Et, après avoir consulté les dossiers contenant l'histoire pénale et les observations consignées sur chacun des individus examinés, nous avons constaté la plus parfaite conformité avec ce qu'a dit de chacun M. Cubí en s'appuyant sur le système phrénologique. Pour lui témoigner notre satisfaction, et dans l'intérêt des progrès qui peuvent en résulter pour la science qu'il propage avec tant d'ardeur, nous lui délivrons le présent sur sa demande, à Ceuta, le 26 avril 1846. — Le commandant supérieur, Antonio Molina Mendoza. — Visto Bueno. — Le colonel-commandant, José de Palacio. — Il y a un sceau qui porte : Commandement du préside de Ceuta.

« Le certificat ci-dessus est littéralement conforme à l'original que j'ai rendu à l'intéressé contre son récépissé. En attestation de quoi j'appose mon seing et ma signature sur ce papier, n'étant pas, en vertu d'un privilége royal, obligé à me servir d'un papier timbré. — J'ai reçu : Mariano Cubí i Soler. — Juan de Orcajada, notaire. »

Enfin j'appellerai votre attention sur le document qui relate ma visite au préside de Valence. Il est de telle nature, qu'il n'a pas besoin d'un seul mot d'introduction. Le voici :

« VISITE PHRÉNOLOGIQUE *au préside de Valence, certifiée par son commandant don Manuel Montesinos.*

« Nous soussignés, nous nous plaisons de faire connaître au public qu'ayant prié don Mariano Cubí i Soler de nous accompagner dans une visite au préside de cette capitale, il s'est rendu avec empressement à notre désir. En parcourant les ateliers de cet établissement, M. Cubí indiqua le caractère de plusieurs détenus, et même l'acte criminel pour lequel ils avaient été condamnés. L'adjudant don Vicente Gaspar, qui nous accompagnait, déclara que tout ce que M. Cubí venait de dire de chacun était d'une exactitude parfaite. M. Cubí dépeignit alors le caractère et les dispositions de M. l'adjudant lui-même, au grand étonnement de celui-ci, qui ne pouvait comprendre que, sans l'avoir pratiqué de longue date, on pût signaler en lui des particularités que lui seul pouvait connaître. M. Cubí nous fit aussi remarquer combien les têtes des détenus occupés à des offices qui exigeaient peu d'intelligence étaient inférieures à celles des détenus appliqués à des travaux qui demandent de la dextérité et de l'habileté : en effet, les premières étaient proportionnellement très-petites, et surtout aplaties à la région intellectuelle et artistique.

« En ce moment M. le commandant du préside, don Manuel Montesinos, arriva, et M. Cubí continua à faire des observations plus étendues, mettant en complète évidence la correspondance qui existait entre les occupations des détenus et leur développement céphalique considéré phrénologiquement.

« M. Cubí reconnut ensuite la tête de M. Montesinos, et tous nous avons remarqué qu'elle était d'une organisation très-favorable, qu'elle était très-élevée, surtout dans les régions de la bienveillance et de la fermeté de caractère : d'ailleurs, M. Cubí avait déclaré d'avance que tel devait être le développement céphalique de M. Montesinos, d'après les actes et les antécédents que l'on savait de lui. Après avoir décrit son caractère avec une exactitude que M. le commandant ne put s'empêcher de reconnaître, M. Cubí lui demanda où il était né. — Dans la campagne de S. Roque, répondit M. Montesinos. — Pourtant, reprit M. Cubí, il y a en vous l'élément teutonique ; il y a en vous croisement de quelque race du Nord. — En effet, dit M. Montesinos, les parents de mon aïeule maternelle étaient originaires d'Allemagne.

« Il appela ensuite un détenu qui avait des qualités notables, et M. Cubí le dépeignit au vif avec une telle exactitude, que le commandant, saisi d'admiration, reconnut la parfaite vérité de ce qu'il disait et s'offrit à signer tout document qui relaterait ce qui venait de se passer.

« Ce que nous admirons le plus dans cette visite, c'est la facilité avec laquelle nous comprenions, grâce aux quelques leçons de phrénologie que nous venions de recevoir, les explications que donnait M. Cubí sur les têtes des prisonniers ; preuve évidente et inébranlable du mérite et de l'efficacité de son enseignement, et témoignage irrécusable que les éloges qu'on lui a donnés partout où l'on a eu le bonheur de l'entendre sont justes et mérités.

« J. Calpena, *officier d'infanterie retraité.* — Joaquin Catalá, *propriétaire.* — Francisco Puig i Pascual, *avocat.* — Miguel de Castells, *avocat.* — José Laureano Macias, *propriétaire.* — Eduardo Lluesma, *étudiant en droit.* — Francisco de P. Gras, *avocat.* — José Maria Dominguez. — Rufino Pascual i Torrejon, *directeur adjoint de médecine.* — Marcos Gonzalez, *avocat.* — Jaime Ample Fuster, *employé retraité.* — Antonio Sendra, *prêtre.*

« Valence, le 27 avril 1849.

« ATTESTATION *de M. le commandant du préside, don Manuel Montesinos.*

« Je certifie que tout ce qui est dit dans la relation précédente est exact et s'est passé comme on le rapporte, et que je demeure complétement satisfait de l'assurance avec laquelle la phrénologie peut signaler le caractère et les dispositions d'un homme avant de le connaître par l'expérience.

« MANUEL MONTESINOS.

« Valence, le 28 avril 1849. »

Je possède un grand nombre de documents du genre de ceux que je viens de faire connaître. J'ai cru que ceux qu'on vient de lire suffiraient pour donner une idée des avantages que la législation pénale et criminelle pourrait tirer de la phrénologie, et pour prouver que ce n'est pas en vain que j'ai intitulé mes leçons : la *Phrénologie et ses triomphes*, sur quelles bases plus solides que sur les *triomphes* que vous venez d'entendre la phrénologie peut-elle reposer ? Quels TRIOMPHES plus grands pour une science que de montrer, en mettant ses principes en pratique, des résultats aussi complets, aussi surprenants, aussi satisfaisants, aussi éclatants que ceux qu'on a vus du côté de la phrénologie !

LEÇON XVI

Grandeur et qualité céphaliques, ou de la tête.

MESSIEURS,

Dans la leçon précédente, vous avez vu que l'existence ou la non-existence dans le cerveau des lignes séparatives et imaginaires tracées par la main de l'homme sur les têtes divisées phrénologiquement ne détruit nullement et ne saurait en aucun sens affecter ou empêcher l'existence, la découverte ou la constatation des organes mentaux. Vous avez vu aussi, et je l'espère, d'une manière claire et satisfaisante, que les élévations et les dépressions, que les bosses et les creux du crâne n'ont servi et ne peuvent servir qu'à découvrir et constater l'existence et le siège des organes cérébraux appartenant à certaines facultés mentales déterminées. Sans doute, la difficulté consiste précisément à découvrir et à constater les organes cérébraux; mais il ne faut pas en conclure, à beaucoup près, que le siège de ces organes une fois découvert et déterminé par les bosses et les creux, par les protubérances et les dépressions crâniennes, celles-ci soient nécessaires pour qu'on puisse le désigner ou le connaître.

Le siège propre des organes cérébraux dans la tête est comme la situation précise d'un lieu dans les divisions territoriales d'un pays : une fois connues et par conséquent portées et désignées sur une carte, on les détermine et on les retient avec la plus grande facilité. Ensuite, avec un peu de pratique, on se les représente sans carte, parce qu'elles restent gravées dans la mémoire, et bientôt elles s'expriment du dedans au dehors, comme elles se sont d'abord imprimées du dehors au dedans. La tête est un très-petit pays, dont on se rappelle toujours les divisions, quand on les a connues, même quand elles ne se trouvent ni décrites ni marquées.

Sachant que lorsque nous examinons une tête nous devons la considérer ou la *concevoir* comme divisée en autant de sections ou de compartiments qu'en figurent les lignes séparatives de la tête, tracées par la phrénologie, voyons de quelle manière on sait ou l'on peut connaître la grandeur ou l'étendue de ces sections ou compartiments, appelés *organes*.

Sur une carte, la grandeur ou l'étendue des divisions territoriales d'un pays sont définitivement marquées : elles sont toujours les mêmes. Sur une tête, la grandeur ou l'étendue des divisions crâniennes ou cérébrales, en d'autres termes, la grandeur ou l'étendue des organes est telle qu'elle se présente en chacun des individus que nous examinons; ainsi chacun doit en tracer en esprit les lignes, suivant qu'il parvient à la *concevoir*. Et voilà précisément pourquoi la phrénologie est une science de conception, comme la médecine, et non de *perception*, comme la chirurgie, et qu'il faut l'appeler une science estimative, appréciative ou spéculative, telle qu'elle l'est en réalité.

Dieu nous a dotés, pour faire cette estimation, cette appréciation ou cette spéculation, de merveilleuses ressources et de moyens tout à fait convenables. L'âme possède des facultés innées qui, naturellement et spontanément, jugent des propriétés physiques de toute sorte qu'elles perçoivent et comparent. Parmi ces facultés il en est *une* qui s'applique à la GRANDEUR. De sorte que, sans aucune étude, sans aucune méditation, sans aucun effort, l'homme se rend compte, instinctivement et instantanément, dans des termes bien définis, de la grandeur des objets qui s'offrent à sa vue. Il remarque, il compare, il détermine, il apprécie cette *grandeur;* il se forme un type, une règle de comparaison, et aussitôt il dit naturellement et spontanément : « Ceci est grand; ceci est petit. » D'où il résulte que si dans le monde extérieur ou OBJECTIF il y a des *grandeurs différentes*, dans le monde intérieur ou *subjectif*[1], il y a une faculté qui, par une science infuse, les perçoit ou les apprécie.

Toute faculté mentale, quelle qu'elle soit, agit par instinct, avec une spontanéité propre, c'est-à-dire d'une manière vague et indéterminée; de là vient que, pour déterminer la vérité avec une exactitude satisfaisante, il est nécessaire de la confirmer par le témoignage et à l'aide d'autres facultés; ce qui prouve la nécessité du merveilleux enchaînement et de la connexité que nous admirons tant entre les diverses puissances de l'âme. Ainsi les facultés mentales non-seulement se modifient, comme je l'ai dit et prouvé précé-

[1] On peut voir plus haut, dans la quatrième leçon, une explication complète de ce dualisme objectif et subjectif, de cette belle et constante harmonie entre le monde extérieur et le monde intérieur. (Voyez aussi leçon XXVI à la fin, et leçon XXVII au commencement.

demment, dans la douzième leçon, mais elles se confirment, en outre, réciproquement.

Les sens extérieurs eux-mêmes ont besoin du témoignage des facultés intérieures pour savoir s'ils ont bien perçu, s'ils ont perçu exactement, ou jusqu'à quel point ou degré ils ont perçu. En outre, comme êtres imparfaits, nos sens et nos facultés sont sujets à l'illusion; et comment pourrions-nous la dissiper, si, *dans l'état de santé,* nous n'en portions pas en nous-mêmes le remède? Et, quand je dis en nous-mêmes, messieurs, je considère l'homme comme individu et comme membre de la société. Si l'individu ne trouve pas en lui-même le remède à ses illusions, ce remède existe dans les déceptions ou épreuves nombreuses que la société nous ménage à tout âge et à chaque pas.

Naturellement, un bâton droit, plongé dans l'eau, paraît brisé à nos yeux; un son peut être d'une nature telle qu'il trompe les oreilles, et le tact peut s'abuser relativement à la superficie qu'il palpe. Qu'en conclure? que s'il y a divers sens, dont chacun est destiné à nous donner une connaissance particulière de propriétés extérieures d'un certain genre, ces mêmes sens ont besoin de se demander et de se prêter de mutuels secours. Et, si cela est vrai pour faire reconnaître les illusions auxquelles chacun des sens est sujet, ce l'est aussi, et même à plus forte raison, pour marquer les degrés et assurer l'exactitude de leur perception.

S'il a saines la vue et la faculté d'apprécier les grandeurs, un homme connaîtra les dimensions d'un objet, toujours par comparaison avec l'étendue-type qu'il s'est formée, mais il ne la connaîtra que d'une manière approximative; très-rarement avec une exactitude absolue. S'il a saines l'ouïe et la faculté de la musique, l'homme connaîtra un son, mais seulement d'une manière approximative. C'est à force de pratique que nous pourrons, dans l'un comme dans l'autre cas, percevoir les dimensions et le son avec une exactitude absolue; c'est-à-dire après que nous aurons maintes fois perçu des distances et des sons semblables, après que nous aurons sans cesse redressé, au moyen d'expériences réitérées, les erreurs dans lesquelles nous serons tombés. Et encore est-il fort difficile d'arriver ainsi à quelque chose de tout à fait exact, exclusivement au moyen d'une faculté spéciale. Pour pouvoir déterminer un son avec une exactitude complète, l'ouïe et la faculté musicale ont besoin du *diapason;* pour pouvoir déterminer de même des dimensions, l'œil et la faculté d'apprécier les grandeurs ne peuvent se passer d'une *mesure;* pour pouvoir déterminer avec une exactitude complète le poids ou la pesanteur spécifique d'un objet, bien que nous ayons à cet effet la vue et une faculté spéciale, nous avons encore besoin de *poids.* Ainsi donc, quoique chaque sens et chaque faculté perçoivent ou sentent naturellement et spontanément la propriété avec laquelle ils se trouvent en rapport (et de là résulte ce dualisme matériel et spirituel qui excite toute notre admiration), toutes les fois que l'âme a à se rendre compte de cette propriété avec une exactitude absolue, une vérification de poids et mesures est nécessaire,

T. I.   16 une confirmation par d'autres expériences que l'intelligence doit d'abord inventer, puis appliquer.

Au moyen d'une vue saine et de la faculté d'apprécier et de mesurer les grandeurs, régulièrement développées, chacun, en voyant un monceau d'oranges, aura aussitôt la perception de celles qui, comparées avec la plupart des autres, seront très-petites ou très-grandes, et s'écriera naturellement, spontanément : « Quelles petites oranges! quelles grandes oranges! » Cela arriverait quand même le fruit serait d'une espèce inconnue. L'Européen qui, en débarquant dans quelque pays de la zone torride, trouverait un caïmitier, ou un magney, ou une guandatava, dirait à l'instant : « Quel petit fruit, ou quel grand fruit! » parce qu'il le comparerait sur-le-champ avec le fruit qu'il était accoutumé de voir dans les climats tempérés. Si ensuite il regardait, par exemple, un tas de guandatavas, et que l'une d'elles fût remarquable par son grand ou par son petit volume, il s'écrierait spontanément : « Quelle grande guandatava! quelle petite guandatava! » Néanmoins, comme, absolument parlant, il n'y a point une seule guandatava qui soit égale à une autre guandatava, sous le rapport de la grandeur ou de toute autre propriété quelconque, pour déterminer avec toute l'exactitude dont il est capable la différence de grandeur qui existe entre deux guandatavas, l'homme doit employer non-seulement la vue et la faculté d'apprécier la grandeur, mais les *mesures* plus exactes qu'on est parvenu à concevoir ou à inventer. Dans la plupart des cas de la vie, les sens et la faculté mentale spéciale suffisent pour déterminer, naturellement et spontanément, les propriétés physiques des objets; mais, du moment où l'on désire la plus grande exactitude possible, il est nécessaire de les vérifier par quelque mesure ou expérience.

Naturellement et spontanément, l'homme sait, en voyant un pied, une main, un œil, un nez, s'il est grand ou petit; surtout si les dimensions en plus ou en moins s'en trouvent bien marquées comparativement aux dimensions de la généralité des pieds, des mains, des yeux, des nez qu'il est accoutumé à voir communément. Rien de plus ordinaire que d'entendre une personne qui en rencontre une autre, dire : « Quel petit pied! quelle grande main! quel œil saillant! quel nez monstrueux! »

Non-seulement nous remarquons naturellement et spontanément, au moyen de la vue et de la faculté d'apprécier la grandeur, le volume d'un objet après l'avoir comparé avec un type que cette faculté s'est instinctivement formé, mais beaucoup d'objets conçus par l'INDIVIDUALITIVITÉ comme un genre ou *un tout individuel*, se présentent aussitôt à LA FACULTÉ D'APPRÉCIER LA GRANDEUR comme terme individuel pour déterminer le volume d'*un* autre objet extraordinaire ou exceptionnel, en le comparant avec beaucoup d'autres conçus comme un *tout individuel*, appelé genre ou classe. Quelle merveilleuse simplification et complication! quelle merveilleuse abstraction et application!

Nous voyons un nain que nous savons spontanément et instinctivement devoir avoir la main petite, d'après le type que naturellement nous nous sommes formé ou que nous avons conçu pour les individus de son espèce, et nous nous écrions : « Quelle grande petite main ! » N'est-ce point admirable? Par une science infuse nous qualifions exactement une main, en disant à la fois qu'elle est grande et petite. Nous la concevons petite (*manecita*) en la comparant aux mains de personnes d'une taille ordinaire; et nous la concevons grande (*manaza*) en la comparant aux mains d'autres nains.

Si c'est là ce que nous faisons naturellement et spontanément au moyen de nos sens et de nos instincts innés, par rapport à toutes les parties du corps, pourquoi supposer que la tête doive faire exception à cette règle sans exception? Pourquoi faire cette question que l'on entend si souvent : « Comment saurai-je quand un organe de la tête est grand ou petit, si l'on n'y trouve pas des bosses ou des fosses qui l'indiquent? »

« Comment quelqu'un sait-il, pourrait-on demander à son tour, quand il se trouve dans une rue, à chaque pas qu'il fait, la distance plus ou moins grande de l'une ou de l'autre des extrémités de la rue qu'il voit? »

Eh bien, de même que nous savons, comme par instinct, la plus ou moins grande distance, le plus ou moins grand intervalle qu'il y a entre le point d'une rue où nous nous trouvons et tout autre point ou endroit de cette rue; de même, en prenant pour point de départ le conduit ou l'orifice de l'oreille ou une autre partie quelconque, nous connaîtrons, rien qu'en nous servant de la vue et de l'organe par lequel nous apprécions la grandeur, la plus ou moins grande distance qu'il y a entre ces points de départ et tout autre endroit ou place de la tête qui occupe notre attention. Si, partant de l'orifice de l'oreille, sur la tête de Thibets, par exemple [1], nous suivons une direction perpendiculaire en montant jusqu'au sommet, où se trouve, sous le n° 18 [2], la continuativité, et si ensuite nous portons nos regards à gauche sur l'extrémité supérieure antérieure, où se trouve, sous le n° 16 [3], la bénévolentivité, nous verrons naturellement et spontanément que le premier organe est plus grand que le second; après quoi, si nous comparons entre elles les trois divisions générales entre lesquelles est partagée la tête, il sautera à l'instant aux yeux que la partie supérieure est plus petite que la partie antérieure et que celle-ci est plus petite que la partie inférieure.

Quelle est donc la mesure dont nous devons nous servir pour connaître la grandeur ou l'étendue d'une tête ou d'un organe céphalique? La réponse est bien simple : L'œil et la faculté d'apprécier les grandeurs. Apprenons à bien déterminer les sièges des organes tels qu'ils sont désignés et décrits par les lignes que la phrénologie trace sur la tête pour la diviser; portons ensuite notre attention sur toutes les têtes qui passent sous nos yeux, et nous nous écrierons bien vite : Quelle immense fermeté! Quelle faible coloritivité! Quelle insignifiante causativité! Quelle énorme philoprolitivité!

[1] Voir la leçon XI.
[2] De la nomenclature de Spurzheim.
[3] *Idem.*

Quelle configurativité considérable! Quelle tête stupide par sa petitesse! Quel développement dans la région animale! Quelle puissante intellectualité! Quelle tête orgueilleuse! Quelle forte tonitivité! tout comme nous aurions dit : Quel front bas! ou quelle petite oreille!

Si ensuite nous voulons déterminer ces mesures avec toute la précision dont la science est actuellement capable, nous nous servirons de ce que l'on appelle un *craniomètre* ou compas phrénologique, au moyen duquel on mesure les principaux diamètres de la tête, dont la connaissance permet de juger avec l'exactitude la plus approximative de la grandeur des organes.

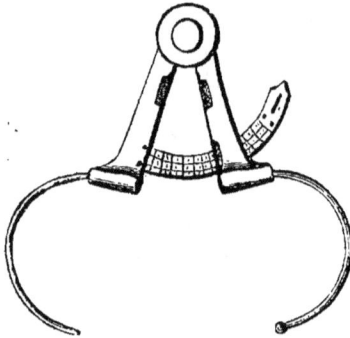

Voici une figure d'après laquelle vous pouvez vous former à l'instant une idée juste et complète du *craniomètre* ou compas phrénologique. Sur le demi-cercle intérieur, des chiffres indiquent le nombre de pouces et de lignes de Burgos ou d'autres unités quelconques, compris entre les deux pointes supérieures du compas, quelle qu'en soit l'ouverture. En d'autres termes, l'ouverture mesurée par les deux extrémités du compas est marquée, quelle qu'elle soit, par des pouces et des lignes sur le

Craniomètre ou compas phrénologique

demi-cercle inférieur. Ordinairement, on prend jusqu'à douze mesures; il y en a toutefois quatre principales, qu'on prend toutes les quatre à partir de l'orifice ou du conduit auditif, savoir : la première et la seconde jusqu'au milieu inférieur et supérieur du front; la troisième jusqu'à l'organe de la fermeté ou de la continuativité (n° 18); et la quatrième jusqu'au bas de l'occiput.

Outre ces mesures diamétrales, on en prend deux courbes, dans lesquelles on emploie la mesure dont se servent les tailleurs. La première embrasse la circonférence inférieure de la tête, et la seconde traverse obliquement la ligne médiane entre le bas de l'occiput et le milieu inférieur du front. Quand une tête mesure dans sa circonférence inférieure vingt-deux pouces de Burgos ou pouces espagnols, et quatorze pouces dans la courbe décrite à partir du bas de l'occiput jusqu'au milieu de la partie inférieure du front, elle présente les dimensions ordinaires dans la race européenne. Quant aux mesures diamétrales dont j'ai parlé plus haut, elles déterminent une tête régulièrement développée, quand la première et la seconde marquent cinq pouces et demi, la troisième six pouces et demi, et la quatrième quatre pouces un quart. Mais, comme en vous entretenant de l'examen pratique des têtes, j'aurai à m'étendre longuement sur cette matière, je m'abstiendrai pour le moment d'anticiper des détails qui ne serviraient qu'à partager votre attention. (Voyez la leçon LVII.)

Les adversaires de la phrénologie sont accoutumés de lui objecter (et c'est une objection absurde) qu'elle ne considère que le *volume* de la tête, sans s'occuper de sa *qualité*. Il n'y a pas de phrénologue, depuis Gall jusqu'à Combe, qui n'ait parlé des conditions ou circonstances qui modifient les effets de la grandeur ou du volume. Dans mon *Système complet de phrénologie*, je traite cette matière de la page 91 à la page 118; et la qualité ou la disposition du cerveau est l'objet dont je m'y occupe de préférence et d'une manière plus approfondie. Nous ne devons jamais perdre de vue ces mémorables paroles de Rivoli, célèbre phrénologue italien :

« Il est certain que celui qui voudra tirer des déductions exactes ne devra point se borner à examiner une seule protubérance ou une seule dépression, sans la comparer à une autre plus forte ou plus faible, sans calculer l'âge, le tempérament, la position particulière du sujet, ainsi que les autres conditions et circonstances dont il faut nécessairement tenir compte [1]. »

Le fait des attaques que beaucoup d'écrivains ont dirigées contre la phrénologie, en supposant, dès leur point de départ, que, loin de poser ces principes comme des dogmes phrénologiques, elle négligeait même d'en tenir compte, prouve d'une manière claire et évidente que les antiphrénologues n'ont pas tous voulu, comme Vimont [2], commencer par *étudier* ce qu'ils avaient l'intention de réfuter. Si tous nos antagonistes avaient suivi la conduite de Vimont, ils auraient vu que le plus souvent ils attaquaient la phrénologie, parce que, dans leur opinion, elle rejetait ce qu'en réalité elle admettait. On en voit un exemple remarquable dans la question de la *qualité du cerveau*, puisque non-seulement la phrénologie la considère comme l'une des principales circonstances qui modifient les effets du volume du cerveau, mais que c'est aux efforts des phrénologues que l'on doit le perfectionnement et la multiplication des moyens employés pour connaître la qualité et les conditions intérieures du cerveau par l'observation de la forme, de la contexture et de l'apparence de l'organisme dans sa partie extérieure.

---

[1] « Certo è che chi vorrà trarre deduzioni esatte non dovrà limitarsi di calcolare una protuberanza, od una deficienza sola, senza associarla ad altra o dominatrice o dominata; senza calcolarne l'eta, il temperamento, la posizione individuale, ed altre norme e circostanze indispensabili da tenersi a conto. » Rivoli, *Brevi concetti o Discorsi sulla Frenologia* (Parma, 1840.)

[2] Vimont, *Traité de Phrénologie humaine et comparée* (Paris, 1833), en 2 vol. gr. in-fol., avec un atlas de 126 planches magnifiques. « Si la masse immense de preuves tirées de la tête humaine, dit le célèbre docteur Eliotson dans sa *Physiologie* (5e édit., p. 406), et si les faits signalés par Gall, chez les animaux, ne suffisent pas pour convaincre les plus incrédules sur les vérités phrénologiques, la multitude de preuves et de faits qu'y a jointe le docteur Vimont doit les confondre. » Vimont se mit à étudier la phrénologie avec la résolution arrêtée de la combattre; mais, loin de chercher à ébranler même la porte de son sanctuaire, il dit : « J'eus à peine commencé à lire l'ouvrage de Gall (ouvr. cité, Introduction), que je vis que j'avais affaire à l'un de ces hommes extraordinaires qu'une noire envie veut exclure du rang où leur génie les place et contre lesquels elle emploie les armes de la lâcheté et de l'hypocrisie. Une haute capacité morale, une profonde pénétration, un grand sens, une érudition variée, telles sont les qualités qui me firent une forte impression et qui me parurent distinguer Gall. L'indifférence que j'éprouvai d'abord pour ses écrits se changea bientôt en la plus profonde vénération. »

La qualité ou la disposition du cerveau se connaît par ce qu'on appelle le TEMPÉRAMENT, dont je parlerai plus tard très au long. Mais, en supposant deux cerveaux d'égale qualité, il est évident que le plus grand aura le plus de force et de vigueur, en vertu de ce principe stable, éternel, immuable et universellement admis, que le volume détermine la force des objets égaux en qualité. Il est clair ensuite que si la qualité n'est pas la même, le volume ne saurait en aucun sens ni en aucune manière servir de terme de comparaison. Une pièce de bois et une barre de fer, ayant toutes les deux les mêmes dimensions, représentent des forces toutes différentes. Il n'en est toutefois pas de même dans la tête humaine. Dans une même tête, si elle se trouve dans un état sain, les organes pourront différer quant à la grandeur, mais nullement quant à la qualité. Ainsi, en considérant une tête phrénologiquement, nous pourrons apprécier les diverses forces comparatives d'après les diverses grandeurs.

Dans les dessins que je vous ai présentés un peu plus haut, nous voyons que chez la jeune Anglaise la bienveillance est beaucoup plus développée que la fermeté de caractère, et que chez le soldat français la fermeté de caractère l'est beaucoup plus que la bienveillance. S'il s'agissait de comparer le développement de chacun de ces organes à un développement égal chez un autre individu, il faudrait alors tenir compte de la qualité du cerveau, que l'on connaît au moyen du tempérament avec autant de facilité que l'on connaît, d'après l'épidorme ou la peau extérieure, qu'une orange a l'écorce fine ou grosse et que, d'après sa finesse ou son épaisseur, on juge, d'une manière plus ou moins approximative, de la qualité de la pulpe intérieure.

C'est là une comparaison que vous ne devez jamais perdre de vue. La structure extérieure de la peau d'une orange détermine la qualité de la pulpe intérieure. Ainsi en est-il du crâne par rapport au cerveau, du visage par rapport au crâne, de l'organisme entier par rapport au visage. Par le tempérament, c'est-à-dire par l'aspect extérieur que présentent le visage, la tête, le tronc et les extrémités du corps, on parvient à connaître plus ou moins exactement la qualité du crâne et du cerveau, ainsi que je l'expliquerai amplement dans la suite, comme je vous l'ai déjà promis.

Le principe que, toutes choses étant égales d'ailleurs, c'est la GRANDEUR qui détermine la force, est complétement admis en physiologie. « Tout est proportionné dans la nature, dit le célèbre auteur espagnol de l'exposition de la doctrine de Gall. Quand une langue est couverte de papilles nerveuses et préominentes, on en conclut avec certitude que le sens du goût est plus délicat ; des narines grandes et bien ouvertes annoncent un odorat exquis ; une poitrine haute et voûtée nous fait inférer que les poumons sont volumineux et que la respiration est libre. Au contraire, une poitrine petite, rentrée et étroite, indique des poumons faibles et une respiration difficile : l'anatomie comparée nous apprend que chez tous les animaux, plus les nerfs sont gros et forts, plus les sens sont fins. » De même, un grand cerveau, toutes choses étant égales, sauf les dimensions, manifeste une plus grande puissance mentale qu'un petit cerveau. Ce principe est l'un des plus importants [1] ; car les organes qui forment le cerveau étant, en général, comme je l'ai dit, égaux en tout dans leur ensemble, excepté dans la grandeur, il est facile d'apprécier la différence qui existe entre eux, relativement à la puissance mentale qu'ils manifestent.

Voici le crâne d'un Hindou et d'un Suisse. Remarquez l'immense différence

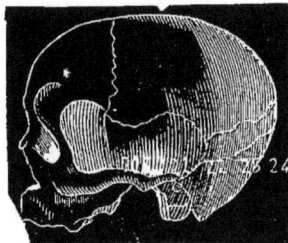

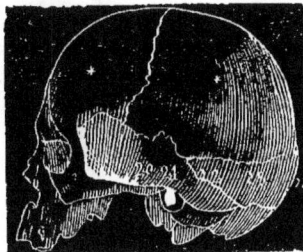

Crâne-type d'un Hindou.   Crâne-type d'un Suisse.

qui existe entre eux. Et qu'on ne dise point que ce sont des crânes *idéalisés;* car celui de l'Hindou est une copie d'après nature prise dans une précieuse collection de crânes Hindous que le docteur J. M. Patterson a offerte à la Société phrénologique d'Édimbourg. Celui du Suisse est tiré de la collection de Blumenbach, qui le présente comme type européen. Les petites étoiles sont les points par lesquels passent les lignes qui marquent les divisions supérieure et inférieure.

Or que nous révèle l'histoire sur ces deux races différentes? Que, tandis que les Suisses ont conquis, il y a plusieurs siècles, leur indépendance nationale et l'ont défendue contre des forces incomparablement supérieures, les Hindous se sont laissé dominer par le premier envahisseur qui s'est montré à eux, de sorte que plus de cent millions d'hommes subissent maintenant le joug de quarante mille Anglais.

Que l'on compare les têtes des Péruviens, avant et après la conquête des Incas, à celle du Suisse ou de l'Européen, et l'on ne s'étonnera plus qu'une poignée d'Espagnols ait soumis des millions d'Américains.

Crâne du chef araucan BAMPUNI.
(*Morton*, pl. 68.)

Examinez avec attention le crâne araucan que je vous montre ici. C'est celui du chef *Bampuni*, qui, dans la troi-

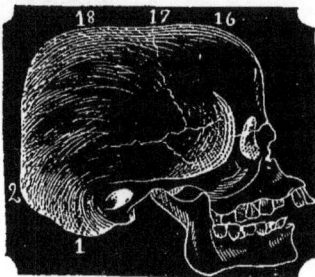

[1] Déjà, au seizième siècle, notre grand Huarte, phrénologue sans le savoir, avait découvert ce principe. « Quatre conditions, dit-il (*Examen de Ingenios*, p. 69), sont né-

sième leçon, a été nommé, par erreur, au lieu de Chilicoi, autre chef araucan. Ce premier crâne est celui de *Chilicoi* et non celui de *Bampuni*. L'un
et l'autre, comparés aux crânes des Caraïbes, sont infiniment supérieurs;
mais celui de Bampuni l'emporte sur les crânes les plus remarquables dont
puisse se glorifier la race européenne, tant sous le rapport des dimensions
que sous celui des formes. En regardant le crâne de Bampuni, il est tout à
fait inutile, au moins pour un phrénologue, de demander : Pourquoi quelques bandes d'Araucans sont-elles parvenues à maintenir leur indépendance
nationale contre toutes les forces supérieures qui essayèrent de la subjuguer?
Je dis que la question est inutile; car le développement énorme et l'admirable configuration de ce crâne nous donnent une réponse tacite, mais complète et décisive.

Je m'imagine qu'en consi-
dérant le portrait authentique
de Catherine II de Russie, que
je vous présente en ce moment, vous direz aussitôt, d'a-
près les seules observations
que je vous ai communiquées :
« Quelle grande générati-
vité! » Et si quelqu'un vous
demandait : « Comment le savez-vous? » vous répondriez :
« Ne voyez-vous pas cette nuque? — Mais, qui nous as-
sure que ce portrait n'est pas
idéalisé? — Qui? Le prix
qu'ont fait et que font de l'o-
riginal, dont il est la copie,
à cause de son exacte ressemblance, les tzars de Russie
qui le conservent comme une
relique. »

Portrait authentique de CATHERINE II, de Russie.

Voici le crâne du poëte écossais Burns, dessiné d'après la copie du crâne
naturel que Silas Jones reproduit dans sa *Phrénologie pratique*. Je ne doute
point que quand je m'abstiendrais de désigner la philogéniture par le n° 2,
vous n'en reconnussiez à l'instant le siége, et vous ne vous écriassiez :
« Quelle énorme philogéniture! » comme vous vous écrieriez : « Qu'ici l'or-

cessaires au cerveau pour que l'âme raisonnable puisse par son moyen faire commodé-
ment les actes qui exigent de l'entendement et de la prudence. Parmi ces qualités, la
première est une bonne organisation et comprend quatre autres choses, dont la première est une bonne configuration, et la seconde une QUANTITÉ SUFFISANTE. » L'auteur
passe ensuite à l'explication du reste. De là on peut conclure que Huarte avait déjà remarqué que les têtes mal conformées ou très-petites annonçaient l'idiotisme.

gane de la philogéniture est aplati! » en portant vos regards sur le crâne
du Péruvien que je vous montre ensuite; c'est la copie d'un dessin que
donne Combe dans son *Système de Phrénologie*, et qu'il a pris sur l'original
déposé dans la grande collection phrénologique d'Édimbourg.

Crâne du poète écossais Burns.

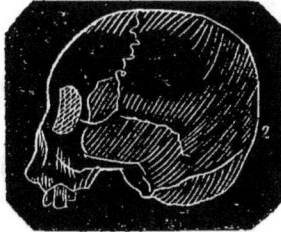

Crâne d'un Péruvien chez lequel
l'organe de la philogéniture était
fort réduit.

Je puis vous communiquer à cet égard une observation personnelle tout à
fait applicable à mon sujet, et qui a servi à affermir et à enraciner mes
convictions phrénologiques. Du 5 septembre aux premiers jours du mois
d'octobre 1843, j'ai fait des excursions phrénologiques dans la partie de la
Catalogne habitée par des crétins. Je visitai Ausó, Susqueda, Rupit et d'autres villages, dans les environs des montagnes de Monseñ et d'Olot, où je
trouvai, à peu près sur vingt individus, un goîtreux, et, sur trente, un idiot.
Il ne fallait pas être phrénologue ni avoir étudié la physiognomonie pour
reconnaître que de pareilles têtes et de pareils visages annonçaient une race
dégénérée. Parmi les idiots, je n'en trouvai même pas un qui eût un front
moyen; cette région céphalique, où réside l'intelligence, était si étroite et si
basse, que je pouvais à peine en croire mes yeux. Je mesurai plusieurs têtes
d'idiots, et j'en trouvai une, celle de Juan Sever, dont le front n'avait pas
deux pouces et demi d'un angle à l'autre, et sur laquelle les organes de l'individualitivité et de la bénévolentivité n'étaient pas séparés par une distance
de deux pouces. « Qui viendra dire que la phrénologie est un rêve? » me
répétais-je à chaque instant en contemplant ces phénomènes.

La vue de cette population m'attendrit. Je me mis à réfléchir profondément sur les causes qui pouvaient concourir à perpétuer une race en général si stupide, si inepte, si on la compare, par exemple, à la population de
Vich, qui ne se trouve qu'à sept ou huit lieues de distance. Je crus pouvoir
attribuer ce fait : 1° à ce que le pays que ces pauvres gens habitent n'a, à
raison de sa position géographique et du manque absolu de chemins, aucune
communication avec les contrées voisines, de sorte qu'ils ne peuvent croiser
leur race; 2° à ce qu'il contient un excédant de population relativement aux
moyens de subsistance qu'il présente, de sorte que les habitants sont obli-
gés de travailler dans les champs de quatorze à seize heures par jour pour
se nourrir mal, ne porter que des haillons, et vivre dans des bouges, et que

c'est dans cet état de misère, de fatigue physique et d'abrutissement intellectuel qu'ils se reproduisent; 3° à ce qu'ils sont privés de toute instruction intellectuelle et de toute éducation morale.

Une opinion accréditée suppose que, dans ces dernières années de guerre civile, durant lesquelles l'armée de don Carlos avait établi ses quartiers dans ces pays montagneux, la population s'est beaucoup épurée, et que la génération naissante offre un aspect plus satisfaisant. J'ai des raisons de croire que cette opinion est fondée sur des faits positifs et sur l'observation directe de l'homme. Pour améliorer la race de cette contrée, l'unique moyen me paraît être de l'instruire et de la moraliser, afin qu'elle exerce davantage son intelligence et qu'elle réprime sa générativité, qui est excessive, et produit dans son aveugle perversion plus de ravages que dans les villes éclairées et populeuses. Qu'ils se trompent ceux qui croient que c'est seulement dans les grandes villes et parmi les gens instruits que l'on voit les déplorables effets d'une générativité pervertie ou mal dirigée! Les faits prouvent que c'est tout le contraire qui a lieu.

Depuis lors (en 1845 et 1846), j'ai eu occasion, dans mes voyages, d'examiner beaucoup de têtes de la race juive et de la race arabe : j'ai toujours trouvé dans les premières une inférioritité et une destructivité prépondérantes avec peu de bienveillance, circonstances qui nous expliquent le caractère de ces deux peuples.

Dans la classe infime des idiots, la circonférence horizontale de la tête est de douze à quatorze pouces, tandis que la tête d'un adulte a, si elle est bien conformée, environ vingt-deux pouces de circonférence. Chez ces idiots, la distance de la racine du nez, par-dessus la tête, jusqu'au bout de l'occipital, est de huit à neuf pouces, et, sur une tête bien développée, elle est de quatorze. Il faut voir comment on pourra concilier ces faits, si l'on nie l'influence des dimensions ou du volume. Il y a longtemps que les phrénologues demandent à grands cris qu'on leur montre un homme qui, avec une tête très-petite, manifeste une grande puissance mentale; mais jusqu'ici on n'en montre point, et l'on n'en montrera jamais tant que l'ordre et l'harmonie de la création ne seront point changés[1].

On dit : « Nous avons connu des idiots qui avaient de grandes têtes. » Vous en avez connu aussi, messieurs; mais, dans ces cas, le cerveau n'est pas sain. Une grande jambe indique une grande puissance de locomotion; mais, si cette grandeur démesurée est occasionnée par une maladie, il ne vient à l'esprit de personne d'attribuer cette puissance aux dimensions. D'autre part, un cerveau peut bien être sain, qui, s'il est très-petit, ne manifestera que de l'idiotisme, tandis que les hommes remarquables par leurs

---

[1] « Gall compara le crâne d'une vieille femme idiote de naissance avec celui d'un homme distingué par ses talents, et il trouva que le dernier était une fois plus grand que le premier.

« Les Crétins, habitants du Valais, célèbres par leur stupidité, ont moins de cerveau que les autres hommes. » *Exposition du système du docteur Gall*, p. 64 (Madrid, 1806).

grands talents et par une grande force de caractère, tels que Cromwell, Napoléon, Franklin, Burns, Hernan Cortés, Jimenez de Cisneros, Isabelle la Catholique, Colomb, Diego Hurtado de Mendoza, Cervantes et autres, ont toujours des têtes d'une grandeur énorme. Je ne doute pas que vous n'ayez vu souvent de bons portraits de tous ces personnages, et vous vous serez personnellement convaincus du fait que tous ils présentaient un grand développement céphalique; mais, pour constater ce fait de manière à pouvoir le faire servir à éclaircir, à confirmer mes leçons, j'ai tâché de me procurer les portraits de ces personnages que l'on considère comme les plus authentiques, sans que l'on ait le droit de supposer pour aucun la moindre *idéalisation*. De sorte que, sans sortir du cercle de mon enseignement, vous avez eu et vous aurez constamment des témoignages irrécusables, des preuves catégoriques, pour vous convaincre que la grandeur de la tête, dans un état normal, est l'indice d'une grande force et d'une grande vigueur d'esprit, et qu'au contraire l'excessive petitesse de la tête est l'indice de la stupidité ou de l'imbécillité, comme le sens commun l'a entrevu dans les siècles les plus reculés, comme saint Bonaventure l'a établi au moyen âge, et comme le philosophe Gall l'a démontré de notre temps par des preuves péremptoires.

LEÇON XVII

Cas cérébraux et crâniens anomaux allégués contre la phrénologie, mais qui sont, en réalité, ceux qui l'appuient et la confirment davantage.

MESSIEURS,

Jusqu'ici je vous ai parlé des données sur lesquelles la phrénologie repose comme sur une règle générale, de ces données sur lesquelles on établit et l'on assied une doctrine ou un principe, dont on fait ensuite l'application pratique à *la plupart* des cas semblables ou analogues qui se présentent. S'il survient quelques cas isolés que la règle ou le principe général n'embrasse pas, personne ne saurait, sans fouler aux pieds la vérité et sans user d'une logique peu saine, en conclure que cette règle ou ce principe général est erroné ou inexact. Sans doute, il le sera par rapport au cas ou aux cas irréguliers, anomaux ou exceptionnels qui se présentent isolément; mais il ne le sera pas le moins du monde par rapport à la grande majorité des cas qui constituent la généralité, et qui sont précisément ceux qui entrent dans le cercle ou sous la juridiction de la règle ou du principe établi.

Mais, quand on remarque un ou plusieurs cas auxquels ne s'applique pas le principe confirmé et établi, qui a tort, l'exception ou la règle? C'est clair que c'est l'*exception*; car c'est l'exception qui se sépare de la règle établie, et non la règle établie qui se sépare des cas bien observés et bien analysés sur lesquels elle est fondée. Et, quand cela arrive, quelle est la fin ou quel est l'objet palpable, évident, incontestable de l'*exception*? Il va de soi, comme je l'ai déjà dit, que l'exception sert et est exclusivement destinée à servir à confirmer la règle. En effet, le contraste produit par une exception avec les cas qui constituent la règle fait briller de telle sorte la vérité de la règle, que, pour ne pas la voir, il faut fermer les yeux. C'est ce qui est arrivé à propos de tous les cas anomaux ou exceptionnels qui ont été allégués pour attaquer de front et renverser la phrénologie, et qui ne servent aujourd'hui que de flambeaux qui font ressortir la vérité et l'utilité de cette science.

Toutefois, puisqu'on ne se lasse point d'alléguer et de reproduire ces cas exceptionnels pour revenir à la charge, et toujours à la charge, contre la phrénologie (comme si un édifice qui a pour appui la *vérité*, qui est le doigt de Dieu, pouvait jamais crouler ou chanceler!), je dois vous démontrer que les cas exceptionnels ou anomaux ne sont, dans la bouche de nos adversaires, que des cris d'alarme, cris faibles, cris impuissants qui se perdent dans l'espace, quoiqu'ils surprennent et effrayent les imprudents qui ne se tiennent pas sur leurs gardes.

Il ne s'agit point ici des tendances bonnes ou mauvaises qu'on pourrait attribuer à la phrénologie; il s'agit de sa base, de son fondement, des données premières sur lesquelles elle repose, c'est-à-dire, du *cerveau* et du *crâne*. Sans que j'aie l'intention d'entamer aucune espèce de polémique, je ne puis passer sous silence ces cris d'alarme et d'effroi : car ce serait vous priver des arguments, des données, des faits qui les dominent entièrement. Qu'est-ce donc que publient si bruyamment nos adversaires? Qu'on a vu plus d'une fois le cerveau paralysé ou lésé, et même détruit en tout ou en partie, sans que ses opérations aient été aucunement affectées ou empêchées; que le crâne présente fréquemment des protubérances à la surface extérieure, sans dépressions correspondantes sur la superficie intérieure, et, au contraire, des dépressions au dehors, sans protubérances au dedans; outre d'autres anomalies qui prouvent clairement, suivant les alarmistes, l'impossibilité de déterminer la forme du cerveau par l'apparence extérieure du crâne; d'où la chute et la ruine de tout l'édifice phrénologique, qui ne repose et ne s'appuie que sur cette correspondance.

Ces assertions, émises et soutenues tantôt avec une audacieuse impudence, tantôt avec des raisonnements spécieux, confondent et abattent le néophyte, je le répète, comme elles déconcertent et effrayent le profane. C'est pourquoi il est essentiel d'écarter tout d'abord les difficultés que l'on nous oppose à propos de l'état du cerveau et du crâne, en prouvant que tous les faits et arguments de ce genre qui se sont présentés ne sont qu'autant d'étais qui, comme je l'ai dit dans une autre occasion, soutiennent et consolident de plus en plus l'édifice phrénologique.

Pour que vous puissiez comprendre aussitôt et clairement la futilité des objections que l'on soulève contre la phrénologie en alléguant des cas de lésions cérébrales dans lesquels l'âme manifeste sa *raison* ou son *intelligence*, c'est-à-dire des cas dans lesquels le cerveau est lésé et continue à bien fonctionner, il suffit de vous faire remarquer que les personnes qui soulèvent de pareilles objections commencent par supposer que le cerveau est UN et SIMPLE, et que par conséquent, à leurs yeux, quand une partie est lésée, le tout est lésé. Elles ne conçoivent pas que les diverses facultés de l'âme se manifestent par divers organes ou portions du cerveau; que, par conséquent, la région intellectuelle, qui occupe à peine le tiers de l'encéphale, peut être saine, et permettre le libre exercice des facultés de la réflexion, de la pensée et du raisonnement, quelque fâcheux que soit en même temps l'état des deux autres parties de l'encéphale. Sans doute, les facultés dont les parties lésées sont les organes ne se manifesteront que d'une manière imparfaite; mais parce qu'un malade dont le cerveau est atteint conserve le plein usage de sa raison, les ergoteurs qui nous combattent se croient aussitôt en droit d'affirmer hardiment qu'ils ont vu des cerveaux blessés, malades ou lésés, sans que leurs opérations fussent moins régulières.

Il est nécessaire de se rappeler que ces antagonistes ne tiennent pas davantage compte d'un fait que déjà vous connaissez : à savoir, que le cerveau est DOUBLE, qu'il se compose de DEUX HÉMISPHÈRES, et que partout il y a deux organes de chaque classe : nous avons deux générativités, deux destructivités, de même que nous avons deux yeux et deux oreilles. Ainsi, comme l'homme peut perdre un œil et voir très-bien avec celui qui lui reste, perdre une oreille, et encore entendre avec l'autre, de même, il peut se trouver avec un organe de l'adhésivité lésé ou détruit, et ne point se montrer dépourvu du sentiment de l'amitié; il peut perdre quelques organes intellectuels et jouir du sain usage de sa raison, sans qu'aucun désordre se manifeste dans ses raisonnements.

En prenant en considération la pluralité des organes et la double constitution du cerveau, on parvient à expliquer d'une manière rationnelle et satisfaisante tous les cas dans lesquels la raison s'est montrée ou révélée saine, en même temps que le cerveau s'est trouvé en partie paralysé, lésé et même détruit. Tout au contraire, ceux qui attaquent la phrénologie, en alléguant que l'on a vu des cas de lésion cérébrale dans lesquels le patient a évidemment conservé le plein usage d'une raison saine, en d'autres termes, des cas dans lesquels l'encéphale n'a rencontré aucun empêchement à l'exercice de ses fonctions, proclament le plus erroné et le plus absurde de tous les principes, c'est-à-dire l'existence d'une organisation *malade* avec des fonctions *saines*. Admettre que le cerveau est l'organe de l'âme, comme l'admettent tous nos adversaires, puis affirmer que l'on a vu des cerveaux détruits sans que leurs opérations aient été suspendues ni troublées, c'est renverser par la base tous les principes physiologiques connus; c'est admettre et soutenir une absurdité pour attaquer une science, et la-

quelle? Celle qui seule peut les tirer du bourbier où ils se sont jetés avec
une frénétique ardeur, dévorés par la fièvre de la négation et de la contradiction.

Pour vous mettre à même de vous former une idée complète de la nature
des cas que l'on allègue, je les rapporterai succinctement, en suivant le récit
de ceux-là mêmes qui les opposent aux doctrines phrénologiques. Feu le
docteur Andrew Combe, ancien médecin de la famille royale belge actuelle,
réputé l'un des plus grands anatomistes et physiologistes du siècle, a rendu
compte d'un certain nombre de cas du genre que je viens de mentionner
dans un mémoire que George Combe, son frère, avocat distingué du barreau
d'Édimbourg, a inséré dans son *Système de phrénologie*, que j'ai déjà eu
l'occasion de vous citer plusieurs fois. En travaillant à la propagation de la
phrénologie en Espagne, j'ai eu à donner des éclaircissements et des explications sur quelques-uns de ces cas, qui ont toujours servi à confirmer les
vérités phrénologiques. D. Narciso Gai, docteur en droit et avocat des tribunaux de la reine, a raconté dans les feuilles publiques de cette capitale
le cas que présenta un jeune homme de Mexico, chez qui une balle entrée
par la partie antérieure de l'un des os squameux y resta logée. Malgré cela,
d'après les paroles de celui qui cite le cas avec l'intention d'attaquer la
phrénologie, durant les quelques jours que le malade survécut à sa blessure, il conserva toute sa raison, et l'on remarqua seulement chez lui une
augmentation d'appétit considérable.

Voilà comment l'esprit de contradiction nous porte fréquemment à dire
les plus grosses absurdités, tout en croyant que nous faisons valoir des arguments tout à fait décisifs et dignes d'enlever tous les suffrages. Dans l'o-
pinion de l'adversaire qui rapporte le cas, le cerveau est l'organe de la raison;
ce cerveau, suivant lui, est *un* et *simple*. Eh bien, après cela, il admet
qu'une grande partie latérale de l'encéphale se trouve lésée ou détruite, sans
que cette circonstance empêche la manifestation de la raison, et que cette
lésion ou destruction partielle du cerveau n'a produit qu'un plus grand appétit, phénomène qui, suivant lui, doit être provenu de l'estomac.

Dans les principes phrénologiques, ce cas est très-naturel, très-simple et
très-explicable; en dehors de ces principes, il présente, comme vous l'avez
vu, mille absurdités et inconséquences. Quelle que soit la lésion que nous
supposions exister dans la région squameuse supérieure antérieure, nous
ne trouverons directement compromis que les organes de l'acquisivité, de la
constructivité et de l'alimentivité, la région antérieure ou intellectuelle
pouvant, dans la plupart des cas, rester complétement intacte, comme cela
eut lieu chez le jeune Mexicain. Les facultés de l'acquisivité et de la constructivité, les seules dans lesquelles pouvait se manifester quelque désordre dans
le cas dont il s'agit, pouvaient à peine être observées, qu'elles s'exerçassent
soit dans leur intégrité, soit dans leur altération, par un homme qui n'imaginait même pas l'existence de semblables facultés. L'alimentivité, quand
même elle n'eût été ni directement ni indirectement lésée, pouvait se trou-

ver irritée, et l'effet naturel de cette irritation est de nous faire sentir un appétit désordonné. De sorte que ce cas, qui atteste l'inconséquence de celui qui le rapporte, loin d'ébranler la phrénologie, ne fait que l'appuyer et la rehausser, en montrant quel puissant concours cette science peut prêter à la médecine pour le traitement de cas analogues.

Il en est de même de tous les autres cas de ce genre qui ont été observés jusqu'ici. Il en est de remarquables, que la science connaît déjà, et dont Andrew Combe a rendu compte; mais je désire néanmoins vous les communiquer, afin que vous ne vous laissiez jamais ni alarmer ni effrayer, quand vous entendrez nos adversaires attaquer les règles phrénologiques en leur opposant les exceptions; exceptions qui, d'ailleurs, appuient et confirment la RÈGLE, ainsi que je l'ai précédemment établi dans une autre leçon.

La *Revue d'Edimbourg* (num. 48) et les *Mémoires de Manchester* (tom. IV) citent beaucoup de cas cérébraux du genre de ceux qui nous occupent : on les y rapporte pour les faire militer contre la phrénologie; mais il serait impossible d'en trouver d'autres qui confirment mieux la vérité de ses principes, ou qui manifestent plus clairement l'utilité de ses applications à la médecine. Dans ces publications, suivant Andrew Combe [1], que je cite comme étant, en médecine, une autorité universellement respectée, on dit que M. Earle rapporte le cas d'un homme qui conserva *toute sa raison* jusqu'à quelques heures avant sa mort, quoiqu'un abcès ou une tumeur occupât le tiers de l'*hémisphère droit* du cerveau. M. Abernethy a vu un homme qui vécut deux ans *avec toutes ses facultés*, quoiqu'il eût une cavité large de deux pouces et longue d'un pouce dans l'hémisphère droit. Un autre jouissait pleinement de toute sa raison, tandis qu'un abcès ou une tumeur avait envahi l'hémisphère gauche. Sir John Pringle [2] a trouvé un abcès ou tumeur de la grosseur d'un œuf dans l'hémisphère droit d'un malade, *qui n'avait jamais déliré ni manifesté le moindre manque de raison;* et chez un autre *qui avait pu se dominer assez pour faire des réponses suivies aux questions qu'on lui adressait,* il trouva dans le cervelet un abcès ou tumeur aussi grand qu'un œuf de pigeon. Le docteur Ferriar dit que le docteur Hunter trouva la totalité de l'hémisphère droit détruite par la suppuration chez un homme qui conserva toutes ses facultés jusqu'à ses derniers moments. Un des malades de Wepfer ne montrait aucun *manque de raisonnement*, quoiqu'il eût dans l'hémisphère droit un *kyste* (espèce de vessie ou de petit sac plein de sérosités ou d'autres concrétions), de la grosseur d'un œuf de poule. Dismerbroek a vu un jeune homme à qui une épée avait pénétré dans l'œil et avait traversé le ventricule droit jusqu'à la suture sagittale ou bipariétale. Pendant dix jours *il alla très-bien et conserva l'usage de toute sa raison et des mouvements volontaires ou de l'entendement;* ce temps passé, il succomba à la fièvre.

[1] George Combe, *Système de phrénologie*, dans la Réfutation II des objections faites contre la phrénologie, à la fin du volume.
[2] *Maladies de l'armée*, p. 250.

Comme plusieurs d'entre vous n'ont peut-être jamais vu un cerveau à l'intérieur, et ne pourraient par conséquent pas se former une idée de ce que l'on entend par *ventricule*, j'ai cru utile de vous présenter cette figure.

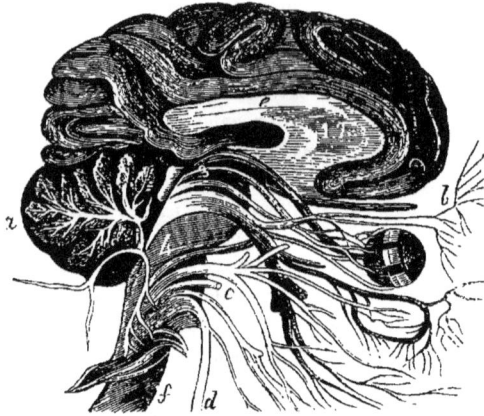

Vous y remarquez l'aspect que présente le centre des circonvolutions, le cerveau étant coupé verticalement par le milieu de l'un des hémisphères. Le cervelet est indiqué par la lettre *a*; la lettre *f* désigne la moelle allongée, et la lettre *e* le corps calleux; les numéros 1, 2, 3, 4 marquent les *cavités* ou *ventricules*, dont il y a huit principaux, quatre dans chaque hémisphère. On appelle *latéraux*, l'un à droite, l'autre à gauche, les ventricules 1 et 2, qui sont les plus importants; le n° 3, *troisième* ventricule; et le n° 4, *quatrième* ventricule. Au dedans de ces cavités ou ventricules suinte constamment des substances qui les entourent un fluide séreux, clair et transparent, qui, dans l'état de santé, est absorbé au moment même où il se forme et où il apparaît. Si l'absorption n'a pas lieu, l'hydrocéphalie se déclare, cette maladie dont je vous ai exposé plusieurs cas dans la onzième leçon. Les autres lettres désignent les nerfs qui servent de communication entre le cerveau et les sens extérieurs. La lettre *b* désigne le nerf olfactif; la lettre *c*, l'auditif; la lettre *d*, le gustatif ou *glosso-pharyngien*, tous ayant leurs ramifications; je vous en parlerai, du reste, encore, quand j'appellerai votre attention sur les facultés perceptives.

Maintenant que vous connaissez les cavités ou ventricules du cerveau, dont il y a quatre principaux dans chaque hémisphère, marquées par les numéros 1, 2, 3, 4, nous continuerons l'exposition de divers cas de lésion cérébrale. Jusqu'ici, comme vous l'avez remarqué vous-mêmes, toutes les lésions que je vous ai rapportées s'expliquent parfaitement par le principe de la dualité du cerveau, et par le fait que la partie antérieure ou intellectuelle s'est trouvée intacte.

Petit [1] a vu un soldat qui, ayant reçu un coup de feu dans le lobe posté-

Cerveau coupé verticalement.

[1] Il faut remarquer que tous les auteurs que je nomme sont des anatomistes célèbres qui ont publié de bonne foi leurs observations, que d'autres ensuite ou qu'eux-mêmes ont fait valoir contre la phrénologie. Quant à Petit, on peut consulter les *Mémoires de l'Académie*, année 1748.

rieur *gauche* du cervelet et dans le lobe postérieur gauche du cerveau [1], sur-vécut quarante-trois heures à sa blessure et conserva toutes ses facultés jusqu'au dernier moment. Une autre personne que Quesnay a mentionnée et que Bagieu a vue, avait reçu une balle de bas en haut à travers le lobe antérieur *droit*, qui ne présenta aucun symptôme grave jusqu'au douzième jour, et qui se rétablit ultérieurement. Outre ces cas, le même auteur en mentionne trois autres, dans lesquels une balle, la pointe d'une épée et un fragment de couteau restèrent logés dans le cerveau pendant plusieurs an-nées, sans y produire *aucun désordre*. Genga nous parle d'un homme qui, à la suite d'un coup sur les os occipital et pariétal *gauches*, perdit une por-tion du cerveau de la grandeur d'un œuf de pigeon et qui néanmoins se rétablit. Petit vit une personne qui conservait sa raison, avec un *corps strié* [2] qui s'était converti en une matière semblable à de la lie de vin, et un côté du cerveau entièrement paralysé. Valsara a vu un vieillard qui n'avait point perdu la raison, et qui cependant avait, à l'origine du nerf optique *droit*, un abcès ou tumeur qui s'étendait jusqu'à la surface du cerveau. La *Revue* parle aussi d'une dame qui éprouva pendant quinze jours une affection à la tête, et qui tomba dans un tel état de torpeur, que bientôt la mort survint. « La veille de sa mort, elle sortit pour un moment de sa léthargie, dit la *Revue, et alors elle recouvra l'usage de tous ses sens.* L'hémisphère gauche du cervelet s'était décomposé par la suppuration.

On rapporte ensuite un cas presque analogue, tiré d'un ouvrage de la Peyronie, et dans lequel la raison ne fut point non plus affaiblie. Le docteur Tyson fait mention d'un cas dans lequel l'hémisphère gauche du cervelet se trouva gangrené, et le lobe sphéroïde, ou postérieur central du même côté, grossi et endurci. Il y avait deux mois que le malade souffrait, et, pendant tout ce temps-là, *il avait conservé la raison*. Dans les *Mémoires de l'Aca-démie française* (1703) on fait connaître un cas de lésion grave, qui *n'influa en rien sur les facultés intellectuelles*. Le chevalier Colbert fut atteint à la tempe d'une pierre qui lui brisa l'os qui forme la partie postérieure de l'or-bite et du sphénoïde. On trouva la partie inférieure du lobe moyen du cer-veau jusqu'au cervelet toute meurtrie, et une partie en état de suppuration. Il vécut sept jours, « conserva tout son jugement, et montra jusqu'à la mort une étonnante sérénité d'âme. »

Un des cas les plus remarquables est celui qui s'est présenté parmi les

---

[1] « On donne en général le nom de *cerveau* (célebro) à toute la masse molle qui remplit la cavité du crâne ; mais, comme cette masse se compose de trois parties principales qu'il convient de distinguer, nous appelons *cerveau* (cerébro) la partie intérieure et supérieure, *cervelet* la partie inférieure et postérieure, et *moelle allongée* la partie inférieure et médiane. » Bonells i Lacaba, *Anatomie du corps humain*, t. IV, p. 2 et 5 (Madrid, 1799). D'après le Dictionnaire de l'Académie, il paraît aussi permis d'employer le mot *cerveau* (cerébro) pour désigner toute la masse encéphalique. Néanmoins, dans ces leçons, j'em-ploie le mot *cerveau* (cerébro) pour désigner expressément les deux hémisphères céré-braux, à l'exclusion du cervelet et de la moelle allongée.

[2] Les corps striés ou cannelés sont deux éminences obliquement situées au bas des ventricules, où les nerfs olfactifs semblent prendre leur origine.

malades de Billot; il a été rapporté dans les *Mémoires de l'Académie française* (1774), et cité par la *Revue d'Édimbourg* et le docteur Ferriar dans les *Mémoires de Manchester*. Un enfant de six ans reçut au milieu du front une balle qui lui traversa la tête jusqu'à l'occiput. Il survécut dix-huit jours; il perdit journellement une portion de substance cérébrale de la grosseur d'une noix muscade, et continua à aller *tout à fait bien* jusqu'à quelques heures avant de mourir. La portion de substance cérébrale qui lui resta dans le crâne était à peine plus grosse qu'un petit œuf. — Il importe de faire observer que ni la *Revue* ni le docteur Ferriar n'ont vu la relation du docteur Billot, puisque la première ne cite le cas que comme reproduit par la Peyronie, et le second, que comme reproduit par Planque. « Or, dès que ni le rédacteur de la *Revue* ni le docteur Ferriar n'ont vu la relation originale, dit avec beaucoup d'à-propos Andrew Combe, je ne puis savoir si elle a été copiée exactement. » Ce que je puis, moi, vous assurer, c'est que ce cas est loin d'avoir l'authenticité que son importance mérite dans la relation originale du docteur Billot, de laquelle il résulte que le *tout à fait* était une léthargie précurseur de la mort. Y a-t-il rien d'aussi absurde que de supposer que l'on puisse parfaitement penser et sentir avec un reste de cerveau malade? Et voilà cependant à quoi conduit cette habitude de faire des citations trop légèrement et par esprit de contradiction! Outre les cas ci-dessus rapportés, la *Revue* en mentionne trois d'hydrocéphalie interne, desquels elle conclut que la raison peut se conserver même après la destruction totale du cerveau. Quelle monstrueuse absurdité !

Un grand nombre des cas cités par la *Revue d'Édimbourg* sont extraits des articles insérés par le docteur Ferriar dans les *Mémoires de Manchester* (t. IV). Le docteur Andrew Combe rend compte des plus importants que la *Revue* a omis; ce sont ceux que je vais maintenant soumettre à vos réflexions.

Diemerbroek (*Mémoires de l'Académie française*, 1741) cite un cas qu'il a pris dans Lindanus. Un malade reçut une blessure à l'un des ventricules latéraux, continua à vaquer à toutes ses affaires pendant quatorze jours et mourut. Son chirurgien lui introduisait tous les jours la sonde dans le ventricule malade, sans produire aucune sensation.

Le même Diemerbroek dit qu'il a vu une femme qui avait perdu une portion de substance cérébrale de la grosseur du poing, à la suite d'une fracture au *côté droit*. Elle vécut trente-six jours sans donner aucun signe d'aliénation mentale, quoiqu'elle eût le côté opposé tout paralysé.

La Peyronie cite le cas d'un homme qui présenta pendant plus de dix ans des symptômes d'hypocondrie, et dont les facultés ne parurent jamais affectées, quoique le quatrième ventricule fût dans un état morbide. Une jeune fille mourut après quatre mois d'une violente *arthrite* (maladie qui se déclare dans la goutte), avec des symptômes évidents d'oppression au cerveau, et cependant, quoiqu'elle eût le cerveau empâté et plein de matières séreuses, elle conserva toutes ses facultés intellectuelles.

Le docteur Ferriar termine en citant ce qu'Ambroise Paré considère comme un cas extraordinaire, mais qui mérite, suivant lui, toute créance, comme appuyé sur une autorité aussi imposante que celle du duc de Guise : « Ce prince reçut un coup de lance dans la tête; le fer entra *par-dessous* l'œil droit, près du nez, et sortit par le cou entre l'oreille et les deux vertèbres; ainsi logé *dans le cerveau*, il n'en fut extrait qu'avec beaucoup de difficulté, et le patient se rétablit. »

« Dans les vingt-neuf cas de ce genre cités par divers auteurs, dit Andrew Combe, il y en a dix-huit qui se rapportent à des lésions d'un seul côté ou hémisphère, et n'offrent, par conséquent, pas même matière à réflexion, puisque, quand même on admettrait qu'aucune faculté n'ait cessé de se manifester, les organes sains du côté opposé restent pour expliquer comment les fonctions cérébrales continuaient à s'exercer. Cinq de ces cas se rapportent spécialement à des lésions ou infirmités du cervelet ou du quatrième ventricule. Or ces parties n'ont pas la moindre connexion immédiate avec la manifestation de l'exercice des facultés *intellectuelles*, les seules dont il est question. Dans trois autres cas le cerveau *entier* était sain et l'altération n'était qu'apparente. » Vient enfin le cas transcendental, ce cas, dans lequel presque tout le cerveau disparut. Mais, comme ce cas, loin d'être prouvé, loin de présenter le moindre caractère d'authenticité, permet seulement de voir dans le *tout à fait bien* dont on a parlé une léthargie précurseur de la mort, que le rédacteur de la *Revue* et le docteur Ferriar, dans leurs aveugles préjugés contre la phrénologie, ont interprétée dans le sens d'*un usage complet de la raison*, le docteur Andrew Combe, dont l'autorité dans ces matières d'anatomie, de physiologie et de pathologie cérébrales vaut, à elle seule, plus que chacune des opinions particulières et plus que toutes les opinions réunies de tous ceux qui ont attaqué la phrénologie sur ce terrain, s'exprime ainsi sur ce sujet :

« Si *un seul cas* de cette nature pouvait être prouvé d'une manière incontestable, non-seulement il saperait par sa base tout l'édifice phrénologique, mais il épargnerait encore beaucoup de temps et beaucoup de travail inutilement consacrés à la découverte des fonctions d'une partie du corps humain, qui, s'il fallait s'en rapporter au récit ci-dessus, ne saurait avoir aucune fonction. » Le fait est qu'un pareil récit répugne à la raison et outrage le sens commun. Y a-t-il par hasard quelqu'un qui soit disposé à souffrir qu'on dise que nous pouvons exercer complétement nos facultés intellectuelles avec un fragment de tête malade; respirer librement avec un reste de poumon lésé; marcher parfaitement avec un insignifiant débris de jambe; voir avec une petite partie d'œil malade?

Une autre absurdité de la *Revue*, c'est de supposer que les facultés continuèrent à se manifester librement après que le cerveau eût été entièrement détruit par l'invasion de matières séreuses. Que l'eau puisse se répandre dans toute la tête, quand elle n'occupe d'abord que les ventricules et les anfractuosités, c'est là un fait dont je vous ai moi-même donné une preuve irrécusable dans la onzième leçon. C'est précisément la vue d'une femme hydrocéphale de plus de quarante ans, jouissant complétement de ses facultés, qui suggéra à Gall l'idée que les circonvolutions devaient avoir une structure toute différente de celle qu'on leur supposait, comme je vous l'ai rapporté dans cette onzième leçon. « Quand on nous cite des cas si extraordinaires, dit le célèbre médecin Andrew Combe, nous avons bien le droit, avant d'y ajouter foi, de demander et d'exiger des preuves incontestables, surtout depuis que les dernières découvertes de Gall et de Spurzheim sur la structure du cerveau ont démontré combien sont trompeuses les apparences qui feraient croire que cet important viscère manque. » Mais quelles preuves pourra-t-on jamais présenter sur un fait qui, s'il pouvait être confirmé, détruirait tous les éléments par lesquels se maintient l'union du monde moral et du monde matériel, dont le mystérieux enchaînement est admis par la religion, par la philosophie et par le sens commun du genre humain ?

Quoique le cas du duc de Guise, que le docteur Ferriar appelle fort extraordinaire, se trouve compris dans les dix-huit cas de lésions survenues dans un seul côté ou hémisphère cérébral, Andrew Combe a voulu l'examiner avec l'attention scrupuleuse d'un philosophe consciencieux, afin de montrer la légèreté et l'irréflexion avec lesquelles on rapporte de pareils cas.

On a dit que la lance entra par-dessous l'œil droit, près du nez, et sortit par le cou, entre l'oreille et les vertèbres. Le fer resta logé dans le cerveau, et on ne l'en retira qu'avec beaucoup de difficulté ; mais la blessure finit par se guérir complétement. On ne dit rien de l'état des facultés. Le docteur Ferriar *suppose* que dans ce cas la base du *cerveau* doit avoir été grièvement atteinte ou lésée.

« Qu'il me soit néanmoins permis de croire, dit Combe, que le cerveau ne fut point atteint, et, ce qui est plus fort, qu'il ne put point être atteint. Je laisserai examiner au premier venu, soit en cas de vie, soit en cas de mort, la direction d'une blessure semblable, et il adhérera aussitôt à mon opinion, en s'expliquant facilement la difficulté qu'on a éprouvée à extraire le morceau de lance. Comme j'avais lu dans le *Traité des maladies chirurgicales* de Boyer que la lance avait pénétré au-dessus de l'œil, je me procurai l'original de l'ouvrage d'Ambroise Paré, et je vis qu'en effet le docteur Ferriar a raison de dire que la lance pénétra par-dessous l'œil. Mais Paré *ne dit pas un seul mot du cerveau ni des facultés* ; il dit seulement : « La lance pénétra si avant, qu'il fallut employer le forceps pour l'extraire. La violence du coup avait été si grande, que l'extraction ne put se faire *sans fracturer les os, sans tordre et briser les nerfs, les veines, les artères, et d'autres parties* ; néanmoins par la grâce divine le noble prince se guérit. » (P. 253, liv. X.) Mais, si le docteur Ferriar ne fait pas mention de l'état des facultés, je me rappelle avoir lu dans un historien français que le duc supporta l'opération avec beaucoup de courage, et que ses facultés parurent ne souffrir aucune altération. La citation que je viens de faire explique complétement ce fait, puisqu'elle prouve que, la blessure ayant été faite au-dessous du cerveau, il n'en fut aucunement affecté. Dans le cas du chevalier Colbert, le docteur Ferriar dit aussi : « L'œil fut meurtri, et son globe s'enfonça dans l'intérieur; » erreur qui peut peut-être s'expliquer par la relation obscure de Duverney, auteur de l'ouvrage original, puisque, en fait, la pierre atteignit l'os temporal, et non directement l'œil.

Jusqu'ici, messieurs, vous avez vu que tous les cas de lésions du cerveau n'ayant pas nui à la manifestation des facultés dont on a cherché à se prévaloir ont servi à affermir la base, les principes et les doctrines phrénologiques. Quant aux cas où l'on prétend que l'homme a pensé avec une tête mutilée ou avec un cerveau entièrement détruit, chose dont le simple énoncé blesse le sens commun, loin qu'on les prouve par des données incontestables ou qu'on les appuie sur des autorités dignes de foi, on ne se fonde que sur des ouï-dire qui ont passé par plusieurs bouches.

Portons notre attention sur un genre de phénomènes céphaliques et encéphaliques tout contraire, et voyons les cas où un coup sur la tête, une lésion dans la tête, ont produit un changement de caractère. George Combe, frère de celui que je viens de citer, a recueilli quelques cas de ce genre, qui démontrent jusqu'à la dernière évidence combien sont futiles, insignifiants et même absurdes, tous les arguments et tous les faits dénaturés que l'on allègue pour attaquer le principe incontestable qui établit que le cerveau est l'organe direct de l'âme.

Un coup, une lésion quelconque, suffisent quelquefois pour affecter de telle sorte l'action du cerveau, que l'on voit des intelligences qui, jusqu'alors, n'avaient été que médiocres et même nulles, se développer d'une manière étonnante. D'autres fois, de doux et aimable, le caractère est devenu irascible; et, dans de nombreux cas, la lésion a eu pour effet de baisser le ton du cerveau au lieu de le hausser, et a tué ainsi de grands talents.

Gall nous rappelle le cas rapporté par Hildano, d'un enfant de dix ans dont le crâne se déprima accidentellement vers le dedans. On ne fit rien pour guérir cette lésion. Cet enfant, qui avait donné jusqu'alors les plus grandes espérances, devint stupide et mourut à l'âge de quarante ans. Il cite un autre cas analogue, celui d'un adulte dont la vivacité intellectuelle disparut à la suite d'une maladie cérébrale accompagnée de fièvre. L'aéronaute Blanchard eut le malheur de tomber sur la tête, et, dès ce moment, ses facultés mentales parurent visiblement affaiblies; après sa mort, Gall trouva son cerveau dans un état morbide. — Une dame de grand mérite tombe et reçoit une blessure à la partie postérieure de la tête; dès ce moment elle fut sujette à des accès périodiques de folie, et elle perdit peu à peu sa brillante imagination. — Un homme que Gall vit à Pforzheim, dans le grand-duché de Baden, s'était fracturé l'os frontal à l'âge de six ans : depuis, il fut sujet à des accès périodiques de frénésie. — Une partie du crâne d'un autre individu qui demeurait à Weib, près de Stuttgard, fut enfoncée par une pierre dont elle fut atteinte. Avant cet accident, il passait pour être pacifique ; mais, après sa guérison, ses amis virent avec surprise que son caractère avait entièrement changé, et qu'il était devenu très-querelleur. Gall a conservé son crâne ; il est épais et compacte, et cette circonstance prouve combien son cerveau avait dû être affecté. — Le Père Mabillon était, dans sa jeunesse, d'une capacité si bornée, qu'à l'âge de dix-huit ans il savait à peine lire, écrire, et même parler. Une chute rendit la trépanation indispensable. Pendant sa convalescence, un exemplaire d'Euclide lui tomba par hasard entre les mains, et il fit les progrès les plus rapides dans les mathématiques. — Gall cite aussi l'exemple d'un jeune homme qui, jusqu'à l'âge de treize ans, resta niais et presque stupide ; il tomba du haut d'un escalier, reçut une blessure à la tête, et, après sa guérison, continua ses études avec succès. Un changement de caractère se produisit aussi chez ce jeune homme. Avant cet accident, sa conduite était irréprochable ; mais ensuite elle devint si mauvaise, qu'elle lui fit perdre une place importante et qu'il finit par la prison. — (Gall, *ouv. cit.*, t. II.)

Grétry dit de lui-même, dans ses *Mémoires*, qu'il dut son génie musical au choc violent d'une poutre qui lui tomba sur la tête. — Haller parle d'un idiot qui, ayant reçu une blessure grave à la tête, montra quelque intelligence tant qu'il en souffrit, et retomba dans sa stupidité au moment où sa guérison fut complète. — (Gall, *ouv. cit.*, t. Ier.)

Caldwell cite un ouvrier de près de Lexington, dans le Kentucky (États-Unis de l'Amérique du Nord), dont les facultés mentales se développèrent considérablement après une affection inflammatoire qui lui survint au cerveau à la suite d'un coup de machine qu'il avait reçu. Un changement analogue, ajoute-t-il, eut lieu chez l'un des fils du docteur Priestly. Il s'était fracturé le crâne en tombant d'une fenêtre d'un second étage, et cette chute ne contribua pas peu à augmenter son intelligence. C'est au docteur Priestly lui-même que je dois la communication de ce fait. — (*Éléments de Phrénologie*, 2e édit., p. 92 et 93.)

Acrel trépana un jeune homme qui avait reçu une grave lésion à l'os temporal. Après sa guérison, il se sentit une si forte inclination au vol, qu'elle lui fit commettre des actes qui le conduisirent à la prison ; Acrel parvint à l'en tirer en les présentant comme des effets de la lésion qu'il avait reçue. C'est ce que rapporte Gall (*ouv. cit.*, p. 450), dont la magnifique collection, aujourd'hui déposée au Jardin des Plantes de Paris, renferme le moule de la tête de l'un des parents de ce jeune homme : son cerveau fut blessé par la chute d'une tuile. Avant cet accident, il était pacifique et de mœurs douces ; mais après il devint fantasque, querelleur et sujet à se mettre en colère à la moindre contradiction. (*Ouv. cit.*, t. Ier, p. 450.)

M. Hood, de Kilmarnoch, a publié divers cas analogues. Un homme tomba par surprise dans un piége qu'on lui avait tendu à dessein ; il se donna un si violent coup à la tête contre les dents d'un instrument qu'on y avait placé, qu'elles pénétrèrent à une grande profondeur dans le cerveau, là où réside et a son siége l'organe gauche de la précautivité ou de la circonspection : à la suite de cet accident, il manifesta toujours une timidité extraordinaire. — Un autre individu se fractura le crâne en tombant d'une diligence; la lésion s'étendit aux organes de la destructivité et de la combativité, et son caractère devint de plus en plus irritable. (*Journal phrénologique*, t. II, p. 75 et suivantes.)

Il y a, messieurs, beaucoup de cas incontestables de ce genre que l'on pourrait rapporter, et plusieurs n'auront pas manqué de parvenir à votre connaissance. On ne sait guère comment s'opèrent et se produisent de semblables changements; mais, toutes les fois que l'on a pu constater d'une manière certaine que la lésion a atteint un ou plusieurs organes déterminés, l'affection survenue a toujours été en rapport avec la faculté ou les facultés correspondantes. Quand je me trouvais à Olot, dans les premiers jours de septembre 1844, faisant un cours de leçons de phrénologie, le pharmacien D. José Torá me raconta qu'une jeune fille de dix-sept ans se voyait tomber la figure en pièces chaque fois qu'elle se regardait dans un miroir, sans qu'elle se souvînt de rien qui pût avoir donné naissance à une si étrange hallucination. Dans toute sa vie, elle n'avait reçu, croyait-elle, qu'un coup à côté de la racine du nez, précisément à l'endroit où a son siége la configurativité. — Quand je me trouvais à Baltimore, dans le Maryland, un ecclésiastique de Boston (dans le Massachusets) subit la trépanation dans la région où réside l'inférioritivité ou la vénération, et non-seulement l'opération lui fit recouvrer l'intelligence, qu'il avait en partie perdue, mais depuis il se montra toujours plus éloquent et plus onctueux dans ses discours. — Un médecin célèbre, professeur à cette université (Barcelone), peu disposé à croire à la phrénologie, quand je fis pour la première fois retentir sa voix en Espagne, au mois de mars 1843, dans le cours de leçons que je donnai à l'hôpital de cette ville, me fit lire quelques années après la description d'un cas arrivé tout récemment en Italie et analogue à celui que je viens de rapporter.

Remarquez, messieurs, que quand on a allégué des cas de lésion, de blessure ou de maladie cérébrale, sans qu'il soit survenu, à entendre ceux qui les ont observés, aucune affection dans les *facultés mentales*, la phrénologie a expliqué ces cas d'une manière claire, satisfaisante, catégorique, et y a puisé des preuves à l'appui de la vérité de ses principes et de ses doctrines. S'il y en a eu quelqu'un, si complétement absurde, qu'il porte en lui-même le sceau de sa propre réfutation, on a bientôt vu qu'il manquait d'authenticité, de constatation; sans autre fondement qu'un *on me l'a dit*, sans autre appui que le témoignage d'un copiste qui en avait cité un autre. Quant à la plupart des lésions, blessures ou affections cérébrales, de quelque nature, genre ou espèce qu'elles aient été, elles ont toujours correspondu aux phénomènes mentaux qu'elles déterminaient; de sorte que, si, par exception, l'on a vu une personne stupide devenir tout à coup perspicace, ou une personne intelligente devenir niaise, ce phénomène exceptionnel a toujours correspondu à une cause également exceptionnelle, conformément à ce que j'ai dit dans ma quatorzième leçon, en ces termes : « Si des conditions irrégulières produisent d'analogues résultats irréguliers, les effets réguliers n'en restent que plus fermement établis comme règle générale. »

Toutefois il est beaucoup de phénomènes que, dans l'état actuel de la science, on peut déjà expliquer comme des cas réguliers, et que l'ignorance met en avant comme des faits qui détruisent la science. On a allégué un grand nombre de semblables faits contre la phrénologie, uniquement parce qu'on ne savait pas que la nature a formé deux hémisphères cérébraux unis par une peau ou membrane falciforme, en guise de feuille de parchemin, qui les assemble, et fait de ce *dualisme* un tout individuel appelé cerveau ou encéphale. De même, nous voyons certaines personnes qui, parce qu'elles ne savent pas non plus que les organes cérébraux sont sujets, comme les autres organes du corps, à perdre leurs forces et leur vigueur par la vieillesse, par une continuelle inaction ou par une excessive activité trop prolongée, citent des cas par lesquels elles appuient, elles rehaussent et font ressortir l'utilité de la phrénologie, tandis qu'elles ne cherchent qu'à la miner, à la rabaisser, à la discréditer.

Maintenant, messieurs, que vous avez eu occasion de vous convaincre que les lésions, les blessures et les maladies du cerveau, alléguées pour renverser la phrénologie, sont autant de faits qui viennent l'étayer et la soutenir, occupons-nous des crânes exceptionnels au moyen desquels on a prétendu miner les fondements de cette science, gloire du dix-neuvième siècle et consolation de l'humanité.

Je dois vous répéter ce que je vous ai déjà dit relativement au crâne dans la quatorzième leçon, pages 215-216.

« Le crâne est une boîte osseuse, qui se compose de deux tables : l'une, intérieure, plus compacte, et l'autre, extérieure, moins compacte, et d'une enveloppe osseuse et spongieuse, appelée diploé, qui sépare les deux tables. La surface extérieure du crâne correspond presque exactement à la surface intérieure, sauf quelques légères exceptions, que je vais marquer. Quand il n'y a point un parallélisme parfait entre les deux surfaces, la différence se borne à un *dixième* ou à un *huitième* de pouce. En outre, les téguments ou enveloppes du crâne sont si égaux en épaisseur, et si adhérents à sa surface, qu'ils indiquent sa véritable configuration. Rien ne s'oppose, en général, à ce que l'on reconnaisse la forme du cerveau par la forme extérieure du crâne ou de la tête.

« Le crâne normal est très-mince dans la partie des tables où se trouve creusée l'orbite qui contient le globe de l'œil, dans la partie squameuse des os temporaux ; il est épais aux sutures des os frontal et occipital ; mais, comme cela arrive constamment, il n'y a à cet égard aucune difficulté.

« A propos des objections que l'on a tirées contre la phrénologie de l'état du sinus frontal, Broussais dit : « Les conséquences que l'on a voulu déduire « de la proéminence de ce sinus chez quelques individus n'ont aucune « portée. Le sinus ne se développe qu'avec l'âge. D'autre part, M. Dumou-

« tier nous fait observer que si l'on tire une ligne à partir du point de l'os
« frontal où commence la saillie du sinus, en la dirigeant en bas jusqu'à ce
« qu'elle atteigne le sourcil, on laissera au-dessus et en dehors de cette ligne
« la saillie ou l'éminence du sinus. » (*Cours de phrénologie*, p. 115.)

Je dois vous rappeler que ce sont là des principes admis et enseignés par
tous les anatomistes du monde qui méritent ce nom ; ce sont là des principes admis et enseignés dans tous les ouvrages, dans toutes les écoles et dans
toutes les universités médicales de l'univers ; ce sont là des principes que se
forme naturellement et spontanément celui qui visite un cimetière ou un
musée phrénologique quelconque ; ce sont là des principes qu'a admis et
enseigné le géant de cette partie de la science, l'immortel Caldwell, dans
son ouvrage intitulé : *Parallélisme des tables*, où il démontre par des
preuves incontestables que l'épaisseur moyenne des crânes sains est d'un
dixième de pouce, ou d'un peu plus d'une ligne, en ajoutant que dans la
partie des tables où se trouve l'orbite, et dans la partie squameuse des os
temporaux, cette épaisseur est à peine celle du parchemin ordinaire.

Eh bien, malgré l'expérience de tous les hommes qui ont approfondi
cette matière, un de mes amis, visitant il y a peu de temps, le cabinet anatomique de la Faculté de médecine de Madrid, trouva, en arrivant à la section PATHOLOGIQUE, un homme qu'il dit être occupé depuis plusieurs années
à préparer des os, des crânes et des squelettes entiers pour le cabinet et
pour les études des élèves de l'école. Quand ce digne homme entendit un
de ceux qui accompagnaient mon ami l'appeler phrénologue, il se mêla à
la conversation, et engagea le dialogue suivant, que j'extrais textuellement
de la lettre que m'a écrite cet ami :

« *Le préparateur*. — Vous croyez donc, comme phrénologue, que les proéminences du cerveau, ou les organes, comme vous les appelez, se reconnaissent par la surface extérieure du crâne, car c'est là-dessus que repose
la phrénologie ?

« — Oui, monsieur, je le crois, parce que c'est ainsi qu'on me l'a expliqué.

« — Bien ! Ayez donc la bonté de m'indiquer les proéminences que vous
remarquez dans cette partie de crâne. (Deuxième figure ci-contre.)

« Et, ce disant, il me présenta un crâne dont il me cachait la moitié supérieure de sa main étendue, afin que je ne pusse voir que l'autre moitié.

« — Je trouve ici très-peu de dépressions : le crâne est presque tout uni.

« — Regardez ensuite cet autre côté du crâne, et vous verrez la différence,
et vous vous convaincrez du degré de certitude que peut atteindre la phrénologie ; mais la cranioscopie n'est qu'une extravagance.

« Ce disant, il écarta la main dont il couvrait dans toute sa longueur la
moitié du crâne, et me montra la deuxième figure, dont je vous soumets un
croquis imparfait.

« I. Pièce qui est intacte et naturelle, pour conserver leur force aux sutures
des os frontaux et pariétaux (le n° 1, au bas de l'os occipital, indique le
siége de la générativité).

« II. 2. Parties sciées et amincies jusqu'à faire disparaître toute l'épaisseur de la table extérieure et du diploé, ne laissant à la vue que la surface de la table intérieure. On y apercevait très-facilement les proéminences et les dépressions que présentait le cerveau, et l'on y distinguait bien les organes (le n° 2, derrière l'occipital, indique le siége de la philogéniture).

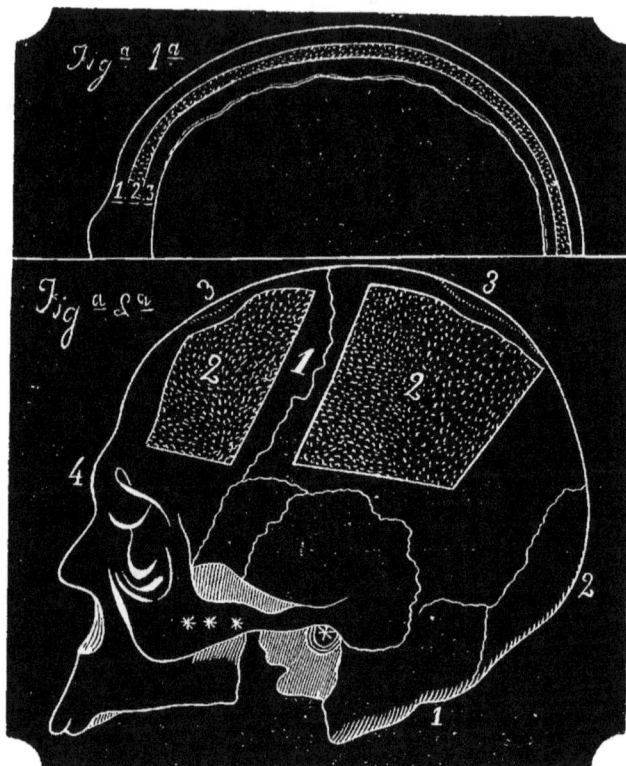

Crânes exceptionnels ou anomaux déposés au cabinet pathologique de l'École de médecine de Madrid (d'après nature).

« — Vous voyez, me dit-il, combien sont ici apparentes les dépressions et les protubérances que le cerveau a imprimées dans la partie inférieure de la table intérieure. Vous voyez qu'elles ne sont déjà plus aussi perceptibles sur la ligne que forme le diploé, et enfin, comme elles disparaissent à la vue et au tact sur la surface de la table extérieure. Pour que la cranioscopie, fondement de la phrénologie, fût certaine, il faudrait qu'ici et là (en me marquant les n⁰ˢ 3 et 3) on remarquât sur la partie extérieure du crâne la dépression ou le creux que vous apercevez sur la table intérieure. Mais il y a plus : ici (au n° 4) il y a un creux, et le cerveau est tout déprimé, et la même particularité se présente dans toute la partie que distinguent les organes phrénologiques, l'individualité, la méditivité, etc. D'où il résulte qu'il n'existe point de pareilles protubérances à l'intérieur.

« Il me montra ensuite un crâne scié en deux dans toute sa longueur (Iʳᵉ figure) et me dit :

« — Dans ce crâne vous voyez parfaitement désignés et divisés la table extérieure 1, le diploé 2 et la table intérieure 3, qui est celle qui repose immédiatement sur les membranes qui enveloppent le cerveau. Ce crâne est uni à l'extérieur, et à l'intérieur vous voyez les proéminences qu'il présente. Pourriez-vous connaitre au dehors ces proéminences du cerveau, c'est-à-dire les organes?

« A tout ce discours qui m'embarrassa quelque peu, je répondis que je n'étais pas capable de réfuter ses objections parce que mes connaissances phrénologiques étaient fort bornées; mais que sans doute tout autre qui en saurait davantage lui répondrait victorieusement.

« La seule chose qu'il me vint à l'esprit de lui dire, ce fut que ce crâne devait être une exception. Mais il m'en présenta dix ou douze pareils, m'assurant que sur les cinq ou six cents crânes qu'il avait préparés il n'en avait pas rencontré un seul dont la partie intérieure correspondit *exactement* à la partie extérieure. »

Examinons, messieurs, la figure nº I. Comme, suivant un dicton populaire, tout instruit, et que l'on peut et doit tirer parti de tout, ce dessin, qui indique une épaisseur ou une grosseur au moins trois fois plus grande que celle d'un crâne normal, peut servir à vous donner une idée exacte de la constitution du crâne lui-même, telle que je vous l'ai déjà expliquée plus haut. Le nº 3 représente la table intérieure; le nº 1, l'extérieure; le nº 2, le diploé ou la substance spongieuse qui sépare les deux tables. La plus grande preuve possible que cette figure représente un crâne d'une épaisseur triple de celle que présentent les crânes normaux, réguliers, c'est que dans ceux-ci on distingue à peine le diploé, tandis que dans celui que représente le dessin il est extraordinairement apparent.

Eh bien, je soutiens que, quand on présente un crâne de cette épaisseur, on peut dire que l'individu qui l'avait était un fou ou un imbécile; on voit au moins que cela arrive dans la proportion qu'a observée Greding, et que j'ai indiquée dans la quatorzième leçon, savoir : quatre-vingt-sept sur cent; vingt-deux sur trente; cent soixante-sept sur deux cent seize; ce qui donne une moyenne d'un peu plus de soixante-quinze pour cent. En examinant les douze crânes très-gros ou très-épais que j'ai eu occasion d'observer, et sur lesquels on m'a demandé mon opinion, j'ai toujours dit : Voilà un crâne d'imbécile, s'il était très-gros sans être très-épais; Voilà un crâne de fou, s'il était très-épais, sans être démesurément gros. Dans tous les cas où l'on a connu l'histoire des sujets, mon opinion a toujours été conforme à cette histoire. Puisque le fragment de crâne représenté dans la figure nº 1 se trouvait déposé dans la salle pathologique, on peut présumer que ce cas rentre dans la règle établie relativement aux crânes dont la grosseur et l'épaisseur sont anomales. Mais, comme on ne me dit rien sur le caractère, les talents ou les dispositions de l'individu auquel il a appartenu, je suspendrai toute observation à cet égard. Néanmoins, tant qu'on ne me démontrera pas le contraire par des preuves authentiques, je regarderai toujours le crâne dont la figure n° 1 représente un fragment comme le crâne d'un imbécile ou d'un fou.

M. le docteur Gomis, homme éminent qui exerce aujourd'hui la médecine avec distinction à Igualada, fut, pendant plusieurs années, préparateur de crânes et de squelettes à l'hôpital général de Barcelone. Il eut la générosité de m'en donner deux, et c'est un présent dont je lui serai à jamais reconnaissant. Ils prouvent d'une manière irrécusable et concluante que le cervelet est le siége de l'amativité, et que la grande épaisseur du crâne indique ordinairement une affection cérébrale qui produit ou la stupidité ou la folie.

De ces deux crânes, l'un est d'une épaisseur normale, l'autre d'une épaisseur tout à fait anomale. A la base de l'os occipital, là où la générativité a son siége, le crâne régulier présente deux cavités dans chacune desquelles on pourrait placer un œuf de pigeon, et le crâne exceptionnel présente une surface unie. Non-seulement le creux intérieur du premier correspond à une protubérance extérieure, et la surface unie de l'intérieur du second à une surface unie de l'extérieur; mais ces signes correspondent encore au caractère que montrèrent et à la conduite que tinrent pendant leur vie les sujets auxquels ils avaient appartenu. Tous deux moururent à l'hôpital général de Barcelone, celui dont le crâne était bien conformé, de la syphilis, et l'autre, d'une maladie hypocondriaque.

Le crâne d'imbécile qui se trouve en la possession du docteur Sanllehi, ostéologue distingué et homœopathe éminent, et dont je vous ai déjà parlé, n'est réduit que dans la région antérieure supérieure; mais, considéré en bloc, il n'est pas petit. En revanche, il est très-épais et assez dense. L'imbécillité ou la folie, qui se manifeste par l'épaisseur anomale du crâne, vient de ce que la table intérieure se creuse, et que la cavité qui en résulte se remplit de diploé. Le crâne de l'imbécile du docteur Sanllehi est précieux, parce que dans sa forme il présente très-développées la fermeté et la circonspection, en d'autres termes la continuativité et la précautivité, facultés qu'on ne laisse pas que de pouvoir reconnaître par l'inspection de la surface externe, comme je l'expliquerai bientôt, malgré l'épaisseur anomale du crâne. Il est aussi précieux, parce qu'au siége de l'alimentivité, organe situé dans la région antérieure de la partie squameuse de l'os temporal, où le crâne est ordinairement mince, il se trouvait épais et dense. Je dis que ce crâne est précieux, parce que toutes les circonstances de sa forme, de son volume, de son épaisseur et de sa densité, correspondent parfaitement au caractère et à la conduite qu'on remarqua chez l'imbécile dont nous parlons, tant qu'il vécut. D'après les rapports de ceux qui l'ont connu de près, il

était entêté et timide, et une particularité qu'ils ont racontée, c'est qu'il
ne voulut jamais manger en compagnie d'autres personnes.

Ayant posé en principe que les crânes très-épais et très-denses sont irréguliers et que cette anomalie est ordinairement un symptôme sûr et un indice certain d'une grave affection cérébrale, je dois appeler votre attention
sur un autre point ou circonstance fort importante dans la phrénologie pathologique. Ce point ou circonstance est que les adversaires de la phrénologie supposent que par organe nous entendons la plus insignifiante dépression sur la surface intérieure du crâne, ou la plus légère crête sur la surface
extérieure. Non, mille fois non : la phrénologie ne s'attache pas à des signes si peu perceptibles ; elle s'attache à des intervalles et à des volumes
d'un autre genre ; elle s'attache à des intervalles d'un ou deux pouces de
différence, à des concavités dans lesquelles on pourrait placer un petit œuf,
et à des bosses qui sont souvent de la grosseur du poing.

Chaque ligne séparative des anfractuosités, chaque ondulation des circonvolutions, qui ne signifient rien, se trouvent fréquemment imprimées sur
la surface interne du crâne, et cela prouve d'une manière irréfragable l'u-
nique donnée dont la phrénologie ait besoin en cette matière, à savoir que
dans les cas normaux la superficie extérieure de tout le cerveau remplit et
occupe entièrement toute la cavité interne du crâne. C'est là l'unique donnée qui soit nécessaire ; c'est là le principe qu'établit l'éminent Elliotson
dans sa *Physiologie humaine*, et que posa surtout, comme base de l'hygiène,
le grand Andrew Combe, dans sa *Physiologie*, quand il dit : « Le cerveau,
l'encéphale ou la cervelle est cette grande masse organisée, qui, enveloppée
dans ses peaux ou membranes, remplit *complétement la cavité du crâne.* »
(Septième édition, page 332.)

Notre antagoniste, le préparateur madrilène, ne s'oppose lui-même pas à
ce principe, puisqu'il reconnaît que les enveloppes du cerveau étaient adhérentes à ces *sinuosités* insignifiantes, qu'il prend pour des organes, et qu'on
remarque sur la première courbe (n° 3, fig. I). Je dis que le préparateur
admet cette adhérence à la surface intérieure de la table interne, et je me
fonde sur ses propres paroles : « Vous voyez dans ce crâne parfaitement marqués et divisés la table extérieure 1, le diploé 3 et la table intérieure, *qui
est celle qui repose immédiatement sur les enveloppes de la substance cérébrale.* »

Ce qu'on remarquait encore ici (fig. I, n° 3), c'étaient diverses ondulations, plus ou moins marquées, qui résultaient de l'état de la table intérieure du crâne. On en suit aisément la ligne sinueuse et serpentineuse.
Toute la partie supérieure de ce fragment ne présente que trois organes,
que vous avez vus fréquemment désignés par les numéros 16, 17 et 18. Ce
fragment, comme vous le remarquez, est hémisphérique ou semi-circulaire ;
il représente la moitié d'un cercle. Voyons si la partie interne, sous la ligne
sinueuse ou serpentineuse, qui décrit la cavité où se trouvait logé le cerveau,
n'est pas aussi hémisphérique ou semi-circulaire. La grandeur des organes

ne dépend pas, comme le supposent ou l'imaginent ceux qui attaquent la phrénologie au moyen de minuties insignifiantes, des petits sinus que forment les tortuosités de cette ligne, mais des distances mesurées de l'orifice auditif jusqu'aux diverses extrémités extérieures du crâne. Ce sont ces distances qui, avec des pouces, et non point des lignes de différence, indiquent la grandeur des organes. Malgré l'épaisseur du crâne, on voit que la même convexité qui forme la table extérieure du crâne forme la surface intérieure du cerveau; c'est la considération de ces *formes générales* qui sert à mesurer les organes, et non point celles de ces lignes, de ces crêtes ou de ces sinus insignifiants.

Nous insistons sur un point qu'il est plus qu'absurde de nier, à savoir, sur ce que la forme générale du cerveau correspond à la forme générale du crâne dans sa partie extérieure; et que la surface intérieure du crâne et la superficie extérieure du cerveau s'ajustent, en règle générale, comme une figure s'ajuste au moule sur lequel elle est formée. Les organes ne sont point les petites raies, inégalités, sinuosités et les autres imperfections insignifiantes qui restent sur la figure quand on la retire du moule; il faut les voir, au contraire, dans le volume général et dans les traits distinctifs qui font l'être et constituent l'individualité spéciale de la figure. Voilà ce qu'ignorait ou ce dont ne tint point compte le préparateur madrilène; et voilà pourquoi, en présence des vérités phrénologiques qui frappaient ses yeux et que lui démontraient, que lui attestaient les cinq ou six cents crânes qu'il avait reconnus et examinés, il en doutait encore, niait ce que la nature lui manifestait d'une manière si éclatante, et faisait partager ses doutes et jusqu'à un certain point son incrédulité à un homme qui a mille et mille preuves que la phrénologie est une doctrine vraie, aussi vraie que deux et deux font quatre. On voit ici que les mêmes cinq ou six cents crânes peuvent fournir, suivant nos connaissances, des preuves contre ou pour la phrénologie. Qu'y a-t-il donc d'étonnant à ce que cette science ait été attaquée par un Vimont, en s'appuyant sur les mêmes faits, dans lesquels, plus instruit, il a trouvé des preuves irrécusables de sa vérité? Grande leçon pour ceux qui croient que leurs yeux atteignent le dernier degré de la vision humaine, ou que leur entendement embrasse tout ce que peut embrasser l'intelligence humaine!

Un crâne anomal très-épais, comme celui que représente le fragment de la première figure que vous voyez, doit contenir une moindre quantité de substance cérébrale que si le crâne était normal et que si, par conséquent, son épaisseur n'était pas de plus d'une ligne, et cette circonstance pourrait induire le phrénologue en erreur plutôt que les bosses et les cavités, les protubérances et les dépressions qui pourraient ne pas s'y trouver; car, quand elles existent, elles sont aussi apparentes et aussi saillantes que les traits du visage dans une statue. Dans ce cas, il n'est point de crâne, dans une condition normale, dans lequel toute protubérance extérieure ait manqué de correspondre à une dépression intérieure, et toute protubérance intérieure à une dépression extérieure. Est-ce que le crâne ne présente point, dans sa partie antérieure, supérieure et postérieure, le même renflement que le cerveau, et le cerveau le même renflement que le crâne? Eh bien, ces renflements plus ou moins grands, qu'il n'est permis qu'à un aveugle de nier, constituent les organes et en indiquent les dimensions. Ainsi toute la tâche des phrénologues est de commencer où leurs adversaires finissent, de partir du point où ils s'arrêtent, de se mettre en route quand ils font halte.

Les antiphrénologues allèguent une foule de cas anomaux (déjà condamnés à l'oubli par Gall, Spurzheim, Caldwell, les frères Combe, Elliotson et cent autres médecins illustres), et ils s'en servent pour chercher à abattre par de vaines et frivoles tentatives l'édifice phrénologique. Pour nous, familiarisé que nous sommes avec ces cas, nous les présentons comme des exceptions qui, dépendant de causes étrangères aux faits qui forment la règle ou constituent le principe normal, servent à confirmer cette règle et à faire briller d'un plus vif éclat la vérité de ce principe. Mais cela ne suffit point. Cela n'aurait pour la phrénologie que la valeur d'un fait passif, d'une preuve négative. Cela ne servirait, s'il n'y avait rien de plus, qu'à démontrer la vérité de la phrénologie, relativement aux faits normaux sur lesquels elle se fonde; mais les cas anomaux ouvriraient toujours le champ à l'équivoque ou à la formation de jugements erronés.

C'est pourquoi la grande étude, l'étude constante des phrénologues, celle à laquelle ils ne doivent jamais se lasser de se livrer, c'est de parvenir à reconnaître, à des signes extérieurs, les conditions anomales intérieures. Tel est le problème : reconnaître à des symptômes visibles, à des indices palpables, les crânes malades ou anomaux. Tout d'abord, le *langage de la nature*, dont je parlerai plus au long en temps et lieu, exprime, en beaucoup de cas, d'une manière claire et manifeste, les effets d'une épaisseur ou d'une densité trop grande du crâne ; car elle donne au visage, miroir de l'âme, quelque chose de stupide ou de hagard. Une tête pleine de crêtes, et d'une contexture rude et grossière, annonce un crâne défectueux, soit à raison de son épaisseur, soit à raison de sa densité, soit à raison de quelques cavités entre les tables, qui indiquent un cerveau peu consistant ou très-lymphatique, sur l'action duquel, en outre, elles influent d'une manière fâcheuse. C'est parmi les crétins de la Catalogne, des Asturies et de la Galice que je suis allé étudier cette spécialité de *craniologie pathologique*, qui depuis m'a beaucoup servi, comme j'aurai l'occasion de vous l'expliquer, pour un cas remarquable que je rencontrai en examinant les détenus dans le préside de Valladolid. Ordinairement les organes cérébraux, quand ils existent réellement, apparaissent sur le crâne sans crêtes, ni pointes, ni arêtes ; ils sont lisses, unis, convexes; autrement, ce ne sont plus que des excroissances osseuses qui ne signifient rien, et servent uniquement à tromper le phrénologue inexpérimenté ou peu instruit. Quant au sinus frontal, qui provient de ce que la table extérieure du crâne s'avance sur la racine du nez, et de ce qu'il s'y forme ainsi une cavité trompeuse, qui reste vide ou s'emplit de diploé, j'ai déjà dit qu'on reconnait jusqu'à ses dimensions, par les règles qu'a tracées le célèbre ostéologue Dumoutier. Quand dans une partie du crâne on trouve comme une espèce de toit pyramidal ou fort incliné, on a, dans beaucoup de cas, découvert un sinus, et l'on ne saurait considérer ce développement comme l'indice d'un développement parallèle du cerveau à l'intérieur. Je ne dis pas que la pratique de ces règles suffit pour faire connaître tous les crânes anomaux; je ne dis pas non plus qu'elles embrassent tous les cas de ce genre qui existent; je veux encore beaucoup moins soutenir que ces cas sont peut-être assez constants pour ne jamais nous tromper. Mon intention est seulement de vous faire comprendre que ces cas de crânes défectueux, considérés par certaines personnes comme une arme si redoutable contre la phrénologie, contribuent à consolider les fondements 'de cette science, et que tous les jours on découvre de nouveaux moyens pour les déterminer avec exactitude et précision, à des signes extérieurs, au moment même où on les observe.

Occupons-nous maintenant, messieurs, du crâne que représente la figure n° II. Par la description qu'en a faite le préparateur et par ce que vous voyez vous-mêmes, il est évident que ce crâne est de tout point anomal, tellement anomal, que, parmi les trois ou quatre mille crânes que j'ai examinés, je n'en ai point vu un seul pareil. On peut seulement en dire que si les cavités marquées par les n° 2,2, se trouvaient dans les deux hémisphères, il est impossible que le sujet manifestât des facultés saines; mais que si elles n'affectaient qu'un côté, alors ces anomalies pouvaient exister, sans qu'on aperçût chez le sujet aucun affaiblissement, aucun désordre dans les facultés mentales. N'ayant pas sous les yeux le crâne même, je ne saurais dire si dans sa partie extérieure il existe quelque signe auquel on pourrait signaler *à priori* l'existence de semblables sinus anomaux. Il va de soi que, tant qu'on ne peut pas se livrer à ce genre de vérification, toutes les fois qu'on rencontre un cas analogue, on est exposé à des erreurs ou à des équivoques. Toutefois je croirais difficilement qu'il n'existât point quelque signe extérieur, car une semblable condition crânienne dénote une aliénation ou une stupidité mentale, qui devait indubitablement se manifester par l'expression de la physionomie ou par le langage de la nature.

. Quant au sinus frontal que le préparateur signale au n° 4 de la deuxième figure, il sert seulement, dans le cas actuel, à prouver que ce digne homme sait fort peu de chose ou ne sait rien en phrénologie; puisque, pour peu qu'il l'eût étudiée, il n'eût point ignoré que Broussais ou Dumoutier, ces éminents craniologues, ont déjà résolu toutes les difficultés relatives au sinus frontal. *Silas Jones* approfondit également ce sujet dans sa *Phrénologie pratique*, que j'ai déjà citée, et il rapporte un grand nombre de cas et d'arguments, qui prouvent évidemment combien il est facile, comme je l'ai déjà avancé, de déterminer à la première vue, dans la plupart des cas, la grandeur du sinus frontal. Du moins, j'ai toujours suivi les règles établies sur ce point, et jusqu'à présent je ne me suis point trompé, que je sache ou que l'on m'ait fait savoir.

Du moment où j'entrepris de propager la phrénologie en Espagne, je compris que j'étais exposé à de graves difficultés et même à des périls imminents, si je ne m'appliquais à l'étude des crânes anomaux, afin de pouvoir les distinguer au moyen de l'observation extérieure; surtout dans les cas où le cerveau a été affecté, sans rester ultérieurement fort lésé, par exemple après une hydrocéphalie qui a disparu. Dans ces cas, j'ai vu ou cru voir sur le crâne des signes ou des traces qui indiquaient la maladie; dans les uns, une certaine mauvaise conformation générale; dans les autres, une certaine rudesse dans la chevelure et dans l'aspect extérieur du crâne; et dans plus d'un cas l'anomalie se révélait par un crâne qui paraissait mou et spongieux. Ainsi, quand j'ai vu, comme à Haro, à Logroño, à Santander et en d'autres lieux, des têtes dont les dimensions étaient d'une grandeur beaucoup plus grande que celle des plus grandes têtes saines que l'on connaisse, je me dis en moi-même : *C'est une tête hydrocéphale*, et j'exprimai mon opinion conséquemment à cette hypothèse. De sorte que, non-seulement la science connaît les cas anomaux qu'on veut tourner contre elle, mais, je le répète, elle est déjà en mesure de connaître *à priori* un grand nombre de ces cas, en déterminant et spécifiant par conséquent la cause de ces anomalies.

Que fussé-je devenu, s'il n'en eût point été ainsi? Que fussé-je devenu, si je n'eusse point possédé ces connaissances? Où en serait la phrénologie en Espagne? où en serait son propagateur? Deux anecdotes, deux seules anecdotes, entre mille autres du même genre que je pourrais vous rapporter, vous feront bien comprendre où j'en serais et où en serait la phrénologie en Espagne.

Je me trouvais à Santander, faisant un cours de leçons de phrénologie, et examinant phrénologiquement, moyennant une rémunération fixée d'avance, la tête des personnes qui se présentaient. C'était le samedi, 10 octobre 1846, à onze heures du matin. Des jeunes gens arrivèrent, accompagnant un individu qui devait être examiné ou reconnu. Il avait une tête énorme, et je le mesurai : du conduit auditif jusqu'à l'organe désigné par le n° 18 (la fermeté), je trouvai huit pouces deux lignes; jusqu'à la suture de l'occiput, six pouces; jusqu'au sinus frontal, sept, et ainsi proportionnellement pour les autres mesures. « Ou tu es plus grand que Napoléon, me dis-je en moi-même, ou tu es à peu près un imbécile. Si tu étais plus grand que Napoléon, le bruit de ta renommée remplirait déjà le monde. Non; tu es hydrocéphale, et ton cerveau se trouve affaibli. Tu n'es qu'un triste sire. »

Ne voulant ni le blesser ni compromettre la phrénologie, je dis :

« Messieurs, mes connaissances ne suffisent pas pour expliquer cette tête.

— Comment donc?.... répondirent-ils tous à la fois.

— Est-ce que ce n'est pas là une tête phrénologique? ajouta l'un d'eux.

Est-ce que ses dimensions n'indiquent pas un génie, un géant intellectuel, un prodige?

— Je vous le répète, répondis-je sèchement, je ne puis pas vous expliquer cette tête...

— Alors, répliqua mon interlocuteur, avouez que tout cela n'est qu'une comédie, qu'il n'y a rien de vrai dans une science si vantée. Ne dit-on pas que la grandeur de la tête dénote la force de l'esprit? Eh bien, voici une grandeur, voici un volume que les yeux voient, que les mains palpent, et cependant vous déclarez que vous ne parviendriez pas à nous les expliquer. Je ne comprends point cela. »

Sur ce, je me persuadai qu'il y avait péril, non-seulement pour ma réputation, mais même pour ma personne, à cause des plaisanteries et des insultes dont j'aurais été bientôt l'objet, et il me fut facile d'apercevoir quelques symptômes des mauvaises dispositions de mes visiteurs.

« Si monsieur le désire, repris-je en m'adressant à celui qu'il s'agissait d'examiner, la phrénologie expliquera sa tête; mais il faudrait qu'il me permit de parler sans détour et aussi nettement que possible.

— Oui, oui, s'écrièrent tous les jeunes gens d'une voix tonnante.

— Pourquoi ne vous le permettrais-je pas? dit le principal personnage de la scène.

— Parce qu'il pourrait arriver que mon avis ne vous fût pas fort agréable, dis-je à mon tour.

— Que m'importe? répondit-il, dites ce qu'il vous plaira et comme il vous plaira. »

Pour lors, celui qui avait d'abord porté la parole dit avec une certaine hésitation et un certain embarras, mais d'une voix forte et d'un air un peu railleur :

« Mais, monsieur, vous avez dit qu'une grande tête est l'indice d'une grande force intellectuelle : pourquoi, maintenant, cette précaution oratoire?

— En phrénologie, répondis-je aussitôt, avec une contenance calme, mais ferme, on ne considère jamais le volume de la tête indépendamment ou abstraction faite de sa qualité.

— Je ne conçois pas cela, répliqua mon adversaire en dissimulant son dépit.

— Moi, je le conçois très-bien, et, attendu que je le conçois, maintenant que je suis autorisé à m'exprimer franchement, je dirai qu'il y a eu ou qu'il y a dans cette tête un épanchement séreux qui a déterminé l'affaiblissement de la substance cérébrale ou du cerveau ; et le volume excessif qu'elle présente est produit par la présence de quelque fluide aqueux ou par quelque cavité vide. »

Un coup de foudre n'aurait pas effrayé plus que mes paroles l'homme à la tête énorme.

« Que suis-je donc? demanda-t-il d'une voix tremblante et d'un air tout inquiet.

— Vous êtes un être à peu près nul. Contentez-vous de suivre une carrière qui exige de l'esprit peu d'exercice et peu d'efforts; suivez bien les règles de l'hygiène, et ne vous engagez pas dans des affaires au-dessus de votre portée. »

Mon opinion répondit tellement à l'opinion de ceux qui avaient accompagné l'hydrocéphale, qu'avec le ton de la plus profonde conviction, ils s'écrièrent tous à la fois et presque machinalement : « Vous avez raison. »

Le fait est qu'indépendamment de son volume anomal, la tête du sujet présentait beaucoup d'aspérités et de cavités, avec une configuration irrégulière, semblable à celle que j'avais remarquée chez beaucoup de crétins, non absolument imbéciles, mais si niais, que leur souvenir seul me permit, sans que je craignisse de me tromper, de prononcer mon jugement. La phrénologie eut, sans conteste, un grand *triomphe*, et son apôtre eut, en même temps, une foule de têtes à reconnaître. Quant au pauvre homme qui avait été examiné le premier, et qui, en faisant des copies dans un humble bureau du gouvernement, occupait un poste qui lui convenait parfaitement, tant à raison de son incapacité qu'à raison de son humeur pacifique, il fut obligé de quitter cette ville à cause des niches que lui faisaient ses propres camarades en se moquant de sa *grande nullité*.

L'autre fait que j'ai à mentionner arriva dans le préside de Valladolid, à propos du cinquième prisonnier que j'examinai. Cet examen eut lieu en présence de plus de cent personnes, toutes notables à raison de leurs dignités, de leurs fonctions, de leur position ou profession, qui accompagnèrent mes auditeurs; c'est à leur demande que je visitai avec elles le préside, en procédant comme je vous l'ai expliqué dans ma quinzième leçon, page 228.

Je tiens beaucoup à soumettre intégralement à vos réflexions le document qui constate cette visite, afin que vous soyez moralement et physiquement convaincus, d'après les jugements que j'ai portés, qu'il m'eût été impossible, en reconnaissant ces crânes, de consulter mon caprice ou ma fantaisie sans m'attacher à des signes évidents, certains et positifs. Je dois aussi vous faire quelques observations sur le cinquième prisonnier, Rafaël Juanez : il présentait un cas difficile et délicat, et, si je ne m'en étais pas heureusement tiré, ma méprise eût pu entraîner pour la phrénologie des conséquences fatales, et m'attirer à moi-même d'amers chagrins. Je considère comme un devoir de conscience et de justice de faire tout ce qui dépend de moi et de mes efforts pour vous donner toute l'instruction possible, afin que vous vous rendiez bien compte des circonstances anomales dont l'ignorance pourrait vous faire tomber dans les erreurs les plus graves et les plus funestes, tandis que ces circonstances nous servent de point de départ pour nos investigations dans certains cas exceptionnels, comme elles sont, pour nos adversaires, le terme où finissent leurs études, leurs recherches et leurs vérifications.

Quand aucun motif plus sérieux ne me porterait à vous expliquer ces cas anomaux, tels que mes observations et mon expérience personnelle me les

ont fait connaitre, je me sentirais pressé de vous communiquer ces explications par le souvenir de ce que mon esprit a souffert toutes les fois que j'ai
eu à fonder sur des faits semblables un jugement phrénologique. Je désire
de toute mon âme vous signaler les écueils contre lesquels vous pourriez
donner et les précipices dans lesquels vous pourriez rouler, afin que vous les
évitiez. Il n'y a que ceux qui se sont trouvés dans des circonstances analogues qui pourront sentir et comprendre ce que mon esprit a souffert durant
le quart d'heure où j'étais à observer et à méditer pour porter un jugement
sur ce cinquième prisonnier. C'était là, pour ma réputation phrénologique
à Valladolid une question de vie ou de mort.

Voici le document qui constate cette visite au préside :

« Le samedi, 24 octobre 1846, à la demande de quelques élèves qui assis-
tent à mon cours, et avec la permission des autorités compétentes, je me
rendis au préside de Saint-Paul, et, après avoir examiné les prisonniers ci-
après nommés, je portai sur chacun d'eux le jugement phrénologique suivant :

« N° 1 Pedro Lopez. — Tête qu'on ne peut pas appeler mauvaise ou incorrigible. Il est très-rusé, très-perspicace; il est enclin à l'escroquerie et au
vol; mais, pour peu que l'on eût soigné son éducation, il eût résisté à ses
inclinations, et, pour peu sévère que soit la discipline à laquelle il est soumis, il se comporte bien. (Bon prisonnier.)

« N° 2. Roberto Cutvert. — Tête également corrigible ; mais il est très-
opiniâtre et très-tenace ; il se fâche et s'irrite facilement ; il est querelleur ;
il a été arrêté pour avoir attaqué les passants, et il a dû commettre plus d'un
vol. Il ne plie pas facilement; s'il obéit. c'est par crainte du châtiment.

« N° 5. Antonio Pimentel. — Homme arrêté dans des circonstances accidentelles. Il a dû être pris dans une querelle; mais ce qui le fait remarquer,
c'est qu'il se repent, qu'il pleure, qu'il se désole. D'un côté, il est humble
et plie facilement; de l'autre, il s'irrite et s'échauffe pour un rien, surtout
avec ses égaux; envers des inférieurs, il serait cruel; envers des supérieurs,
très-timide et même rampant.

« N° 4. Felipe Alonso. — Tête plutôt bonne que mauvaise. Loin d'être
orgueilleux, il désire complaire aux autres; c'est un homme plutôt faible que
criminel ; il a dû être arrêté comme recéleur ou pour quelques filouteries;
dans ce cas, on eût fait très-facilement de lui un homme de bien : son grand
défaut, c'est la facilité avec laquelle il se laisse entraîner par les autres.

« N° 5. Raphaël Juanez. — C'est la tête d'un faussaire, d'un homme qui
sait employer mille ruses et mille roueries. Il s'irrite aussi aisément, et,
quand il a une idée, il ne s'en défait jamais. *C'est un incorrigible* (non,
bien entendu, dans un sens absolu), quel que soit le crime qu'il ait commis,
soit par des manœuvres frauduleuses, soit par la violence.

« N° 6. Antonio Fernandez. — C'est une bonne tête; il y en a beaucoup
de pareilles dans la société. Il est intelligent et actif; il apprend tout avec

facilité. Son crime, s'il est coupable, doit être quelque querelle provoquée par des causes accidentelles. « Mariano Cubí i Soler. »

« D. Gaspar Tenorio, commandant du préside péninsulaire de Valladolid, décoré de plusieurs croix d'honneur pour des faits de guerre, certifie que ce jour, avec la permission préalable du chef politique de cette province, en présence d'un nombre considérable de particuliers, j'ai fait appeler dans un local de cet établissement divers prisonniers indistinctement choisis, lesquels ont été examinés phrénologiquement par D. Mariano Cubí, qui détermina leur caractère avec les détails qu'il a ci-dessus précisés; et les gardiens respectifs, consultés au moment qu'il formulait son opinion, convinrent sans hésiter qu'elle était exacte; les sentences prononcées contre ces hommes ayant ensuite été confrontées, il en résulta que les peines infligées l'avaient été pour les délits que M. Cubí avait attribués à chacun d'eux. En foi de quoi je signe le présent. A Valladolid, le 24 octobre 1846.

« Gaspar Tenorio. »

« Nous, soussignés, ayant eu l'honneur d'assister aux leçons phrénologiques de M. Cubí et à l'examen précédemment mentionné, lequel eut lieu à notre demande, nous avons remarqué avec la satisfaction et l'admiration les plus vives que la description des caractères des prisonniers que ce professeur a faite en quelques minutes et sans le moindre embarras s'accordait exactement avec les principes scientifiques qu'il nous avait enseignés comme avec les témoignages contenus dans les sentences de condamnation que l'on nous a communiquées, et qu'elle a répondu à la conduite que les prisonniers ont tenue postérieurement, suivant le rapport conforme des gardiens de l'établissement. Nous sommes donc extrêmement reconnaissants à notre compatriote M. Cubí des connaissances importantes que nous lui devons, et nous désirons qu'il réussisse dans la haute mission à laquelle il s'est voué, d'introduire une science si nécessaire dans notre patrie, en surmontant les obstacles de tout genre que l'envie, l'erreur et les préjugés ne cessent d'opposer à ses efforts si patriotiques.

« Quoiqu'il ait réduit au nombre de six les leçons dans lesquelles il nous a exposé les principes de la science, elles nous ont suffi pour la comprendre, parce que l'ordre, la méthode, la clarté et la concision avec lesquels il présente ses idées suppléent ce qui autrement exigerait un temps double et de longues méditations.

« Rafaël Reinoso, avocat. — Braulio R. Madroño, avocat. — Claudio Moyano, recteur de l'université littéraire de Valladolid. — Mauricio Fernando Navas. — José Volcasul. — Manuel Reinoso, avocat. — Venancio Moreno, avocat. — Eduardo Vanadáres, propriétaire. — Miguel Zorrilla, avocat. — Juan de Teresa i Nonganau, étudiant. — Calisto Francisco de la Torre, propriétaire. — José Rafo, directeur du canal de Castille et ingénieur des chemins et canaux. — Manuel Parga, étudiant en droit. — Dionisio Martinez.

— Ramon de Cura. — Mariano Perez Minguez. — Manuel Dominguez i Matamoros, *commandant principal du préside du canal de Castille.* — José Hopundo, *commandant de cavalerie.* »

« Valladolid, le 24 octobre 1846. »

A ces signatures, je pourrais ajouter celles qu'apposèrent les élèves de deux cours que j'ouvris ensuite à deux attestations publiques qu'ils me donnèrent, et dont ils m'autorisèrent expressément à faire usage comme du document que je viens de vous lire. Comme il est probable que j'aurai occasion de vous communiquer utilement ces pièces, je m'abstiens de vous présenter d'autres ou plus de signatures que celles qui se trouvent au bas du document précité, et qui ont été apposées au moment même où l'examen a eu lieu. Maintenant que vous connaissez ces détails, je passerai au récit de ce que j'éprouvai quand on me présenta le prisonnier n° 5, c'est-à-dire Rafaël Juanez.

La première chose qui me frappa en lui, ce fut la hauteur et la bonne conformation de sa tête, semblable à celle de Zénon, que je vous ai mise sous les yeux dans la treizième leçon. Les cheveux étaient crépus et assez longs; c'est pourquoi, au premier abord, ils cachaient la configuration réelle de la région supérieure. Je commençai à la reconnaître par le toucher, croyant que j'allais trouver un cas analogue à celui de Séville, dont je vous ai déjà parlé. Quelle fut ma surprise de voir qu'au lieu de se trouver presque imperceptiblement bombée dans toute la partie supérieure, sans protubérances, ni dépressions, ni aspérités, ni signes défavorables, comme il arrive d'ordinaire dans des cas semblables, elle formait un toit roide et pyramidal, avec quelques sinuosités latérales; je remarquai aussi, quant à la conformation générale de la tête, que, déjà grande dans les parties antérieure et postérieure, elle était encore plus développée dans la région squameuse, principalement à l'endroit où ont leur siége l'acquisivité et la stratégitivité (jusqu'ici appelée la sécrétivité).

Toutefois mon attention se fixa sur la partie supérieure. « Sont-ce des « cavités ou est-ce de la substance cérébrale qui se trouvent là-dessous? » me demandais-je. Je me rappelai rapidement tous les cas de cette nature que j'avais rencontrés, et dont quelques-uns ont été allégués contre la phrénologie, comme si un crâne exceptionnel devait être le type de tous les crânes. Après un quart d'heure de réflexion, pendant lequel l'esprit des assistants était en suspens, comme si leur vie ou leur mort eût dépendu de la sentence qu'ils attendaient, j'écrivis ce que vous venez d'entendre. A peine le prisonnier se fut-il retiré, que, suivant mon habitude, je lus mon avis. Je n'en avais pas achevé la lecture, que l'on entendit tout le monde respirer, et que l'on vit se peindre sur beaucoup de visages une expression de plaisir et de satisfaction indicibles.

Quelques-uns de mes auditeurs s'approchèrent et me dirent : « Comment avez-vous pu qualifier ainsi une tête si grande et si bien configurée? »

Pour toute réponse, je priai l'autorité compétente de vouloir bien faire
venir le prisonnier une seconde fois, afin que ces messieurs (en montrant
ceux qui m'avaient interrogé) pussent l'examiner. Il se présenta en effet
sur-le-champ; ils l'examinèrent, et, après que je leur eus minutieusement
expliqué les circonstances exceptionnelles qui m'avaient porté à formuler
l'opinion que je leur avais lue, ils restèrent profondément satisfaits.

Le fait est, comme on me l'avoua ensuite, qu'on s'était fort attaché à
trouver deux têtes d'une grandeur et d'une configuration identiques, ou se
ressemblant beaucoup, et appartenant à des individus qui eussent notoire-
ment des inclinations et des caractères tout différents. Les cinquième et
sixième prisonniers les fournirent. Cette circonstance n'était connue que
de quelques gardiens qui se trouvaient présents, et qui donnèrent les marques les plus vives et les plus bruyantes d'approbation et de surprise. Je fus
porté comme en triomphe jusqu'à ma demeure; je dus ouvrir de nouveaux
cours pour des personnes de distinction, qui me remirent à leur tour des
attestations publiques extrêmement honorables; durant plusieurs jours on
n'entendit plus à Valladolid que citer mon nom et parler de la phrénologie;
et, pour me faire leurs adieux, tous mes auditeurs m'invitèrent à un de ces
somptueux et splendides banquets que l'on n'offre communément qu'aux
hommes publics qui ont mérité et obtenu la reconnaissance générale par
leurs actes de bienfaisance.

Outre les exceptions ou anomalies crâniennes dont j'ai parlé, il en est
d'autres, dont il est fort singulier que le digne préparateur de crânes et de
squelettes de l'École de médecine de Madrid n'ait pas rencontré un seul
cas; elles sont beaucoup plus extraordinaires et plus embarrassantes pour
le phrénologue, tant qu'il n'a pas pu les observer, que toutes celles que
l'on a mentionnées. Je parle de certaines excroissances osseuses, qui viennent à paraître de temps en temps sur la table extérieure, lisses et convexes
au dehors, remplies au dedans d'une espèce de diploé; elles tromperaient
le phrénologue le plus habile, s'il n'en avait jamais vu. Une fois qu'on en a
vu et reconnu, il est facile de les distinguer sur-le-champ.

Ce fut au mois d'août 1842 que je vis le premier cas de ce genre d'anomalies crâniennes, en visitant à Paris la célèbre collection phrénologique de
M. Dumoutier. A mon arrivée, il s'occupait précisément à modeler la tête
d'un jeune homme qui avait plusieurs de ces protubérances purement osseuses, sans que depuis, dans ma longue et vaste pratique de la phrénologie, j'aie rencontré plus d'un cas semblable, et ce cas, si je ne l'avais pas
connu, m'aurait causé d'amers déboires, à raison des circonstances particulières dont je me trouvais entouré. Heureusement, ces irrégularités, lorsqu'elles existent et qu'on sait qu'elles peuvent exister, sont très-faciles à reconnaître; à leur seul aspect, on s'aperçoit aussitôt qu'elles sont une espèce
d'emplâtres ou de plantes parasites, perceptibles à la vue, et beaucoup plus
au toucher. Si ces bosses irrégulières ne signifient rien quand elles sont
remplies de diploé, et si ces mêmes bosses signalent une grande activité

dans quelque faculté mentale quand elles sont déterminées par une quantité correspondante de substance cérébrale subjacente, ce double fait, loin de militer contre la phrénologie, comme ses adversaires s'empresseraient peut-être de le supposer, milite au contraire en faveur, et puissamment en faveur de ses principes fondamentaux.

Au surplus, messieurs, tous ces cas anomaux sont rares, très-rares, et, avec les explications que je viens de vous donner, j'ose me flatter qu'ils ne vous induiront pas en erreur lorsqu'ils se présenteront. Dans ma longue et vaste pratique phrénologique j'ai rencontré très-peu de cas exceptionnels de cette nature. Ordinairement, tous les crânes sont conformes au type général dont je vous ai décrit tout au long les caractères dans cette leçon et dans les leçons précédentes. Afin de vous en donner de nouvelles preuves, si toutefois vous n'en avez pas déjà jusqu'à satiété, j'ai parcouru divers ouvrages d'anatomie, pour mieux savoir moi-même comment on y représente et décrit le crâne normal. Voici un dessin, copié de l'*Atlas complet d'anatomie descriptive du corps humain*, par J. N. Masse. (Madrid, 1850, planche 4.)

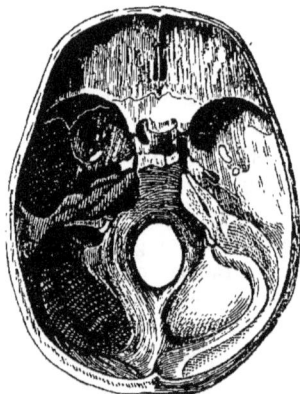

Comme cet ouvrage est hautement recommandé à tous les étudiants en médecine des universités d'Espagne, nous n'avons pas lieu de le supposer peu sûr, contenant des erreurs ou des inexactitudes. Vous voyez vous-mêmes comment se trouvent et sont représentés les bords du crâne. Son épaisseur est presque la même dans toutes ses parties, et elle doit être d'un peu plus d'une ligne, à prendre la

Crâne vu intérieurement par sa base.

moyenne naturelle, telle que l'a établie le grand ostéologue Caldwell. Il n'y a ici ni cavités, ni sinuosités, ni épaisseurs exagérées. Et pourquoi? Parce que l'intention de l'auteur a été de représenter ici le crâne humain, tel qu'il s'observe dans la majorité des cas.

Je vous présente ci-contre un dessin copié du même ouvrage (pl. 86), qu représente un crâne ouvert verticalement par la scissure médiane, c'est-à-dire par le milieu même, où l'on ne voit à l'intérieur que la faux du cerveau qui maintient unis les deux hémisphères, et relie les deux grandes cavités qui existent à sa base. On voit que cette section verticale du cerveau est circonscrite par deux grosses lignes : l'*inférieure* figure la dure-mère ou la membrane adhérente ou collée au cerveau, et la *supérieure* le crâne.

Eh bien, trouve-t-on ici des ondulations, des dépressions, des sinus, des inégalités, ou rien de semblable? C'est impossible. On n'aperçoit ici qu'un crâne dont la surface intérieure s'adapte parfaitement à la surface extérieure de la *dure-mère* qui recouvre le cerveau. Il y a seulement deux sinus insignifiants, désignés le premier par le n° 1, et le second par le n° 2. Le n° 1 marque le sinus frontal, dont on a tant parlé. Ainsi l'on voit que, d'une part, il est insignifiant, et que, d'autre part, quand il ne le serait pas, rien n'est plus facile que de reconnaître sa proéminence au dehors, et la cavité correspondante au dedans, par la protubérance qu'il décrit. Quant au sinus occipital, c'est à peine s'il y a lieu d'en faire mention, sinon pour rappeler ce que j'en ai déjà dit, à savoir : que, comme le crâne est généralement un peu plus épais dans

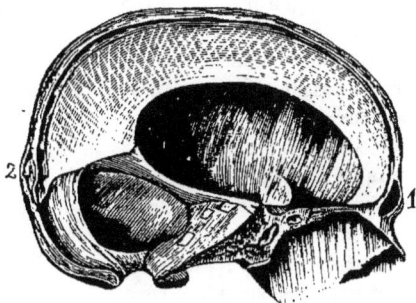

Crâne ouvert dans le milieu par une incision verticale.

cet endroit que dans ses autres parties, il n'offre et ne saurait offrir aucune difficulté pour les calculs phrénologiques qu'il y aurait à faire. Pardonnez-moi, messieurs, si je me suis si longuement étendu sur des faits dont la vérification est si facile; pardonnez-moi, si j'ai tâché de jeter un nouveau jour sur des questions qui en elles-mêmes et par elles-mêmes sont aussi claires que la lumière du soleil. Mais, comme certains hommes, savants ou ignorants, bien ou mal intentionnés, se servent de tant de manières de ces faits, en les dénaturant, de ces questions en les déplaçant, pour faire à la phrénologie soit une guerre ouverte, soit une guerre secrète, il a bien fallu et absolument fallu les signaler comme un de ses plus grands *triomphes*.

LEÇON XVIII

Des changements de caractère et direction des facultés.

Messieurs,

Dans la leçon précédente vous avez eu un vaste champ et une occasion opportune pour observer que les faits et les arguments qui, en apparence, auraient dû renverser la phrénologie et rayer son nom du nombre des sciences, sont les données qui, bien connues et bien analysées, l'éclairent le mieux, la confirment et la rehaussent. L'unique creuset, l'unique pierre de touche, l'unique thermomètre qui permet de savoir si une opinion, un système ou une théorie, mérite le vrai nom de science, c'est qu'elle sorte pure et triomphante de toutes les attaques, de tous les mépris, de toutes les railleries qu'on a dirigés contre elle depuis une série d'années si longue, qu'il n'y a pas d'argument qui n'ait été repoussé, pas de fait qui ne soit devenu une confirmation, pas de dérision qui n'ait servi à tourner en ridicule le railleur. Voilà ce qui, heureusement, est arrivé à la phrénologie; faisant abstraction des glorieuses polémiques qu'à diverses époques les phrénologues qui m'ont précédé ont soutenues, il suffit, pour se convaincre que la phrénologie est sortie victorieuse et pure de toutes les épreuves auxquelles elle a été soumise, de voir les luttes dans lesquelles je me suis vu forcé de m'engager pendant les dix années (1842-1852) que j'ai consacrées à la propagation de cette science mère en Espagne, de cette science origine des autres sciences, de cette science qui, soumettant la raison à la religion, considère l'âme comme une émanation du Créateur, comme un rayon de la lumière céleste, comme une essence libre, spirituelle, éternelle.

La matière sur laquelle doit s'étendre cette leçon apportera une autre preuve, parmi toutes celles qui existent, à la vérité de mon assertion. En effet, les changements subits ou lents du caractère, tant de fois mis en avant contre la vérité de la phrénologie, sont autant de faits qui lui servent d'appui et mettent en évidence son utilité.

Lorsque les changements subits de caractère ne sont pas l'œuvre exclusive de la grâce divine, il est difficile de les expliquer scientifiquement et philosophiquement par un système de philosophie mentale autre que le système phrénologique. Il est difficile d'expliquer, en dehors du cercle de la phrénologie, pourquoi des hommes, aujourd'hui pacifiques, sont guerriers demain, pourquoi, paresseux un jour, ils sont actifs un autre jour, pourquoi ils ont en ce moment un penchant vers ce qui leur répugne ensuite. Cette semaine c'est un objet, l'idole de nos désirs, le but de notre ambition, la fin de notre espérance; quinze jours après, on le hait, on le déteste, on l'abhorre. Beaucoup de personnes commencent leur vie sociale avec des opinions arrêtées; elles souffriraient le martyre pour elles, et elles le souffrent en effet; puis elles changent de sentiment; ce qu'elles ont cru, pendant un temps, devoir conduire au bien particulier et général, elles le regardent aujourd'hui comme absurde, horrible, effrayant, calamiteux.

Ces changements d'opinion, de caractère, de conduite, tantôt subits, tantôt lents, ont été mis en avant contre la théorie de la phrénologie, et beaucoup plus encore contre sa pratique. Mais ce qu'il y a de vrai, c'est que la phrénologie seule peut nous en rendre compte d'une manière certaine et satisfaisante; elle peut également nous donner la raison pourquoi ces changements, dans beaucoup de cas, sont à peu près inévitables.

Pour bien comprendre ce sujet, il y a deux circonstances qu'on doit avoir toujours présentes à l'esprit et dont j'ai fait mention, sous un certain point de vue, dans la leçon XI, pages 142-145, à savoir : 1° [1] notre *libre arbitre*,

---

[2] Voyez la leçon XLVI.

c'est-à-dire le pouvoir que l'intelligence ou la raison ont sur les inclinations, passions, dont l'empire a été expliqué longuement dans les leçons VI, p. 48-55, et XII, p. 160-168; 2° notre inspiration ou *vocation*.

Nous sommes soumis à deux influences, sinon opposées, au moins très-différentes; l'une est un pouvoir direct de céder aux inclinations ou de les vaincre; l'autre est un pouvoir que le libre arbitre peut bien contrarier momentanément, mais qui nous pousse toujours, nous aiguillonne et finit par triompher. Supposez que cette vocation ou inspiration soit d'elle-même et par sa propre nature utile et profitable à l'individu et à la société; si elle se montre mauvaise ou dangereuse, c'est que nous ne lui donnons pas la direction que nous devons lui donner ou que nous ne l'accomplissons pas suivant l'intention pour laquelle le Saint-Esprit nous l'a inspirée. Pour bien comprendre cette direction et cet accomplissement, la phrénologie peut, humainement parlant, nous fournir une lumière intense et resplendissante, lumière qui nous démontre le grand principe qu'il n'y a aucune faculté du bien ni aucune faculté du mal, mais que toutes sont des facultés du *bien* pouvant se changer en facultés du *mal*. Toute faculté, quelle qu'elle soit, produit, dans son *usage*, le *bien*, qui est la fin pour laquelle elle nous a été donnée; seulement, dans son *abus*, chose à laquelle elle est sujette à cause de son imperfection, elle produit le *mal*.

C'est pour ne pas avoir compris ce principe, qui est en harmonie complète avec tout ce que l'homme a de plus sacré et de plus vrai sur la terre; c'est pour ne pas avoir compris que l'âme est un ensemble de facultés modifiables et modifiantes entre elles; c'est pour ne pas avoir compris qu'une même faculté, dans les limites de sa propre juridiction, peut activement se manifester par des actes, par une conduite et par des combinaisons fort différentes et même diamétralement opposées; c'est pour ne pas avoir compris qu'une faculté peut, sans modification aucune de son organe, mais seulement par l'instigation d'une autre ou de plusieurs autres facultés momentanément et tardivement excitées, faire le bien ou le mal, produire le calme ou l'agitation de l'esprit; c'est pour tout cela qu'on a dit mille absurdités sur la phrénologie et qu'on lui a faussement attribué mille tendances pernicieuses. Des volumes entiers ne suffiraient pas pour consigner les fausses suppositions auxquelles a conduit l'ignorance que la phrénologie est fondée sur le principe que l'âme a plusieurs facultés, que ces facultés sont plus ou moins excitables ou réprimables sans que son organe ait à souffrir par lui-même une altération permanente, et que toutes ces facultés peuvent mutuellement se servir entre elles d'aiguillon ou de frein relativement à une action particulière ou à un plan de conduite générale.

On est parti de l'hypothèse, comme je me suis efforcé de vous le démontrer d'une manière précise, claire et étendue, à la fin de la leçon XI et au commencement de la leçon XII, qu'une faculté ne pouvait agir avec plus ou moins d'énergie que par le moyen d'une modification du volume de son organe, et, ce qui est plus erroné encore, qu'une faculté ne pouvait concourir comme élément constitutif d'une action à moins que cette action ne fût de l'ordre que cette faculté, dans sa fonction spéciale et isolée, déterminait. Ceux qui se sont appuyés sur cette hypothèse pour parler contre la phrénologie ignoraient que la destructivité, combinée avec l'action de la justice par exemple, peut conduire à l'excitation, à la perfection, au progrès, résultats bien différents certainement de son but individuel et privé.

Les inclinations morales et animales, celles dont les facultés résident dans les régions supérieure et inférieure de la tête, sont, ainsi que j'aurai de nombreuses occasions de l'expliquer avec détail, aveugles et sans force ni direction sur elles-mêmes; c'est-à-dire qu'elles n'ont point en elles le pouvoir de s'activer ou de se réprimer, ni de se diriger vers une fin autre que la satisfaction du désir unique, isolé et spécial que le Créateur leur a désigné. Elles sont plus ou moins véhémentes, et, lorsqu'elles sont en action elles se trouvent plus ou moins antagonistes, plus ou moins opposées. La plus forte vainc la plus faible et la laisse opprimée, étouffée, sans voix ni action. Ainsi la générosité de la bénévolentivité plus ou moins excitée par des circonstances sur lesquelles elle n'a pas de pouvoir par elle-même réprime naturellement l'orgueil de l'amour-propre blessé. La stratégitivité ou sécrétivité désirerait tromper, mais la crainte qu'inspire la circonspection, et les terreurs de la justice, la vénération, etc., apaisent ce désir, l'anéantissent, l'étouffent.

Si l'homme n'avait que ces facultés, il se distinguerait peu des animaux, car les animaux supérieurs ont aussi des désirs opposés, exclusivement excités par le monde extérieur, se conduisant d'après le plus puissant. Mais l'homme a la raison qui réfléchit, pense, voit des résultats, se détermine, choisit, veut, en dépit et en opposition des motifs quels qu'ils soient, c'est-à-dire un entendement qui non-seulement voit des résultats et a le pouvoir de se forcer lui-même, mais encore de forcer, dominer et diriger les penchants à des usages, à des fins et à des applications déterminés [1].

Ignorant ces données fondamentales de la phrénologie et retranchés derrière l'idée fatale et erronée qu'une faculté ne reçoit ni ne peut recevoir d'autre influence, d'autre modification que celle que peut lui communiquer d'une manière exclusive et isolée le changement physique permanent de son organe, comme je l'ai expliqué dans les leçons XII et XIII, nos adversaires nous disent :

« Si l'on attribue une si grande influence aux organes, puisqu'ils ne peuvent subir une notable altération en si peu de temps, comment expliquer les changements, soit lents, soit instantanés, que nous voyons à chaque pas, tantôt en bien, tantôt en mal? Comment l'homme religieux hier est-il devenu incrédule aujourd'hui? Comment celui qui peu de temps auparavant

---

[1] On trouvera, comme je l'ai souvent répété, depuis la leçon XLV jusqu'à la leçon LV, les importantes découvertes et observations que j'ai faites sur cette faculté suprême et souveraine, nommée *harmonisativité*. Là existe le complément de ce que j'ai dit ci-dessus.
(*Note de l'auteur pour l'édition française.*)

était dévot est-il devenu ensuite un impie qui se moque de tout dogme et de tout culte? Et, au contraire, n'a-t-on pas vu et ne voit-on pas encore des hommes qui, ayant vécu longtemps dans l'incrédulité et le libertinage, changent tout à coup, embrassent la religion, déplorent leurs égarements et mènent, pour les expier peut-être, une vie de pénitence dans la solitude du couvent? Qui osera expliquer ces phénomènes par l'application des doigts sur telle ou telle partie de la tête? » (Bálmes, *Société*, t. I, p. 456-457.)

Un autre antagoniste, écrivain beaucoup moins élevé et d'un style très-inférieur, dit, en attaquant la phrénologie sur ce point :

« Je lui demanderai (à M. Cubi) des explications sur le changement soudain des apôtres, et en particulier sur ceux de saint Paul, de saint Augustin et d'un grand nombre d'autres qui, de niais et de *grands coquins* qu'ils étaient, devinrent instantanément des hommes éclairés, véritablement grands et honnêtes. Que M. Cubi ne perde pas son temps à faire une science de la phrénologie, puisque jamais il ne pourra la baser sur des *principes certains*, et, ne le faisant pas, il ne pourra pas non plus en tirer des *conséquences certaines*, ce qui est indispensable pour en faire une science. » — Borrajo, *A tous ceux qui ont des yeux pour voir et des oreilles pour entendre* (A todos los que tienen ojos para ver i oïdos para oïr), III° leçon.

Ces messieurs ne se sont pas rappelé qu'avant qu'ils fissent de telles attaques, je les avais déjà devancées et réfutées complétement en disant : « La phrénologie nous a enseigné que, tout en réveillant l'action d'un organe ou d'un groupe d'organes, un génie, un talent spécial, un penchant bénévole ou féroce, perfide ou lâche, elle ne détruit pas la possibilité pour les autres organes de la tête de fonctionner, d'être activés, fortifiés, et, produisant une réaction, que le libre arbitre n'obtienne ou ne reprenne son empire[1]. Combien de fois n'avons-nous pas vu un sermon, un conseil court et donné en temps opportun, une circonstance fortuite, conduire le méchant dans le sentier de la vertu, l'homme mondain à la retraite, le traître à l'honneur, l'ivrogne à la sobriété! Qui n'a vu la jeune fille qui, aujourd'hui, ne pense qu'à se parer, à aller au bal et à se divertir, et qui demain, devenue mère, ne peut se séparer de ses enfants ni de ses affaires domestiques? Ne voyons-nous pas, d'un autre côté, des hommes ou des nations aujourd'hui pacifiques, tranquilles, calmes, ne respirer demain que meurtres, assassinats et des horreurs de toute sorte? Eh bien, pourquoi? Parce que les organes, à cause de leur non-usage ou d'autres circonstances, étant assoupis ou mal dirigés, s'excitent tout à coup et obtiennent un véritable triomphe ou un désordre complet. »

Les cas auxquels M. Borrajo fait allusion ne sont pas du domaine de la science; ils appartiennent exclusivement à la juridiction céleste de la grâce. Vous sentez tous combien il est absurde de nier qu'un système soit une

---

[1] Je répète que le lecteur trouvera un traité complet du libre arbitre dans la leçon XLVI.   (*Note de l'auteur pour l'édition française*.)

science parce qu'il ne peut expliquer ce qui est mystérieux ou purement spirituel, ce qui détruirait, si c'était explicable, tout ce que nous vénérons comme miraculeux, tout ce que nous adorons comme matière de foi, tout ce que nous respectons comme étant en dehors de l'ordre naturel. N'est-il pas d'ailleurs *glorieux* pour une doctrine, pour un système, pour une science, de donner au naturel, au philosophique, une explication satisfaisante et en harmonie avec l'inexplicable, le surnaturel, le religieux?

J'ai voulu appeler sur ce sujet votre attention autant de fois et chaque fois avec autant d'extension et de clarté que son importance, à mon avis, le mérite. Si jamais il y a eu un argument plus formidable contre la phrénologie, d'après le sentiment de nos antagonistes, ce sont les changements soudains d'opinion ou de caractère; mais, en réalité, ce sont ceux qui prouvent le mieux l'exactitude de cette science et en proclament le plus l'utilité. Les détracteurs et les contradicteurs disent, dans leur embarras : « La destructivité, par exemple, est l'organe de la faculté qui nous porte à nuire, à maltraiter, à faire souffrir; la faculté se montre toujours en harmonie avec le volume et la qualité cérébrale de l'organe. Donc une destructivité dont le développement en volume est très-grand et dont la qualité constitutive est favorable ou active, doit produire une tendance constante et immuable à nuire et faire du mal au prochain. Une personne ainsi constituée, suivant les principes phrénologiques, doit être constamment et invariablement nuisible et méchante, parce que, bien que l'organe, par le *non-usage continu*, puisse, à force d'années, s'affaiblir, et, par conséquent, diminuer de volume, il ne pourra en aucune manière en tenir lieu, car sa même vigueur et sa force naturelle le maintiendraient toujours en activité sans lui accorder ni trêve ni repos. »

Tout cela est très-vrai; mais ceux qui raisonnent ainsi oublient qu'un organe, comme un couteau, se détériore vite par un *trop grand usage*; ignorent ou ne tiennent pas compte que les lois des antagonismes, de la répression, de la direction, coexistent dans la même tête où se trouve cette *destructivité* féroce et redoutable; elles ignorent ou ne se rappellent pas que, s'il y a une *destructivité* qui nous porte à nuire, il y a aussi la *bénévolenti-vité*, qui lui est supérieure et plus éclairée, et qui nous porte à augmenter les jouissances et à diminuer les souffrances des créatures sensibles, servant ainsi d'antagonisme complet à la faculté destructive. « Et si cette faculté est grande et la faculté bienveillante ou bienfaitrice minime, à quoi servira l'antagonisme bénévole dans une tête violemment poussée à la destruction? pourrait-on peut-être m'objecter. — Oubliez-vous, répondrais-je au contradicteur, que la bienveillance est non-seulement l'antagonisme de la férocité, mais que toutes les autres facultés peuvent l'être également, et former, la raison les guidant, une phalange compacte, ferme, terrible, qui l'anéantit, l'étouffe complétement, ou la domine et la fait concourir à des actes de justice et de bonté? Voilà de quelle manière brillent avec splendeur les *triomphes* de la phrénologie. »

Voici le portrait authentique de notre immortel cardinal frai Jimenez de Cisneros. Comme tous les portraits qui nous ont été transmis de cet homme, éminent politique, sont identiques, je présume qu'ils sont tous ressemblants. Celui que je vous présente et que je présenterai de nouveau plus loin à votre examen, comme type bien prononcé de tempérament *fibreux*, improprement appelé bilieux auparavant, a été copié sur une gravure magnifique publiée comme authentique par l'illustre écrivain de l'Amérique du Nord, Williams Prescott, dans sa célèbre *Histoire des rois catholiques Ferdinand et Isabelle*.

Cette tête et celles que je vous présenterai sont inappréciables pour éclairer et faire comprendre nette-

Frai JIMENEZ DE CISNEROS, régent de Castille, né à Torrelaguna en 1437, mort à Roa en 1517.

ment le sujet qui nous occupe. Les connaissances pratiques que vous avez déjà de la phrénologie vous feront voir d'une manière évidente que cette tête est extraordinairement développée à la région du n° 18, ou celle de la continuitivité ou fermeté. Cette faculté, réunie à ses contiguës, 13 et 19, toutes naturellement actives, forme cette intégrité, cette inflexibilité, cette constance, qui distinguent quelques hommes célèbres et sans lesquelles il n'y a point et il ne peut y avoir de héros.

Ces facultés, excitées par l'intellectualité, firent du grand cardinal Cisneros, comme rédacteur de sa fameuse *Bible*, l'un des littérateurs les plus énergiques et les plus fermes que le monde ait produits ; excitées par la vénération, elles en firent, comme franciscain provincial, l'homme le plus constant, le plus inflexible et le plus décidé de son époque pour l'intérêt et la réforme de l'ordre ; excitées par les devoirs imposés à la régence de Castille, et stimulant l'intellectualité, qui, en Jimenez de Cisneros, était immense, vue de côté, depuis l'oreille jusqu'au milieu de la base du front, elles en firent un des gouvernants qui ont montré le plus de fermeté, d'inflexibilité et de constance dans l'exécution des mesures projetées ; excitées par la combativité et la destructivité, stimulées elles-mêmes à leur tour par la vénération, la merveillosité et l'espérance désagréablement affectées, elles en firent, comme guerrier à la prise d'Oran, l'un des capitaines les plus calmes, les plus in-

trépides et les plus audacieux qui aient jamais commandé une armée; excitées enfin par les devoirs particuliers que lui imposaient les vœux et les
statuts de son ordre, elles en firent, humainement parlant, l'un des religieux les plus austères et les plus abstinents que l'histoire ait cités.

On voit là un individu avec certaines dispositions mentales qui, tout en
étant toujours identiques en elles-mêmes et par elles-mêmes, sont des éléments qui entrent en combinaison dans les actes très-divers de l'esprit. Un
phrénologue, en voyant pour la première fois la tête de Jimenez de Cisneros,
ne dira pas : « Cet homme est un guerrier ou un poëte, un homme d'État
ou un littérateur; » il indiquera seulement les tendances générales de son
caractère et de ses dispositions naturelles, et ne se hasardera pas à signaler
la direction qui leur a été donnée.

Il dira, en parlant de Cisneros : « Cette tête indique un grand empire de
soi-même, beaucoup de fermeté, un pouvoir naturel sur autrui, une pénétration prompte et une vaste compréhension intellectuelle. Quelle que soit
son occupation, elle y portera un grand intérêt; elle ne pourra rien considérer avec indifférence. » Voilà des conditions mentales qui, combinées de
diverses manières et portées à un degré extraordinaire d'activité, produiraient ce qu'on vit se produire dans cet éminent Espagnol.

La phrénologie, par l'examen extérieur de la tête, pourra signaler les ten-
dances, les inclinations et les dispositions dominantes, mais non la direction qu'on a donnée à ces mêmes dispositions, inclinations et tendances, c'est-à-dire l'usage qu'on en a fait.

Voici la tête de Vitellius, empereur romain. Elle a été extraite d'un buste antique, dont Combe, Spurzheim et beaucoup d'autres phréno-logues ont publié des copies exactes. Nous savons que cet homme fut un monstre de vices et de cruauté, qu'il commit les plus gran-des bassesses, les plus grandes faiblesses et les plus grands crimes. Sa vie est, paraît-il, une copie de celles

Vitellius, empereur romain, né en l'an 12 de l'ère
chrétienne, mort en l'an 69 de la même ère.

de Caracalla et de Néron. De même que ces hommes de mémoire exécrable,
Vitellius a une tête assez défectueuse à la région supérieure et très-développée à la région inférieure. Son tempérament lymphatique, dont elle est

un modèle et qui servira, comme telle, d'instruction plus loin, modi-
fiait désavantageusement l'action cérébrale, en l'engourdissant et l'affaiblissant. La biographie de Vitellius démontre que, sous ce rapport, les indications de la phrénologie sont d'accord avec sa vie inactive et gloutonne. C'était
un de ces scélérats dont la froide et stupide férocité se complaisait, sans
émotion ni excitation, dans la vue des souffrances, des malheurs et des dis-
grâces dont il était la cause. « Voici une odeur qui me plaît, » dit-il avec
une impassibilité satisfaite et sauvage, en contemplant un champ couvert de
sang et de membres mutilés, dont les exhalaisons produisaient une fétidité
insupportable.

A l'époque du règne de Vitellius, les empereurs romains étaient proclamés
par des créatures des légions. Séparées en bandes opposées, elles se battaient
pour quelqu'une de leurs créatures, qu'elles voulaient investir ou qu'elles
avaient investie de la dictature et qui, dans l'esprit de chacune d'elles, devait favoriser leurs débauches, leurs désordres et l'indiscipline. Pour dominer et diriger les affaires dans des temps d'une si grande démoralisation,
toujours précurseurs de grandes catastrophes et de funestes cataclysmes, il
était bien peu convenable de choisir une tête comme celle de Vitellius, destinée plutôt à précipiter qu'à empêcher le naufrage universel qui menaçait
de tous côtés. Il n'est donc pas étonnant qu'après six mois d'un règne de
cruautés, d'infamie, de gloutonnerie et d'inactivité, il soit tombé dans les
mains des légions opposées à celles qui le soutenaient, qu'il ait été inhumai-
nement assassiné ensuite, et que son cadavre, devenu la risée et le mépris
de ceux-là mêmes qui peu de jours auparavant applaudissaient ses infamies
et ses orgies, ait été jeté dans le Tibre sans aucune considération.

Un phrénologue, en voyant la tête de Vitellius, ne pourra dire quelle a
été positivement sa vie; mais il dira que ses penchants naturels étaient la
cruauté, la gloutonnerie, l'inertie, et toutes les sortes d'orgies bachiques et de
plaisirs impurs. Un grand malheur, une circonstance fortuite, un cas éven-
tuel, même en admettant une éducation perverse dès son enfance, a pu
néanmoins convaincre son intellectualité que sa conduite était une des plus
exécrables, une des plus criminelles qui puissent dégrader l'espèce humaine.
Cette conviction pouvait réveiller sa crainte et ses affections morales, endormies depuis si longtemps, de manière qu'un changement rapide ou lent dans
sa conduite aurait pu se voir dans un pareil monstre. Souvenons-nous toujours des observations que j'ai faites dans la leçon XI, où j'ai dit que la férocité des lions peut être assoupie, au point de voir ces animaux féroces se
coucher craintifs et soumis aux pieds de leur maître. Il n'est pas pour cela
nécessaire que leur tête change de forme, que leur naturel change de nature, ni qu'on leur accorde des facultés de vénération ou obéissance morale,
ni la connaissance du bien et du mal; il suffit seulement d'affaiblir un peu
leur destructivité et leur combativité, et de donner de la vigueur et de la
force à leur adhésivité.

Il importe beaucoup que vous vous arrêtiez à cette idée, que, pour produire un changement de *conduite*, il n'est pas nécessaire qu'il soit précédé d'un changement de *nature*. La nature sensitive du lion est dans la férocité et la crainte, dans l'aversion et l'amitié, mais elle ne renferme ni la raison ni la conscience. Autant la crainte est capable d'être excitée et de dominer sa férocité, autant son amitié est susceptible de dominer son aversion ; ou, réciproquement, autant s'agrandit la sphère de sa conduite et s'élargit le cercle des variations dont il est susceptible. Aller plus loin, ce serait exiger du lion des faits propres à la nature humaine ; de même que demander à l'homme des choses au delà de sa constitution serait exiger de lui ce que Dieu a donné en apanage aux natures angéliques ou ce qu'il a réservé au pouvoir de sa sainte grâce.

Parce que la conduite de Vitellius eût été différente de ce qu'elle a été, il ne s'ensuit pas, comme le pensent quelques-uns, que sa tête eût dû changer. Il suffisait que sa combativité, sa destructivité, son alimentivité et quelques autres facultés eussent pris une autre *direction*, direction qui, d'ailleurs, était au pouvoir de Vitellius lui-même, comme je l'ai longuement expliqué dans le jugement du tribunal phrénologique sur Thibets et Caracalla, dans la leçon XII. Et voilà justement le nœud de la difficulté, le point de départ de toutes les erreurs de ceux qui jugent la phrénologie sans la comprendre, au moins dans ses rapports avec les changements de caractère ou de conduite.

« Vitellius était cruel, incontinent, immonde, passif ; donc, disent-ils, pour ne pas être cruel, incontinent, immonde, passif, il fallait que sa tête changeât et qu'elle fût devenue, par exemple, comme celle de Christophe Colomb, qui forme avec elle un contraste complet. — Non, monsieur, » voilà la réponse. Un changement de tête semblable serait, en effet, nécessaire si, ce qui est impossible, l'on exigeait de Vitellius qu'il montrât la même activité, la même pénétration, la même grandeur d'âme, le même esprit de découverte que Colomb, mais non si l'on exigeait ce

CHRISTOPHE COLOMB, né vers l'année 1440, mort en 1506.

qui est possible, c'est-à-dire ce qui dépendait du pouvoir, de la combinaison et de la direction des facultés de Vitellius, telles qu'elles se manifestaient d'après son organisation céphalique actuelle.

Entendons-nous, messieurs; pour composer des opéras comme Rossini, ou jouer du violon comme Paganini, il faut avoir les organes de la musique comme ces illustres génies. Pour travailler avec la sublime générosité d'un Eustache, d'un John Howard, il faut avoir l'immense développement de leur bienveillance. Pour écrire comme Shakspeare, l'intelligence humaine la plus

SHAKSPEARE, né en 1564, mort en 1616.

élevée, suivant beaucoup de personnes, il faut le développement considérable que vous remarquez à la région antérieure de ce portrait. L'histoire naturelle ou civile du genre humain ne nous offre pas un exemple, un seul exemple d'un individu qui, nul aujourd'hui pour la musique, fasse demain ni jamais, sans un miracle, des opéras comme Bellini; ni qu'un autre, ignare aujourd'hui en littérature, écrive demain des tragédies comme Shakspeare; ni qu'un troisième, sordidement égoïste aujourd'hui, fasse demain des actes d'une bienveillance pure et sublime, comme frai Luis de Léon. Ce qu'on peut faire dans ces circonstances, c'est de diriger le plus ou moins des talents musicaux et littéraires, de même que les inclinations de sublime bienveillance ou de sauvage destructivité, vers des fins diverses, ou bien de les laisser sans culture, sans excitation.

Pour être aussi destructeur et aussi scélérat que Vitellius, il faut avoir la région morale aussi basse et la région animale aussi volumineuse que ce monstre; mais cela ne veut pas dire qu'il n'eût assez de raison et assez d'in=

telligence pour réprimer l'action de ces organes animaux ou les diriger contre la même perversité qu'ils fomentaient, contre les mêmes abus qu'ils provoquaient, contre les mêmes orgies bachiques et les mêmes gaspillages qu'ils occasionnaient.

Vitellius pouvait ne pas être un scélérat; il aurait pu être justicier, il aurait pu arrêter les abus par une terrible sévérité, diriger ses talents vers une bonne fin et en faire un bon usage. Telle était sa mission, sa vocation; tel était le changement rapide ou lent qu'il pouvait produire dans sa conduite ou dans son caractère; mais jamais, non jamais, il n'eût pu obtenir un changement qui l'eût fait devenir un Marc Aurèle, un Trajan ou un Antonin; pour cela il lui eût été indispensable de naître avec une tête différente.

Vous comprenez maintenant, je l'espère, qu'il peut, en effet, y avoir des changements de *conduite*, d'*opinion*, de *caractère*, mais non des changements de *nature*; des changements de direction des facultés, mais non des changements dans l'essence des facultés; c'est-à-dire que la philoprolétivité ne sera jamais la destructivité, ni l'inférioivité la combativité[1]. De quelque manière que vous envisagiez ce sujet, l'acquisivité, par exemple, ne sera pas moins acquisivité, lorsque criminellement on la portera à voler un voyageur sur une grande route, que lorsque bienveillamment on la portera à spéculer sur la construction d'un chemin de fer ou sur l'exploitation d'une mine.

En parlant des *harmonies* entre les facultés et le monde extérieur, j'expliquerai longuèment comment chacune d'elles en particulier et toutes en général peuvent se rendre un mutuel service et se procurer une utilité réciproque.

Vous comprendrez aussi que, quoique Thibets, Boutillier, Williams, comme *coquins en petit*, et Caracalla, Néron, Vitellius, comme *coquins en grand*, aient eu un caractère et les dispositions les plus fâcheuses et les plus perverses qu'il nous soit donné de concevoir, ils auraient pu être des hommes bons, utiles et vertueux, s'ils avaient seulement bien *combiné* et bien *dirigé* leurs facultés, même avec le degré de développement défavorable qui existait dans leurs organes. Relativement à la *direction* qu'ils auraient pu leur donner, on voit l'influence du *libre arbitre* ou du *motu proprio* intelligent qui réside en nous. Relativement au caractère spécial et aux talents qui déterminent l'aptitude ou spécialité par laquelle un individu se distingue de ses semblables, nous voyons la *vocation* ou impulsions naturelles qui portent une personne à préférer instinctivement une occupation, une carrière, un emploi, un genre de vie. Maintenant, vous comprendrez la vérité de ce que je vous ai répété tant de fois, à savoir: « Que la phrénologie signale les inclinations et ne produit point les nécessités, qu'elle détermine les tendances et ne prédit pas les actions. »

[1] Dans d'autres leçons, j'explique ce sujet avec toute l'extension que son importance mérite.   (*Note de l'auteur pour l'édition française.*)

Il est clair, par conséquent, qu'en voyant la tête de Vitellius, un phrénologue dira : Partie morale petite, partie intellectuelle bien développée, partie animale trop volumineuse. Les penchants naturels de cet homme sont la cruauté, l'incontinence, le débordement. Abandonné à ses impulsions instinctives, il s'adonnera à l'indolence, à la vie passive, aux vices impurs. Si on ne le contient pas et s'il parvient à gouverner une nation à son gré, il pourra devenir un monstre de scélératesse.

Or quel est le phrénologue qui assurera d'une manière absolue, sans manquer à l'honneur, à la religion, à la vérité phrénologique qu'il en fut en effet ainsi, que Vitellius a été réellement ce que ses penchants naturels indiquent? Personne qui sache la phrénologie, qui honore sa mission, qui respecte la vérité, qui ait à cœur ses progrès; personne enfin qui de bonne foi la défende et qui contemple avec un cœur satisfait son immense avenir et ses véritables triomphes.

Est-ce que les facultés doivent être considérées mathématiquement suivant la force de leurs organes? N'y a-t-il pas les excitations externes et les influences internes pour augmenter la force de quelques-unes et débiliter celle des autres? N'y a-t-il pas des moyens dans le même individu lui-même pour déterminer la bonne *direction* qu'il doit donner à ses facultés? Et, s'il se trouve de ces cas si malheureux que la partie morale soit peu développée, la partie intellectuelle tout à fait effacée et la partie animale forte et puissante comme chez *Thibets*, n'y a-t-il pas le LIBRE ARBITRE social au moyen duquel on peut proportionner une sphère d'action avantageuse pour l'individu et utile pour la société, *quel que soit le développement que présente la tête humaine?* Je vous supplie donc, et avec instance, de ne perdre jamais de vue sur ce sujet le jugement du tribunal phrénologique que vous avez entendu dans la leçon XII, et auquel je ne cesserai jamais de me reporter.

Le phrénologue, en voyant le lion se coucher aux pieds de Juan II, le jugera toujours d'après son développement; il dira toujours : « Je vois par la forme de ta tête que tu manques de frein moral, de pouvoir intelligent; que tu es, en somme, une bête féroce dont je dois m'éloigner, si je ne veux supporter les terribles conséquences de ton aveugle férocité naturelle. » La phrénologie ne lui donne pas des signes qui lui indiquent si les organes qui, dans un accès de violence, conduisent à la férocité, ont été, par des circonstances qu'il ignore, bien ou mal combinés et dirigés; il se conduit seulement, quant au lion, suivant le volume et la proportion générale qu'il remarque en lui. Il en est de même relativement à Thibets, à Williams, à Vitellius ou à tout homme qui se présente à lui avec un développement céphalique si défavorable. Sans nier que ces individus peuvent actuellement être utiles à la société, que leurs facultés peuvent avoir eu une bonne direction, que la partie animale peut être assoupie, la partie morale et intellectuelle activée, le phrénologue agira d'après ce qu'il voit, d'après ce que la science lui apprend, et les regardera, phrénologiquement parlant, comme infâmes, méchants, pervers, dangereux, tandis qu'il ne sait pas le contraire par les antécédents. Et même alors le phrénologue saura très-bien que ce genre de têtes doit être constamment sous l'influence d'instigations salutaires, afin que les organes très-développés, origine de leurs inclinations perverses, soient affaiblis, engourdis ou restent dans le bon chemin. C'est pourquoi, sans nier qu'une tête ayant des tendances au vol, à l'escroquerie, à l'assassinat et à toutes sortes de perversités, peut, sous l'influence de la religion et de la science, appliquée à une bonne direction des facultés mentales, se contenir, se bien diriger moralement, le phrénologue n'agira que d'après le développement et la qualité de la tête, jusqu'à ce qu'il soit en possession des antécédents. L'éducation perverse d'Eustache, les mauvais exemples, la direction injuste de ses facultés morales, auraient pu être tels, qu'au lieu de passer à la postérité comme un modèle de bonté sublime, il aurait pu être un exemple de perversité : oui, de perversité, puisque la perversion de son intelligence aurait pu arriver à ce point qu'il eût pris pour *bon* ce qui réellement est *mauvais*.

S'il n'en était pas ainsi, à quoi serviraient l'éducation, la religion et la direction? Cependant le phrénologue, en contemplant la tête d'Eustache, comme celle de notre reine catholique, comme celle de Franklin et autres, dira : « Vous êtes des types naturels d'une grande moralité. »

Je considère la *direction* qu'on donne à nos facultés, et les *combinaisons* qu'on en fait, comme aussi importantes que leur propre existence, car cette direction et ces combinaisons déterminent si elles sont pour le bien ou pour le mal, pour le bonheur ou pour le malheur. *Bonne direction* des facultés, oui, ce sera toujours mon argument; *bonne direction* des facultés sera toujours mon cri, mon cheval de bataille. A quoi servent les talents, le génie, les heureuses dispositions, si, mal dirigés, ils doivent servir au malheur de celui qui les possède, et peut-être au malheur du genre humain?

N'oublions jamais, messieurs, que les mêmes jambes qui vont au *nord* peuvent se diriger vers le *sud*, que les mêmes yeux qui servent à contempler une scène de douleur servent à la contemplation d'une scène de plaisirs, que la même main qui plonge le poignard assassin dans le cœur d'un ami apporte une consolation dans le cœur d'un ennemi. Dans l'un comme dans l'autre cas les mêmes jambes, les mêmes yeux, la même main, ont été mis en action, sans qu'ils aient éprouvé ni variation, ni modification dans leur organisation physique, ni dans la nature de leur constitution. Toute la modification s'est réduite ici à un changement de *direction*.

Ce qui est vrai quant aux sens l'est aussi quant aux organes des facultés mentales. La même destructivité qui, aveuglément dirigée par elle-même dans Thibets, dans Boutillier, dans Williams, commit d'horribles assassinats, dirigée par le désir de faire le bien dans Cisneros, Gall et Colomb, servit à renverser mille obstacles, à vaincre mille difficultés. Cette destructivité qui, dirigée par les passions animales injustes, ou combinée avec elles, remplit toute la France d'horreur et d'épouvante pendant le règne de la Terreur sur la fin du siècle dernier, dirigée par la saine raison et par l'esprit des réformes utiles ou combinée avec eux, extirpe les erreurs fatales, les habitudes funestes, les institutions dangereuses. Cette même destructivité qui, poussée par une vengeance furieuse, mutile horriblement le prochain, dirigée par la bienveillante intention d'un chirurgien habile, ampute un membre et rend la vie, le bonheur peut-être à un triste et malheureux père de famille, le seul soutien de plusieurs créatures humaines. Oui, cette même destructivité qui dans son aveugle frénésie incendie les villes, dévaste les champs, invente des instruments de meurtre, assimile l'homme aux bêtes féroces, combinée à un esprit saint et religieux sert dans frai Luis de Grenade à dépeindre les souffrances que s'attirent les méchants. Cette même destructivité enfin, qui forme un génie dur, dangereux et médisant, dirigée par l'enthousiasme poétique, sert dans Byron à dépeindre d'une manière qui fait frissonner et frémir les malédictions d'Ève contre Caïn.

Ainsi, dans les uns comme dans les autres cas, l'organe mû par la faculté et la faculté qui fait agir l'organe sont les mêmes; il n'y a point, il n'y a eu aucun changement dans l'essence spirituelle de celle-là, ni dans la condition physique de celui-ci; tous deux restent et sont restés comme auparavant; ils ont seulement suivi une *direction* différente, ou, ce qui revient au même, ils sont entrés dans une *combinaison* différente. Le même fleuve qui, grossi par les pluies et abandonné à son cours impétueux, sort de son lit, inonde et ravage toutes les terres par où il passe, saigné à temps et dirigé avec prudence, les féconde et les fertilise. Il en est de même des inclinations, des dispositions, des talents; abandonnés à leurs impulsions instinctives, aveugles, ils peuvent produire le *Mal;* dirigés par la raison ou par l'intelligence bien éclairée, ils produisent le *Bien.*

Pour cette *direction* quelle qu'elle soit, il n'est besoin, je le répète, d'aucun changement, d'aucune modification organique. Un organe augmente ou diminue en volume, sa condition s'améliore ou empire par l'usage continu ou par l'inertie; mais non, pour le moment, par la direction différente qu'il suit, parce que, quelle que soit cette direction, elle ne fait que mettre en mouvement ou en exercice la faculté et son organe ou l'organe et sa faculté, dans l'état et dans la condition où ils se trouvent.

Comprenant, messieurs, comme je m'en aperçois d'après les traits de votre visage, qu'une même tête, une même faculté peut sans modification aucune de volume, ni d'autres conditions de son organe, agir de différentes manières, suivant la direction qu'on leur donne ou la combinaison qu'on forme avec elles, vous saisissez avec la plus grande facilité comment il peut y avoir subitement, instantanément, les plus grands et les plus profonds changements de conduite et même de caractère.

Cette direction doit venir toujours, en dernier résultat, d'une faculté ou d'un ensemble de facultés excitées et tout à fait dominantes qui poussent toutes les autres forces mentales vers un but déterminé. Ce but peut être un résultat de convictions ou sentiments internes, ou être produit par des influences externes.

Un homme peut, sous l'influence d'une espérance ardente, se jeter aujourd'hui dans des spéculations qui, au lieu de réussir aussi bien que son imagination le lui dépeignait, le plongent dans la misère et le malheur, excitent fortement sa *précautivité* ou *circonspection*. De sorte que le même individu qui aujourd'hui, poussé ou dirigé par l'espérance, voit en tout et partout la fortune et le bien-être, poussé ou dirigé demain par la crainte, voit tout incertain, fâcheux et de mauvais augure. Dans un changement si complet, si radical, les organes n'ont point changé, ni n'ont pu être changés. Seulement il y a eu anéantissement d'une faculté par la surexcitation d'une autre faculté, laquelle entraîne les autres avec elle.

« Eh bien, pourra demander un néophyte antagoniste, comment la phrénologie peut-elle, par des signes extérieurs, nous dire quand cet homme est tout espérance ou tout crainte ? — Jamais! » voilà la réponse, car la phrénologie ne prétend pas savoir d'après le développement du crâne quand une faculté est excitée ou assoupie ; son but est de déterminer sa plus petite ou sa plus grande force naturelle comparativement aux autres facultés. En voyant dans une tête les organes de l'espérance et de la crainte également développés, le phrénologue dira : « Ici le moindre coup de fortune lui fera tout voir souriant, tandis que la moindre infortune lui fera tout voir triste et mélancolique. » Sans savoir si au moment où l'on parle l'individu examiné voit tout à travers le prisme de l'espérance ou de la crainte, le phrénologue déterminera, dans ce cas particulier, son caractère, son naturel ou ses tendances naturelles, qui sont tout ce qu'il prétend savoir ou déterminer. Mais, si une faculté est pour le moment très-violente, nous avons alors la physionomie spéciale du visage et le geste particulier du corps, langage naturel des facultés et *partie intégrante* de la phrénologie, qui avec une éloquence muette mais sublime nous révèlent complétement les mouvements actuels de l'âme.

Ce qui est vrai touchant les facultés que je viens de mentionner l'est aussi relativement à toutes les autres. Rappelons-nous toujours que toute faculté, excitée soit spontanément, soit par des influences externes, peut jeter son cri ou lever son étendard, groupant autour d'elle les autres facultés qui agissent sous son inspiration et sous sa direction.

La bénévolentivité, excitée ou dominante, lève son étendard qui crie : Miséricorde ! La justice, excitée ou dominante, lève son étendard qui crie : Justice! La circonspection, excitée et dominante. lève son étendard qui crie : Prenez garde ! La destructivité, excitée et dominante, lève l'étendard qui crie : Extermination ! Autour de ces étendards se groupent ou peuvent se grouper les autres facultés dirigées toutes vers le but qui les unit et les fait mouvoir.

Cet étendard peut se lever tout à coup tantôt de lui-même, tantôt par les efforts de la raison, tantôt par suite d'une influence externe, en apparence insignifiante, et grouper autour de lui toutes les autres facultés qui se retournent contre une autre faculté dominante, en mettant face à face dans une même tète la miséricorde et l'extermination, la probité et l'escroquerie, la foi et le scepticisme. L'une ou l'autre de ces parties opposées peut sortir victorieuse ou triomphante, et nous pouvons voir dans l'individu dont la tête est le champ de bataille un changement radical et complet de conduite ou de manière d'agir avec autant de rapidité qu'on observe un changement de scène dans la représentation d'un drame.

Il est évident qu'il n'y a pas eu et qu'il n'a pu y avoir réduction de volume ni altération de qualité dans l'organe, de même qu'il n'y en a point dans une armée que des forces supérieures, physiques et morales, vainquent et anéantissent. Ainsi, dans cette déroute comme dans cette victoire, dans cette défaite comme dans ce triomphe, il n'y a eu qu'une plus ou moins grande réunion de facultés autour de l'un ou de l'autre étendard. Et, comme cette plus ou moins grande réunion dépend souvent des influences externes, qui sont en nos mains des moyens d'éviter ou d'utiliser les excitations, ou les assoupissements que nous pouvons empêcher ou produire, la phrénologie, en déterminant les objets externes qui se trouvent en harmonie avec les facultés internes pour les activer ou les calmer, pour les réunir ou les séparer, comme je le démontrerai en temps opportun, la phrénologie, dis-je, rend un service éminent à l'*éducation* pour le bien de l'humanité.

S'il n'en était pas ainsi, si les facultés n'étaient pas de leur propre nature susceptibles de s'exciter et de se calmer, de se réunir ou de se séparer suivant les influences externes et internes, l'homme se trouverait constamment sous l'empire et sous la domination exclusive du premier désir qui se réveillerait ou se ferait sentir dans son esprit. Mais, quelle que soit la personne qui dirige sa réflexion ou son мoı vers les opérations de son âme, elle verra souvent qu'à peine un désir violent s'éveille–t–il, la raison ou des désirs antagonistes l'apaisent et il ne donne plus signe de vie; autrement l'homme serait une machine sans pouvoir, sans force d'excitation, ni de répression sur elle-même, supposition qui peut naitre seulement dans l'esprit d'un fou.

Ainsi donc, il est sinon impossible au moins très-difficile de changer *radicalement* une manière certaine et constante d'agir ou une conduite continue, sans déviation aucune, conduite qui est le résultat de la nature et de l'éducation et qui, par conséquent, constitue le caractère ou le naturel proprement dit de l'individu. En cela, comme pour tout le reste, il y a, il est vrai, son plus ou son moins. Supposer que Cisneros pouvait devenir débile, Colomb, timide, Caracalla, généreux, serait presque admettre un miracle; tandis qu'une personne dont les régions intellectuelle, morale et animale sont en équilibre ou développées au même degré, sera, sous une éducation particulière, débile ou ferme, timide ou audacieuse, mesquine ou généreuse, suivant les circonstances du moment. Une personne ainsi constituée n'aura point un caractère fixe et déterminé, et c'est précisément ce que déterminerait la phrénologie en la jugeant d'après le développement extérieur de sa tête.

Autre chose est le changement de conduite qui dépend d'une direction nouvelle donnée à certaines facultés dominantes, autre chose est le changement de conduite qui dépend d'une modification de la force physique des organes; l'un n'est pas difficile et peut être instantané; l'autre est, au contraire, bien moins facile et ne peut être que l'œuvre du temps. Nous avons des preuves certaines, positives et palpables dans le développement extérieur de la tête que les organes qui ont été activement exercés pendant un grand nombre d'années ont acquis un plus grand volume et plus de force naturelle; tandis que ceux qui ont été laissés dans le repos ont diminué. Ainsi donc, quand on parle de changements subits et rapides de caractère ou de naturel, on parle seulement d'une nouvelle direction qu'ont reçue certaines facultés, d'un triomphe qu'ont remporté certaines facultés excitées par des influences externes ou internes, mais nullement de changements fixes et permanents pour lesquels il faut une modification physique antérieure d'un ou de plusieurs organes. Cela n'empêche pas, cependant, comme je l'ai déjà répété plusieurs fois, que sans cette modification il ne puisse y avoir des changements profonds. Aux nombreux éclaircissements que j'ai donnés pour expliquer et confirmer cette vérité, je joindrai très à propos celle que nous fournit la vénération. Cette faculté qui, dans le même degré d'activité et sans modification dans son organe, rend aujourd'hui l'individu *idolâtre* et lui fait adorer les œuvres de ses propres mains, demain, sans l'intervention d'aucun miracle et éclairée par la raison mieux instruite, le porte à détester, à se rappeler avec dédain ce qu'il avait adoré auparavant. Aujourd'hui il abhorre ce que hier il adorait, aujourd'hui il déteste ce que hier il aimait.

De toute manière, supposer que l'homme n'est pas modifiable serait supposer que tous les efforts de la religion et de l'éducation sont inutiles, que toutes les influences de la récompense et du châtiment sont inefficaces, qu'il n'y a point dualisme entre les facultés internes et les objets externes; ce serait enfin supposer une absurdité, une chimère, un rêve de l'imagination. Les mêmes bêtes féroces sont soumises à des antagonismes, à des impulsions, à des répressions; leur férocité n'est-elle pas contenue, déviée, annihilée tantôt par la crainte, tantôt par les caresses?

Pour être homme, il faut qu'il y ait des manifestations de raison et de moralité, ou, ce qui revient au même, une répression et une direction intelligentes; sous ce rapport, le libre arbitre individuel et social peut anéantir la destructivité, la stratégitivité, la combativité ou toute autre faculté qui cherche violemment à se débrider, à s'emporter, à franchir les limites de la sphère de son USAGE et de son OBJET.

Sans le principe que les organes sont susceptibles d'augmenter ou de diminuer, que certains penchants en étouffent d'autres comme une grande douleur en fait taire une moindre, que toutes les facultés peuvent être excitées ou apaisées par les convictions de l'intelligence, que toutes les forces mentales, considérées isolément ou collectivement, sont susceptibles d'une

bonne ou d'une mauvaise direction, comment expliquerions-nous philosophiquement l'existence des vertus capitales contre les péchés capitaux?
Pour annuler la colère qui procède de la destructivité irritée, la raison met
en mouvement et stimule la vénération et les autres facultés qui ont pour
attribut de manifester la *patience*. Pour anéantir l'*envie* qui provient d'un
amour-propre déréglé et de quelque autre faculté, la *raison* met en mouvement directement et indirectement la *bienveillance*, dont le but est de
produire la charité. Sans le principe que les inclinations se répriment et
s'excitent entre elles, comment le soldat ferait-il une brèche à une muraille
environnée de mille dangers? comment le voyageur ferait-il ces découvertes étonnantes dans des terres et des contrées lointaines? comment le
marin s'élancerait-il, intrépide, audacieux et impassible sur ces mers profondes? comment, enfin, l'homme affronterait-il tant de dangers, vaincrait-
il tant de difficultés, renverserait-il tant d'obstacles, pour remporter le
triomphe de la chair et obtenir le domaine de la création dont Dieu l'a fait
roi et seigneur?

LEÇON XIX

Des conditions qui modifient les effets du volume du cerveau.

MESSIEURS,

. Vous êtes convaincus que l'âme possède diverses facultés, que ces facultés
ont empire et direction sur elles-mêmes, se manifestant par le moyen d'autant d'organes cérébraux; vous êtes convaincus que tel sera le volume d'une
région de la tête, telle sera la force et la vigueur de la faculté ou des facultés dont cette région est le siége; nous allons voir quelles sont les circonstances ou conditions qui affectent ou modifient ce volume.
    Beaucoup de personnes ont cru, sans vérifier le fait, que les phrénolo-
gues ne s'occupent ou ne tiennent compte que de la *quantité* et qu'ils
n'apprécient, ni dans un sens ni dans un autre, la *qualité* du cerveau. Elles
ont cru de plus qu'ils font beaucoup moins attention aux conditions qui affectent sensiblement et parfois extraordinairement autant les effets de la
quantité que je vous ai déjà appris à connaître, que les effets de la *qualité*,
qui se reconnaît à l'aide de ce que nous appelons tempérament; j'ai déjà
fait allusion à ces derniers, et je m'en occuperai encore bientôt avec toute
l'extension et toute la clarté qu'exigent la matière et le soin que je me suis
imposé pour vous rendre de vrais phrénologistes théoriques et pratiques.
J'attirerai donc votre attention sur ces circonstances modificatives tant des

effets de la *quantité* que de la qualité céphaliques, effets qui ne doivent jamais passer inaperçus pour évaluer la force naturelle d'un organe. Ces circonstances sont : la *santé*, l'*âge*, l'*éducation* ou l'*exercice*, la *forme générale de la tête* et l'*influence mutuelle des facultés* entre elles.

Relativement à la *santé*, personne n'ignore qu'elle est et qu'elle doit être un élément aussi important que la *quantité* et la qualité, puisque la maladie modifie singulièrement l'existence de l'organe. C'est pourquoi, quand on fait un examen phrénologique, on suppose toujours que l'individu jouit, non-seulement d'une santé générale, mais que son cerveau et son crâne sont tout à fait sains. Comme vous l'avez entendu déjà, les ressources humaines vont tous les jours en s'agrandissant, afin de reconnaître, au moyen de signes extérieurs, les maladies des organes internes ou du cerveau et d'arriver successivement à éviter de plus en plus la possibilité de tomber dans des erreurs et de former des jugements imprudents, incertains.

La santé est une chose si importante, une condition si absolument nécessaire, que personne ne doit voir avec indifférence les lois qui la règlent. L'éducation générale, l'éducation primaire aussi, laisseront toujours un grand vide à remplir tant qu'elles ne comprendront pas les notions principales de la physiologie appliquée à l'hygiène ou conservation de la santé. Pour mon compte, autant que me le permettent les limites de ces leçons et mes connaissances phrénologiques, je ne manquerai pas de traiter ce sujet avec toute l'extension que mérite son importance.

La phrénologie, dans ses applications à la santé, est plus utile et plus transcendantale que ne se l'imaginent peut-être, non-seulement ses ennemis, mais encore ses plus ardents défenseurs. De toute façon, la phrénologie est l'unique science qui jette une vive lumière au moins sur l'hygiène du cerveau, hygiène qui ne le cède en importance et en considération à aucune autre partie du corps humain.

L'*âge* est une des circonstances importantes qui affectent le volume et la qualité du cerveau. Il ne viendra à l'esprit de personne de supposer que deux têtes égales en volume et en qualité ont une force mentale égale, en admettant que l'une jouit de toute la vigueur et de toute la puissance que lui communique la virilité et que l'autre se trouve en décadence et dans la décrépitude que lui apporte la vieillesse. Le cerveau, dans ces cas particuliers, va de pair avec les autres parties de l'organisme; il faut toujours les prendre en considération quand on le juge comme organe de manifestation mentale.

Ceci, cependant, est d'une bien plus grande importance pour deux ou plusieurs têtes comparées entre elles que lorsqu'il s'agit de déterminer la force de manifestation mentale des organes d'une même tête. Dans ce cas, toutes les circonstances, moins le volume, sont ordinairement égales, et la différence qu'on observerait serait un indice évident de la divergence qui existerait entre ses forces respectives. Une tête très-âgée, pour si grand que soit son volume et pour si favorable que soit en apparence sa condition, *radote;* de même qu'une tête très-jeune, pour si développée qu'elle soit et pour si favorables que soient toutes les autres circonstances modificatrices, donne des indices de son jeune âge. Mais comme, pour que l'âge affecte très-sensiblement les effets du volume cérébral, il faut, d'un côté, qu'il soit extrême, et, de l'autre, si en réalité il affecte ce volume, qu'il se fasse comprendre aussi par le langage conventionnel ou par le langage naturel, il ne peut présenter aucune difficulté.

A l'égard de l'*éducation* ou *exercice,* je dois avertir que, quelque grand que soit le volume de la tête, quelque actif que soit le tempérament, sans un exercice modéré mais énergique et bien dirigé, sans « la sueur du front, » jamais nous ne parviendrons à être *grands* en vertus, en littérature, en arts et en sciences. Dans tout le nombre des hommes extraordinaires qui ont illustré leur époque, il n'y en a pas un seul qui n'ait pas rempli la condition indispensable de travailler beaucoup et toujours.

« Un homme faible, » dit l'auteur espagnol de l'*Exposition de la doctrine de Gall,* p. 59-60, « acquiert des forces à l'aide d'exercices successifs, et un Hercule perdrait jusqu'à la faculté de se remuer s'il restait dans une inaction continuelle. De même un talent médiocre s'élèvera au-dessus du commun des hommes par des efforts constants. »

Il est une loi éternelle et céleste qui veut que toutes les parties de l'organisme humain se développent et s'améliorent par un exercice énergique mais modéré[1], et s'affaiblissent ou empirent par l'inactivité. Ainsi de même, si l'on exerce un bras et qu'on laisse l'autre dans l'inertie, le premier augmentera sa force physique naturelle à mesure que le second perdra la sienne de plus en plus, comme il arrive, jusqu'à un certain point, au bras droit et au bras gauche. De la même manière, un organe cérébral, selon qu'il s'exerce ou qu'il cesse de s'exercer, subit une augmentation ou une diminution de force mentale. De nombreuses observations attestent que depuis l'âge de vingt-huit ans le crâne s'est augmenté de plus d'un pouce dans les régions qui ont été exercées avec vigueur, avec énergie pendant quelque temps, ainsi que je vous l'ai déjà dit.

C'est à ce principe, à cette loi fixe et immuable de la nature que l'on doit les prodiges de l'éducation. Un enfant qui a naturellement une tête bien équilibrée sera un homme honnête ou méchant, utile ou inutile, heureux ou malheureux, selon qu'on activera et qu'on fera croître certains organes par l'exercice et par l'éducation ou qu'on en engourdira ou diminuera certains autres par l'inactivité et l'inertie. Le pouvoir que les connaissances phrénologiques donnent à l'homme peut modifier son naturel de telle sorte, qu'un individu d'inclinations naturelles perverses peut, comme je viens de l'ex-

[1] Je dis exercice énergique mais modéré, parce qu'en effet si, d'un côté, la loi naturelle veut que les organes tombent en décadence et arrivent, faute d'exercice, à éteindre leurs forces, elle ne le veut pas moins d'un autre côté pour les organes excités au delà de ce que permet le degré de leur force naturelle et acquise. Or un organe s'affaiblit autant par *faute* que par *excès* d'exercice; donc la devise de tout homme doit être : Tem- « pérance et Harmonie. »

pliquer longuement dans la leçon précédente, arriver à être un homme de bien. Il n'est besoin pour cela que d'activer, de faire croitre par un exercice énergique et bien dirigé les organes de la raison et des sentiments religieux et moraux, et d'endormir, de faire diminuer par l'inertie, les organes des penchants brutaux, tout en donnant en même temps aux facultés une saine direction.

Quelle force et quel développement n'acquiert pas le libre arbitre par une éducation dirigée suivant les principes phrénologiques? Même dans ces cas rares et extraordinaires qui font apparaître sur la terre un monstre à figure humaine, dans lequel les organes de la raison et ceux des sentiments religieux et moraux sont si petits, si faibles, qu'aucun exercice ni aucune éducation ne peuvent ni les augmenter ni leur donner un plus grand développement, la phrénologie nous enseigne le moyen d'éviter les funestes conséquences d'une si malheureuse organisation. Une créature humaine sur laquelle une éducation n'a pu exercer aucune influence est née en démence, et, comme telle, il est du devoir de la société d'en faire l'objet de sa compassion, de sa tendresse et de ses soins, de la mettre dans un lieu où elle ne pourra nuire à personne, de la soumettre en même temps à un exercice, de façon que son organisation soit heureuse en elle-même et utile aux autres.

Entrons maintenant dans la *forme générale de la tête*. Ceux qui n'ont pas l'habitude d'observer ni le volume, ni les formes des différentes têtes qui se présentent à la vue, croient de bonne foi que toutes sont identiques; mais, à peine ont-ils étudié un peu la phrénologie, à peine ont-ils commencé à les examiner avec soin et attention, qu'ils remarquent entre elles une aussi grande différence de volume et de configuration qu'entre les visages eux-mêmes, preuve nouvelle à ajouter à celles qui existent déjà en grand nombre de la vérité de la phrénologie, puisqu'elle est en harmonie avec la divergence de caractères et de talents naturellement observée parmi les hommes.

D'ordinaire, la tête présente, comme vous le savez, une surface externe assez lisse et unie et presque sans dépressions ni saillies. Quoique la phrénologie doive son origine à ces dernières, elles n'existent seulement que lorsque le caractère de la personne qui les offre manifeste un excès d'activité dans certaines facultés et un défaut d'action dans certaines autres. Ce qu'on remarque véritablement, c'est une grande différence dans le volume et dans la configuration générale. Quelques têtes sont proportionnellement très-hautes et d'autres affaissées; celles-ci sont très-longues, celles-là courtes; les unes sont très-étroites, les autres larges. Des observations répétées ont démontré qu'on trouve dans les têtes très-hautes, comme celles de Platon, de Descartes, du nègre Eustache, les circonvolutions de la région supérieure du cerveau très-profondes, et que cette profondeur donne de la vigueur, de l'énergie aux sentiments moraux. On a remarqué aussi qu'une tête allongée est douée d'impétuosité, de force impulsive générale, quoique l'individu paraisse très-calme et très-paisible; si cet allongement porte sur la région supérieure de la tète, il produit, à ce qu'il paraît, une ardeur très-active et très-énergique, quoique concentrée. De semblables têtes possèdent une force de volonté irrésistible; elles s'opposent avec fermeté à l'injustice; ce sont elles qui ont commencé à établir les institutions libérales. Cette conformation particulière de la tête appartient aux Araucaniens, aux Suisses, aux Écossais, aux Biscaïens, aux Calabrais; c'est par elle, comme vous l'avez vu, que le cardinal Jimenez de Cisneros est arrivé à un degré extraordinaire et indubitable de distinction.

Une tête aplatie produit une activité générale destructrice et animale, mais de peu d'énergie et de peu de résistance. Une tête très-large produit une activité générale qui électrise, enthousiasme l'individu, mais de peu de durée, cependant, et susceptible de se décourager par une résistance un peu soutenue. Une tête longue et haute est celle qui produit la meilleure activité mentale générale, une vive énergie, une vigueur soutenue et une impulsion maîtrisée. C'est pour cela que le type de la tête normande domine aujourd'hui les deux nations les plus puissantes et les plus éclairées de l'univers, la France et l'Angleterre. Ainsi donc, en examinant une tête pour déterminer le caractère et les dispositions mentales de la personne à qui elle appartient, il faut examiner avec grand soin, non-seulement les formes de certaines régions particulières, dues au plus ou moins de développement en *volume* de certains organes spéciaux, mais encore sa configuration générale, qui a de l'influence sur la direction propre aux fibres encéphaliques, et produit, relativement aux effets de volume, les modifications générales indiquées. Je terminerai l'explication de ce sujet et je donnerai les éclaircissements complets en parlant de l'examen pratique des têtes [1].

J'ai déjà beaucoup parlé de l'*influence que les facultés ont entre elles* dans l'état de développement où elles se trouvent par suite de leurs organes de manifestation. C'est un principe phrénologique général (j'en ai déjà parlé en diverses occasions) que les facultés mentales s'excitent et se répriment, se stimulent et s'équilibrent mutuellement. Toute faculté est un aiguillon ou un frein pour les autres facultés, d'autant plus ou moins fort que son organe est plus ou moins développé.

L'homme que l'on insulte, s'il a l'amour-propre très-développé, bondit de colère, et, pour peu excitées que soient sa combativité et sa destructivité, elles sont violemment poussées par la faculté irritée. S'il a, en outre, une grande philoprolétivité, la même chose se passera quand on insultera son fils ou qu'en sa présence on fera du mal à toute autre faible créature. S'il a la partie supérieure de la tête très-développée, sa combativité et sa destructivité se réveilleront, soit qu'on commette une injustice, soit qu'on offense ses semblables, soit qu'on manque à ses devoirs religieux. C'est ainsi que, suivant le développement général de la tête, on aura des organes détermi-

---

[1] Dans les leçons LVI et LVII j'ai traité complétement cet intéressant sujet.
(*Note de l'auteur pour l'édition française.*)

nés sous l'influence d'un plus ou moins grand nombre de causes impulsives ou répressives.

Dans une tête grande dans toutes ses régions, un organe quelconque possède plus de force d'action et de répression que le même organe d'égal volume dans une tête moyenne ou petite, parce que, dans celles-ci, il n'y a pas autant de force ni autant de motifs puissants qui l'excitent ou le répriment. Le volume général ou celui de plusieurs régions déterminées de la tête sont une condition d'activité relativement à un organe spécial de la même tête. Pour être, dans toute l'extension du mot, *grand musicien*, par exemple, un grand développement de la tonotivité ne serait qu'un simple élément; il faudrait pour cela une *grande tête*, et particulièrement un grand développement de ces organes qui mettent en évidence les facultés humaines constitutives de la musique. Pour être un grand voleur ou un grand assassin, comme notre Feijoó appelle Alexandre le Grand et Jules César, il faut avoir une grande tête. Cette observation s'applique à toute espèce de *grandeur*. Personne ne méritera justement le titre d'homme *grand* en vertus, en littérature, ni dans la guerre, s'il n'a une grande tête.

Ce que nous avons dit relativement à l'excitation s'applique également à la répression des organes. Une grande générativité peut être réprimée par une grande région morale et intellectuelle, ou excitée par une grande progressivité et une grande sublimité, selon que ces organes sont agréablement ou désagréablement affectés. La bienveillance, irritée par une offense et étant très-développée, peut vivement activer une combativité modérée; elle peut la réprimer, toute grande qu'elle soit, s'il s'agit d'une affection compatissante.

Il suit de là qu'un organe de la tête humaine possède autant de puissance plus ou moins active et répressive que la tête en général est plus ou moins developpée, condition qu'on ne doit jamais perdre de vue lorsqu'on veut se former un jugement sur le caractère et les talents d'une personne à l'aide des signes phrénologiques.

En plus des circonstances modificatrices dont je viens de faire mention, il y en a une dont la manifestation dépend, sans aucun doute, d'une certaine condition physique de l'organe ou des organes qui la révèlent, mais que nous ne connaissons pas : cette circonstance est une PRODIGIEUSE MÉMOIRE[1].

Il est vrai que plus un organe sera grand en volume et plus il sera actif à cause de sa favorable qualité, plus il aura de force de mémoire; mais la condition, quelle qu'elle soit, de laquelle dépend cette mémoire est une qualité inhérente à l'organe que nous ne connaissons point par des signes externes.

Je répète, toutefois, que cette qualité existe dans un organe en aussi

---

[1] Dans la dernière leçon de cet ouvrage le lecteur trouvera un traité complet sur ce sujet.   (*Note de l'auteur pour l'édition française.*)

grande quantité ou à un aussi grand degré que son volume est plus grand et sa qualité complexionnelle meilleure; celle-ci se reconnaît, comme je l'ai dit, par les tempéraments. C'est pour cette raison que le phrénologue partira toujours d'un point fixe et sûr, quand, dans une même tête, il attribuera à une faculté manifestée par un grand organe plus de mémoire qu'à une autre manifestée par un petit organe. Mais, à volume et à qualité complexionnelle égaux, relativement à deux ou plusieurs têtes, il ne saura pas dans laquelle réside ou ne réside pas une plus ou moins grande quantité de mémoire.

Cette qualité devient un élément très-important pour la formation d'un génie musical, mathématique et littéraire de premier ordre. Il n'y a pas de doute que, dans son origine, dans sa base, dans son essence, le génie se manifeste par le grand développement et la bonne qualité constitutionnelle des organes céphaliques, car en eux réside la manifestation de la force d'énergie, de vigueur et de création mentales. Mais, si à ces qualités il ne se joint pas une mémoire extraordinaire, il manquera toujours un élément très-important pour s'élever à la plus grande hauteur que peut atteindre un génie, surtout dans des branches déterminées du savoir humain.

Mon bon ami D. José Augustin Peró, dans une lettre datée du 31 janvier 1846, me disait, relativement au sujet qui nous occupe en ce moment :

« Comme la phrénologie, depuis que j'ai lu votre *système* et mieux encore depuis que je vous ai entendu, est, entre autres choses, ce qui préoccupe le plus mon imagination, ne soyez pas surpris si je vous fais les observations suivantes, que, j'en suis bien sûr, vous aurez déjà prévues. Je me rappelle très-bien avoir lu dans votre ouvrage que le volume de certains organes de la tête de divers sujets est en désaccord avec la force et l'activité de leur prodigieuse mémoire, tel qu'on le voit dans Vito Mangiamele. Puis, je me suis rappelé à cet égard les différentes circonstances qui accompagnent le fluide magnétique, lorsque les fils conducteurs se combinent, tantôt d'une façon, tantôt d'une autre, établissant des courants par le moyen de fils de cuivre en forme de spirale, etc., etc.; et dans tous ces cas les phénomènes sont très-différents. Comme depuis quelque temps je regarde, à ce sujet, le cerveau comme vitalisé par une modification de ce même fluide, je suis convaincu et je ne doute pas que l'ordre et les différentes formes de circonvolution de ses fibres ne constituent une *plus grande ou une plus petite force à volume égal*. En outre, il y a des têtes dans lesquelles, tout en ayant une partie intellectuelle très-développée, les résultats produits sont en désaccord avec ce que l'on pourrait en attendre, alors même que ni la santé, ni le tempérament ne sont défavorables. Puisque les têtes privilégiées se sont également distinguées par le même aspect, je crois analogiquement que cette différence, extrêmement notable, ne dépend que de l'ordre que les fibres peuvent avoir dans deux cerveaux de grandeur égale. Si cela est certain, comme je n'en doute pas, la phrénologie atteindra de plus grandes vérités le jour où elle possédera un homme qui, étudiant ces circonstances, découvrira les lois physiques du fluide magnétique sur le cerveau humain et les moyens de les apprécier par des signes externes. » (Voy. leç. LII à LV.)

Tous les calculateurs, improvisateurs prodigieux. en outre du bon développement et de la bonne qualité complexionnelle des organes mathématiques, ont possédé à un degré véritablement extraordinaire la mémoire. Le si célèbre mathématicien improvisateur Vito Mangiamele avait l'organe du calcul des nombres considérablement développé. A cause de ce développement et de sa bonne qualité complexionnelle, un phrénologue quelconque, en voyant sa tête pour la première fois, aurait dit : *Quel grand calculateur!* Mais il n'aurait pu certifier qu'il avait le don puissant de résoudre de mémoire, et souvent avec la rapidité de l'éclair, les problèmes les plus compliqués. Moi même, en voyant seulement son portrait pour la première fois, chez D. José Roura, notre professeur distingué de chimie, je dis : « Ce jeune homme, quel qu'il soit, a beaucoup de talent pour l'arithmétique. »

La même chose arriva à Gall au sujet de Zerah Colburn, dont nous parlerons bientôt et qui est un autre phénomène pareil à Mangiamele. Colburn, dans les *Mémoires de sa vie*, écrits par lui-même et imprimés en 1833 (citations de Lewis, traducteur anglais des œuvres de Gall, tome V, *nota* à la page 88), dit, page 76 :

« Le docteur Gall, bien connu pour son système de craniologie, se trouvait à l'époque à Paris. Mon tuteur me présenta à lui sans que le docteur eût la moindre connaissance antérieure du caractère de la personne qui le visitait. Sur ma demande il examina mon crâne, et il découvrit de suite sur les côtés externes de mes sourcils, certaines protubérances et particularités qui indiquaient l'existence d'une faculté pour le calcul. »

Gall ne pronostiqua pas, parce que ce n'était pas pour le moment pronosticable par les signes extérieurs, la facilité merveilleuse et presque surhumaine avec laquelle Colburn résolvait de *mémoire* les problèmes d'arithmétique les plus compliqués qu'on lui proposait ; Gall donne même divers exemples de cette facilité. (Ob. cit., tome V, p. 84-86)

D. José Oriol i Bernadet, architecte et professeur de mathématiques dans cette université, auquel Vito Mangiamele, pendant sa résidence à Barcelone en 1840, fit voir plusieurs fois comment il arrivait à résoudre les problèmes difficiles, fut étonné en voyant cette merveilleuse mémoire. Mais il observa en même temps qu'il se servait, dans beaucoup de calculs, des formules connues, et que dans tous ceux où il s'en séparait pour obtenir le résultat, il ne faisait plus que le calcul ordinaire. Des expériences répétées ont prouvé que si ce génie extraordinaire eût connu et qu'il eût toujours employé le mode ordinaire de procéder, il aurait résolu avec une rapidité prodigieuse plusieurs des problèmes qui lui consumaient beaucoup plus de temps que n'en auraient mis quelques calculateurs avec la plume[1]. On re-

[1] M. Oriol et d'autres professeurs de mathématiques parvinrent à résoudre en deux minutes, avec la plume, des problèmes dont la solution en exigea seize à Mangiamele.

marquait que, dans les sommes et les différences, Mangiamele était beaucoup moins prompt et moins exact que dans les multiplications, les divisions, les élévations aux puissances et les extractions de racines ; d'où l'on conclut que, sans sa merveilleuse mémoire numérique, il n'aurait pu apprendre des tables de produits très-considérables, qui, sans aucun doute, lui servaient pour produire les véritables prodiges de mémoire numérique avec lesquels il étonnait le monde. De toute façon, Mangiamele, à ce qu'il paraît, doit à cette mémoire, plutôt qu'à la découverte de certaines lois numériques inconnues, sa facilité extraordinaire et merveilleuse de résoudre de mémoire des problèmes difficiles. Jusqu'à ce moment, les sciences mathématiques ne lui doivent rien.

On dit que ce génie particulier de notre époque a promis un ouvrage dans lequel il fera connaître la découverte de certaines lois mathématiques faciles à apprendre et à appliquer, et qui lui font résoudre les problèmes qu'on lui propose. Cet ouvrage, promis depuis plusieurs années, n'a pas encore paru; et si, comme beaucoup le croient, Mangiamele doit à sa mémoire numérique une grande partie de la solution de ses problèmes, il est à présumer qu'il ne paraîtra pas. Ce qu'il y a de certain, c'est que voilà déjà dix-huit ans que cet ouvrage a dû voir le jour, et on ne sait pourtant rien de lui. Au contraire, on n'a rien entendu dire de Vito Mangiamele, et personne ne s'est souvenu de lui ; il est mort mathématiquement, comme moururent tous les calculateurs improvisés chez lesquels l'action vitale de un, deux ou trois organes se détruit par un *usage excessif*, tandis que les autres organes restent affaiblis par une inertie trop prolongée. Pour éviter ces extrêmes et conserver les talents dont ils sont victimes, l'éducation phrénologique, dont je m'occuperai bientôt, est de la plus haute importance. Maintenant, je dois appeler votre attention sur le portrait de Mangiamele que je vous présente ici.

Vito Mangiamele, peint en 1840, quand il avait dix-neuf ans.

M. le professeur D. José Roura fit faire le portrait du prodigieux mathématicien improvisateur Vito Mangiamele par l'un des meilleurs artistes de

qui aurait pu les résoudre en quelques secondes s'il avait connu les procédés de la science.

Barcelone. C'est de ce portrait, extrêmement exact, au dire de tous ceux qui l'ont connu et ont vu l'original, qu'a été tiré le dessin avec lequel on a reproduit la gravure que vous avez devant vous. Qu'on remarque bien la région indiquée avec le chiffre 32. Non-seulement vous apprendrez avec elle le siège où se trouve la faculté numérique, mais vous vous convaincrez aussi combien son organe est développé chez ce merveilleux calculateur italien. En vous indiquant le siège ou la localisation de cet organe, je ne puis m'empêcher de vous avertir qu'insensiblement, mais très-efficacement, vous avez appris le siège de plusieurs autres, comme ceux des numéros 1, 2, 18, 17 et 16. On peut dire encore que vous avez appris le siège de l'organe de l'individualité, désigné par le chiffre 26 sur la tête de Michel-Ange, leçon XIII, et sur celle de Vito Mangiamele que vous avez devant vous. Je dis ceci, parce que s'il paraissait à quelqu'un de vous que nous ne sommes pas entrés tout à fait dans l'étude de la localisation des organes, il se convaincra du contraire; non-seulement du contraire, mais encore que nous sommes entrés pleinement dans cette étude par le meilleur de tous les systèmes, à savoir : apprendre sans sentir que nous apprenons.

Tout en m'occupant de l'éducation phrénologique, dont j'ai déjà effleuré le but dans cette leçon, je dois faire ici quelques observations d'une importance transcendante, à cause des tristes et funestes résultats que son ignorance ou sa négligence amène.

Par éducation phrénologique, on entend particulièrement ne pas élever ni exercer aucun organe aux dépens des autres. *Tempérance et Harmonie*, voilà le principe; principe que, dans le cours de ces leçons, j'aurai occasion de mentionner et d'expliquer souvent, comme point de départ, pour l'homme, de toute morale, de toute éducation. Si, par exemple, à un enfant qui montre un talent musical, poétique ou mathématique, on ne permet, dès la plus tendre enfance, l'usage ou l'exercice d'autres organes que celui de ceux qui manifestent ce génie spécial, et si, en outre de cet exclusivisme, on l'oblige par tous les stimulants possibles à exciter constamment et continuellement ces organes, déjà surexcités par eux-mêmes, le résultat sera une décadence précoce et une décrépitude par *excès d'action*. Et, comme il est impossible, suivant les principes physiologiques, qu'aucun organe du corps humain ne jouisse d'une plus grande activité sans qu'il reçoive une plus grande quantité de sang et de fluide nerveux, attirée aux dépens d'autres organes, il en résulte que si les uns perdent leur énergie vitale par *excès* de fluides stimulants, les autres la perdent faute de ces mêmes fluides.

Le système qu'indique la nature, et que conseille la raison basée sur l'expérience, consiste à donner un ton actif et robuste à tous les organes, qu'ils appartiennent à la tête ou qu'ils fassent partie du tronc ou des extrémités. Si l'on doit en élever spécialement quelques-uns, et que l'emploi, la carrière, la profession ou la spécialité que nous embrassons dépende de leur exercice constant et actif, cette éducation doit également se faire avec tempérance et avec harmonie. Que les organes spéciaux dont l'usage actif et particulier constitue notre principale occupation s'exercent, agissent et combinent leur action avec celle des autres, à la bonne heure, mais que cet exercice soit en lui-même et par lui-même modéré, tempéré, et, dans toutes ses relations, harmonique, c'est-à-dire qu'il ne s'oppose point à l'exercice légitime et nécessaire des autres facultés. De même qu'il serait absurde que le forgeron, pour être obligé d'exercer principalement les bras, s'obstinât à ne pas mouvoir les jambes, ou que le musicien, pour être obligé de se servir principalement des oreilles, s'abstint d'employer les yeux ; de même il serait absurde que le peintre se mît en colère contre l'exercice d'une autre faculté mentale qui ne lui servirait point d'élément immédiat, direct et inséparable de sa profession. (Voy. la fin de la leç. LVIII.)

Dans l'histoire biographique des génies précoces pour une spécialité, il s'en trouve très-peu qui soient arrivés à être éminents dans cette même spécialité. D'ordinaire, ils détériorent avant le temps les organes qui manifestent leur talent, ou ils meurent d'une maladie cérébrale, occasionnée entièrement par l'exercice excessif d'une région spéciale de la tête et la complète inertie des autres.

Il en fut ainsi de *Zerah Colburn*, qui perdit complétement son aptitude numérique, de Van R. de Utica, du pasteur de d'Alembert, de l'enfant de St Pœlten à l'égard des *mathématiques;* il en a été ainsi d'un grand nombre de précocités à l'égard d'autres arts et d'autres sciences. Une semblable infortune serait arrivée à *Bidder,* calculateur précoce, s'il n'avait pas suivi les sages conseils phrénologiques de l'éminent Deville.

Comme le sujet qui nous occupe est, quoique incident, de la plus haute importance en lui-même et de la plus grande transcendance par ses résultats, je ferai une courte et très-rapide revue de ces précocités numériques.

Zerah Colburn naquit en avril 1804 dans le comté de la Calédonie, Vermont, États-Unis du nord de l'Amérique. Il publia en 1833 sa biographie, où il explique la manière dont il procédait de mémoire à la merveilleuse solution des calculs qu'on lui proposait ; il a peu ajouté ou il n'a rien ajouté à ce qu'on savait déjà. Dans cette biographie, Colburn donne les raisons qui le portèrent à embrasser l'état ecclésiastique. En outre de celles qui sont relatives à sa vocation, il n'oublie pas de mettre dans la balance de son choix le fait d'avoir perdu sa surprenante facilité numérique.

Le *pasteur de d'Alembert.* Un pastoureau ainsi appelé fut conduit chez ce grand mathématicien, qui résolvait aussi de mémoire des problèmes d'arithmétique avec une prodigieuse exactitude. « Voyons! voilà quel est mon âge : combien de minutes ai-je vécu? » lui dit d'Alembert. L'enfant se retira dans un coin de la chambre, se couvrit le visage de ses mains et revint après un moment avec le résultat. Le grand mathématicien résolvait encore le problème ; mais, aussitôt qu'il l'eut terminé, il trouva que les deux résultats n'étaient pas égaux. Tous les deux vérifièrent leurs calculs, mais ils étaient toujours en désaccord. Enfin l'enfant lui dit : « Avez-vous tenu compte des années bisextiles? » D'Alembert les avait oubliées, et le pastoureau eut raison.

S^t *Pœlten* est une population autour de Vienne. Il y avait un enfant, fils d'un forgeron, célèbre par son génie précoce et merveilleux pour l'arithmétique. Sur les instances de Gall, il alla à Vienne. Cet observateur remarqua une saillie céphalique extraordinaire aux angles externes des sourcils de l'enfant. Ce fut le point de départ qui indiqua à Gall la marche à suivre pour faire des observations qui eurent pour résultat la découverte de l'organe du calcul des nombres, comme je le dirai plus en détail quand je traiterai particulièrement ce sujet.

Bidder était le fils d'un pauvre campagnard de Devonshire, en Angleterre, dont la famille était très-nombreuse. Il présenta de très-bonne heure les signes d'un talent précoce pour le calcul. Avant d'exploiter ce talent par des expositions publiques de l'enfant, comme cela était arrivé pour Vito Mangiamele, Zerah Colburn et d'autres prodiges de cette nature, le célèbre phrénologue Deville le vit par hasard. C'est aux veilles, à la constance, au zèle et au travail de cet illustre praticien que le monde est redevable de la plus grande collection phrénologique qu'on connaisse, et dont le docteur Brown et l'avocat Rudall sont aujourd'hui les maîtres et les propriétaires. J'ai déjà fait mention de cette collection dans la leçon XI, page 135; elle porte le nom de Musée phrénologique, *Phrenological Museum;* son entrée est libre et gratuite pour toute personne qui désire la visiter et l'examiner.

Deville comprit de suite le danger imminent que courait Bidder, si, faisant commerce de son talent, il excitait, exerçait, d'une manière extrême et exclusive l'organe du calcul, laissant dans une inertie ou dans l'inaction presque complète le plus grand nombre des autres. D'après ses conseils et par son influence, on plaça Bidder dans une maison d'éducation ; là tous les organes cérébraux furent exercés modérément et avec harmonie. Lorsque le moment opportun arriva, il se voua de préférence, mais non d'une manière tout à fait *exclusive,* aux études qui ont pour base principale les mathématiques, et aujourd'hui c'est un des ingénieurs civils les plus distingués de la Grande-Bretagne.

Il en a été accidentellement de même pour d'autres prodigieux calculateurs, qui tantôt ayant la tête très-grande, tantôt appartenant à des familles placées dans des circonstances très-favorables, n'ont eu ni l'occasion ni le besoin de spéculer commercialement sur leur organe calculateur. Galilée, Newton, Lalande, Euler, et d'autres grands hommes qui ont fait progresser les sciences mathématiques ou quelque autre branche du savoir humain, étaient peut-être, dès leur enfance, de plus grands calculateurs que ces merveilleuses mémoires numériques ; mais leurs autres qualités supérieures ou d'autres circonstances firent passer inaperçue cette facilité.

Toutes les biographies de ces hommes célèbres prouvent que, dès leur enfance, ils montrèrent des signes non équivoques d'un talent mathématique très-remarquable. Brown, le célèbre psychologiste et métaphysicien écossais, dont j'ai fait mention en plusieurs endroits et particulièrement dans la leçon III, à l'occasion des abus du syllogisme, dit en parlant de Newton :

« Dans beaucoup de circonstances il passait d'un théorème à un autre en voyant simplement leur énoncé, devinant instinctivement cette évidence cachée que d'autres personnes étaient obligées de chercher à l'aide d'un grand nombre de propositions. » — *Lectures on the philosophy of the human mind*, leçons sur la philosophie de l'entendement humain (Hallowel, 1850), t. I, leç. VIII, p. 20.

Dans la bibliothèque publique de Boston, j'ai vu un buste de Newton de grandeur naturelle, qu'on disait exact et dans lequel je remarquai le calcul, la forme, la grandeur, la pesanteur, la comparaison, et toute la partie intellectuelle en général très-développés.

Une des preuves les plus concluantes qui démontrent que la mémoire qui nous occupe est un élément important du génie mathématique se trouve dans le fait habituel de sa disparition chez quelques-uns de ces génies précoces auxquels j'ai fait allusion, laissant après elle la force, la puissance, la vigueur à la faculté du calcul des nombres, comme elle se manifeste par le développement perceptible à l'extérieur de son organe correspondant. A l'appui de cette vérité, Gall rapporte l'exemple de M. Van R. d'Utica, dont je vous ai déjà parlé. « A l'âge de six ans, dit-il, il se faisait remarquer par une singulière facilité à résoudre les calculs de mémoire, et, à huit ans, il la perdit sans savoir comment. Aujourd'hui M. R. compte comme les autres, la plume à la main, sans se rappeler le système qu'il avait trouvé dans son enfance pour résoudre les problèmes qu'on lui proposait. »

Cette perte, laissant de côté les causes inconnues, est due d'ordinaire, comme je l'ai dit, au grand *abus* que l'on fait de l'organe, en l'exposant à un mouvement continuel et démesuré dans un âge tendre, alors qu'il ne peut supporter beaucoup de fatigue, et que plus que jamais un exercice modéré et bien dirigé serait nécessaire à *tous les organes* de l'esprit et du corps.

Vito Mangiamele et les autres merveilleux calculateurs ne sont pas les seuls qui ont présenté cette prodigieuse mémoire ; d'autres personnes ont été douées d'une semblable qualité. Cuvier était pour les formes ce qu'ils étaient pour les nombres. Un capitaine de marine britannique, après trois jours à bord d'un navire pouvait nommer par leurs noms respectifs et leurs prénoms chacune des huit ou neuf cents personnes qui composaient son équipage. En voyageant dans les États-Unis, j'ai connu un individu qui savait toujours de mémoire les noms et prénoms de tous les quinze ou seize cents employés civils ou militaires d'un certain district, quelque répétés et quelque fréquents que fussent les changements qui se faisaient ; il possédait aussi cette particularité, qu'il n'oubliait jamais les noms des employés une fois connus. Walter Scott n'oubliait jamais ce qu'il avait entendu une fois. Lockart, son biographe, raconte qu'un jour le chevalier Hogg se présenta très-chagrin, parce qu'il avait perdu un poëme qu'il avait composé depuis quelque temps. Walter Scott le consola et lui dit qu'il croyait pouvoir lui être utile en le retrouvant ; en effet, quoiqu'il ne l'eût entendu qu'une seule fois dans sa vie, il le dicta entièrement à son auteur, qui l'avait lui-même oublié. « Pour une si grande mémoire, avoue franchement M. Combe, nous n'avons aucun signe externe, quoiqu'elle dépende indubitablement d'une condition spéciale du cerveau. »

Je ne puis terminer le sujet relatif aux circonstances qui modifient les effets de volume sans faire la remarque importante que les seules entre toutes qui méritent notre attention comme étant les plus influentes sont le *tempérament* et l'*éducation*. Le tempérament se reconnaît au moyen de signes extérieurs avec une facilité aussi grande que celle qui nous fait reconnaître les cheveux châtains d'une personne, les yeux bleus d'une autre, les traits fins et effilés d'une troisième, la tête haute et prolongée d'une quatrième. L'éducation, comme on l'a dit, imprime à la physionomie et au geste des caractères très-sensibles, soit en augmentant le volume des organes, soit en améliorant le tempérament, et donnant à la tête la même apparence de vigueur et d'activité qui se remarque dans un bras musculeux et bien arrondi.

Cet accroissement, cette augmentation ou ce plus grand développement est évident, manifeste aux yeux chez toute personne qui pendant plusieurs années a exercé une certaine profession spéciale, comme je l'ai indiqué dans la leçon VIII. Qu'on compare les jambes des marcheurs en général avec celles des tailleurs ou des personnes qui courent rarement, les bras des forgerons avec ceux des écrivains, la tête des paysans avec celle des avocats, les formes générales enfin d'un conscrit avec celles de ce même conscrit sept ou huit ans après quand il est devenu un vétéran aguerri. « Tout le monde phrénologique sait, dit Debout dans son *Esquisse de phrénologie,* p. 115-116, que chez Broussais l'organe de la causalité augmenta de volume à soixante ans, comme on a pu le vérifier après sa mort par l'amincissement des os qui couvrent cette région cérébrale. Cet effet fut dû au travail extraordinaire auquel le célèbre docteur fut obligé de se livrer, après avoir été admis à l'Institut, dans la section des sciences morales et politiques. » Il suit de là naturellement et spontanément que, quoique les circonstances qui modifient le volume et la qualité complexionnelle du cerveau soient très-dignes de fixer l'attention pour le jugement que l'on doit se former d'un individu d'après des principes phrénologiques, les conditions, *outre la santé,* bien entendu, sur laquelle nous devons nous arrêter presque exclusivement, sont : ce *volume* et cette *qualité complexionnelle.* En effet, en comparant entre eux les volumes respectifs des organes d'une tête et sa qualité complexionnelle qui la caractérisent et mettent en évidence les tempéraments, nous pouvons former avec beaucoup de probabilité et de certitude un jugement assez approximatif du caractère et des talents naturels de la personne qui pour la première fois se présente à nous.

Si l'on sait que le cerveau est la machine que l'âme met en mouvement pour se manifester, que les diverses facultés de l'âme se manifestent par le moyen des différentes parties constitutives du cerveau, que le volume d'un organe est une indication ordinairement certaine de sa force mentale, et qu'enfin voir ou palper la surface de la tête pour juger du volume et de la forme du cerveau, c'est voir ou palper le cerveau lui-même, il sera évident que, quel que soit le volume d'un organe cérébral examiné par l'extérieur de la tête, telle sera aussi, dans les circonstances ordinaires, la force mentale dont il sera capable. Mais, si ce principe, se trouvant comme il se trouve fondé sur des faits positifs, démontre la vérité et l'utilité de la phrénologie, il ne peut seul de lui-même conduire à aucun résultat pratique ni précis. Pour pronostiquer d'après l'examen de la tête le caractère, les talents, les dispositions et le génie d'une personne, il nous manque encore la connaissance la plus essentielle, à savoir : en quel endroit de la tête résident les différents organes cérébraux et quelles sont les facultés mentales qu'ils mettent en évidence dans leurs divers degrés de développement. C'est sur cela précisément que j'appellerai bientôt votre attention, ou, plutôt, c'est vers ce sujet que j'ai déjà commencé à la diriger.

Vous connaissez le siége des régions morale et intellectuelle et celui des organes numérotés 1, 2, 18, 17 et 16. Vous savez déjà, et c'est le plus important, que le développement de ces organes doit se mesurer, non pour qu'ils se manifestent chacun d'eux-mêmes et par eux-mêmes d'après une grosseur ou une saillie, mais suivant le volume et la forme générale de la tête ; ces organes sont examinés et mesurés sur un point ou lieu quelconque de la tête, qui détermine leur plus grande ou leur plus petite distance relative. Ceci, qui vous paraît peu de chose, est en réalité très-important, soit relativement à la connaissance pratique que cela vous donne de certaines régions céphaliques en elles-mêmes, soit parce que cela vous prépare et vous dispose à comprendre avec la plus grande facilité ce que je dois dire en traitant en particulier des siéges, lieux ou localités tant de chacun des organes dont l'existence est tout à fait constatée, que de ceux pour lesquels nous avons mille probabilités qu'elle le sera.

Comme conclusion, messieurs, je dirai qu'en admettant la phrénologie comme une vérité, quelques personnes se trompent et s'étourdissent sur les conditions et combinaisons dont il faut se souvenir toujours parfaitement, quand elles supposent impossible de nous en servir pour des usages pratiques. Tout cela est une erreur palpable. Les tempéraments, comme vous l'avez vu, sont faciles à connaître et à déterminer. Quant aux organes, ils sont d'autant plus perceptibles qu'ils sont plus ou moins développés. Et, comme le jugement phrénologique qu'on se forme relativement à une tête doit se fonder sur le volume des organes saillants et des organes moins développés, les combinaisons qu'il y a à se former à cet égard sont bien réduites. D'ailleurs, la phrénologie ne prétend déterminer que le caractère et le talent bien prononcés, et non pas établir de très-petites différences servant de peu d'utilité. Pour faire ces déterminations générales, on voit, ainsi que je n'ai cessé de le répéter dans la leçon précédente, que d'organe à organe il y a des différences de *un à deux pouces de diamètre*, et des bosses ou saillies, qui ne sont pas seulement palpables, mais encore perceptibles à la vue, comme la différence que nous observons entre des yeux petits et grands. Gall et Spurzheim, dans les prisons de Spandau et Berlin ; Combe, dans quelques prisons d'Écosse; Vimont, dans les principales de France, savoir : celles de Caen, Bicêtre et Melun, n'eurent pas besoin de palper les têtes pour déterminer le caractère des prisonniers et les causes qui les avaient fait confiner. Vous connaissez déjà mes propres examens phrénologiques dans beaucoup d'établissements pénitentiaires. Dans le plus grand nombre des cas, je n'ai pas même mis la main sur la tête des individus examinés; ceci m'est arrivé particulièrement à Malaga, Ceuta et Gibraltar. Vous comprendrez facilement cette circonstance, qui est basée sur ce que plus un organe est développé ou déprimé, et que plus en même temps son volume est perceptible à simple vue, plus il est facile, en définitive, de fixer et d'établir le caractère de l'individu.

LEÇON XX

Dénomination, nomenclature et classification des facultés et de leurs organes.

MESSIEURS,

La matière qui doit faire le sujet de cette leçon est importante, agréable, instructive, mais difficile et épineuse pour le professeur. Je tâcherai néanmoins d'être *clair*, et, autant que le permettra la matière, *bref*.

Pour le premier point, tout ce que nous avons vu jusqu'ici me viendra beaucoup en aide ; pour le second, je compte sur les vingt années que j'ai passées, sans excepter un seul jour, à méditer sur cette matière de prédilection pour moi.

Personne n'ignore que la quintessence et la dernière expression d'une science est la nomenclature, la classification de ses éléments constitutifs.

Profondément convaincu de cette vérité, j'ai cherché, presque toute ma vie, à faire quelque chose pour la science, partant, pour l'humanité, sur ce terrain beaucoup plus important qu'on ne le suppose communément. Nul psychologue ou métaphysicien sans préjugé qui ne reconnaisse aujourd'hui, pour peu éminent qu'il soit, non plus la supériorité de la nomenclature et de la classification phrénologiques des *facultés* et de leurs *attributs*, mais le fait que cette seule nomenclature, cette seule classification, est un des plus grands pas qu'on ait faits dans la *philosophie de l'esprit*.

Pour bien comprendre son origine, sa marche et son état actuel, unique objet de cette leçon, il faut bien comprendre et distinguer clairement le

pouvoir spécial et exclusif d'une *faculté* isolément considérée, et les attributs généraux communs et particuliers à *toutes les facultés*. Désirer et concevoir ou imaginer sont des attributs propres à toutes les facultés ; mais les
désirs, les conceptions *tendres* par exemple, appartiennent spécialement et
exclusivement à la *tendressetivité* ou philogéniture. La mémoire et l'attention sont des attributs de toutes les facultés ; mais se souvenir des choses
bienveillantes, fixer l'attention sur elles, c'est le propre de la bienveillance.
Comparer, rechercher et déduire appartient à toutes les facultés ; mais la
tonotivité seule compare, recherche, déduit les sons musicaux ; la constructivité seule compare, recherche, déduit les idées de construction. Toutes les
facultés ont une conviction ou conscience intime ; mais la générativité seule,
par exemple, a la conviction ou conscience intime des idées et des affections
concupiscentes, parce que seule elle a l'attribut propre, spécial et exclusif
de former et de sentir cette classe d'idées et d'affections.

Il y a des attributs qui n'appartiennent qu'à un ordre très-élevé de facultés, facultés qui constituent ce que nous appelons raison ; facultés en qui
se reflètent les opérations des autres ; facultés auxquelles a été confiée la
surintendance générale de la tête. Ce sont ces facultés qui comparent, recherchent, déduisent les actes de toutes les autres et en prennent une complète connaissance : elles élèvent l'homme à une inconcevable hauteur au-
dessus des brutes. Si par exemple il n'est donné à la tonotivité que de
comparer des sons musicaux entre eux, il est donné à la comparativité de
comparer les sons musicaux avec les idées, les affections et les désirs de
toutes, de diverses ou de chacune des autres facultés. S'il n'est donné à
la philoprolétivité que de rechercher les causes des choses tendres, il est
donné à la causativité de connaitre les actes de toutes, de diverses ou de
chacune des autres facultés, considérées isolément ou en groupe, et de rechercher les causes partielles ou les causes générales. Il n'est donné à la
consciencisité que de tirer des déductions de données exclusivement de
droiture et de justice ; il est donné à la déductivité de tirer des conséquences des actes, considérées *in globo*, ou en abstrait, de toutes, de diverses
ou de chacune des autres facultés.

Avant la découverte de la phrénologie, on connaissait déjà les attributs
généraux des facultés ; mais on ne connaissait pas la *spécialité* de ces attributs. On connaissait le général, mais non le particulier ; on connaissait par
exemple la mémoire, mais non les différentes classes de mémoires ; la perception, mais non les différentes classes de perceptions ; l'attention, mais
non les différentes espèces d'attentions. C'est pourquoi Gall dit avec sa charmante simplicité : « Aucun de mes prédécesseurs n'a jamais cherché un
organe dont la fonction exclusive soit la manifestation d'un instinct spécial
de propagation ; un organe de l'amour pour la progéniture ; un organe de
la musique ; un organe du calcul, etc.; et par conséquent rien de cela n'a
été trouvé. Ils bornaient leurs recherches aux phénomènes qui sont propres
et communs à toutes les facultés ou puissances mentales, c'est-à-dire aux

attributs généraux. Ils cherchaient les organes de l'attention, de la perception, du jugement, de la mémoire, de l'imagination, du désir, des affections,
des passions. La raison et la volonté étaient, dans leur idée, les seules puissances de l'âme, lesquelles se manifestaient, selon eux, sans l'intervention
d'aucune condition organique. » (OEuvres, tome VI, pages 246-247). —
Et vous le voyez vous-mêmes, tant que la *philosophie de l'esprit* ne se
serait occupée que des attributs généraux, passant par-dessus les facultés
ou puissances distinctes et spéciales, il lui serait resté un grand pas à
faire, le grand pas que lui a fait franchir, grâce à Dieu, le génie sublime
de l'immortel psychologue, du psychologue par excellence, du psychologue
qui, non-seulement a conçu la différence qui existe entre les facultés
fondamentales, produisant chacune un ordre de phénomènes spéciaux et
d'attributs généraux, communs à toutes les facultés, mais a découvert
vingt-sept de ces facultés fondamentales, premières et spéciales, avec les
vingt-sept organes céphaliques correspondants par le moyen desquelles
elles se manifestent. Mais comme, d'une part, la considération exclusive des
attributs généraux constitue la phrénologie proprement dite, et que, de
l'autre, les phrénologues ne sont pas d'accord sur ce point, je me réserve
de parler *in extenso* sur cette matière en temps et lieu plus opportun.

Il est aussi d'une grande importance, avant d'entrer en plein dans la considération de la *dénomination, nomenclature et classification des facultés et
de leurs organes,* de distinguer clairement et nettement la fonction exclusive
et spéciale d'une faculté considérée en elle-même, et un *acte mental,* ou
une action produite par une ou plusieurs facultés.

Quand il s'agit de la fonction naturelle, exclusive, particulière de chacune
des facultés, nous ne nous référons pas aux actes produits par ces facultés,
mais à la force spéciale qu'elles ont de les produire, c'est-à-dire à leur usage,
à leur office, à leur objet abstraitement. Quand nous parlons des actions
mentales, nous nous référons aux facultés mises en action, à l'exercice actif
de leur office, de leur fonction. Nous disons que la fonction, l'usage ou l'office de la *philogéniture,* soit active, soit inactive, est « d'aimer les enfants, »
que la fonction de l'*acquisitivité* est de « désirer acquérir; » celle de la
bienveillance, de « chercher à faire du bien aux autres; » celle de la *raison,*
de « comparer, peser des objets, des actes, des résultats. » Toutes ces fonctions, tous ces usages ou offices, sont *bons* dans leur origine et par leur objet;
mais, comme ils s'exercent au moyen d'organes matériels imparfaits, sujets
à des maladies et autres influences internes et externes, ils peuvent se manifester à un certain degré, d'une certaine manière et en certaine combinaison avec d'autres facultés qui peuvent produire des *actes* réellement
mauvais. La fonction spéciale d'une faculté est donc l'usage naturel que Dieu
lui a assigné; ses *actes* sont cette même fonction, seule ou jointe à celle
d'autres facultés, mise en exercice actif. La fonction fondamentale, ou prise
abstraitement, d'une faculté est toujours bonne, toujours morale; ses *actions* ou *applications* seules peuvent être mauvaises ou immorales.

En phrénologie, il ne faut jamais perdre de vue cette différence essentielle et parfaitement bien marquée, entre la fonction ou office naturel et exclusif qu'une faculté particulière est destinée à exercer et les divers modes, degrés et combinaisons avec lesquels cette même fonction est susceptible de se manifester dans un acte mental. Soit qu'une mère, en vertu de la philogéniture que Dieu lui a accordée, vienne à perdre son enfant par ses excès de tendresse, soit que, par affection maternelle bien dirigée, elle l'élève bien et en fasse un saint personnage, la fonction, l'emploi, l'office de la philogéniture, pris abstraitement, est toujours la même chose, c'est toujours « l'amour des enfants. » Et cependant, dans le premier cas, cette affection se manifeste en un *acte* criminel, et dans le second en un *acte* vertueux.

La grande difficulté qui s'est justement rencontrée et qui a retardé la découverte de la phrénologie était d'abord d'individualiser une faculté fondamentale, en la séparant et en la distinguant d'une autre faculté (ce que Gall a fait précisément), et ensuite de déterminer, fixer et nommer abstraitement la fonction ou office naturel, exclusif et particulier de la même faculté, de manière qu'on ne puisse la méconnaître en quelque degré, mode ou combinaison qu'elle se présentât dans un acte mental. Tels sont, comme vous le verrez plus loin, les signalés et importants services rendus sur ce second point par Spurzheim à la phrénologie.

Les dénominations et classifications phrénologiques sont donc faites d'après la fonction ou office primitif et naturel de chaque faculté, et non pas, cela est clair, d'après les actes de l'âme produits par les degrés, modes et combinaisons infinis d'activité dans lesquels peuvent se présenter les mêmes facultés. Celui qui ne sait pas la phrénologie ne voit que des fonctions en exercice de l'entendement, des opérations actives de l'âme, des actes de l'âme; mais il ignore l'élément ou les éléments, la faculté ou les facultés qui ont concouru, le degré, mode ou combinaison d'activité dans lesquels elles ont concouru à les produire. Il qualifie à sa guise, ou d'après des principes admis, les opérations ou actes infinis de l'âme, synthétiquement considérés; mais il ne lui est pas donné de les analyser, parce qu'il ne connaît pas les éléments dont ils se composent.

En effet, avant la découverte de la phrénologie, nous ne pouvions analyser ni nous expliquer d'après des principes scientifiques et satisfaisants des faits et des actions humaines que nos sens externes remarquaient. Suivant notre conviction intime et profonde, basée sur notre observation personnelle, tel homme avait une si grande bonté, qu'elle finissait par le rendre méchant; tel autre était tout à la fois religieux et concupiscent; tel autre passait sa vie à pécher et à se repentir; tel autre avait du courage pour certaines choses et était lâche pour d'autres; tel était capable d'affronter l'ennemi avec calme et intrépidité, qui tremblait et mourait de peur devant un supérieur; tel était étourdi, colère, querelleur, qui possédait un cœur plein de bonté, tandis que tel, sous une apparence de douceur, avec des manières délicates, un extérieur riant, poli, cachait des entrailles de tigre. « Ce sont des dispositions, » disait le vulgaire ; « ce sont des actes de l'âme, » disaient ceux qui se croyaient bien entendus ; et là se bornait l'analyse des phénomènes de l'esprit. Les phrénologues disent aussi que ce sont des actes de l'âme, mais ils les analysent. Ils disent que ce sont les résultats d'une faculté ou de diverses facultés dans divers degrés, modes ou combinaisons d'activité : spécifiant souvent, dans la plupart des cas, la faculté ou les facultés qui ont concouru à la production de ces actes, et les divers modes d'opérer et les degrés d'activité qu'elles y ont employés.

1. Le mot *nomenclature* signifie liste ou catalogue de personnes ou de choses rangées *par leurs noms*. Avant donc de pouvoir former une nomenclature, il faut dénommer les choses qui doivent être nomenclaturées ou cataloguées. Dans l'histoire de toutes les langues connues, et autant qu'on peut les connaître, on voit que tout nom par lequel on distingue un objet, une action, un rapport, a été formé de, ou remplacé par une définition première qui dénommait cet objet, cette action ou ce rapport.

Le mot espagnol *sanguijuela*, « sangsue, » exprime bien en soi et de soi qu'il s'est formé de la définition *aguijoneadora de sangre*, « pique-sang, » de même que le mot français *sangsue* dérive de *suceur de sang*, et que le mot anglais *leech* signifie, dans sa première étymologie anglo-saxonne, *ôte-douleur*. A l'exception des interjections pures, c'est-à-dire des cris qui expriment quelques affections très-véhémentes, tous les mots de toutes les langues ont été un temps des *définitions*.

La phrénologie n'a pas été, certes, une exception à cette règle universelle. Lorsque Gall commença à découvrir que certains développements céphaliques déterminés manifestaient certains principes de l'esprit ou leur correspondaient, il distingua ces développements en définissant les phénomènes mêmes qui s'y rattachaient, comme vous l'avez entendu dans la nomenclature que je vous ai lue dans la leçon VIII, p. 77. Dans certains cas, il rencontra des mots tout faits, qui furent en même temps des définitions, par lesquels il put exprimer la fonction spéciale qu'il découvrait; mais généralement il fut obligé de se servir de divers détours, de circonlocutions, d'une multiplicité de synonymes, c'est-à-dire de *définitions*.

Cette base, comme point de départ pour donner un nom aux facultés, principes ou puissances de l'âme que Gall découvrait, rendait la nomenclature phrénologique longue, incommode et peu concluante; en outre, les dénominations n'embrassaient pas toujours tous les divers modes dans lesquels une même fonction pouvait se présenter, c'est-à-dire qu'elles n'étaient pas des dénominations abstraites ou d'application universelle.

Le mot *Zeugungstrieb*, « instinct de génération, » qui s'appela ensuite *amativité*, et que j'appelle maintenant, pour des raisons que j'exposerai bientôt, GÉNÉRATIVITÉ, ne présentait pas cet inconvénient. *Instinct* est un mot générique et exprime, une fois déterminée la classe d'instinct dont on parle, tous les modes et manières dans lesquels son action ou son activité peut se montrer. Il en est de même pour *Jungenliebe* ou *Kinderliebe*, « amour de sa race, amour des enfants, » qui exprime cet amour abstraitement, c'est-à-dire aussi bien dans ses deux extrêmes que dans ses divers degrés et modes d'activité.

Mais il arrivait de temps en temps qu'il découvrait pour la première fois l'organe dans un état excessif de développement, dont les manifestations exprimaient l'*abus* plutôt que l'*usage* de la faculté correspondante. Gall découvrit la SÉCRÉTIVITÉ chez des hommes de propension notoire au dol et à l'escroquerie, et il lui donna le nom de *List, Schlaueit, Klugeit*, « instinct d'astuce, de manége, de tromperie. » Il trouva l'*acquisivité* chez des hommes fameux par leurs vols, et il la nomma *Eigenthümsinn, Hang zu stehlen*, « instinct de propriété, inclination à voler. » Il en fut de même pour la destructivité, qu'il appela *Wurgsinn*, « instinct de tuer. » Sans l'existence des personnes qui avaient ces organes développés d'une manière si extraordinaire, qu'ils dominaient sur tous les autres, jamais Gall n'aurait pu les découvrir, comme je l'indiquerai pour chacun en son lieu respectif.

La *fourberie* est un mode d'action où se présente la sécrétivité, personne n'en doute; le *vol* est un mode d'action où se présente l'acquisivité; l'*assassinat* est un mode d'action où se présente la destructivité. Mais il est évident que ces actes, dont l'existence serait inconnue sans l'existence de ces facultés, sont des actes partiels qui se manifestent uniquement quand leurs organes se trouvent dans un état d'exaltation mal dirigée; des actes communs à tous les degrés, à tous les états, à toutes les directions d'activité où peut se trouver un *organe cérébral* comme moyen de manifestation d'une *faculté mentale*. Il était donc nécessaire de chercher des noms universels qui exprimassent, relativement à une faculté et à son organe, tous les états ou degrés d'activité où elle peut se présenter. Mais il saute aux yeux que, les *mots* n'étant que les signes des *idées*, il fallait, avant de découvrir ou d'inventer de semblables *noms*, avoir une perception claire, fixe et déterminée de tous ces états et degrés d'activité.

Aussi Spurzheim, se plaignant des dénominations de Gall, s'exprime-t-il ainsi :

« Les *actes de l'âme* procèdent rarement d'une seule faculté, mais bien souvent des *abus* des facultés; c'est pourquoi la dénomination et la nomenclature de Gall m'ont toujours paru très-défectueuses. Nul organe ne devrait jamais être dénommé par son action. Les noms de *vol* et d'*assassinat*, qui furent donnés dans le principe à deux organes, ont donné des armes à nos adversaires. Il y a, il est vrai, des individus qui, dès l'enfance, volent et ont un grand penchant pour l'assassinat, et que ces individus ont une certaine région de la tête très-saillante; mais tous les hommes qui ont cette région saillante ne sont pas des voleurs et des assassins. La gloutonnerie et l'ivrognerie dépendent de quelque cause organique; mais personne n'a eu l'étrange idée de parler des organes de ces maladies. Les abus de l'amour physique dépendent de certaine irritation organique; mais ce serait la plus grande des absurdités que de parler d'un organe de l'adultère. Gall s'est trompé en adoptant des *facultés* pour des *actes* et en les nommant en conséquence de cette erreur. Il était nécessaire de modifier cette manière de considérer la phrénologie. J'essayerai donc de spécifier la nature des actions mentales ou manifestations de l'âme, et de nommer les facultés abstraites ou indépendantes de toute action et application, séparant complétement ce qui appartient à chaque faculté considérée en soi exclusivement d'avec ce qui tire son origine de leur action combinée avec d'autres facultés. » (*Phrenology*, t. Ier, p. 125.)

Profondément convaincu de la nécessité de distinguer l'emploi, office ou fonction exclusive, naturelle et spéciale d'une faculté, considérée isolément, et l'acte mental qui pouvait dépendre de l'abus de cette faculté ou de sa combinaison avec d'autres facultés, il chercha, au lieu de circonlocutions, des termes simples qui exprimassent cette activité et au moyen desquels il les distinguât, elles et les organes dont elles se servaient. Comme Spurzheim écrivait en anglais, il a adopté la terminaison *ive*, qui, dans cette langue, exprime « pouvoir productif, » et *ness*, qui indique l'état abstrait, et, en conséquence, ajouta à la racine anglaise, latine ou grecque qu'il admettait, la désinence *iveness*. Pour exprimer, par exemple, le pouvoir de produire *amour*, qui réside dans la faculté d'aimer, il a dit *amative;* et, pour exprimer que ce pouvoir d'aimer devait se considérer abstraitement, il a ajouté *ness* et a fait *amativeness*. Il en fit de même pour les principales inclinations dont il importait le plus, selon lui, d'exprimer abstraitement le pouvoir productif, nommant par des mots simples presque tous les sentiments moraux et toutes les facultés intellectuelles. Les Français adoptèrent la nomenclature de Spurzheim, et traduisirent *iveness* par *ivité :* ainsi ils disent *amativité, habitativité*. J'ai aussi adopté dans mon *Système*, qui est le seul ouvrage formel publié jusqu'ici en langue espagnole sur la phrénologie, la nomenclature de Spurzheim, traduisant *iveness* par *ividad*, et disant : *amatividad, acometividad, adquisividad*.

Gall avait découvert vingt-sept organes céphaliques correspondant à vingt-sept facultés mentales distinctes; Spurzheim porta ce nombre à trente-cinq par la découverte de huit autres organes qui tous reposent sur une grande abondance d'observations et d'expériences. Voici leur nom et leur ordre nomenclatural :

1. Destructivité. — 2. Amativité. — 5. Philoprolétivité. — 4. Adhésivité. 5. Habitativité. — 6. Combativité. — 7. Sécrétivité. — 8. Acquisivité. — 9. Constructivité. — 10. Circonspection. — 11. Approbativité. — 12. Estime de soi-même. — 13. Bienveillance. — 14. Vénération. — 15. Fermeté. — 16. Conscienciosité. — 17. Espérance. — 18. Merveillosité. — 19. Idéalité. — 20. Gaieté. — 21. Imitation. — 22. Individualité. — 23. Configuration. — 24. Étendue. — 25. Pesanteur ou Résistance. — 26. Coloris. — 27. Localité. — 28. Ordre. — 29. Calcul numérique. — 50. Éventualité. — 31. Temps. — 32. Tons. — 55. Langage. — 54. Comparaison. — 35. Causalité.

Outre ces organes et ces facultés de l'esprit, le *désir de vie*, ou conserva-tivité, et l'*instinct de l'alimentation*, ou alimentativité, dont les organes sont regardés aujourd'hui comme prouvés, étaient, au temps de Spurzheim (1779-1832), tenus pour douteux quant à leur siége. Ainsi Gall laissa la no-menclature phrénologique à vingt-sept facultés et organes de l'esprit; Spur-zheim la porta à trente-sept : trente-cinq facultés et organes bien prouvés, et deux incomplétement prouvés.

Spurzheim fit un pas de plus que Gall en donnant des noms aux facultés et aux organes sans s'occuper d'aucune action spéciale des facultés et des organes, mais uniquement de l'usage, de l'office, de la fonction ou de l'ob-jet général ou universel pour lequel il nous ont été donnés. C'était un grand progrès, dû exclusivement à Spurzheim, mais que Spurzheim ne poursuivit pas exclusivement; aussi sa dénomination, dans quelques cas, et sa nomen-clature, en général, sont incomplètes et donnent prise aux objections, comme je le démontrerai.

Par CLASSIFICATION, on entend faire plus ou moins de divisions d'une no-menclature. En phrénologie, classifier signifie donc diviser en plus ou moins d'ordres, de hiérarchies ou de groupes, les facultés et leurs organes.

Gall, dès le principe, fut d'avis, et persévéra dans son opinion, que les fa-cultés et leurs organes ne pouvaient être autrement ni mieux classifiés que par la division qui les distingue individuellement entre eux. Il considère que la ligne de démarcation qui les sépare est leur usage, leur fonction, leur objet spécial, et que, s'il y a des propriétés générales, elles sont communes à toutes les facultés. « La meilleure division est, selon moi, dit-il, celle de facultés fondamentales et d'attributs généraux communs à *toutes* ces mêmes facultés de l'esprit. » (*OEuvres*, t. VI, p. 270.)

Spurzheim ne partagea pas cette manière de voir. Il pensa que les facultés devaient se diviser et se subdiviser en divers ordres et diverses classes.

« Toutes les fonctions dont l'homme a *conviction intime*, dit-il, s'attri-buent à l'âme. Parmi toutes les facultés, les unes se distinguent par la pro-priété commune de produire des désirs, des inclinations ou instincts, et les autres par la propriété de nous donner connaissance des objets du monde externe et de leurs rapports. » Il groupe toutes les premières sous le nom générique d'AFFECTIONS ou facultés affectives, et les secondes sous celui d'IN-TELLECT ou facultés intellectuelles. Cette classification des facultés mentales en deux groupes, catégories, ordres ou divisions, est, suivant Spurzheim, d'origine immémoriale. Il dit que, depuis l'antiquité la plus reculée, les fa-cultés morales et intellectuelles sont connues sous les noms d'âme et d'es-prit, d'entendement et de volonté, de cœur et de tête.

Spurzheim a cru que, parmi les AFFECTIONS, il y en avait qui, outre qu'elles produisaient une *inclination*, étaient sujettes à une *émotion*, et, pour cette raison, il a subdivisé les affections en deux classes : *propensions* et *senti-ments*. Spurzheim a aussi imaginé qu'entre les facultés INTELLECTUELLES, les unes connaissent les objets, leurs qualités, leurs rapports, et les autres *pren-*

nent connaissance de tout ce qui se passe dans toutes les autres facultés, et, pour celte raison, il a subdivisé l'INTELLECT en deux parties, l'une *perceptive*, l'autre *réfléchissante;* d'où il suit que les trente-sept facultés dont se composait la nomenclature phrénologique en 1832, époque de la mort de Spurzheim, se classifiaient et ont continué à être généralement classifiées en donnant le même nom à l'organe et à la faculté, de la manière suivante :

« AFFECTIONS OU FACULTÉS AFFECTIVES.

« Les facultés affectives, dit Spurzheim (*OEuvres*, t. I, p. 136), tirent leur « origine du dedans, et ne s'acquièrent par aucune circonstance externe. « Elles ne peuvent s'enseigner et doivent se *sentir* pour se comprendre. En « elles-mêmes elles sont aveugles et agissent SANS INTELLIGENCE. Elles se di- « visent en *propensions* et *sentiments*. Le mot *propensions* (p. 126 des *OEu-* « *vres*, t. I) ne s'emploie que pour indiquer les mouvements internes qui « nous poussent à certaines actions. Il y a d'autres facultés affectives qui ne « se bornent pas uniquement à l'inclination; il y a quelque chose de plus « en elles, il y a une certaine émotion ou affection, qui peut s'appeler *sen-* *timent.* »

Spurzheim a nommé les propensions, j'en ai fait déjà l'observation, en ajoutant à certain radical la terminaison *iveness*, ivité, c'est-à-dire pouvoir abstrait de produire. Quant aux sentiments, Spurzheim, s'exprimant en anglais (t. I, p. 129), dit : « La terminaison *ous*. « eux ou euse, » indique un sentiment, comme *anxious*, anxieux ; *cautious*, précautionneux ; *pious*, pieux; *consciencious*, consciencieux, etc., et j'aurais eu beaucoup de plaisir à trouver de semblables adjectifs pour tous les sentiments premiers de l'âme. Quand j'en ai trouvé j'ai ajouté *ness*, « ité, » afin d'exprimer le sens abstrait de la dénomination, comme : *conscienciousness*, « conscienciosité; » *cautiousness* « circonspection; » et *marvellousness*, « merveillosité. » Cependant il n'a pas trouvé dans la langue anglaise, pour les douze sentiments qu'il détermine, d'autres dénominations particulières que les quatre que je viens de citer. De sorte que huit des douze sentiments portent bien, contre son gré, des noms d'un usage commun.

« Voici le catalogue des propensions et des sentiments.

« *Propensions*. — A. Conservativité. — B. Alimentivité, organes qui n'étaient pas alors complétement prouvés. — 1. Destructivité. — 2. Amativité. — 3. Philoprolétivité. — 4. Adhésivité. — 5. Habitativité. — 6. Combativité. — 7. Sécrétivité. — 8. Acquisivité. — 9. Constructivité. *Sentiments*. — 10. Circonspection. — 11. Approbativité. — 12. Estime de soi-même. — 13. Bienveill nce. — 14. Vénération. — 15. Fermeté. — 16. Conscienciosité. — 17. Espérance. — 18. Merveillosité. — 19. Idéalité. — 20. Gaieté. — 21. Imitation. »

« INTELLECT OU FACULTÉS INTELLECTUELLES.

« Le second ordre de facultés, qui est destiné à nous donner connais-

« sance de l'existence du monde extérieur, des qualités des corps qui nous
« entourent et de leurs rapports, je l'appelle *intellectuel*, dit Spurzheim
« (*OEuvres*, t. I, *loco citato*). Il peut se diviser en quatre classes. La pre-
« mière renferme les *fonctions* des sens externes et du mouvement volon-
« taire; la seconde, les facultés qui nous donnent connaissance des objets
« externes et de leurs qualités physiques; la troisième, les fonctions unies
« avec la connaissance de rapport qui existe entre les objets et leurs quali-
« tés : je distingue ces trois classes par le nom de *facultés perceptives;* la
« quatrième classe comprend les facultés qui opèrent sur toutes les autres
« sensations et notions, et je les appelle *facultés réfléchissantes.* » — Les
noms de ces facultés intellectuelles ajoute Spurzheim. t. I, p. 129, s'entendent facilement et n'ont pas besoin d'explication particulière.

« FACULTÉS PERCEPTIVES. — 1re classe. — *Sens externes*. Les sens externes
sont de purs organes des impressions sensibles, dont la perception et la
conception intelligente est un attribut des facultés internes. — 2e classe.
— *Facultés qui perçoivent l'existence des objets extérieurs et leurs qualités
physiques :* 22. Individualité. — 23. Configuration ou forme. — 24. Étendue. — 25. Pesanteur ou résistance. — 26. Coloris. — 3e classe. — 27. Localité. — 28. Ordre. — 29. Calcul. — 30. Éventualité. — 31. Temps. —
32. Tons ou Mélodie. — 33. Langage. — 4e classe. — FACULTÉS RÉFLÉCHIS-
SANTES : 34. Comparaison. — 35. Causalité. »

La dénomination, la nomenclature et les classifications de Spurzheim,
publiées pour la première fois en 1825, trois ans avant la mort de Gall,
furent universellement adoptées. A quelques exceptions près, c'est elles
qui règnent encore aujourd'hui. L'on cria si haut et si généralement contre
la dénomination que Gall donna à quelques facultés et à leurs organes, dénomination qui exprimait non l'*usage*, mais l'*abus* de ces facultés et de ces
organes, non ce qui dépendait spécialement de chacune d'elles, mais ce qui
dépendait de leur action combinée avec l'action d'autres facultés et d'autres
organes, que la nomenclature de Spurzheim fut saluée et admise avec joie
et satisfaction par tous les phrénologues.

Robert Cox, quelques années après, dans une habile analyse des facultés
mentales qu'il publia dans le *Phrenological journal* (tom. X, p. 154 et suivantes), fut le premier qui montra combien étaient défectueuses, dans
quelques cas, la dénomination et les classifications de Spurzheim, tout en
reconnaissant que le principe ou la base générale sur laquelle reposait sa
nomenclature était de vérité éternelle et constituait un progrès grandiose
dans la marche de la *philosophie de l'esprit.*

Ce critique intelligent s'efforce de prouver que beaucoup de facultés que
Spurzheim appelle purement *propensions* sont aussi *sentiments*, et beaucoup
qu'il qualifie sentiments sont propensions, sans compter certaines qui, dans
sa pensée, produisent des émotions sans tendances, et d'autres des tendances sans émotions.

L'alimentivité, par exemple, à laquelle Spurzheim attribue seulement une inclination à prendre l'aliment, produit aussi, suivant Cox, une affection ou sentiment, dont nous pouvons tous, par notre propre expérience, donner des preuves convaincantes. En effet, lorsque notre appétit est bien aiguisé, si l'on nous place devant une table abondamment garnie de mets que nous aimons le plus, nous éprouvons une émotion ou sentiment agréable, c'est-à-dire un *plaisir*; tout au contraire, si la table est pauvre, si les mets sont peu substantiels, nous la voyons avec répugnance et nous sentons une émotion ou sentiment désagréable, c'est-à-dire une *douleur*.

« L'amativité, dit Cox, comprend à la fois une tendance ou inclination à agir de certaine manière, et une émotion qui est sa conséquente. La tendance ou propension est de propager l'espèce, de consommer des actes de concupiscence, en même temps que l'émotion est la satisfaction du même amour sexuel. Cette faculté devrait donc, suivant la définition de Spurzheim, appartenir aux sentiments. »

La circonspection, prudence ou précaution, est, d'après Spurzheim, un *sentiment*; mais son opération primordiale est « une inclination à prendre des mesures contre le danger, un désir de se précautionner. » Il n'est pas douteux que cette faculté, affectée par l'idée ou par la réalité d'un danger, produit, selon sa classe, ce sentiment d'inquiétude appelé crainte, appréhension, peur, épouvante, terreur panique. Donc, loin d'appartenir aux *sentiments*, elle devrait, d'après Spurzheim, se ranger parmi les *propensions*.

« La constructivité, dit Cox, est une tendance à former, à faire, à confectionner; mais elle n'est accompagnée d'aucune émotion ou sentiment; cependant, d'après Spurzheim, il faudrait la classer aussi parmi les *propensions*.

« L'espérance, dit le même auteur, n'est qu'une émotion ou sentiment et ne donne lieu à aucune propension. » En cela, Cox se contredit lui-même, puisqu'il affirme formellement, avec Gall, Spurzheim, Combe et les autres phrénologues, que « *toutes les facultés désirent.* » Et qu'est-ce que le désir, sinon une émotion? continue Cox. A quoi je réponds que, sans nier que le désir soit une émotion ou mouvement de l'âme, c'est un mouvement actif, c'est une inclination, une propension, une tendance, une excitation, un aiguillon qui nous dirige vers un objet dans le but de le connaître ou d'en jouir, ou vers une action dans le but de la faire pour nous procurer un plaisir ou pour éviter une douleur.

Sans s'inquiéter de sa contradiction et de son origine; sans se préoccuper des *divers modes d'opérer de chaque faculté, communs à toutes les facultés en général*, base et fondement de toute nomenclature phrénologiquement exacte, Cox se contente d'avoir signalé les erreurs de Spurzheim, dans quelques cas, et déduit de son examen analytique le principe que les AFFECTIONS devraient se diviser en trois classes, et que l'INTELLECT, sauf quelques exceptions peu importantes, est bien nommé et bien classifié par Spurzheim.

Les classes dans lesquelles Cox suppose que les affections devraient être divisées sont : « la *première*, les facultés qui produisent des inclinations et des émotions; la *seconde*, les facultés qui produisent des inclinations sans émotions, et la *troisième*, les facultés qui produisent des émotions sans inclinations. »

A la première classe appartiennent, selon Cox, l'amativité, la philoprolétivité, l'adhésivité, la combativité, la destructivité, la sécrétivité, l'acquisivité, la supériotivité, c'est-à-dire l'estime de soi-même; la précautivité, la bienveillance, l'inffériotivité, c'est-à-dire la vénération, la fermeté, la consciencioisté, la merveillosité et la gaieté. Dans la seconde classe, il renferme la constructivité et l'imitativité; dans la troisième, l'espérance, l'idéalité et « peut-être aussi, dit-il, l'approbativité. »

Au sujet de l'INTELLECT ou facultés intellectuelles, il ne fait sur la classification de Spurzheim aucune observation digne d'être notée: et c'est cependant là où il y avait le plus d'objections à faire, puisqu'un des points les plus essentiels de la nomenclature de Spurzheim est de re:user les émotions aux facultés intellectuelles. Or, sans les émotions dans les facultés intellectuelles, comment pourrait exister le désir de savoir, si ardent chez quelques hommes? Seulement, il trouve mal que Spurzheim dise que l'individualité perçoit, quand dans son idée elle ne fait que *concevoir ;* comme s'il était possible de concevoir sans percevoir. Il trouve mal encore que Spurzheim fasse percevoir les rapports des objets externes à la localité, à l'ordre, à l'éventualité, au temps, à la mélodie et au langage, lorsque aucune de ces facultés ne peut percevoir que les rapports qui sont propres et exclusifs à la classe d'objets de leur attribution spéciale.

Personne ne peut nier qu'en cela Cox ait raison, attendu que Spurzheim lui-même a établi en doctrine que nulle autre faculté que les facultés réfléchissantes ne perçoit ou ne conçoit d'autres rapports que ceux de sa juridiction spéciale. La mélodie ou tonotivité ne perçoit que les rapports entre les sons musicaux; l'ordre, les rapports entre les diverses dispositions ou modes de ranger les objets; l'éventualité, les rapports entre les diverses époques de temps ou durée, et ainsi des autres. Semblable observation peut et doit se faire relativement à la forme, au coloris et autres facultés perceptives qui, suivant Spurzheim, prennent connaissance des objets externes et de leurs qualités physiques. Puisque la forme, par exemple, perçoit un carré, un hexagone, un ovale, elle perçoit la différence et les rapports qui existent entre toute espèce de configuration, mais nullement les différences et les rapports qui existent entre ces configurations et les diverses couleurs, ou les différents sons, ou les différents mots. Cela est très-vrai; mais cela n'empêche pas qu'une fois les couleurs, les sons ou les paroles perçus ou conçus par leurs facultés respectives, les autres puissent prendre connaissance de ces phénomènes. Toutes les facultés intérieures opèrent entre elles, comme celles qui sont en rapport direct avec les objets externes opèrent avec les sens. L'individualité, l'ordre, la mélodie, la forme, par exemple, ne peuvent voir, ouïr, goûter, sentir, ni toucher; mais, dès que les sens externes ont exécuté ces opérations, les facultés internes respectives conçoivent d'elles une *connaissance intelligente*. Point de sens, point d'impressions externes; et, sans facultés, point de conception intelligente de ces impressions.

C'est pour avoir oublié ce principe que pendant de longues années il a été impossible de faire le moindre pas dans la nomenclature phrénologique. Les tons seuls, il est vrai, peuvent percevoir les sons musicaux et leurs rapports; le langage, les signes arbitraires intelligents et leurs rapports; l'ordre, l'arrangement des objets et les rapports de cet arrangement; mais on n'a pas remarqué que toutes et chacune de ces facultés seraient inutiles si les autres, dans le cercle de leur juridiction, ne percevaient pas intelligemment ce qui se passe en elles, et réciproquement ce qui se passe dans les autres.

A quoi servirait, par exemple, que la langagetivité ou langage inventât des signes arbitraires pour exprimer des idées, des désirs, des affections, s'il ne lui était pas donné de comprendre ces idées, ces désirs, ces affections, *dès qu'elles sont mises en existence par les facultés compétentes?* Pour former un signe intelligent, il faut le former avec intelligence de l'idée, du désir et de l'affection qu'il a pour objet d'exprimer. Bien plus, l'existence du langage oral, ou des signes oraux, serait impossible si l'on ne supposait pas cette faculté en rapport intelligent avec les tons, par exemple. En effet, si le langage ne percevait pas les opérations des tons ou tonotivité, il ne pourrait pas opérer avec la conception des sons; et, sans la conception des sons, comment l'existence du langage oral serait-elle possible? Comment serait-il possible que la langagetivité accomplît son désir, qui est de communiquer un sens intelligent aux sons? Sans *ouïes* il n'y a pas de musique; sans *tonotivité* il n'y aurait pas de langage sonore. D'un autre côté, à quoi servirait au calcul ou comptativité de percevoir et de concevoir des quantités numériques si, incapables de rapport intelligent avec l'individualité, ces quantités ne pouvaient s'appliquer aux objets, c'est-à-dire ne pouvaient avoir une application concrète, et par conséquent étaient complétement inutiles?

Non-seulement la localité, l'ordre, le calcul numérique, l'éventualité, le temps, la mélodie, le langage arbitraire, perçoivent ce qui se passe en d'autres facultés, seul moyen qu'ils aient de prendre connaissance de tous les rapports des objets externes, mais toutes et chacune des facultés ont et doivent avoir, s'il y a *unité* mentale dans l'âme, ou si l'âme est une, comme le soleil est *un* avec ses rayons, un rapport mutuel et une union intelligente, en tant que leur juridiction spéciale l'exige ainsi.

La constructivité est, par exemple, une tendance à faire, à confectionner. Comment la langagetivité formerait-elle des mots, si elle ne se trouvait pas en combinaison intelligente avec la constructivité? Et la même constructivité, dont la fonction exclusive est de produire de nouvelles modifications, combinaisons et applications dans les objets physiques, comment pourrait-elle confectionner, c'est à-dire donner de nouvelles formes aux objets, sans une intelligente combinaison avec les facultés qui ont un rapport direct avec les mêmes obj ts externes et leurs qualités physiques? Les sens externes sont à l'individualité, à la forme, à l'étendue, au coloris et aux autres facultés, dont le désir ne peut trouver son accomplissement sans la perception des rapports *externes*, ce que ces mêmes facultés internes sont à celles dont le désir spécial ne peut trouver son accomplissement sans la perception des sensations *internes*.

La mélodie ou tonotivité est, sans doute aucun, la seule faculté dans l'âme qui puisse désirer, percevoir, concevoir, comparer, rechercher, déduire, se mouvoir musicalement ; de même que la constructivité est la seule faculté qui puisse désirer, percevoir, concevoir, comparer, rechercher, dédu.re et se mouvoir mécaniquement ; mais la production des instruments de musique pourra-t-elle même se concevoir, si la constructivité ne perçoit pas, ne conçoit pas, n'est pas rationnellement poussée par les opérations de la tonotivité? Non. En ce cas, la tonotivité est à la constructivité ce que l'ouïe est à la tonotivité, ou ce que l'œil est au coloris.

La bienveillance désire du bien aux autres. En elle prennent leur source les affections qu'on appelle pitié et miséricorde. La pitié est un phénomène ou produit naturel, spontané et exclusif de la bienveillance; mais la miséricorde est un acte de la bienveillance, en vue ou perception intelligente des désirs de la consciencciosité offensée. Comment serait-il possible, si la bienveillance ne pouvait percevoir et concevoir rationnellement les actes de la consciencciosité, que la miséricorde, c'est-à-dire le désir d'être bienveillant malgré qu'il y ait transgression, eût jamais apparu dans l'esprit humain? Il n'y a pas de milieu : ou il faut convenir qu'une action, résultat de diverses facultés, suppose perception et conception intelligente entre elles, ou que c'est une absurdité de parler, d'éclairer, d'instruire, de diriger une faculté.

Éclairer, instruire, diriger la philogéniture, par exemple, qu'est-ce, sinon supposer en elle la perception et la conception intelligente des connaissances que d'autres facultés obtiennent en vertu de leur attribut exclusif? La philogéniture désire la tendresse, mais il n'est pas dans son attribut spécial de connaître « aucun mode déterminé de désirer la tendresse, » et on l'appelle *aveugle* pour c. tte raison. Tous les phrénologues sont d'accord là-dessus; tous conviennent également que cette philogéniture peut être éclairée, instruite, dirigée par d'autres facultés, quant à quelque mode dé terminé d'être tendre, afin d'opérer avec elles en combinaison harmonique. Or, en même temps qu'ils lui accordent cette capacité d'une part, ils la lui refusent complètement de l'autre, puisqu'ils lui nient le pouvoir de *percevoir* et de *concevoir* ce qui se passe dans les facultés qui instruisent ou qui sont intelligentes.

Les phrénologues accordent à toutes les facultés la connaissance intime de leurs propres sensations, et, bien plus, le pouvoir actif et passif d'exercer et de recevoir entre elles une influence réciproque, comme j ai essayé de vous l'expliquer clairement et au long dans la leçon XII, p. 154 à 157; dans la leçon XX, p. 303 à 304, et dans d'autres endroits, — ce qu'il est nécessaire que vous ayez toujours présent à la mémoire.

Or que signifie qu'une faculté mentale puisse produire des phénomènes propres, particuliers, exclusifs, conformément à sa spécialité? Que signifie qu'une faculté puisse être influencée ou excitée par toutes et chacune des autres facultés? Que signifie qu'une faculté ait connaissance ou conviction intime de tout ce qui se passe en elle, c'est-à-dire de ses sensations, sans quoi elle perdrait son caractère de spiritualité? Que signifie tout cela, je le répète, sinon que chaque faculté peut percevoir et concevoir rationnellement ses propres sensations, et les sensations qui sont la propriété exclusive des autres facultés en combinaison desquelles elle est destinée à opérer?

D'un autre côté, et c'est le plus important, toute faculté communique les sensations dont elle est le théâtre, et dont elle a conscience ou connaissance intime. A qui les communique-t-elle? Évidemment à toutes les autres facultés, qui sont et constituent l'âme UNE dans son essence et sa puissance. Supposer un instant qu'il peut exister une seule faculté sans perception et conception intelligentes de ce qui se passe en elle, ce serait nier à l'âme son unité, parce que ce serait nier son *intelligence une*. Si les affections, comme le suppose Spurzheim, manquaient de perception et de conception intelligentes, l'âme aurait donc deux natures, l'âme qui est comme un centre de lumière pure, simple et indivisible, avec divers rayons ou principes d'action. Si l'on admet un instant que quelques-uns de ces rayons n'éclairent pas, on admet deux unités, deux natures, on rend complexe et divisible ce centre de lumière. L'attribut qui distingue primordialement l'âme de la matière, ce n'est pas ses sensations ou impressions, mais l'*intelligence* ou *connaissance* de ces sensations.

Priver quelques facultés du pouvoir de perception et de conception, c'est-à-dire d'avoir une connaissance intelligente et de leurs sensations propres et spéciales, et de celles qu'elles reçoivent par l'influence d'autres facultés, ce serait donc, je le répète, priver l'âme de l'*unité intellectuelle*, de l'unité du MOI, de l'unité de l'être qui désire et repousse, veut et ne veut pas, se meut, perçoit et conçoit, et qui sent rationnellement qu'il se meut, perçoit et conçoit; en un mot, ce serait priver l'âme de l'unité de l'âme, tandis que nous pouvons, grâce à la phrénologie, nous donner une raison philosophique du pourquoi cette unité de *sentir* qui se sent, et de *connaître* qui se connaît, parfois ne se manifeste pas.

En ce monde l'âme exécute ses opérations selon l'organisme auquel elle se trouve mystérieusement unie. Les organes des facultés qui sont en rapport avec le monde externe sont enlacés avec les sens et en font partie intégrante. Il n'est donc pas étonnant qu'il y ait des personnes avec des organes malades qui voient doubles tous les objets. Une multitude de fous entendent, d'un seul côté de la tête, chanter les anges ou crier les démons. Un célèbre médecin, ami du docteur Gall, se plaignait souvent de ne pouvoir penser du côté gauche de la tête : le côté droit surpassait le gauche d'un pouce au moins de hauteur. J'ai vu ici, à Barcelone, une jeune fille qui se croyait double, c'est-à-dire qu'elle croyait avoir deux unités mentales, l'une composée d'esprits méchants qui la tenaient prisonnière; l'autre, qui était *elle-même* et qui devait, malgré elle, se soumettre à l'unité méchante. Gall soigna un malade qui pendant trois ans entendit dans le côté gauche de sa tête des paysans qui l'insultaient. Ordinairement il parvenait à reconnaître son erreur; mais, s'il se mettait tant soit peu hors de lui-même, ou s'il avait un accès de fièvre, il s'imaginait, sans pouvoir rectifier son illusion, entendre des cris qui l'insultaient. Tiedman fait mention d'un More qui était fou par un côté de la tête et qui par l'autre connaissait et étudiait sa folie.

« Tous les monomanes, dit Spurzheim (t. cit., p. 76), ont leur MOI, ou l'unité de leur connaissance intime, compliqué. J'ai vu à Dublin un luna- tique qui s'imaginait être le duc de Wellington, je l'ai vu aussi, à un grand dîner, se comportant et parlant avec tant de raison, que personne n'aurait soupçonné son aberration. » — Caldwell, *Elements of Phrenology*, 2ᵉ édit., p. 82, à propos de ces cas, en cite un autre, tout à fait analogue, causé par une chute de cheval. — Un M. R. B. écrivit à George Combe, à la date du 25 juin 1836, une lettre où il lui disait entre autres choses : « Une nuit, après une journée de travail corporel très-pénible et d'une grande anxiété mentale, je me mis à lire un livre. Soudain il me sembla lire l'auteur avec deux âmes distinctes, occupées simultanément à la même page. Le lende- main cette double sensation avait disparu. »

Si l'on considère que le cerveau se compose de deux hémisphères, chaque hémisphère d'une grande quantité d'organes, peut-être d'appareils [1], et que tous sont sujets à la maladie et au dérangement, il n'est pas difficile de concevoir la possibilité de semblables aberrations mentales. Mais établir que des facultés perçoivent et conçoivent rationnellement, et d'autres non, c'est, je le répète, établir, comme l'a fait Spurzheim, en principe psychologique et purement mental, une doctrine qui détruirait l'âme, que cet auteur, du reste, admet pleinement. Je me félicite donc que tant d'années, tant de veilles, tant d'études, tant d'abnégation par moi consacrées à cette matière, aient donné pour résultat, dans les profondes convictions de mon esprit, l'UNITÉ SPIRITUELLE, et fassent voir ainsi de nouveau en une glorieuse har- monie la vérité philosophique et la vérité religieuse.

[1] *Organe*, en physiologie, comme il est pris ici, signifie : une partie simple d'un vé- gétal ou d'un animal qui exécute une fonction spéciale et déterminée. Un groupe d'or- ganes, qui remplissent une fonction composée locale, s'appelle *appareil*; ainsi, l'appareil auditif, l'appareil respiratoire. Une collection d'organes, dispersés par tout le corps, qui remplissent une fonction composée générale, s'appelle *système*; ainsi, le système nerveux, le système musculaire.

LEÇON XXI

Dénomination, nomenclature et classification des facultés et de leurs organes.

(SUITE.)

MESSIEURS,

A la tête des phrénologues qui accordent les mêmes attributs généraux à toutes les facultés, se trouve Gall; Spurzheim est à la tête de ceux qui opinent que toutes les facultés, dans leur sphère spéciale, n'ont pas les mêmes attributs, ou modes d'opération ou d'action. Pendant vingt années, je le répète, j'ai pesé les arguments et les exemples de l'un et l'autre philosophe, pendant vingt années j'ai retourné cette matière dans mon esprit, l'éclairant de toutes les connaissances qui s'y rapportent et que j'ai été capable d'acquérir, et le résultat de toutes mes méditations et de mes réflexions a été de me mettre, en principe général, du côté de Gall.

Je ne laisse pas de croire néanmoins que ces deux hommes immortels, l'un père, l'autre principal apôtre de la phrénologie, négligèrent de s'arrêter assez longtemps sur les principaux attributs ou modes d'action communs à toutes et à chacune des facultés. Ils n'ont pas non plus suffisamment étudié, selon moi, lequel de ces *modes d'opération ou d'action* devrait être regardé comme primordial ou le plus essentiel, pour servir de guide ou de règle dans la dénomination uniforme de chacune des facultés. C'est à ces négligences, à mon humble avis, que nous devons de n'avoir pas encore une nomenclature qui, partant d'un principe universel incontestable, satisfasse tous les esprits.

Si je ne me fais pas illusion, je crois avoir déterminé les principaux attributs de chaque faculté, communs à toutes les facultés, sans exception aucune, et m'être fixé parmi eux sur le primordial ou le plus important, signalé en soi et de soi par la nature, comme type ou règle de dénomination générale[1].

Je ne prétends pas avoir rien découvert; je crois seulement m'être servi de matériaux préparés par mes prédécesseurs pour faire un nouveau pas en avant dans la carrière de la science psychologique. Il n'est pas douteux que,

---

[1] Ce sont : désirer, répugner, percevoir, concevoir, se souvenir et sentir agréablement ou désagréablement un quelque chose de particulier et de déterminé, d'ordre différent et distinct, dans chaque faculté. Pour la faculté suprême et souveraine, appelée harmonisativité, désirer et repousser, c'est vouloir et ne pas vouloir; pour elle, sentir est un acte agréable ou désagréable purement rationnel, parce qu'il est toujours accompagné de la connaissance de la cause. Tout cela est longuement expliqué dans le cours des leçons suivantes. *(Note de l'auteur pour l'édition française.)*

sans les efforts de ceux qui m'ont précédé, je n'aurais fait aucun progrès dans la nomenclature phrénologique, si tant est que ce que je vais exposer en soit un; il est clair que si d'autres n'avaient pas commencé l'édifice, je ne pourrais pas aujourd'hui y apporter ma petite pierre. — Entrons en matière.

L'harmonie universelle, que nous contemplons avec admiration de toutes parts, dépend de certaines CONCORDANCES et DISCORDANCES, avec lesquelles toutes nos facultés mentales se trouvent en rapport intime et en union. Pour peu que nous contemplions le monde *interne* qui est au dedans de nous, et le monde *externe* qui existe au dehors de nous, nous remarquerons, presque irrésistiblement, que chaque faculté mentale se trouve en harmonie avec une classe d'objets, d'actions, de qualités, de rapports et de conditions qui l'affectent agréablement, d'où naît leur *concordance*, source de PLAISIR; en même temps qu'elle se trouve en contra-position avec une autre classe antagoniste, d'où naît leur *discordance*, source de DOULEUR.

La CONCORDANCE et son conséquent le *plaisir* est l'objet sur lequel se fonde la loi; et la DISCORDANCE et son conséquent la *douleur* est l'aiguillon qui nous presse et nous oblige à chercher à accomplir la loi. Le mérite et la récompense se basent sur la concordance; le démérite et le châtiment sur la discordance.

Je ne m'oppose pas ici à la mortification du corps par suite de vœu ou de tout autre motif *supérieur*; j'établis seulement le principe que Dieu veut notre BONHEUR, qui est la religion, la justice, la bonté, en un mot la *concordance*; et que, si nous ne le cherchons pas volontairement, le MALHEUR, qui naît de l'irréligion, du vice, de l'injustice, de la méchanceté, en un mot de la *discordance*, nous le fait chercher *forcément*.

Si Dieu nous a accordé la faculté de la sensibilité physique, c'est-à-dire la tactivité, il a aussi créé des objets qui produisent d'agréables sensations corporelles, comme les corps doux, les tièdes températures, les contacts aimables avec lesquels la tactivité est en *concordance*. Mais les corps doux n'existent pas sans les corps durs, les tièdes températures sans les températures extrêmes, les contacts aimables sans les contacts douloureux, avec lesquels la tactivité est en *discordance*. Si nous avons la faculté visuelle, la clarté existe aussi, avec laquelle elle se trouve en correspondance harmonique: mais la clarté n'existe pas sans son antagoniste inharmonique, qui est l'*obscurité*. .

Ce qui est vrai pour le tact et la vue est vrai pour la destructivité, l'idéalité et toutes les autres facultés mentales; chacune d'elles se trouve en concordance avec une classe d'objets et de rapports, et en discordance avec une autre classe qui est l'antagoniste de la première.

Si Dieu nous a donné la destructivité, dans le monde externe existent aussi la décadence, la décrépitude et la mort, avec lesquelles la destructivité se trouve en concordance. Mais ni la décadence, ni la décrépitude, ni la mort n'existent dans le monde externe à l'exclusion de leurs antagonistes, la vigueur, la jeunesse, la reproduction, avec lesquelles la destructivité est en discordance. Et, au contraire, l'idéalité ou meillorativité, qui est en soi l'antagoniste de la destructivité, se trouve en concordance avec la reproduction, la jeunesse, la vigueur, et en discordance avec la mort, la décrépitude, la décadence. De sorte que les facultés de l'âme sont entre elles, comme les objets du monde externe, en rapports d'harmonie et d'antagonisme, de concordance et de discordance ; et tout cela pour former cette admirable harmonie et cette concordance universelle que nous contemplons avec admiration de toutes parts.

En effet, la meilloratívité se sert parfois de son antagoniste la destructivité, pour faire disparaître l'arriéré, le laid et le rachitique, dans le but de les remplacer par le progrès, le beau, le vigoureux. D'un autre côté, nous voyons souvent la destructivité se servir de l'idéalité, sous les inspirations de la bienveillance, pour embellir les cimetières, améliorer les funérailles, perfectionner les échafauds. Voilà comment opèrent les facultés, même les plus contraires, les plus opposées entre elles, afin que de la plus grande discordance naisse toujours la concordance la plus complète, qui est la fin et la loi que Dieu a établies.

Si la concordance est, en effet, notre but et notre loi, la base du mérite et du plaisir, et si la discordance est notre transgression et notre châtiment, la base du démérite et de la douleur, Dieu, qui est la suprême bonté, la suprême sagesse, la suprême puissance, a dû nous donner un désir, une impulsion vers la *concordance*, et une répugnance ou une aversion pour la *discordance*. Après plus de vingt ans de méditation sur ce sujet, après, je le répète, avoir plus de vingt ans roulé cette matière dans mon esprit, je trouve que la fonction spéciale, primordiale et essentielle de toute faculté est de *désirer* un objet ou une action, et de *repousser* l'objet ou l'action antagoniste. Bien plus, je trouve qu'il n'y a aucun phrénologue, même quand il commet sur ce point mille contradictions, qui ne sente profondément, qui ne sente d'une manière concluante, que toutes et chacune des facultés DÉSIRENT et REPOUSSENT ; désirent ce qui est en concordance avec elles et produit du *plaisir*, et repoussent ce qui est avec elles en discordance et produit de la *douleur*.

La tonotivité désire les harmonies et repousse les sons discordants ; la philogéniture désire ce qui est jeune et repousse ce qui est décrépit ; la forme désire tout ce qui a configuration physique et repousse ce qui est purement abstrait ; la conscienciosité désire le juste et repousse l'injuste.

Ces désirs et ces aversions sont des instincts aveugles, c'est-à-dire, des mouvements ou émotions qui sortent du dedans, sans déterminer ni distinguer rationnellement la classe des objets de leur désir, jusqu'à ce que d'autres facultés ou d'autres sens la leur fassent connaître. Ainsi s'établissent dans toutes les facultés cette dépendance et cette harmonie générales qui constituent l'*union mentale*.

Pour faire comprendre nettement ces mouvements instinctifs internes,

quelques éclaircissements suffiront. Le célèbre aveugle Isern de Mataro a un
désir vague, indéterminé de *voir*, mais il ne sait pas, il ne distingue pas
ce que c'est que voir, parce qu'il n'a pas les yeux qui communiquent à la
faculté mentale les impressions visuelles qui constituent la réalité du voir,
ou l'objet *réel* du désir *mental* de voir. Un sourd de naissance a le désir
d'user de signes intelligents, c'est-à-dire de signes qui expriment les idées et
les affections; mais, comme la faculté lenguistique est un pur désir aveugle
mental, *qui ne porte pas en soi les moyens de satisfaction*, parmi lesquelles
le son, il ne lui est pas donné de parler, c'est-à-dire il ne sait pas ce que
c'est que les sons oraux pour pouvoir s'en servir comme de moyens de
communication intelligente. Pour être sourd, il ne prend pas moins des
poses, des attitudes, il ne fait pas moins des gestes intelligents, mais seulement lorsqu'il se voit compris; et c'est alors, alors seulement, qu'il sait ce
que c'est que parler avec des mouvements. La consciencivité ou rectivité
désire aveuglément la justice et repousse l'injustice aveuglément et naturellement, mais elle ne sait pas, elle n'a pas l'intelligence de ce que c'est que
ceci ou cela, jusqu'à ce qu'elle le *perçoive*, c'est-à-dire jusqu'à ce que l'expérience ou d'autres facultés le lui apprennent. C'est comme l'aveugle Isern
qui désire *voir*, mais qui ne *sait* pas ce que c'est que voir.

De là suit la conséquence naturelle que dans toute faculté, outre le désir ou commotion interne qui y prend naissance, il y a capacité de recevoir ou PERCEVOIR[1], c'est-à-dire, de savoir ou connaître l'objet de son désir,
perception intelligente produite par une excitation, commotion, émotion,
affection, impression, sensation ou sentiment.

Cet objet, ou la fin, le but des désirs, peut être : les propriétés des objets
physiques externes qui se *perçoivent* seulement au moyen d'un contact direct avec eux ; les objets externes et leurs qualités et rapports physiques,
qui se *perçoivent* seulement en les ayant prés nts. mais sans avoir d'aucune
manière contact direct avec eux ; les qualités, actions, relations morales,
qui se connaissent, abstraction faite, ou indépendamment des objets avec
lesquels elles se perçoivent (je l expliquerai avec étendue) ; les sensations
et notions acquises par toutes les facultés, abstraction faite des objets, actions, qualités et relations externes qui les ont produites.

On voit là une gradation naturelle et sublime, qui détermine avec une
merveilleuse beauté l'ordre hiérarchique des facultés mentales. Les unes
connaissent, en entrant en contact avec les objets ; les autres en les considérant seulement mentalement ; une troisième classe en s'appliquant seulement à leurs qualités morales ; une quatrième, sans avoir de contact, de
rapport ni de lien, en faisant seulement attention aux communications in-

---

[1] Comme le sens des mots *percevo'r* et *percep'ion* a donné lieu à de grandes disputes
entre les philosophes de toutes les écoles, je me suis occupé longuement et en différentes
occasions de cette matière, dans les leçons qui suivent. Enfin, je crois l'avoir expliqué à
la satisfaction de tous. Le lecteur qui s'y intéresse peut se reporter à la dernière leçon,
aux titres *Percevoir* et *Idées*, et aux endroits qui y sont cités.

(*Note de l'auteur pour l'édit'on française.*)

ternes des autres facultés. De sorte que, sans les *sens*, les *facultés* de contact externe ne nous donneraient pas l'intelligence de ce que c'est que voir, ouïr, sentir, goûter ni toucher ; sans ce discernement, les *facultés de discernement physique* ne pourraient percevoir ni idées ni images des qualités et rapports physiques des objets vus, ouïs, sentis, goûtés, touchés ; sans ces idées ou images physiques, les *facultés de perception morale* ne pourraient recevoir ni idées ni images des qualités, conditions et relations pures, idéales, immatérielles ; et, sans ces idées ou images pures, idéales ou immatérielles, les *facultés qui servent de centre ou de réceptacle général réfléchissant* ne pourraient recevoir ni idées ni images morales. Quelle gradation sublime ! quelle dépendance merveilleuse ! quel enchaînement parfait ! quel tout divin !

Cette même gradation, cette même dépendance ' ce même enchaînement , ce même tout se remarque dans l'organisme qui sert d'instrument intermédiaire entre l'âme et le monde externe. Voici le corps humain présenté de telle manière, qu'on voit clairement les os avec les muscles correspondants. Le squelette se compose de deux cent cinquante-quatre os avec cent quatre-vingts jointures. Les lettres de la gravure indiquent le siége des principales. A ces os et jointures sont unis trois cent soixante-quinze muscles ou parties charnues, et, aux uns et aux autres, cent cinquante nerfs ou organes de sensation et de mouvement. Toutes ces diverses parties forment une trame, un enchaînement admirable ; elles sont toutes séparables, et toutes peuvent se réunir ; elles reconnaissent toutes un centre d'action et de direction, qui est la tête, dirigée à son tour par l'esprit moteur qui y réside.

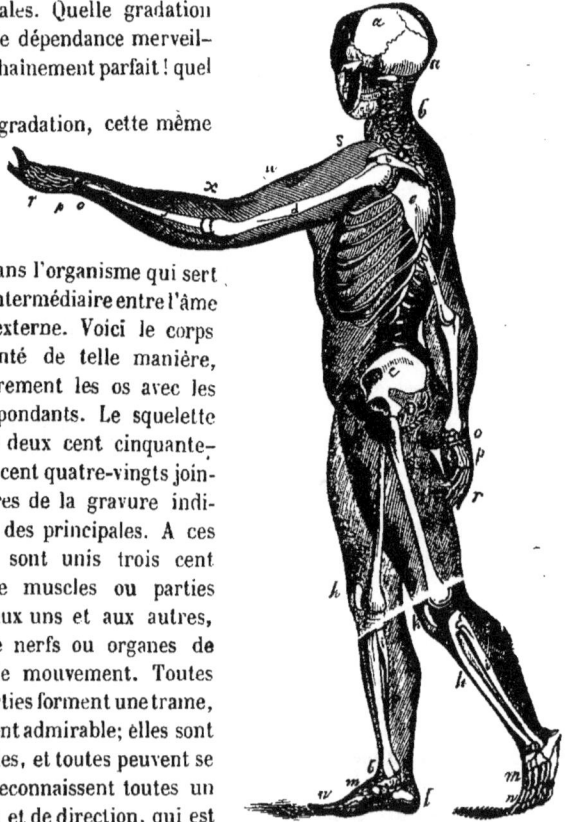

Corps humain, où sont représentés les os vus à travers les muscles ou parties charnues.

Les organes des facultés qui ont pour attribut de se trouver en contact avec les objets externes, pour prendre connaissance des impressions que ces objets produisent dans les sens, et qui peuvent s'appeler proprement *organes* et *facultés de contact externe*, sont directement unis à des appareils externes, comme on le voit dans cette gravure.

Remarquez ici que tous les appareils des sens sont directement unis à la moelle allongée et à la base du cerveau, où siégent les organes des facultés qui sont le sensorium, et perçoivent rationnellement les impressions produites dans les sens externes par le contact immédiat qu'ont avec eux les objets physiques et leurs phénomènes : elles peuvent s'appeler, comme je l'ai dit, *facultés de contact externe.* Ces facultés sont : visuali-

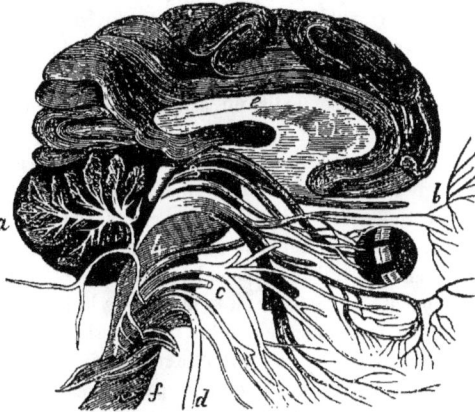

Cerveau coupé verticalement.

tivité, olfactivité, gustativité, auditivité et tactivité, dont les localités ou siéges ne sont pas encore découverts. Celui de la tactivité est en état de démonstration, et l'on commence à découvrir des indices de celui de la visualité.

Les organes des facultés qui sont excitées par les qualités morales, c'est-à-dire les *qualités qui parlent au cœur,* comme l'on dit vulgairement, et que l'on peut appeler proprement de *perception morale,* reçoivent leurs impressions *intérieurement,* sans communication aucune avec le monde externe, mais seulement par le moyen des organes et facultés de *rapport physique,* qui, à leur tour, reçoivent les impressions au moyen des organes et facultés de *contact externe.*

Les organes des facultés qui n'ont ni rapport ni lien direct avec aucun genre d'objets physiques ni de qualités morales, et qui peuvent, en conséquence, s'appeler proprement *réfléchissantes,* ou de *pur rapport abstrait* ou d'application universelle, vrai réceptacle *réfléchissant* de toutes nos sensations et de toutes nos idées, comme je l'ai déjà dit, reçoivent leurs impressions de toutes les autres facultés.

Toute impression ou excitation, qu'elle provienne de contact externe, de connaissance physique, de perception morale ou de rapport universel, est accompagnée d'une affection, d'une émotion, ou d'un sentiment agréable ou désagréable, c'est-à-dire de plaisir ou de douleur, qui appartient à une classe spéciale déterminée, suivant l'attribut particulier ou la juridiction fondamentale de la faculté qui l'éprouve.

Les parfums, par exemple, se trouvent en concordance avec l'odorat, ils sont en harmonie avec lui, leur impression produit un sentiment de plaisir qui correspond au DÉSIR; les puanteurs se trouvent en discordance, en antagonisme, leur impression produit une douleur qui correspond à l'AVERSION. Mais il peut y avoir autant d'impressions *olfactives agréables* qu'il y a de différentes substances aromatiques particulières et qu'il en résulte de leurs diverses combinaisons possibles. Pour ce qui regarde les sensations olfactives, il peut donc exister un nombre infini de *sentiments agréables*. Un œillet, une rose, un lis, un jasmin, produisent un sentiment olfactif agréable d'un même genre, il n'y a pas de doute; mais chaque objet odorant le produit d'espèce distincte. En outre, si toutes ces fleurs se combinent en un bouquet, alors la sensation olfactive est différente; et il en sera de même pour toutes les combinaisons d'objets odorants qu'il sera possible de former. Ce qui est vrai pour les bonnes odeurs et les divers plaisirs qu'elles donnent est vrai aussi pour les mauvaises et les diverses douleurs qu'elles apportent. La tactivité ou la faculté de la sensibilité physique est un autre exemple de l'immense nombre d'impressions que les sens peuvent communiquer aux facultés de *contact externe*. Si l'on nous chatouille, nous éprouvons une sensation; si l'on nous passe légèrement la main sur la peau, nous en éprouvons une autre; et une autre si l'on nous mouille; et une très-différente, si l'on nous gratte; puis une autre encore si nous nous approchons du feu; et une autre encore si nous traversons un lieu froid et humide : nous sommes donc susceptibles de recevoir autant d'impressions physiques qu'il y a ou qu'il peut y avoir de contacts. A cette différence dans la *qualité* d'espèce joignez la différence dans l'*intensité* de force, alors les affections sensitives de plaisir ou de douleur, suivant que leur qualité ou leur intensité est harmonique ou discordante, c'est-à-dire agréable ou désagréable, peuvent être innombrables. Et, en effet, combien de sortes d'affections douloureuses ne peut pas produire une seule blessure, selon la manière dont elle est faite, le point où elle est faite, la profondeur où elle a pénétré !

La même relation qui se remarque entre les excitations contactiles et les affections agréables ou désagréables éprouvées dans les facultés respectives existe entre les excitations produites par les objets et les qualités physiques que leurs facultés respectives perçoivent sans contact avec elles. Une forme quelconque, suivant ce qu'elle est, produit un sentiment agréable ou désagréable. Cuvier et Canova éprouvaient des sentiments d'extase produits par la contemplation des formes. Qui n'éprouve les sentiments agréables que produit la musique, et les sentiments contraires qu'excitent les discordances sonores? Les nombres, dans leurs variations infinies, produisent dans la faculté numérique des sentiments de leur classe spéciale agréables ou désagréables. On raconte de Newton qu'il s'évanouit de plaisir numérique quand il vit que ses immenses calculs mathématiques correspondaient aux découvertes qu'il avait faites des lois de l'attraction.

Les sentiments ou affections si variés de plaisir et de douleur que produisent les corps et leurs qualités dans les facultés de contact externe et de connaissance physique sont analogues aux fortes émotions, commotions ou sentiments qu'éprouvent les facultés de *perception morale*. De même qu'un parfum, lorsqu'il est perçu, produit sensitivement dans l'olfactivité un sentiment agréable appelé bonne odeur ; de même qu'une nuance, une couleur, l'arc-en-ciel, par exemple, produit dans la visualité un autre plaisir d'espèce différente ; que goûter un mets ou un vin savoureux en produit un autre dans la gustativité ; que l'amour sexuel en produit un autre, de classe différente, dans l'amativité ; le manger et le boire, un autre dans l'alimentivité ; de même, la perception de tendresse, dans un objet ou une action, produit un sentiment dans la philogéniture, appelée tendre affection ; la perception de la générosité dans un individu ou dans une action, excite ou met en mouvement un autre sentiment agréable dans la bienveillance ; la perception du beau, du merveilleux, du sublime, excite d'autres sentiments analogues agréables dans d'autres facultés de *perception morale*.

Les sentiments éprouvés par ces facultés ne se bornent pas là : ils peuvent être, ils sont réellement aussi nombreux que ceux que produisent les impressions contactiles des objets physiques et leurs rapports. Non-seulement chaque faculté de *perception morale* peut prendre connaissance de la qualité qui est de son attribution spéciale, mais encore elle peut la percevoir dans toutes les formes abstraites simples et combinées dont elle est susceptible. La force excitative de tendresse d'un fils diffère de celle d'un étranger ; celle d'un petit animal diffère de celle d'un petit enfant ; celle d'un enfant aimable, caressant, mais triste et malade, est bien différente de celle du même enfant en bonne santé et dans ses vivacités

Chaque objet, chaque action, peut être perçu dans ses diverses qualités morales simples ou combinées. Dans un voleur courageux, orgueilleux et rusé, l'acquisivité perçoit la qualité voleuse ; l'estime de soi-même, la qualité orgueilleuse ; la stratégitivité ou sécrétivité, la qualité rusée. Mais, comme ici le courage et l'orgueil sont des qualités secondaires ou accessoires par rapport au vol, qui est la qualité principale, celle-ci sert de centre de connaissance intime unitive de l'âme, qui perçoit le vol modifié par les autres qualités simples et complexes qu'elle connaît. L'âme les perçoit séparément, mais avec *unité* de conviction ou connaissance intime. Vous comprendrez maintenant plus clairement ce que je vous ai dit dans les leçons XII et XIX, pages 154, 303, sur l'influence mutuelle que les facultés ont entre elles.

Les facultés de pure abstraction ou de rapport universel ont aussi leurs affections, suivant les impressions qu'elles reçoivent. Nous éprouvons un sentiment, une émotion agréable quand nous entendons une comparaison, quand une cause cachée nous est découverte ou quand on nous présente une nouvelle déduction de prémisses connues ou inconnues. Ces affections peuvent être simples ou compliquées, agréables ou douloureuses, comme celles de toutes les autres facultés, suivant que les sensations et les notions perçues sont en concordance ou en discordance avec leur objet.

Le désir, de même que l'aversion; le sentiment de plaisir, de même que le sentiment de douleur, soit *simple* ou procédant d'une seule faculté, soit *complexe* ou procédant de deux ou de plusieurs facultés, a divers degrés d'intensité auxquels on donne des noms différents. Le premier mouvement de toute faculté, seule ou en combinaison avec d'autres, est de *désirer*. Ces divers degrés de désir se distinguent par les noms de velléité, aspiration, ardeur, véhémence, passion, frénésie, folie. Nous distinguons les divers degrés d'intensité de répugnance par d'autres expressions analogues, comme : un peu de répugnance, assez de répugnance, forte aversion, terrible aversion, folle ou irrésistible aversion.

Ce qui arrive avec les désirs et les répugnances arrive avec les SENTIMENTS produits par la perception des choses avec lesquelles ces désirs et ces aversions sont en rapport immédiat. C'est ainsi qu'un *sentiment* en rapport avec le désir peut faire éprouver agrément, plaisir, délice, extase; et que l'antagoniste, le *sentiment* en rapport avec la répugnance, peut faire éprouver désagrément, déplaisir, dégoût, peine, douleur, douleur insupportable, douleur extrême.

Ces qualifications des désirs et des aversions, des sentiments agréables et des sentiments désagréables, sont abstraites, c'est-à-dire générales, applicables à toutes les facultés; mais il faut remarquer que dans son individualité chaque faculté sent des désirs et des aversions, des sentiments agréables et désagréables de diverse classe; et que chacune de ces classes est susceptible de différents degrés d'intensité, qui s'expriment, soit par des dénominations d'un seul mot, soit par des définitions plus ou moins brèves.

Pour l'alimentivité, par exemple, nous disons qu'elle sent appétit, faim, voracité : répugnance, aversion pour le manger, dégoût : plaisir, satisfaction, délice dans les aliments : dégoût dans le manger, malaise, nausée. Quant à la circonspection, nous disons qu'elle sent des désirs de précaution faibles, vifs, véhéments, frénétiques. Ses divers degrés d'intensité de répugnance s'expriment par les mots négligence, étourderie, témérité, audace, mépris des mesures préventives. Les sentiments agréables de cette faculté sont les plaisirs plus ou moins vifs que nous éprouvons quand nous nous contemplons à l'abri du danger redouté. Pour exprimer les sentiments désagréables ou douloureux, nous possédons une abondance de mots, tels qu'appréhension, crainte, anxiété, épouvante, terreur panique.

Contemplons un moment les diverses facultés que possède l'âme, les divers désirs et aversions, les sentiments agréables et désagréables d'une même classe dont chacune de ces facultés est susceptible, et les divers degrés d'intensité auxquels chacune de ces sensations est sujette; contemplons ensuite la variété infinie d'action combinée que les facultés peuvent former avec les diverses intensités de désir, d'aversion, de sentiment de plaisir et de douleur; puis réfléchissons que pour communiquer cette immensité de mouvements de l'âme, l'âme elle-même a inventé des signes arbitraires; qui de nous alors, saisi de respect et d'admiration, ne s'écriera avec enthousiasme : « Grand Dieu! ce que vous avez créé en nous et hors de nous est tout prodige, tout merveille, tout mystère [1]. »

Outre le désir dont l'opposé est l'*aversion;* outre la perception des impressions des sentiments opposés de *plaisir* et de *douleur*, toutes les facultés mentales possèdent un autre attribut primordial, ou mode essentiel général d'opérer, que l'on nomme conception, sur laquelle se basent et d'où tirent leur origine tous les éléments d'invention, d'amélioration et de progrès humain. Cet attribut primordial, ce mode d'action essentiel, commun à toutes les facultés, a pour objet de mettre l'homme en concordance, et par conséquent en *discordance possible* avec ce que Dieu a fait de *perfectible* ici-bas, ou, ce qui est la même chose, ce qu'il a laissé de susceptible d'amendement, de correction, de progrès. Dieu a donc non-seulement accordé à sa créature privilégiée une faculté spéciale dont le désir fondamental et exclusif est d'avancer, d'améliorer, de perfectionner, d'embellir, de progresser, mais encore il a fait toutes les facultés *conceptives* ou *imaginatives,* afin que les perceptions reçues leur servissent d'autant d'autres éléments générateurs pour produire de nouvelles créations mentales internes, manifestées bientôt dans de nouveaux progrès matériels externes.

De même que les semences reçues ou perçues par les entrailles de la terre y germent en vertu de ses forces fécondantes et produisent ensuite, selon le terrain, de nouvelles plantes améliorées, de même la constructivité, par exemple, percevant une structure mécanique, s'y attache, s'y incorpore, et, par son action conceptive, donne, suivant son état de développement, naissance à une nouvelle production mécanique améliorée. La tonotivité se pénètre d'une musique qu'elle entend; par son action *conceptive* ou *imaginative,* elle la réunit dans son mystérieux intérieur à d'autres musiques déjà entendues, l'y combine de mille modes et de mille manières, il en sort enfin une nouvelle musique améliorée, en harmonie avec le *progrès* et la *perfectibilité* que Dieu a établie comme loi universelle de tout ce qu'il a créé.

La *conception* s'appelle encore, et peut-être tout aussi proprement, imagination, c'est-à-dire génération d'images ou idées.

Chaque perception, ou action perceptive qui s'effectue dans les facultés, imprime en elles une copie, représentation ou image de l'objet, qualité ou rapport perçus. Dès l'instant où cette copie, représentation, figure ou image, qui s'appelle encore *idée* [2], s'est formée au *dedans,* l'âme en a connaissance, intelligence, conviction intime ou savoir, toujours avec accompagnement d'un sentiment, comme je l'ai déjà dit. Il faut donc bien comprendre que si l'*image* ou l'*idée,* dans le sens physique ou propre, n'est qu'une impression ou une

---

[1] Ce que je dis dans la leçon LVIII ou dernière de ce cours, sous l'intitulé : Synonymes des mots *sensations, affection* et *sentiment,* et dans les divers endroits que j'y indique, est le complément de ces explications sur les sentiments. (*Note de l'auteur pour l'édition française.*)

[2] Idée, du mot grec *idea,* dérivé de *eïd-eïn,* « voir, se former une représentation ou image dans l'esprit. »

copie, comme celle d'un sceau sur la cire ou d'un caractère typographique sur le papier, dans le sens moral ou figuré, c'est l'image ou l'idée formée au dedans de l'âme et dont l'âme a perception, connaissance ou intelligence. C'est pourquoi, en pareils cas, toutes les fois que l'on parle d'image ou d'idée, on veut faire entendre l'image ou l'idée qu'a l'âme de l'impression reçue et qu'elle contemple au dedans d'elle-même [1].

Les idées ou images que *perçoivent* les facultés de rapport externe s'appellent physiques. Le son, la forme, la couleur, le nombre, sont des *images* ou *idées physiques* directement perçues au moyen d'impressions physiques, ou matériellement faites sur les sens. Leur rapport avec les facultés mentales est purement *externe*.

Outre ces images ou idées physiques, c'est-à-dire de rapport *externe*, il y en a d'autres dont la perception intelligente est l'attribut exclusif des *facultés morales ;* leur rapport est purement *interne*. L'âme les reçoit par l'intermédiaire des organes des facultés de rapport externe, et non par le moyen des sens, où elles s'impriment physiquement ou corporellement.

« Toute la nature parle au cœur; — la poésie est le langage des passions ; — pas d'objet qui n'ait son éloquence; » ce sont là des façons de parler communes et vulgaires, mais pleines d'enseignement et de vérité, parce qu'elles donnent à comprendre que tout ce qui nous entoure a, outre sa signification physique, une autre signification plus sublime, plus imposante, plus impressionnante, une signification *morale*.

Cette signification s'entend sans explication, parce que chacun la sent en soi-même; elle est du domaine et de la juridiction de certaines facutés qui n'ont pas de rapport immédiat avec les sens externes. C'est ainsi que tout le monde comprend que les qualités morales, les preuves morales, les causes morales, les démonstrations morales, les forces morales, les lois morales, les principes moraux, sont du ressort exclusif de l'intelligence dans ses opérations internes.

Au moment où les facultés de rapport externe perçoivent les cataractes du Niagara, dont l'imposante sublimité est indescriptible, les facultés de perception morale reçoivent instantanément, et plus rapide que la lumière, une impression vague et indéterminée, qui n'est ni de saveur, ni d'odeur, ni de couleur, ni d'étendue, ni de nombre, ni de durée, ni de configuration, ni d'arrangement, ni d'aucune propriété physique, mais qui produit le délicieux sentiment du grandiose, du sublime, qui nous émeut et nous transporte. Ce grandiose, ce sublime, c'est l'idée ou image que les facultés morales perçoivent.

Nous percevons une autre idée analogue, mais complexe, et qui élève l'âme

---

[1] Depuis, les découvertes psychologiques que j'ai faites m'ont mis en état de pouvoir expliquer clairement et exactement ce qu'on entend réellement et positivement par *idée*, soit que nous voulions exprimer une conception ou *idée-chose*, soit une perception ou *idée-de-la-chose*. Je renvoie le lecteur à la dernière leçon et endroits y indiqués, sous l'épigraphe : *idées*.   (*Note de l'auteur pour l'édition française.*)

à la contemplation et à l'extase céleste, en entrant dans la cathédrale de Sé-ville ou à Saint-Pierre de Rome. Combien différente de celle-ci est l'idée ou l'image qui s'empare de l'âme d'une jeune mère en contemplant le premier-né qui vient de sortir de ses entrailles! Et que dirons-nous de l'idée ou image que perçoit l'anatomiste dans la contemplation abstraite de la struc-ture du corps humain, ou le mécanicien dans l'observation du *régénéra-teur*, petite pièce mécanique de vingt-six pouces de large sur autant de haut, que vient d'inventer le capitaine anglais *Ericson*, laquelle, sans feu ni combustible aucun, porte l'air à une température de 450 degrés de chaleur et double son volume en le faisant seulement passer par les vingt-sept millions de trous ou cellulettes qu'elle renferme dans un si petit espace?

Cette sublimité qui se trouve dans les cataractes du Niagara, cette religio-sité incorporée à la cathédrale de Séville et à Saint-Pierre de Rome, ce doux attrait dans le nouveau-né, cette merveilleuse constructivité abstraite dans le corps humain, qu'est-ce, sinon des qualités morales dont Dieu a impré-gné ces objets? N'y a-t-il pas de la beauté dans les champs, comme il y a de la musique dans les oiseaux? N'y a-t-il pas des mystères dans la germination d'une plante, comme il y en a dans la conception d'une créature humaine? N'y a-t-il pas une force qui excite l'espérance dans le temps, comme il y a une justice et une bonté dans l'ordre de l'univers? Eh bien, ces qualités, ces puissances émouvantes, ces mystères, ce quelque chose qui verse l'es-pérance, cette justice, forces qui n'ont ni saveur, ni parfum, ni couleur, ni forme, ni étendue, mais qui sont incorporées aux objets qui possèdent toutes ces propriétés physiques, pourraient-elles être perçues par l'homme, si Dieu n'avait pas accordé à l'homme des facultés spéciales pour les *percevoir*, de même qu'il lui en a accordé pour *percevoir* les idées ou images qui éma-nent des impressions physiques? Non, assurément.

De même que celui qui n'a pas d'yeux ne peut pas percevoir les couleurs, de même celui qui n'a pas l'organe de la philogéniture ne perçoit pas la ten-dresse externe et n'en éprouve pas le sentiment au dedans de lui-même; de même que celui qui n'a pas l'ouïe ne perçoit pas les sons, ni aucune image ou idée qui entre dans leur combinaison, comme la musique, le langage oral, etc., de même celui qui manque de l'organe de l'idéalité ne peut per-cevoir ni beauté, ni progrès, ni avancement moral, idéal ou abstrait, ni image ou idée aucune qui entre en combinaison avec elle; de même que celui qui ne posséderait pas les nerfs de sensibilité physique ne percevrait aucune impres-sion tactile, ni image ou idée aucune qui entre en combinaison avec elle, comme les surfaces plus ou moins douces, les plaisirs et les douleurs physi-ques plus ou moins agréables ou désagréables, de même celui qui n'aurait pas l'organe de la bienveillance ne pourrait pas percevoir la bonté morale, idéale ou abstraite, ni aucune idée ou image qui entre en combinaison avec elle, comme les lois pour le soulagement des pauvres, les institutions pour améliorer le sort des malheureux, et autres idées analogues.

Mais, comme il n'est pas de créature humaine qui soit née sans ces organes plus ou moins développés, il n'en est pas non plus qui ne nous montre, si elle est saine, des marques de désirs, de perceptions, de sentiments moraux. Il y a certainement des créatures humaines bien abruties, mais il n'y en a aucune chez qui ces attributs ne se manifestent pas; les Caraïbes eux-mêmes, vous les connaissez, en donnent des signes; autrement ils ne seraient pas des hommes, ils seraient des bêtes sauvages.

Eh bien, outre que chaque faculté perçoit, ou se forme une idée ou image intelligente des sentiments ou des impressions produites par les qualités physiques et les qualités morales, elle a le pouvoir, ou l'attribut, de contempler et d'avoir présentes ces images en l'absence entière et complète des objets qui les ont produites. D'un autre côté, chaque faculté a l'attribut de pouvoir les combiner avec d'autres de même nature, et celui encore de se trouver en rapport intelligent avec d'autres facultés, c'est-à-dire, de percevoir du *dedans* les images qui existent en elles, de les tourner et retourner toutes de mille manières et en mille formes variées, produisant de nouvelles images perfectionnées, qui s'impriment et se manifestent ensuite de mille manières perfectionnées dans le monde externe.

Après ce que je viens d'exposer, il est de la plus haute importance de vous faire une idée claire et complète de ce qu'on entend par perception et conception ou imagination. Le mot *perception* signifie la connaissance qu'une faculté se forme actuellement de toutes les impressions qu'elle éprouve, soit qu'elles procèdent du monde externe, soit d'autres facultés du monde interne.

Nous voyons un tableau. Sa beauté idéale, c'est-à-dire la beauté mentalement conçue par l'artiste et imprimée à ce tableau, impressionne la meliorativité. Cette faculté a immédiatement conscience intime, ou connaissance intime intelligente de cette impression et du sentiment qu'elle produit; or cette connaissance intelligente constitue ce que nous appelons *perception*. Si ce tableau représente un moribond, la bienveillance et la conservativité reçoivent une impression qui produit un sentiment douloureux. Ces facultés ont sur-le-champ connaissance intime de cette impression et de son sentiment douloureux; et cette connaissance intime est la *perception*. Le commerce qui s'établit entre ces facultés connaissant ce qui se passe entre elles est un acte de *perception*.

Un soldat qui a commis une faute voit son supérieur immédiat en colère: aussitôt cet homme, qui affronterait hardiment les balles de l'ennemi, tremble de peur. Cette colère *impressionne* la précautivité; et cette même précautivité a conscience intime, intelligente, de cette impression manifestée dans le douloureux sentiment qu'elle éprouve; c'est la *perception*. Et, en effet, que peut être cette intime conscience, sinon une *perception*, c'est-à-dire une idée ou image intelligente que la faculté *perçoit* de ce sentiment produit par l'impression? La tactivité et la rectivité se mettent en mouvement simultanément avec la précautivité. La première sent et perçoit, par conception ou souvenir, le sentiment douloureux du châtiment; la seconde celui du repentir. La précautivité, qui dans ce cas sert de point unitif mental, tous les sentiments se fondant et se confondant dans la *peur*, se forme une idée, ou a une intelligente PERCEPTION de ce qui se passe dans les deux autres facultés. Voilà comment opère la PERCEPTION d'une faculté relativement à ce qui lui vient du monde externe par l'intermédiaire des sens, et relativement à ce qui se présente directement à elle du monde interne[1].

Toute faculté, outre son attribut de *percevoir*, c'est-à-dire de se former une connaissance intelligente de ce qui se passe actuellement en elle, a la capacité de *concevoir*, c'est-à-dire qu'en elle, comme je l'ai déjà dit longuement, les perceptions se modifient, se combinent, se séparent et se convertissent en de nouvelles créations, idées ou images, d'où vient que la conception s'appelle aussi imagination. La perception est le pouvoir qu'a chaque faculté de prendre connaissance de ce qui existe, selon les impressions qu'elle reçoit actuellement ; la conception ou l'imagination est la capacité de donner de nouvelles formes à ce qui existe, et par conséquent de produire de nouvelles créations. Comme les perceptions déjà reçues sont pour l'ordinaire présentes à cet acte de formation, ce qui a une fois impressionné une faculté s'appelle conception, tout aussi bien que l'idée où création nouvelle qui en sort. De même l'on dit que l'on conçoit une musique déjà entendue, et une musique nouvellement créée ou produite. La conception ou imagination se rapporte donc, dans toute l'étendue de sa signification, à toute idée ou image qui perçoit une faculté, pure création mentale ou souvenir de quelque impression déjà reçue, dans laquelle les sens ou observations externes n'ont aucune intervention. Il serait peut-être plus convenable d'appeler actes mémoratifs, comme je l'expliquerai en son lieu, la reproduction dans une faculté des impressions ; auquel cas, conception ou imagination se dirait seulement des nouvelles créations ou produits de chaque faculté où d'une série de facultés.

De toutes manières, il y a toujours une grande différence entre une vérité uniquement conçue, imaginée, créée ou entrevue dans notre esprit, et une vérité perçue. Dans une vérité perçue, il y a eu intervention des sens externes; dans la vérité conçue, non. Et, comme l'objet de toute *conception* est d'être d'une utile application dans le monde externe, ou une consolation et une espérance dans le monde interne, il y a des conceptions de deux sortes : les unes, objet d'expérience, de démonstration, de vérification; les autres, à l'état de conjecture, de pressentiment, de théorie. Tant que Colomb ne vit le nouveau monde que dans son esprit, il le *conçut*, l'*imagina;* ce n'est qu'après l'avoir découvert qu'il le *perçut*. Daguerre *conçut* d'abord et *perçut* ensuite la photographie. Toute invention et de nombreuses découvertes sont des produits de *conception;* la *perception* observe, expérimente, rectifie, perfectionne les nouvelles conceptions une fois qu'elles sont réalisées, ou, ce qui est la même chose, une fois qu'on leur a donné ou qu'on leur a découvert une existence matérielle dans le monde externe.

---

[1] Ce que je dis dans la LVIIIᵉ et dernière leçon, sous l'épigraphe : *sensation et percevoir*, ainsi que les endroits cités, complètent cette explication. (*Note de l'auteur pour l'édition française.*)

Il y a deux ordres de conceptions : les unes, objet de *croyance;* les autres, objet de foi. Celles-là sont objet de croyance dont les causes immédiates sont du domaine de la *perception tactile.* Celles-là sont objet de foi, dont les causes immédiates ne sont ni ne pourront jamais être du domaine de la perception tactile que par une grâce spéciale de la divine providence. Un fait probable qu'on nous raconte, un effet visible de causes inconnues, une théorie que nous concevons, la confiance, le crédit, sont objets de *croyance.* L'existence de Dieu, l'existence de l'âme, la vie éternelle, sont des conceptions, des vérités *conceptives* qui ne pourront jamais être perçues dans ce monde que par ceux que la Toute-Puissance a choisis pour cela. C'est sur cet ordre de conceptions que repose la foi, cette première vertu théologale, cette lumière, cette connaissance souveraine par laquelle nous croyons les yeux fermés ce que Dieu dit et ce que l'Église catholique nous propose.

LEÇON XXII

Dénomination, nomenclature et classification des facultés et de leurs organes.

(SUITE.)

MESSIEURS,

Spurzheim a dit : « *Les facultés affectives ont leur origine en nous-mêmes; elles ne s'acquièrent par aucune circonstance externe; elles ne peuvent être enseignées; il faut les sentir pour les comprendre. Elles sont aveugles par elles-mêmes et elles agissent sans intelligence.* »

Si ce que je viens d'exposer dans les deux dernières leçons est vrai, comme je le crois et comme je me suis efforcé de le démontrer, Spurzheim, dans ce paragraphe, a formulé une erreur à chacune des quatre propositions qu'il renferme. Oui, messieurs, je le répète, si mes observations sur les attributs généraux des facultés sont vraies, Spurzheim a fait quatre erreurs dans ce paragraphe.

En remplissant, comme je le fais aujourd'hui, le triste et pénible devoir de l'annoncer, je me sens confondu et anéanti en présence des *mânes* de l'illustre Spurzheim. Moi aussi je commets des erreurs, et cependant je n'ai pas l'intention de les commettre. Moi aussi j'émets des idées qui, dans l'état de nos connaissances, *aujourd'hui* sont acceptées comme vérités, et *demain* peut-être de nouvelles découvertes me feront voir que je me suis trompé. Plaise à Dieu alors que celui à qui incombera le devoir de faire à mon égard ce que je fais en ce moment avec douleur à l'égard de Spurzheim soit animé du même esprit qui m'anime, je puis le dire dans toute la sincérité et dans toute l'effusion de mon âme, de cet esprit qui est l'*amour du progrès*.

La première erreur commise par Spurzheim dans le paragraphe cité est la même qui a été imputée à Gall avec beaucoup de vérité et quelquefois avec malice; c'est de prendre *des actes pour des facultés;* vous avez appris leur différence complète dans l'avant-dernière leçon. En effet, quelle est la faculté qui ne prend pas son origine en nous? Quelle est la faculté qui peut être acquise par une circonstance externe quelconque? Spurzheim a même écrit presque un volume entier pour prouver, et il l'a prouvé complétement, que toute faculté est innée; ce qui revient à dire qu'*aucune circonstance externe ne peut créer l'âme;* personne, si ce n'est un dément, ne peut en douter, pas même en songe. Ici Spurzheim a voulu dire que les affections ou impulsions produites par les facultés étaient des conditions qui prenaient naissance *en nous,* de même que les qualités et les rapports des objets matériels sont des conditions qui prennent leur origine au dehors.

La seconde erreur commise par Spurzheim a été de confondre les *désirs* avec les *affections.* Le DÉSIR est un penchant impulsif qui, naturellement et spontanément, se développe dès le premier mouvement d'une faculté quelconque, sans que pour le produire il soit nécessaire d'un objet ou d'un rapport extérieur. C'est une plante indigène de toute faculté; elle jaillit comme les sources jaillissent des rochers. L'AFFECTION est une émotion spéciale agréable ou pénible, dont toutes les facultés et chacune d'elles sont susceptibles : elle peut être spontanée ou excitée par un désir, par une perception ou par une conception.

La troisième erreur commise par Spurzheim a été de supposer que les sensations des facultés qu'il nomme *affectives*, et que j'appelle de *perception* ou d'*action morale*, ne s'acquièrent par aucune circonstance externe, ni ne peuvent être apprises sans être obligé de les sentir pour les comprendre. C'est ici que Spurzheim démontre qu'il s'est peu livré à l'étude des opérations de chaque faculté, considérées soit dans leur isolement individuel, soit dans leur combinaison avec les autres facultés. Je dis cela, parce qu'il n'y a pas une sensation quelconque qui puisse être apprise, ni qui puisse s'engendrer autre part que dans l'*intérieur* des facultés.

Pourra-t-on jamais apprendre à quelqu'un ce que c'est qu'une saveur, une odeur, une couleur, s'il manque des facultés intellectuelles, la gustativité, l'olfactivité et la visualité? Pourra-t-on jamais apprendre ce que c'est qu'un angle, un pentagone, et qu'un triangle a trois angles, à celui qui n'a pas la faculté intellectuelle de la forme ou configuration? Et pourquoi? Précisément parce que ces impressions configuratives doivent être reçues dans l'*intérieur* de la faculté, avant que cette même faculté puisse en avoir, ni dans un sens ni dans un autre, une perception intelligente; il est donc de toute impossibilité qu'une circonstance externe quelconque puisse produire ce qui est une propriété particulière, spéciale et exclusive d'une faculté mentale. La circonstance externe ne fait qu'impressionner la faculté interne;

mais, si cette faculté manque, comment produire en elle l'impression? Et, sans cette impression, comment la percevoir, comment s'en faire une idée, une image intelligente?

Si l'on me dit : Comment peut-on percevoir ce dont il ne nous est pas donné de nous faire une idée autrement que par une impression reçue? Pouvons-nous par hasard nous former une idée d'une saveur, si ce n'est par l'impression que la substance à laquelle elle est inhérente produit dans la gustativité? Pourrons-nous nous faire une idée de ce que c'est que voir un objet autrement que par l'impression que la lumière produit dans la visualitivité? Quelle idée pourrions-nous jamais avoir du parfum des fleurs sans l'olfactivité?

Eh bien, il en est de même des *facultés de perception* ou d'*action morale*. Il y a en elles un désir aveugle et inné, confus et indéterminé, de se mettre en contact avec leur objet; mais elles ignorent quel est cet objet jusqu'à ce qu'elles se trouvent en contact avec lui. La bénévolentivité sent naturellement, spontanément et d'une manière innée à son premier mouvement, un désir de faire du bien; mais ce désir est aveugle, vague, confus, indéterminé, comme le désir de voir dans l'aveugle Isern de Mataro ou quelque autre aveugle de naissance. Au moment où l'on présente à la bénévolentivité des actes de compassion, de générosité, de noble conduite, ou lorsqu'au contraire on la rend témoin d'insultes, de malheurs, de souffrances, de peines, d'afflictions, il s'éveille en elle naturellement et spontanément une impression qui produit une affection agréable ou désagréable. La perception de cette impression produite par la condition morale externe et l'affection sentie intérieurement, voilà l'idée, l'image intelligente que la même bénévolentivité se forme du bien; de même que la perception de l'impression produite sur le palais par la saveur agréable ou désagréable d'un objet matériel, et l'affection mentale agréable ou désagréable qui suit cette impression, constituent l'idée ou l'image de la saveur que se forme la gustativité. Si l'on retirait cette force de perception à la rectivité, à la méliorativité, à la destructivité, saurions-nous jamais rationnellement ce que c'est que la justice, le progrès, la férocité; c'est-à-dire saurions-nous jamais ce qui se passe dans ces facultés? Pourrions-nous concevoir des idées de justice, de bonté, de beauté pour les incorporer ou les appliquer aux objets et aux institutions externes? Ce serait impossible.

En résumé, qu'est-ce que la perception, sinon la connaissance, l'intelligence, le sens interne d'une faculté relativement à ce qui se passe en elle? Et qu'est-ce que des *idées*, des *images* morales, sinon la perception intelligente des affections et des impressions que les *éléments* moraux, en dehors de nous et les *affections* morales en dedans de nous, produisent dans les facultés que Dieu nous a données pour sentir et comprendre ces affections et ces impressions? Relativement à la perception, quelle différence y a-t-il entre la *résistance physique* ni vue, ni sentie, ni entendue, ni savourée, inhérente à un objet, et la force excitative de frayeur inhérente à une menace ? Il n'y en a aucune. De même que, sans la faculté de la pesativité, la perception de la *résistance physique* ne saurait exister pour nous, de même aussi il ne saurait y avoir de frayeur sans la précautivité.

Pour compléter la démonstration de ce sujet, je présente ici le portrait de la reine catholique, en parallèle avec celui de Robespierre. Le premier a été fait d'après une gravure rapportée par Prescott dans son *Histoire des rois catholiques*, et tirée elle-même d'un cadre original qu'on trouve dans le palais royal de Madrid. Celui de Robespierre que je présente ici est identique au portrait qu'on rencontre dans toutes ses biographies et que vous reconnaîtrez, j'en suis sûr, à une lieue de distance.

ISABELLE LA CATHOLIQUE, née en 1451, morte en 1504.

Je ne ferai pas d'observation sur ces deux têtes, vu les connaissances que vous possédez. Il me suffit d'appeler votre attention sur la partie supérieure, nommée la partie *morale* par excellence, parce que c'est là que se trouvent et que résident la plupart des facultés exclusivement spéciales à l'homme, qu'elles élèvent à une hauteur incommensurable au-dessus des brutes. Combien la partie supérieure de la tête n'est-elle pas élevée dans notre reine catholique ! Combien n'est-elle pas déprimée dans Robespierre !

Ces deux têtes eurent en main les destinées de deux peuples. L'une fut la source de tout ce que la nation espagnole a eu depuis de grand, de bon et de glorieux ; de l'autre sortit le règne de la terreur. Isabelle se conciliait tous les esprits et tous les cœurs ; elle apaisait toutes les colères et toutes les haines ; elle infusait son esprit de moralité à sa nation, faisait régner l'ordre et le respect dans toutes les affaires et parmi tous ses sujets ; son gouvernement était répressif, mais sans terreur, progressif, mais sans aliénation, sans injustice ; il faisait marcher de front les intérêts de toutes les classes, leur donnant à la fois un appui et une impulsion mutuels.

Ce fut elle, oui elle-même, qui, contre l'avis de ses conseillers et amis, vendit ses joyaux particuliers pour que Colomb pût arriver enfin à ses découvertes de mondes inconnus et que la civilisation pût y commencer ses conquêtes. Elle fut un reflet de morale et de vertu privées, pur et resplendissant, qui exerçait alors et exerce même aujourd'hui son influence sur tout le monde civilisé. Elle régna par l'intelligence et la vertu ; elle instruisit, par le bon exemple et par une conduite sans tache ; elle se concilia tous les cœurs par un amour pur et sincère du prochain, par une force morale ferme et invariable ; elle mourut enfin pleurée, estimée, respectée et vénérée par les bons et par les méchants.

Si l'on me dit qu'Isabelle eut des défauts, je répondrai que son essence n'était pas angélique, mais humaine ; si l'on me dit qu'elle fit la guerre contre Grenade, je répondrai que c'était une guerre de races, une guerre qui, à cette époque et dans ces temps, n'admettait ni conciliation ni trêve, et qui, cependant, sera toujours, par la manière dont elle a été conduite, une des plus grandes gloires d'Isabelle la Catholique.

Que fit Robespierre dans des circonstances à peu près semblables? Il mina les institutions politiques, foula aux pieds les éléments moraux, fit planer sur la nation une tempête furieuse au milieu de laquelle vertus, biens et personnes, tout, en un mot, allait s'engloutir et s'ensevelir dans le tourbillon des passions frénétiquement exaltées. Robespierre ne *conçut* d'autre mode de perquisition, d'autre moyen de surveillance que l'espionnage et la ruse, d'autre mode d'agir que l'astuce et la fourberie, d'autre système de répression que la terreur de la guillotine. Ainsi ces deux personnages , Robespierre, né en 1759, fut guillotiné en 1794.

ROBESPIERRE, né en 1759, fut guillotiné en 1794.

bespierre plus encore qu'Isabelle, eurent une volonté d'action presque suprême. Quels furent les organes qui servirent de moyens de manifestation à la perception et à la conception de leurs plans? Quelles furent leurs facultés de relation externe, les seules que Spurzheim appelle *perceptives*, comme si les autres ne l'étaient pas? C'est ce qu'il n'est pas possible de dire, puisqu'il est très-difficile de savoir quel est, de ces deux personnages, celui qui possédait un plus grand développement de ces facultés. Robespierre, dans ses plans d'astuce, de fourberie, d'hypocrisie, de terreur et d'extermination, ne manifesta-t-il pas par hasard autant de talent que la reine catholique dans ses projets d'amélioration, de progrès, de noblesse, de paix, de protection et de conciliation universelles? Les idées et les images conçues par Robespierre furent simplement celles des facultés de la stratégivité, ou sécrétivité, et de la destructivité, qui, à leur tour, engendrèrent des discours, des plans et des moyens d'action pour les facultés de relation externe et d'application universelle.

De deux choses l'une : ou bien il faut supposer que les facultés réflexives ou d'application universelle sont les seules qui, dans tous les cas, perçoivent et conçoivent des idées et des images suivant les inspirations des autres facultés; ou bien il faut supposer que les autres facultés les perçoivent et les conçoivent d'elles-mêmes. Si la première supposition était vraie, nous ne verrions pas le renard et d'autres animaux se montrer pleins d'astuce, ce qui présuppose des idées et des images astucieuses; ni le chien présenter des traits de fidélité, ce qui présuppose des idées et des images de fidélité, puisqu'ils manquent absolument de facultés réflexives ou d'application universelle. Si la première hypothèse était vraie, les idées de beauté, de bienveillance, de vénération, de justice, de perception morale, enfin, ne se manifesteraient point suivant le développement des organes de ces facultés, mais bien suivant le développement des facultés réflexives, chose dont la seule supposition est un contre-sens. Nous voyons, d'ailleurs, des lunatiques sujets à la singulière extravagance de croire qu'ils sont des rois, des empereurs, des saints, et même Dieu, ou qu'ils doivent mourir de pauvreté, quoique riches, ou qui s'imaginent toute autre absurdité, tandis qu'ils raisonnent logiquement et sainement sur leur folie. A ce genre de démence, que la médecine connaît très-bien, on donne le nom de *folie raisonnée* ou folie raisonnante.

Dans ces cas, on dit que l'inférioritivité ou vénération et l'acquisivité sont *malades,* et les facultés réflexives ou universelles *saines.* Qu'est-ce que cela signifie, sinon que l'inférioritivité et l'acquisivité *perçoivent* et conçoivent des idées et des images? Comment, dans le cas contraire, un semblable délire, une pareille fixité d'idées seraient-ils possibles dans l'état sain des facultés réflexives, les seules auxquelles on pourrait avec quelque certitude attribuer ces aberrations?

Il est certain que toute faculté dans sa spécialité individuelle est susceptible de désirer et d'avoir de l'aversion, de sentir des affections agréables et pénibles, de percevoir et de concevoir, de comparer, de rechercher et de déduire des idées et des images de ces désirs et de ces répugnances, de ces affections agréables et désagréables. Cette doctrine sur les attributs de toutes les facultés éclaire et rend compte d'une manière satisfaisante, et d'accord avec les principes religieux, de tout phénomène mental ; elle concilie et met en évidence le côté faible de la plupart des systèmes psychologiques, en désaccord jusqu'à ce jour, parce qu'ils étaient incomplets, comme je l'ai démontré au commencement de ces leçons; elle forme un corps de philosophie pratique qui conduit, d'une manière efficace, à améliorer la condition de l'homme et

à élever sa dignité, tandis que nier la perception, la conception, la comparaison, l'investigation et la déduction dans la plupart des facultés, comme le
fait Spurzheim, c'est, à mon avis, se jeter dans un chaos de confusion, de
contradiction et de discordance, chaos dans lequel nous avons été plongés
jusqu'à présent, par rapport aux fonctions des facultés [1].

La quatrième erreur commise, à mon avis, par Spurzheim, a été de ne
pas expliquer *pourquoi* les facultés qu'il nomme *affectives* sont *aveugles* et
agissent sans *intelligence*. Le besoin de donner une solution à ce *pourquoi*,
le désir de trouver une réponse qui n'eût même été que *plausible*, m'ont
rendu impatient et pensif pendant des années. « Pourquoi certaines facultés
doivent-elles être aveugles et agir sans intelligence, et pourquoi d'autres
facultés ont-elles une vue et agissent-elles avec intelligence, puisque ces facultés constituent l'âme, c'est-à-dire un tout intelligent? » Telle était la
question que je m'adressais toujours, et à laquelle je ne pouvais répondre
à ma satisfaction. Enfin, à force de penser, à force de chercher, on trouve.

Spurzheim, en attribuant aux différentes facultés des modes d'action généraux différents, ne s'aperçut pas de la contradiction dans laquelle il tomba,
en disant que *toutes les facultés désirent*. Si toutes les facultés *désirent*,
dans son esprit, toutes ont une part d'*impulsion- aveugle* qui, d'après sa
définition, devrait les rendre toutes AFFECTIVES. Pourquoi donc, toutes ces
facultés étant AFFECTIVES, et agissant par conséquent en aveugles et sans intelligence, nomme-t-il les unes *aveugles* et les autres *intellectuelles?* C'est
ce que ne nous disent ni Spurzheim ni aucun autre phrénologue. La seule
chose qu'ils répondent quand on leur signale en évidence de si grandes inconséquences, de telles contradictions et discordances, c'est que l'on n'a
pas encore découvert tous les organes ni tous les modes d'action ou attributs
de ces organes, et que, jusqu'à ce que ces découvertes soient faites, les dénominations, la nomenclature et les classifications phrénologiques seront
imparfaites.

D'après cette explication, nous ne saurions jamais étudier trop le connu.
Je ne vois pas d'époque, quelque avancée qu'elle soit, qui, à cause de la condition imparfaite, mais perfectible de l'homme, ne constitue un point de
départ pour de nouveaux progrès et de nouvelles améliorations, comme je
l'ai dit dans ma leçon inaugurale, en vous faisant remarquer que l'*astronomie* de notre temps peut être l'*astrologie* d'un autre. Parce que nous
n'avons pas découvert toutes les facultés mentales à l'aide de leurs organes,
ce n'est pas et cela ne doit pas être une raison pour nous empêcher d'étudier
davantage et mieux, avec de nouveaux et de plus grands efforts, les attributs
ou modes d'agir des facultés découvertes reconnues.

---

[1] La vérité de tout ce que je dis ci-dessus ressortira avec plus d'éclat et de splendeur
après les découvertes psychologiques dont je rends compte plus loin. Pour la rectification
et démonstration complète de ce sujet, il convient que le lecteur jette les yeux sur ce que
je dis dans la leçon dernière de cet ouvrage, à l'article *Idées* et autres citations qui y
sont faites.   (*Note de l'auteur pour l'édition française.*)

Partant de ce principe, inspiré par le souffle divin qui nous pousse en avant et toujours en avant, je suis parvenu à concevoir que la raison qui fait que toutes les facultés sont et doivent être de leur nature *aveugles* en partie et en partie *intelligentes*, se fonde sur ce même fait que toutes *désirent savoir ou connaître;* c'est ce que le sens intime, l'expérience, l'autorité de tous les moralistes et la doctrine de tous les psychologistes, quelle que soit leur école, révèlent, enseignent et établissent.

Le même mot *désirer* signifie une inclination, un soupir, une envie, une passion ou un emportement pour ce qu'on ne sait pas, pour ce qu'on ne possède pas, pour ce qu'on n'a pas fait, car il est absurde de supposer au moins qu'on puisse désirer apprendre ce qu'on sait, posséder ce qu'on possède, ou faire ce qu'on fait. Le savoir ou l'évidence, l'intelligence ou la connaissance, viennent en tout cas après que l'objet du désir a impressionné la faculté; mais ils sont une concomitance, une suite inséparable du désir.

Les désirs sont en eux-mêmes indéterminés, et se rapportent vaguement et aveuglément *à toute une classe* d'individus; mais non aux individus de cette classe tant qu'ils ne sont pas connus. C'est ainsi que la visualité désire voir, mais non voir le noir, le bleu, le coloré, ce qui serait connaître d'une manière innée et infuse. L'olfactivité désire sentir, mais non l'odeur d'un œillet, d'une rose, d'un jasmin, ou de tel ou tel bouquet de fleurs; elle ne désire que flairer. La destructivité désire détruire, mais elle ne détermine pas le genre de cette destruction. De même encore il n'y a point de faculté de tuer des moutons, des chevaux ou des hommes, ni de détruire des maisons, des institutions; il n'y a pas le mode suivant lequel cette destruction doit s'exécuter, comme si, par exemple, c'était par des coups, par des armes, par des explosions, lentement ou secrètement, ou par le moyen d'intrigues légitimes ou réprouvées. La destructivité seule désire détruire; le pourquoi et le comment doivent venir de la conception et de l'influence d'autres facultés qui dominent cette faculté ou sont dominées par elle. Une couleur spéciale, un moyen particulier de destruction, une satisfaction d'amour, étant une fois connus, la faculté a fait agir sa *partie intelligente;* elle a acquis les moyens de CHOISIR et de déterminer. Par cette courte explication, vous comprendrez que l'*aveuglement* d'une faculté consiste dans sa *partie désirante* et son intelligence ou intellectualité, de *inter legere* « choisir entre », dans sa partie perceptive ou conceptive.

Beaucoup de modes connus de voir, d'entendre, de détruire, de faire du bien, d'engendrer, d'agir avec astuce, etc., sont devenus autant d'idées ou autant d'images qui font partie intégrante des facultés respectives qui ont acquis ces connaissances. Il n'est pas douteux que ces idées ou images sont celles d'objets externes; mais il y a inhérente à elles-mêmes une *relation* ou *condition* qu'une faculté mentale spéciale a seule pouvoir de percevoir ou de concevoir. Les facultés de contact externe perçoivent et conçoivent sans doute les rapports ou conditions d'un objet appelés lumière, odeur, saveur,

son; les facultés de connaissance physique perçoivent et conçoivent sans
doute les rapports et conditions appelés forme, couleur, nombre, ordre; les
facultés de perception morale perçoivent et conçoivent sans doute les rapports et conditions appelés bonté, liberté, propriété, justice, et celles d'application universelle les rapports et conditions appelés comparaison, cause
et induction. Eh bien, entre ces facultés, il y a un ordre hiérarchique,
comme je l'ai déjà dit, d'antériorité et de postériorité, d'où naissent leur
dépendance, leur enchainement et leur enlacement merveilleux.

Les facultés de contact externe ne peuvent percevoir ni concevoir lumière,
odeur ou saveur sans les sens externes; les facultés de connaissance physique
ne peuvent percevoir ni concevoir configuration, individualité, résistance,
sans leurs sens qui sont les facultés de contact externe; les facultés de perception morale ne peuvent pas de même percevoir ni concevoir la beauté,
l'orgueil, la vanité, la construction, l'astuce, la générosité, sans leurs sens
qui sont les facultés de contact externe et de connaissance physique, et enfin
les facultés d'application universelle ne peuvent percevoir ni concevoir comparaison, cause, ni déductions générales, sans que les autres facultés leur
servent de sens ou d'agents de communication.

C'est pour ne pas avoir remarqué que certaines facultés sont par ordre
hiérarchique les sens d'autres facultés qu'on a imaginé la supposition erronée que les facultés de *perception morale* ne perçoivent ni ne conçoivent.
Parce que, par exemple, l'amativité ne perçoit ni ne conçoit qu'en combinaison d'objets ou d'actes matériels qui appartiennent à la juridiction immédiate des facultés de relation externe, on a supposé qu'elle ne percevait
ni ne concevait la relation ou condition amative inhérente à ces actes ou
objets que seule, et elle seulement, avait pouvoir de percevoir et de concevoir.

S'il n'en était pas ainsi, nous pourrions alors nier l'attribut de perception aux mêmes facultés que Spurzheim appelle *perceptives* par excellence,
et que je nomme de *relation externe*, par le moyen du syllogisme suivant:
« C'est ainsi que les facultés *perceptives* conçoivent presque exclusivement
au moyen de *mots* les objets, attributs et relations qui sont exclusivement
de son ressort; dont la faculté linguistique seule est celle qui possède exclusivement l'attribut de percevoir les objets, les attributs et les rapports. »

La moindre réflexion nous fera voir cependant qu'il n'en est pas ainsi,
que ces objets, attributs et rapports, sont conçus par les facultés avec lesquelles ils sont en relation. Quoique la langagetivité, en entendant des mots
dont nous connaissons le sens, perçoive des signes intelligents, elle ne détermine point en elle-même, ni d'elle-même, quel genre d'intelligence est
inhérent à chacune de ces paroles. En entendant les mots: bleu, vert, noir,
la langagetivité agit par rapport à la faculté du coloris, comme l'auditivité a
agi relativement à l'ouïe. Sans langagetivité il n'y aurait pas eu perception
de sons intelligents en général; mais sans coloritivité il n'y aurait pas eu
non plus perception d'une couleur spéciale exprimée par ces mots. En en-

tendant les mots : astuce, ruse, fourberie, piége, la langagetivité perçoit des
sons intelligents ; mais, sans la stratégitivité, il n'y aurait point dans l'âme,
perception de la signification spéciale de ces mots. La langagetivité est à la
coloritivité, à la stratégitivité, ce que ces facultés sont à d'autres facultés.
Lorsque la stratégitivité perçoit le sens de l'astuce, de la ruse, de la fourberie, du piége, elle perçoit une idée vague, confuse, indéterminée, abstraite,
jusqu'à ce que d'autres facultés, chacune suivant leur juridiction spéciale,
l'aident à faire une application concrète, réelle, positive de ces qualités.
D'où il suit évidemment que si à la langagetivité appartient exclusivement le
pouvoir de percevoir des signes intelligents, aux autres facultés seulement
est donné l'attribut de percevoir, chacune suivant leur juridiction respective, le sens ou la signification propre à chaque mot. Et alors, quand ces
facultés communiquent à la langagetivité leurs perceptions, elle peut concevoir des sons intelligents appliqués à des objets spéciaux, à des qualités, à
des actions et à des relations. Or, si nous ne devons pas accorder à la bénévolentivité, à l'acquisivité, à la philoprolétivité ou à toute autre faculté
de *perception morale*, la puissance de percevoir, de concevoir, de comparer,
de chercher, et d'en déduire des idées et des images bienveillantes, d'acqui-
sition ou de tendresse filiale, parce que cela ne peut avoir lieu sans que ces
idées ou images soient incorporées à certains objets, à certaines qualités
et conditions du domaine des facultés de relation externe, nous ne devrions
pas non plus concéder à la langagetivité la faculté de percevoir des idées ou
des images linguistiques, parce que, pour cela, il faut qu'il y ait avec l'action de la langagetivité une concurrence intelligente simultanée des autres
facultés, ce qui passerait pour une absurdité manifeste.

Toujours est-il que cette mutuelle relation et cette mutuelle dépendance
où chaque faculté se trouve par rapport aux autres prouve d'une manière
incontestable l'*unité mentale* beaucoup mieux que toute autre preuve philosophique qu'on pourrait nous présenter. Cette mutuelle relation et ce
mutuel enchaînement nous expliquent comment chaque faculté est communi-
catrice et communicable, synthétique et analytique; comment, quelques idées
et quelques affections différentes que nous ayons ou que nous sentions, elles
se convertissent en un acte mental là où il y a une idée ou une affection
dominante, même lorsqu'elle change mille fois en une seconde, idée qui
est le point d'appui momentané dans lequel se révèle l'unité entière de
l'âme; de la même manière que, lorsque, à un instant donné, nous mettons
en mouvement soit un bras seul, soit un bras et une jambe, soit les jambes,
la tête et les bras ensemble, se manifeste toujours l'unité entière du même
corps.

A tous ces actes de l'esprit résultant de l'action combinée de deux ou plusieurs facultés, à chacun de leurs attributs généraux ou à tous, on donne
des noms particuliers dont je vous donnerai l'explication lorsque vous serez
bien au fait de la spécialité fondamentale de chaque faculté. Ou je me trompe
fort, ou vous comprendrez avec la plus grande clarté ce que je me propose

de vous expliquer quand nous parlerons de volonté, de jugement, d'attention, de bonheur, de sympathie, d'admiration et d'autres expressions. Je me réserve de vous parler alors de la mémoire, pour laquelle il n'y a point de faculté, ni par conséquent d'organe, car elle est un attribut général de toutes les facultés ainsi que du pouvoir qui existe en deux ou plusieurs facultés collectivement considérées, et elle se distingue aussi par des noms différents, comme ceux d'habitude, de talent, de génie, etc.; ce qui formera, avec les explications données auparavant, un traité complet d'idéologie, de logique et de philosophie morale. (Voir la LVIIIᵉ ou dernière leçon.)

Spurzheim applique le nom d'affections aux mouvements quelconques de l'âme qui produisent des émotions accompagnées de douleur ou de plaisir, de désir ou de répugnance. C'est dans ce sens qu'on emploie d'ordinaire le mot affections. Nous disons, en parlant d'un orateur, qu'il remue, qu'il enflamme, qu'il entraîne les sentiments, faisant entendre par ces expressions qu'il persuade, c'est-à-dire qu'il entraîne par son éloquence les désirs et les répugnances vers l'objet qu'il a en vue, qu'il excite des affections agréables ou désagréables, selon ce qu'il se propose. Par ce que j'ai dit et par ce que je dis, vous voyez que j'établis une distinction et une différence très-grande entre des désirs et des affections. Par *désir*, j'entends le mouvement d'inclination d'une faculté pour un objet ou une action particulière; la répugnance est son antagonisme; par affection, j'entends un mouvement de cette même faculté, non accompagné d'une inclination, mais d'un plaisir d'un genre spécial dont la douleur est son antagonisme.

Spurzheim, et quand je dis Spurzheim je dis presque tous les phrénologues, fait aussi la même distinction; il nomme les *désirs* PROPENSIONS, et les *affections* ÉMOTIONS, et comprend les uns et les autres sous la dénomination d'affections.

Eh bien, ils divisent, comme vous l'avez vu, toutes les facultés de l'âme en *affectives* et en *intellectuelles*, sans concéder l'intelligence aux premières, ni l'affection aux secondes, ainsi que j'ai cherché à vous le faire comprendre sans équivoque et avec clarté. Vous savez combien je diffère de cette manière de penser, puisque je n'ai cessé de répéter que les facultés affectives ne peuvent manquer d'intelligence, que les facultés intellectuelles ne peuvent manquer d'affections, en prenant ce mot dans son sens générique et expressif de désirs et de répugnances, d'émotions agréables et pénibles.

En effet, les motifs qui portent ces phrénologues à ne pas concéder aux affections intelligence ou perception et conception, et les raisons pour lesquelles, à mon avis, elles devraient leur être concédées, ou, pour mieux dire, les raisons pour lesquelles Dieu les leur a concédées, ont été exposées avec toute l'extension que j'ai jugée nécessaire et toute la lumière qu'il a été donné à mes plus grands efforts de produire. Désireux, toutefois, de vous communiquer tout ce qui me vient à l'esprit sur cette matière, je dois vous avertir, en outre de ce qui a été exposé, que, s'il n'y a pas, comme je l'explique un peu plus loin, une faculté en activité ou en action qui

ne donne un indice de son existence par les traits du visage, par les attitudes et gestes du corps; que s'il n'y a pas de condition mentale interne
qui ne se révèle, jusqu'à un certain point, par quelque aspect physique
externe; que cette physionomie, cet aspect, cette mimique, ce langage, ne
sont ni facultatifs ni arbitraires; mais qu'ils sont aussi naturels, aussi spontanés que les sensations que nous font éprouver la faim et la soif; qu'enfin si
ces manifestations externes *expressives* des mouvements internes sont aussi
vraies, aussi complètes et aussi universellement *perceptibles* ou intelligibles
que sont *perceptibles* ou *intelligibles* le doux ou l'aigre, le vert ou le rouge,
l'âpre ou le suave de certains objets au moment où ils se trouvent en contact avec nos sens, je ne puis que m'étonner de ce qu'il soit jamais venu à
l'esprit de quelque phrénologue l'idée de nier l'attribut de *perception* et de
conception, c'est-à-dire des actes intelligents, aux facultés que Spurzheim
appelle *affectives* et nous facultés de *perception* et d'*action morale*.

En effet, lorsque l'image de la crainte se trouve peinte sur le visage de
l'homme, quelle faculté, quel sens, perçoivent en nous cette image, si
ce n'est la faculté de *perception* et de *conception morale*, nommée précautivité? Lorsque l'image de la satisfaction que produit la vue du bien que
l'on a fait se trouve peinte sur notre visage, quelle faculté, quel sens, perçoit cette image, si ce n'est la faculté de perception et d'action morale,
appelée bénévolentivité? Quand les images de la colère ou de la tendresse se
reconnaissent à l'aspect particulier de quelque personne, quelles facultés,
quels sens avons-nous pour les percevoir, si ce n'est les facultés de perception morale, nommées destructivité et philoprolétivité? Comment pourrions-
nous percevoir les désirs luxurieux exprimés par le regard érotique et par
les gestes libidineux du lascif, ou les pénibles et poignantes sensations d'une
faim de longue durée, manifestées par un aspect jaunâtre et défaillant, si
les facultés morales ne les *percevaient* pas?

Il est vrai que ces désirs et ces affections morales en action se montrent
dans un langage plus clair, plus manifeste et plus évident que les qualités
morales incorporées aux objets purement physiques. Mais cela n'empêche
pas qu'il y ait force excitative de terreur dans la guillotine, beauté dans les
champs, espérance dans le temps, majesté terrible dans la tempête, justice,
concert et bonté dans l'harmonie de l'univers, comme il y a couleur, saveur,
odeur, résistance, son et autres propriétés dans les objets physiques. Sans
les facultés de relation externe, nous aurions aussi peu de perception de ces
objets que des qualités morales sans des facultés de perception morale.

Selon moi, l'erreur, si c'en est une, qui a fait nier les attributs de perception et de conception aux facultés appelées *affectives* par Spurzheim est
principalement venue de ce qu'elles ont été considérées sous le point de vue
exclusif de *leur attribut impulsif* pour une action. Mais il est certain que
toutes les facultés sont impulsives; il n'y a entre elles d'autre différence que
celle de nous pousser vers des objets différents. Les facultés de relation externe nous conduisent à la connaissance des qualités et des rapports inhé-

rents aux objets externes; leur but primordial est un *savoir;* les facultés morales nous poussent à faire certaines actions; leur but primordial est *agir;* les facultés universelles ou *réflexives* nous portent à diriger les connaissances et les actions vers une fin préméditée; leur but primordial est *appliquer.* Mais cela ne détruit pas, au contraire, cela présuppose l'existence d'une *perception* et d'une *conception* en elles toutes, parce qu'aucune d'elles ne peut *savoir* sans percevoir et concevoir ce qu'elle sait, ni *agir* sans percevoir et concevoir ce qu'elle fait, ni appliquer sans percevoir et concevoir ce qu'elle applique. Elles peuvent agir en *aveugles,* c'est-à-dire par simple impulsion, sans l'action des attributs *perceptifs* et conceptifs; mais ce n'est pas une raison pour que ces attributs n'existent pas, de même que ce n'est pas une raison pour que chacun des trois cent soixante-quinze muscles de l'organisme humain, comme le représente cette gravure ci-contre avec des lettres indiquant les principaux, perdent la faculté de se mouvoir de divers côtés, parce que, à un moment donné, quelques-uns seulement se meuvent dans un sens déterminé.

Les raisons pour lesquelles ces phrénologues n'ont pas concédé des désirs et des émotions aux facultés appelées exclusivement *intellectuelles,* comme si, dans l'âme, il pouvait y avoir un seul élément qui ne fût intelligent, viennent, ainsi que je l'ai dit, de ce qu'ils n'ont pas fixé leur attention sur les attributs généraux propres à toutes les facultés. Relativement à des émotions agréables ou désagréables des facultés de *relation externe,* il n'y a pas lieu de rapporter l'exemple de personne; notre propre expérience de l'émotion agréable ressentie lorsque nous sommes en possession des connaissances antérieurement désirées, ou de l'émotion désagréable ressentie lorsque nous ignorons celles que nous désirons savoir depuis un temps ou à l'instant même, est suffisante.

Système musculaire de l'organisme humain.

Pour ce qui concerne les *désirs* et les *affections,* je ne comprendrai jamais comment on a pu les refuser aux facultés de relation externe. Voyez avec quelle ardeur un enfant de six à dix ou onze mois désire, avec ses balbutiements intelligents, parler un idiome propre, original, qu'il conçoit dans son jeune esprit, et qu'il parviendrait à se former s'il ne découvrait promptement qu'il y en a un tout fait! Dès qu'il est parvenu à dix, onze ou douze mois, et qu'il a fait cette découverte, avec quelle ardeur ne désire-t-il pas acquérir les paroles conventionnelles de la langue maternelle! Avec quel délice, avec quel ravissement ne répète-t-il pas vite plusieurs fois un nouveau mot quand il remarque que sa signification, conçue d'abord par lui, est exactement comprise! Avec quel empressement il désire connaître de nouveaux objets! Avec quel élan il fait mille expériences *pour savoir* ce que *désirent* ses facultés internes de relation externe! Tous les philosophes conviennent qu'avant l'âge de sept ans nous avons appris plus que ce qu'il est possible d'apprendre ensuite, non-seulement durant la vie, mais encore pendant sept vies, si nous devions les avoir.

Les désirs qui, dans notre enfance, nous portaient vivement et ardemment à savoir, nous ne les éprouvons plus, en grande partie, dans notre jeunesse, parce que nous avons obtenu l'objet demandé, le savoir désiré. Nous savons à peine ce que c'est que désirer voir, à moins que nous ne perdions la vue; et pourquoi? Parce que ce désir naît à peine qu'il est satisfait par l'acte. Mais qu'on vienne à nous fermer les yeux de façon qu'il nous coûte un peu d'ôter le bandage qui les empêche de percevoir le jour, et nous sentirons s'augmenter le désir de voir, de percevoir la lumière à mesure que s'accroitront les difficultés de se soustraire aux obstacles. Les désirs que quelques personnes éprouvent dans leur passion pour la musique, pour les mathématiques, pour l'ordre dans leurs affaires, pour la peinture, pour les langues, ne sont-ils pas des désirs, des passions intellectuelles? Moi-même j'ai ressenti cette dernière passion avec une vive ardeur. Qu'est-ce que le plaisir, sinon une *affection*, l'affection que produit la satisfaction d'un *désir*, comme je l'ai répété plusieurs fois?

Qu'on nie l'attribut de *désirer* aux facultés intellectuelles, et nous leur ôtons les plaisirs du savoir, le bonheur intellectuel. Les plaisirs érotiques du concupiscent, ainsi que les plaisirs littéraires du moraliste, s'engendrent dans l'affection que fait naître la satisfaction de leurs désirs respectifs.

Toute faculté, quel que soit son rapport, a l'attribut de *désirer*, et, par suite, *affectable*, en éprouvant le contact ou l'impression de l'objet de son désir. Ce désir doit être *aveugle* de sa nature et il doit agir en lui-même et de lui-même sans *intelligence*, comme je l'ai démontré. Par conséquent, les facultés que Spurzheim appelle *affectives* sont aussi aveugles et sans intelligence dans leur attribut de *désirer* que celles qu'il nomme *intellectuelles*, comme je l'ai déjà dit.

Être aveugle et agir sans intelligence est un mode d'agir général, commun à toutes les facultés, et non une propriété exclusive, comme le suppose Spurzheim, de celles qu'il dénomme affectives. Donc il n'y a pas de faculté exclusivement affective ou qui ait l'attribut exclusif de désirer, ni dont l'attribut exclusif soit des penchants, puisque toutes les facultés possèdent le pouvoir de désirer. Savoir et agir avec intelligence, c'est-à-dire *percevoir* et *concevoir*, est un mode d'agir aussi de toutes les facultés, et non une propriété exclusive, comme le suppose Spurzheim, de celles qu'il nomme *intellectuelles*. Donc il n y a pas de faculté particulière d intelligence, puisque toutes sont intelligentes, et, en effet, elles doivent l'être, puisque l'âme est une unité intelligente.

Dans chaque faculté il y a un *désir* qui pousse à quelque chose de spécialement inconnu ou une *répugnance* qui nous en repousse. Lorsque ce quelque chose nous est réellement présenté ou lorsque nous le concevons, il impressionne la faculté, et il se produit en elle une sensation agréable ou pénible, dont elle a elle-même une conviction intelligente, ou savoir, c est-à-dire une *perception*. Il n'y a donc aucun inconvénient à considérer l'âme comme tous les psychologues, c'est-à-dire comme capable, d'un côté, d'éprouver des désirs ou des répugnances, des émotions agréables ou désagréables, appelant toutes ces sensations des *affections*, et, d un autre côté, de percevoir, de concevoir, de chercher, de comparer et de déduire des idées. C'est pour qu i on peut très-bien regarder l'âme, d'une part, comme *aveugle* et excitable, et, de l'autre, comme intelligente et répressible. Mais il reste bien entendu que tout cela est l'œuvre de l âme considérée comme *une* et comme un *tout* dont les principes d'action par icipent de l'impulsion, de l'affec ion et de l intelligence. Ainsi se trouvent conciliées les doctrines psychologiques enseignées jusqu'à ce jour avec celles qui résultent des découvertes phrénologiques.

L'âme transmet son action sensible et mobile par tout le corps au moyen de nerfs unis au cerveau. Voyez, dans la gravure ci-contre, avec quelle merveilleuse constructivité la moelle allongée est unie au cerveau et la moelle épinière à la moelle allongée! Voyez avec quelle admirable perfection des nerfs sortent de ces centres variés, et, comme les racines d'un tronc, se ramifient par tout le corps! Tel est le tissu qu'ils forment, qu'il n'y a pas un espace de la grandeur d'une pointe d'épingle qui ne soit recouvert, car il n'y a pas dans notre organisme un point où nous ne sentions une piqûre.

S'il est mystérieux pour nous de *percevoir* et de *concevoir* une qualité, un principe, une relation morale qui, tout en n'étant pas d'essence physique, se trouve pourtant incorporée aux objets physiques; qui, tout en n ayant ni odeur, ni saveur, ni couleur, ni pesanteur, ni forme, n'en a pas moins un langage naturel qu'on ne peut mettre en doute et que tout le monde comprend avec autant de netteté qu'il comprend la grandeur de Dieu en contemplant l'espace, le système cérébro-spinal, que n us avons sous les yeux, n'en est pas moins aussi un mystère. L'opération qui s'effectue lorsque le palais éprouve une sensation de goût, puis une autre, puis mille autres, toutes différentes et toutes variées, n'est-elle pas d'ailleurs un mysté e? N'est-ce pas encore un mystère pour nous que l opération par laquelle s'effectuent et se produisent les impressions infinies de la vision, de l'odorat, de l ouïe? Et la douleur, et le plaisir physique, qui, dans leur perception sensitive, sont du ressort de la tactivité, qui explique leurs mille modes et complications diverses d'exister? Et nous ne trouverons pas un mystère, un plus grand mystère, même dans le désir de savoir comment les *facultés de contact externe,*ont une idée, un sujet ou une représentation intelligente de toutes ces impressions physiques.

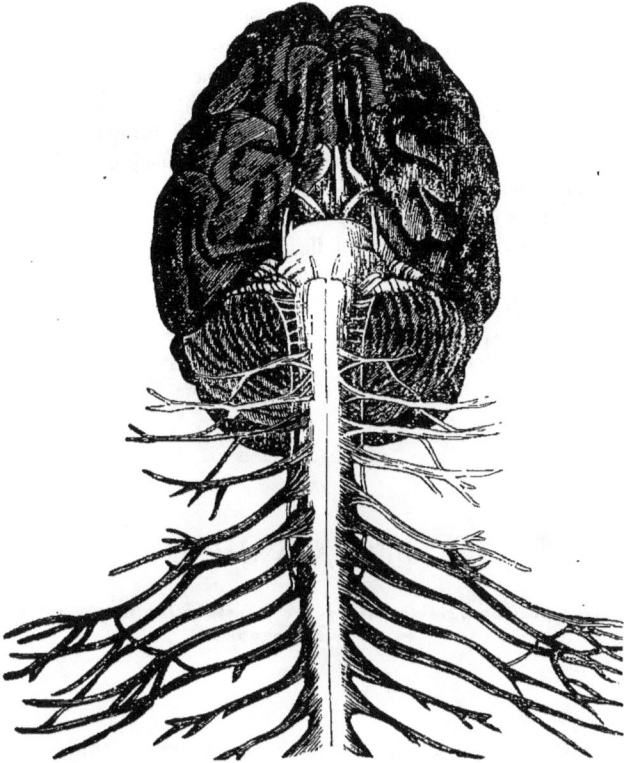

Origine de tous les nerfs qui naissent du cerveau et de la moelle épinière.

L'explication des idées physiques est aussi facile que celle des idées morales; tout est mystère. Dieu ne nous a point donné des facultés pour expliquer ou pour trouver la raison des phénomènes primitifs.

Si, parce que nous ne savons pas comment notre âme peut se former des idées de ce que la vue ne voit point, de ce que les oreilles n'entendent point, de ce que le goût ne goûte point, de ce que le tact ne touche point, de ce que l'odorat ne flaire point, nous nions l'existence des qualités que produisent ces idées; rayant le monde moral du monde physique, nous devons nier aussi le nombre, l'ordre, le temps et autres qualités et rapports physiques que l'âme perçoit d'elle-même, c'est-à-dire dont elle se forme des idées, mais dont les sens externes ne reçoivent pas d'impression distincte [1].

Le préjudice causé à la phrénologie pour s'être servi d'expressions et pour avoir établi des principes dans l'ignorance ou faute d'étude des attributs généraux communs à toutes les facultés et de leur mode spécial d'agir entre eux est incalculable. La phrénologie, découverte pour nous donner une idée plus nette, plus positive du monde moral, a été regardée par les uns comme ennemie du monde moral; la phrénologie, découverte pour nous éclairer sur les affections sublimes, grandioses, extatiques, que les perceptions et conceptions purement spirituelles ou morales produisent en nous, a été considérée comme ennemie du spiritualisme; la phrénologie, découverte pour nous faire comprendre et admirer la belle et sublime harmonie qui existe entre l'interne et l'externe, entre le matériel et l'organisme, qui est notre corps, entre l'organisme et l'immatériel, a été traitée en ennemie de l'ordre unitif dans lequel Dieu maintient l'univers. Heureux, oui, mille fois heureux si mes efforts dans la cause du progrès de l'humanité, de ce progrès qui marche invinciblement de front avec tous ses rapports physiques et spirituels, philosophiques et religieux, parviennent en quelque chose à faire disparaître ces préoccupations et ces erreurs en faisant briller avec éclat et splendeur les triomphes de la phrénologie!

LEÇON XXIII

Dénomination, nomenclature et classification des facultés et de leurs organes.

(CONCLUSION.)

MESSIEURS,

Il résulte de ce que je viens d'exposer dans les trois dernières leçons, faisant abstraction des distinctions et des circonlocutions métaphysiques, que si une faculté manque, il doit manquer aussi, comme conséquence nécessaire, évidente et irrésistible, le pouvoir de sentir, de connaître, de révéler quelqu'un de leurs phénomènes ou attributs. Les brutes, par exemple, quelque élevée que soit leur espèce, sont *dépourvues de raison*, c'est-à-dire qu'elles manquent de facultés d'application universelle; et nous ne voyons par conséquent en elles aucune des manifestations du pouvoir de connaître les lois naturelles et de les appliquer ensuite à des fins d'une utilité générale, tandis qu'elles possèdent d'autres facultés dont nous remarquons et admirons les manifestations. Le renard, par exemple, possède le sens stra-

---

[1] Comme complément de l'explication de ce sujet, je renvoie le lecteur à la leçon I. et aux citations qui s'y rapportent.   (*Note de l'auteur pour l'édition française.*)

tégique, et nous le voyons avec des désirs, des affections, des idées, des conceptions, des comparaisons et des déductions très-astucieuses, toujours bornées cependant, pour éviter le danger ou pour trouver quelque stratagème adroit afin de faire du butin. La même chose a lieu pour le chat et le tigre. Lorsque ces animaux chassent, leur langage naturel, c'est-à-dire leur aspect, leurs postures et leurs attitudes, révèlent qu'il y a dans le fond de leur sensorium, quel que soit celui que Dieu leur a concédé, des idées et des conceptions, des jugements et des raisonnements restreints d'adresse, de subtilité et de fourberie.

Le chien, que Dieu a doué d'un merveilleux sens de localité, a à cet égard des idées et des conceptions qui nous surprennent et nous paraissent même inconcevables, tandis que jamais il ne nous donne le moindre indice qu'il possède des perceptions musicales ou des images de structure. Le castor ne donne point de preuves qu'il possède quelque sens moral, ni quelque idée de coloris; il n'en a pas moins cependant des instincts constructeurs si merveilleux, qu'appréciant le flux et le reflux du courant, il adopte d'après ces circonstances la formation de sa merveilleuse habitation. Et tout cela pourquoi? Parce qu'il a plu aux arcanes impénétrables de la divine providence d'accorder à certains animaux quelques facultés et de les refuser à d'autres, formant ainsi cette admirable échelle du plus petit au plus grand, cet ordre hiérarchique universel de tous les êtres terrestres que nous contemplons irrésistiblement partout, stupéfaits et étonnés.

En vous parlant ainsi des animaux, je ne crains pas l'argument qu'on peut m'adresser, en disant : « Puisque vous concédez ces instincts ou facultés aux animaux ; donc vous leur concédez une âme? » Ma réponse sera toujours : « Je ne leur nie et je ne leur concède que ce que Dieu leur a refusé ou concédé, et que ce qu'ils offrent ou n'offrent pas d'une manière évidente et incontestable à la *perception* et à la *conception* commune à tous les hommes, étant toujours certain, comme dit saint Thomas (*contre les Gentils*), que la vérité philosophique ne pourra jamais être en lutte avec la vraie religion. »

Si, pour être une créature douée d'une âme spirituelle et éternelle, philosophiquement parlant, il faut avoir une raison, un sentiment du devoir moral et religieux, un libre arbitre, une restriction ou une impulsion générale intelligente, il est certain que les brutes ne possèdent point une âme spirituelle et éternelle, car elles manquent absolument de tous ces attributs qui élèvent et rehaussent précisément le plus la nature humaine. Si c'est en cela que consiste la différence entre l'âme irrationnelle et périssable des brutes et l'âme rationnelle et éternelle des hommes, alors nous devons rendre grâces à la phrénologie d'avoir porté la lumière dans une question d'une immense importance, lumière qui, tout en faisant évanouir victorieusement toutes les objections qu'on avait faites et qu'on peut faire sur ce point à la phrénologie, réunit, comme toujours, dans une harmonie sublime la vérité *philosophique* et la vérité *religieuse*.

Debreyne, le célèbre et illustre Debreyne, qui attaqua la phrénologie dans un ouvrage dont vous connaissez le titre en entier (V. leçon XI, note à la fin de la page 153), ayant cru que les tendances de la phrénologie conduisent à concéder aux brutes une âme raisonnable et immortelle, ne savait pas que c'était tout le contraire. Il ne savait pas que la phrénologie lui prêtait le plus grand de tous les appuis pour soutenir par des arguments basés sur la perception externe, c'est-à-dire sur des faits et des observations, sa théorie d'ordre hiérarchique de tous les êtres terrestres et particulièrement des êtres *zoologiques* et *anthropologiques*. Avec quelle joie, avec quelle satisfaction, avec quelle félicité les amis de la religion et de la science ne verront-ils pas, comme je le vois moi-même, que la phrénologie, loin de s'opposer, ainsi que le supposait l'illustre Debreyne, à une classification qui fait périssable l'âme des brutes et immortelle l'âme de l'homme, l'éclaire et la fait briller en même temps qu'elle l'appuie et la soutient!

Afin que mes lecteurs puissent se convaincre de la vérité de mes assertions, qu'ils se rappellent que, phrénologiquement, les animaux n'ont pas de facultés de devoir religieux et moral, de langage arbitraire, qu'ils manquent de toutes les autres facultés d'application universelle, celles qui constituent la liberté, la perfectibilité, l'intelligence et le raisonnement proprement dits. Qu'ils lisent ensuite la théorie suivante sur l'ordre hiérarchique de l'universalité des êtres terrestres, théorie qui consiste à les diviser tous en quatre grandes sections copiées mot à mot (Debreyne, ouv. cit., p. 23), comme il suit :

« La *première division* est constituée par le règne *minéralogique*, lequel croît par juxtaposition inorganique. Ce règne est régi par la *force attractive* ou l'attraction et par les fluides impondérables ; c'est la matière brute inorganique prouvée par l'observation.

« La *seconde division* est constituée par le règne *phytologique* qui croît et vit par intus-susception organique. Ce règne est régi par la *force vitale végétative* et les fluides impondérables ; ce sont tous les végétaux prouvés par l'observation.

« La *troisième division* constitue le règne *zoologique*, qui croît, vit et sent. Ce règne est régi par la *force vitale sensitive* et les fluides impondérables. Il comprend tous les êtres sensibles, non intelligents ni libres, imperfectibles et incapables de suicide. Ce sont les animaux reconnus par l'observation. *Remarque* : la force vitale sensitive est ce qu'on appelle en philosophie l'*âme des bêtes*. Elle est immatérielle, capable de sensations et de recevoir des images. Elle est soumise à la matière et périt avec le corps auquel elle est unie et pour lequel elle existe uniquement.

« La quatrième et dernière division constitue le règne *anthropologique*, qui croît, vit, sent et pense. Ce règne est régi par la *force intelligente* ou par la double puissance de l'âme, la faculté intelligente et la faculté sensitive, et par les fluides impondérables quant à la vie physique et matérielle. Ces êtres sont, à la fois, intelligents et sensibles, capables de sensations, d'idées intellectuelles, morales, abstraites et générales[1], de pensées, de jugement, de mémoire, de réflexion; libres et perfectibles; capables de suicide; *c'est l'âme rationnelle et immortelle; c'est l'homme* dont l'âme intelligente et sensible est prouvée par l'observation. »

Après cet exposé, que l'on peut considérer à peine comme digression, puisqu'il démontre à propos l'harmonie des doctrines phrénologiques avec les dogmes les plus sacrés de l'âme humaine, nous ferons remarquer que tout ce qui est certain, quant à la possession ou à l'absence complète de certaines facultés, l'est également, ainsi que vous l'avez vu dans les trois dernières leçons, quant à leur plus ou moins grande manifestation, selon que leurs organes sont plus ou moins développés. Peu de constructivité manifeste peu de désirs, peu de perception et de conception, c'est-à-dire peu d'idées acquises et conçues de construction; avec peu d'acquisivité, il y a peu d'idées de propriété ou de biens; avec peu de tonotivité, il y a peu d'idées d'harmonie ou de mélodies sonores, et avec peu d'amativité, il y a peu d'idées de lubricité. Celui qui possède un grand développement de stratégitivité avec un petit développement des organes des facultés d'application universelle présentera beaucoup d'idées et de conceptions d'astuce, de ruse, de finesse, d'adresse, d'artifice et de subtilité, mais d'une manière limitée et sans se conduire d'après des principes généraux vastes et étendus. Si, avec ce défaut de développement des organes, qu'on peut justement appeler d'INTELLIGENCE UNIVERSELLE, ceux de perception morale supérieure sont encore déprimés, alors ces idées, ces conceptions, ces déductions et ces jugements individuels astucieux et rusés seront bas, vils et rampants, *mais ils n'en existeront pas moins.* Pour qu'ils n'existassent pas, pour que leur absence fût absolue, il faudrait que la faculté stratégique disparût, l'unique faculté que Dieu nous a donnée pour les produire. Tous les phrénologues admettent cette doctrine, et pourtant presque tous ont refusé, par les raisons que j'ai longuement exposées, la perception d'idées aux facultés d'*action morale*, comme s'il n'y avait ni idées ni conceptions morales.

Apôtre modeste, mais enthousiaste de la phrénologie, parce que, dans le plus profond de mon cœur, *je crois,* et je puis presque dire *je sais* qu'elle est destinée à constituer la base de toutes les sciences philosophiques, philosophico-morales et politiques, je me suis efforcé autant que j'ai pu d'élucider le sujet qui nous préoccupe et qui a été peu éclairé jusqu'à ce jour. J'ai fait tous mes efforts pour vous ouvrir, par mes explications, un vaste

---

[1] « *Idées intellectuelles, morales, abstraites et générales.* » Cette division des idées est exacte et correspond parfaitement à celle que j'établis, attribuant *perception et conception* à toutes les facultés. De cette façon, comme je l'ai dit antérieurement, les doctrines psychologiques se trouvent déduites de la phrénologie et sont en harmonie complète avec tous les systèmes philosophiques connus jusqu'à ce jour; elle supplée ce qui leur manque et corrige ce qu'ils ont d'erroné *.

* Afin que le lecteur ait une conviction nette et complète de ce que nous appelons *idées*, je ne cesserai de le renvoyer à ce que je dis sur ce sujet dans la dernière leçon de l'ouvrage et dans les autres endroits que j'y cite.   (*Note de l'auteur pour l'édition française.*)

champ d'investigation et de savoir psychologiques, et pour vous démontrer d'une manière évidente et précise que chaque faculté doit posséder, et il faut qu'elle possède, sans quoi elle serait nulle, les attributs généraux de désir, de perception, de concep ion, de mémoire, de comparaison, d'induction, de déduction et de communicativité (*comunicatividad*) intelligente, compris toutefois dans le cercle qui sert de limite à la spécialité fondamentale et individuelle de la même faculté.

Quoiqu'il y ait divergence d'opinion entre les phrénologues sur les modes d'agir ou attributs des facultés, il ne faut pas croire qu'il y en a aussi sur le siége des organes *une fois découverts et démontrés*, ni sur l'action spécialement fondamentale, considérée dans son ensemble, que possèdent les facultés particulières. Il pourra y avoir divergence d'opinion entre Gall et Spurzheim pour savoir si la générativité doit être appelée instinct de génération ou amativité, et si cette faculté est seulement une affection ou une impulsion, ou si, en plus de l'excitation de l'homme à la procréation, elle a ou elle n'a pas des idées et des conceptions procréatrices; mais il n'y a point et il ne peut y avoir doute ni divergence pour savoir si le cervelet est l'organe qui révèle où siége la faculté par laquelle l'homme se sent porté à commettre des actes procréateurs et si son développement se signale à l'extérieur sur la nuque.

Le chiffre phrénologiquement inscrit sur la tête est tout à fait immatériel par rapport au siége de localisation d'un organe et de la faculté considérée dans son ensemble. Qu'on donne à l'amativité, dans la classification ou nomenclature phrénologique, la première, la dixième ou la vingtième place, peu importe, son siége sera toujours le même, il sera toujours à la nuque, et toujours il manifestera la faculté qui nous inspire le désir de consommer des actes de procréation. « Les chiffres phrénologiquement tracés, dit Spurzheim (*Phrén.*, p. 131), décrivent seulement les organes. Cet ordre a été changé plusieurs fois par Gall, et moi-même j'en ai fait tout autant. Il est tout à fait indifférent qu'un phrénologue mette la combativité à la cinquième ou septième place; et il en est de même pour les autres organes. »

Je suis de cette même opinion; mais je suis d'avis, et je viens d'en donner les preuves les plus convaincantes, que nous ne devons pas, nous, phrénologues, nous arrêter ni nous reposer tant que les attributs de toutes les facultés n'auront pas été découverts d'une manière satisfaisante, afin que ces facultés, comme leurs organes, puissent recevoir une dénomination en harmonie avec ce que la nature exige d'une façon précise.

Je suis encore d'avis que l'ordre hiérarchique qui existe parmi tous les êtres, au point qu'il ne peut être nié par une personne d'un jugement sain, doit aussi exister parmi les facultés de l'âme; que cet ordre est celui que nous devons chercher à découvrir, et qu'après sa découverte il doit servir de fondement à la nomenclature des facultés et à leur classification permanente.

Tel est le motif qui m'a porté à travailler sur ce terrain autant qu'il m'a été donné de le faire; et, si ce que j'ai soumis à votre considération dans ces dernières leçons est évident, comme je le crois; si l'évidence est le criterium de la vérité, comme l'admettent toutes les écoles philosophiques, alors, parmi les attributs généraux de chaque faculté, celui de DÉSIRER AVEUGLÉMENT ou *abstractivement* est le plus essentiel, l'attribut primordial et spontané, et, par conséquent, celui que la nature désigne et signale comme *type de dénomination uniforme* pour toutes les facultés Suivant la nature dans le chemin qu'elle nous trace, je propose donc de distinguer toutes les facultés et leurs organes, sans exception aucune, par un nom dont le radical exprime son pouvoir individuel fondamental; j'ajoute ensuite la désinence *ive* ou *tive*, pour indiquer le *désir;* je la fais suivre après de la terminaison *ité*, significative du sens d'abstraction ou de généralité, comme on le voit relativement à l'ordre que les noms des facultés et de leurs organes ont conservé jusqu'à présent dans la nomenclature formée par moi et publiée aujourd'hui pour la première fois. Voici cette nomenclature :

1. Générativité, auparavant amativité. — 2. Philoprolétivité ou ternurativité, auparavant philogéniture. — 3. Habitativité. — 4. Concentrativité. — 5. Adhésivité. — 6. Combativité ou opposivité. — 7. Destructivité. — 8. Alimentivité. — 9. Conservativité. — 10. Stratégitivité, auparavant sécrétivité. — 11. Acquisivité. — 12. Constructivité. — 13. Supérioritivité, auparavant amour-propre. — 14. Approbativité. — 15. Précautivité, auparavant circonspection ou cautelosité. — 16. Bénévolentivité, auparavant bienveillance. — 17. Inférioritivité, auparavant vénération. — 18. Continuativité, auparavant fermeté de caractère ou constance. — 19. Rectivité, auparavant conscienciosité ou justice.   20. Effectuativité, auparavant espérance. — 21. Réalitivité, auparavant merveillosité. — 22. Mélriorativité, auparavant idéalité ou progressivité. — 23. Sublimitivité, auparavant sublimité. — 24. Saillietivité, auparavant gaieté. — 25. Imitativité, auparavant imitation. — 26. Individualitivité, auparavant individualité. — 27. Configurativité, auparavant forme. — 28. Méditivité, auparavant grandeur ou étendue. — 29. Pesativité, auparavant pesanteur ou résistance. — 30. Coloritivité, auparavant coloris. — 31. Localitivité, auparavant localité. — 32. Comptativité, auparavant calcul numérique. — 33. Ordinativité, auparavant ordre. — 34. Mouvementivité, auparavant éventualité. — 35. Durativité, auparavant temps ou durée. — 36. Tonotivité, auparavant tons. — 37. Langagetivité, auparavant langage. — 38. Comparativité, auparavant comparaison[1]. — 39. Causativité, auparavant causalité. — On regarde comme non encore bien démontré le siége des facultés désignées par les lettres suivantes : A. Déductivité, auparavant pénétrabilité. — B. Suavitivité. — C. Tactivité, ou faculté de sensibi-

---

[1] Le lecteur verra, leçon XLVI, les importantes découvertes que j'ai faites sur cette faculté qui est la faculté suprême et souveraine de notre âme. Je la nomme harmonisativité, parce que l'objet de son désir rationnel ou vouloir, c'est *l'harmonie générale*, et l'objet de sa répugnance ou ne pas vouloir, c'est la discordance générale.

(Note de l'auteur pour l'édition française.)

lité physique. — D. Conjugativité. Quant à la *déductivité*, je la donne pour démontrée[1].

L'ordre nominal suivi dans cette nomenclature est celui auquel s'est définitivement arrêté Spurzheim en 1825, et qu'ont adopté depuis lors presque tous les phrénologues. Dans cet ordre, comme vous l'avez vu, on place d'abord les ᴀꜰꜰᴇᴄᴛɪᴏɴꜱ que Spurzheim appelle *inclinations*, puis ce qu'il nomme *sentiments*; ensuite viennent les facultés *intellectuelles*, comprenant les facultés *intellectuelles*, intitulées *perceptives* en premier lieu, et celles intitulées *réflexives* en dernier lieu. On a introduit dans cet ordre et à leurs places respectives les douze facultés et leurs organes, découverts depuis Gall; à la fin on signale les quatre facultés dont le siége des organes n'est pas regardé comme suffisamment établi.

Gall, dont l'immense tête a compris par la seu'e force de son génie, c'est-à-dire sans pouvoir en donner aucune explication, que toutes les facultés mentales ont essentiellement les mêmes attributs généraux, ainsi que je viens de vous le démontrer pour la première fois, se guida dans l'ordre d'antécédence et de succession nomenclaturale des facultés sur le siége qu'occupent leurs organes dans la tête. Et, comme l'importance de la faculté se détermine, chose admirable! par l'importance du siége de son organe dans la tête, il commence sa nomenclature, comme vous l'avez entendu leçon VIII, p. 77, dans les termes suivants :

« Je commencerai, dit-il, par les facultés inférieures ; je passerai ensuite aux facultés qui s'élèvent graduellement d'elles-mêmes à un ordre supérieur, et je terminerai par le sentiment le plus élevé, celui de rendre hommage à Dieu, me *conformant ainsi autant qu'il est possible à l'ordre qui existe dans le cerveau humain.* »

Spurzheim, dans sa *Phrénologie* (Boston, 1838, t. I, p. 170), dit sur cet ordre : « Gall n'a jamais adopté aucun principe philosophique dans l'ordre nomenclatural de ses organes. Très-souvent il changeait l'ordre suivant lequel il les envisageait, se guidant toujours pourtant d'après leurs localisations. Dans sa dernière publication, il commence par la base de la tête et finit par le sommet. Comme il n'y a aucune différence très-essentielle dans les modes d'action des facultés primitives, je crois que pour établir l'ordre nomenclatural, il suffit de tenir compte seulement de leur position et de leur siége relatif. »

Ici Spurzheim parle avec beaucoup de liberté, avec assez d'inexactitude et avec très peu d'indulgence. D'abord, suivre l'ordre de localisation respective de la base au sommet de la tête, c'est déjà suivre un principe philosophique; puis ce principe devient de la philosophie très-sublime quand on remarque la correspondance qui existe entre la plus grande importance d'une faculté

---

[1] Le lecteur verra aussi un peu plus loin que j'ai beaucoup mieux aimé indiquer chaque faculté par le chiffre qui lui correspond dans l'ordre établi que par des lettres.
(Note de l'auteur pour l'édition française.)

mentale et la plus grande élévation du siége de ses organes dans la tête. Gall, dans sa nomenclature, ne va pas capricieusement de la base au sommet, mais il suit le principe d'antériorité et de postériorité, suivant l'importance relative qu'il reconnait à la fonction de chaque faculté, importance, je le répète, qui est en *conformité de l'ordre existant dans le cerveau humain.*

Toujours est-il que Gall fit faire un pas immense à la philosophie mentale, que j'ai, dans plusieurs leçons précédentes, cherché à vous expliquer ; toujours est-il qu'il fera l'admiration de quiconque jettera seulement les yeux sur son immortel ouvrage en six volumes in-8°, publiés trois années avant sa mort [1]. Dans la première leçon, j'ai présenté son portrait de profil, tel que l'ont publié en 1836, à Boston, les éditeurs de ses ouvrages, traduits pour la première fois en anglais. Celui que je présente maintenant a été copié

GALL, né en 1758, mort en 1828. (Vu de face.)

sur une gravure, dont le célèbre phrénologue italien Fossati me fit présent à mon passage à Paris en 1842, et de l'exactitude de laquelle je réponds,

[1] C'est l'ouvrage que j'ai recommandé très-particulièrement dans la leçon X, p. 105, et dont je donne en note quelques pages après le titre en entier, traduction anglaise. L'ouvrage original est intitulé : *Sur les fonctions du cerveau et sur celle de chacune de ses parties, avec des observations sur la possibilité de reconnaitre les instincts les penchants, les talents, ou les dispositions morales et intellectuelles des hommes et des animaux par la configuration de leur cerveau et de leur tête* (Paris, Boucher, 1822-1825), 6 vol. in-8°.

puisqu'elle fut dessinée sur un portrait d'après nature publié auparavant.
Ce portrait, comme on le voit, représente Gall de front, et l'on peut observer
d'autant mieux l'immense région frontale qui avait fait si distinguer l'auteur
de la phrénologie. Je ne produis pas ce front pour prouver que là se trouvait tout le savoir phrénologique actuel et à venir, mais pour qu'il serve de
démonstration à la vérité de la phrénologie et d'exemple aux imprudents qui
veulent la critiquer sans réserve.

Il est certain que Spurzheim, à qui la phrénologie doit tant, relativement
à ses grandes et utiles applications, en renonçant à l'ordre d'antériorité et
de postériorité, suivant la position relative que conservent les organes dans
la tête comme base de l'ordre nomenclatural de la nouvelle science, ne fit
plus que penser, divaguer et marcher sur un terrain faux. Enfin il adopta,
à cet effet, les deux grandes divisions établies, de temps immémorial, comme
il le dit lui-même, dans l'âme, à savoir : passion et raison, cœur et tête,
âme et esprit, facultés morales et intellectuelles. J'ai déjà fait observer qu'il
n'y a pas d'inconvénient à admettre cette division ou classification générale.
Mais elle n'avance en rien la psychologie. Elle a encore ce défaut que Spurzheim l'a fondée sur l'idée que les facultés morales nommées par lui *affectives*
ne sont pas intelligentes, et que les facultés intellectuelles ne sont point *affectives*. Il supposait ainsi dans l'âme deux natures que je regarde comme
une erreur manifeste que ne comprirent point ceux qui pour la première
fois établirent une division semblable.

Dans le fond, cette division manque, non-seulement de principe philosophique, mais de base, puisque toutes les facultés sont d'elles-mêmes *affectives* et *intellectuelles*; il n'est donc pas exact, il n'est pas correct de considérer les unes comme purement intellectuelles, et les autres comme
purement affectives. Une pareille division, prise pour base fondamentale
d'une nouvelle nomenclature phrénologique, lorsqu'elle devrait se fonder
sur la nature ou l'observation, était et se trouve incontestablement inférieure à celle qui repose sur la position relative des organes céphaliques, et
que Spurzheim a tant critiquée dans Gall. L'ordre de précession et de succession suivant lequel se trouvent disposées les facultés qui constituent
chacune des divisions et des subdivisions de la nomenclature de Spurzheim
ne se base non plus sur aucun principe philosophique. Tout le monde sait
que l'importance relative de la fonction spéciale des facultés ne forma dans
l'esprit de Spurzheim aucun point de départ. Il n'y a pas à douter que dans
son esprit il se conduisait suivant un principe; il donne même les raisons
anatomiques qui l'ont porté à placer, en opposition avec sa pratique primitive, la stratégitivité avant la constructivité et l'acquisivité, ce qui est favorable à son talent, puisque ce sont en doctrine particulière les mêmes raisons qu'il critique dans le père de la phrénologie comme principe général,
c'est-à-dire comme ordre relatif de position céphalique.

De toute façon, quel qu'ait été le principe d'après lequel Spurzheim s'est
guidé à cet égard, il ne pouvait être constant, parce qu'il s'adapte en partie

à tous ceux qu'on peut établir; c'est pour cela qu'il se vit obligé de confes-
ser, comme vous l'avez entendu dans cette même leçon, que l'ordre d'antériorité et de postériorité ne signifie rien. Il est certain que les trente-
sept facultés comprises dans la nomenclature de Spurzheim ne présentent
aucun ordre de progression, et qu'il y a au contraire un grand désordre et
une grande confusion, preuves de peu de fixité et de peu de sûreté dans ses
idées sur ce sujet.

Pour moi, après un mûr examen et de longues années de méditation, je
propose comme base de précédence et de succession ou d'antériorité et de
postériorité dans la nomenclature phrénologique, l'ordre du plus petit au
plus grand ou d'antécédence et de subséquence (*antecedente i subsecuente*),
que la nature elle-même nous offre d'une manière éclatante et splendide
dans toute l'immense échelle des êtres vivants. Je diviserai donc, ainsi que
je l'ai répété plusieurs fois, les facultés mentales en quatre grandes classes,
les considérant suivant leur ordre naturel de succession immédiate, savoir :

CLASSE Iʳᵉ. — FACULTÉS ET ORGANES DE CONTACT EXTERNE.

Ces facultés produisent les phénomènes de l'esprit résultant du contact
matériel qu'a l'âme avec le monde externe par le moyen des sens. Leur action principale est de percevoir et de concevoir des *impressions matérielles*.
Ces facultés sont : 1, la tactivité. — 2, la visualitivité. — 3, l'auditivité. —
4, la gustativité. — 5, l'olfactivité.

CLASSE II. — FACULTÉS ET ORGANES DE CONNAISSANCE EXTERNE.

Ces facultés produisent les phénomènes de l'esprit résultant de la *connaissance physique* qu'elles reçoivent intérieurement par le moyen de leur commerce mystérieux avec les facultés de contact externe. Leur action principale est de percevoir et de concevoir des individualités, des qualités et des
relations physiques d'objets externes. Ce sont : 6, la langagetivité. — 7, la
configurativité. — 8, la méditivité. — 9, l'individualitivité. — 10, la localitivité. — 11, la pesativité. — 12, la coloritivité. — 13, l'ordonativité. —
14, la comptativité. — 15, la mouvementivité. — 16, la durativité. —
17, la tonotivité.

CLASSE III. — FACULTÉS ET ORGANES DE PERCEPTION ET D'ACTION MORALE.

Ces facultés produisent les phénomènes de l'esprit résultant de leur
grande force d'action impulsive et affectable naturelle et de la connaissance d'individualités, de qualités et de rapports d'objets externes qu'elles
reçoivent intérieurement par leur commerce mystérieux avec les facultés
de connaissance physique. Leur mode d'agir principal est se mouvoir, se
pousser ou se diriger vers une action et sentir de fortes affections. Ce sont
des facultés impulsives et affectables par excellence, ce qui a conduit à l'erreur qu'elles ne percevaient, ni ne concevaient, ni ne retenaient. Ces facultés sont : 18, la générativité ou procréativité. — 19, la conservativité. —

20, l'alimentivité. — 21, la destructivité. — 22, la combativité. — 23, la conjugativité. — 24, la philoprolétivité. — 25, la constructivité. — 26, l'acquisivité. — 27, la stratégitivité ou sécrétivité. — 28, la précautivité. — 29, l'adhésivité. — 30, l'habitativité. — 31, la saillietivité. — 32, la méliorativité. 33, la sublimitivité. — 34, l'approbativité. — 35, la concentrativité. — 36, la suativité, d'existence douteuse; les faits prouvent qu'elle fait partie d'un nouvel organe auquel je donne le nom de minniquivité. — 37, l'imitativité. — 38, la merveillositivité. — 39, l'effectuativité. — 40, la rectivité. — 41, la supérioritivité. — 42, la bénévolentivité. — 43, l'inférioritivité. 44, la continuativité.

Ces facultés peuvent être subdivisées en animales et humanales (*humanales*), la première de ces deux classes comprenant les facultés qu'on sait être communes à l'homme et aux brutes, et la seconde celles qui sont particulières à l'homme et l'élèvent à une immense distance au-dessus des êtres non raisonnables. A cette dernière classe de facultés appartiennent, proprement parlant, la méliorativité, la sublimitivité, la merveillositivité, l'effectuativité, la rectivité, la bénévolentivité, l'inférioritivité et la continuativité. Les organes de ces facultés ont leur siége dans la partie la plus élevée de la tête.

CLASSE IV. — FACULTÉS ET ORGANES DE RELATION UNIVERSELLE.

Ces facultés produisent les phénomènes de l'esprit résultant de toutes les notions et sensations qu'elles reçoivent des autres facultés. Elles sont une réflexion de tout ce qui se passe dans l'esprit et constituent par conséquent ce qui s'appelle réflexion, raisonnement ou intelligence proprement dite. Elles comparent, induisent et déduisent abstractivement et généralement, c'est-à-dire qu'elles jugent avec intelligence et formulent des *principes universels*. Leur action principale est d'agir sur toutes les facultés et de faire des applications générales. Ces facultés sont : 45, la comparativité. — 46, la causativité. — 47, la déductivité.

Ces facultés, qui constituent l'*intelligence* et le *raisonnement* proprement dits, manquent aux brutes. C'est pourquoi les animaux n'ont point de notion des forces qui produisent les phénomènes dans la nature, ni par conséquent le pouvoir d'appliquer ces forces à la production de résultats prévus. Privés de ces facultés, ils ne peuvent être des créatures d'avenir, mais de présent; ils ne peuvent être perfectibles, mais parfaits jusqu'à la limite que leurs instincts atteignent. N'étant pas des créatures d'avenir et ne pouvant concevoir le progrès, ils ne possèdent qu'un langage aveugle ou naturel, sans le moindre indice de langage intelligent ou arbitraire. Pour la même raison, ils manquent de facultés de moralité humaine, dont les affections leur feraient *naturellement*, comme à nous, réaliser des conceptions d'une vie éternelle et d'une conduite comprenant devoir et vouloir, et, par conséquent, *responsabilité*.

Je dois maintenant, messieurs, faire une observation très-importante,
savoir : que les localisations des organes, une fois découvertes, sont toujours
les mêmes, quel que soit l'ordre nomenclatural dans lequel on les présente.
Voici cette tête numérotée de manière qu'on aperçoit les organes chiffrés

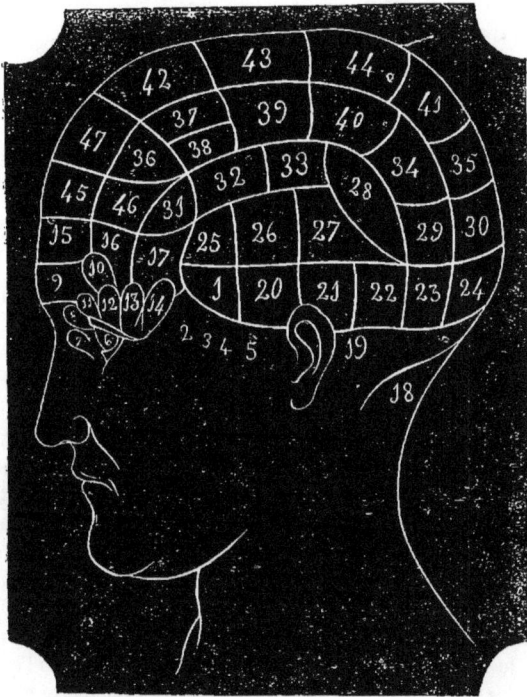

Tête sur laquelle on voit les organes d'après le nouvel ordre nomenclatural
que je propose.

d'après le nouvel ordre nomenclatural que je propose. On y verra que leurs
localités ou siéges n'ont subi aucun changement. Il n'y a d'autre différence
entre cette tête et les autres que celles des chiffres qui sont différents.
Parmi les siéges des organes des facultés de contact externe, il y a seulement une indication de probabilité quant à la tactivité, désignée par la lettre C sur la tête placée au commencement de cet ouvrage, et par le n° 1 sur
celle que vous avez devant vous. Ainsi on commence par la sensibilité physique ou tactivité, premier anneau qui, dans la grande chaîne universelle
des êtres terrestres, unit la vie végétale à la vie animale. Les chiffres 2, 5,
4 et 5 indiquent la visualitivité, l'auditivité, la gustativité et l'olfactivité,
dont les organes existent dans le cerveau, mais leur siége ou localité est
tout à fait inconnu.

Quant à l'ordre d'antériorité et de postériorité des organes dans chacune
des trois autres classes, je l'ai conservé avec un soin tout spécial pour que
leurs siéges, que j'expliquerai en temps opportun, fussent plus faciles à apprendre et à retenir. Avec très-peu d'exceptions, ce système correspond
d'une manière évidente et précise à celui que la nature a suivi dans leur
développement progressif ou dans leur ordre de cause et d'effet, d'antécédence et de subséquence (*antecedente i subsecuente*). Bien longtemps avant
de chercher pourquoi l'ordre d'antériorité et de postériorité que je propose
aujourd'hui se trouvait en harmonie avec l'ordre hiérarchique universel que
la nature a établi parmi les êtres terrestres, je l'avais déjà adopté comme le
plus propre à faciliter l'étude des localités des organes. Vous vous convaincrez bientôt des immenses avantages qu'il présente à cet égard, puisque
bientôt j'ai l'intention de vous apprendre la localisation phrénologique.

Pour éviter toute confusion, il est utile encore de vous avertir que l'organe indiqué par la lettre A sur la tête placée au commencement du livre
est désigné ici par le nombre 47; ceux indiqués par les lettres B et D sont
désignés ici par les nombres 36 et 23.

Malgré tous ces avantages, je suivrai, pour la description spéciale de chacune des facultés, l'ordre établi et que vous connaissez, c'est-à-dire que je
commencerai par la générativité, puis par la philoprolétivité et ainsi successivement d'après l'ordre ou nomenclature de Spurzheim que vous avez vu
dès la première leçon et que je vous ai répété il y a peu d'instants. Pour
tous les organes que j'ai signalés, pour toutes les observations que j'ai
faites jusqu'à présent sur les localités, je me suis servi de l'ordre des numéros adoptés dans cette nomenclature. C'est pourquoi, tout en reconnaissant
comme beaucoup plus philosophique et plus exact l'ordre que je propose et
pour lequel, à moins que la vanité n'égare ma raison, j'ai la certitude qu'il
sera adopté universellement comme étant celui que la nature, et non moi,
proclame, je m'abstiens pour le moment de m'en servir dans l'explication
successive des facultés et de leurs organes. Le terrain doit être prêt à adopter tout progrès quelconque comme à recevoir la semence de toute graine
quelconque [1].

Relativement à la nouvelle dénomination des facultés et de leurs organes,
de même que pour l'explication de leurs siéges céphaliques, la nouvelle nomenclature peut être adoptée, parce que ses avantages à cet égard ne doivent pas être neutralisés ou affaiblis par quelques inconvénients. Je donnerai plus loin des explications suffisantes sur les raisons qui m'ont conduit à
faire, dans quelques cas, un changement radical, comme, par exemple, celui
qui convertit l'amativité en *générativité*, et la sécrétivité en *stratégitivité*.

J'ajouterai peu de chose à ce que j'ai dit des sens, parce que, malgré leur

[1] Reconnaissant de plus en plus les inconvénients de l'ordre nomenclatural de Spurzheim, je me suis décidé enfin, malgré ce que je dis ci-dessus, à suivre celui que je propose dans l'explication de chacune des facultés et de leurs organes, comme le verra un
peu plus loin le lecteur.   (*Note de l'auteur pour l'édition française.*)

absolue nécessité, ce sont les appareils des organes de contact externe sur les siéges desquels nous ne savons rien, excepté pour la tactivité. Je rapporterai tout ce qu'on sait sur cette dernière faculté et sur son organe en m'occupant des organes dont la localité n'est pas encore démontrée.

Quelque principe ou quelque ordre que l'on adopte pour la nomenclature des facultés et de leurs organes, on peut en faire autant de classifications qu'il y a de manières de les envisager. Si nous séparons les divers attributs généraux que chaque faculté possède, et si nous voulons prendre pour type de classification ou pour règle de conduite le mode le plus général d'agir de chaque faculté, nous pourrons, comme Spurzheim, les diviser en deux grandes classes, savoir : *facultés connaissantes* et *facultés excitantes ;* les premières sont habituellement nommées *tête*, et les secondes *cœur*.

Par facultés connaissantes ou *tête*, on peut très-bien entendre toutes celles qui ont pour objet principal de percevoir les individualités, les qualités et les rapports des objets extérieurs, c'est-à-dire les facultés de contact externe, de connaissance physique et d'application universelle que Spurzheim nomme *intellectuelles*.

Par facultés excitantes ou *cœur*, appelées *affectives* par Spurzheim, on peut très-bien comprendre toutes celles que je distingue sous la dénomination générique de *perception* ou d'*action morale*, parce que leur objet principal est d'émouvoir l'âme, en produisant tantôt des désirs violents, tantôt de fortes affections et nous poussant à exécuter une *action* dite *morale*. Ce mot *moral* est employé dans son sens le plus étendu, c'est-à-dire comme opposé à une action purement *physique* ou *organique ;* ainsi employé, suivant le sens généralement usité, le mot *moral* exprime une action qui procède d'un être vivant capable de désirer. C'est pour cela qu'on divise ces actions, comme je l'ai dit, en actions *animales* et en actions *morales* proprement dites. Les premières sont communes aux brutes et aux hommes; les secondes appartiennent seulement aux hommes. Les facultés connaissantes forment ce qu'on appelle les *talents*, et les facultés *excitantes* le *caractère*.

Les facultés connaissantes considérées dans leur mode d'action le plus élevé, et les facultés excitantes dans leur mode d'action le plus véhément, peuvent se distinguer et se distinguent fréquemment sous les dénominations génériques de *raison* pour les premières, de *passions* pour les secondes.

J'ai donc, messieurs, la grande satisfaction d'avoir proposé une nomenclature phrénologique qui, fondée sur des principes naturels et vrais, nous indique et nous explique la base de toutes celles qu'on a conçues ou adoptées jusqu'à présent. Ainsi donc, lorsque vous direz *facultés perceptives*, ce ne sera point dans le sens donné à une certaine classe de facultés qui possèdent exclusivement et uniquement l'attribut de percevoir, mais pour exprimer celles qui ont pour objet principal de percevoir et de connaitre. Il en sera de même lorsque vous parlerez des *facultés affectives*. Vous saurez qu'on ne les distingue pas d'après cette dénomination parce qu'elle détermine les seules facultés capables d'exciter, car en réalité toutes ont le pouvoir d'exciter, ou, ce qui est la même chose, de produire des *désirs* et des *affections;* mais on l'emploie pour indiquer celles dont l'objet ou action principale est de les produire ou de les produire plus violents. De sorte que, tout en pouvant vous servir des classifications de Spurzheim et des autres phrénologues suivant le sens dans lequel ils les ont établies, vous aurez une idée plus exacte et plus complète de ce qu'ils ne parvinrent ni à comprendre ni à expliquer.

J'en dis de même quant à l'*action morale.* Tout en l'employant dans un sens général opposé à action *physique,* c'est-à-dire dans le sens d'une action qui provient d'un être organisé avec vie animale et capable de désirer, on établit une différence entre l'action morale émanée d'une brute ou d'un être sans raison et celle qui émane d'un être humain ou raisonnable.

Ces réserves étant faites et les divers modes d'action des facultés étant connus, si notre intention est de les considérer comme de très-puissants éléments de conduite humaine, nous pouvons les classer, avec beaucoup d'à-propos, en *intellectuelles, morales* et *animales;* si nous voulons ensuite les nommer d'après la région que chacune de ces classes occupe dans la tête, nous pouvons avec le même à-propos les dénommer *antérieures, supérieures* et *inférieures.* Dans ce cas, on les appelle *intellectuelles,* non parce qu'elles sont les seules capables de percevoir et de concevoir, mais parce que, dans les impulsions générales qui nous portent à commettre une action, elles sont les moins susceptibles d'exaltation, ayant les organes plus petits, et sont regardées, par conséquent, dans ces circonstances, comme les facultés intellectuelles par excellence, car elles perçoivent, conçoivent, comparent, induisent et déduisent, tandis que les autres nous poussent. Les secondes se nomment *morales,* parce que beaucoup d'entre elles engendrent des *actions* qui appartiennent exclusivement aux mœurs, aux usages humains. Les troisièmes sont dites *animales,* parce qu'elles nous portent à des actes qui sont propres aussi aux brutes. Les facultés intellectuelles se nomment encore *antérieures,* comme je l'ai dit, parce que leur siège est au front ou partie antérieure de la tête; les facultés morales sont dites *supérieures,* parce qu'elles en occupent la partie la plus élevée, et les facultés animales, *inférieures,* parce qu'elles se trouvent dans la région la plus basse. Vous avez déjà une idée complète de cette classification mentale et de cette division céphalique, tant dans la théorie que pour la pratique, depuis que, dans la leçon XI, p. 142, je vous ai expliqué ce sujet avec toute l'importance qu'il mérite; je dis avec toute l'importance qu'il mérite, parce qu'il est de la plus grande importance de distinguer à première vue le caractère général d'une personne par la comparaison du développement relatif des régions antérieure, supérieure et inférieure de la tête, comme vous le pratiquez déjà presque insensiblement.

Il faut vous avertir, messieurs, que le mot *moral* dans la division et dans la classification que je viens de vous exposer, ne s'emploie pas comme synonyme de *bon*, ni le mot *animal* comme synonyme de *mauvais*, mais comme se rapportant, je le répète, le dernier à des actions communes à l'homme et aux brutes, et le premier à l'homme seulement. Manger avec tempérance, c'est une action, un acte aussi *moral*, aussi bon ou juste que respecter avec modération, et manger avec intempérance est aussi IMMORAL, aussi mauvais ou injuste que respecter avec excès; cependant nous dirons, phrénologiquement, que manger est l'effet d'un *instinct animal*, et respecter celui d'un *instinct moral*, parce que le premier est une qualité commune aux hommes et aux animaux, et le second est le résultat d'une faculté propre à l'homme, et aussi parce que l'un est une action qui nous affecte seulement nous-mêmes d'une manière égoïste, et que l'autre est une action qui, quoique produite par nous, affecte principalement le prochain.

On a donné le nom de *région morale* à la région supérieure de la tête, parce que, quoique tous les organes renfermés en elle ne soient pas propres à l'homme, tous tendent à élever son caractère et sa dignité comme créature supérieure dans l'échelle des êtres vivants. Quelquefois cette région se nomme aussi *religieuse-morale*, non parce que toutes les facultés qui résident en elle ont une tendance *religieuse-morale*, mais parce que là se trouvent celles qui possèdent cette tendance. Il résulte de ce qui précède que les qualificatifs *moral*, *religioso-moral*, employés pour désigner une division générale de certaines facultés mentales sont synonymes de *supérieur* et expriment les instincts qui siègent sous la section limitée par les bosses frontales et pariétales.

Nous nous servons encore très-souvent du mot *moral* dans un sens beaucoup plus restreint, mais peut-être beaucoup plus exact : c'est pour exprimer uniquement les facultés qui nous portent à aimer Dieu par-dessus toutes choses et le prochain comme nous-même, à donner à chacun ce qui lui convient, et à désirer pour les autres seulement ce que nous désirerions, étant à leur place, pour nous-même. Ces facultés sont : la bénévolentivité, l'inférioritivité, et la rectivité.

Le nom qualificatif *religioso-moral* s'emploie également dans un sens plus limité que celui qui a été mentionné, puisque nous nous en servons pour exprimer seulement la bénévolentivité, l'inférioritivité, la rectivité, l'effectuativité et la réalitivité. Et, en effet, si l'âme humaine était privée de ces dernières facultés, il n'y aurait parmi les hommes ni perceptions, ni conceptions, ni commotions morales et religieuses.

Relativement aux classifications, nous ne devons jamais perdre de vue que, comme chose humaine, elles sont susceptibles d'erreur, de variation, de modification et d'un continuel perfectionnement graduel. C'est ainsi que les trente-neuf ou quarante-sept facultés mentales, d'après la manière de les envisager, elles et leurs organes céphaliques correspondants, peuvent se diviser, se subdiviser de différentes façons, avec plus ou moins d'exactitude, suivant les principes qu'on prend pour ordre de classification, suivant les connaissances que l'on a, suivant les personnes qui classent.

Bessières (*Nueva Clasificacion de las facultades mentales*, Valencia, 1837)
divise les puissances de l'âme en *nécessiteuses*, qui produisent l'*industrie*,
sympathiques, qui produisent les *beaux-arts*, et *conocedoras* (connaisseuses),
qui produisent les *sciences*[1]. Quoique cette classification soit utile pour certaines fins, elle n'est pas rigoureusement exacte, puisque toute faculté a
l'attribut de désirer ou d'éprouver des besoins.

M. L. Miles, dans sa *Phrenology* (Philadelphie, 1835), classe les facultés
de l'âme manifestées par les organes céphaliques en dix groupes différents,
savoir : 1. Affections domestiques. — 2. Facultés conservatives. — 3. Sentiments de prudence. — 4. Puissances régulatrices. — 5. Facultés imaginatives. — 6. Sentiments moraux. — 7. Facultés observatrices. — 8. Facultés scientifiques. — 9. Facultés réflexives. — 10. Facultés protectrices[2]. —
Cette classification manque aussi d'une rigoureuse exactitude, quoiqu'elle
puisse être utile sous certains rapports.

En dehors de ces classifications et divisions générales, on peut en faire et
on en fait souvent d'autres moins étendues ou plus particulières et plus arbitraires, sans lesquelles nous ne pourrions pas nous entendre en phrénologie ni dans aucune branche du savoir humain. Par exemple, il y a des *facultés musicales* par lesquelles on entend la tonotivité, la durativité, la
pesativité, la méliorativité et l'imitativité; les *facultés religieuses*, qui sont
l'inférioritivité, l'effectuativité et la méliorativité; les *facultés morales*, qui,
comme je l'ai dit, sont la bénévolentivité, l'inférioritivité et la rectivité; les
facultés architectoniques, qui sont la constructivité, la méliorativité, la méditivité, la configurativité, la comptativité, l'ordinativité, la pesativité et la
localitivité. Il n'est pas douteux qu'il peut y avoir des inexactitudes dans ces
classifications, puisqu'il y a à peine une action humaine dans laquelle toutes
les facultés mentales ne puissent entrer; on aurait donc pu dire que toutes
étaient *musicales*, toutes étaient *morales*, toutes étaient *religieuses*, etc., etc.
Mais il ne faut pas oublier que nous ne pouvons parler sans classer avec une
exactitude plus ou moins grande et sans inventer des mots pour exprimer
les classifications qui se font. Ce qu'il faut dans ces sujets de classification

---

[1] Les NÉCESSITÉS comprennent : alimentivité, acquisivité, destructivité, combativité,
stratégitivité, constructivité et précautivité, qui se trouvent dans la région temporale ou
latérale de la tête. Les SYMPATHIES comprennent : amativité, philoprolétivité, habitativité,
adhésivité, approbativité, supérioritivité, bénévolentivité, inférioritivité, constructivité,
réalitivité, effectuativité et rectivité. Les CONNAISSANCES comprennent toutes les *facultés
connaissantes*, c'est-à-dire de relation externe, de connaissance physique et d'application
universelle, comprenant en plus l'imitativité, la méliorativité, la sublimitivité et l'im-
provisationitivité, faculté nouvelle, dont l'organe, d'après Bessières, est localisé dans la
région de la saillietivité.

[2] Les facultés que ces divisions comprennent sont : 1° amativité, philoprolétivité, habitativité et adhésivité; 2° combativité, destructivité et alimentivité; 3° acquisivité, stratégitivité et circonspection; 4° amour-propre, approbativité, conscienciosité et fermeté;
5° espérance, idéalité, comprenant la sublimité et la merveillosité; 6° bienveillance,
vénération et imitation; 7° individualité, forme, grandeur, pesanteur, couleur, ordre et
calcul; 8° constructivité, localité, temps, tons; 9° éventualité, comparaison, causalité et
saillietivité; 10° langage.

presque arbitraire et conventionnelle, c'est savoir ce que signifient les dénominations générales qui expriment les différentes classifications et divisions.

Voilà, messieurs, la clôture de ma tâche nomenclaturale. Ai-je bien réussi? Je l'ignore. Cette décision appartient à vous et à l'expérience de l'avenir. Quel qu'il soit, il me restera toujours la consolation d'avoir pris la nature pour modèle, le progrès scientifique pour but, la religion pour appui.

LEÇON XXIV

Tempéraments et langage naturel.

MESSIEURS,

Maintenant que vous connaissez la dénomination, la nomenclature et les classifications des facultés et de leurs organes, je dois naturellement appeler votre attention sur ces mêmes organes et facultés, qui sont les véritables éléments de l'édifice phrénologique. Mais, comme tout édifice a son péristyle, la phrénologie a le sien : ce sont les tempéraments; oui, les tempéraments, ces conditions complexionnelles ou constitutionnelles du corps humain, que l'on doit prendre en considération, même avant le volume des organes cérébraux, pour apprécier et déterminer phrénologiquement les talents et les penchants, ou, ce qui revient au même, les dispositions et le caractère des individus.

J'ai déjà parlé incidemment des tempéraments dans plusieurs leçons antérieures, surtout dans la vingtième, où j'ai dit ce que maintenant je répète, qu'ils constituent la circonstance qui modifie le plus les effets du volume cérébral, ou, pour mieux dire, celle qui nous donne les indices les plus clairs et les plus certains sur les conditions et les qualités de sa structure. La connaissance des tempéraments est donc de la plus haute importance, et je m'efforcerai de vous la communiquer complète en peu de mots. Avant tout, et surtout, pénétrez-vous bien de cette idée, que les *tempéraments* ne sont pas autre chose et ne signifient pas autre chose que l'action des *systèmes*; j'espère vous l'expliquer avec tant de clarté et de netteté, que je serai facilement compris de toutes les intelligences et de toutes les capacités, et qu'il n'y aura personne parmi vous qui ne m'entende.

Le corps avec lequel l'homme naît est un composé, un ensemble de parties simples, appelées *organes*. A chacun de ces organes le Créateur a assigné une fonction simple, unique et spéciale. Lorsque, dans une région particulière, divers organes se réunissent pour produire une fonction locale complexe, ce groupe d'organes se nomme *appareil*. Ainsi nous disons : l'*appareil auditif*, l'*appareil visuel*, l'*appareil du goût*. Si un ensemble d'organes parcourt tout l'organisme pour produire une fonction complexe générale, cet ensemble se nomme *système*. Ainsi nous disons : le *système nerveux*, le *système sanguin*, le *système fibreux*, le *système lymphatique*, parce qu'il n'y a pas, dans l'organisme humain, de partie où ne se trouvent des molécules de nerf, de sang, de fibre et de lymphe, ou matière aqueuse et grasse. On ne dit pas : *système lacrymal*, *système urinaire*, *système bilieux*, parce que ces substances procèdent d'appareils et non de systèmes.

Comme il y a diverses matières qui parcourent tout l'organisme humain, il y a par suite divers systèmes. Toutefois les nerfs, le sang, la fibre et la lymphe sont de beaucoup les plus importantes, les plus influentes dans l'organisme, et presque les seules qui soient bien déterminées. On dit en conséquence que les systèmes dont se compose l'organisme humain sont les quatre déjà indiqués, savoir : le *nerveux*, le *sanguin*, le *fibreux* et le *lymphatique*.

Le système nerveux se compose du cerveau et des nerfs ; le sanguin, des poumons, du cœur, des veines et des artères ; le fibreux, des os, des tendons et des muscles ; le lymphatique, des glandes et des organes assimilatifs.

L'homme naît avec ces quatre systèmes, entre lesquels il y en a généralement un qui prédomine sur les autres. L'action ou fonction générale de chacun de ces systèmes TEMPÈRE ou MODÈRE la fonction générale du cerveau, en modifiant la *condition de sa structure*. Voilà pourquoi on appelle TEMPÉRAMENTS les divers modes généraux que chaque système a *dans son action* de modifier ou tempérer le cerveau. Ainsi donc tempérament n'est et ne signifie autre chose, comme je l'ai dit en commençant, que l'*action spéciale d'un système* dans son influence sur le reste de l'organisme, et spécialement sur le cerveau. C'est une seule et même chose que de dire, par exemple, *action du système nerveux*, ou *tempérament nerveux*, *action du système sanguin*, ou *tempérament sanguin*.

J'ai dit que, parmi les systèmes et leur action, en d'autres termes, parmi les tempéraments, il y en a toujours un qui prédomine ; c'est par celui-là qu'on est dans l'usage de désigner le résultat général de tous les systèmes chez un individu déterminé. Ainsi on dit, par exemple : « Jean a un tempérament lymphatique, » pour indiquer que, dans l'action générale des quatre tempéraments, l'action du lymphatique domine. « Diégo est d'un tempérament nerveux-sanguin ; » cela veut dire que, dans l'action générale des quatre tempéraments de Diégo, l'action du nerveux et celle du sanguin prédominent. « Pierre est d'un tempérament très-pauvre; » cela signifie que l'action combinée des quatre tempéraments de Pierre est peu de chose.

Ce qu'il faut entendre par tempéraments une fois bien établi, il s'agit de comprendre le genre d'influence que leur action, plus ou moins prépondérante, exerce sur tout l'organisme, mais particulièrement sur le cerveau. La tendance du système nerveux est de lui communiquer de l'*intensité*, c'est-à-dire de la force, de la vigueur, et la moindre réflexion suffit pour montrer qu'il doit en être ainsi. Le système nerveux se composant du cerveau et des nerfs, il est évident que, dans un organisme donné, plus ce système se trouve développé, plus il doit avoir de force et d'énergie. Et, comme le cerveau et les nerfs sont les organes de l'âme et de la sensibilité, nous devons dire, en saine logique, que le tempérament nerveux, ou l'action du système nerveux produit l'*intensité mentale et sensible*. Le tempérament sanguin, ou l'action du système sanguin, produit l'*activité*, et, s'il est prépondérant, l'*irritabilité*. Le tempérament fibreux produit *résistance, vigueur* ou *durée*, et le lymphatique, *assoupissement*.

Il y a une différence notable entre *tempérament* et *idiosyncrasie*. Le mot *tempérament* exprime toujours une disposition constitutionnelle déterminée, qui modifie l'organisme sans altérer la santé ; tandis que l'*idiosyncrasie* est une disposition constitutionnelle qui tend à l'altérer. C'est donc s'exprimer très-improprement que de dire *tempérament bilieux* ; parce que, en premier lieu, le foie, qui sécrète la bile, ne s'étend pas et ne se ramifie pas dans tout l'organisme ; et, en second lieu, parce que lorsqu'il y a réellement un épanchement de bile dans tout le corps, seul cas où l'action du foie pourrait présenter les caractères d'un tempérament, il existe alors une véritable *idiosyncrasie*, en d'autres termes, une disposition constitutionnelle morbifique, c'est-à-dire tendant à troubler la santé, ou, ce qui est la même chose, à engendrer, à produire une maladie, laquelle, dans ce cas, se nomme *ictéricie* ou jaunisse.

L'influence que l'on attribuait à ce qu'on appelait *tempérament bilieux* est du domaine du tempérament fibreux, auquel peut aussi s'appliquer avec propriété la qualification de *musculeux*. On peut néanmoins se demander si le plus ou moins grand développement du foie peut, sans altérer la santé, influer d'une manière spéciale sur l'action de l'organisme, et en particulier sur celle du cerveau ; mais, tout en reconnaissant qu'il n'y a pas dans notre corps une particule, une molécule qui n'influe sur toutes les autres, je dois dire ici que cette influence hépatique est si insignifiante, qu'elle mérite à peine d'être prise en considération.

Les anciens avaient sur les *tempéraments* des idées très-obscures et très-confuses. Ils les considéraient, tantôt comme causes originelles de l'action mentale, tantôt comme instruments primitifs de l'âme, tantôt, ainsi qu'ils le sont réellement, comme des moyens modificatifs des fonctions cérébrales.

Encore aujourd'hui, il y a des auteurs qui, pour n'avoir pas suffisamment étudié la matière, considèrent les tempéraments comme des causes primaires, c'est-à-dire comme des instruments immédiats de l'âme. Ainsi ils disent : « L'individu de tempérament sanguin est vif, léger, inconstant ; celui de tempérament bilieux est tenace, violent, emporté, etc. » Mais tout cela est erroné, car le caractère vif, léger, inconstant, provient de l'âme manifestée par le cerveau; seulement, l'action des systèmes, sans troubler la santé de l'organisme, tempère et modifie son action de manière à faire que le caractère soit plus vif, plus léger, plus inconstant.

Connaître le tempérament d'une personne signifie connaître le système ou les systèmes qui sont le plus développés dans son organisme. L'individu qui a une grande tête, contenant beaucoup de substance cérébrale, avec un système nerveux très-développé, possède un tempérament *nerveux*, et par conséquent une grande intensité mentale et sensible. L'individu chez qui les poumons et le cœur ont beaucoup de volume, les veines et les artères un grand développement, est d'un tempérament *sanguin* bien prononcé, et par conséquent a le cerveau susceptible d'être facilement ému, excité, irrité, enflammé. L'individu chez qui les os, les tendons et les muscles sont grands, forts et solides, a un tempérament *fibreux* bien caractérisé, et par conséquent son cerveau est capable d'une grande résistance et peut supporter une action très-prolongée. L'individu chez qui les vaisseaux lymphatiques, les glandes et les organes assimilatifs ont un grand développement, a le tempérament *lymphatique* prépondérant, et par conséquent l'action du cerveau est chez lui adoucie et amortie.

Nous savons ce que sont les tempéraments et combien on en distingue; nous savons l'influence que chacun d'eux exerce sur notre organisme, spécialement sur le cerveau ; nous savons ce qu'il faut entendre par ces mots : *connaître le tempérament d'une personne*; il nous reste maintenant à expliquer comment on peut les distinguer *à première vue*, par des signes extérieurs non équivoques.

Des muscles petits et bien modelés, la peau très-fine, le visage un peu pâle et l'œil très-brillant, indiquent le *tempérament nerveux ;* mais les indices les plus certains sont : *l'abdomen petit et la tête grande, fine, lisse et un peu charnue*. Saint Bonaventure (p. 61), et Philippe II (p. 162), présentent tous les caractères du tempérament nerveux.

Le *tempérament sanguin* a pour indices un teint clair, des formes arrondies et bien modelées, la face colorée, le plus souvent les yeux bleus, mais surtout la poitrine large et d'une grande capacité. Colomb, page 290 et Danton, page 195 sont des types de tempérament sanguin. Danton est en outre très-fibreux.

Des formes athlétiques, un grand développement des membres et des fibres, des traits un peu durs et très-prononcés caractérisent le *tempérament fibreux*. Le cardinal Ximénès de Cisneros, page 287, et l'homme comparé au lion, page 57, ont le tempérament fibreux.

Le *tempérament lymphatique* est indiqué par des yeux un peu endormis, le teint pâle, des traits peu expressifs, mais surtout par *un abdomen prépondérant et une tête osseuse, petite ou commune*. Vitellius, page 288, et Néron, page 205, tiennent beaucoup du tempérament lymphatique.

Très-souvent on voit dominer chez un même individu deux tempéraments ou même davantage. Généralement, chez les femmes, le tempérament est nerveux-lymphatique, et, chez les hommes, fibreux-sanguin, ou nerveux-fibreux. Seulement, d'après les observations que je viens de faire, qui ne verra dans Galilée et Bacon, pages 4 et 5, un tempérament fibreux-nerveux, avec prépondérance du nerveux chez Bacon? Qui ne verra chez Aristote, page 24, un tempérament fibreux-sanguin-nerveux? Qui ne verra chez Solis, page 70, le tempérament ordinaire aux femmes, c'est-à-dire nerveux-lymphatique, tandis que Michel-Ange, page 200, nous présente un modèle accompli du tempérament nerveux-fibreux? Que l'on compare le tempérament de Catherine II, page 248, avec celui de Louis de Léon, page 41, qui ne verra que le premier était sanguin-nerveux, et le second nerveux-lymphatique, tandis que Louis de Grenade, page 45, était plutôt nerveux-fibreux?

Le tempérament se reconnaît aussi au crâne. Si le crâne a une surface lisse, une contexture fine, peu d'épaisseur et beaucoup de volume, l'individu à qui il a appartenu avait un tempérament très-favorable; mais, si le crâne a la contexture très-commune, la superficie rugueuse, peu de volume et beaucoup d'épaisseur, l'organisme dont il faisait partie était d'un tempérament très-inférieur. Tous les tempéraments, considérés individuellement, sont également bons, également utiles; il n'y en a aucun qui vaille mieux qu'un autre; ce qui est bien ou mal, c'est seulement la prépondérance de l'un ou de l'autre. Celui-là a le meilleur tempérament, chez qui tous les quatre exercent leur action et se trouvent harmonieusement combinés. C'est ce qui se voit dans divers personnages vraiment extraordinaires. Voyez Isabelle la Catholique, page 347; Shakspeare, page 291, Gall, page 367. Chez aucun de ces personnages, il n'est possible de déterminer la prépondérance d'un tempérament; tous sont en relief.

On doit en dire autant de Cervantes, que je présente ici copié sur une gravure que le consciencieux Sales a mise dans son édition de *Don Quichotte*. Quand il s'agit de personnages qui ont ainsi fait époque dans le monde, ce n'est pas trop que d'en présenter des portraits pris sous différents aspects; c'est ce que j'ai fait pour Gall, et j'en fais autant maintenant pour Cervantes.

CERVANTES, né en 1547, mort en 1616.

Formant contraste à ces personnages éminents, nous voyons les imbéciles, pages 43, 134, dont le tempérament est très-lymphatique, ou si extraor-

dinairement faible, que c'est à peine si l'on peut dire qu'ils en ont un;
c'est-à-dire, qu'à peine y a t-il dans leur organisme des circonstances constitutionnelles qui favorisent sous aucun rapport l'action du cerveau.

Les tempéraments partagent la condition de tous les organes et de toutes
les facultés humaines : ils sont limités, modifiables, conditionnels et perfectibles. L'inaction et le manque d'exercice développent le tempérament
lymphatique; la grande activité corporelle, le tempérament *fibreux;* la
grande animation de l'esprit, le tempérament *sanguin,* la continuelle et
profonde application de l'âme à des études sévères, le tempérament *nerveux.*

Les différentes classes de la société sont une preuve évidente de ce principe. Les personnes cloîtrées et qui ont peu d'exercice d'esprit et de corps
sont *lymphatiques.* Aux Antilles, il y a beaucoup de *blanches* obèses à vingt-
cinq ans, parce qu'elles remuent à peine leur corps et qu'elles ne sortent jamais qu'en voiture. Les *négresses,* au contraire, sont généralement toutes
fibreuses; parce qu'elles sont continuellement livrées aux travaux corporels.
Dans toutes les parties du monde, les médecins, qui travaillent beaucoup de
corps et d'âme, sont en général nervoso-fibreux. Parmi les paysans, vous
en trouverez à peine un sur mille qui ne soit nettement fibreux.

Dans sa jeunesse et pendant qu'il mena une vie active, Napoléon Ier fut purement nerveux; quand il fut arrivé au pouvoir, et surtout pendant son séjour à Sainte-Hélène, où il faisait très-peu d'exercice, il devint complètement lymphatique.

Il est incontestable que certaines personnes naissent avec un système développé, avec une telle prépondérance que leur tempérament ne peut changer, quelque ligne de conduite qu'elles suivent; mais c'est une exception à
la règle. Il y a aussi des individus qui naissent rachitiques et qu'aucun secours humain ne peut parvenir à fortifier; de même aussi il y en a qui
naissent avec une certaine organisation qui ne peut être modifiée ; mais, je
le répète, ce sont autant d'exceptions, que, dans l'état actuel de nos connaissances physiologiques, on pourrait peut-être prévenir dans certains cas
en écartant la cause; mais qui, une fois qu'elles se sont produites, sont
sans remède.

De cette connaissance des tempéraments, de ce que nous avons dit sur la
manière de les distinguer, et de ce fait qu'ils sont tous susceptibles d'être
modifiés par les exercices bien ou mal dirigés auxquels l'individu se livre,
on peut déduire des conséquences d'une extrême utilité pour l'éducation.

Pour déterminer, ainsi que nous l'avons dit, si l'action du tempérament
sur le cerveau d'un individu est de nature à produire tension, irritation,
résistance ou torpeur, il faut déterminer le *tempérament* lui-même. Quelque grande que soit la tête, si elle contient beaucoup de lymphe, c'est-à-
dire si l'individu est d'un tempérament très-lymphatique, son action
générale sera nécessairement somnolente, tandis qu'une autre tête, proportionnellement petite, mais qui renfermera beaucoup de substance cérébrale, et dont le possesseur sera de tempérament nerveux, aura une action

d'une vive intensité, et qu'en elle l'âme se manifestera avec beaucoup plus de talents et d'éclat que dans la première.

Voilà l'exposé des tempéraments terminé, et, j'ose le croire, de la manière que je vous l'avais promis au début de cette leçon ; entrons maintenant dans l'explication du LANGAGE NATUREL, point on ne peut plus essentiel dans le grand objet qui nous occupe.

Sans ce *langage naturel et universel*, sans l'EXPRESSION spéciale que produisent naturellement et spontanément dans le corps humain la frayeur, le repentir, la douleur, la joie, le mépris, la contemplation, l'orgueil, la vanité, la stupidité, l'intelligence et mille autres sentiments et états de l'âme, que seraient la peinture, la sculpture, la gravure, la mimique ou art théâtral, que seraient en général tous les arts d'imitation morale?

Les facultés mentales doivent être considérées de deux manières : comme facultés *au repos*, dont la force et la puissance se révèlent par le développement et la configuration du cerveau ou de la tête, et comme facultés *en action*, c'est-à-dire comme facultés dont les mouvements se manifestent par les diverses expressions du visage, les attitudes du corps et le geste en général. Dans l'un et l'autre cas, les facultés mentales doivent être considérées comme des qualités internes manifestées par des *signes externes*, à la loi desquels Dieu, dès le moment de la création, a soumis tous les êtres.

En effet, la nature entière, dans les trois règnes, minéral, végétal et animal, est une preuve constante et patente de ce fait que les qualités internes se manifestent par des signes externes. Le météorologiste expérimenté, en considérant l'aspect, la physionomie, les *signes extérieurs* des nuages, reconnaît ceux qui donneront de la pluie, ceux qui donneront du vent et ceux qui ne donneront ni l'un ni l'autre.

En examinant seulement l'apparence extérieure d'un arbre, nous savons s'il réussira ou non, s'il vient bien ou mal, s'il a trop ou trop peu d'eau, etc. Combien de fois, en prenant une pomme, une orange, ne disons-nous pas : Quelle bonne mine ou quelle mauvaise mine elle a! La vue de ce fruit me plait, l'aspect de celui-là m'enchante?

Si du règne végétal nous passons au règne animal, la même chose se produit. Ne voyons-nous pas, dans la configuration du daim, sa célérité, et, dans la construction du bœuf, sa lourdeur? L'aspect de l'écureuil ne nous annonce-t-il pas son agilité, son espièglerie, et celui de l'agneau sa timidité et sa douceur?

Dans l'homme, dès sa plus tendre enfance, les qualités intérieures se manifestent par des *signes extérieurs*. Jamais les grands génies n'ont ignoré cette vérité. Notre éminent politique *Saavedra Fajardo* a dit avec toute sa finesse d'observation et toute l'éloquence de son style :

« Si l'enfant est généreux et fier, il écoute les louanges le front calme, l'œil paisible et le sourire sur les lèvres ; mais, au moindre blâme, tout en lui s'abaisse tristement. S'il est courageux, son visage prend une expression de fermeté et ne se trouble point quand on le menace et qu'on cherche à

l'effrayer; s'il est libéral, il dédaigne les jouets et les distribue; s'il est vindicatif, il garde ses ressentiments et ne cesse de pleurer que lorsqu'il a
obtenu satisfaction; s'il est colère, la moindre chose l'émeut, il fronce le
sourcil, il regarde en dessous, il lève ses petites mains; s'il est bienveillant,
son sourire et son regard lui gagnent tous les cœurs; s'il est mélancolique,
il fuit la société, il aime la solitude, il s'obstine à pleurer, il rit difficilement et a toujours comme un nuage sur son petit front; s'il est gai, tantôt
il élève les sourcils et fait ressortir ses petits yeux, d'où jaillissent des
éclairs d'allégresse, tantôt il les retire et les recouvre de ses paupières,
dont les gracieux replis révèlent la joie de son âme : c'est ainsi que les qualités et les défauts se reflètent du cœur sur le visage et se manifestent
dans les mouvements du corps, jusqu'à ce que l'âge et l'expérience viennent
apprendre la réserve et la dissimulation. »

Les mêmes individus qui rient de la phrénologie, qui prennent en pitié
quiconque croit au magnétisme, et qui considèrent la physionomie comme
un excellent texte de plaisanteries et de bons mots, disent : *Un tel ne me
plaît pas ; il a l'air d'un vaurien. Un autre me plaît, qu'il a l'air distingué! Un tel est un grand homme, sa physionomie le dit assez.* Si ces mêmes
individus sont sous l'influence de la colère, leur visage s'allume, ils frappent du pied, ils vocifèrent; si la générativité est chez eux active, leurs yeux
respirent la concupiscence, leurs lèvres se compriment d'une manière particulière, et leur tête pivote sur la nuque. Si l'estime d'eux-mêmes les porte
à se venger par le dédain d'un inférieur qui leur a manqué, tout leur corps
se roidit formant une ligne droite qui passe par l'occiput, et, quelque petite
que soit leur victime, ils la regardent sans incliner l'épine dorsale, avec un
air de méprisante supériorité, leurs lèvres expriment un sourire incisif,
froid et muet. C'est ainsi que, par leurs gestes et leur physionomie, ils se
mettent en visible contradiction avec leurs paroles, avec ces paroles par lesquelles ils espèrent obtenir une place parmi les sages, parce qu'ils disent ·
JE NE CROIS PAS.

S'il y a dans l'homme un sentiment inné qui le porte à juger des qualités intérieures par des signes extérieurs, à son insu, et le plus souvent malgré lui ; si notre organisme, que nous le sachions ou non, manifeste par le
geste les mouvements de l'âme, devrons-nous nous étonner qu'Aristote, Cicéron, Leibnitz, Bacon, Montaigne, Herder, Porta, Lavater, Feijoo et mille
autres génies aient parlé de la physionomie comme d'une connaissance
exacte?

Nous savons tous que le marquis de Mascardi, juge suprême des causes
criminelles à Naples, de 1778 à 1782, se faisait amener tous les prévenus
qui, sans avoir avoué, avaient été condamnés à la mort ou aux galères, et,
après avoir bien examiné le visage et la tête de chacun, il prononçait une
sentence définitive. L'histoire a conservé ces singuliers actes de procédure,
dont quelques-uns se trouvent dans le *Cours de phrénologie* de Broussais.
(Paris, 1836, p. 105.) Je ne puis résister au désir de reproduire ici au moins

un de ces jugements aussi remarquables que justes, d'après des témoignages contemporains du marquis.

Auditis testibus pro et contra, dit-il, *reo ad denegandum obstinato, visa facie et examinato capite, non ad furcas, sed ad catenas damnamus*, c'est-à-dire : « Ouï les témoins à charge et à décharge, le prévenu s'obstinant à nier, après avoir considéré son visage et examiné sa tête, nous le condamnons, non pas à la mort, mais aux galères. »

Et pourquoi s'étonner qu'un juge se guidât par ses instincts physionomiques, quand nous voyons dans les saintes Écritures des preuves du langage naturel? « *L'apostat* (le traître), dit Salomon (Prov., vi, 12, 13), est un homme inutile; il va tordant la bouche, guigne des yeux, frappe du pied et parle avec ses doigts. »

Ainsi donc, la difficulté ne consiste pas à nier ou à accorder ce principe, que, par les signes extérieurs, on puisse connaître les qualités intérieures, mais à bien connaître ces signes et leurs rapports avec les facultés mentales, soit *au repos*, soit *en action*, qui est ce qui importe à notre objet.

Les signes des facultés au repos, c'est-à-dire des facultés considérées au point de vue de leur force et de leur puissance, sont le développement du cerveau et du crâne, ainsi que Gall l'a découvert. Les signes des facultés en action sont manifestes, clairs et évidents pour notre sens commun, c'est-à-dire pour la perception générale de tous les hommes, dès le moment où ils paraissent.

Pour arriver à découvrir définitivement les indications de la première espèce, il a fallu que six mille ans s'écoulassent ; pour découvrir celles de la seconde espèce, il suffit d'activer les sens et la perception de toutes les facultés. Pour ce qui tient aux premières, on n'en eut d'abord qu'une espèce de conjecture vague et confuse, qui passa ensuite à l'état de connaissance positive, ainsi que je l'ai expliqué dans la leçon VI, pages 42-49; mais, pour les secondes, il a toujours suffi de la perception que nous possédons tous, naturellement et instinctivement.

Pour savoir, par exemple, qu'une tête de forme pyramidale et renflée à sa base indique qu'en elle certaines facultés animales de destruction et d'attaque ont beaucoup de force et d'énergie, soit qu'on les exerce ou non ; pour reconnaître qu'une tête en forme de marteau indique une remarquable faculté de circonspection et de précaution, qu'elle soit ou non mise en œuvre; pour découvrir que, sur le front, se trouve localisée une faculté qui produit la bienveillance et l'honnêteté; que, derrière la tête, il en est une autre qui a pour résultat l'amour filial et les affections tendres, soit que ces facultés entrent ou n'entrent pas en exercice, il a fallu une longue suite de siècles et la succession de beaucoup d'hommes de génie. Mais, pour découvrir l'action véhémente de ces facultés et d'autres, pour reconnaître quand la férocité, la crainte, la générosité, la tendresse, sont peintes sur le visage et parlent dans les gestes et dans les mouvements de tout l'organisme, il suffit, je le répète, d'avoir les sens et les facultés dans l'activité de leur puissance perceptive.

« Vous êtes triste, irrité, gai, satisfait, content, méditatif, soucieux, pensif, menaçant; » ce sont là des manières de parler très-usitées lorsque ceux qui nous adressent la parole veulent exprimer l'état de mouvement et d'action dans lequel ils connaissent spontanément que se trouve notre âme; mais il n'est pas probable que, sans connaissances phrénologiques préalables, quelqu'un qui nous voit pour la première fois nous dise, lorsque notre esprit est à l'état de repos : « Vous êtes irascible ou affable, probe ou d'inclinations perverses, d'un caractère triste ou gai. » Bien moins encore pourra-t-il assurer si nous avons ou non des dispositions pour les mathématiques ou la peinture, les langues ou la chimie, du goût pour la guerre ou pour le barreau, pour la médecine ou pour le commerce.

Or pourquoi la première chose a-t-elle lieu et non pas la seconde? La première a lieu parce que, de même que, naturellement et spontanément, la lumière se fait sentir à l'œil, la saveur au palais, le son à l'oreille, et qu'ensuite la visualité, la gustativité et l'auditivité reçoivent de ces impressions une perception intelligente, de même aussi la tristesse, la gaieté, la satisfaction, la douleur, la méditation peintes sur le visage et exprimées par le geste et les attitudes de nos semblables, se font sentir dans les facultés correspondantes et reçoivent naturellement et spontanément la perception intelligente de ces impressions, comme j'ai déjà eu l'occasion de l'observer dans la leçon XXII, pages 555 et 556.

Pourquoi la seconde chose n'a-t-elle pas lieu, c'est-à-dire pourquoi, de même que chacun connaît les mouvements énergiques de l'âme, ne connaît-on pas aussi le plus ou le moins de force et d'énergie de nos facultés, origine de ces mêmes mouvements? Parce que les signes qui, à l'*extérieur*, révèlent la localisation de ces facultés ne se font pas sentir ni percevoir par eux-mêmes à l'intérieur, et parce que ces mêmes facultés ne nous donnent pas, au dedans de nous, la sensation ni la notion de leur propre siége. Ainsi, par exemple, la destructivité, c'est-à-dire la faculté mentale qui produit la *colère*, ne nous dit pas intérieurement qu'elle est située autour du méat ou orifice auditif, et, quand nous voyons cette localité chez autrui, la faculté en question ne nous fait pas sentir ni comprendre qu'elle réside là. Ces localisations sont des faits que nos sens ni nos facultés ne peuvent vérifier par leur puissance naturelle et spontanée. Ces faits sont, il est vrai, de la nature de ceux que Dieu a placés dans la sphère d'action de nos sens et de nos facultés, mais ils ne peuvent être saisis qu'au moyen d'études répétées et d'efforts continués par des générations successives, afin que notre *progressivité* ait un champ pour s'exercer, et notre *indagativité* et notre *déductivité* une sphère d'action, ainsi que j'ai eu occasion de l'indiquer dans les premiers paragraphes de la leçon XV, pages 221 à 225.

Je suis bien sûr que maintenant vous comprenez de la manière la plus claire que le LANGAGE NATUREL n'est autre chose que les expressions, les cris, les sanglots, les larmes, les gestes, les mouvements que communiquent au visage, aux yeux, à la voix et au reste du corps l'action véhémente des facultés; je suis bien certain qu'à la vue d'une personne absorbée dans un calcul numérique, nous lui dirons spontanément : « Vous calculez, » tandis qu'une personne dépourvue de connaissances phrénologiques ne dira pas, en voyant Màngiamele à l'état de repos mental : « Vous êtes un génie calculateur. »

Je ne pourrai jamais répéter assez que tout mouvement mental doit nécessairement avoir son langage naturel. Si donc nous considérons le langage naturel correspondant à chacun des modes d'action de chaque faculté, soit dans sa partie affective, soit dans sa partie conceptive, nous serons convaincus que les langages naturels au moyen desquels l'âme révèle aux autres d'une manière *vive et manifeste* les mouvements intérieurs sont innombrables. Quelle est l'infinie variété d'affections que l'âme peut éprouver, je l'ai expliqué au long dans la leçon XXI, pages 6 à 339; ce que j'ai dit alors au sujet des affections, je le dis maintenant à propos des désirs.

Ainsi, par exemple, la visualitivité, dans sa partie active, comme je l'ai plusieurs fois expliqué, désire seulement voir, d'une manière abstraite. Voir, sans déterminer quel, *ni de quelle couleur* est son objet. Après avoir perçu, dans sa capacité passive, toutes sortes de couleurs, d'ombres, de nuances, de clairs-obscurs, la visualitivité peut avoir autant de désirs qu'elle a eu de perceptions de ces modifications de lumière, et qu'elle pourra produire de nouvelles conceptions.

On peut et on doit en dire autant de la générativité et de toutes les autres facultés. La générativité, dans sa partie active, désire, pousse, entraîne à produire des actes qui se rapportent à elle; tout cela, elle le fait abstractivement, c'est-à-dire sans déterminer *quels actes*, ni la manière de les produire.

Après qu'on en a produit ou vu produire, la partie passive les perçoit, c'est-à-dire sait ce qu'ils sont; et alors elle peut avoir autant de désirs qu'il y a d'espèces d'actes de cette catégorie qu'elle a perçus, ou que l'on peut concevoir ou imaginer au moyen de ceux-là. Ainsi le désir génératif, seul et unique en soi, peut se diviser en autant de désirs et d'aberrations concupiscentes qu'on en a perçu ou qu'on en peut imaginer. Voilà pourquoi nous devons, avec beaucoup d'attention, de prudence et de circonspection, éviter de présenter à la jeunesse aucun objet ou de lui laisser entendre aucune parole qui puisse éveiller en elle des désirs érotiques; car bientôt ces jeunes âmes, en vertu du pouvoir de conception que possèdent toutes nos facultés, se repaissent de désirs de ce genre, qui se transforment en passions ardentes, lesquelles, pour se satisfaire dans leur frénésie, poussent à toutes sortes d'abîmes, ou, dans l'impossibilité de se satisfaire, laissent l'âme dans le malaise, l'angoisse, la consternation, la misère. Considérez donc un moment la multitude de désirs factices ou réels, futiles ou utiles, inconvenants ou justes, que nous pouvons faire naître, selon que nous agissons bien ou mal, avec négligence ou avec prudence, et vous serez aussitôt convaincus de l'importance incalculable que présente, à ce seul point de

vue, l'éducation, comme je le démontrerai plus au long lorsque le moment
sera venu.

Ainsi donc chaque perception, chaque affection, chaque désir, chaque faculté ou réunion de facultés en action, a son langage naturel distinct. Mais,
comme rarement une faculté agit seule à un moment donné, le langage naturel ne révèle pas toujours le mouvement d'une faculté déterminée, mais
l'action combinée de l'ensemble de plusieurs facultés. L'activité mentale est
généralement diverse et complexe, et partant sa manifestation *vivante* ou
langage naturel est complexe et varié. Arrêtons un seul instant notre pensée sur l'immense multitude d'impressions, de désirs et d'affections dont
notre âme est susceptible, soit qu'on les considère en soi, comme éléments
primitifs, soit qu'on les envisage dans leurs combinaisons possibles, et l'on
pourra se faire approximativement une idée du nombre incalculable de langages naturels par lesquels se manifestent d'eux-mêmes les actes de notre
âme.

Il y a une grande différence entre le langage naturel ou aveugle et le
langage arbitraire ou intelligent. CELUI-LA dit seulement : « Je réfléchis, je
médite, j'observe, je suis attentif ; je suis triste, fâché, gai, animé, etc. ; »
mais il n'indique pas *ce à quoi* l'on pense, l'on réfléchit, l'on médite, ce
qu'on observe, *ce à quoi* l'on est attentif ; il ne dit pas non plus pourquoi
l'on est triste, fâché, gai, animé, etc. CELUI-CI détermine, spécifie, dit tout
ce qu'on pense et tout ce qu'on désire, et pourquoi on pense ce qu'on pense
et l'on désire ce qu'on désire. Ici se présentent en foule à mon esprit mille
idées sur ce sujet, idées utiles, intéressantes et peut-être neuves, mais que,
malgré mon vif désir, je dois m'interdire d'exprimer en ce moment, parce
qu'elles m'entraîneraient à des digressions inopportunes. Il m'en coûte un
violent effort, parce que c'est toujours pour moi une vive satisfaction que
de parler de langues et de langage, sujet qui a toujours occupé dans mes
études la place privilégiée. Voilà plus d'un quart de siècle que, tout le temps
que je puis dérober à mes occupations obligatoires, je le consacre à préparer
un ouvrage sur le langage naturel et le langage arbitraire, sur les langues
qui ont été ou qui sont parlées en Espagne, formant de ce sujet une sorte
de tableau dans lequel le castillan sera la figure principale, tableau que
j'ornerai d'une multitude de modèles et d'échantillons, afin de présenter
une histoire vraie, vivante, agréable, utile et intéressante de notre littérature nationale. Plus tard, j'appellerai de nouveau votre attention sur ce
sujet; maintenant nous avons à terminer ce qui fait l'objet principal de la
leçon qui nous occupe.

Il n'est pas ordinaire, avons-nous dit, qu'à un moment donné, une faculté agisse seule et exclusivement dans l'âme, comme il ne l'est pas qu'un
organe agisse seul et exclusivement dans le corps ; néanmoins cela n'est ni
impossible, ni difficile, ni même très-rare. Dans ce cas, lorsque la faculté
en action se trouve extraordinairement excitée, soit dans son mode d'action par désir ou par répugnance, soit dans son mode d'action par affecta-

bilité agréable ou douloureuse, son langage naturel ne peut être susceptible
d'équivoque.

Qui ne reconnaît, peint sur un visage, le sentiment de la terreur et de
l'effroi, c'est-à-dire la précautivité violemment affectée dans un sens douloureux? Peut-il y avoir quelqu'un qui, en présence d'un homme placé sous
l'influence d'une terreur panique, doute, hésite et ne sente pas, ne perçoive pas, ne comprenne pas à l'instant ce qui se passe dans l'âme de cet
homme?

Et l'espérance? quelqu'un pourrait-il, par exemple, ne pas apercevoir le
sentiment extatique qui s'est emparé de l'âme d'une mère, au moment où
elle a appris que son fils malade, qu'elle regardait comme mort, peut être
rendu à la santé?

Et la surprise? ne la verrons-nous pas peinte sur le visage de celui à qui
l'on donne une nouvelle très-différente de celle qu'il attendait? La surprise,
qu'est-elle autre chose que l'excitation particulière et actuelle de certaines
facultés?

Ce qui a lieu par rapport à la terreur, à l'espérance, à la surprise, arrive
également par rapport à toutes nos affections et à tous nos désirs, plus ou
moins simples, ou complexes, quand ils se trouvent dans un état de véhémente excitation. Leur image se daguerréotype immédiatement sur le visage, se manifeste d'une manière vive et palpable dans les mouvements, les
gestes, les attitudes, déborde dans l'expression du langage arbitraire, dans
les larmes, dans les cris, en un mot dans tous les phénomènes physiques
dont notre organisme est susceptible.

Ce langage naturel et universel est la forme matérielle et corporelle que
prennent nos idées, nos désirs et nos affections, pour se faire naturellement,
spontanément et directement comprendre de tous les hommes, et, dans
certains cas, des animaux eux-mêmes. Un cri terrifiant, une attitude me-
naçante, naissant de la destructivité et s'adressant à la précautivité, sont
instantanément compris de beaucoup d'animaux qui, possédant ces facultés
et ces organes, sont impressionnés et affectés d'une manière terrible. Ainsi
s'explique l'impression de terreur que produisent même sur les êtres privés
de raison, dans les forêts, le rugissement du lion, et, dans les airs, les cris
des oiseaux de proie. Ainsi s'explique la connaissance spontanée que les
animaux paraissent avoir de certains mouvements qui se manifestent en
nous; enfin, c'est ainsi qu'on explique comment le chien, le cheval, le lion
et d'autres animaux peuvent être représentés avec une certaine expression
et certaines attitudes qui disent en quelque sorte ce qui se passe dans leur
sensorium.

Et pourtant, à proprement dire, les bêtes ne parlent pas; les bêtes ne
peuvent communiquer ni idées, ni affections, ni désirs au moyen de *signes
arbitraires*, c'est-à-dire au moyen de signes qu'ils conçoivent ou qu'ils choi-
sissent à leur guise. Pourquoi cela? Parce qu'ils n'ont aucune faculté qui
fasse naître en eux un pareil désir, ni aucune puissance d'application uni-

verselle, qui conçoive une corrélation entre un signe et une idée. L'homme seul est capable de concevoir des *signes intelligents*, et par conséquent l'homme seul est capable de parler.

Si un homme est sourd et ne peut percevoir les sons pour s'en servir comme de signes de ses idées, désirs et affections, il se sert de gestes, d'attitudes, de mouvements, d'airs de visage, de formes, de surfaces et d'autres phénomènes organiques, sur lesquels il exerce son pouvoir ou sa volonté, et auxquels il communique l'intelligence, les faisant parler avec autant de clarté que si, ayant l'usage de l'ouïe, il faisait parler les sons que sa voix produirait. Ainsi, parler, c'est proprement une faculté active, un pouvoir de communiquer l'intelligence à des signes arbitraires ; et ce pouvoir, avec la liberté de l'exercer ou de ne pas l'exercer, n'a été accordé qu'à l'homme. Le *langage naturel* n'est pas un pouvoir actif, une faculté distincte et spéciale, capable d'intelligence ; c'est un résultat aveugle de l'action de chaque faculté que l'homme peut, par son imitativité, simuler jusqu'à un certain point, sans le sentir réellement. Relativement au pouvoir de ces langages, l'homme, ayant le cerveau sain, n'est jamais *muet*, les animaux toujours ; relativement au second, l'homme est d'autant plus supérieur aux brutes en puissance expressive, que ses facultés sont plus nombreuses, plus nobles et plus élevées.

Des dernières idées que je viens d'exposer on peut tirer cette conclusion, que le *langage arbitraire* est un produit de l'intelligence humaine, pour lequel Dieu nous a donné une faculté ou disposition active, sans l'exercice de laquelle ce langage ne peut exister ; tandis que le *langage naturel* est un phénomène passif, résultat spontané et inévitable du mouvement de *toutes* les facultés mentales.

LEÇON XXV

Conclusion du langage naturel. — De la physionomie.

MESSIEURS,

On a connu l'existence et les effets du langage naturel du moment où l'homme a paru sur la terre et a ouvert les yeux à ce qui se passait autour de lui ; mais on n'a pu se former une idée ni de son origine ni de sa philosophie que depuis les découvertes de la phrénologie. Les artistes et les auteurs ont admis dans leurs œuvres le principe de son existence ; mais ce principe, ils l'ont senti par un instinct aveugle, ils ne l'ont pas connu par la perception intelligente des facultés qui dépendent de la réflexion ; en d'au-

tres termes, ils ont senti son existence sans pouvoir se rendre compte de
son fondement ou de sa cause immédiate. C'est ce dont nous donne une idée
claire notre illustre Saavedra Fajardo dans un passage que j'extrais littéralement de son *Idée d'un Prince*, et qui est conçu comme il suit :

« Il convient de réformer le palais, non-seulement dans les personnages
vivants, mais encore dans les personnages morts, c'est-à-dire dans les statues et les tableaux; car, quoique le ciseau et le pinceau ne parlent qu'un
langage muet, ils persuadent autant que les plus éloquents. Quel sentiment
n'inspire point au glorieux la statue d'Alexandre le Grand? Quelles pensées
voluptueuses ne font point naître les métamorphoses amoureuses de Jupiter? Dans de semblables sujets, l'art est plus ingénieux que dans les sujets
honnêtes (si grande est la force de notre nature dépravée!); le goût les introduit dans les palais à la faveur de ces chefs-d'œuvre, et les riches lam-
bris ne sont ornés que de turpitudes. Et cependant il ne devrait s'y trouver
ni une statue ni un tableau qui n'excitât dans le cœur du prince une noble
émulation. Que le pinceau écrive sur la toile, le burin sur les métaux, et le
ciseau sur le marbre, les faits héroïques de ses ancêtres, pour qu'il les lise
à toute heure, car des statues et des peintures de ce genre sont des fragments d'histoire toujours présents à ses yeux. »

L'existence et les tendances bonnes et mauvaises du langage naturel se
trouvent consignées dans ce peu de paroles : mais il n'y a point là un seul
mot de son origine, un seul mot de sa philosophie. Or, sans connaître ni son
origine ni sa philosophie, il était impossible d'en tirer tous les avantages
désirables dans l'intérêt de l'homme et de la société[1].

Le langage naturel, messieurs, permettez-moi de le répéter, puisqu'on ne
saurait assez le répéter, a son origine dans les facultés et dans les organes
mentaux, et sa philosophie consiste dans l'explication de tout ce qu'on en
sait, à le considérer comme un ensemble de phénomènes émanant directement de ces organes et de ces facultés; d'où il résulte, comme je l'ai dit,
que, sans la découverte de la phrénologie, nous ne pourrions ni savoir l'origine du langage naturel, ni en connaître d'une manière claire la philosophie; car nous n'aurions pas une preuve aussi positive de la diversité des
facultés envisagées dans leur mode d'opérer particulier, ni de la variété des
organes cérébraux au moyen desquels elles manifestent aux sens leur force
et leur vigueur.

Là où une faculté manque, le langage naturel de cette faculté ne saurait
exister, et, là où elle existe, son langage naturel ne peut que se produire en
harmonie avec le développement de son organe propre. Ce principe si net
et si simple en soi nous fournit une foule de données lumineuses pour nous
expliquer divers phénomènes moraux, tant individuels que sociaux, dont la

---

[1] Comme complément de ce que je dis ici sur le langage naturel ou *sensitif*, on peut
voir ce que je dis à la fin de la leçon XL sur le langage mimique et arbitraire.

(*Note de l'auteur pour l'édition française.*)

connaissance peut être de la plus grande utilité et de la plus haute importance. •

Pourquoi, par exemple, aucun animal, quelque élevé qu'il soit dans l'échelle des êtres, ne manifeste-t-il et ne peut-il pas manifester, par des *signes extérieurs*, des désirs ou des sentiments qui annoncent l'espérance ou la réflexion, tandis que les mouvements que déterminent la ruse ou la peur sont, chez la plupart d'entre eux, visibles et manifestes, même pour l'homme le plus stupide? Précisément parce que les facultés, et par conséquent les organes de l'espérance et de la réflexion, n'existent pas chez les animaux. tandis que la stratégitivité et la précautivité sont en beaucoup d'entre eux d'une force et d'une énergie extraordinaires.

La correspondance qui existe entre le langage naturel externe et les facultés mentales internes nous explique la véritable origine de beaucoup d'usages, d'habitudes, de cérémonies, de modes, de poses et de procédés différents chez les différents peuples, ou qui existent chez certaines nations et non chez d'autres. L'inférioritivité, par exemple, n'incline pas seulement l'homme, *quand cette faculté se trouve en action*, à faire des courbettes, des génuflexions et mille gestes de déférence, de soumission et de dépendance, mais à employer un langage qui dénote et exprime l'infériorité, l'obéissance, l'humiliation; il s'ensuit évidemment qu'une nation composée d'individus dans les têtes desquels l'organe de l'inférioritivité domine d'une manière prépondérante aura des usages, des cérémonies, des modes, des habitudes et toutes sortes de manifestations extérieures, quant aux rapports entre inférieur et supérieur, fort différents de ce qu'ils seront dans un pays dont les habitants auraient, en général, cet organe fort déprimé.

En effet, les Chinois, dont l'inférioritivité est en général très-grande, ont mille gestes naturels, mille cérémonies conventionnelles, mille pratiques déterminées qui, toutes, expriment la soumission et la dépendance, et que nous ne connaissons pas, nous, Espagnols, chez qui, pourtant, à nous considérer collectivement, on ne saurait dire en aucune manière ni en aucun sens que l'organe de la vénération est peu développé.

Les anciens Romains, dans la tête desquels l'organe de la vénération était généralement déprimé, d'après les bustes authentiques de ces temps reculés que nous ont transmis les siècles, n'avaient, du manant à l'empereur, d'autre formule de politesse qu'un sec tutoiement, tandis que, chez plusieurs nations européennes, on se sert de plus de vingt tournures différentes, toutes plus ou moins expressives, pour témoigner de la soumission et de la déférence. Les Français, dont personne ne peut méconnaître le manque d'inférioritivité à les considérer comme nation, pour peu qu'il sache la phrénologie et qu'il les ait observés, se trouvent toujours en Europe à la tête de tout mouvement qui tend à affaiblir dans les manières, dans les qualifications, dans les cérémonies, le langage de la vénération, en même temps que leur manque relatif de supérioritivité se manifeste à chaque pas par des manières franches, affables et peu impérieuses, qui finissent assez souvent par aller jusqu'à la trivialité.

En France, il est assez ordinaire de rencontrer une réflexion profonde et beaucoup de savoir avec des manières qui pèchent par un excès de familiarité. Sans doute, on trouve des exemples de ce genre dans tous les pays; mais ils se présentent aussi généralement en France que les exemples contraires en Angleterre, où l'on voit la plupart des habitants joindre des pensées futiles et triviales à un port et à un maintien plein de morgue et même d'arrogance. Tout cela vient, dans son origine, du degré du développement respectif chez ces peuples des facultés de la réflexion, de l'inférioritivité et de la supérioritivité.

Ce qui est vrai par rapport aux nations l'est plus évidemment encore par rapport aux individus. Partout nous trouvons des gens qu'offense un cérémonial rigoureux, prescrit par la supérioritivité, en même temps que d'autres s'y plient avec une véritable satisfaction. Celui-ci marche la tête haute, celui-là le front baissé; celui-ci est plein de suffisance, celui-là plein de circonspection; tel ne sait point parler sans se montrer fanfaron, tandis que chez tel autre tout respire la modestie. Il y en a qui ne savent point dire deux mots sans remuer les bras, les jambes et la tête autant que la langue, et il n'en manque point d'autres qui ressemblent à des statues ou à des cadavres parlants : tout cela provient originairement, comme bonne ou mauvaise qualité naturelle, de la tendance de certaines facultés à se manifester avec plus ou moins d'activité, à cause du plus ou moins grand développement de leurs organes.

L'éducation, les soins, les exemples, aident beaucoup à quitter ou à contracter certains gestes, certaines attitudes, certaines manières de se produire, par suite de l'influence réciproque que les facultés ont les unes sur les autres, comme je me suis arrêté à l'expliquer avec tant de détails dans les onzième et douzième leçons, p. 144, 164 à 167. A tout ce que j'ai dit alors à cet égard, j'ajoute maintenant qu'une fois que l'on sait d'une manière nette et positive quels sont les organes dont il y a lieu de ralentir ou d'augmenter l'action, on obtient presque sans peine le changement désiré, l'amélioration voulue, la phrénologie étant en dernier résultat, comme je l'ai dit maintes fois, et comme je ne me lasserai jamais de le répéter, le grand *phare de l'éducation*.

L'acteur saura, au moyen de ces notions générales sur le langage naturel, et des notions particulières que je fournirai dans l'explication individuelle de chacune des facultés et de leurs organes, à quels gestes, poses, attitudes, expressions il est naturellement plus ou moins porté, et partant quels sont ceux qu'il doit toujours s'efforcer de réprimer ou d'imiter, pour devenir bon comédien. J'ai vu un grand tragique anglais, chez lequel l'organe de la supérioritivité était immense, se ridiculiser dans une pièce où, ayant à représenter un caractère humble, il laissait apercevoir à chaque instant que Dieu ne lui avait point donné le talent propre à cette sorte de rôle. Dans une scène où il se jetait aux pieds de l'acteur qui jouait le rôle de roi, pour solliciter une grâce, il commença à parler comme il le devait, d'un

ton respectueux, soumis et suppliant ; mais bientôt la nature fut plus forte
que l'art, bientôt la supérioritivité l'emporta sur l'inférioritivité ; et celui
qui, suivant son rôle, devait continuer à supplier humblement, se mit bientôt, à son insu, à exiger hautement, ce qui excita les rires de tout l'audi-
toire.

Le peintre qui n'a pas le génie des Michel-Ange, des Raphaël, des Murillo, des Vélasquez, des Léonardo da Vinci et de quelques autres artistes
privilégiés, ne remarquera point comment ils procédaient, c'est-à-dire,
comment ils observaient instinctivement les lois naturelles du langage naturel. Aucun de ces hommes illustres ne donna jamais une expression à la
face, une attitude au corps, qui ne correspondît au développement de l'organe dans l'action duquel cette expression et cette attitude prenaient leur
origine. Toutes les Vierges de Raphaël et de Murillo joignent à la modestie
et à la candeur ineffables du visage une élévation de tête correspondante. Michel-Ange n'aurait jamais retracé, dans le *Jugement dernier*, l'expression
dominante de toutes les passions dans ses personnages, s'il n'avait harmonié
les traits du visage et les attitudes du corps avec la configuration céphalique.
Il le faisait par instinct, par inspiration, par génie. Il reproduisait une correspondance qui résulte de certaines lois naturelles que nous ignorions, et
que nous aurions peut-être éternellement ignorées, s'il n'avait surgi l'immortel Gall, doué d'un génie éminemment scientifique.

La même chose arriva pour Judas à Léonardo da Vinci dans la *Cène du
Seigneur*. L'expression de malice dépeinte sur son visage était accompagnée
d'une configuration céphalique ou crânienne semblable à celle de Thibets
(p. 157) ou à celle des deux Caraïbes (p. 179, 181). Ces peintres fameux
donnaient-ils jamais aux personnages qu'ils peignaient une attitude volup-
tueuse ou un regard passionné sans leur donner en même temps une nuque
proéminente? Jamais. Leur serait-il jamais venu à l'esprit de représenter
Bacchus avec une tête haute, ou Jupiter avec un front fuyant? Impossible.
Eh bien, à ce qui chez ces hommes si richement doués était un instinct
aveugle ou une pure conception, instinct ou conception toutefois qui formaient le patrimoine exclusif d'un petit nombre de génies privilégiés, Gall a
fait participer toutes les intelligences, au moins celles qui ne sont pas absolument nulles, rien qu'en découvrant la correspondance qui existe entre
certaines facultés mentales et certains organes céphaliques. En considérant
qu'en établissant cette correspondance Gall a découvert un monde nouveau
pour reproduire, en connaissance de cause, sur la toile ou sur le marbre,
les intentions et les expressions morales, quel peintre ne saluera la phrénologie avec reconnaissance et admiration?

Il est aussi absurde de donner une tête extrêmement aplatie sur les côtés
à un assassin représenté le poignard à la main et les yeux étincelants de férocité, que de peindre un personnage sage et prudent, énergique et vertueux, avec une tête fort large à la base, fort déprimée au sommet, et fort
étroite dans la région frontale. Et cependant on voit tous les jours des fi-

gures semblables, et qui ne sont pas faites par des artistes vulgaires. Quand elles se trouvent dans quelques-uns de leurs ouvrages, eux-mêmes s'en aperçoivent et disent : « Il y a ici quelque chose qui me déplaît, il y a ici quelque chose de défectueux que je ne parviens point à corriger. »

C'est au moins ainsi que s'exprimait devant moi un peintre d'un mérite assez distingué, sur un Saint Pierre et sur un Saint Paul qu'il venait de terminer. « Ce quelque chose, lui dis-je, ne peut être corrigé que par le génie privilégié d'un Michel-Ange ou par la phrénologie. — Voilà, me répondit-il, comme sont tous les hommes systématiques. Ils veulent que leur système soit la panacée universelle ; qu'a à faire la phrénologie avec la peinture ? » ajouta-t-il d'un air moqueur. — La phrénologie, lui répliquai-je, n'apprend point à peindre, c'est vrai ; mais elle apprend à analyser les facultés qui créent la peinture, ainsi que la correspondance qui existe entre le développement de la tête et l'expression de la face. Faites ces têtes plus hautes, relevez-les surtout dans la partie supérieure, et ce quelque chose, qui n'est que le désaccord laissé entre l'expression de la face et la dépression générale de la tête, disparaîtra. Soyez sûr que, comme pour les portraits, ce qu'il y a de plus essentiel dans la ressemblance consiste dans l'exacte délinéation de la tête, de même la représentation exacte du caractère moral et intellectuel dépend de l'imitation de la forme céphalique individuelle, par laquelle l'âme se manifeste d'une manière particulière. » Après cette conversation, le peintre dont je parle fit ce que je lui conseillais, c'est-à-dire qu'il donna plus de hauteur aux têtes et qu'il fit prendre à l'expression du visage un caractère plus noble et plus sérieux, de sorte qu'il vit disparaître *ce quelque chose* qui le chagrinait et le mécontentait si fort.

En connaissant la correspondance constante qui existe, d'une part, entre la configuration de la tête et l'expression du visage, et, d'autre part, entre l'une et l'autre et le caractère et les talents d'un sujet, ce n'est pas seulement la peinture, c'est encore la littérature descriptive qui augmentera singulièrement ses ressources métaphoriques ; et ce sont les images et les métaphores qui lui prêtent les plus belles et les plus riches couleurs. Quand un auteur, en traçant le portrait d'un personnage réel ou imaginaire, voudra tirer parti des analogies qu'il entrevoit maintenant d'une manière vague et confuse, il ne se verra point forcé d'aller à tâtons, ni de limiter sa description au front ; mais il pourra, en connaissance de cause, l'étendre à toute la tête. Si maintenant on dit avec justesse : « L'intelligence brillait sur son front vaste et élevé ; ne vous fiez pas à ces vilains fronts si bas, etc.; » du moment où l'on connaît les lois de cette correspondance physique et morale, on peut dire encore avec bien plus de certitude : « Cette tête martelée annonce de la prudence. » — « Ses intentions étaient infâmes : elles s'expliquaient par une tête déprimée et ronde. » — « Qui ne voit trôner sur cette tête pyramidale une méchante opiniâtreté ? » Et mille autres phrases de ce genre, qui agrandiront notablement pour la littérature descriptive le champ des comparaisons et des métaphores.

Le premier élément qui rend incessante la marche progressive de l'intelligence humaine, c'est la faculté que Dieu nous a accordée de pouvoir enseigner aux esprits les plus vulgaires ce qu'ont une fois découvert ou inventé des génies supérieurs. Qui a pu inventer le premier alphabet, sinon un génie extraordinaire et prodigieux ? Et pourtant l'écriture et la lecture sont aujourd'hui à la portée du plus niais des hommes, et, sous ce rapport, les intelligences les plus médiocres s'élèvent au niveau de celle qui, à une certaine époque, fut la plus sublime et la plus privilégiée. Il n'y eut qu'un Newton pour découvrir les lois de l'attraction ; mais, une fois qu'il les eut connues, elles furent compréhensibles pour tout le monde. Il n'y eut qu'un Daguerre pour découvrir le daguerréotype; mais, une fois qu'il l'eut découvert, son procédé devint universel. Il en fut de même pour la boussole, pour l'éclairage au gaz, pour les métiers mécaniques, pour la correspondance entre la tête et le langage naturel : les génies qui firent ces découvertes élevèrent, rien qu'en les faisant, toute l'humanité à leur niveau.

Voilà comment agit la nature dans son impulsion constante vers le progrès. Des esprits qui par eux-mêmes ne seraient pas sortis des rangs de la médiocrité acquièrent à la suite d'une découverte un talent remarquable, et ce qui dans un siècle est le privilège exclusif d'un seul devient dans le siècle suivant la propriété commune de tout le monde.

Maintenant que vous avez, si je ne me trompe, une connaissance parfaite du langage naturel, quelques explications suffiront pour vous donner une idée claire et complète de ce que l'on entend par *physionomie*.

Ce mot, qui dérive de deux mots grecs, φύσις, nature, et γνώμων, connaissance, exprime dans sa signification propre, suivant la définition adoptée par l'Académie royale, *l'aspect particulier du visage d'une personne, lequel résulte de la combinaison variée de ses traits*. Dans ce sens nous disons : « Un tel a une belle physionomie, une physionomie franche, ouverte, noble, agréable, attrayante, répugnante. » — « La physionomie trompe. » — « Cet homme a une physionomie patibulaire. » — « Quelle physionomie malheureuse ! »

Il ne faut pas réfléchir beaucoup pour remarquer que la plupart des adjectifs qui qualifient le mot *physionomie* expriment des qualités morales ou mentales. Que signifie cette phrase : « Un tel a une physionomie franche ? » sinon ceci : « La physionomie d'un tel exprime un caractère franc ? » — Que signifie cette autre phrase : « Un tel a une physionomie patibulaire... » sinon ceci : La physionomie d'un tel exprime un caractère si méchant, qu'il le conduira au gibet ? » Toutefois, comme les apparences trompent souvent, on n'affirme point ici positivement que le caractère du premier est franc, ou que celui du second doit inévitablement le conduire au gibet ; on affirme seulement que l'aspect particulier du visage le fait présager.

Eh bien, par ces mots mine franche ou mine patibulaire, on exprime des qualités morales ou mentales, et cette expression ne saurait résulter simplement de la combinaison variée des traits du visage, comme le donne à entendre la définition de l'Académie. Une qualité qui n'appartient qu'à l'esprit et qui ne peut dépendre que de l'esprit ne pourra jamais, en saine logique, résulter exclusivement de la matière. Qu'on dise que la physionomie est *l'aspect particulier que prend le visage par suite de la combinaison variée de ses traits*, à la bonne heure; mais du moins qu'on ajoute, comme circonstance tout à fait essentielle, *et aussi quelquefois par suite de l'effet que l'âme produit ou a produit indirectement sur ces traits.*

Effectivement, s'il n'y avait aucune sorte de relation entre l'âme et les traits, comment et de quelle manière l'instinct de l'humanité aurait-il reconnu cette relation dans tous les temps et à toutes les époques, en donnant à l'aspect que présente la combinaison variée des traits du visage une signification ou un sens moral?

Si nous nous bornions à dire, par exemple : La physionomie de N. répugne; celle de R. attire; celle de J. inspire la terreur; celle de Z. le dégoût; alors nous parlerions seulement de l'impression que produit sur nous une physionomie particulière, et ce serait comme si nous disions : Cette caverne effraye; cette fontaine convie le passant; ce tableau ravit; ce paysage enchante. Il est hors de doute que dans des cas semblables les traits, considérés en eux-mêmes, peuvent, par leur combinaison variée, exciter ces sentiments, parce que, comme je l'ai déjà dit dans la XXI° leçon, l'esprit divin anime toutes choses, et il y a en toutes choses des qualités physiques mêlées à des éléments d'inspiration morale, idéale ou mentale; mais l'homme ne sentirait jamais cette inspiration si une seule de ses facultés cessait d'être dirigée par les perceptions de l'intelligence. Je disais précédemment dans les leçons que je viens de citer, et maintenant je répète : « La guillotine nous paraît hideuse, la campagne souriante, le temps propice à l'espérance, la tempête terrible, l'ordre de l'univers plein d'équité, d'harmonie et de perfection, comme les objets physiques nous paraissent résistants, colorés, odorants, savoureux, bruyants ou doués d'autres propriétés, que nous ne percevrions pas plus, sans les facultés qui nous mettent en rapport avec le monde extérieur, que nous ne percevrions les qualités morales, sans les facultés qui nous mettent en rapport avec le monde moral. Dans ce sens, tout a son aspect, tout a sa physionomie. Et, en effet, nous nous servons parfois de cette expression pour désigner les éléments moraux que nous concevons unis aux objets ou aux événements dont ils constituent le caractère spécial ou la nature. Ainsi nous disons : « Chaque pays a sa physionomie propre; les événements de ce siècle ont une physionomie particulière; » dans cette acception, le mot physionomie est employé comme synonyme d'aspect ou d'apparence.

Mais autre chose est que le mot physionomie exprime l'aspect que donnent les éléments moraux, idéaux ou mentaux, unis aux objets ou aux actions par l'esprit divin dans les œuvres de la nature, ou par l'esprit humain dans les œuvres de l'art, autre chose que ce même mot exprime l'aspect des instruments, organes ou véhicules, qui manifestent directement la vigueur, l'énergie et la combinaison des facultés de l'âme humaine, et c'est, en effet, dans ce dernier sens que nous parlons quand nous disons : « N. a une physionomie patibulaire; la physionomie de R. indique beaucoup de sagacité et celle de F. une grande bienveillance. » Dans le premier sens, tous les objets ont leur physionomie; dans le second, il n'y a que les diverses configurations du cerveau ou de la tête qui aient leur physionomie.

Les traits du visage humain présentent donc un aspect moral qui peut résulter exclusivement de leurs diverses combinaisons, indépendantes des facultés mentales; mais, communément, le mot physionomie est employé pour exprimer une certaine correspondance immédiate que l'on conçoit, que l'on suppose, que l'on sent devoir exister entre la physionomie et le caractère et les dispositions mentales, correspondance qui, je le répète, appartient exclusivement au cerveau ou à la tête. Par conséquent, la *physionomie* se rapporte toujours à l'aspect général que prend le visage, quand l'âme se trouve à l'état de repos, car, si on y lit quelque intention marquée ou quelque sentiment dominant, c'est le résultat du mouvement actuel d'une ou de plusieurs facultés, vivement manifesté par le *langage naturel*, en d'autres termes, par l'expression de la face, l'attitude de la tête et le geste en général. Dans ce cas, ce n'est plus la *physionomie* qui indique le caractère ou les dispositions; mais c'est le *langage naturel* qui révèle l'âme en action.

Il est extrêmement important de bien comprendre ce que je viens de faire observer pour connaître, entre les autres raisons dont je parlerai, la principale raison pour laquelle la physionomie trompe très-fréquemment, et n'est ni ne pourra jamais être la base d'aucun système de philosophie mentale, comme je l'ai déjà énoncé et même prouvé dans la leçon VII, pages 56 à 59.

Si la physionomie se rapporte, non aux mouvements de l'âme, ou aux *facultés en action*, qui produisent directement et exclusivement le *langage naturel*, mais au caractère et aux dispositions de l'individu, qui produisent d'autre part directement et exclusivement la configuration particulière de la tête, d'où vient cet aspect facial qui dénote l'é-

ALEXANDRE DE HUMBOLDT, né à Berlin, en 1769. Ici, tous les tempéraments sont harmoniquement développés.

nergie et la trempe de l'esprit? D'où vient cette physionomie que nous qualifions à l'instant de moralement noble, bonne, mauvaise, infâme, cruelle,

intelligente, stupide? D'où vient que personne, en voyant le portrait ci-
contre, dont je garantis l'authenticité, ne peut s'empêcher de s'écrier :
Quelle physionomie bienveillante, noble, intelligente! Comment se fait-il
que dans ce jugement porté *instinctivement*, personne ne se tromperait,
lorsque, pour le porter *intelligemment*, on ne peut se fonder que sur le
tempérament de l'*organisme*, et sur la configuration et le volume de la tête?
Je dis que malgré cela on ne se tromperait pas : car Alexandre de Humboldt est réellement un des hommes les plus nobles, les plus intelligents,
les meilleurs qui honorent l'humanité.

Et que dirons-nous de Diego
Hurtado de Mendoza, le célèbre
guerrier, poëte et historien espagnol? A la vue de son portrait
authentique que je présente ici,
ne nous écrierons-nous pas :
Quelle physionomie sévère! quel
caractère ferme! Mais nous ajou-
terons en même temps : Certes,
l'intelligence ne lui manque pas!
Ici, nous n'avons rien à dire de
la bonté, du charme sympathique de la physionomie : nous n'y
trouvons rien qui donne l'idée de
quelque chose de vaste et d'extraordinaire. Et, en effet, soit
comme guerrier, soit comme
poëte, il a occupé un rang très-
distingué, mais pas du tout le premier. Comme écrivain, il montra du goût, du tact et même

Diego Hurtado de Mendoza, né au commencement
du XVIᵉ siècle, mort en 1575.
Ici, le tempérament est fibro-nerveux.

assez de génie dans son *Lazarillo de Tormes*, petit ouvrage très-remarquable
sous beaucoup de rapports; mais sa réputation littéraire est établie sur son
Histoire de la guerre des Mauresques de Grenade, livre d'un mérite incontestable. Néanmoins il se trouve à une grande distance de Solis[1], comme
historien, et de Cervantes[2], comme nouvelliste. En comparant l'ensemble
de sa physionomie à celle de Humboldt, nous dirons que celle-ci est pleine
d'affabilité et d'intelligence, et celle-là pleine de fermeté et d'énergie.

On portera un jugement tout aussi sûr sur la physionomie de Ferdinand le
Catholique, dont voici le portrait authentique. C'est la copie d'une gravure
regardée comme très-fidèle et très-exacte, dont Prescott a orné sa célèbre
Histoire des rois catholiques. Qui, en voyant cette physionomie, n'y distin-

[1] Voir la leçon VIII, p. 70.
[2] Voir les leçons VI et XXIV, p. 44 et 381.

guera pas la prudence, la frugalité, la circonspection, la ruse et la résolution ? A mon avis, tous ceux qui possèdent un jugement sain et une

Ferdinand le Catholique, né en 1452, mort en 1516.

perspicacité ordinaire n'hésiteront point. Eh bien, cette opinion, formée
sur-le-champ à la vue de la physionomie de Ferdinand le Catholique, serait
exacte, serait précisément celle que formule la véridique histoire.

Comment se fait-il donc que, le volume et la configuration de la tête
étant la seule chose qui puisse nous fournir, avec une certitude approximative, des indices sur le caractère et sur les talents d'une personne, il
soit également possible de les connaître, au moins dans ces trois derniers
cas, d'après la physionomie ou la combinaison particulière des traits ?

C'est qu'en effet il y a et il doit nécessairement y avoir une certaine
correspondance entre le caractère et les traits ; autrement, les analogies
physiques et morales que nous venons de signaler n'existeraient pas. Toutefois il faut comprendre et bien comprendre que cette correspondance est
indirecte, qu'elle ne résulte point des traits mêmes, comme l'affirment et
le posent en principe les physionomistes, mais qu'elle reconnaît d'autres
causes, dont la principale et presque la seule est, directement ou indirectement, la tête. Mais cette matière, qui, si je ne me trompe, n'a pas encore
jusqu'ici été traitée avec des données vraiment philosophiques, est d'une si
haute importance, que je vais énumérer les causes qui communiquent à la
physionomie humaine une *expression*, qui est d'ordinaire le véritable gnomon ou signe du caractère et des dispositions.

Ces causes se réduisent à quatre. La première est le *tempérament*, qui, quand il est bien marqué, donne au visage un certain aspect, qui signale à notre perception morale le degré de force, d'irritabilité, de consistance, de pesanteur de l'esprit. La seconde est la *configuration particulière de la tête*, qui modifie l'expression du visage dans le sens que détermine cette configuration considérée phrénologiquement; de sorte que le même visage, avec une tête plus ou moins basse, plus ou moins développée à la base, plus ou moins déprimée par devant, par derrière ou sur les côtés, présente une physionomie plus ou moins noble, plus ou moins sympathique, plus ou moins affectueuse, plus ou moins intelligente, plus ou moins énergique. La troisième est le *langage naturel* des facultés constitutives du caractère, des facultés les plus développées, qui, se manifestant plus fréquemment et plus fortement que les autres, laissent dans les traits des traces durables et des signes permanents de leur action. La quatrième et la dernière est l'*expression morale* particulière qu'ont d'eux-mêmes tous les traits, qu'ont toutes leurs diverses combinaisons, qu'ont tous les objets terrestres; cette expression ne résulte d'aucune qualité qui puisse impressionner le tact, la vue, l'ouïe, l'odorat, ou le goût, mais de qualités qui, comme l'améliorativité, la sublimitivité, la constructivité, et diverses autres, affectent quelques-uns de nos sens que j'ai appelés sens de perception morale.

Voilà, messieurs, l'application philosophique des causes qui permettent de deviner par la physionomie les dispositions et le caractère de l'individu Mais cette physionomie est soumise à notre volonté à un point incroyable, puisqu'il nous est facile de feindre une physionomie triste, gaie, sereine, irritée, etc.; mais on voit rarement une personne dont le caractère soit si marqué, si puissant, qu'il se grave d'une manière fixe et stable dans les traits; mais l'âme est communément dominée par deux, trois, quatre ou un plus grand nombre de principaux éléments d'action, qui empêchent le triomphe exclusif et permanent d'un seul sur le visage; mais, enfin, par un mystère que dans certains cas la philosophie ne parvient pas à pénétrer, on trouve des traits qui respirent la douceur et qui cachent un cœur de tigre; on trouve des mines franches et ouvertes avec un caractère fourbe et hypocrite, et d'autres discordances de cette nature : voilà pourquoi la physionomie seule est d'ordinaire fort trompeuse, comme signe, indice, gnomon ou indicateur du caractère et des talents.

En ne considérant que la physionomie de lord Byron [1], c'est-à-dire l'ensemble de ses traits, qui dirait qu'il était d'un caractère magnanime, courageux, noble, ambitieux de gloire, avec un talent sublime pour la poésie? En ne considérant que la physionomie de Robespierre, qui serait tenté de supposer que son âme ait pu concevoir un système de gouvernement fondé sur la terreur? En ne considérant que la physionomie d'Isabelle la Catholi-

---

[1] Son portrait, dans l'édition espagnole, était inexact. Je l'ai supprimé dans celle-ci.

(*Note de l'auteur pour l'édition française.*)

que[1], qui aurait jamais découvert le génie et la bonté angéliques dont était douée cette reine immortelle? Il n'en est pas de même pour Caracalla[2]; il n'en est pas de même pour saint Bonaventure[3], ni pour Danton[4], dans la physionomie desquels chacun lira leur caractère, rien qu'en suivant l'instinct de la nature.

Et pourquoi la physionomie est-elle peu sûre dans un cas et sûre dâns l'autre? Parce que dans un cas les principaux éléments d'action étaient variés, tandis que dans l'autre il y en avait un qui était tout à fait prépondérant. Si Byron était courageux, il n'était pas moins tendre et amant de l'idéal; si Robespierre était terroriste et sanguinaire, il n'était pas moins réfléchi et susceptible de sentiments affectueux; et il puisait son système autant dans sa destructivité que dans ses méditations. Si Isabelle avait un génie et une bonté angéliques, elle n'était pas moins distinguée par sa valeur, sa droiture, sa constance et son intelligence. Quant à Caracalla, il était abject, sordide, cruel et intrigant, sans autres qualités dominantes, capables de neutraliser ses passions; quant à saint Bonaventure, nous savons tous qu'il possédait les plus belles qualités, mais que la bonté et l'humilité le caractérisaient surtout; enfin, quant à Danton, qui ignore qu'en lui tout était audace, tout était énergie, tout était fanatisme?

Plusieurs auteurs et spécialement Aristote, Porta et Lavater[5], faisant abstraction des cas infiniment plus nombreux dans lesquels la physionomie trompe, pour les raisons précédemment exposées, l'ont prise, comme je l'ai déjà insinué, pour base d'une philosophie mentale, ou considérant les traits comme les véritables organes directs de l'âme. Dès lors la physionomie ou la physiognomonie signifie non-seulement la combinaison variée des traits, mais encore, comme le dit Lavater lui-même, l'art ou la science de connaître au moyen des traits le caractère ou les dispositions de l'âme, de sorte qu'aujourd'hui l'on entend par indice physionomique ou physiognomonique tout indice quelconque que l'on suppose dénoter le caractère ou les dispositions de l'esprit.

Ainsi ce sagace et recommandable écrivain, et tous les autres physionomistes antérieurs et postérieurs, prirent les traits mêmes pour l'*expression* que leur communiquent le tempérament, la configuration de la tête, les mou-

---

[1] Voir la leçon XXII, page 347.
[2] Voir les leçons VI et XIX, pages 44 et 130.
[3] Voir la leçon VII, page 61.
[4] Voir la leçon XIII, page 193.
[5] Porta, de *Humanâ physionomiâ* (Vico, 1596). « On trouve ici, dit Broussais, dans l'ouvrage précédemment cité, les opinions d'Aristote, d'Adamantius, médecin grec du cinquième siècle, de Rasis ou Rhaces, et de plusieurs philosophes grecs. Ce livre contient des idées beaucoup plus philosophiques que celles qu'on croirait rencontrer en des temps si éloignés. » Lavater, *Physiognomische Fragment zur Beförderung der Menschen Kentniss und Menschenliebe*, t. IV « Fragments physionomiques pour les progrès de la connaissance de l'homme et de la philanthropie. » (Leipzig, 1777-1778, 4 vol.) Il y a une édition française, considérablement augmentée, en dix volumes, intitulée l'*Art de connaître les hommes par la physionomie.* (Paris, 1805-1809.)

vements de l'âme et l'élément d'impression morale inhérent à toutes les parties et à chacune des parties qui constituent l'aspect du visage. Ils posèrent en principe que les traits, avec leurs qualités physiques, étaient les organes directs de l'âme, c'est-à-dire les véritables indices physionomiques. De sorte que, comme je l'ai déjà dit dans la septième leçon, et comme je le répéterai bientôt en entrant dans plus de détails, ils soutenaient que l'œil noir ou bleu, rond ou bien fendu, que le nez aquilin ou retroussé, que le menton saillant ou rentrant, avec ou sans fossette, annonçaient tel ou tel caractère, tel ou tel talent. Lorsqu'on vérifiait ces théories par les faits, elles se trouvaient fausses de tout point; car avec des yeux bleus comme avec des yeux noirs, avec un nez camus comme avec un nez pointu, il y a des hommes de peu ou de beaucoup de talent, des génies prodigieux et des imbéciles extravagants.

Le bon sens, d'accord avec la philosophie, indique qu'on ne doit chercher dans l'aspect extérieur d'un objet que les signes révélateurs de facultés ou de fonctions qui soient propres ou spéciales à cet objet. De la grandeur et de la configuration d'un pied nous déduirons, par exemple, et nous devons seulement déduire (indépendamment, bien entendu, des impressions morales que peuvent produire en nous sa laideur, sa beauté et ses autres qualités) sa capacité de soutenir le corps, et non celle de penser, voir ou entendre; car c'est celle-là et non celle-ci qui est sa faculté, sa fonction spéciale. De la grandeur et de la configuration d'une oreille nous déduirons sa capacité de recevoir les vibrations de l'air que produit un son, et non celle de sentir, de mâcher, de digérer, par la même raison que ci-dessus, parce que ce n'est que le premier objet, et non le second, qui constitue son office spécial.

Les physionomistes ne surent jamais comprendre que la correspondance qu'ils observaient entre les traits et le caractère mental qu'ils leur attribuaient, quoique sûre, certaine et positive en divers cas, dépendait de l'*expression* que lui transmettaient les circonstances de tempérament, de configuration de la tête et de mouvements mentaux, dont nous avons déjà parlé, mais nullement leurs qualités et leurs relations physiques, sur lesquelles ils fondaient précisément leur édifice physionomique ou physiognomonique. Ainsi, cette *expression*, qui n'est point propre aux traits, mais qui est transmise aux traits, est le véritable principe d'après lequel se dirigeaient et se dirigent les physionomistes, tout en en ignorant l'origine; il n'est donc pas étonnant, comme je l'ai déjà dit, que leur système se soit écroulé autant de fois qu'ils ont essayé de le construire. On peut également remarquer et l'on remarque une expression de sottise ou d'intelligence, de vivacité ou de lourdeur chez celui qui a le nez petit comme chez celui qui a le nez grand, dans l'individu qui a les yeux noirs ou un visage de jais comme dans l'individu qui a les yeux noirs ou un visage d'albâtre.

D'ordinaire, dans des cas frappants et bien déterminés, les physionomistes ne se trompaient et ne se trompent point dans le jugement qu'ils formaient et qu'ils forment: ce en quoi ils se trompaient et se trompent, c'est le principe faux et tout à fait erroné, comme vous l'avez vu, sur lequel ils se fondent, et duquel ils font dépendre cette *expression*.

Les véritables signes physionomiques sont les signes céphaliques ou crâniens, car ce sont les seuls qui se rattachent directement aux facultés, puissances ou capacités innées de l'âme; quand la tête agit sous une forte impulsion de l'âme, on voit aussitôt se manifester dans ses traits le *langage naturel*, dont sont susceptibles toutes les parties molles et flexibles du corps, c'est-à-dire toutes les parties capables de prendre diverses attitudes ou de faire divers gestes. Une main, une jambe, un bras, un membre quelconque, peuvent, par leur attitude, faire naître une impression particulière dans l'intelligence. Quelle valeur annonce ce bras! quelle légèreté dans cette jambe! quelle souplesse dans cette épaule! quelle opiniâtreté dans ces lèvres! quelle vivacité dans ces yeux! quel calme dénotent ces joues! Voilà autant de locutions usuelles qui expriment des conditions très-réelles et très-vraies. Mais ces conditions dépendent, non des propriétés physiques mentales de ces organes, mais du *langage naturel*, par lequel l'âme se manifeste, au moyen de la tête, quand elle se trouve en action.

Maintenant que vous comprenez clairement, parfaitement et à fond que le *langage naturel*, comme la *physionomie*, dépend, en tant qu'il indique les caractères d'une manière ou d'une autre, directement ou indirectement, de la configuration ou du volume de la tête, comme organe ou agent direct des facultés de l'âme; maintenant que vous comprenez que la véritable physionomie de l'âme, si je puis m'exprimer de la sorte, est la configuration particulière de la tête, et non la combinaison particulière des traits du visage, et qu'elle se sert pour son langage naturel de tous les mouvements, gestes, attitudes, cris, sanglots, larmes, expressions, modulations, et autres phénomènes organiques semblables; maintenant que vous comprenez que la physionomie du visage, considérée en elle-même, n'est qu'un aspect particulier, quoique vivant, animé, et sujet à d'immenses modifications, qui nous impressionne moralement comme tout autre objet quelconque; maintenant que vous comprenez que cette physionomie ne peut révéler un caractère et des dispositions qu'en vertu de l'*expression* particulière que la tête lui communique directement ou indirectement à cet effet; maintenant que vous comprenez que cette expression dépend du volume et de la configuration visibles, perceptibles, palpables de cette tête, et que, par conséquent, vous pouvez savoir si, en fait, cette expression est vraie ou trompeuse; maintenant que vous comprenez que sans la découverte de la phrénologie nous n'aurions jamais connu l'origine ni la philosophie du langage naturel, et de la physionomie, comme indicative du caractère et des dispositions mentales, vous vous trouvez en état de pouvoir apprécier ce que vaut cette phrase trop rabâchée : « *Je crois à la physionomie, mais je ne crois pas à la phrénologie,* » et ce que valent, dans ces matières, l'opinion et l'autorité de ceux qui répètent à chaque instant et d'un ton magistral une pareille phrase.

LEÇON XXVI

Conclusion de la physionomie. — Harmonisme et antagonisme.

MESSIEURS,

Je vous disais, dans la leçon précédente, que les traits peuvent, par leur réunion, présenter un aspect dont les caractères physiques, agréables ou désagréables, attractifs ou répulsifs, sympathiques ou antipathiques, beaux ou laids, inspirent des idées ou des sentiments moraux différents; mais jamais ils ne pourront, en aucune manière, servir de base ou de principe fondamental à un système psychologique, parce qu'ils ne sont pas les organes directs de l'âme : cette noble destination est réservée, comme l'évidence le démontre, au cerveau ou à la tête, et, par conséquent, l'aspect ou la configuration particulière des parties du cerveau ou de la tête est seul le véritable gnomon, le signe ou l'indicateur des facultés de l'âme dans leur force individuelle ou combinée de diverses manières.

C'est pourquoi tout ce que l'on a dit et tout ce que l'on peut dire relativement aux traits, comme pouvant fournir des indications certaines sur la constitution mentale, loin de reposer sur une base solide, est essentiellement hasardé, sans que la constatation en soit faite ou puisse en être faite une fois sur mille.

On dit, par exemple, que les sourcils fort arqués et élevés annoncent un homme d'un caractère orgueilleux et résolu, audacieux et provocateur, admirateur de la beauté, et tout à fait imprévoyant du bien ou du mal qui peut lui survenir. Ceux qui ont les sourcils unis et peu fournis sont simples, crédules, trop ouverts, mais sociables et enclins à se lier avec les honnêtes gens. Les sourcils fournis d'un poil court et de couleur claire dénotent un individu craintif, facile à conduire, et disposé à entreprendre tout ce qu'on lui propose. Les sourcils dont le poil est noir et peu épais annoncent que l'individu a un caractère malveillant, cruel, envieux, prêt à commettre tous les crimes.

Les yeux grands, disent les plus fameux physionomistes, dénotent en général que la personne qui les a est paresseuse, envieuse, hardie, incapable de garder des secrets, vaine, portée au mensonge, douée d'une mémoire peu heureuse. Ceux qui ont les yeux enfoncés sont soupçonneux, malicieux, trop libres dans la conversation, doués d'une bonne mémoire, audacieux, cruels, faux, enclins à la luxure et à l'orgueil, à l'envie et à la trahison. Les yeux petits et ronds indiquent l'imprudence, la faiblesse et la crédulité. Les hommes dont les yeux errent sans cesse paraissent d'ordinaire infidèles à leur parole, perfides, orgueilleux, prompts à agir bien ou mal. Les personnes qui ont le regard louche ou oblique sont portées à la luxure et à la duplicité; elles sont présomptueuses et peu disposées à s'en rapporter aux déclarations des autres. Les yeux d'une grandeur régulière et proportionnée aux traits du visage, plutôt faibles que vifs, sont un indice de douceur, d'affabilité, de ponctualité dans l'accomplissement d'une promesse.

Le nez qui présente de larges narines, disent les physionomistes, marque plus de stupidité que de sagesse, plus de finesse que de bonté. Un nez assez développé au sommet dénote un caractère bénin, laborieux, fidèle, intelligent. Un nez retroussé et assez gros à l'extrémité annonce l'audace, l'orgueil, la cupidité, de la propension à l'envie, à la lubricité, à la perfidie, et une humeur querelleuse. Le nez enflé vers le milieu exprime la prudence et l'urbanité, la valeur et la noblesse des sentiments, l'exactitude et la fidélité à la parole donnée. Le nez long et pointu, mais décrivant une certaine courbe, indique de l'honneur, de la longanimité, de la patience au milieu des injures, tout cela combiné avec un grain de malice. La personne dont le bout du nez est rond est libérale, digne de foi, fière et peu crédule.

La bouche selon les physionomistes les plus distingués, dénote, si elle est grande et large, l'audace, la perfidie, le bavardage, la gourmandise, et peu d'intelligence. Une bouche petite annonce un esprit aimable, généreux enclin au bien, et à la tempérance dans le manger. Mais, comme la bouche est la partie la plus mobile et la plus flexible du visage, elle révèle, après l'œil, les affections et les émotions *actuelles*, par une expression plus vive que tous les traits ; en d'autres termes, elle est, après l'œil, l'élément le plus important de tout l'organisme, pour la production du langage naturel muet. Aussi les physionomistes ont-ils compris que, quant à la bouche, tout ce qui en elle dénotait en général à leurs yeux le caractère et les dispositions ne dépendait point de sa configuration, mais de son *expression*. S'ils avaient également tenu compte de cette circonstance pour les traits du visage, ils se seraient épargné la tâche ingrate et inutile de chercher entre les facultés de l'âme et les traits du visage des analogies directes qui ne pouvaient exister que dans leur imagination ou dans leur fantaisie. En parlant de la bouche, presque tous les physionomistes s'énoncent de la sorte : « On peut dire peu de chose de cette partie de la figure; car il suffit d'observer ses mouvements pour savoir si nos paroles sont agréables ou désagréables, si elles produisent un bon ou un mauvais effet. Si ce que nous disons satisfait, naturellement la bouche de notre interlocuteur sourit; mais, si notre conversation déplait, la bouche se contracte ou avance plus ou moins au delà des lèvres, en signe de mécontentement. »

Vous remarquez déjà combien tout cela est superficiel et peu sérieux. On voit ici clairement que les physionomistes ne se sont pas rendu compte de ce fait important : c'est qu'autre chose est l'expression que produisent, au moyen du langage naturel, les *sentiments actuels*, l'âme actuellement en action, autre chose sont les facultés ou puissances mentales, qui constituent le caractère et les dispositions, dont ils veulent faire dépendre la manifestation de la configuration particulière des traits, tandis qu'elle provient exclusivement de la configuration particulière du cerveau, ou de la tête, considérée suivant les règles de la phrénologie.

Outre les parties de la face dont j'ai déjà parlé, les physionomistes mentionnent encore les lèvres, les dents, la langue, la voix, le menton, les oreilles et le visage.

Ils disent du VISAGE que, quand il est plein et gras, il dénote une prédisposition à la timidité, mais en même temps une prédisposition à la bonté, à la gaieté et à la crédulité. Un visage décharné annonce un bon jugement, mais un caractère inconstant. Les individus qui ont le visage rond et petit sont assez simples, assez peureux et peu malins. Un visage boutonné révèle un homme intrépide. Toute personne qui a le visage long et fluet est portée à nuire et à tromper; mais un visage proportionné dans toutes ses parties dénote de l'esprit, un talent universel et des inclinations vertueuses. Une figure large et bouffie indique une plus grande inclination au vice qu'à la vertu. Les personnes laides de figure se trouvent portées à la sagesse, à la politesse, à la fidélité, à la patience dans l'affliction. Un beau visage assez plein annonce l'équité, la ponctualité dans l'accomplissement des promesses, des habitudes de civilité et de déférence, un bon jugement et peu de mémoire. Une figure large près des sourcils, et qui va en diminuant du côté du menton, indique l'inhabileté aux affaires, l'envie, la fourberie, le besoin immodéré de parler, une humeur agressive et grondeuse. Un visage d'un teint clair, d'une symétrie exacte dans toutes ses parties, et qui s'attire la sympathie de tous ceux qui le regardent, est l'indice d'une âme noble et douée d'heureuses dispositions, tandis que la pâleur de la figure annonce l'inconstance, la duplicité, l'orgueil, la présomption et l'infidélité.

J'ai voulu, messieurs, vous indiquer les principaux signes physiognomiques, tels que les indiquent les principaux physionomistes, pour que la conviction de la vérité de mes observations finales dans ma dernière leçon jette de profondes racines dans vos esprits. Toutes les fois qu'un physionomiste a réussi dans le jugement qu'il a porté sur une personne à l'aspect de son visage, ç'a été par l'EXPRESSION que le tempérament, la configuration de la tête, et le jeu continuel d'un certain langage naturel, ont fixée et rendue permanente sur la figure considérée dans son ensemble. Mais les physionomistes (je parle des plus perspicaces), prétendant qu'ils se trompaient rarement dans le jugement général qu'ils se formaient sur les personnes d'après leur mine, s'imaginèrent que la règle, le principe ou la loi qui les dirigeait, à leur insu, était la configuration particulière des traits, tandis que c'était une certaine EXPRESSION, dont, je le répète, ils ne connaissaient qu'instinctivement la signification, tout en ignorant qu'elle dépendait directement du cerveau ou de la tête, comme organe direct de l'âme. Tant qu'on n'eût pas connu l'origine de l'expression que présente la figure humaine, comme signe ou indication du caractère et des dispositions, il n'y eût eu qu'une physiognomie, non scientifique, mais purement conjecturale. On ne

fùt même pas parvenu à expliquer complétement la physionomie proprement
dite, je veux dire cette physionomie qui, suivant le Dictionnaire de l'Académie royale, signifie l'aspect particulier du visage qui résulte de la combinaison particulière des traits, d'après laquelle nous disons : « Cet homme
a la physionomie d'un Anglais ; » — « N. a la physionomie d'un Allemand ; »
— « la physionomie de N. est charmante ; » — « la physionomie de N. ne
me plait pas. » Je dis que cette physionomie même manquerait d'une explication complète ; car, sans que nous nous en apercevions, le développement de la tête y entre pour beaucoup.

A l'appui de tout ce que j'ai dit sur ce sujet, je présente ci-contre la tête
de Washington, qui est pour les Américains du Nord ce qu'est pour nous
Isabelle la Catholique. On remarque sur son visage une physionomie pru-
dente, prévoyante, fière et noble.
Mais nous savons maintenant
d'où provient l'expression mentale qu'on lit sur cette physionomie. Elle provient d'un tempérament heureux, d'une tête grande
et haute comme celle d'Isabelle
la Catholique, page 347, et du
sceau qu'y ont imprimé par leur
action les facultés les plus développées chez Washington, savoir :
la précautivité, la stratégitivité,
la bénévolentivité, l'inférioritivité, la supérioritivité et les autres facultés morales. Nous dé-
couvrons ici l'expression physionomique et son origine; la *figure*
sur laquelle elle s'imprime, et
la *tête* qui la transmet.

Combien de figures ne verrons-
nous pas dont les traits sont ana-

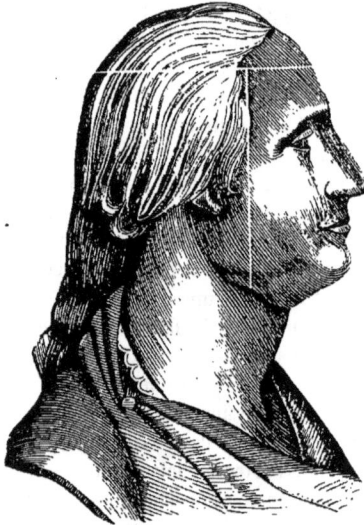

WASHINGTON, né en 1752, mort en 1799.

logues à ceux de Washington, mais dont l'expression mentale est absolument
différente? Combien de figures ne verrons-nous pas, dont les traits sont analogues à ceux de Washington, mais chez des hommes dont le caractère, les
talents et les dispositions sont diamétralement opposés à ceux de Washington? Je le répète, les traits, par eux-mêmes, n'indiquent rien, comme signes
directs de la puissance des facultés; la tête seule peut nous la faire connaitre.

Qui dirait, seulement d'après les signes physionomiques dont vous venez
d'entendre l'énumération, que cette tête, que je vous ai déjà montrée, était
celle d'une femme libidineuse? Il est possible que quelque physionomiste
d'une habileté rare découvre dans les yeux, dans les lèvres, dans les joues,

quelque chose qui le révèle; mais ce *quelque chose* est l'expression générale du visage, laquelle résulte directement et indirectement des dimensions
de l'organe de la générativité, dont le phrénologue reconnaît à distance la
grandeur, et non de la configuration des traits. Le physionomiste ne se
tromperait point *quant au
fait*, mais il se tromperait entièrement *quant à la cause*.
Car, du moment où il attribuerait le fait à la configuration de ces yeux, de ces lèvres ou de ces joues, on pourrait lui présenter mille sujets
remarquables par leur chasteté, avec des traits précisément analogues à ceux de
cette impératrice.

Comme indication du ca-
ractère et des dispositions
mentales, il doit exister une
correspondance complète entre l'expression physionomique du visage et l'aspect phrénologique de la tête; où elle
n'existe pas, la physionomie,
en général, est trompeuse.
Au fond et en définitive, l'expression mentale dépeinte

CATHERINE II, de Russie, née en 1729,
morte en 1796.

sur la physionomie, cette expression vraie qui révèle le caractère et les
dispositions, n'est que le sceau ou l'image du langage naturel des facultés
les plus actives. Ces facultés se révèlent, non d'elles-mêmes, mais au moyen
des organes cérébraux que l'on observe dans la tête d'une manière claire,
distincte et complète. Ces organes, révélateurs des facultés, sont l'origine
immédiate, reconnue et vérifiée du *langage naturel;* ce langage naturel est
le sceau ou l'image qu'il imprime sur la face, et ce sceau, cette image, est
ce qui constitue et ce que l'on appelle la physionomie, considérée comme
l'art ou la science de connaître l'homme. Or, comme la phrénologie est la
seule science connue qui nous fasse connaître l'existence, le siège, l'activité
et la combinaison particulière de ces organes, origine du langage naturel,
qui, à force de se reproduire successivement par l'un ou l'autre de leurs divers modes d'action, laisse imprimées sur les traits du visage des traces constituant le véritable principe de la physionomie, il est évident qu'il n'y a que
la phrénologie qui puisse nous expliquer, et, en effet, il n'y a que la phrénologie qui nous explique la physionomie. C'est là ce que je m'étais proposé
de prouver, et que je crois pouvoir me flatter d'avoir prouvé, pour votre

satisfaction et pour celle de tous ceux qui étudieront la matière sans préjugés.

Maintenant que vous comprenez bien ce qu'il faut entendre par langage
naturel et par physionomie; maintenant que vous pouvez apprécier ce que
sont et ce que valent ces phrases banales : « Je crois à la physionomie, mais
je ne crois pas à la phrénologie; — les phrénologues ne se guident que par
la physionomie, » et autres phrases semblables, j'appellerai votre attention
sur une matière de la plus haute importance, et que j'ai déjà commencé à
traiter dans la XXI° leçon, p. 331 à 334 (je parle des concordances et des discordances, des *harmonismes* et des *antagonismes*), afin que vous vous rendiez plus facilement et plus complétement compte de ce que j'aurai à en dire
quand je vous expliquerai chacune des facultés et chacun de leurs organes,
et j'aborderai bientôt directement cette explication.

Soit que nous réfléchissions sur le monde qui est *au dedans* de nous, soit
que nous contemplions le monde qui nous environne *au dehors*, partout
nous rencontrerons des concordances ou des discordances, des harmonismes
ou des antagonismes, dont la considération exclusive donne naissance aux
systèmes opposés de l'optimisme et du pessimisme avec leur mille variantes
et ramifications.

D'une part, on nous dit que tout, dans la création, est ou peut être harmonie, c'est-à-dire abondance, vertu, bien, bonheur; d'autre part, on nous
crie qu'il n'y a et qu'il ne peut jamais y avoir qu'antagonisme, disette, vice,
méchanceté et malheur.

Si les premiers avaient raison, tous les êtres terrestres sensibles n'auraient
manifesté, en apparaissant, que des désirs fixes, constants et naturellement
accompagnés du pouvoir de se satisfaire, avant qu'ils eussent éprouvé le
moindre sentiment de douleur. Si les seconds avaient raison, ces êtres auraient des désirs qui les pousseraient à chercher avec une frénétique ardeur,
ou même au prix des plus grandes peines, à se satisfaire, sans qu'ils eussent
trouvé ni pu trouver les moyens propres à leur procurer cette satisfaction.

Dans le premier cas, la soif et la faim, le désir d'acquérir et la fureur de
briller, de même que toutes les autres passions, se feraient à peine sentir,
qu'ils pourraient aussitôt se satisfaire. S'il en était ainsi, l'homme, autant
qu'il nous est possible de le concevoir, serait, dans sa vie propre et individuelle, plutôt un végétal qu'un animal, puisque la respiration, la circulation,
la digestion et les autres opérations organiques de la vie qui s'accomplissent
d'elles-mêmes, sans être précédées du *désir* ni suivies de la *satisfaction*, ne
produisent aucune sensation. Dans le second cas, ni la faim la plus dévorante, ni la soif la plus brûlante, ni les passions ambitieuses, ni le désir de
faire le bien, ne pourraient se satisfaire. S'il en était ainsi, la vie humaine
ne serait qu'une véritable agonie; alors les souffrances et les douleurs les
plus excessives, sans soulagement ni remède possibles, seraient seules la loi
universelle de la nature; alors il n'y aurait que le pessimisme qui pourrait
être vrai.

Mais l'ordre de la création animée ne consiste dans aucun de ces deux extrêmes. Partout nous voyons des éléments contraires former une loi d'harmonie universelle : des *désirs* qui cherchent une sensation *agréable*, et qui souvent ne rencontrent que la douleur ; des *moyens* ou le *pouvoir* de produire cette satisfaction et d'occasionner cette douleur. Un *désir* qui pousse et un *pouvoir* qui satisfait, avec la capacité passive d'expérimenter ces phénomènes qui plaisent ou qui font souffrir de tant de manières, à tant de degrés et sous tant de formes et de combinaisons différentes, voilà le double et grand pivot sur lequel tourne constamment l'existence des êtres animés ; et ce mouvement, même à ne le considérer que philosophiquement, doit remplir l'homme d'espérance et de consolation. Je dis cela parce que si, comme je le prouverai bientôt, il n'y a pas de désir pour lequel Dieu n'ait créé un moyen correspondant de satisfaction, et si la phrénologie prouve, comme sans contredit elle le prouve, l'existence des facultés de l'effectuativité, de la réalitivité, de l'inférioritivité, de l'améliorativité, dont les désirs de perfectibilité indéfinie, dont le besoin de réaliser *un je ne sais quoi de plus* qui point éternellement à l'horizon de l'humanité, d'atteindre *un but au delà de la tombe*, élèvent naturellement et spontanément les idées et les sentiments de ces facultés à la contemplation et à la poursuite de la vie éternelle, il est tout à fait évident que Dieu a dû établir les moyens ou créer le pouvoir de satisfaire ces désirs et ce besoin, et que, par conséquent, l'immortalité de l'âme est un dogme aussi conforme à la phrénologie qu'à l'Évangile.

La correspondance qui existe entre le désir instinctif de tous les êtres animés, y compris l'homme en première ligne, et les moyens ou le pouvoir de satisfaire ce désir, en même temps qu'elle manifeste l'infinie puissance, l'infinie bonté, l'infinie sagesse de Dieu, démontre d'une manière incontestable que l'*harmonisme*, ou le plaisir, est la RÈGLE, et l'*antagonisme*, ou la douleur, l'EXCEPTION. Encore cette exception n'existe-t-elle que pour stimuler les instincts des animaux et pour donner carrière au libre arbitre de l'homme, afin que, en tant que la chose dépend de toutes les créatures vivantes, la règle ou la loi du *plaisir* soit observée sans être troublée par l'accident de la *douleur*. J'ai déjà touché ce point, leçon XXIe, p. 331 ; j'y ai donné les éclaircissements convenables pour qu'on ne puisse en aucune manière attribuer aucun sens fâcheux à cette proposition, qui n'est que la reproduction d'une loi universelle que découvrit le frère Louis de Léon, notre compatriote, et qui le fit s'écrier, ravi d'un enthousiasme religieux : « Ne vous lassez pas de considérer combien éclate ici la grandeur de la divine bonté qui veut bien nous savoir gré de ce même que nous faisons dans notre propre intérêt. »

Sans parler de l'harmonisme qu'on remarque entre les poumons et l'air, l'œil et la lumière, l'odorat et les odeurs, l'ouïe et le son, toujours à l'effet de produire le *plaisir*, et sauf la susceptibilité d'éprouver la *douleur*, afin qu'on fasse un d'autant plus grand effort pour atteindre le plaisir, n'observons-nous pas avec admiration la divine correspondance qui existe entre

l'organisme des êtres terrestres et les éléments au milieu desquels ils vivent?
Qui, en considérant l'organisme des poissons dans leurs rapports avec l'eau,
les oiseaux dans l'élément de l'air, les quadrupèdes sur la terre, ne s'écriera
dans un doux transport : « Seigneur, votre puissance, votre bonté et votre
sagesse brillent de toutes parts. »

Les animaux, qui n'ont point en eux-mêmes et d'eux-mêmes le pouvoir
de créer leurs relations et leur milieu, paraissent naturellement dans les
éléments et sous les climats qui leur conviennent le mieux et qui leur ont
été destinés d'avance.

Voyez l'agneau : c'est un animal faible, impuissant, inoffensif. Comme
son organisme est bien adapté aux habitudes douces et pacifiques de sa
condition ! S'il ne manifeste aucun penchant à l'attaque, à la destruction,
s'il ne parait pas songer même à se défendre, il n'a non plus aucun moyen
de satisfaire des désirs de ce genre. Si, d'une part, il n'appète aucunement
la chair animale, d'autre part, nous le voyons avec un organisme incapable
de la lui procurer, des dents incapables de la mâcher, un estomac incapable
de la digérer. Comme l'agneau semble n'avoir été créé que pour se reproduire, passer tranquillement les quelques jours qui lui sont comptés, et
offrir à d'autres êtres des moyens de se couvrir ou de se vêtir, on le rencontre naturellement sous les climats tempérés et au milieu de campagnes
fertiles, où ses appétits herbivores trouvent une nourriture abondante et ses
pacifiques désirs une satisfaction complète. Comme sous l'influence de ses
instincts anticarnivores et peu destructeurs, il propagerait son espèce au
delà des moyens de subsistance que lui ménage la prévoyante et bienfaisante nature, et qu'il se réduirait ainsi à une disette perpétuelle, il est
doué d'un caractère doux et paisible qui le fait se soumettre à son sort avec
une humble résignation quand il devient la proie des bêtes féroces, et sa
mort prématurée sert de correctif à ses instincts de reproduction illimitée
de son espèce, en même temps qu'elle procure des moyens de subsistance
aux carnivores, qui remplissent leur fin dans l'ordre de l'harmonie universelle.

Un égal harmonisme se trouve entre le désir et la possibilité de le satisfaire dans les autres espèces animales. Considérons les carnivores. Leur
mission d'utilité directe sur la terre est de servir de contre-poids à la multiplication des animaux d'un caractère doux et inoffensif, qui deviendrait
excessive, comparativement aux moyens de subsistance, si aucun obstacle
extérieur n'empêchait les effets de leurs instincts générateurs, qui amène-
raient, comme résultat inévitable, les horreurs et les ravages d'une famine
perpétuelle. En quelle merveilleuse harmonie se trouvent ces bêtes féroces
avec l'objet de leur mission de mort et d'extermination ! Voyez, par exemple,
le lion; considérez son ardeur, son frénétique désir de déchirer tout animal
qui se présente à lui et de le dévorer sur-le-champ, et vous verrez combien
parfaitement y correspondent les *moyens* qu'il a de le satisfaire en lui et
hors de lui.

En lui, il a pour chasser sa proie une astuce, une sagacité et une finesse étonnantes, secondées d'une agilité organique et d'une force musculaire non moins admirables pour s'élancer sur sa proie et pour s'en emparer. *Hors de lui*, il trouve tout préparé en rapport avec sa terrible mission. Jamais il ne parait que dans des lieux où existent d'avance des êtres inoffensifs et plus faibles que lui, et, tout en en faisant sa pâture, il rend à leur espèce, quoique indirectement, un véritable service.

Ni des remords, ni des regrets inspirés par ses actes de carnage et d'horreur ne troublent ou altèrent son bonheur. Mais, s'il est privé de ces instincts sublimes, s'il est privé de tout *désir* de justice ou de droiture morale, c'est parce qu'il l'est également de tout *pouvoir* de changer ses actes, c'est-à-dire de tout *pouvoir* de satisfaire ce *désir*. S'il en était autrement, s'il éprouvait *actuellement* des remords et des regrets à cause des actes de destruction qu'il *vient* d'accomplir; s'il éprouvait *actuellement* des sentiments de terreur et d'horreur dans la prévision des actes d'extermination qu'il *va* encore fatalement accomplir, non-seulement son existence serait un tourment continuel, mais il ne pourrait en aucune sorte remplir la mission que Dieu lui a assignée dans l'intérêt général : preuve évidente que là où existent les remords, là existe, par une corrélation naturelle, le libre exercice de la raison.

Il est toutefois nécessaire de répéter qu'il n'y a point d'harmonisme sans antagonisme, c'est-à-dire point de plaisir sans une éventualité de douleur, comme je l'expliquerai plus loin analytiquement, faculté par faculté, désir par désir et organe par organe. Il n'y a rien et il n'y a personne qui échappe à cette loi des antagonismes. De sorte que, tout en trouvant les animaux parfaitement organisés pour tout ce qui peut produire en eux le plaisir comme RÈGLE, nous reconnaissons aussi qu'ils sont sujets à une infinité d'accidents qui peuvent produire la douleur, comme EXCEPTION.

Nous ne devons donc pas être surpris que la brebis souffre parfois les horreurs d'une famine prolongée, bien qu'elle ne se montre que sous des climats délicieux et dans des pâturages abondants; nous ne devons pas être surpris que le tigre, le lion et le loup soient également exposés à en subir les tourments, bien qu'ils ne se montrent que dans des régions où ont été créés d'avance des animaux d'un naturel doux et inoffensif. Combien de fois, sous l'influence de quelque maladie, nous avons entendu le lion pousser des rugissements de douleur qui émeuvent de compassion, et la brebis, en proie à quelque souffrance, pousser des bêlements de désespoir qui affligent! L'un et l'autre sont exposés aux intempéries de l'atmosphère, aux révolutions physiques, aux accidents organiques, auxquels, comme créatures vivantes, ils ne sauraient se soustraire.

Les désirs de l'homme ne sont pas aussi déterminés; en d'autres termes, ils ne sont pas restreints dans une sphère si étroite, ni réduits à un genre de satisfactions si limité. L'abeille, par exemple, est habile architecte, mais son désir se borne à former des cellules hexagones, sans qu'il lui soit pos-

sible de leur donner une autre forme; celui des oiseaux se borne à la construction d'une certaine espèce déterminée de nids; celui de l'araignée, à la
formation d'une certaine espèce déterminée de tissu; celui de quelques
quadrupèdes, à la construction de certaines tanières déterminées. Il en est
de même quant au désir de manger, quant au désir d'élever des petits; il
en est de même, en un mot, quant aux autres désirs. C'est pour cette raison, c'est parce que les désirs ont un mode déterminé de satisfaction particulière, que les instincts des animaux sont en apparence plus parfaits, tandis qu'en réalité ils sont infiniment plus imparfaits, parce qu'ils sont privés
des facultés au moyen desquelles ils pourraient modifier leur action.
Comme le premier rossignol a chanté, comme le premier aigle a construit
son aire, ceux de leur espèce chanteront et construiront leur aire à jamais.
Ils chantent et construisent *parfaitement*, eu égard à leur condition et à
leurs besoins, mais très-*imparfaitement*, si l'on compare leur chant ou
leur construction au chant ou à la construction des hommes. Partout règne
l'harmonie; et ce qui est vrai par rapport au chant, à la manière de construire et aux autres opérations instinctives des animaux, l'est par rapport aux régions ou aux endroits où ils se montrent : ils ne sauraient les
changer ni s'acclimater eux-mêmes dans d'autres contrées et dans d'autres
lieux avec lesquels leur organisme n'est point en complète harmonie. Pour
cela l'intervention d'un autre être supérieur est nécessaire, l'intervention
d'un être dont les désirs soient universels et doué du libre arbitre pour en
faire la *détermination*, le *choix* et l'*application*, selon des circonstances
variables et progressives.

Tel est l'homme. A ce point de vue on peut dire que l'homme a une action générale et ubiquitaire. Dieu lui a accordé des facultés qui lui permettent de prévoir les résultats, les moyens nécessaires pour atteindre des fins
fixées d'avance, des ressources suffisantes pour qu'il puisse s'accoutumer et
accoutumer tout ce que Dieu lui a soumis aux différents éléments, climats,
zones et localités. Aussi, grâce à son intelligence, secondée par un organisme
supérieur, l'homme est-il l'habitant de toutes les régions et de tous les éléments. Il monte dans les airs avec ses montgolfières ou ses aérostats; il vit
sur les mers dans ses palais de bois, et il couvre la terre, d'un pôle à l'autre,
d'habitations qu'il a adaptées lui-même aux diverses conditions atmosphé-
riques qui l'entourent. Il naît tout nu et il se revêt plus richement que le
paon; avec des jambes d'une agilité médiocre, il court plus vite que le daim;
il n'a point d'ailes, et il s'élève plus haut que l'aigle. Toutes ces espèces de
miracles sont le résultat des facultés d'adaptation dont Dieu l'a doté, facultés
qui se trouvent parfaitement concentriques avec la sphère de leur action;
car, du moment où il naissait avec elles, et où en même temps il possédait
dès sa naissance toutes les ressources qu'elles servent à créer, il leur fallait
un champ où elles pussent s'exercer et rencontrer, par conséquent, la satisfaction ou le plaisir que produit cette création.

L'harmonisme qui existe entre les créatures vivantes avec leurs instincts et le globe que nous habitons avec ses propriétés est si évident, qu'il faut fermer les yeux pour ne point le voir, pour ne point l'admirer; mais il n'éclate dans aucune créature comme dans l'homme, parce que Dieu lui a donné, je le répète, des facultés qui s'élèvent à la connaissance des lois naturelles, qu'il applique bientôt de mille manières pour satisfaire ses sublimes désirs de développement continu et de progrès incessant. C'est grâce à ces facultés qui l'élèvent à la connaissance des lois naturelles que l'homme a fait des découvertes surprenantes et merveilleuses.

« L'homme, a dit un de nos écrivains politiques, D. François de Mendibaldue en parlant de la découverte de la phrénologie, l'homme, et l'homme seul, éclairé des rayons de sagesse dont la Divinité a pénétré ses organes, pour élever cet ouvrage de boue à une sphère spirituelle et supérieure à celle des autres êtres de la nature, a fait les grandes découvertes que nous admirons.

« L'homme a observé le cours des astres; l'homme a pu mesurer l'immensité de la terre et de l'espace; l'homme est parvenu à connaître les propriétés des plantes, des animaux et des minéraux. L'homme, en étudiant sa constitution, a trouvé la circulation du sang, pour guérir un nombre considérable de maladies. L'homme, ayant découvert les propriétés et la direction constante de l'aimant vers les pôles, suspendit une aiguille sur un pivot, traça un cadran alentour, et, sûr désormais de se frayer, au moyen de la boussole, des routes fixes et droites sur la surface des vagues et à travers les tempêtes, il s'élança au milieu des mers, dont, dans les siècles précédents, il ne parcourait qu'avec crainte la vaste et sombre étendue. Avec un peu de charbon et quelques grains de salpêtre et de soufre, l'homme créa un combustible dévastateur qui pulvérise les montagnes et jette des bombes à des hauteurs et à des distances prodigieuses pour détruire ses ennemis. L'homme pénétra dans le séjour des nuées où se forment les orages, où se forge la foudre dévorante, et de ces régions élevées, si au-dessus de la portée humaine, il arracha l'électricité pour l'appliquer aux sciences, et aujourd'hui la société s'en sert pour transmettre ses pensées et ses paroles à une distance de cent lieues dans la durée imperceptible de quelques minutes. L'homme demanda à la vapeur le moyen de mouvoir des poids énormes : grâce à ce léger moteur, il franchit les terres et les mers avec la rapidité du vent, transporte les marchandises et les voyageurs, et leur fait parcourir en une heure l'espace de plus de dix lieues; et la seule vapeur produite par l'ébullition d'une petite quantité d'eau meut des roues, des cylindres et des leviers que des centaines de bras humains mettraient à peine en mouvement. Et qu'est-ce que l'homme n'a pas découvert par les progrès de la chimie? Il touche à tout, il soumet tout à son examen et à ses investigations; rien n'échappe à son action, à son génie... Oh! c'est le génie divin, c'est le souffle du Créateur suprême qui a pénétré dans l'âme de l'homme, quand il lui a dit : *Vois, tu es le roi de la nature, et tout ce qu'elle contient est soumis à ton empire.*

« Les incrédules rabaissent, sans le savoir, leur dignité, en ne sanctifiant pas l'œuvre la plus parfaite de l'Auteur des mondes. Ils sont forcés de reconnaître toutes les découvertes que l'homme a faites dans le sanctuaire de la nature et au fond de son propre être, et ils veulent ensuite le dépouiller de la connaissance des organes de ses instincts. L'homme a porté sur tout son regard de lynx; il a tout embrassé de sa compréhension divine, don le plus sublime que lui ait fait son Auteur éternel et immuable; l'homme a étudié la structure de ses muscles, de ses veines, de ses nerfs, de ses os; l'homme a disserté sur son tempérament, il a étudié les fonctions de tous les organes qui constituent son être. A cet égard, la plupart sont d'accord, ainsi que sur l'excellence et la noblesse du cerveau, dans lequel ils ont placé ou entendu placer le souffle spirituel qu'on appelle l'âme. Nieront-ils ensuite que ce même cerveau, qui couronne comme un cimier la partie supérieure, la partie la plus grande, la plus noble de son être, ce cerveau placé si près et au-dessus des sens de l'ouïe, de la vue, de l'odorat, et de cette bouche, dépositaire du don merveilleux de la parole, manifeste dans sa structure et imprime dans sa substance les inclinations qui dominent les organes des sens dont il est le chef et le législateur, au nom de l'Auteur de la nature? Pourquoi ce même Être suprême, en l'investissant du don de sagesse, devait-il lui refuser le privilége de faire des recherches sur le cerveau et sur ses fonctions? Quelle contradiction! — Mais il est vrai de dire que l'homme, en observant, en étudiant le crâne humain, réceptacle des sens, a reconnu que le divin Ouvrier n'a pas formé les proéminences de cet organe sans un art merveilleux; il y a trouvé la cause motrice des sensations et des instincts, et l'expérience et l'observation ont démontré la réalité de ses propriétés, comme l'expérience et l'observation ont fait découvrir la circulation du sang, l'électricité, le magnétisme et la vapeur. Mettre ce point en doute, ce serait ravaler la plus noble des œuvres de la création.

« Qu'il est fécond en magnifiques considérations, l'examen de la tête de l'homme, Regardons-la avec attention! et nous verrons bientôt une lumière intérieure éclairer dans notre âme les notions de la phrénologie. Ce front élevé, cette partie supérieure haute et solide, cette partie postérieure arrondie et en parfaite harmonie avec les autres, nous révèlent le grand homme, l'image parfaite du Créateur, l'homme modèle.

« Son regard, aussi doux que grave et pénétrant, nous fascine et nous inspire le respect; sa voix éclatante et insinuante subjugue et domine nos sens; ses paroles mesurées, concises, persuasives, nous charment au point que nous les écoutons avec vénération comme l'écho d'une bouche divine. De pareils hommes nous commandent sans rien exiger, nous entraînent sans violence : leur joug n'est pas un joug odieux et oppresseur; c'est l'ascendant d'une force, d'une vertu entourée d'une auréole divine, devant laquelle tout se prosterne. Que l'on compare ce type achevé, où tout est égal, où la partie intelligente, la partie morale et la vertu animale sont en harmonie, à un autre homme dont le front est déprimé, et aussitôt ce dernier, par un instinct inné dans notre cœur, excite notre compassion, nous fait sentir le besoin de le protéger comme un être faible et disgracié.

« L'intelligence complète de la phrénologie, pourvu qu'elle se généralise, sera [1] la principale puissance qui puisse modifier les mœurs publiques, propager l'éducation et prouver la nécessité d'y faire participer tous les hommes pour le bien commun de l'espèce.

« Les criminels qui ont expié sur le gibet ou dans les prisons les crimes qu'ils ont commis par l'effet du développement de leurs passions mauvaises, autrement élevés, autrement guidés, eussent été des citoyens utiles à leur patrie. La passion d'acquérir de l'or pousse l'homme que ne retient pas un frein moral dans des voies où pour s'en procurer il devient assassin ; cette même passion, quand elle règne chez un homme peu honnête, mais d'une intelligence plus développée, le conduit à faire des faux, à employer la fourberie et l'escroquerie. Si en même temps il aspire aux dignités et se berce de rêves d'orgueil, il se prostitue aux puissants et vend pour quelques pièces d'or ses amis, son pays, ses croyances ; tandis que, s'il est intègre, vertueux et persévérant, il s'élance, pour s'enrichir du précieux métal, dans les spéculations, il affronte l'océan, il se livre aux travaux les plus pénibles.

« Les stimulants du bon exemple éloigneront l'homme, dès le principe, des voies perverses, et il n'y a point d'organe qu'un autre organe ne puisse neutraliser. Le médecin parviendra à reconnaître chez ses malades des plaies morales qu'on traite plus d'une fois comme des maux physiques ; le théologien moraliste, que consulte le pécheur, trouvera souvent les remèdes spirituels convenables à des faits qui sont plutôt des faiblesses que des péchés. Le père de famille dirigera ses fils dans leur marche et à l'entrée de leur carrière sociale ; l'homme, en général, apprendra à se connaître et à modifier ses instincts. » (*Écho du commerce*, deuxième époque, n° 992, correspondant au 3 décembre 1845.)

Dans ce tableau si vrai, si éloquent, si largement tracé, où l'on retrouve toute la facilité, toute la douceur, et toute la mâle énergie de notre belle langue castillane, le señor de Mendihaldue, nous a prouvé jusqu'à l'évidence l'harmonisme qui existe entre la tête humaine et l'âme, et entre l'âme et les objets de ses immenses conquêtes.

Il est toutefois nécessaire de répéter et de répéter souvent que cette harmonie entre les désirs et les moyens de les satisfaire, entre les aspirations et les résultats, est sujette à des accidents. La religion, la philosophie et notre propre expérience démontrent à chaque pas que, dans la formation de ce monde, la perfection absolue, ou l'optimisme, n'a pas été, je le répète, l'intention du Créateur.

Soit que nous consultions l'histoire sainte, soit que nous nous arrêtions à l'histoire profane, nous trouverons que rien n'a reçu une existence ab-

[1] Bien entendu, avec le concours de la religion catholique.

solue, que tout est conditionnel ou relatif, tout rencontre des oppositions ou des antagonismes, tout peut être amélioré ou perfectionné.

Dans les conditions où nos sens internes et externes observent le monde, et ces conditions constituent le seul moyen humain qui nous ait été accordé pour en connaître la véritable nature, il n'est point d'état, quelque élevé qu'il soit, que nous ne puissions concevoir susceptible, par quelque endroit, d'une plus grande élévation, et qui ne se trouve en même temps soumis à l'action d'une force contraire, qui tend à le rabaisser vers l'extrémité opposée. De sorte que la *perfection* n'est jamais absolue, n'est jamais bornée à tel ou tel degré ; elle est toujours, au contraire, susceptible d'un plus grand développement progressif, pendant que marche sur une ligne parallèle sa rivale et sa compagne inséparable, une certaine *imperfection* relative.

La prospérité sans l'adversité, le bonheur sans le malheur, existant d'une manière absolue, et sans que l'un et l'autre soient susceptibles d'un plus ou moins grand degré, ne se trouvent point et ne sauraient se trouver dans la nature. Il n'est point de *vérité* qui cesse d'être relative, susceptible d'une plus grande expansion ou application, et qui ne marche accompagnée de l'*erreur;* il n'est point de justice qui ne dépende de certaines circonstances, qui ne soit progressive, et qui ne rencontre partout l'antagonisme de l'*injustice;* il n'est point de beauté qu'on ne puisse rehausser, et qui n'ait à ses côtés la laideur, comme son antagoniste naturelle.

La relation et l'antagonisme, avec une perfectibilité progressive nécessaire, sont et seront toujours une loi d'harmonie universelle.

La vie, avec les mille circonstances progressives dont elle dépend, peut être plus ou moins prolongée, mais la *mort,* qui forme son antagonisme, est inévitable. La *santé,* et tout ce qui contribue à la santé, pourra progressivement s'améliorer et s'accroître ; la *maladie,* qui forme son antagonisme, pourra être combattue et plus ou moins facilement évitée, mais de la manière dont les choses sont ordonnées, on ne saurait concevoir l'existence de l'une sans l'autre.

Toutes les faveurs de la *paix* n'écarteront jamais la possibilité de la guerre, et à vrai dire, sans la crainte des maux de la *guerre,* quels efforts ferions-nous pour maintenir la *paix?* De même, l'existence du *poids* est aussi impossible sans l'antagonisme correspondant du contre-poids, que l'*irrésistibilité* des forces intérieures sans la *répression* des obstacles extérieurs. Si les passions poussent, la raison retient, et si la raison l'*emporte,* la souffrance vient la *réfréner.* Si la *faiblesse* n'existait pas, quelle signification possible pourrait avoir la *force,* qui forme son antagonisme? Pourrait-on jamais concevoir l'existence des poisons sans celle des antidotes, ou celle des désirs sans celle des aversions? S'il y a des affections, n'y a-t-il pas aussi des répugnances ? Est-ce que la jouissance que l'on éprouve à satisfaire son appétit ne résulte pas de l'antagonisme de la douleur qu'il produit? Le devoir de l'*usage* est fondé sur la possibilité de l'*abus.* S'il en était autrement, le sens du mot *devoir* serait une absurdité. Il y a un principe de

devoir ou d'obligation, parce qu'il y a un principe contraire de transgression ou de crime ; de là vient la nécessité du châtiment qui produit la douleur, pour nous forcer à remplir le devoir légitime qui produit le *plaisir;*
de sorte que notre *bonheur* résulte toujours de l'antagonisme du *malheur,*
qui nous poursuit sans cesse.

Cet ordre fondé sur un perpétuel antagonisme règne non-seulement parmi
les créatures sensibles, mais même dans les substances végétales. Les plantes ne sont-elles pas sujettes à être malades, parce qu'elles sont faites pour
être vigoureuses ? à se dessécher, parce que l'humidité les fait croître ? à
languir et à s'étioler, parce que leur nourriture leur est indispensable ? et
enfin à périr, parce qu'elles ont reçu un principe de vie ?

Les cieux mêmes, la nature physique même ne sont point exemptés de
cette loi d'antagonisme universel. Est-ce que l'harmonie de l'équilibre que
l'on remarque dans le système planétaire ne résulte point de la lutte de
forces d'attraction contraires ou en constant antagonisme ? Est-ce que le
calme et le beau temps ne dépendent point autant de la lutte que présentent
les convulsions de la nature, que le calme et la tranquillité de l'âme dépendent de la lutte des passions que produisent les tempêtes morales ?
Combien de fois, par l'action de ces éléments contraires, la foudre éclate,
les vents rugissent, les éclairs brillent, les mers mugissent en fureur, la
terre tremble, les volcans vomissent le feu, les fleuves sortent de leur lit,
toute la nature, enfin, agitée et bouleversée, porte de toutes parts l'horreur
et la misère, le deuil et la dévastation ! Bientôt les éléments contraires
s'équilibrent, le calme et la sérénité reviennent, et l'on voit que tous ces
maux n'ont été que des incidents qui devaient produire un plus grand bien
au moyen d'un mal moindre, un plus grand bonheur au moyen d'un malheur moindre.

L'homme ne pourra jamais faire le monde à son gré ; il sera toujours
forcé de le prendre tel qu'il l'a trouvé, c'est-à-dire avec ses harmonismes
comme loi et avec ses antagonismes comme exception accidentelle. Nous
pourrons réaliser beaucoup de modifications, d'améliorations, de progrès ;
mais jamais nous ne parviendrons à nous soustraire aux antagonismes ; car
ils renferment la loi du progrès humain, et cette loi est le souffle par lequel
Dieu maintient les éléments du monde moral dans l'animation et dans un
mouvement perpétuel. Dans les choses humaines ce seront des principes
éternellement vrais que la vie et la mort, la santé et la maladie, l'amour et
la haine, la vertu et le vice, la vérité et l'erreur, l'action et la réaction,
l'intelligence et l'ignorance, l'amitié et l'inimitié, et ces principes d'harmonisme et d'antagonisme, comme tous les autres principes d'harmonisme et
d'antagonisme qui règnent dans la nature, sont les uns des éléments de
plaisir, les autres, des éléments de *douleur,* les uns en rapport avec le
désir qui nous pousse et nous dirige vers le pôle du bonheur, les autres en
rapport avec l'*aversion* qui nous détourne et nous éloigne du pôle du malheur.

LEÇON XXVII

**Des facultés considérées individuellement, et de leurs organes.
— Première classe : Facultés immédiatement en contact avec
le monde extérieur. — 1 ou C, LA TACTIVITÉ.**

MESSIEURS,

Vous étiez sans doute impatients d'arriver au point où nous en sommes.
Le plus souvent, au lieu d'imiter la marche progressive que suit et que
nous trace la nature, nous voulons courir; et celui qui court se lasse bientôt,
et tombe sur la route, sinon d'épuisement, au moins de défaillance, sans
pouvoir atteindre le but vers lequel il court.

« Penser que l'humanité, ai-je dit ailleurs, peut arriver d'un bond, et
non pas à pas, à ses destinées finales, ce serait supposer qu'elle peut anni-
hiler son existence. Ce serait, en effet, pour l'individu, placer le berceau à
côté de la tombe; et, pour la société, unir les générations passées aux générations futures, en sautant au-dessus du présent. Si l'embryon, dès qu'il
apparaît dans le sein maternel, devait se développer avec une rapidité qui
le ferait arriver d'un seul coup à la décrépitude, où seraient les divers âges,
où seraient l'enfance, la première jeunesse, l'adolescence, la virilité, la
vieillesse, qui constituent l'existence individuelle? Si la première génération qui a paru sur la terre avait fait des progrès si rapides, qu'elle eût
atteint d'un bond le dernier degré de la perfection dans tous les arts et
dans toutes les sciences; qu'eût-il été réservé aux autres générations de ce
qui constitue la vie sociale? Si les premiers rayons de l'aurore se confondaient aussitôt avec le crépuscule de la nuit, que resterait-il du jour [1]? »
D'un autre côté, « sans *préparation antérieure*, comme je l'ai dit dans un
opuscule que je viens de publier, il ne saurait y avoir de *résultat postérieur*.
Les semences les meilleures et les plus vivaces, si elles sont jetées dans des
champs non préparés d'avance pour les recevoir par l'art ou par la nature,
produisent très-peu de fruit, parce que les propriétés de la terre où elles
sont enfouies ne sont pas assez énergiques pour les faire toutes germer [2]. »
Il faut donc préparer et toujours préparer.

---

[1] *Au peuple espagnol, sur les causes qui rendent le communisme impossible et le progrès
inévitable*; — considérations sur les lois naturelles qui régissent : 1° la propriété; 2° le
travail; 3° la prospérité individuelle et générale; 4° le progrès humain; par D. Mariano
Cubi i Soler, propagateur de la phrénologie en Espagne, auteur de la nouvelle méthode
pour apprendre l'anglais au moyen de l'orthographe phonétique, etc., etc. Prix, pour
toute l'Espagne : 2 réaux 7 maravédis.

[2] *A la nation espagnole, sur les réformes orthographiques*; histoire de l'orthographe
espagnole, où l'on voit que l'introduction qui y serait faite des quelques modifications

Tout système d'enseignement basé sur ce principe erroné que l'on peut commencer par la fin suppose qu'il est possible de récolter sans semer. Quant à moi, messieurs, je crois, au contraire, que *celui qui ne sème pas ne récolte pas*, et comme je désire que vous fassiez une bonne moisson, j'ai tâché de bien semer.

Sans savoir ce qui *précède*, je suis sûr qu'il vous serait fort difficile, pour ne pas dire impossible, de comprendre ce qui va *suivre*. Ce qui est général, ce qui est indéfini, précède toujours dans la nature, comme je l'ai dit au commencement de la leçon XIII, ce qui est particulier, ce qui est analytique; et tel est l'ordre que l'expérience de trente années passées dans le professorat m'a convaincu qu'il faut suivre dans tout bon système d'enseignement. Je me suis proposé de vous communiquer, comme je vous l'ai promis dans mon introduction, toutes les connaissances théoriques et pratiques que je possède sur la phrénologie et ses applications; et je tâcherai de remplir mes engagements, quoique je voie bien que le cours de mes leçons doive avoir une étendue double de celle que je vous avais annoncée.

Jusqu'ici j'ai traité des facultés et de leurs organes en général, mais non de chacun d'eux en particulier. Nous avons généralisé; nous n'avons point analysé.

Il est temps que j'appelle votre attention sur les facultés et sur leurs organes, *considérés individuellement*. Il est temps que vous pénétriez dans les détails de ce que jusqu'ici vous n'avez considéré qu'en bloc.

J'ai dit, dans ma leçon XXIII, p. 369, que les facultés et les organes en rapport immédiat avec le monde extérieur, ou de contact externe, sont : 1° la tactivité; 2° la visualitivité; 3° l'auditivité; 4° la gustativité; 5° l'olfactivité.

Ces facultés, comme je l'ai dit, produisent les phénomènes mentaux qui résultent du contact matériel immédiat que l'âme a, par l'intermédiaire des sens, avec le monde extérieur. Leur principale fonction est de recevoir, de percevoir et de concevoir des impressions matérielles.

Ce que nous appelons *sens externes* est la partie impressionnable des organes cérébraux, au moyen desquels l'âme transforme en perception et conception intellectuelles toute impression qui naît d'un véritable choc ou *contact extérieur*. D'où je conclus analogiquement, comme je l'ai déjà insinué, que tous les organes cérébraux sont des appareils, c'est-à-dire que tous ont leurs sens ou une partie par laquelle les impressions sont reçues, et une partie par laquelle l'âme désire, perçoit, conçoit, et s'affecte en conformité de ces impressions. Dans tous les cas, l'évidence met hors de doute et l'observation met hors de discussion ce que je vais poser en fait : c'est que les

nécessaires pour la rendre tout à fait philosophique serait conforme à son caractère, à l'usage, à l'opinion de nos plus grands humanistes, à l'autorité de l'Académie royale espagnole, à toutes les réformes qu'elle a subies depuis six siècles jusqu'à nos jours, et favorable aux progrès de la nation entière, puisqu'elle abrégerait de cinq sixièmes le temps qu'il faut actuellement employer pour apprendre à lire et à écrire correctement. Par D. Mariano Cubi i Soler, propagateur de la phrénologie en Espagne, auteur de la nouvelle méthode pour apprendre l'anglais, etc., etc. Prix : 2 réaux.

facultés de *contact extérieur immédiat* ont des organes *complexes* ou appareillés, en d'autres termes, des organes avec une partie extérieure que nous appelons sens, par lesquels elles reçoivent les impressions, et avec une autre partie, interne, qui forme les organes cérébraux, par lesquels l'âme perçoit et conçoit les impressions reçues.

L'existence de ces sens, de ces parties des organes de contact extérieur, avec lesquels sont en rapport direct les objets qui nous entourent, se révèle à notre observation dès la naissance de l'homme. Quiconque se trouve dans un état normal sait, depuis qu'il est au monde, qu'il reçoit par tout le corps des impressions de sensibilité physique, qu'il voit par les yeux, qu'il entend par les oreilles, qu'il goûte par le palais et la langue, et qu'il reçoit par l'odorat des impressions olfactives. Il y en a peu, néanmoins, qui sachent que ces organes extérieurs forment partie intégrante d'autres organes intérieurs, et que d'eux-mêmes les premiers sont *passifs*, et les seconds *actifs*. Au moyen des uns, l'âme reçoit des impressions; au moyen des autres, elle les recherche et les repousse avec intelligence, elle les perçoit et les conçoit, elle éprouve en conséquence et à cause de ces impressions des sentiments agréables ou pénibles.

Sentir une impression que produit le choc immédiat d'un corps étranger est un phénomène *passif* de tout le système nerveux épars dans notre corps, pour former le sens de la tactivité; recourir à la tactivité ou toucher, avec l'intention de reconnaître le plus ou moins de chaleur, le plus ou moins de rudesse, ou les diverses formes et les autres propriétés analogues des objets, est un phénomène *actif*, qui vient de la partie interne du même organe.

Voir est une impression reçue, est un phénomène *passif*; mais regarder est un phénomène *actif*. Ainsi les yeux qui voient *au dehors*, comme les organes qui perçoivent *au dedans* l'objet de la vision, forment la visualitivité.

Entendre, c'est recevoir *passivement* des impressions sonores; écouter, c'est diriger *activement* le sens de l'ouïe vers un point déterminé. Ainsi le sens passif externe et l'organe auditif actif interne forment ensemble l'auditivité.

Gouter est un acte *passif* du sens du goût; savourer est un phénomène *actif*, produit par la faculté gustative. Ce sens passif externe et cet organe actif interne forment ensemble l'appareil de la gustativité.

Sentir, c'est-à-dire recevoir les exhalaisons odorantes, est l'acte *passif* propre à l'odorat, mais diriger ce sens vers *ce qui exhale quelque chose*, c'est-à-dire *olfatear* (en espagnol), ou *flairer* (en français), ou *scent* (en anglais), est un phénomène actif. Le phénomène passif est essentiellement le résultat produit sur l'organe extérieur, et le phénomène actif le résultat produit par l'organe interne, et ce sont ces deux organes qui constituent l'appareil olfactif.

Ce qui est vrai pour les facultés de contact extérieur immédiat l'est aussi pour toutes les autres facultés. Il est extrêmement curieux d'observer comment le sens commun du genre humain a distingué, sans s'en apercevoir, cette opération active et passive des facultés mentales; en effet, pour indiquer expressément ces divers cas, nous voyons qu'il a inventé des mots propres pour les désigner avec la plus rigoureuse précision. Pour les cas dans lesquels on n'a pas forgé des mots particuliers pour désigner exactement ces opérations passives et actives de la même faculté, on a imaginé ou conçu le mot générique d'ATTENTION, par lequel on spécifie le rôle plus ou moins actif des facultés de l'âme, quand par des expressions telles que *faute d'attention, ne pas prêter attention*, on désigne des phénomènes mentaux passifs ou de pure impression.

Les observations que je viens de faire sont plus importantes qu'elles ne paraissent l'être : car elles expliquent complétement, et peut-être pour la première fois, la théorie de l'effort volontaire, de la puissance directrice, du domaine intelligent que chaque faculté peut exercer sur elle-même. C'est l'exercice de cet effort, de cette puissance ou de ce domaine que l'on appelle *attention*.

En effet, si chaque faculté a, comme l'expérience le démontre, le pouvoir actif de faire un effort intérieur pour se porter particulièrement vers tel ou tel des objets ou des actes qu'elle est capable de percevoir et de concevoir, l'*attention*, dont beaucoup de philosophes ont voulu faire une faculté principale, source de toutes les autres, n'est plus que l'exercice de ce *pouvoir*, mode d'action commun à toutes les facultés.

Un rayon particulier de lumière impressionne les yeux. La faculté visualitive le perçoit intellectivement, au moyen de la partie interne de l'organe correspondant. A l'instant même et avec une rapidité plus grande que celle de l'électricité, cette faculté fait sur elle-même un *effort actif*, par lequel elle domine souverainement l'organe extérieur et le tourne du côté du rayon de lumière perçu. La force mentale plus ou moins grande avec laquelle on regarde activement ce rayon est ce que l'on appelle et ce qui est réellement l'ATTENTION.

Ainsi expliquées, la théorie de l'*effort* ou de la puissance directrice que chaque faculté peut exercer sur elle-même et sur les autres, et la théorie de l'*attention*, qui en résulte, font comprendre facilement pourquoi certains individus font grand cas de ce qui est indifférent aux autres; car il n'est pas rare de voir un homme s'endormir devant un spectacle qui ravit son voisin en extase.

Plus ou moins un organe cérébral est développé, plus ou moins active est la faculté qu'il manifeste, et par conséquent, plus ou moins grande est la puissance directrice qu'elle exerce sur elle-même et sur les autres, et, par une conséquence nécessaire, plus ou moins grande est l'*attention* qu'il lui est possible de donner.

Un imbécile chez qui les organes de la tonotivité et de la comptativité sont fort développés pourra apporter une attention extraordinaire à la mu-

sique et au calcul, en même temps qu'il n'en apportera ni ne pourra en
apporter aucune à des réflexions profondes. Une personne d'un esprit vigoureux et instruite devra faire un grand effort sur elle-même pour fixer
son attention sur des bagatelles, tandis que les choses sérieuses l'éveille-
ront aussitôt. Tel individu, qui, doué de peu d'acquisivité, ne fait aucun
cas de l'argent, ne fait que penser à l'injure qu'il a reçue, si chez lui la supérioritivité et l'approbativité sont fort développées. Celui que la nature a
doué d'une faculté de localitivité fort active saisit avec la plus grande facilité et presque sans effort les circonstances et les conditions topographiques, en même temps que, s'il ne possède qu'une très-faible faculté musicale, il fera ou pourra faire à peine un effort pour écouter la musique la
plus ravissante. « Vaucanson, dit Gall [1], encore tout jeune, laissa absorber
toute son attention par les rouages d'une horloge, qu'un musicien célèbre
ou qu'un vieux poëte aurait dédaigné de regarder. » Dans ma leçon II,
p. 14, je vous ai présenté de nombreux exemples de génies et de talents, chez
lesquels on peut aisément remarquer les diverses sortes d'attention [2].

Cet effort de direction que chaque faculté peut faire sur elle-même et sur
les autres, et duquel résulte l'attention, contient les éléments qui constituent
le domaine, le libre arbitre ou le gouvernement moral de l'individu comme
de la société. Nos facultés de relation universelle, qui forment ce que nous
appelons la raison, observent des résultats généraux, et peuvent se développer, en appliquant à ces résultats leur force et celle des autres facultés,
comme je l'ai expliqué dans les leçons XI et XII. Quand l'homme fait tous
les efforts dont il est capable pour obtenir le résultat qui lui est vraiment
avantageux, il remplit son devoir. Je dis qui lui est vraiment avantageux;
car notre véritable avantage se trouve en harmonie avec l'avantage du
prochain et la gloire de Dieu. Ainsi, au point de vue philosophique, la
phrénologie se trouve en harmonie avec le libre exercice de la raison,
qu'elle explique par la force ou l'empire direct qu'elle accorde à chaque
faculté, et comme elle ne lui accorde pas cette force, cet empire, ce pouvoir, *d'une manière absolue*, mais seulement jusqu'au degré de vigueur
innée ou acquise dont Dieu a rendu susceptible chaque faculté mentale,
elle reconnaît par là même le besoin de la grâce, en tant qu'elle est nécessaire, c'est-à-dire, en tant que toutes les facultés, et particulièrement
les facultés *supérieures*, sont par elles-mêmes faibles, débiles et sujettes à
de grandes illusions et à de grands entraînements [3].

[1] Dans l'ouvrage déjà cité, t. VI, p. 253.
[2] Quand je m'exprimais ainsi, je n'avais pas fait la grande découverte de la faculté suprême, souveraine, générale, et, par conséquent, je ne savais pas que cette multiplicité
de forces d'attention partielles et sensitives sont soumises à une force d'attention générale
et rationnelle. Il est donc bon de lire, après ce que je dis plus haut, les considérations
par lesquelles je termine la leçon XLVIII.   (*Note de l'auteur pour l'édition française.*)
[3] Tout cela est incontestablement vrai ; mais il est vrai aussi qu'avec cette doctrine
on établit autant de libres arbitres qu'il y a de facultés. Sans la grande découverte de la
faculté souveraine et suprême, qui, dans la sphère de ses phénomènes passifs, est ce que

Quant au siége ou à la localisation dans le cerveau de la partie interne des organes ou appareils des facultés de contact externe, il est, comme je l'ai déjà dit, absolument inconnu. Il y a seulement, relativement à la tactivité, des indices très-probables du point qu'elle occupe dans le cerveau ; jusqu'ici, néanmoins, ils ne sont que probables.

J'ai commencé par la tactivité la nouvelle nomenclature, où elle est désignée par le numéro 1, comme dans l'ancienne par la lettre C, parce que, comme je l'ai déjà dit dans la leçon XXIII, p. 371, elle forme le premier anneau qui, dans la grande chaine universelle des êtres terrestres, unit la vie végétale à la vie animale. Plusieurs naturalistes pensent que cet anneau répond à la fonction digestive que l'on remarque chez quelques polypes ; mais ce n'est là qu'une question de mots : là où l'on aperçoit la sensation, là on trouve la vie animale.

Mon intention était de commencer la description particulière des facultés et de leurs organes suivant l'ancienne nomenclature, ainsi que je l'ai annoncé dans la leçon XXIII ; mais je me suis aperçu, maintenant plus que jamais, des nombreux inconvénients que l'adoption de cette marche présenterait, et surtout de la difficulté d'y établir la localisation des organes, chose qui, en phrénologie, est d'une importance capitale. Aujourd'hui, que nous sommes arrivés à la pratique de ces systèmes de nomenclature, je comprends mieux encore les avantages du nouveau, et l'on peut facilement éviter l'unique inconvénient auquel il pourrait donner lieu en plaçant à côté du numéro actuel celui que la faculté et l'organe portaient auparavant. C'est la méthode que j'ai commencé à suivre en tête de cette leçon, quand j'ai mis au titre 1 ou C, pour faire comprendre que, dans la nouvelle nomenclature, la tactivité porte le numéro 1, et, dans l'ancienne, la lettre C.

Voici l'ordre dans lequel je procéderai en traitant des facultés et de leurs organes, ou des organes et de leurs facultés :

1° J'indiquerai le numéro de la faculté et de l'organe d'après les deux nomenclatures, actuelle et ancienne, et j'indiquerai ensuite, pour éviter la confusion, le nom ou la dénomination sous lequel on les connaît ou on les a connus. Il est inutile de dire que la faculté et l'organe portent toujours un même nom.

2° Je donnerai la définition de la faculté d'après son essence, son rôle ou sa spécialité propre, c'est-à-dire d'après ce qui en fait une faculté particulière et distincte, différente des autres. Je donnerai cette définition en considérant l'usage, l'abus et l'inaction de la faculté, et l'on verra alors combien il importe d'avoir toujours présent à l'esprit ce qui a été dit dans les leçons XI, XII et XIX. A mon avis, il y a progrès psychologique d'assez

nous appelons la raison, et, dans la sphère de ses opérations actives, est ce que nous appelons la volonté, on n'aurait jamais pu arriver à l'explication scientifique du libre arbitre de l'homme. Que l'on rapproche donc de ce que je dis plus haut l'exposé spécial que je fais de cette matière dans la leçon XLVII.

(*Note de l'auteur pour l'édit'on française.*)

grande importance à envisager tout d'abord les facultés dans l'usage, l'abus et le non-usage qu'on en fait. Par l'*usage*, le *bon usage* ou l'*objet* d'une faculté mentale, on entend son action utile et légitime; elle se trouve dans ce cas quand l'organe qui la manifeste est grand, ou du moins assez grand, et qu'il est bien secondé par les autres facultés. Il y a *abus* d'une faculté quand l'organe qui la manifeste prend un développement excessif, quand il n'est ni réprimé ni dirigé par les autres facultés, c'est-à-dire par la religion et la saine philosophie. Une faculté est *inactive* ou de non-usage quand l'organe qui la manifeste est petit, ou quand les autres facultés et les circonstances extérieures ne l'excitent pas et ne la mettent pas en mouvement.

3° Je désignerai le lieu, la position ou le siége de l'organe dans la tête, et je me servirai de tous les moyens en mon pouvoir pour que vous le connaissiez aussitôt, et pour que, si c'est possible, vous ne l'oubliiez jamais.

4° Je vous ferai, avec toute la clarté et la concision que je pourrai, l'histoire de la découverte de l'organe. Autant que possible, je laisserai parler l'auteur même de la découverte : c'est-à-dire que je vous la décrirai en me servant de ses propres paroles.

5° Je vous signalerai les harmonies et les antagonismes de la faculté dans ses rapports avec l'organisme et avec le monde extérieur. Peut-il y avoir une plus grande harmonie que celle qui existe entre l'intelligence supérieure de l'homme, sa main et les objets qui l'environnent?

6° Je vous annoncerai les différents phénomènes mentaux que produit une faculté à ses divers degrés d'activité, manifestés par les divers degrés de développement de son organe. Je les réduirai à trois, et j'en reconnaîtrai de petits, de moyens, de grands. Les deux extrêmes, marqués par l'atrophie et par le développement démesuré, sont des exceptions dont je traiterai, en temps opportun, sous le titre de *cas accidentels* ou de *questions accessoires*.

7° *Influence mutuelle.* — Ici je parlerai, dans les cas où je le jugerai utile, des différents résultats que peut produire la même faculté suivant sa combinaison avec les autres facultés, et que j'ai examinés avec soin, quoique d'une manière générale, dans le cours de la leçon XVIII tout entière, à laquelle il est important que vous reportiez vos souvenirs. De cette influence mutuelle, en tant qu'elle dépend de nous, vient l'usage ou l'abus, la bonne direction ou la perversion criminelle de nos facultés.

8° *Cas accidentels.* — Sous ce titre, j'examinerai, pour certaines facultés, les effets que produisent la maladie, le développement excessif, l'atrophie et les autres accidents auxquels les organes sont sujets et d'où peuvent résulter d'involontaires aberrations. C'est en cela que consistent les *antagonismes*.

9° *Observations générales.* — Ici je vous communiquerai quelques données et je ferai des réflexions d'une portée générale, bien que mêlées à la description de la faculté et de l'organe. J'expliquerai aussi sous ce titre ce qui n'entre point exactement dans le cadre des autres.

10° Je décrirai en dernier lieu le langage naturel de la faculté en question, langage que vous connaissez déjà si complétement à le considérer en général.

Après ces explications, que je considérais comme utiles et nécessaires, abordons directement la description de la faculté et de l'organe que j'ai mis en tête de la nomenclature phrénologique, pour les raisons que j'ai exposées. Cette faculté et cet organe est

1 ou C, LA TACTIVITÉ.

Définition. — Usage. Percevoir et concevoir les sensations physiques que produit dans notre organisme le contact ou le choc immédiat des corps extérieurs[1]. — Abus. Souffrir des douleurs physiques sans nécessité ni par aucun motif supérieur. — Inactivité. Insensibilité physique, manque de tact.

Localité. — Suivant le docteur Fossati[2], la tactivité a son siége aux tempes, à la hauteur de l'arc des sourcils, au-dessus et un peu en arrière de la constructivité, au-dessous de l'idéalité et de l'acquisivité, et devant la sécrétivité.

Suivant mes observations et celles du docteur Buchanan, elle se trouve devant l'alimentivité un peu en montant, c'est-à-dire dans la région où la place le docteur Fossati, mais non précisément au même endroit. On peut voir la tête marquée phrénologique-

CASIMIR DELAVIGNE, né au Hâvre, en 1794.

ment dans la leçon XXIII, p. 371, et celle qui se trouve au commencement de ce volume (lettre C). Le siége de la tactivité est derrière le n° 14 ou 32, c'est-à-dire derrière la comptativité, dans une direction ascendante.

Je présente ici le portrait aussi fidèle que remarquable d'un poëte fran-

[1] Comme toutes les facultés, en général et en particulier, ont, dans la sphère de leurs opérations actives, aussi bien que dans celle de leurs phénomènes passifs, une force de désir, de répugnance, de sensation agréable ou désagréable, de perception, de conception et de souvenance que je démontrerai plus loin par une foule de preuves, on peut dire que l'usage de cette faculté consiste à désirer, à repousser, à percevoir, à concevoir ou imaginer et à se rappeler les sensations produites dans notre organisme par le contact immédiat des corps extérieurs.   (*Note de l'auteur pour l'édition française.*)
[2] J. Fossati, *Manuel pratique de phrénologie*, p. 418. (Paris, 1845.)

çais distingué, de Casimir Delavigne. Son tempérament, surtout nerveux, combiné dans d'heureuses proportions avec les tempéraments lymphatique, fibreux et sanguin, constitue une tactivité d'une sensibilité exquise dans sa partie impressionnable extérieure. Ici le n° 1 correspond à la lettre C de l'ancienne nomenclature, et le n° 14 au n° 32. De toutes les méthodes que j'ai essayées pour enseigner la localisation des organes, aucune n'a produit des résultats aussi satisfaisants que celle où on les marque isolément sur une tête, en y ajoutant seulement les organes contigus, comme on l'a fait ici. Quant à la manière de mesurer le développement d'un organe, l'élève doit se rappeler toutes les observations qui ont été faites dans la leçon XVI.

Découverte. — Il est assez singulier que, tandis que le docteur Buchanan annonçait, il y a une trentaine d'années, aux États-Unis, la découverte d'un nouvel organe qu'il appelait *the organ of feeling* (l'organe du tact ou de la sensibilité physique), le docteur Fossati constatait en France l'existence du même organe. Des coïncidences de ce genre ne doivent pas nous étonner, si nous songeons à la nature des vérités universelles; ce qui, dans cette circonstance, doit nous paraître étrange, c'est qu'aujourd'hui même (1858), ni le docteur Fossati, ni le docteur Buchanan ne sachent, à en juger d'après leurs dernières publications, qu'ils ont tous deux, sans se connaître et séparés par une distance de mille lieues, découvert le même organe.

A l'un et à l'autre, la première idée qui leur fit chercher l'organe en question, ce fut que presque toutes les facultés qui mènent aux connaissances physiques ou extérieures ont des rapports immédiats avec les sens. Les tons correspondent à l'*ouïe*, les couleurs à la *vue*, l'alimentivité au *goût*; mais le *tact*, disaient-ils, qui reçoit les impressions du chaud et du froid, à leurs mille degrés différents; le *tact*, qui sent ce qui est doux et ce qui est rude physiquement parlant; le tact, par lequel se réalise la douleur ou le plaisir qui suit les différentes impressions que produit le contact de notre corps avec les objets extérieurs, comment pourrait-il ne pas avoir un organe cérébral pour faire percevoir à l'homme ces impressions? Poussés par l'amour de la science à contrôler par les faits la vérité positive de ce raisonnement, de cette hypothèse, ils examinèrent beaucoup de têtes jusqu'à ce qu'ils se convainquirent que, un peu plus bas ou un peu plus haut, un peu plus en dedans ou un peu plus en dehors, l'organe existait dans cette région cérébrale qui occupe, à l'extérieur, la partie appelée les tempes.

Harmonisme et antagonisme. — Les êtres terrestres, étant créés pour le globe que nous habitons, sont entourés de mille objets, dont le contact immédiat a pour *objet* le plaisir, avec la possibilité de produire la douleur. Dans l'harmonie universelle, tout est *plaisir*, il n'y a pas de doute, parce que tout est avantageux; dans l'harmonie *partielle*, tout est plaisir accompagné de l'éventualité de la *douleur*; parce qu'il n'y a point d'avantage sans un contre-poids, qui est le *dommage*.

Le calorique, par exemple, a, comme loi d'harmonie universelle, une fin exclusive d'utilité ou de plaisir; appliqué à l'homme, ou dans l'une de ses lois *partielles*, il a son harmonisme et son antagonisme, il a pour objet général d'être *utile;* mais il peut toujours devenir *nuisible.*

Une certaine quantité de calorique répandue dans l'eau la tempère ou l'échauffe. Si nous prenons un bain dans l'eau ainsi élevée à une certaine température, nous éprouvons un plaisir particulier, un *plaisir tactile.* Si elle atteint une température, par exemple, de trente-six degrés (Réaumur), son effet sur notre organisme produit une sensation contraire ou douloureuse. Si elle arrive à une beaucoup plus haute température, elle nous brûle, elle nous fait périr après une affreuse agonie. Mais cette plus haute température, dont l'effet qu'elle produit sur nous nous est contraire, nous devient utile, si on l'applique à mille besoins de la vie. Sans eau en ébullition nous ne pourrions pas préparer nos aliments; sans eau en ébullition, il n'y aurait pas de vapeur, et sans la vapeur où seraient les plus grandes et les plus utiles découvertes des temps modernes? Le calorique, à ses plus hauts degrés d'élévation, est donc nécessaire à mille usages, à mille découvertes; mais comme il n'y a point de bien sans mal, point d'harmonisme sans antagonisme, les découvertes les plus utiles de ce genre-là amènent des explosions et d'autres accidents, qui occasionnent des pertes, des douleurs, des malheurs et des morts.

Le frottement léger d'une canne ou d'une corde produit une sensation tactile plutôt agréable que désagréable; mais cette même canne, cette même corde, appliquée avec force sur notre organisme, produit une lésion, produit un effet contraire ou douloureux. Supposons cependant, pour un moment, que l'on ne pourrait point se servir de pièces de bois ni de cordes pour frapper avec force d'autres objets, et aussitôt l'on verra que les métiers n'auraient presque plus d'objet, et que par conséquent nous serions privés de presque toutes les sciences. Que deviendrait la chimie sans la pulvérisation des corps? Que ferait un charpentier sans la hache? Que feraient nos fabricants, s'ils ne pouvaient rapprocher violemment les tissus des tissus, les fils des fils, les cordes des cordes et les feuillets de bois des tissus, des fils et des cordes?

Si donc l'homme est destiné à jouir ou à souffrir du contact de son organisme avec les objets qui l'entourent, il fallait, pour qu'il y eût de l'harmonie dans l'économie de l'univers, que tout son corps fût un thermomètre qui lui indiquât quand le contact ou le rapport est un harmonisme ou un antagonisme, afin qu'il pût chercher, autant que cela dépendrait de sa volonté et ne dépasserait pas ses forces, celui qui lui procure le plaisir et éviter celui qui lui apporte la douleur. Ce thermomètre est la tactivité, dont l'organe externe se trouve merveilleusement distribué sur toute la surface de l'organisme entier. C'est ainsi que, comme je l'ai dit dans la leçon XVIII, les différents buts des diverses harmonies peuvent s'atteindre par de mutuels services et par des avantages réciproques.

Les mêmes facultés, et par conséquent les mêmes organes, agissent entre eux, avec les uns, par des rapports de concordance, avec les autres, par des rapports de discordance. Ainsi, la tactivité agit de concert avec l'alimentivité, avec la destructivité, avec la combativité, qui se prêtent un mutuel appui et se procurent une satisfaction immédiate. La crainte de souffrir le tourment de la faim combine l'action de la tactivité avec l'alimentivité, et cette union excite la combativité à aller au-devant des obstacles, et la destructivité à les renverser, pour procurer la nourriture nécessaire à l'individu. De sorte qu'ici on voit que *l'union fait la force*, plus encore au moral qu'au physique.

Les organes antagonistiques sont ceux qui par leur action peuvent neutraliserou anéantir la tactivité. La continuativité, la supérioritivité, par une intervention énergique, de même que l'inférioritivité ou la bénévolentivité, apaisent naturellement la sensibilité physique, comme je l'expliquerai bientôt. C'est en voyant les attractions et les répulsions, l'harmonisme et l'antagonisme des facultés considérées au point de vue de leur mutuelle influence, que la phrénologie pose en principe que la véritable sagesse, à prendre les choses philosophiquement, consiste en ce que près de chaque objet ou dans chaque action, les facultés agissent dans une relation harmonique, comme j'aurai occasion de le répéter souvent et de l'expliquer plus d'une fois avec assez d'étendue.

Divers degrés d'activité. — On connait les divers degrés d'activité d'une faculté par le développement matériel de son organe, tel qu'il se-manifeste à l'endroit de la surface extérieure de la tête où une infinité d'observations positives et négatives ont démontré qu'il existe. Le tempérament et toutes les circonstances propres à modifier les effets du volume de l'organe que vous connaissez déjà doivent également entrer en ligne de compte pour déterminer le degré d'activité d'une faculté.

Si l'organe est *petit* et le tempérament assez peu nerveux, l'individu sent très-peu vivement les plus fortes impressions du contact avec les objets physiques. C'est ainsi que l'on voit certaines personnes sentir à peine une opération chirurgicale qui en elle-même est le plus souvent douloureuse. Sur les gens ainsi constitués les coups et les châtiments physiques produisent un mince effet. Si l'organe est *moyen*, le sujet ne présente rien de particulier relativement à cette faculté. Chez lui le tact est régulier, et les impressions plus ou moins violentes produisent les effets ordinaires. Si l'organe est *grand*, le sujet se distingue par la finesse de son tact et une impressionabilité physique extraordinaire ; ce qui le rend ce que l'on appelle communément *très-nerveux*. En général, la femme est, sous ce rapport, plus sensible que l'homme, et c'est de là que vient la plus grande finesse de son tact, et sa plus grande facilité à s'évanouir, à s'effrayer, à s'épouvanter à la seule idée de la souffrance physique.

Direction et influence mutuelle. — Cette faculté, comme toutes les autres, ainsi que je l'ai longuement démontré dans les leçons XII et XVIII, peut être dirigée et dirigeante, dominée et dominante. Dirigée par la conservativité, par la supérioritivité et par la continuativité, elle est étouffée et fait à peine sentir ses effets. Le célèbre docteur Johnson, chez qui le désir de vivre l'emportait sur tous les autres désirs, voyant un chirurgien y aller timidement, dans la crainte de le blesser, dans une opération qu'il devait pratiquer à l'une de ses jambes, lui dit d'une voix ferme et résolue : « Coupez sans ménagement ; ce que je veux, c'est vivre. » Le docteur subit l'opération presque sans souffrir aucune douleur physique.

Il y a eu des personnes douées de beaucoup d'orgueil ou de beaucoup de force d'âme (la supérioritivité et la continuativité) qui ont présenté avec un visage serein et une attitude résolue le bras ou la jambe qu'on devait leur amputer, en disant au chirurgien : « Point de bandages, point de tourniquets ; vous pouvez hardiment couper ; » et qui ont subi l'opération sans proférer une plainte, sans donner des signes de la moindre douleur.

Certains Indiens de l'Amérique du Nord, aux instincts féroces et sanguinaires, prennent un plaisir particulier à torturer leurs prisonniers et à leur faire souffrir les douleurs les plus affreuses. Eh bien, tel est l'orgueil, telle est la constance de ces prisonniers, telle est leur crainte de se ridiculiser ou de déchoir de leur dignité personnelle, que cette crainte morale empêche entièrement, ou presque entièrement, la crainte de la douleur physique, et ils endurent avec impassibilité, on dirait avec insensibilité, les tourments et les supplices les plus horribles. Voilà comment le moral domine complétement le physique ! Je m'étendrai, du reste, sur cet intéressant sujet quand le moment en sera venu.

D'autre part, si la tactivité domine, elle tient en éveil la précautivité qui conçoit par anticipation toutes les horreurs et tous les tourments qu'elle peut redouter et dont l'image gêne ou empêche l'action des autres facultés. Ainsi, dans la crainte de souffrir des douleurs physiques, que l'imagination de la tactivité grossit, nous ne permettons pas une opération sans laquelle une mort prématurée est inévitable ; par peur de souffrir physiquement, nous devenons capables de commettre et nous commettons parfois mille actes bas et déshonorants.

Eu égard à ce que je viens d'exposer, la religion, d'accord avec la saine raison, nous recommande de chercher à donner à la tactivité la meilleure direction possible, pour que son influence serve à exciter les autres facultés à déployer tous leurs efforts pour éloigner les causes productives d'effets funestes ou antagonistiques, c'est-à-dire, de maux physiques. Tout ce qui peut contribuer à la salubrité publique et à la santé des particuliers est dû à cette faculté instiguée par la conservativité. Tout système exclusif de punitions physiques adopté pour produire l'amendement et toute sorte d'autres avantages est entièrement fondé sur cette faculté, comme si l'homme était toute tactivité. Ce système pourra aboutir à de bons résultats chez des individus en qui cette faculté se trouve extrêmement développée, ou en qui les facultés morales sont peu énergiques, mais non chez les autres. Nous ne devons nous servir de la tactivité, comme susceptible de produire des impressions douloureuses, que pour obtenir le triomphe de la justice et la réalisation de progrès et d'améliorations individuels et sociaux, et non pour satisfaire la destructivité : c'est là ce qui distingue le châtiment utile de la férocité criminelle.

Le portier de la Chartreuse de Séville, où MM. Pickman et compagnie ont maintenant une magnifique fabrique de faïence, présente un cas négatif si surprenant, qu'il vaut mille exemples. Il n'est, pour ainsi dire, doué d'aucune sensibilité physique ; il a reçu vingt différentes blessures, sans presque les sentir ni éprouver aucune douleur; il ne reconnaît pas la différence de ce qui est rude et de ce qui est doux en palpant des objets tout différents par leurs qualités de ce genre. A en juger par l'enfoncement de ses tempes, on pourrait dire que l'organe de la tactivité n'existe pas chez ce sujet. Voilà un véritable *antagonisme*.

Après avoir bien examiné la tête de cet homme, j'avertis M. Pickman qu'il ne devait point s'y fier beaucoup; que ses dispositions étaient dangereuses, que surtout il était extraordinairement opiniâtre et vindicatif ; que je croyais que pour la moindre injustice, quelque insignifiante qu'elle fût, qu'il supposerait lui être faite, il serait fortement poussé à attenter à la vie de celui qu'il en regarderait comme responsable. Le fabricant fit peu de cas, pour le moment, de mes pronostics, et peut-être ne me contredit-il pas uniquement par courtoisie et politesse.

Ceci se passait à la fin de 1846. Après quelques mois M. Pickman vint me voir. « Que l'oracle que vous avez prononcé sur mon portier a été vrai ! » Telles furent les premières paroles qu'il m'adressa en m'abordant. « Il est maintenant en prison, ajouta-t-il, pour avoir attenté à ma vie en me tirant un coup de pistolet. »

Observations générales. — Les organes des facultés de contact extérieur immédiat sont doubles, tant dans leur partie *au dehors* que dans leur partie *au dedans;* tous les organes des autres facultés mentales, et, en général, tous les organes de la vie animale le sont aussi, différant en cela des organes de la vie végétale, qui sont simples et uniques. Ainsi donc, il y a une *seule faculté* ou une *seule fonction*, mais il y a *deux organes* pour l'exercer. Il y a une seule vision, mais deux yeux; une seule respiration, mais deux poumons; un seul odorat, mais deux nerfs olfactifs; un seul toucher, mais deux nerfs tactuels; et de même il y a une seule philoprolétivité, mais deux organes philoprolétivitifs; une seule destructivité, mais deux organes destructivitifs, et ainsi des autres facultés. Après mille théories sur la matière pour expliquer philosophiquement ce double organisme, toutes les écoles philosophiques doivent convenir que le principe mental de toute opération active ou de tout phénomène passif est *un*, parce que l'âme est *une*, comme je l'ai amplement démontré dans la leçon XX, pages 327 à 329. L'individu est un seul être, et l'acte mental est un seul acte. Il pourra y avoir mille sensations différentes, mille sentiments différents, mais l'unité mentale subsiste toujours dans le *moi*, dans le *un* qui sent, qui désire, qui est affecté. Nous avons deux jambes, mais il n'y a qu'un être qui marche; deux yeux, mais il n'y a qu'un être qui voit, et celui qui marche est le même que celui qui voit. Avec cette unité spirituelle ou mentale toutes les différentes sensations restent complétement expliquées, ainsi que je le démontrerai complétement dans la leçon L, où je m'occuperai fort au long de ce sujet.

La tactivité, dans sa partie extérieure, reçoit l'impression non-seulement de la surface des objets, mais aussi de leur configuration et de leur plus ou moins grande et plus ou moins faible résistance : c'est pourquoi elle peut fournir des éléments aux diverses facultés de connaissance des objets physiques ou extérieurs, par exemple, à la configurativité, à la méditivité, à l'individualitivité, à la localitivité, à la pesativité, à l'ordonnativité, à la comptativité, à la mouvementivité, comme aussitôt celles-ci à toutes les facultés de perception morale et de relation universelle. Il n'est donc pas étonnant que beaucoup d'aveugles, comme je le ferai remarquer en temps et lieu, aient construit des pièces mécaniques d'une perfection rare.

A cet égard, l'exemple le plus surprenant que nous présente l'histoire du genre humain est celui de Laura Bridgman, née à Hanovre, comté du New-Hampshire, aux États-Unis, en 1829. Dès sa plus tendre enfance, elle fut chétive et extraordinairement nerveuse, c'est-à-dire d'une tactivité excessive. A deux ans elle eut une maladie terrible, dont elle ne se releva entièrement qu'à quatre ans, mais en perdant, à l'exception d'un seul, les cinq sens dont la nature dote les créatures humaines. Laura Bridgman resta aveugle, sourde-muette, sans goût ni odorat. Pour toute relation de contact immédiat avec le monde extérieur, il ne lui resta que la tactivité.

Pour son bonheur, elle naquit à une époque où la phrénologie était découverte et où existait pour les aveugles un établissement tel que celui de Boston, dirigé par un philanthrope éminent, le savant Samuel G. Howe. En 1837, je visitai cet asile, dans lequel avait été placée la pauvre Laura Bridgman. Elle avait alors huit ans. Elle savait déjà lire et écrire, par la méthode suivie pour les aveugles. Elle faisait de charmants ouvrages à l'aiguille et des broderies de tout genre. Je restai stupéfait. Je voyais de mes yeux ce que ma raison avait peine à croire. En ce cas, l'évidence suffisait à peine pour produire la conviction.

Je lui parlai par l'attouchement des doigts par l'intermédiaire d'une personne qui connaissait cette manière de communiquer et de recevoir des idées. Je priai le docteur Howe de lui dire de ma part que j'étais profondément satisfait de ses progrès, qui m'eussent paru incroyables, si je n'avais pu les constater. Elle prit à l'instant un crayon, et écrivit ces mots : « *I thank professor Cubi, from New-Orleans, for entertaining so favourable an opinion of Laura Bridgman;* » ce qui, traduit littéralement, signifie : « *Je remercie le professeur Cubi, de la Nouvelle-Orléans, d'avoir bien voulu énoncer une opinion aussi favorable sur le compte de Laura Bridgman.* » Elle écrivit cette phrase assez lestement, en caractères clairs et bien formés.

Je rencontrai le docteur Howe à la Nouvelle-Orléans, le 22 février 1842 ; et la première question que je lui adressai fut relative à l'état de Laura Bridgman. « Laura Bridgman, me dit-il, est tout intelligence et toute pureté. Elle n'a, à aucun degré, la moindre idée du vice ou du crime, et déjà les facultés morales commencent à se développer chez elle avec le raisonnement. Maintenant elle sait facilement qui a fait une chaise ou une table ; *bientôt elle connaîtra aussi celui qui fait croître les arbres.* » Paroles remarquables, par lesquelles le docteur Samuel G. Howe me donnait à entendre qu'à mesure que la raison se dégage et que les facultés de conception morale et religieuse se développent, elle reconnaît l'existence d'un être invisible, infiniment puissant, sage et bon, parce qu'elle a *naturellement* l'idée de Dieu.

C'est là un véritable triomphe pour le docteur Howe, qui, dans deux rapports étendus[1], publiés, l'un en 1841, l'autre en 1842, nous donne une idée complète des difficultés qu'il a eu à vaincre, pour former, c'est-à-dire pour élever et instruire une petite fille aveugle, sourde-muette, privée de l'odorat et du goût, et pour lui apprendre, uniquement par le sens du toucher, la lecture, l'écriture, la grammaire, l'arithmétique, les ouvrages de femme, etc., etc. Mais c'est aussi un immense triomphe pour la phrénologie, puisque les progrès de cet enfant correspondent exactement au développement de son crâne. Pour le volume, sa tête est grande ; pour le tempérament, elle est active ; et pour la configuration elle ressemble à celle d'Eustache (leçon XII, p. 172).

Notre compatriote D. Jaime Isern, de Mataro, aveugle de naissance, est aussi un personnage extraordinaire, et son fils, également aveugle de naissance, maintenant âgé de six ans, est un génie prodigieux. Le père n'est pas seulement un musicien distingué : il a fabriqué un violon ; et peu d'artistes doués de la vue feraient un instrument comparable pour le mécanisme, pour la beauté de la forme, et pour la qualité des sons qu'on en tire. Il a fait aussi un piano, des tables, des armoires, des commodes, et d'autres meubles. Il a inventé un instrument qui permet aux aveugles de copier facilement la musique. Mais ce qu'il y a de plus admirable, c'est que cet homme n'a pas seulement sculpté la figure humaine, c'est qu'il l'a souvent reproduite par des lignes circulaires faites avec le tour sur le bout d'un bâton. Tout cela s'explique par ce simple principe que la tactivité perçoit les impressions de la configuration et de la résistance que présentent les objets, impressions sur lesquelles opèrent ensuite les facultés internes.

Mais quelle lumière ne jette pas ce seul fait sur la théorie de la perception et de la conception, considérée sous l'aspect dans lequel je vous l'ai présentée ! Voici une configurativité si puissante, si active, que par le tact seul elle perçoit la forme de la face humaine ; voici une constructivité si immense, que par la seule perception que lui communique la configurativité, elle conçoit le moyen de la reproduire sur un bâton. Et l'on pourrait dire, sans méconnaître la vérité, que la constructivité est incapable de percevoir et de concevoir !

Par un heureux hasard j'ai pu m'entretenir longtemps aujourd'hui même avec cet homme si remarquable, et il m'a affirmé de nouveau ce que je vous ai déjà expliqué dans plusieurs de mes précédentes leçons ; il m'a répété qu'il y a en lui une faculté qui lui inspire un violent désir de *voir*, bien qu'il ne sache pas positivement ce que c'est que *voir* : car pour cela il faudrait qu'il pût se servir de ses yeux. Mais la faculté visualitive est capable de concevoir, d'imaginer, ou d'idéaliser, comme vous le comprenez parfaitement après les longues explications que je vous ai données à ce sujet dans la leçon XXI et en plusieurs autres circonstances. Cette capacité de concevoir, d'imaginer ou d'idéaliser fait entrevoir à D. Jaime Isern, de Mataro que c'est que *voir* ; peut-être l'hypothèse qu'il admet est-elle exacte, est-elle vraie ; mais il lui est impossible de s'en assurer ; il ne sait pas si la conception idéale qu'il s'est formée de la vision est absolument l'idée expérimentale qu'il s'en formerait s'il avait des yeux qui lui permissent de voir. Quoi qu'il en soit, en considérant l'adresse, la rapidité, la précision avec lesquelles il manie, *dans une pièce tout à fait obscure*, des instruments tranchants et d'un usage difficile, sans se blesser ni se tromper, nous croirions volontiers qu'en réalité l'aveugle de Mataro, Isern, voit mentalement, par puissance de conception dans sa visualitivité excitée par la tactivité : donnée merveilleuse, si elle était certaine, pour que nous espérions d'arriver plus tard à nous rendre compte de certains phénomènes spirituels que nous sommes aujourd'hui loin de pouvoir nous expliquer.

Vous comprenez maintenant la théorie de la puissance créatrice du génie. Newton conçut, imagina ou perçut idéalement que les astres se soutenaient dans l'espace au moyen de leur attraction mutuelle. Ce fut le résultat du génie créateur que Dieu a accordé à chaque faculté. Pour savoir ensuite si cette création idéale est vraie, nous avons les sens externes et les facultés de connaissance physique, lesquels nous servent de criterium. Si l'observation des phénomènes extérieurs ne se trouve point d'accord avec l'idée créatrice que nous nous en sommes formée intérieurement, nous disons qu'ils ne sont point évidents ou constatés, qu'ils ne constituent pas une vérité expérimentale. (Voir la *déductivité*, leç. XLIV.)

Qui a dit à Colomb qu'il existait un nouveau monde? ou à Gall que l'âme manifestait l'affection paternelle au moyen d'un organe céphalique? La puissance conceptive, imaginative ou créatrice de chaque faculté. Mais comment sommes-nous arrivés à savoir qu'ils ont découvert un fait réellement vrai et positif? Par l'évidence qui naît de l'observation; en d'autres termes, par l'impression que les phénomènes du monde extérieur produisent sur les facultés de contact immédiat et de connaissance physique.

Il y a des vérités qui ne pourront jamais être l'objet des facultés de relation extérieure; qui ne pourront jamais être des vérités expérimentales, mais qui seront toujours des vérités spéculatives ou de foi, comme je l'ai amplement expliqué à la fin de la leçon XXI. Les conceptions, imaginations ou créations idéales de choses qui ne sont pas de foi, ni expérimentales, ni du domaine de la réalité, s'appellent fictions plus ou moins vraisemblables. C'est dans cette classe qu'il faut ranger celles qui entrent dans les romans de chevalerie, dans les nouvelles et autres ouvrages du même genre. L'origine de toutes ces fictions se trouve dans le mode suivant lequel s'exerce la force de conception dont Dieu a doué les facultés humaines. Sans cette force, il n'y aurait ni brigands, ni châteaux enchantés, ni lions à trois queues, ni animaux à sept têtes, ni ouvrages d'imagination, ni rien d'idéal.

Il n'y aurait point non plus d'hommes qui, comme Napoléon Ier, trouvassent des chemins pour transporter des canons, et des batteries, et des fourgons, et toute espèce de munitions de guerre sur les rochers et sur les cimes des montagnes couvertes de neiges éternelles et sur lesquelles l'homme n'a peut-être jamais imprimé la trace de ses pas. Il n'y aurait point d'hommes qui, comme Napoléon Ier, conçussent dans leur esprit, d'un seul coup d'œil, les obstacles innombrables que tous les éléments et que mille circonstances physiques et morales, conjurés contre eux, doivent leur opposer; qui sussent calculer, dans une minute toutes les ressources variées par mille combinaisons dont ils peuvent disposer; qui prévissent *au dedans d'eux-mêmes* les mille accidents, les mille complications qui doivent arriver *au dehors*, et qui sussent prédire, en attendant que les faits prouvent qu'ils ne se sont point trompés, le jour et jusqu'à l'heure où, après avoir surmonté mille obstacles dont une autre intelligence comprendrait à peine le récit, ils vont remporter une victoire éclatante ou prendre d'assaut une forteresse réputée inexpugnable. Mais l'homme, quelque perfectibles, quelque progressives que soient ses facultés, ne laisse pas d'être toujours fini et imparfait. Napoléon a fait de grandes choses, mais il aurait pu faire des choses plus grandes encore; et quand il eût fait tout ce que, dans sa vaste intelligence, il lui était possible de faire, qu'eût-ce été en comparaison de ce qu'il eût pu lui être donné de faire? Quoique les portraits de Napoléon Ier soient tellement connus que tout le monde les distingue, il n'est point inutile de dire que ceux que je vous présente sont authentiques; ils ont été reproduits, l'un par Thiers, l'autre par Norvins, qui ont écrit tous deux l'histoire de cet homme extraordinaire. Rappelez-vous ce que nous dit la phrénologie sur la tête humaine en observant celle de Napoléon Ier, et décidez vous-mêmes si, dans ce cas, comme dans tous ceux que je vous ai signalés, cette science ne manifeste pas sa vérité [1].

Napoléon Ier quand il était général, c'est-à-dire âgé de vingt-sept ans.
Tempérament nerveux très-prédominant.

En terminant, je vous ferai remarquer, comme je l'ai déjà répété plusieurs fois, que, quant à la localisation des facultés de contact extérieur immédiat, nous n'avons point d'autres données qui nous démontrent quel est le véritable siége de la tactivité, que celles que vous connaissez déjà. Quant au siége de l'organe interne de la visualitivé, on commence à entrevoir des circonstances qui permettent de le deviner. Le sens de la vue paraît être attaché aux tubercules quadrijumeaux, espèce de protubérance quadrilatère au milieu de la base du cerveau, entre les hémisphères cérébraux et le cervelet. Sœmmering dit qu'il les a trouvés atrophiés chez deux chevaux aveugles, et Gall a fait la même observation. Le docteur Vimont a constaté l'atrophie de l'un des tubercules quadrijumeaux, du côté de l'œil malade, dans quatorze chevaux borgnes.

[1] Il faut rapprocher de ce que je viens de dire sur la *perception* et la *conception* les explications que contiennent les leçons XLVIII et XLIX et lieux y cités.
(*Note de l'auteur pour l'édition française.*)

D'autres observations concourent à élever à la réalité la supposition que cette protubérance des tubercules quadrijumeaux est l'organe interne de la visualitivité. Attendons avec confiance la découverte du siége interne des organes des facultés immédiatement en contact avec le monde extérieur. Quant à l'existence

NAPOLÉON Ier, empereur, à l'âge de quarante ans. — Tempérament lymphatico-nerveux.
(Voir *tempéraments* dans la leçon XXIV).

de ce siége, je la regarde comme aussi certaine que ma propre existence au moment où je vous parle. La nier, ce serait nier la phrénologie, dit l'immortel Caldwell, dans ses *Éléments de Phrénologie* (2ᵉ édit., p. 21).

Langage naturel. — Il est ou peut être varié, comme je l'ai déjà expliqué fort au long, selon l'activité des désirs ou des aspirations de chaque faculté. Les plaintes, les cris, les sanglots et la mine piteuse de celui qui souffre quelque douleur physique causée par une punition corporelle, un désordre organique ou une autre circonstance, sont le langage de cette faculté dans son action désagréable, tandis que la satisfaction et la joie particulières, accompagnées de démonstrations et de gestes plus ou moins expressifs de contentement, que révèle la physionomie de toute personne qui jouit d'un contact qui plaît, ou qui, s'attendant à éprouver quelque grande souffrance physique, y échappe tout à coup ou se convainc qu'elle n'avait que de vaines terreurs, est le langage naturel de la tactivité dans son *action agréable*.

LEÇON XXVIII

Facultés et organes de contact externe. — Deuxième classe : Facultés et organes de connaissance physique. — 6 ou 37, LANGAGETIVITÉ.

MESSIEURS,

Dans les premières leçons, nous avons considéré fort au long ces deux idées extrêmes et absurdes, savoir : que toutes les connaissances nous viennent par les sens externes; que l'âme opère avec une indépendance absolue des sens, en d'autres termes, que tout nous vient du *dehors*, suivant les uns, et tout du *dedans*, suivant les autres. Si les premiers étaient dans le vrai, celui qui aurait la meilleure vue peindrait le mieux, et celui qui aurait l'oreille la plus fine serait le meilleur musicien; si c'étaient les seconds qui fussent dans la vérité, les yeux ne seraient pas nécessaires pour peindre et l'oreille pour être musicien.

Ainsi, selon les partisans de la première théorie, non-seulement les sens formeraient des idées intelligentes, mais des sens différents formeraient des idées pareilles. En ce cas, la trompe de l'éléphant jugerait des diverses superficies qu'elle touche, et son œil des diverses formes, qualités et rapports externes qu'il voit. Le porc, qui creuse et soulève la terre en la fouillant de son groin, et le chien, qui l'ouvre en grattant avec ses pattes, dans le but l'un et l'autre de trouver quelque tubercule, formeraient une *même* intention mentale avec des instruments certes bien différents. D'après ceux qui soutiennent la seconde, l'éléphant prendrait sa nourriture sans sa trompe et l'homme sans ses mains; l'un et l'autre verraient sans leurs yeux; le porc connaîtrait sans son groin, le chien sans ses pattes, le tubercule qui doit lui servir d'aliment. Les premiers disent avec Aristote : *Nihil est in intellectu quod non fuerit prius in sensu*, et les seconds, avec Descartes (t. Ier, p. 263, éd. de Cousin) : « Maintenant je fermerai les yeux, je me boucherai les oreilles, je laisserai de côté tous mes sens, j'effacerai même de mon entendement toutes les images des choses corporelles, ou au moins, puisque cela peut à peine se faire, *je les considérerai comme nulles et fausses*. Me contemplant seul à seul et examinant mon intérieur, j'essayerai de me connaître mieux et de me familiariser davantage avec moi-même. »

Ces systèmes exclusifs sont de pures *fictions* que toutes les facultés mentales, par leur mode d'action conceptive ou imaginative, sont capables de former incidemment. Ni les sens externes ne peuvent former des *idées* ou *perceptions intelligentes*, ni les sens internes ou organes cérébraux, comme instruments directs de l'âme, ne peuvent recevoir des *impressions physiques externes*. Celles-ci dépendent de celles-là, et réciproquement. Donc, considérer les unes comme indépendantes des autres, ou attribuer les unes et les autres à une seule cause exclusivement externe ou exclusivement interne, c'est se mettre en opposition avec l'évidence des faits et avec le criterium de l'observation et de l'expérience, comme ils se manifestent dans notre sens intime et éclatent dans la structure du cerveau, dans laquelle on voit pages 256, 355) l'intime union et l'enchaînement qui existent entre les sens externes et les organes cérébraux internes.

S'ils sont sains, les sens reçoivent avec plus ou moins d'intensité les impressions exactes et fidèles des qualités physiques des objets externes, telles que Dieu les leur a données réellement et positivement. Si les organes cérébraux internes au moyen desquels elle se manifeste sont directement sains, l'âme reçoit ses perceptions des impressions externes, comme les sens les ont reçues. Voilà, en substance, toute la théorie de l'impression externe et de la perception interne quant aux objets qui nous entourent.

Sous le rapport des qualités que la lumière manifeste, les objets se peignent dans un œil sain tels que Dieu les a créés ou tels que l'homme les a modifiés. Dans un odorat sain, les atomes odoriférants, agréables ou désagréables, s'impriment tels que la nature les a produits ou tels que l'homme les a combinés. Il en est de même pour les qualités dont la perception dépend du tact, ou du goût, ou de l'ouïe.

Mais comme dans la nature tout est conditionnel, tout antagoniste, il faut bien comprendre et ne jamais oublier que la *santé*, d'une part, et certaines circonstances dans les objets externes de l'autre, sont une condition nécessaire pour que ces qualités physiques fassent une impression exacte sur les sens, comme l'enseignent les lois de l'optique, de l'acoustique, de l'odorat, du tact et du goût.

Certaines décorations de théâtre produisent des *illusions* à la vue; certains sons imités produisent des *illusions* à l'ouïe; d'autre part, certaines conditions, certains états anormaux de la vue et de l'ouïe peuvent produire des illusions sur les couleurs et sur les sons qui existent *réellement* d'une manière toute différente que ne les voit la vue et que ne les entend l'oreille. Des yeux qui ont la jaunisse voient tous les objets en jaune, et des oreilles irritées entendent du bruit où règne un silence sépulcral. Et tout cela, pourquoi? Parce que les yeux et les oreilles, qui voient et qui entendent, aussi bien que les objets qui sont vus et qui sont entendus, sont soumis à certaines lois, à certaines conditions qui doivent être remplies pour que ces phénomènes se produisent avec exactitude. Pour les sens, la condition principale, c'est la santé; pour les objets, c'est leur rapport spécial avec les sens : de même qu'un œil qui a la jaunisse voit tout jaune, de même un œil sain voit brisé un bâton droit plongé dans l'eau.

Ce que je viens de dire regarde les sens dans leurs rapports avec le monde externe; mais, pour les sens dans leurs rapports avec le monde interne, il existe une autre classe de lois dont l'accomplissement est tout aussi obligatoire pour que la *perception* des impressions soit exacte. La première de ces lois, c'est que les organes cérébraux internes perçoivent et puissent seulement percevoir les impressions du monde externe, non suivant les objets, qualités et rapports qui les ont produites, mais suivant qu'elles ont été transmises aux sens, quelle que soit leur condition. Si les yeux se trompent au *dehors*, la *visualité* se trouve trompée au *dedans;* si les sons frappent l'oreille inexactement et non comme ils sont en eux-mêmes, l'auditivité et la tonotivité les percevront inexactement et non comme ils sont en eux-mêmes.

Ce qui se remarque pour ces deux ordres de facultés arrive pour les autres. Les facultés de perception morale reçoivent les impressions comme les leur transmettent les facultés de connaissance physique, et celles de rapport universel comme les leur transmettent toutes les autres facultés, ainsi que je l'ai expliqué dans la leçon XXI, page 334.

Tels sont la dépendance, la relation, l'enchaînement entre les objets externes, les sens et les facultés internes, qui forment un TRIALISME complet. Si, d'une part, les facultés internes perçoivent seulement les impressions bien ou mal, selon que les sens les leur communiquent, de l'autre, quelque exactement que les sens aient reçu ces *impressions* du monde externe, si les organes des facultés internes n'ont pas la santé, un bon développement et autres circonstances analogues, leurs *perceptions* sont fausses.

Ne perdez jamais de vue que si l'âme et ses facultés sont de soi spirituelles et ne peuvent conséquemment subir aucune modification, elles se trouvent néanmoins mystérieusement unies avec la matière, avec les organes cérébraux, et c'est pourquoi, *en tout ce qui dit rapport avec leurs manifestations,* elles sont susceptibles de toutes les circonstances auxquelles sont sujets ces mêmes organes cérébraux.

Une conformation de tête héréditaire mauvaise, un sang vicié par l'aspiration et l'expiration d'un air impur, les effets pernicieux d'une nourriture insuffisante ou malsaine, les influences funestes des températures extrêmes, les lésions provenant de chocs, de blessures ou d'autres causes, donnent lieu à des fonctions cérébrales irrégulières, impropres à l'objet pour lequel fut créé l'instrument mental. Dans ces cas et d'autres analogues, la perception des objets externes et de leurs qualités peut être imparfaite, *bien que les sens se trouvent en bon état de santé.*

Dans la leçon XVII, page 263, je vous ai rapporté, entre autres, le cas d'une jeune fille qui, avec des yeux très-sains, toutes les fois qu'elle se regardait dans un miroir, voyait tomber sa tête en morceaux. Sans nier qu'il y ait eu et qu'il puisse exister des visions miraculeuses, nous savons positivement qu'il a existé et qu'il existe beaucoup de cas d'illusions spectrales qui n'ont d'autre origine que la maladie de certains organes cérébraux. Il y a des cas authentiques, prouvés, démontrés, dans lesquels, en vertu de l'irritation de quelques organes cérébraux [1], les yeux sains voient et les oreilles saines entendent des fantômes et des apparitions dont l'existence est de tout point idéale. En pareil cas, l'on voit ce qui n'existe pas réellement et l'on entend ce qui est immobile et ne fait pas de bruit. Tout cela arrive en vertu du mode d'action conceptif ou imaginatif qu'ont toutes les facultés, et dont je me suis longuement occupé à la fin de la dernière leçon et dans divers autres endroits.

On infère de ce qui précède que les sens externes et les organes cérébraux internes ont POUR OBJET de recevoir et de percevoir les impressions des objets physiques qui nous entourent avec leurs qualités et leurs relations, *telles qu'elles sont en soi*, c'est-à-dire telles que Dieu les leur a données; mais qu'accidentellement elles peuvent bien n'être reçues ni perçues avec exactitude à cause des mille dépendances et circonstances auxquelles est sujet le *trialisme* objectif, impressionatif et subjectif, duquel naissent phénoménalement, ou comme effet, les perceptions et les conceptions mentales.

Le *trialisme* producteur des impressions et des perceptions étant ainsi compris : 1° relativement à ses éléments constituants, qui sont les objets externes, les sens et les organes cérébraux, comme instruments immédiats de l'âme; 2° relativement à l'existence individuelle de chacun de ces trois éléments, sous les lois particulières et exclusives de son individualité; 3° relativement à la complète adaptation entre eux de ces trois éléments pour produire un phénomène spécial et particulier, qui a POUR OBJET de communiquer à l'âme une connaissance intelligente et rationnelle des objets externes, de leurs qualités et rapports tels qu'ils sont en soi, avec la *possibilité* de se tromper ou de se faire illusion par défaut individuel de l'un des éléments ou par défaut de relation mutuelle des trois; cela bien compris, vous saisirez la confusion et l'erreur de toutes ces théories échevelées qui remplissent tant de volumes in-folio sur les sens dans leurs rapports avec l'âme, théories basées, non sur toutes et chacune des parties qui constituent le *trialisme*, vues en elles-mêmes et dans leur mutuelle adaptation, mais sur la considération exclusive de quelqu'une d'elles ou de quelque rapport spécial.

Il est absurde, selon moi, de dire que le noir n'est pas noir, et que le blanc n'est pas blanc, ou que les couleurs n'existent pas, parce qu'elles seraient ou qu'elles sont ce qu'est la construction de l'œil. Les couleurs ont une existence réelle et positive comme condition, qualité ou phénomène purement physique. Les couleurs sont différentes parce que Dieu les a créées ainsi. Ce que je dis des couleurs, je le dis des odeurs et des autres qualités et rapports externes. Les sons, les parfums, les saveurs, les qualités et les rapports physiques des objets ont une existence réelle et positive. Ni les sens externes, ni les organes cérébraux internes, comme instruments de l'âme,

---

[1] Dans Adelson, *Essay on aparitions* « Essai sur les apparitions » (Londres, 1823), on trouve beaucoup de cas de cette nature. Quant à la matière en question, il y a un grand ouvrage, intitulé *De l'irritation et de la folie*, par F. J. V. Broussais, 2ᵉ édit. (Paris, 1839.)

ne changent rien, n'affectent rien, ne détruisent rien quant à la nature primitive des choses. Si l'existence réelle et positive des objets externes eût été autre, et autres leurs qualités et leurs rapports, autres aussi eussent été les sens externes et les organes internes que Dieu nous a accordés. Nous avons de cela des preuves d'observation que fournissent des cas analogues. A la taupe, qui n'est pas destinée à voir la lumière, Dieu n'a donné qu'une faible vue; il a donné des ailes aux oiseaux qui doivent vivre dans les airs; les poissons, qui doivent voir à travers les eaux, ont des yeux différemment construits que les nôtres pour voir les choses comme nous les voyons avec des yeux diversement conformés.

Une surface est douce ou rude, un son lointain ou proche, une saveur douce ou acide, une odeur aromatique ou fétide, par leur propre existence, comme qualité ou rapport des objets en qui ils se trouvent : c'est ainsi, et dans cette réalité, qu'ils s'impriment dans les sens externes; c'est ainsi, et dans cette réalité qu'ils se transmettent aux organes internes. Tout le reste est exceptions, accidents qui ne détruisent pas et ne peuvent jamais détruire la nature des choses, quelque haut que l'aient proclamé les philosophes exclusifs. (Voir, indéfectiblement, *sensation* et *attribut,* dans la leç. LVIII.)

Quant à la rectification des sens, à leur perfectionnement, au moyen de les rendre plus exacts, cela ne peut s'obtenir que du secours mutuel que toutes les facultés se prêtent entre elles. Les lunettes, les mesures, les poids, le diapason, les horloges, le compas phrénologique, la boussole, sont des résultats des facultés de rapport universel et de beaucoup de facultés de connaissance physique, comme je l'ai dit longuement dans la leçon XVI, pages 240-245. Mais, supposer, avec quelques philosophes, qu'un sens peut se substituer à un autre, c'est supposer qu'à force de sentir nous pouvons voir, qu'à force de regarder nous pouvons entendre, qu'à force d'entendre nous pouvons toucher, qu'à force de toucher nous pouvons goûter. Ce sont, je le répète, des égarements, des aberrations du mode d'action conceptif, imaginatif ou *fantastique* qui, comme exception à la règle, ou comme condition accidentelle, peuvent exister dans toutes les facultés mentales lorsque leurs organes se trouvent dans un état d'exaltation anormale.

IIe CLASSE. — FACULTÉS ET ORGANES DE CONNAISSANCE PHYSIQUE OU EXTERNE. — Ces facultés produisent les phénomènes de l'esprit, qui résultent de la connaissance physique qu'elles reçoivent intérieurement, au moyen de leur mystérieux commerce avec les facultés de contact externe. Leur action principale est de percevoir et de concevoir les individualités, les qualités et les rapports physiques des objets externes. Ces facultés sont : 6. Langagctivité. — 7. Configurativité. — 8. Méditivité.   9. Individualitivité. — 10. Localitivité. — 11. Pesativité. — 12. Coloritivité. — 13. Ordonativité. — 14. Comptativité, — 15. Mouvementivité. — 16. Durativité. — 17. Tonotivité.

De même que les sens servent d'organe de communication aux facultés de contact externe, de même les facultés de contact externe servent d'organe de communication aux facultés de connaissance physique, d'où résulte une ligne étendue de communication dont le point de départ sont les sens. Si les sens reçoivent mal les impressions, ils les transmettent mal aux facultés de contact externe; et si celles-ci les reçoivent mal, elles les transmettent mal aux facultés de connaissance physique, comme je viens de l'expliquer fort au long tout à l'heure. C'est pour cette raison que les facultés, objet actuel de notre considération, perçoivent et conçoivent la forme, la couleur, la distance et les autres attributs et rapports des corps externes qui ont fait impression sur les sens, non-seulement selon la puissance qu'elles ont en elles-mêmes par le développement de leurs organes, mais encore selon l'état des organes internes et externes des facultés de contact immédiat avec les objets qui nous entourent. Quelque sain, quelque bien développé qu'il soit, l'organe de la coloritivité, si la visualité est malade, ne pourra former une perception ni une conception exacte et complète des couleurs. La tonotivité d'un Rossini ou d'un Paganini serait incapable de distinguer deux sons musicaux différents, si l'auditivité, dans sa partie interne ou externe, était malade. Ainsi donc, en parlant des facultés et organes de connaissance physique, je supposerai toujours la santé, non-seulement dans ces derniers, mais encore dans ceux desquels ils recevront nécessairement les impressions qui doivent être l'origine de leurs perceptions et de leurs conceptions. Si les uns et les autres organes sont dans un état anormal, le genre d'irrégularités ou d'aberrations auxquelles l'anormalité spéciale donne lieu sera expliqué, quand il sera nécessaire, sous le titre *accidents*, comme je l'ai déjà dit.

Cette explication vous fait comprendre facilement que pour avoir ce qu'on appelle bon tact, bonne ouïe, bon œil, il ne suffit pas que le toucher, l'oreille et les yeux soient sains, mais que les sens intellectuels internes, au moyen desquels l'âme reçoit l'image des impressions externes, soient sains et bien développés. C'est pourquoi beaucoup d'hommes voient bien, entendent bien, mais très-peu *peignent* comme Murillo ou *jouent* comme Paganini.

Ces observations faites, entrons dans la description individuelle de la *langagetivité*, auparavant « langage, » qui ouvre la liste des facultés et organes de connaissance physique. Je la mets en tête de cette seconde classe de facultés, parce qu'elle sépare *ex abrupto* l'homme des brutes et l'élève à une grande hauteur; parce que son organe est non-seulement le premier qu'on ait découvert, mais encore le premier qu'on rencontre si l'on considère les organes par rapport à leur position relative dans la tête.

6 ou 37, LANGAGETIVITÉ; auparavant, LANGAGE.

Définition. — Usage. Invention, perception, conception et souvenir des *signes arbitraires* et *conventionnels* pour satisfaire le désir qu'ont les facultés humaines de communiquer leurs opérations à d'autres individus. *Cette faculté est l'origine des langues.* — Abus. Profusion de mots ou autres signes intelligents; s'en servir pour des fins illégitimes. — Inactivité. Difficulté d'exprimer et de percevoir des idées par le moyen de signes arbitraires [1].

Localité et découverte. — Voyez ce qui a été dit tout au long sur ce sujet dans la leçon VIII, pages 68-77.

Harmonisme et antagonisme. — Au moment où Dieu a créé un être supérieur, profondément sociable et communicable, avec des facultés perceptibles et perfectionnantes, compressibles et comprimantes, par conséquent susceptibles d'*éducation ;* des facultés qui s'élèvent aux contemplations d'une existence future comme elles perçoivent les phénomènes les plus délicats, pénètrent les causes les plus cachées et tirent les conséquences les plus admirables; au moment où Dieu a créé un être à qui il a donné empire sur lui-même et sur la nature, avec pouvoir de tout modifier, de tout perfectionner, de tout développer, en faisant de nouvelles découvertes, en formant de nouvelles créations, de nouvelles productions, comme je l'ai décrit pages 413-417, il était nécessaire qu'il lui donnât les moyens pour exprimer, à sa discrétion, le cercle *toujours s'élargissant* de ses connaissances.

Si Dieu, en créant l'homme éminemment sociable, avec des nécessités inséparables de communications; en lui donnant un empire toujours perfectible et progressif sur lui-même et sur la nature, ne lui eût pas donné en même temps la faculté de former des signes arbitraires pour exprimer et communiquer d'individu à individu, et de génération à génération le développement progressif de ses conquêtes, il y aurait eu un défaut de correspondance et d'harmonie; il y aurait eu une *nécessité sans moyen de satisfaction* en un point des plus importants et des plus essentiels de la création; et il n'y a pas d'exemple d'un semblable désordre dans aucun des éléments qui constituent l'harmonie universelle.

Les cris, les sanglots, les gestes, les attitudes sont bons pour manifester les passions intellectuelles, morales et animales qui, avec plus ou moins d'intensité, ont toujours été les mêmes dans tous les hommes et dans tous les temps; mais ces phénomènes organiques sont trop insuffisants pour servir de corps et d'enveloppe matérielle à des idées analytiques, déterminatives et exprimant mille rapports variés et compliqués. Il fallait pour cela un moyen plus simple, plus efficace et surtout plus docile à la volonté; un moyen très-simple dans ses éléments primitifs et très-vaste dans ses combinaisons compliquées.

En harmonie avec ces nécessités et ces conditions, Dieu accorda le langage à l'homme, c'est-à-dire le don de la parole, qui se compose de la langagetivité, de l'appareil vocal et de l'ouïe. Avec le langage, ou pouvoir de

---

[1] Par la même raison que j'ai dit auparavant que toutes les facultés possèdent force de désir, d'aversion, de sensation agréable ou désagréable, de perception, de conception et de mémoire, l'usage ou l'objet de cette faculté est de désirer, de repousser, de percevoir, de concevoir ou imaginer, et de se souvenir des signes arbitraires et conventionnels pour exprimer des idées ou des perceptions rationnelles avec force de plaisir et de douleur verbale.   (*Note de l'auteur pour l'édition française.*)

concevoir, produire, percevoir et comprendre des signes intelligents, l'homme satisfait admirablement toutes ces nécessités, remplit toutes ces conditions. Ainsi donc, le langage, ou les éléments productifs et constituants des langues, est d'origine divine ; l'*usage du langage,* qui produit et constitue les langues, est du domaine de l'arbitre de l'homme [1].

Cette simple explication, qui résout clairement et formellement l'origine des langues ; cette explication sur laquelle la religion et la philosophie sont d'accord et qui tranche une question qui a divisé pendant des siècles les esprits des plus célèbres philologues ; cette explication qui, pour vous être donnée en quelques mots, comme je viens de le faire, et de manière à être comprise de la grande majorité des intelligences, a exigé des siècles de discussion, la découverte de la phrénologie et trente années de travail assidu de ma part sur la matière sont une preuve convaincante des immenses avantages que le langage procure à l'humanité : le langage en faveur duquel vous savez ce qui est résulté d'une série de générations.

Oui, *le langage est d'origine divine, et les langues qui en résultent sont d'invention humaine.* Ce que nous ne parvenions pas à comprendre après des siècles de méditation continuelle [2], je suis parvenu à voir que cela existait en vertu d'un principe qui règne dans tous les phénomènes de l'esprit.

[1] Le langage ou pouvoir de former les langues, ai-je dit, est d'origine divine ; l'*usage du langage,* ou l'acte de former des langues, est du domaine de l'homme. Dans le paradis terrestre, Adam était humainement parfait ; il n'avait donc pas de *dispositions* pour produire ni améliorer : tout avait été créé pour lui par le Tout-Puissant avec une perfection suprême. Il n'a pas eu à former sa langue, il parut avec elle et, par elle, « il appela, dit la Genèse, c. II, v. 20, par leur propre nom tous les animaux, tous les oiseaux du ciel et toutes les bêtes de la terre. » Trad. d'Amat.

Par le péché, Adam devint imparfait ; il perdit son innocence ; il dut manger son pain à la sueur de son front ; c'est-à-dire, il se trouva avec des *dispositions* pour produire, mais il perdit les *produits parfaits* que Dieu avait créés pour lui auparavant.

Parmi ces produits parfaits était la langue qui, comme tout le reste, perdit sa perfection par l'intervention humaine alors *imparfaite.* Les philologues se sont fatigués en vain à la recherche des traces de cette langue primitive. Les prétentions du cantabre ou euscara sur ce point sont aussi ridicules que celles de l'hébreu, que celles de tout autre idiome qui a voulu se poser comme l'idiome primitif. Il était très-naturel que, dans toute la descendance immédiate d'Adam, il n'y eût que la seule langue formée ou entachée d'imperfection, et cela est attesté par la Genèse, où on lit, c. XI, v. 1 : « La terre n'avait alors qu'une seule langue et les mêmes mots. » Trad. d'Amat.

La folle ambition des hommes voulut ensuite lutter avec le pouvoir divin ; elle entreprit de construire une tour qui atteindrait le ciel. Pour arrêter cette audacieuse tentative, Dieu dit : « Descendons et confondons leur langue, de manière que l'un n'entende pas l'autre. » Et il les dispersa ainsi de ce lieu dans toutes les contrées de la terre, et ils cessèrent de bâtir la tour. » Genèse, c. XI, v. 7-8. Trad. d'Amat.

Les hommes dispersés formèrent de nouvelles langues, *suivant les dispositions naturelles qu'ils avaient* et les objets qui les entouraient. De là l'immense diversité des langues qui existent aujourd'hui sur la terre, sans analogie ni ressemblance d'aucune sorte, mais toutes marchant sans cesse vers l'*unité parfaite,* leur point de départ, comme je le prouve complétement dans l'ouvrage auquel j'ai déjà renvoyé deux fois le lecteur et dont je m'occupe depuis plus d'un quart de siècle.

[2] Pour s'en convaincre, il n'y a qu'à lire le petit ouvrage publié en 1844, dans la *Bibliothèque catholique,* sur l'*Étude comparative des langues,* par l'éminentissime cardinal Wiseman.

Les dispositions pour l'art viennent de la nature; les produits de l'art émanent de l'homme. Les facultés ou les dispositions pour la peinture, l'architecture, la sculpture, l'éloquence, les nombres, la musique, la danse, *sont d'origine divine;* mais les tableaux, les édifices, les statues, les discours, les mathématiques, les opéras, les ballets, sont *d'invention humaine.* Ce principe, aussi évident en soi et de soi qu'il semble que depuis des siècles il doive être dans le domaine de la science, mais qui n'a été compris philosophiquement que depuis que nous avons la phrénologie, ce principe a été ma lumière pour élucider et expliquer les questions de linguistique les plus embrouillées et les plus profondes, dans l'ouvrage dont je m'occupe depuis 1825 et dont j'ai fait mention dans la leçon XXIV, p. 388.

Considérons un instant l'harmonie qui, dans le divin arrangement de ce principe, existe entre la disposition qui *donne l'impulsion* et les moyens d'exécution qui donnent la *satisfaction.* Prenons pour exemple le don même du langage, ou de la parole, qui nous occupe. Contemplons d'abord la *disposition* dans la faculté linguistique ou la langagetivité et son organe matériel interne avec lequel elle est mystérieusement unie; contemplons ensuite l'union de cet organe cérébral avec l'appareil vocal pour que la faculté puisse le dominer à sa volonté; puis après, contemplons la construction de cet appareil vocal pour produire des *sons arbitraires intelligents,* simples dans leurs éléments, immenses dans leurs combinaisons, suivant qu'il en est besoin pour donner corps et figure *matériels* à nos idées, à nos désirs, à nos sentiments *spirituels;* contemplons enfin la merveilleuse structure de l'ouïe pour que les sons produits y fassent impression, afin de remplir le double but de transmettre l'intelligence du dedans au dehors et de la recevoir du dehors au dedans, et nous serons saisis d'étonnement et d'admiration devant une correspondance et une harmonie si surprenantes, si admirables, qu'elles suffisent à elles seules pour proclamer l'existence d'une intelligence infiniment bonne, sage et puissante.

Les harmonies linguistiques sont néanmoins partielles et, par conséquent, soumises à des conditions d'où naissent leurs antagonismes. Mille accidents peuvent léser, endommager dans l'homme le sens auditif ou l'appareil vocal, et alors la langagetivité ne peut percevoir des sons dans le but de se servir des organes vocaux pour les produire comme des *signes intelligents.* La langagetivité elle-même dépend, pour ses manifestations, d'un organe matériel sujet à tous les accidents organiques, et c'est pourquoi cette faculté pourra percevoir des idées et en même temps être incapable de les manifester. Mais toutes ces circonstances exceptionnelles, tous ces antagonismes possibles, ne peuvent rien contre l'admirable harmonie qui existe entre la langagetivité mentale et son organe cérébral immédiat; entre l'organe cérébral et l'appareil vocal, entre l'appareil vocal et le sens auditif : tout cela formant cet admirable et mystérieux ensemble appelé LANGAGE, c'est-à-dire le pouvoir de produire des *sons intelligents arbitraires,* qui agrandit et élève si haut la nature humaine.

Divers degrés d'activité. — Si l'organe de la langagetivité est *petit,* — pour cette gradation, il faut se souvenir, je le recommande instamment, de ce qui a été dit sur le volume dans la leçon XVI, et sur les tempéraments et autres circonstances modificatives dans les leçons XIX et XXIV ;— si l'organe de la langagetivité est *petit,* l'individu hésite dans sa parole, les mots lui manquent souvent pour s'exprimer comme il voudrait. Il a peu de mémoire verbale. En ce cas, la *disposition* pour les langues est *petite* et l'étude ne sert pas à grand'chose, pas plus que ne servent les semences enfouies dans une terre stérile. Si l'organe est *moyen,* l'individu peut acquérir par l'étude une suffisante abondance de mots pour écrire et parler dans le commerce ordinaire avec correction et élégance ; mais il n'aura jamais ce *ruisseau de paroles* dont a tant besoin l'orateur facile et coulant de nos jours. Sa conception ou mémoire verbale ne sera que régulière. En ce cas, il y a *disposition moyenne* ou talent pour les langues : l'étude fait beaucoup. Si l'organe est *grand,* l'individu se produit avec ampleur, promptitude, abondance ; son langage est élégant, il apprend facilement de mémoire, et n'hésite jamais par défaut d'expression. Il a le principal élément pour apprendre les langues étrangères. Il y a en ce point des hommes extraordinaires. Le cardinal Mezzofanti parlait quarante-deux langues différentes, sans être sorti d'Italie. Le marquis de Moscati en sait neuf ; il a appris en six mois à parler et à écrire parfaitement l'anglais. Dans ce degré de développement et dans d'autres circonstances favorables, telles qu'un bon tempérament et un grand développement général du cerveau, le *génie* existe, c'est-à-dire le don d'inventer des mots que tout le monde accueille avec bonheur, d'améliorer le langage, d'augmenter la langue, à l'approbation universelle. Alphonse le Sage, les deux Louis, Cervantes, Quevedo, Solis, Jovellanos, Balmès, parmi nous ; Corneille, Racine, Molière, Voltaire, Rousseau, chez les Français ; Lessing et Gœthe, chez les Allemands ; Milton, Dryden, Pope, chez les Anglais ; Camoens, Almeida, chez les Portugais ; Dante, Pétrarque, Tasse et Arioste, chez les Italiens, étaient des hommes de cette classe. Tout improvisateur notable doit avoir un développement avantagé de l'organe de la langagetivité.

Direction et influence mutuelle. — Je ne me lasserai pas de vous recommander d'avoir très-présent ce qu'en principe général je vous ai longuement expliqué sur cette matière dans la leçon VIII, pages 286-299. Si l'on ne possède pas bien ce que j'ai dit alors, on aura une idée peu claire de la phrénologie. C'est pour cette raison que je me suis occupé de ce sujet tout au commencement du cours de ces leçons. Dans la leçon VI, pages 49-53, en parlant de Bacon, j'ai attiré votre attention là-dessus ; et dans la leçon XI, pages 142-145, et dans la leçon XII, pages 160-162, j'ai insisté de nouveau sur ce point. Je ne cesserai donc pas, je le répète, de vous supplier d'avoir présent tout ce qui a été dit, à ces diverses reprises, sur la matière qui nous occupe en ce moment, si vous voulez tirer avantage de la phrénologie et avoir d'elle la haute idée qu'elle mérite par ses vastes et immensément utiles applications.

La langagetivité est une faculté exclusivement auxiliaire, et, partant, plus qu'une autre sujette aux influences et à la direction des autres facultés. Sans elle, il est vrai, nulle faculté ne peut donner une enveloppe matérielle à ses opérations mentales; mais, en retour, elle est toujours disposée à obéir à toutes. Il suit de là qu'une grande langagetivité, quel que soit son désir et quel que soit son pouvoir d'apprendre et de produire des signes pour exprimer des idées et des sentiments, si les autres facultés ont des organes peu développés, l'individu aura peu de désir et peu de pouvoir pour atteindre des idées et sentir des affections. Mais, comme une faculté en pousse une autre par l'action de leur force respective, un individu ainsi constitué pourra, moyennant quelques efforts, exprimer avec facilité et élégance les quelques conceptions mentales qu'il forme. En outre, la même facilité linguistique, bien dirigée, peut lui servir à faire provision de mots et à donner par eux une impulsion aux facultés dont la destination est d'en percevoir le sens. Il est évident, après les explications données dans la leçon XXII, p. 352, que si la conception et l'invention des mots dépend de la langagetivité, l'intelligence de leur sens appartient à la juridiction des autres facultés. Pour exprimer les variétés de forme, la langagetivité pourra, par exemple, concevoir ou inventer les mots: rond, carré, anguleux, hexagone, polygone, triangulaire et autres analogues, mais l'intelligence de leur sens appartient exclusivement à la configurativité (7 ou 37). Les expressions de cou-roide, de visage-rond, de cagneux et autres analogues, sont pareillement des inspirations de la langagetivité, mais l'intelligence de leur sens n'est plus de son domaine ni même du seul domaine de la configurativité; il faut que l'individualitivité intervienne. Lors même qu'en vertu d'une langagetivité bien développée, l'individu saurait prononcer les mots ci-dessus, il ne pourrait jamais en percevoir ni en concevoir le sens, si les organes des autres facultés avaient un trop faible développement. Comment celui qui a la tonotivité faible pourra-t-il concevoir ce que signifie un *fa* soutenu ou un *ré* bémol?

Par contre, nulle faculté n'a plus ni d'autres moyens pour exprimer ses actes par des signes arbitraires que la langagetivité. C'est à elle que recourent la destructivité et la bénévolentivité pour exprimer leurs sentiments de férocité ou de compassion, leurs désirs de destruction ou de charité, leurs idées de détruire pour servir ou de servir pour détruire.

Le *caractère* du langage d'un individu, ou le caractère des langues des peuples ne dépend donc pas du degré de développement de la langagetivité, mais du développement particulier de la tête, individuellement et socialement considérée. Si cette faculté est influencée par une stratégitivité pervertie, les paroles de l'homme sont rusées, insinuantes, trompeuses; si elle l'est par une grande précautivité, elles sont prudentes, réservées, douteuses; si c'est par une destructivité dominante et un tempérament sanguin, elles sont incisives, mordantes, et si la vénération n'est pas active, même blasphématoires; si c'est par l'approbativité et la bienveillance, elles sont caressantes, attentives, flatteuses. Si l'individu a peu de stratégitivité, peu de précautivité, peu de partie supérieure en général, il n'a pas besoin d'un grand développement de la langagetivité pour être un babillard, un parleur sempiternel, sans substance ni ton ni son.

Vous comprendrez maintenant la grande nécessité où nous sommes de donner une bonne *direction* à la langagetivité, direction pour laquelle la connaissance de la phrénologie nous est d'un puissant secours, en ce qu'elle détermine les organes de l'esprit que nous devons pour cela activer ou endormir, et les moyens les plus efficaces, humainement parlant, pour les activer ou les assoupir. L'individu, par exemple, qui a l'organe de la *saillietivité* ou esprit de saillie très-développé, saura que ses tendances sont de chercher, d'inventer, d'apprendre, d'employer des mots plaisants, sans se préoccuper des personnes, du temps et des circonstances, et qu'en conséquence il doit réfréner la langagetivité dans ses rapports avec cette faculté, en même temps que parfois il devra l'aiguillonner relativement à d'autres facultés.

Par là nous voyons encore que si la langagetivité est en essence la même dans tous les hommes de toutes les nations, les nations nous offrent des langages et des styles différents qui, par la mutuelle influence que les hommes, les peuples et même les siècles exercent entre eux, comme les facultés entre elles, se modifient et s'améliorent. Avec leur grande individualité, les Français emploient beaucoup de *substantifs*; à cause de leur grande mouvementivité (auparavant, éventualité), les Anglais emploient beaucoup de *verbes*, et les Allemands beaucoup d'*adjectifs*, à cause du grand développement de leurs facultés réfléchissantes : il en est de même à l'égard des autres parties du discours et des divers modes de parler. Ensuite, une nation communique à l'autre ce qui lui manque et *vice versa*, et toutes gagnent et s'enrichissent à ce commerce. Les *archaïstes*, qui veulent tout ramener dans les étroites limites de leur méliorativité, sont l'arrière-garde, et les *néologistes*, qui, pour avoir cette faculté trop active, ne peuvent souffrir aucune limite, sont l'avant-garde dans cette marche du progrès linguistique que suit constamment la nature.

De tout ce que je viens d'exposer, il est facile de déduire que dans le cas même d'une langagetivité très-médiocre, si les autres facultés sont bien développées, celles-ci l'aiguillonneront, l'activeront chacune pour ses besoins spéciaux de communication, et qu'elle finira par avoir une grande force d'action, une abondance de signes qui ne seront certes pas vides de sens. Cela nous explique aussi pourquoi, dans le cas d'une langagetivité même au-dessous de la moyenne, celui qui a une tête volumineuse et bien conformée peut apprendre, avec une application et des efforts soutenus, mieux et plus de langues qu'un autre d'une grande langagetivité, mais d'une tête peu developpée en général, et peu favorablement conformée. Rappelez-vous, comme je l'ai dit dans la leçon XIX, p. 304, qu'une faculté n'a pas seulement de la force en vertu de sa constitution individuelle, mais encore en vertu de l'impulsion plus ou moins grande qu'elle reçoit des autres.

Incidents. — Voltaire avait l'organe du langage si démesurément développé, que souvent, comme il le dit lui-même, il écrivait des mots et puis des mots, sans avoir dans le moment conception ni perception des idées qu'il voulait exprimer. Voyez son portrait authentique à la page 72.

Le docteur Hood, de Kilmarnock (Combe, t. II, p. 132), rapporte qu'un de ses malades, âgé de soixante ans, perdit, le 4 septembre 1822, l'usage du rapport qui existe entre la langagetivité et les organes vocaux. Il entendait ce qu'on lui disait, il comprenait les choses, mais il ne pouvait leur donner un nom. En décembre de la même année, sa convalescence était complète, et il recouvra l'usage de ce rapport. Le 7 août 1825, il fut frappé d'une attaque d'apoplexie dont il mourut le 21 du même mois. Le docteur Hood a donné, dans le *Phrenological journal*, une description de la dissection qu'il fit du cerveau de cet individu. Il dit, entre autres choses : « Il se trouva dans l'hémisphère gauche une lésion de diverses circonvolutions qui se terminait à un demi-pouce de la superficie du cerveau, sous le centre gauche de la lame supérieure orbitaire, » qui est précisément la région où se trouve placé l'organe de la langagetivité. Spurzheim et Gall rapportent des cas analogues.

Bouillaud, *Archives générales de médecine*, VIII, dans un examen sur la matière, cite un grand nombre de cas analogues; mais, malheureusement ou heureusement, j'ai moi-même sur ce point une expérience personnelle. Le 3 septembre 1850, me trouvant à San Hilario, province de Jerona, après avoir exercé pendant huit années consécutives la langagetivité d'une manière extrême, je fus pris d'une fièvre qui, à mon retour à Barcelone, au bout de quelques jours, devint intermittente. Dès le principe de la maladie, je trouvai dans les organes vocaux une certaine difficulté à obéir aux ordres de la langagetivité, et, le 3 novembre, cette difficulté était devenue une impossibilité complète. *Au dedans de moi*, je parlais, c'est-à-dire je pensais avec des *paroles*; j'entendais, je comprenais les *paroles* qu'on m'adressait autour de moi; mais je ne pouvais, quelque effort que je fisse, obliger les organes vocaux à émettre des *paroles*. Quand je voulais parler j'éprouvais, ou croyais éprouver, dans le cerveau, sur l'orbite supérieur, un sentiment de fatigue qui m'empêchait de supporter l'*action active* de la faculté, ou, ce qui est la même chose, d'exercer sur elle la domination que je sentais en ma puissance, mais qui m'échappait au moment où je voulais en faire usage. Après de vaines tentatives, fatigué et épuisé, je me contentais de philosopher intérieurement sur ma condition. Un régime diététique prudent, plutôt qu'un traitement médical, me rendit la santé, et, avec la santé, l'empire que la langagetivité avait perdu sur elle-même et sur les oganes vocaux.

Par des nombreuses réflexions faites sur moi-même durant cette maladie, j'ai recueilli qu'en effet l'organe du langage se trouve dans le siège où le place la phrénologie; que cet organe a un rapport direct avec l'appareil vocal; que par le trop grand exercice que je leur avais donné, ces organes s'étaient affaiblis à tel point que la faculté linguistique ne pouvait plus manifester son mode d'action active ou volontaire sur elle-même ni sur l'appareil vocal. Qu'aux yeux des adversaires de la phrénologie cette connaissance soit peu de chose, ne soit rien, soit enfin ce qu'ils voudront, pour moi, elle me servit à me rendre compte de la cause de ma maladie, à établir un régime diététique et fortifiant, grâce auquel, et grâce aux soins des excellents docteurs Raüll, de Barcelone, et Jifre, de Malgrat, j'ai recouvré si complétement la santé, que le 4 mai 1851, j'ai pu retourner à mes travaux ordinaires, et commencer le cours de ces leçons, sans m'apercevoir, et vous non plus, je crois, du moindre défaut ni embarras dans ma parole.

La mémoire des mots correspond indubitablement avec le développement de l'organe linguistique; mais il existe chez certains individus une puissance prodigieuse de retenir les mots, les nombres, etc., qui étonne et confond, comme je l'ai déjà expliqué dans la leçon XIX, p. 304-315. Je reçois à l'instant communication d'un accident de cette nature:

L'avocat D. Antonio Massanés, de Villanueva de Moya, province de Lérida, me mande de faire connaître qu'une jeune fille, appelée *Antonia Tusmet*, de Fanllonga, village situé à une lieue de Villanueva, est allée, l'hiver dernier (1851), à Balaguer, autre village du cercle de cette ville. Là, elle entendit douze sermons, et, quelques jours après, elle en répéta quatre, sans omettre ni point ni virgule, sans se tromper d'un mot, devant ledit D. Antonio Massanés, qui vient de me donner connaissance du fait. (V. *Mémoire* dans la leç. LVIII.)

Observations générales. — Par la théorie expliquée dans la leçon XX, p. 325-328, et que vous ne perdrez jamais de vue, je l'espère, il est facile de concevoir que dans le drame des opérations mentales le langage joue un rôle beaucoup plus important qu'il ne paraît de prime abord. Toutes les facultés mentales ont une certaine activité particulière, en vertu de laquelle il y a conscience que certains signes arbitraires, une fois sus, représentent les objets et les sentiments pour lesquels ils sont convenus, sans que ni l'image des objets ni la sensation du sentiment existent. L'organe du langage produit et se rappelle les signes; mais les organes des autres facultés sont susceptibles d'avoir la conscience que ces signes sont ceux qui représentent les objets, les attributs, les actions, les rapports qui sont de leur domaine particulier; autrement le langage serait inutile. Cela explique pourquoi toutes les opérations mentales se font presque toujours et s'abrègent si extraordinairement par le moyen des mots, ou des signes, et pourquoi nous entendons ceux-ci sans avoir besoin de contempler la conception des objets ni les sentiments qu'ils représentent. Si quelqu'un nous dit : « Jean, mon ami, a voyagé à travers la Suisse pittoresque et enchanteresse, » nous l'entendons parfaitement, sans qu'il soit nécessaire à l'esprit de s'arrêter ni à l'image de Jean, ni à sa relation d'amitié, ni à la Suisse, ni à ses conditions de pittoresque et d'enchanteresse, mais ayant néanmoins conception de tout cela. Merveilleuse puissance de l'esprit, dans la contemplation de laquelle l'âme s'abîme en extase et en admiration pour son divin Créateur!

Le langage, je l'ai déjà dit, comprend l'organe cérébral, l'appareil vocal et l'ouïe, qui sont les instruments nécessaires et indispensables pour que la langagetivité se manifeste complètement. Si l'un de ces éléments organiques manque, il est impossible de bien prononcer la langue de son pays et d'apprendre les langues étrangères. Sur ce point, l'appareil vocal est à la langagetivité ce que l'œil est à la visualitivité.

Il faut bien le remarquer, un mot ou une parole n'est que le signe, le corps, le vêtement, la figure matérielle avec quoi une *idée* se présente aux sens, en prenant ce mot idée dans un sens général, pour exprimer toute espèce de pensées et de sentiments, de désirs et d'aversions. Or, pour que cette idée reçoive une forme matérielle, il faut d'abord qu'elle existe; il est donc absurde de supposer qu'il puisse exister plus de mots que d'idées; car, si cela était, ces mots ne seraient plus des mots intelligents, mais des sons vides de sens. C'est pourquoi Gall a dit avec beaucoup d'à-propos (*OEuv.*, t. V, p. 35) : « Nulle langue ne peut avoir plus de signes que n'ont d'idées ou de sentiments ceux qui la forment. Les langues et les connaissances sont toujours en harmonie; et, dans leur marche progressive, l'équilibre s'établit entre les facultés intérieures et les signes. » Le savant jésuite espagnol, D. Antonio Eximeno (né à Valence en 1729, mort à Rome en 1809), dans son *Impugnacion i Reglas de la Musica*, Rome, 1774, et Murcie, 1802, a dit aussi : « La richesse des langues naît du nombre des idées qui s'introduisent chez un peuple. Les nations libres acquièrent continuellement de nouvelles idées, et, partant, enrichissent leur langue de phrases et d'expressions nouvelles. Les académies qui se proposent de fixer l'état des langues vivantes sont le plus grand obstacle au progrès de l'esprit humain. »

Entre les mots et les idées, il n'y a aucune connexion naturelle, bien qu'il ait dû exister un motif plausible qui a fait préférer un signe à un autre pour représenter tel ou tel objet, tel ou tel rapport. Ordinairement chaque mot porte en soi, d'une manière abrégée, la définition de la principale ou des principales propriétés de l'objet ou du sentiment qu'il représente, suivant qu'on les connaît au moment de l'application du mot. Tout cela explique pourquoi le langage que nous employons est d'autant meilleur et plus correct que nos idées sont plus nombreuses et plus exactes. N'oublions jamais que le langage ne *représente* que ce que l'on *conçoit*, et qu'en conséquence, si l'on conçoit mal et peu, il ne pourra jamais représenter bien et beaucoup.

Toute langue est arbitraire et conditionnelle : de là la multiplicité des langues. Toutes marchent toujours vers l'uniformité : effet de la progressivité humaine. En Espagne, par exemple, nous sommes convenus que les trois mots ou signes oraux *arbol* (arbre), *piedra* (pierre), *animal*, exprimeraient trois objets; et que *amor, benevolencia, compasion*, exprimeraient trois sentiments. Il est évident que pour celui qui ne sait pas ce que c'est qu'un arbre, une pierre, un animal, ou qui n'a pas senti ce que c'est qu'amour, bienveillance, pitié, ni perçu les affections auxquelles ces sentiments donnent lieu, celui-là n'entend dans ces mots que des sons vides de sens. Que peut faire entendre, par exemple, le mot *œillet* à qui n'a jamais vu, jamais touché, jamais senti cette fleur? Aussi la présentation d'un objet aux sens apprend et démontre ce qu'il est mieux que toutes les descriptions que l'on en pourrait faire en son absence. C'est pourquoi il ne faut pas enseigner les langues étrangères avec des livres que l'élève ne puisse comprendre facilement, clairement et complétement, quoiqu'ils soient imprimés en sa propre langue. C'est une bonne méthode, lorsqu'on commence l'étude des langues étrangères, que d'apprendre à les traduire dans des livres de notre spécialité; le mathématicien, dans des livres de mathématiques; le médecin, dans des livres de médecine; le pharmacien, dans des livres de pharmacie; l'architecte, dans des livres d'architecture; chacun, enfin, suivant ses études ou sa carrière.

Si nous considérons un instant qu'une langue a pour source et représente les connaissances et le caractère d'une nation; qu'elle ne signifie que ce qu'on est convenu tacitement et expressément qu'elle signifierait, nous ne serons pas surpris de ces murmures de certains hommes qui déclament beaucoup et étudient peu, sur l'ambiguïté, le vague et l'indécision du langage.

Le mot *liberté*, par exemple, est un mot que personne n'entend et ne peut entendre qu'à sa manière, suivant son organisation, l'éducation et les autres influences qui agissent en lui. L'homme qui a peu de sentiments moraux, peu d'éducation religieuse, morale et intellectuelle, croit que *liberté* veut dire *licence*, lâcher la bride à ses passions animales; tandis que l'homme tout autrement doué et élevé entend par *liberté* l'absence d'entraves humaines pour faire tout le bien dont il est capable, sans blesser la morale, la religion ni les intérêts d'autrui.

L'âme voit les attributs *physiques* par le moyen des sens externes, et les attributs moraux directement par le moyen des sens internes, ou, ce qui est la même chose, par le cerveau. Si, avec une faible ou une mauvaise vue, nous voyons mal la lumière, les couleurs; si, avec une faible ou mauvaise ouïe, nous avons une perception imparfaite des sons; de même, avec un organe de la bienveillance déprimé ou écrasé, nous avons une faible conscience du bien; avec peu d'estime de soi-même, une faible conscience de la liberté; avec peu de comparaison, nous ne voyons pas les analogies, et avec peu de causativité, nous ne connaissons pas l'agent ou la puissance qui produit les résultats.

Avant la découverte de la phrénologie, les écoles philosophiques n'avaient pas même songé qu'il y avait des sens internes pour percevoir et concevoir des mots abstraits moraux, comme il y en avait d'externes pour les mots concrets ou physiques, et que ces mots étaient conçus suivant la disposition de ces sens internes.

Il n'était jamais entré dans leur esprit que l'homme dont la partie supérieure antérieure de la tête était aplatie n'avait pas de vue pour les objets de bonté, et que parler de bienveillance à un individu ainsi constitué, c'était parler de couleurs à un aveugle.

Jamais non plus il n'était entré dans leur imagination que ces sens intérieurs étaient matériels, comme les sens extérieurs, et que comme eux ils étaient affectés agréablement ou désagréablement.

Ces écoles n'avaient pas conçu que de même qu'il y a des odeurs qui flattent ou qui blessent le sens olfactif, de même il y avait des objets qui flattaient ou blessaient quelque sens mental, et que si les sens externes trouvent agréable, lorsqu'ils sont malades ou pervertis, ce qui les blesse lorsqu'ils sont en un état normal, il en était de même des sens internes. Trop de chaleur blesse le tact; mais un tableau douloureux blesse la bienveillance; le bruit éclatant blesse l'ouïe; une injustice blesse la conscience; la *liberté* est agréable aux organes intellectuels et moraux, mais le *libertinage* les blesse.

Les sens internes se distinguent des externes. Ceux-ci, en bon état de santé, voient les qualités physiques des objets extérieurs presque de la même manière dans tous les hommes, parce qu'ordinairement ils sont semblables dans tous les hommes; ceux-là les voient d'une manière différente, parce que communément ils sont différents.

Le *vert* est toujours *vert* pour tous les yeux sains; le *chaud* est toujours *chaud* pour tous les tacts sains; mais la liberté, le beau, bien qu'ils aient une existence réelle et positive, sont considérés d'une manière différente par les différentes têtes.

Autant de têtes, autant d'opinions, dit notre proverbe; et comme les proverbes, les proverbes moraux surtout, sont en général la quintessence du sens commun des peuples, ils portent avec eux le sceau de la vérité; mais les proverbes moraux ne nous enseignent pas la philosophie de leur sens. Il a fallu, pour cela, la découverte d'une vraie philosophie de l'esprit; et si nous savons aujourd'hui qu'il y a *autant d'opinions* sur la liberté, par exemple, qu'il y a de têtes, c'est parce que ces têtes se présentent avec des configurations, des tempéraments, une éducation distincts. Mais cette même philosophie nous enseigne que *liberté*, comme *œillet*, est un mot générique, un mot qui exprime toute espèce de liberté, et que pour en formuler le sens il faut que les hommes aient une règle qu'ils puissent comprendre, c'est-à-dire, il faut qu'ils conviennent d'une définition afin de s'entendre *sur la liberté dont ils parlent.*

J'ai connu deux hommes, l'un avec une philogéniture très-développée, l'autre avec une philogéniture déprimée et une grande destructivité; tous deux avaient la partie intellectuelle bonne et assez de bon sens. Ils commencèrent à disputer sur l'éducation des enfants. La grande philogéniture soutenait qu'on devait élever les enfants avec douceur, amour et tendresse, sans mine sévère ni punition; l'autre ne comprenait pas qu'on pût les élever sans châtiment. Chaque fois que le premier entendait parler de coups, il tremblait; le second ne faisait qu'en rire. Des paroles ils passèrent aux injures, des injures à une provocation en duel. L'un y perdit un bras, l'autre une jambe. Quinze ans après, ils se rencontrèrent dans une auberge, se reconnurent et firent la paix. Tous deux avaient appris la phrénologie; tous deux voyaient alors qu'il était impossible qu'ils se fussent jamais entendus sur le sens du mot *éducation*, quand pour le comprendre ils avaient des *perceptions* si différentes. Pour concevoir le même sens du mot, il eût fallu que tous deux eussent la même idée de la chose, et, pour cela, il eût fallu que leur raison fût éclairée par beaucoup de faits, leurs opinions modifiées par beaucoup d'expérience et leur conviction identifiée par beaucoup d'explications. Voilà pourquoi il est difficile que les mots abstraits ou d'application générale aient le même sens pour tous. C'est seulement à mesure que nous nous perfectionnons, à mesure que nous nous *entendons*, à mesure que nous avançons réellement et positivement, que les langues deviennent plus claires, plus exactes, plus précises, plus riches et moins nombreuses.

Pour n'avoir pas conçu ou médité les considérations que vous venez d'entendre, quelques auteurs ont pris, relativement aux langues, le symptôme pour la maladie, l'écorce pour le fruit, le signe pour la chose; bref, le mot pour l'idée. Ils ont soutenu, de mille et mille manières, que sans les paroles nous penserions à peine, comme si les paroles n'étaient pas filles des pensées; que sans les paroles nous aurions à peine des idées abstraites, comme si les paroles étaient autre chose que le vêtement, l'habillement matériel de toute classe d'idées; que sans les mots nous aurions à peine des inclinations, des sentiments, comme si les facultés de l'âme résidaient dans les mots, ou comme si dans Laura Bridgman les idées, les sentiments et les pensées n'avaient pas précédé les signes qu'elle apprit pour les transmettre, et comme si un avare comprenait par le son seul le mot *générosité*, ou un homme cruel, sans cœur, ce que veut dire *compassion.*

Les mots sont d'une immense utilité, il n'y a pas de doute. Une fois sus, ils renouvellent les idées déposées dans l'âme avec une rapidité plus grande que celle de l'électricité et sans que nous ayons besoin de nous arrêter à réfléchir, comme je l'ai dit en commençant ces observations, et par eux, la partie conceptive des facultés étant mise en mouvement, nous percevons, nous créons de nouvelles idées, de nouveaux principes et de nouvelles pensées. Les mots peuvent, au moyen de signes visibles et palpables, devenir permanents et impérissables; et avec eux il est donné, conséquemment, de parler à tous les hommes présents et absents, à toutes les générations nées ou à naître. Mais cela ne fera jamais que les mots *matériels* soient des idées *spirituelles*, ou que les idées spirituelles, qui sont l'*essence*, puissent jamais arriver à se confondre avec les mots matériels, qui sont la *forme*.

Comparez ces explications, qui s'appuient sur l'observation et l'expérience, avec les doctrines émises sur cette matière par Condillac, Destutt de Tracy, Horne Took, et autres idéologues non moins célèbres, doctrines fondées exclusivement sur les conjectures d'imaginations exaltées, et voyez de quel côté se trouve la vérité; et avec la vérité les conceptions et les conséquences les plus sublimes et les plus consolantes.

On a beaucoup parlé de certains êtres irrationnels qui arrivent à savoir le sens de quelques mots. En effet, le chien, le cheval, le singe, l'éléphant et d'autres animaux comprennent quelques mots, à force de les entendre répéter et s'ils sont accompagnés, dans le principe, de quelque action qui en exprime le sens. On a pu même observer que les chiens comprennent les mots de deux syllabes plus facilement que ceux qui n'en ont qu'une ou plus de deux, tandis que les mules et les mulets les mots trisyllabiques et quatrisyllabiques. On a tiré parti de ces observations pour former les vocabulaires de Vénerie et de Muletrie.

Quant à la particularité du chien, Clemencin, dans sa célèbre édition du *Don Quichotte*, t. VI, p. 447, cite le curieux passage que voici : « Xénophon, dans ses *Cynégétiques*, ou livres sur la chasse, recommandait de donner aux chiens des noms courts, et ne dédaignait pas d'en donner jusqu'à quarante-neuf exemples, dont aucun n'est de plus de trois syllabes. Carrasco observait la règle de Xénophon; et Columelle, en parlant des noms qui conviennent aux chiens, les veut courts, afin qu'ils les entendent mieux lorsqu'on les appelle, mais au moins de deux syllabes, et il en donne de nombreux modèles en grec et en latin pour chiens et chiennes. »

Le chat a infiniment plus d'astuce que le chien, mais il ne lui est pas donné de comprendre le sens d'aucun nom; partant, l'instinct de l'homme ne lui en donne pas. Ce qui a lieu pour le chien a lieu également pour beaucoup d'autres animaux; mais tout cela, et tout ce qu'on peut dire sur ce point, n'affaiblit en rien ce que j'ai établi dans la leçon XXIII, p. 370, et dans la XXIV, p. 390, à savoir : que les animaux privés de raison *n'ont ni le désir ni le pouvoir de communiquer des idées ni des sentiments* par le moyen du langage arbitraire. Leur pouvoir, même dans les mieux partagés, ne va qu'à la perception de quelques mots, ce qui est de nécessité absolue pour remplir la fin que Dieu leur a assignée dans leurs rapports avec l'espèce humaine. Pour répondre à cet indice de la faculté linguistique, qui consiste seulement en *une force vitale sensitive*, et d'aucune façon intelligemment active, conceptive ou imaginative, le cerveau, suivant Gall (t. V, p. 31-35) et autres anatomistes distingués, est chez les animaux entièrement séparé du globe de l'œil. Dans le chien, dans le singe et dans d'autres êtres déraisonnables destinés à comprendre certains mots d'un usage très-commun, le globe se trouve quelque peu interné vers l'encéphale. Nul animal privé de raison n'a donc conception des signes intelligents, parce qu'il n'a ni désir de les communiquer, ni faculté de les inventer, ni organisme pour les émettre. Certains animaux sont, il est vrai, dans la nécessité de *percevoir* ou comprendre le sens de quelques mots, mais ces mots ne viennent ni ne peuvent venir d'eux; ils viennent d'un être supérieur à qui Dieu a concédé la puissance mentale exclusive de les concevoir et de les émettre.

Langage naturel. — Le langage naturel exprime l'action de la faculté, non sa force constitutionnelle ni *ses produits.* Le langage naturel de la langagetivité ne peut donc exprimer que la propension ou l'aversion à parler quand d'autres facultés ne la répriment pas ou ne l'excitent pas, ou le sentiment de plaisir ou de peine qu'elle éprouve à se servir des signes intelligents. Rappelons-nous toujours que le langage naturel d'une faculté n'exprime que son opération actuelle, ne dit pas autre chose sinon qu'elle est en action, et que le langage arbitraire exprime ses actes consommés ou se consommant, ses produits réalisés ou se réalisant.

Sous l'influence actuelle de la peur, l'extérieur de l'homme prend naturellement une apparence de terreur panique; sous l'influence de l'orgueil, il prend un air froid, superbe, méprisant; sous l'influence de la faim, le visage est défait, amaigri, pâle. Ces apparences ou manifestations externes qui consistent en cris, mouvements, actions, gestes, poses, attitudes que tout le monde entend, expriment que certaines facultés sont à un degré d'action véhémente. Cette véhémence peut arriver au point de priver de l'usage de la parole; c'est-à-dire que la langagetivité peut se trouver anéantie sous l'influence momentanée qu'exercent sur elle les facultés exaltées jusqu'à la fureur. Une fois ces passions dominantes calmées, la langagetivité recouvre son empire et se borne, conformément à sa fonction normale, à rapporter en telle ou telle langue, avec plus ou moins de circonstances, d'exactitude et d'élégance, suivant la patrie, la portée générale et l'éducation particulière de l'individu, *comme actes de l'esprit consommés,* ce qui s'est passé dans l'âme pendant ces états d'exaltation.

Toutes les facultés sont de même sur ce point. Le langage naturel de la destructivité, par exemple, manifeste son désir actuel de causer du dommage, son plaisir d'en avoir causé, ou son déplaisir de n'avoir pu le faire; mais non ses résultats, non les divers actes qu'elle a commis et leurs effets, ce qui est du domaine du langage arbitraire. Eh bien, les mots et les langues sont à la langagetivité ce que ces actes nuisibles et leurs effets sont à la destructivité. Le plaisir que nous montrons en trouvant un mot après l'avoir cherché, le déplaisir que nous sentons de l'avoir oublié, les délices que le bavard éprouve à parler malgré l'ennui qu'il cause à la victime de son babillage, ce sont là des modes d'action actuelle de la langagetivité, qui tombent dans le domaine de *sa force d'expression externe,* ou du langage naturel[1].

---

[1] Comme complément important de la matière en question, on peut lire ce que je dis à la fin de la leçon XL.   *(Note de l'auteur pour l'édition française.)*

LEÇON XXIX

7, CONFIGURATIVITÉ; auparavant 27, forme ou configuration. — 8, MÉDITIVITE; auparavant 28, étendue. — 9, INDIVIDUALITIVITÉ; auparavant 26, individualité.

MESSIEURS,

Toutes les facultés, je l'ai répété maintes fois, sont de perception et de conception, ou de réception et de création. La tactivité perçoit les impressions tactiles, mais elle les invente aussi. Sans elle nous n'aurions pas de sensibilité physique, nous n'inventerions pas les moyens d'exciter la sensibilité agréable ou d'éviter la désagréable. Sans la langagetivité, nous ne percevrions pas le sens intelligent attaché arbitrairement aux signes, nous ne créerions aucune sorte de signes intelligents ; c'est-à-dire que nous ne comprendrions ni ne formerions des langues.

C'est un principe naturel, découvert par le génie humain et démontré par les faits ou l'observation, que quand une faculté mentale est unie à un organe cérébral peu développé, elle manifeste un pouvoir régulier de perception, c'est-à-dire d'entendre, de comprendre ou d'apprendre les idées qui appartiennent à sa juridiction ; en ce cas le pouvoir de conception ou de création est à peine sensible. Tous les hommes ont une langagetivité assez développée pour apprendre et amasser les mots qu'ils entendent et qui leur sont nécessaires dans le commerce avec les personnes de leur classe; mais très-peu nombreux sont ceux qui ont le génie créateur des mots, qui enrichissent de leurs créations la langue de leurs pères, augmentent la langue nationale en donnant la vie à de nouvelles manières de dire si châtiées, si pures, si propres et si élégantes, qu'elles méritent l'approbation de tous et sont adoptées par tous.

De même qu'il y a peu de *génies*, il y a peu d'*idiots*; et si les Solis et les Voltaire ne sont pas nombreux, il n'y a pas non plus beaucoup de personnes comme le Basque dont nous parle Feijóo, lequel, étant allé en Castille, perdit sa langue natale et ne put jamais apprendre l'espagnol. Pour un pareil cas il faut avoir l'organe de la langagetivité bien profondément déprimé, déprimé à un degré qu'on voit rarement.

Pour percevoir assez facilement ce que les autres ont fait, il suffit d'un organe *moyen*; et la majeure partie des hommes se trouve en cet état. Pour concevoir ce qui n'est pas encore, il faut un organe *bien grand*, et les préférés qui l'ont sont peu nombreux. Aussi rares sont les inventeurs et très-communs les copistes; rares ceux qui créent, nombreux ceux qui imitent; rares ceux qui *enseignent*; nombreux ceux qui *apprennent*; rares ceux qui donnent l'être ou l'existence à de nouveaux produits, nombreux ceux qui les perçoivent ou qui en jouissent. Combien sont nombreux ceux qui perçoivent et goûtent les mélodies et les harmonies d'un Carnicer, d'un Bellini, d'un Mozart; mais combien rares ceux qui sont capables de les créer! Combien de ceux qui contemplent avec admiration les tableaux de Velasquez, de Murillo, de Raphaël, du Titien, eussent été capables de les concevoir et de les produire! Et parmi nous qui voyons avec ravissement la locomotive fendre les airs avec la rapidité de la foudre, combien eussent été capables de concevoir et de produire un seul des éléments qui concourent à la former?

Tout cela vient de ce que la majeure partie des hommes a la généralité des organes médiocrement développés. Ici ou là, de temps à autre, un de ces organes s'élève et conduit à la formation d'un génie spécial. Mais dans ce monde tout est compensé. D'un côté, si les hommes créateurs sont rares, et si pour des créations spéciales il faut ordinairement des génies spéciaux, de l'autre, la création d'un individu, grâce à la perception générale qui est capable d'entendre, d'apprendre, de féconder les forces conceptives, devient bientôt le patrimoine de tous, comme je l'ai dit dans la leçon XXV, page 396. Ainsi s'établit ce rapport mutuel, cette dépendance, cet enlacement qui existe entre les hommes pour le bien, l'avancement et le bonheur de tous.

Après ces explications dont vous aviez déjà quelque idée par ce que je vous ai dit p. 433 à 436, en traitant des divers degrés d'activité avec lesquels se manifestent les deux attributs généraux qui viennent de fixer notre attention, occupons-nous de la faculté et de son organe appelés

7, CONFIGURATIVITÉ; auparavant 27, FORME ou CONFIGURATION.

Définition. — Usage ou objet. Distinguer les physionomies, les contours, les formes; les juger, les reconnaître après avoir été absents; désir et pouvoir de les combiner et de les produire [1]. Abus ou perversion. Conception de formes extravagantes, invraisemblables ou pour usages nuisibles. Inactivité. Peu de perception, de conception et de désir configuratif.

Localité. — L'organe est situé aux côtés internes des superficies orbitaires, et à côté également, en direction descendante, de l'apophyse appelée *crista-galli*. On ne peut se tromper sur sa localité; elle est entre les lacrymaux, c'est-à-dire l'angle interne que forment la racine du nez et le globe de l'œil. Quand cet organe est très-développé, il semble qu'il existe une

---

[1] On doit toujours sous-entendre que toutes les facultés possèdent force de désir, d'aversion, de sensation agréable et désagréable, de perception, de conception et de souvenir relativement à la spécialité qui leur est propre. Ainsi l'on doit dire que l'usage de cette faculté est de désirer, repousser, percevoir, concevoir ou imaginer, et se rappeler les contours, les formes et les physionomies, avec force de plaisir et de douleur configurative. (*Note de l'auteur pour l'édition française.*)

grande distance entre les lacrymaux, et cela produit ce qu'on appelle les yeux chinois; s'il est petit, les yeux semblent se toucher. Voyez Raphaël, Murillo, Cuvier, Pérugin, leur configurativité est bien développée. (*Voy.* le siége marqué par le n° 7 dans les gravures précédentes).

Découverte. — A Vienne, Gall fut prié de reconnaître la tête d'une petite fille remarquable par sa mémoire des figures et des personnes. Il ne trouva rien d'extraordinaire dans l'enfant, si ce n'est qu'elle avait les yeux latéralement poussés *vers le dehors*, c'est-à-dire très-séparés l'un de l'autre. Il pensait très-souvent, dans la suite, à ce fait que certains individus et certains animaux reconnaissent avec la plus grande facilité les personnes qu'ils ont vues une seule fois, même à la légère, tandis que d'autres, parmi lesquels il se comptait, n'avaient aucunement cette facilité. Il finit par remarquer que les personnes qui avaient les yeux très-écartés, à cause du grossissement de la partie cérébrale subjacente, étaient douées de ladite facilité. « Mais, ajoute-t-il (t. V, p. 5), ayant découvert cette faculté très-développée chez des personnes qui n'avaient pas les yeux disposés de cette manière, je me figurai que je m'étais trop hâté de porter mon jugement sur ce point, et pendant quelque temps je m'abstins de le mentionner. Cependant j'ai vu ensuite tant et tant de cas qui confirmaient mon opinion, qu'enfin je fus bien obligé de la considérer comme certaine. » Moi-même, dans ma longue pratique phrénologique, j'ai vu des yeux très-rapprochés chez des personnes qui avaient la faculté configurative très-développée; et, au contraire, des yeux écartés chez des personnes qui avaient peu de disposition pour les formes. L'expérience m'a démontré que, dans le premier cas, si les yeux sont peu séparés, le creux que forment entre elles la partie interne du globe et la racine du nez, s'il n'est pas considérable vu horizontalement, est considérable vu verticalement; et dans le second, qu'il y a visiblement dans ce creux une prolongation extra-naturelle de l'épiderme dans la direction des globes, ce qui se reconnaît en touchant la partie, qui cède à la moindre pression, parce qu'elle ne repose pas immédiatement sur l'os que forment les superficies internes orbitaires.

Spurzheim reconnut l'existence de cette faculté et de son organe, mais il conçut que sa juridiction ne se bornait pas aux figures ou physionomies, et qu'elle s'étendait à toute espèce de formes ou configurations en général. Les autres phrénologues se sont rangés du côté de Spurzheim sur ce point, et Gall lui-même admet tacitement cette opinion. Gall, comme vous le savez, avait désigné cette faculté sous le nom de *personnensin* « sens des personnes » (t. V, p. 81); mais Spurzheim la nomma plus proprement forme ou configuration, et moi, pour les raisons que vous savez, je la nomme *configurativité*.

Harmonisme et antagonisme. — J'en parlerai plus loin.

Divers degrés d'activité. — Il faut, à propos de la graduation, se rappeler tout ce que j'ai dit dans la leçon XVI. — Quand l'organe de cette faculté est *petit*, l'individu perçoit à peine bien la forme des objets, même après les

avoir vus plusieurs fois et après que d'autres les lui ont signalés. Il se rappelle peu les visages et les personnes; il apprend difficilement les lettres,
les chiffres et toute espèce de linéaments. Il a peu de disposition configurative. Gall avait cet organe peu développé; « c'est pourquoi, dit Spurzheim
dans un article sur la phrénologie, qu'il inséra dans le *Foreign Quaterley
Review*, n° 3, il se bornait constamment à indiquer les proéminences et les
dépressions de la superficie de la tête, sans beaucoup s'arrêter à la configuration générale, me faisant ainsi une obligation de rectifier cette partie de la
phrénologie. Les facultés que Gall possédait au plus haut degré de développement concevable étaient l'individualité, la comparativité et la causalité. »
— Si la configurativité est moyenne, il y a alors facilité à distinguer, à se
rappeler les formes, les visages, les contours et les figures de toute sorte.
Avec de l'étude et de l'application l'on parvient à acquérir un pouvoir assez
grand de les concevoir, de les combiner, de les produire. Ce développement est
nécessaire pour apprendre toute espèce d'écriture, de dessin, de contours. —
Si elle est *grande*, l'individu sent un désir inné de donner une forme et une
configuration à tout. Ses conceptions linéaires sont belles et exactes. L'alphabet romain, le plus beau que l'on connaisse, a eu son origine dans le
développement de quelque configurativité, ou d'une succession de configu-
rativités vraiment colossales. Il faut en dire autant des chiffres arabes et des
notes ou figures musicales, qui ont été adoptés par toutes les nations cul-
tivées de la terre. Si cela est vrai dans la conception ou la production, c'est
encore plus évidemment vrai dans la perception. En 1844, au collège de Fi-
gueras, régi par don Julian Gonzalez de Soto, j'ai vu un enfant d'une forme
vraiment colossale, mais accompagnée d'une comparativité immense, qui
avait appris à lire en quelques heures. Développée à un haut degré, la configurativité est le premier élément du génie descriptif. L'Anglais Charles
Dickens et notre Mesonero Romanos, deux notabilités de ce genre, en ont
l'organe très-développé. La configurativité est aussi le premier élément du
talent pour les modes. Le peintre de portraits, le peintre de paysage, le
peintre de fleurs ne peuvent pas en être dépourvus. Les mille variétés que
l'on remarque dans la cristallurgie, dans la poterie, dans les instruments,
dans les meubles et dans tous les objets d'usage général, ont leur origine
dans le grand développement de cette faculté.

Direction et influence mutuelle. — Toutes les fois que je parlerai de ce
sujet, je ne me lasserai pas de vous répéter que vous devez avoir présent à
la mémoire ce que j'ai dit dans la leçon VI, p. 49 à 53; dans la XI, p. 142 à
145; dans la XII, p. 160 à 163; dans la XVIII, p. 286 à 299; dans la XXV,
p. 393 à 395; parce que, selon moi, si l'on ne se forme pas une idée claire
de l'influence mutuelle qu'ont entre elles les facultés, on ne peut bien comprendre ni l'essence ni l'objet de la phrénologie. Sans la constructivité, que
ferait la configurativité, même la plus colossale, dans les lettres, les chiffres, les dessins, les lignes et tous genres de contours? Et, sans la comparativité et la constructivité, comment la configurativité pourrait-elle conce-

voir et produire une forme spéciale pour chaque objet ou conception que forment les autres facultés? Comment nous expliquerions-nous l'origine de la représentation de la mort par un squelette, du Père éternel par un vieillard, du pouvoir royal par un sceptre, et d'autres représentations analogues? La physionomie consiste, sans doute, quant à son élément principal, dans la forme des traits; mais comment être bon physionomiste, quelque grande configurativité que l'on ait, sans un grand développement de l'individualitivité qui les distingue et les perçoit comme des objets séparés, afin que la comparativité établisse des analogies entre chacun d'eux et les qualités morales qu'ils représentent, et que la déductivité tire ensuite les conséquences logiques du tout. La configurativité prédomine dans tous ces cas, cela est certain; elle est le premier et le plus essentiel élément, personne ne le niera; mais sans la combinaison, l'aide, l'influence ou la coopération des autres facultés, son existence n'est ni possible ni concevable. Ce qui se distingue le plus dans les œuvres de Raphaël et du Pérugin, c'est la supériorité de la forme, du dessin, des contours. Comment eussent-elles existé sans l'influence ou la coopération des autres facultés de connaissance physique et d'action morale, surtout de l'individualité, de la coloritivité, de la méditivité, de la constructivité, et enfin de la meillorativité, laquelle ne respire que pour embellir et embellir encore, pour perfectionner et perfectionner encore? Cette faculté, comme toutes les autres, a besoin d'une direction. Elle peut servir pour donner une forme aux objets qui excitent la concupiscence, l'ambition, la colère, la vengeance, comme à ceux qui éveillent des idées de bonté, de beauté morale, de modestie. Dans son excessive activité, elle peut produire une ardeur et une frénésie qui porte à tout considérer sous un aspect configuratif, comme cela s'est vu dans certains cas, dont je citerai quelques-uns sous le titre d'*incidents*, et parmi lesquels le plus remarquable est celui des *euscaristes*, en ce qu'il confirme phrénologiquement le sujet qui nous occupe.

Incidents. — Cet organe est un de ceux qui sont situés là où le *sinus frontal* (voyez leçon XIV, p. 216 à 217, et leçon XVII, p. 280) peut empêcher d'en apprécier exactement la grandeur; mais si l'on suit les règles que j'ai indiquées, il sera difficile de se tromper. N'oublions pas non plus que chez les enfants, où l'organe se montre très-gros, un pareil sinus n'existe pas.

Quant aux nations, il est indubitable que cet organe est plus prononcé chez les Français que chez aucun autre peuple européen, et chez les Chinois plus que chez aucun autre peuple asiatique. C'est à son développement, aidé du secours des autres facultés, que les premiers doivent certains articles d'industrie où ils excellent, et le sceptre des modes qu'ils tiennent depuis des siècles; et les seconds certaines constructions spéciales, et un alphabet qui compte plus de dix mille lettres et que peut apprendre seul le peuple qui a généralement la configurativité fort développée. Il m'a toujours semblé que l'habitude de tout ramener à des formes déterminées tenait, chez ce peuple, au développement spécial de l'organe qui nous occupe. Les Français ont beaucoup de cela, et j'en toucherai deux mots en parlant de la prochaine faculté.

On l'a remarqué, cet organe est en général plus développé dans l'homme que dans la femme, tandis que la langagetivité est plus développée dans la femme que dans l'homme. Si le sexe féminin ne se distingue pas autant que l'autre dans les formes, il est parfaitement connu que les femmes apprennent les langues plus facilement que les hommes, et nous devons attribuer le fait à cette différence spéciale.

Aujourd'hui même (5 octobre 1852) j'ai vu un de mes amis, D. Carlos Vicens, qui a la configurativité très-développée. Comme je le lui faisais remarquer : « Cela doit être vrai, me dit-il, jamais une physionomie ne s'est effacée de ma mémoire, et je vois, aujourd'hui encore, celle de Charles IV telle que je l'ai vue pour la seule fois en 1802, alors que je n'avais que six ans. » — Cuvier, dont vous verrez bientôt le portrait authentique, avait cet organe colossalement développé, mais les autres organes céphaliques se trouvaient heureusement à un degré de développement harmonique, ce qui fit que la violente activité de sa configurativité ne manqua jamais de bonne direction. Cuvier dut ses merveilleux progrès dans l'anatomie comparée à cet organisme céphalique. Il voyait aujourd'hui la figure ou la forme d'un animal ou d'un os, il les gardait ineffaçablement gravées dans son esprit. Six mois ou un an après, il voyait un autre os qu'il comparait avec la conception qu'il avait du premier, et il le gardait aussi gravé dans l'âme. Des faits s'enlaçaient ainsi à d'autres faits ; et de là les étonnants progrès de ce grand homme en ostéologie, que tout le monde admire et ne cessera jamais d'admirer. Tous les peintres qui se sont distingués dans le portrait, dans le paysage, dans les fleurs, ont l'organe en question très-développé. Il est accompagné d'un bon développement de l'individualité chez les auteurs remarquables dans le genre descriptif.

En lisant Erro et autres auteurs *eucaristes*, c'est-à-dire ceux qui écrivent sur l'idiome basque, j'ai vu qu'ils ont assimilé certains sons à certaines formes, et ont ensuite déduit de ces formes les analogies les plus hardies, les plus mal fondées et les plus absurdes en faveur du cantabre, sans que pour cela les leurs œuvres soient dépourvues, je suis le premier à le reconnaître, d'idées utiles, lumineuses et brillantes. — Il y a des personnes qui donnent une forme spéciale aux couleurs ; pour elles le noir est rond, le vert est carré, le blanc est multiforme. D'autres associent toujours les mots à certaines figures, sans pouvoir facilement s'en empêcher. Il y avait un individu, dit le *Phrenological journal*, d'Édimbourg, qui associait le mot *Simpson* (qui est un nom d'homme) avec la forme d'un 8 ; le mot *Combe* (peigne) à la forme d'une espèce d'amphore ; le mot *cox* (coq) à une sorte d'aigrette, et ainsi des autres. Mais ce sont là des aberrations d'une configurativité exaltée qui, abandonnée à son caprice effréné, donne naissance à des systèmes extravagants, à des théories échevelées : rêves de gens éveillés, à l'antipode de l'objet pour lequel cette faculté nous a été accordée.

Cet organe peut être malade et donner lieu à une foule d'erreurs mentales qui s'enchaînent avec la forme. Dans la leçon XVII, p. 263, et dans la XXVIII°, p. 440, je vous ai déjà parlé d'une jeune fille d'Olot qui voyait sa tête s'en aller en morceaux. — A New-York, j'ai vu tomber une demoiselle qui se blessa à la partie intérieure du front. Aussitôt elle commença à voir des formes fantastiques, des personnes de configurations extraordinaires qui l'emportaient. Dans les rêves, quand les organes de la raison sont endormis, cette faculté a une action indépendante et sans frein, elle produit des conceptions purement idéales de formes qui nous épouvantent ou qui nous charment, suivant ce qu'elles sont. Entre l'auteur qui les conçoit comme choses imaginaires et en fait une fiction complète, et le malade ou l'endormi qui les conçoit comme choses d'existence réelle et positive, il n'y a d'autre différence, sinon que dans le premier cas l'influence qui existe entre la configurativité et les facultés de rapport universel agit, et que dans le second cette influence est perdue ou suspendue par des causes purement physiques. Je parle des cas naturels et nullement des cas miraculeux où Dieu, dans ses inscrutables desseins inspire l'homme par des visions pour des fins et pour des objets où notre pénétration naturelle n'atteint pas et où elle ne peut pas atteindre. Il est presque inutile d'ajouter, pour terminer, que toutes les sciences, les arts et les instruments qui nous enseignent à connaître, à corriger et à mieux produire la forme en général doivent naissance à la configurativité.

Observations générales. — Celui d'entre nous qui a la configurativité la plus développée se rappellera le mieux la forme des têtes qui sont réunies ici, et en reproduira le mieux le contour sur le papier. Ce fait de notre attention plus ou moins attachée à la forme céphalique des personnes ici présentes prouve que l'organe est plus développé chez les uns que chez les autres. Il est en moi trèspetit, tandis que j'ai celui de l'individualité très-grand ; et il est certain que je dois faire un effort considérable pour fixer mon attention sur la forme générale de la tête que j'examine phrénologiquement, et qu'au contraire je distingue et détermine facilement, rapidement et exactement les organes pris individuellement. J'ai appris à écrire avec la plus grande difficulté, et dans mon enfance j'ai dû abandonner le dessin pour défaut d'aptitude ; tandis que M. Isaac Pitman, l'infatigable génie qui se trouve aujourd'hui à la tête de la réforme alphabétique dans le sens phonétique en Angleterre, ne peut pas, même quand il le veut, et j'en ai été témoin, mal former son écriture. Sa configurativité est colossale. Spurzheim l'avait au même degré ; aussi répétait-il sans cesse : « *La supériorité ou l'excellence réside dans la beauté de la forme.* » Il est inutile de dire que la configurativité, dans son plus haut degré de développement, ne se trouve que chez les individus dont les yeux sont très-écartés, et que cet écartement provient des lames orbitaires du côté interne, c'est-à-dire de chaque côté de la naissance du nez, là même où sont les lacrymaux.

Voici un groupe qui vous présente les portraits de Raphaël et de Pérugin, son maître, où l'organe en question se trouve extraordinairement développé. Ces portraits sont authentiques, ils sont tirés sur un dessin copié de la peinture à fresque connue sous le titre d'*École d'Athènes*, l'un des chefs-d'œuvre de Raphaël. « Ce grand peintre, dit Bruyères dans sa *Phrénologie pittoresque*, p. 182, en parlant de ce groupe, a légué son image à la postérité, en se plaçant dans un coin de cette vaste composition, dans laquelle il a fait preuve de reconnaissance, de bon goût et de modestie en mettant le portrait de son maître avant le sien. »

Il y a des animaux privés de raison qui possèdent cet organe singulièrement développé et montrent l'instinct qui y correspond dans un grand état d'activité. Écoutons là-dessus le père de la phrénologie. « Il y a des chiens, dit-il, tome V, p. 2-3, qui, après des années, reconnaissent sur-le-champ des personnes qu'ils n'ont vues qu'une fois ; tandis que d'autres oublient, au bout de peu de jours, celles qu'ils ont vues très-souvent. Les singes, les chevaux, les éléphants, les chèvres, les oiseaux reconnaissent, entre mille individus, plus ou moins facilement leur maître ou toute personne qui les a blessés ou les a bien traités. Tous les animaux qui vivent en troupeau, en compagnie, en bandes, se connaissent

RAPHAEL ET PÉRUGIN.
Raphaël, né en 1483, mort en 1520. — Pérugin, son maître, né en 1446, mort en 1524.

entre eux. Qui le croirait! toutes les abeilles d'une même ruche se connaissent, et elles sont de vingt à quatre-vingt mille. » Les oiseaux, et spécialement les perroquets, les corbeaux, les oies, reconnaissent immédiatement leur bande. N'avons-nous pas vu souvent mourir sous les coups de bec une poule mêlée pour la première fois à d'autres dans une basse-cour? Mais cet instinct, comme tous les autres, est, chez les animaux, déterminé et borné à la nécessité du présent, il ne se peut ni modifier ni étendre. L'abeille connaît ses compagnes, mais non d'autres formes vivantes, avec lesquelles elle n'a pas à s'associer ; elle fait ses cellules hexagones, et non d'une autre forme, qu'elle ne connaît ni ne peut connaître. Les instincts des animaux sont de soi concrets, non *abstraits* ; ils ne sont pas, comme ceux de l'homme, applicables par un libre arbitre qu'ils ne possèdent pas, mais fixes et engagés par leur propre nature dans la voie unique et exclusive qu'ils doivent suivre, comme je l'ai expliqué dans la leçon XXVI, p. 412 à 414.

Langage naturel. — J'en parlerai plus loin.

8, MÉDITIVITÉ; auparavant 28, ÉTENDUE.

Avant de décrire cet organe, je dois vous rappeler que ce n'est qu'en ayant présent à la mémoire tout ce que j'ai dit sur la grandeur ou volume dans la leçon XVI, que vous tirerez profit des explications qui vont suivre.

Définition. — Usage ou objet. Apprécier, distinguer, concevoir et appliquer la grandeur, la largeur, l'épaisseur, la hauteur, la profondeur, l'étendue dans toutes ses dimensions, en un mot, l'espace en général. Désir d'appliquer, d'une manière précise, dans nos produits les conceptions que nous nous formons d'elle[1].—Abus ou perversion. Conceptions de grandeur, de distance, d'étendue inexactes, trop vastes ou applicables à des objets pour des fins nuisibles. — Inactivité. Grande difficulté à percevoir ou concevoir la grandeur, l'étendue, la distance ou l'espace ; complète inaptitude à l'appliquer convenablement aux objets que produit l'individu.

Localité. — Précisément sur les lacrymaux, dans la direction du dehors, dans le creux que forme l'extrémité du coin interne supérieur de l'œil. Dans les portraits que vous verrez plus loin, le siége de cet organe est marqué d'un point. Le praticien doit se convaincre par une légère pression sur la partie que l'élévation, s'il y en a, est causée par la protubérance de l'orbite, et non par aucun renflement extraordinaire ou accidentel.

Découverte. — On la doit à Spurzheim. Ce grand homme a commencé à réfléchir que la grandeur, l'étendue, la distance ou l'espace, était une qualité physique très-différente de la configuration ou forme ; que, par conséquent, il devait exister une faculté spéciale sous la juridiction de laquelle tombent les attributs énumérés dans la *définition*. Il a cru néanmoins que, cette faculté opérant toujours ou presque toujours en union avec la configurativité, son siége ne devait pas en être éloigné. Il remarqua d'abord que les personnes qui avaient le coin au-dessus des lacrymaux très-renflé se distinguaient par leur facilité extraordinaire à déterminer les distances et les grandeurs; enfin, ses conjectures, à force d'observations et d'expériences, acquièrent un degré de certitude inattaquable. D'autres phrénologues ont continué ses études et ses observations sur ce point, jusqu'à ce que le siége de l'organe soit considéré comme complétement démontré.

Harmonisme et antagonisme. — J'en parlerai plus loin.

Divers degrés d'activité. — Si l'organe est *petit*, la faculté est inactive, et l'individu perçoit, conçoit et désire faiblement tout ce qui est l'objet de cette faculté. — S'il est *moyen*, à force d'application et d'étude, l'individu acquiert assez de disposition pour mesurer toute espèce de distances, d'espaces et d'objets, et pour les représenter dans ses productions. — S'il est *grand*, il y a une espèce d'*intuition géométrique*. L'individu ainsi constitué a la science, le sentiment infus de toute grandeur, étendue et distance. Il découvre avec la rapidité de la pensée la disproportion de l'espace et applique ses proportions avec une admirable exactitude.

Direction et influence mutuelle.—La mesurativité est l'élément primitif de la perspective et de la géométrie. C'est l'élément le plus important pour reconnaître la grandeur intrinsèque et relative des organes céphaliques.

[1] Pour mieux dire : désirer, repousser, percevoir, concevoir ou imaginer et se rappeler les grandeurs, les dimensions, les distances, les espaces. Force de plaisir et de douleur à l'égard de l'espace en général.   (*Note de l'auteur pour l'édition française.*)

Cette faculté est d'une suprême utilité pour les géographes, les géomètres, les chasseurs, les architectes, les artilleurs, bien que par elle seule elle ne constitue ni la géographie, ni la géométrie, ni la vénerie, ni l'architecture, ni l'artillerie. Ces arts et ces sciences sont chacun le résultat d'une faculté spéciale comme élément primitif, jointe à d'autres qui lui prêtent secours et appui. Sans méditivité ou mesurativité, par exemple, il n'y aurait pas de perspective; mais il n'y en aurait pas non plus, comme art ou comme science, sans constructivité, sans configurativité, sans comparativité, sans déductivité et autres facultés.

Incidents. — Une des choses que j'ai le plus admirées à l'Escurial, c'est que tout genre ou espèce d'objets représentés dans beaucoup de tableaux et de peintures à fresque se voient de grandeur naturelle, quelles que soient les différentes distances relativement au point de vue; sans un organe de la méditivité bien développé, les auteurs de ces richesses artistiques n'auraient pas pu leur donner cette admirable perspective. Un peintre anglais, M. Douglas, chez qui cette faculté est extraordinairement développée, au rapport de Combe (t. I, p. 4), a déclaré que, dès sa première enfance, il trouvait son plaisir dans la perspective. A peine pouvait-il marcher, qu'il s'amusait à *mesurer les distances avec un bâton.* Plus grand, il contemplait avec admiration la distance entre les vagues et demeurait déconcerté en voyant qu'elle grandissait à mesure qu'elles approchaient. Brunel, directeur du tunnel sous la Tamise, Herschell, célèbre astronome anglais, M. P. Gibson, peintre qui se distingue dans la perspective, ont tous l'organe très-développé. — Au Collège littéraire de San-Fernando, que j'ai fondé à la Havane en 1829, le premier de ce genre qu'ait possédé l'île de Cuba, il y avait un élève nommé Torizes, jeune homme de seize ans, qui traçait un cercle parfait sans l'aide d'aucun instrument et en indiquait le centre avec une précision mathématique. Il avait une méditivité et une configurativité énormes, et c'est à leur extraordinaire développement qu'il dut ses rapides progrès dans le dessin linéaire et de perspective. Spurzheim raconte la même chose d'un membre de la Société phrénologique d'Édimbourg, dont il examina la tête. — Bruyères, beau-fils de Spurzheim, dit, dans sa *Phrénologie pittoresque,* p. 184 : « Claude Lorrain et Poussin ont eu le talent de la perspective au degré le plus éminent, et leurs portraits confirment l'existence d'un organe particulier pour cette faculté. » Notre sculpteur distingué don José Bover, de Barcelone, a cet organe extraordinairement développé et une grande configurativité.

Observations générales. — J'ai cru remarquer que les Anglais l'emportent sur les autres nations européennes par la grandeur de cet organe, et qu'en conséquence ils sont généralement célèbres par leur talent pour la perspective.

Ce que Combe nous raconte de M. Douglas explique pourquoi j'ai préféré la dénomination méditivité ou mesurativité à toute autre. Le premier désir, individuel et spécial, de cette faculté est de *mesurer;* parce que c'est seulement en mesurant, quelque instinctivement ou intuitivement que cela soit, que nous pouvons avoir perception ou conception des distances.

Le système décimal de mesure, de même que tout autre système de mesure, tout instrument de mesure, tout art et toute science de mesure, a cette faculté pour origine; mais, comme je l'ai dit en parlant de l'influence mutuelle des

facultés, pour tous ces arts, sciences et instruments, il faut, en outre, le secours et l'aide de diverses d'entre elles, plus ou moins directement, suivant
l'objet de telle ou telle espèce de mesure. La configurativité désire tout réduire
à une forme déterminée; c'est peut-être pourquoi le système métrique doit
aux Français d'avoir été adopté et généralisé. J'attribue aussi au grand développement que cet organe montre chez eux les entraves qu'ils s'imposent volontairement, au moral comme au physique, pour la production de formes
déterminées. Il n'est peut-être pas en Europe de langue plus liée, plus asser-
vie à des formes particulières et spéciales que la langue française.

9, INDIVIDUALITIVITÉ; auparavant 26, INDIVIDUALITÉ.

Définition. — Usage ou objet. Esprit de déterminer l'unité matérielle, de
connaître les objets externes et leur existence individuelle. « Bien séparer,
bien distinguer, voilà, dit Broussais, l'objet de cette faculté.» Perceptions et
conceptions des existences ou entités, soit concrètes, comme arbre, minéral,
cheval; soit abstraites, comme espérance, vertu, justice, suivant leur être
isolé, unique, individuel. Désir d'individualiser, de détailler, de distinguer
des différences, d'analyser. *Elle est la source de la perception et de la conception des substantifs* [1]. — Abus ou perversion. Ardeur excessive à person-
nifier des phénomènes et des idées abstraites, comme la vie, l'ignorance, la
mémoire, le jugement, etc. Défaut de vouloir *tout distinguer et diviser.*
Démangeaison de détailler, de diviser avec une infatigable minutie. *Inactivité.* Grande difficulté de distinguer sans confusion les objets externes
comme individualités séparées; répugnance à observer des entités; scepticisme objectif ou matériel des choses.

Localité. — Cette faculté a son organe situé immédiatement sur la racine
du nez, au milieu ou au centre des sourcils. Dans le dessin du crâne ouvert
au centre par une coupe verticale, que je vous ai montré dans la leçon XVII,
p. 280, pour vous faire remarquer le siége et le peu d'importance du *sinus
frontal,* la localité de cet organe est indiquée par le n° 1; dans le portrait
de Michel-Ange, leçon XII, p. 200, par le n° 26.

Découverte. — Gall, après avoir découvert l'organe du langage ou de la
mémoire verbale, comme il l'appelait, remarqua bientôt que cette espèce
de mémoire n'était pas la seule qui existât. Sa profonde pénétration ne fut
pas longtemps à découvrir ce fait, que certaines personnes, qui ne pouvaient
pas retenir les noms, retenaient les événements; que d'autres, remarquables par leur grande mémoire de lieux, oubliaient facilement les dates et les
nombres. Il sut plus tard que des philosophes antérieurs à lui avaient fait
la même observation et avaient distingué trois sortes de mémoire : la mé-

---

[1] Il ne faut pas perdre de vue ce que je dis ici et ce que je prouve plus loin, que pour
tout cela la faculté possède force de désir, d'aversion, de sensation agréable ou désagréable, de perception, de conception ou imagination et de souvenir ou mémoire.
　　　　　　　　　　　　　　(*Note de l'auteur pour l'édition française.*)

moire des choses, *memoria realis;* la mémoire verbale, *memoria verbalis,* et la mémoire des lieux, *memoria localis.*

Le docteur Gall remarqua dans la société certaines personnes qui, sans être profondes, étaient érudites, avaient des connaissances superficielles des arts et des sciences et en savaient assez pour en parler avec facilité. Il trouva constamment chez ces personnes le centre de la partie inférieure du front très-renflé. D'abord il appela cet organe mémoire des choses (sachgedæcht-niss); mais, s'apercevant ensuite que les personnes chez lesquelles cet organe était grand se distinguaient en général par une facile et rapide compréhension, il l'appela *sens des choses, sens d'éducabilité,* de *perfectibilité.*

D'autres phrénologues découvrirent ensuite que la partie supérieure de l'organe en question était déprimée lorsque la partie inférieure était renflée, et que parfois, au contraire, celle-ci était déprimée lorsque celle-là était renflée. Après cette observation, on ne douta pas que la région inférieure centrale du front contînt deux organes; mais le difficile était de déterminer la fonction spéciale de chacun. « L'incident que je vais rapporter, dit Combe (*Lectures,* p. 251-252), a éclairé mes idées sur ce point. Je dînais un jour avec plusieurs messieurs qui avaient assisté à une grande revue qui venait d'avoir lieu. Je demandai à l'un d'eux quels étaient les régiments qui avaient été passés en revue. Il me répondit qu'il n'en savait rien. Je lui demandai s'il se souvenait des numéros des havre-sacs. Il ne les avait pas remarqués. « Avez-vous vu les uniformes? » lui demandai-je. Il ne se rappelait pas d'y avoir fait attention. « Qu'avez-vous donc vu? dis-je alors. — Eh! que vouliez-vous que je visse? me répondit-il. J'ai vu la revue. — Et qu'appelez-vous la revue? — J'appelle la revue, non les numéros ni les uniformes, mais les évolutions. » — Et il se mit alors à décrire dans les plus grands détails et avec la plus grande exactitude les marches, les mouvements, les évolutions.

Un autre monsieur dit alors : « Je sais que les soldats ont marché, ont formé des carrés, mais je n'aurais pas pu décrire, comme monsieur vient de le faire, les divers mouvements qui se sont succédé; par contre, je me rappelle parfaitement bien les régiments, les numéros et les uniformes qu'il y avait à la revue. » — Cette remarquable différence entre ces deux messieurs fit sur moi une forte impression, ajoute Combe (*loco citato*), et je remarquai que chez le premier l'individualité supérieure était très-développée, et l'inférieure chez le second. Le docteur Spurzheim, à Paris, et moi, à Édimbourg, nous découvrîmes presque en même temps les fonctions de ces parties cérébrales. »

Spurzheim analysa ensuite la fonction primitive, fondamentale, de chacun de ces organes; il appela l'inférieur *individualité,* et le supérieur *éventualité,* au lieu des dénominations (*sachgedæchtniss, erziehuns-fœhigkeit*), mémoire des choses, éducabilité, que Gall, qui les considérait comme un seul organe, leur avait données.

Harmonisme et antagonisme. — J'en parlerai plus loin, en examinant dans leur ensemble toutes les facultés de connaissance physique.

Divers degrés d'activité. — Je ne dois pas omettre, en abordant ce point, de vous avertir d'avoir présent à la mémoire ce que je vous ai dit, dans la leçon XVI, sur la *grandeur*. Si cet organe peut, par rapport à sa *grandeur*, induire parfois en erreur, à cause de son adhérence à la partie du crâne où précisément se forme le *sinus frontal*, après la douzième année, il est facile d'éviter d'y tomber en prenant en considération ce que j'ai dit à ce sujet dans la leçon XIV, p. 217, et dans la XVII, p. 280. — Si l'organe est *petit*, l'individu regarde et ne voit pas; il ne connaît pas les objets qu'on lui présente dans un appartement, sur une table, dans un endroit quelconque. Pour lui, tout est confusion; il doute même de sa propre existence comme individu. Dans ce cas, la faculté est très-peu active et ne perçoit pas les objets qui font impression sur les sens. Notre proverbe dit très-bien : « Ne voient pas tous ceux qui ont des yeux. » Avec un pareil degré de développement de cet organe, il serait absurde de se livrer à la chimie, à la botanique ou presque à aucune des sciences naturelles. — Si l'organe est *moyen*, l'individu est un observateur ordinaire, et, avec quelque peu d'efforts pour diriger son attention sur les objets qu'il a devant lui, il les perçoit bien et s'en souvient bien. A ce degré de développement, l'étude et l'application sont d'une grande utilité pour fortifier et activer la conception ou les forces imaginatives. — Si l'organe est *grand*, l'individu éprouve un grand désir de savoir, d'amasser des connaissances : il se plaît dans l'observation. Il forme des conceptions concrètes de toutes les idées abstraites. Il lui coûte peu de diviser, de subdiviser, de diviser encore et de subdiviser, de donner des noms ou dénominations aux individualités qu'il forme, qu'il perçoit ou qu'il conçoit. Dans ce degré de développement, l'individu a une disposition remarquable pour tout voir, pour ne rien laisser échapper, pour tout embrasser dans le détail d'un seul coup d'œil. Tout changement apporté dans les lieux qu'il fréquente le frappe et lui fait dire : Que signifie ceci? là il y avait un tableau, là un fauteuil, ici un livre; et il va décrivant tout ce qui existait auparavant. S'il avait, au contraire, l'organe *petit*, on lui montrerait les changements et il ne parviendrait pas à les voir.

Direction et influence mutuelle. — Si d'autres facultés ne venaient pas en aide à l'individualitivité, nous ne verrions que des objets différents et ne pourrions presque pas déterminer ce qu'ils sont. Nous ne pourrions percevoir ni leur couleur, ni leur forme, ni leur pesanteur, ni leur volume, ni leurs proportions. De même, si les facultés qui perçoivent ces attributs étaient privées de l'influence de l'individualitivité, elles verraient tout en masse, tout confus, tout uni comme une plaine de sable, tout uniforme comme la mer. Il n'y aurait pas des êtres séparés, tout serait une monotonie complète ou absolue. Cette faculté, comme toutes les autres, donne et reçoit une impulsion, domine et est dominée, comme je l'ai dit dans la leçon VI, p. 49 à 53; dans la leçon XI, p. 142 à 145; dans la leçon XII, p. 160 à 162; dans la leçon XVIII, p. 286 à 299. Si elle pousse et domine les facultés d'action morale, elle concrète les affections les plus sublimes, les considérant comme des objets qui viennent du dehors; elle produit la tendance à tout voir objectivement, matériellement, à tout soumettre à la division et à la subdivision physique. Si elle subit l'impulsion, si elle est dominée, alors l'individu est tout idéal; il vit de ses propres créations. En dehors de cette sorte d'influences, l'individualité, comme toutes les autres facultés, peut être un instrument de bien ou de mal, suivant qu'elle est dirigée par la partie exclusivement morale, animale et intellectuelle, ou par les trois, combinées en une action saine et harmonique.

Accidents. — Broussais avait cet organe si puissant et si prédominant, que toutes ses tendances étaient de toujours tout concréter et tout matérialiser. Comme Aristote, Condillac et les idéologues en général, il ne voyait que des objets externes qui, selon leur vertu, excitent les dispositions internes passives; comme si l'âme, moteur actif, principe mental, essence spirituelle qui dirige tout ce qui est matériel, était, pour parler leur langage, une table rase, une ardoise, une feuille de papier. L'action mal dirigée de l'individualitivité et d'autres facultés de connaissance physique ont donné prépondérance à cette doctrine d'excitation, impression ou sensation venues du dehors, établie par Aristote, comme principe ou origine des facultés mentales, et plus ou moins suivie et adoptée dans la suite par Locke, Condillac et ce qu'on appelle l'école *idéologique*. Plus que tout autre système de philosophie de l'esprit, la phrénologie, vous l'avez vu, a repoussé et détruit pour toujours ces énormes absurdités, absurdités dont quelques-uns, la calomniant sans la connaître, ont vainement tenté de la rendre complice. Chez Pirrhon et chez Berkley, au contraire, l'organe de l'individualitivité était si petit, qu'ils avaient une idée très-confuse des objets externes et doutaient, pour cette raison, même de leur propre objectivité, c'est-à-dire de leur propre existence individuelle. Voilà l'origine de la philosophie sceptique.

Cette faculté, chez Platon, était sous la domination complète de la région morale et réfléchissante; aussi ne voulait-il que la méditation interne; de là, la philosophie spéculative ou idéale. Chez Michel-Ange, l'organe était énormément développé, comme on le voit, marqué par le n° 26, dans le portrait que j'ai mis sous vos yeux dans la leçon XIII, p. 200. C'est à lui qu'il doit d'avoir conçu comme objets ou êtres réels les sentiments et les principes moraux grâce auxquels, et avec le secours de diverses autres facultés bien développées, il peignit ces personnifications que la postérité admire et admirera longtemps, comme je l'ai dit dans la leçon XXV, p. 394 à 396.

Observations générales. — Considéré par rapport aux peuples, cet organe se trouve plus développé chez les Anglais que chez les Écossais; plus chez les Français que chez les Anglais, et, suivant mes observations, plus chez les Catalans que chez les Français. Mon opinion s'accorde avec celle de Broussais. « Quant à moi, dit ce grand observateur, je crois que cet organe se voit plus grand à mesure que nous avançons vers le Midi. J'ai toujours remarqué dans mes voyages que les hommes du Midi ont cette ligne du front très-saillante, tandis que les peuples septentrionaux l'ont moins marquée. J'ai fait la même observation à Paris, où il y a affluence de gens de beaucoup de nations. » *Cours de Phrénologie*, p. 510 (Paris, 1836). Sur ce point, j'ai été plus loin que Broussais. J'ai mesuré la tête de plus de cinq cents personnes de diverses.

nations et de divers pays, et le résultat m'a montré que, dans toute la ligne méridionale de l'Espagne, l'individualité est plus développée que dans les autres pays et dans le reste de la Péninsule. J'attribue au grand développement de cet organe, uni à un tempérament vif et à d'autres circonstances mentales favorables, la supériorité des Catalans sur les autres Espagnols dans les sciences naturelles et dans le savoir pratique.

Quant aux sexes, il faut reconnaître que la différence est en faveur de la femme; et, quant aux diverses classes d'hommes, il est à remarquer que, chez les paysans, l'organe est plus petit que chez les habitants des grandes villes.

Les facultés réfléchissantes désirent *savoir* par le moyen de la pensée et de la méditation; l'individualitivité, par le moyen de l'observation et de l'interrogation : observer et interroger sont les moyens de satisfaire son désir. Tous les corps sont l'objet de cette faculté; si donc, son organe ne se trouve pas au moins moyennement développé, il sera presque impossible de se distinguer dans l'histoire naturelle, dans la botanique, dans la chimie, dans la minéralogie ou dans l'anatomie. Cette curiosité de savoir qui s'éveille sitôt dans quelques enfants est un effet d'un grand développement de cet organe. Que de fois ne brisent-ils pas, ne détruisent-ils pas leurs jouets pour découvrir ce qu'il y a dedans !

Un bon développement de cet organe et une bonne comparativité, voilà les éléments principaux de l'aptitude oratoire. La prosopopée, qui offre tant de ressource pour émouvoir les sentiments, est fille de l'individualitivité. Fontenelle, qui mourut très-âgé, disait, dans les derniers temps de sa vie, à une dame qui était presque de son âge : « Silence ! que la *mort* nous oublie. » — « Si la *fortune* nous oublie, ai-je entendu dire un jour à un orateur, nous tomberons infailliblement dans les serres de la *misère*. » Ce sont là des traits d'éloquence dans lesquels l'individualitivité entre comme élément principal.

Dans son grand développement, la même individualitivité qui, mal dirigée, s'emporte et produit des récits qui fatiguent et ennuient par leur prolixité, bien dirigée, produit les magnifiques descriptions d'un Buffon dans l'histoire naturelle, et d'un Solis dans l'histoire civile. Chez Cervantes, comme vous l'avez vu dans les deux portraits authentiques que je vous ai présentés de lui, l'*individualitivité* était un des organes les plus développés. Sans cette organisation céphalique, son immense saillietivité n'aurait pas eu de champ ni de sphère d'action dans cet admirable conte connu de tout le monde, qu'il met dans la bouche de Sancho Pança (IIᵉ partie, ch. xxxii), lorsque le duc a invité Don Quichotte à occuper le haut bout de la table. Ici l'individualitivité se montre dans ses excès, sous les inspirations de la saillietivité et de la précautivité ou instinct des résultats, de la manière la plus spirituelle et la plus gracieuse que l'on puisse concevoir, par le contraste et la diversité des sentiments que fait naître dans les auditeurs la trop longue énumération de détails prolixes.

« Un hidalgo de mon village, très-riche et considéré, parce qu'il descendait des Alamos de Medina del Campo, qui épousa doña Mencia de Quiñones, qui était fille de don Alonso de Marañon, chevalier de l'ordre de Saint-Jacques, qui se noya dans la Herradura, au sujet duquel eut lieu, il y a des années, dans notre localité, cette dispute où se trouva, à ce que j'apprends, le seigneur Don Quichotte, et où fut blessé Tomasillo le tortu, fils de Balbastro le forgeron... Je dis donc, messieurs, poursuivit Sancho, que cet hidalgo, que je connais comme mes mains, puisque sa maison n'est qu'à une portée d'arbalète de la mienne, invita à dîner un laboureur pauvre, mais honnête. — Avance, frère, dit alors le religieux, ton conte, à ce train-là, te mènera jusque dans l'autre monde. — J'arriverai à moitié du chemin, s'il plaît à Dieu, répondit Sancho; et je vous dis donc que ledit laboureur arrivant à la maison de l'hidalgo qui l'avait convié, que son âme repose en paix, car il est mort, et l'on dit même qu'il est mort comme un ange, mais je n'étais pas là, j'étais alors à moissonner à Tembleque... Je dis donc que les deux personnages étant près, comme je l'ai dit, de s'asseoir à table, le laboureur disputait avec l'hidalgo 'pour lui faire prendre le haut bout de la table; l'hidalgo, de son côté, prétendait le faire prendre au laboureur, parce que dans sa maison l'on devait faire tout ce qu'il ordonnait; mais le laboureur, qui voulait passer pour poli et bien élevé, ne voulut jamais, jusqu'à ce que l'hidalgo, se fâchant, lui mit les deux mains sur les épaules et le fit asseoir en lui disant : Asseyez-vous, nigaud, le haut bout sera partout où je m'assoirai. Voilà le conte, et, en vérité, je ne crois pas l'avoir dit ici hors de propos. »

Eugène Suë avait aussi l'individualitivité très-grande, mais sans direction sage, ce qui fait que ses descriptions, si prolixes et si minutieuses dans les détails, fatiguent et ennuient. A quelle énorme distance cet écrivain français est, sur ce point, du nouvelliste espagnol !

Quelque grand que soit le développement d'une faculté, il ne l'est jamais trop; vous en serez convaincus par ce qui vient d'être dit, si les facultés qui constituent le bon goût, la droite raison et la saine morale, ont sur elle un complet empire. Ces facultés supérieures ont tenu en bride l'immense individualitivité de Cervantes dans ce conte; tandis que, dans Eugène Suë, nous la voyons, tout en étant moindre, agir sans restriction et sans frein, et défigurer presque toutes ses œuvres.

Voici un exemple qui peut servir de leçon aux écrivains, de l'usage et de l'abus des facultés intellectuelles.

Juan Rufo, notre célèbre poëte épique, auteur de l'*Austriade*, avait l'individualitivité très-grande; je l'ai remarqué dans un portrait de lui placé en tête d'une édition très-ancienne de ses œuvres. Nul auteur peut-être n'a mis autant et aussi gracieusement en jeu l'individualitivité que ce poëte dans une épître pleine de tendresse adressée à son fils. Il espère le voir bientôt; et voici, dans les strophes suivantes que j'en ai extraites, comment il décrit ce qu'il fera lorsqu'ils seront réunis :

Puis, aussitôt que j'aurai mis
Ta main blanche dans ma main brune,
Comme on fait à de vieux amis
Après une absence commune,

Que de fois je t'embrasserai !
Et, sans penser à la vieillesse,
Grâce à toi, je retrouverai
Les jeux naïfs de la jeunesse,

La toupie et ses tourbillons,
Le saut hardi de la patache,
La chasse à courre aux papillons,
Et le beau jeu de cache-cache.

A cloche-pied nous lutterons,
Mais, moi, pour rester en arrière;
Et, quand à l'arc nous tirerons,
Ma flèche arrivera première.

Puis tailler de bruyants sifflets
Dans le dur noyau de la pêche;
Fabriquer appeaux ou filets,
Pour les oiseaux ou pour la pêche.

Cueillir sur l'arbre, tout exprès,
Les cerises les plus vermeilles,
Pour nous en faire à peu de frais
De brillantes boucles d'oreilles.

Le plomb fournit les fantassins	Que de plaisirs! Et, chaque soir,
Que nous rangerons en armées;	Entourés de tous nos trophées,
En bataillons de capucins	Écouter, quand il fera noir,
Nos cartes seront transformées.	De merveilleux contes de fées[1]!

J'ai dit plus haut que la femme a communément l'individualitivité plus développée que l'homme, mais cela doit s'entendre toujours *proportionnellement*. Je dis proportionnellement, parce que, l'homme étant plus développé que la femme en stature, en force et autres circonstances organiques, il l'est aussi en masse cérébrale. J'ai dit dans la leçon XIV, p. 211, que le cerveau pèse chez l'homme quatre onces de plus que chez la femme.

L'individualitivité se rapporte aux faits qui *sont :* la causativité à la *cause* des choses; la déductivité, à leur *conséquence*. La première fait naître en nous l'idée du *maintenant* ou du présent; la seconde, de l'*auparavant* ou du passé; la troisième, de l'*après* ou de l'avenir. Autrement, tout serait pour nous un présent continuel sans commencement ni fin; la durée ou le temps ne se diviserait pas en époques. Toutes ces facultés peuvent chercher en interrogeant. L'individualitivité demande : *Qu'est-ce que cela?* la causativité : *Quelle est la cause de cela?* la déductivité : *Quelle est la conséquence de cela?* Le *est*[2] accuse individualitivité; le *pourquoi*, causativité; l'*à quoi bon, dans quel but*, déductivité.

Langage naturel. — Le langage naturel de la configurativité, de la méditivité ou mesurativité, de l'individualitivité, de la coloritivité et de la localitivité est l'action active de la visualitivité, dirigée par l'une ou par plusieurs de ces facultés ou par toutes, vers les objets externes et leurs attributs. L'observation active, l'acte de faire un effort pour découvrir quelque objet ou qualité, voilà leur langage naturel. Comme c'est un principe inattaquable découvert et démontré par Gall, que l'activité d'une faculté dirige l'organisme vers son siége, le langage naturel en question dirige tout le corps vers la ligne inférieure du front.

LEÇON XXX

10, LOCALITIVITÉ; auparavant 31, localité. — 11, PESATIVITÉ; auparavant 29, poids ou résistance. — 12, COLORITIVITÉ; auparavant 30, coloris.

Messieurs,

La plupart des importantes observations que j'ai faites dans la description des facultés et de leurs organes que vous venez d'entendre sont d'une

[1] Traduction de M. Ernest Lafond pour l'auteur de cet ouvrage. Paris, 15 mai 1858.
[2] Il est indubitable que sans individualitivité l'homme ne se ferait pas l'idée de totalité, ni par conséquent de l'être ou essence d'aucune totalité individuelle ou déterminée. Néan-

application générale. Pour le moment, je me bornerai à vous en rappeler deux, savoir : que la *perception* est un mode d'action très-simple, par suite duquel, quelque petit que soit un organe, sa faculté se trouve en état d'exercer cette action ; pour la *conception* ou *imagination*, dont j'ai déjà longuement parlé dans plusieurs autres endroits, il faut que l'organe ait un développement au moins *moyen*, et, s'il s'agit de conceptions originales, de créations acceptables, d'inventions utiles, de produits nouveaux, un progrès véritable, un développement considérable de cet organe est indispensable. En un mot, lorsque nous entendons une musique, lorsque nous sommes en présence d'un tableau, que nous observons un site, ou que nous regardons un champ avec ses mille objets divers, nous percevons ou nous saisissons tout cela, lors même que les organes de la tonotivité, de la coloritivité, de la localitivité, de la mesurativité, de la configurativité et de l'individualitivité sont petits. Mais, pour *percevoir intérieurement* la musique, lorsqu'on ne l'entend pas, le tableau, quand il est loin de nous, le site, quand on ne le voit pas ; le champ et ses objets quand nous ne les avons pas devant nous, il faut une plus grande activité dans ces facultés : il faut une bien plus grande activité encore lorsque ces *perceptions* internes doivent se combiner avec d'autres perceptions antérieures, se changer toutes dans l'esprit, de mille façons et de mille manières différentes, jusqu'à ce que, à l'aide de leur féconde énergie, nous concevions de nouvelles et de meilleures musiques, de nouveaux et de meilleurs tableaux, des sites nouveaux et meilleurs, des champs nouveaux et meilleurs et de nouveaux et de meilleurs objets. Telle est l'origine de la civilisation et du progrès humains.

Toute faculté a le double pouvoir de *concevoir intérieurement* la classe des impressions physiques et morales qu'elle *perçoit au dehors* ; c'est-à-dire toute faculté est en elle-même et toutes sont entre elles *génératrices* par leur perception et fécondes par leur conception. Il n'y a pas d'autre différence, si ce n'est que la conception présuppose une vigueur et une force naturelles et acquises plus grandes que la perception ; mais l'organe peut être tellement affaibli et par conséquent tellement inactif, que sa faculté n'aura même pas la force de percevoir. De tout ce qu'on vient de dire, se déduit le principe très-important de phrénologie pratique, savoir : qu'une faculté unie à un organe petit *perçoit à peine, connaît* ou *forme à peine une idée* de l'impression que lui transmettent actuellement les sens, tandis que cette même faculté unie à un organe très-grand forme non-seulement une idée de l'objet présent, mais encore elle sert de semence pour former des idées analogues nouvelles, alors même que l'objet ne se trouve plus en présence des sens. Ainsi donc un organe très-petit représente l'*imbécillité*, c'est-à-dire que l'individu ne peut rien apprendre, quoi qu'on fasse pour l'in-

---

moins, comme je le démontre plus loin, déterminer de fait à quelle classe appartient ou quelle est l'essence particulière d'une totalité ou essence spéciale, est du domaine exclusif de l'harmonisativité. Voyez sur ce point important les leçons XLVI et L.

(Note de l'auteur pour l'édition française.)

struire, tandis qu'un organe très-grand représente le génie, c'est-à-dire que l'individu sait sans qu'on l'instruise[1].

La seconde observation qu'il convient de rappeler à cause des importantes réflexions auxquelles elle conduit, c'est celle qui se rapporte à la différence qu'on doit faire entre la *fiction* considérée comme pure création fantastique et considérée comme une existence réelle et positive par l'individu dans l'esprit duquel elle prend naissance. La fable que l'immortel Cervantes inventa avec tous ses incidents était considérée telle par son esprit, c'est-à-dire comme une *pure fiction*, tandis que son héros regardait comme existant réellement et positivement toutes les fictions qui s'offraient à son imagination exaltée. Ce pouvoir fantastique ou de fiction plus ou moins actif, plus ou moins vrai, existe d'une manière innée dans chaque faculté de l'âme, puisque ce n'est autre chose que le pouvoir de conception ou d'imagination. Au moment où, quelle qu'en soit la cause, le pouvoir conceptif d'une ou de plusieurs facultés perd son équilibre, sa liaison et son enchaînement avec les autres facultés et surtout avec celles de relation universelle, la fiction, quelque extravagante qu'elle soit, est regardée comme existant réellement et positivement.

Ce qui est vrai pour la *fiction*, ou c'est-à-dire pour les conceptions ou images créées, l'est aussi pour tous les modes d'action de chaque faculté. De sorte que la folie, sous quelque aspect qu'on l'envisage, n'est ni plus ni moins que la suspension ou l'absence de l'union ou enchaînement qui doit exister entre les facultés. Supposer donc qu'une faculté ne peut influer toutes les autres et ne peut être influée par elles toutes, c'est supposer la folie, l'aberration, l'incohérence, ou l'aliénation[2].

Le premier élément de cette correspondance influente et influençable (influible), c'est la *perception*. Donc la nier dans une faculté quelconque n'est pas seulement une absurdité, ainsi que je l'ai démontré dans la leçon XX, p. 325-328, mais c'est encore proclamer la *folie* comme un état normal de l'âme. Que voulons-nous dire par agir en *fou*, si ce n'est se conduire d'après les inspirations d'une ou de plusieurs facultés qui par leur activité excessive ou par d'autres causes auraient perdu momentanément ou pour toujours la perception de se sentir ou d'être intelligemment influencées par les inspirations des autres facultés? Qu'est-ce que la folie du suicide, par exemple, sinon l'action morbide excessive d'une ou de plusieurs facultés qui, ne percevant pas comme elles le doivent les inspirations des facultés morales et réflexives à cet égard, porte l'individu à commettre un acte réprouvé par les lois divines et humaines? Qu'est-ce que la folie de celui qui chante toujours ou qui parle toujours, ou de celui qui chante et parle à tort

---

[1] Relativement à la perception et à la conception ou imagination, lisez, avec ce qui précède ci-dessus, ce que je dis dans les leçons XX, XXI, XXVIII, XLVIII et XLIX.
(Note de l'auteur pour l'édition française.)
[2] Lisez avec ceci tout ce que je dis dans la leçon XL sur la réalitivité, appelée auparavant merveillosité. *(Note de l'auteur pour l'édition française.)*

et à travers, sinon l'action de la tonotivité et de la langagetivité non combinée pour l'instant d'une manière intelligente avec l'action des autres facultés afin qu'elles se dirigent et se conduisent sensément?

A l'appui de cette explication j'ai de mon côté le sens commun de la race
humaine, rendu évident par le sens naturel des mots qui désignent la folie.
Que signifie *aberration*, sinon une déviation du chemin prescrit par des
circonstances ou forces étrangères à l'objet qui s'égare, mais intimement
liées avec lui, comme l'aberration de l'amativité lorsqu'elle se dévie du
chemin que les autres facultés lui prescrivent? Que signifie *aliénation*, sinon
l'acte qui nous enlève notre empire sur quelque chose, comme la destructivité, lorsqu'elle délaisse ou qu'elle perd l'empire qu'elle a sur elle-même et
qui lui permettait d'agir en harmonie avec les autres facultés? Que signifie :
« être hors de soi, ne pas être sur son assiette, » sinon qu'une ou plusieurs
facultés ont perdu le lien intelligent qui constitue le *soi*, le *moi*, l'*assiette
mentale*, comme je l'ai expliqué d'une manière claire et précise dans la leçon XX, p. 328 à 329? Les mêmes mots : folie et démence, qui dans leur
étymologie signifient, le premier, *excès*, et le second, *hors de soi*, corrobo-
rent les doctrines que je viens d'établir.

Shakspeare, considéré, non sans quelque fondement, comme le génie
humain le plus élevé, pressentit, paraît-il, qu'il n'y avait plus qu'un pas de
la passion violente à la folie; que ce pas s'exécute au moment où se supprime
l'intelligente perception que les facultés ont entre elles.

« *In the very torrent, tempest, and, as I may say, whirlwind of your
passion*, dit-il par la bouche de Hamlet, dans ses instructions aux comédiens; *you must acquire and beget a temperance, that may give it smooth-
ness*, ce qui, traduit en français, veut dire : « Au milieu du torrent, au milieu
de la tempête même, et, comme l'on dit, au milieu même du tourbillon de
tes passions, tu dois acquérir et produire une harmonie qui les apaise. »

Qu'est-ce que c'est que cette harmonie, sinon un pouvoir dominateur intelligent des facultés non excitées sur les facultés excitées? Que signifie ce
soulèvement des passions à l'état de *manifestation seulement*, et non en
réalité, constituant la mimique, l'histrionisme ou l'art comique, sinon l'influence intelligente excitante et excitable, réprimante et répressible que les
facultés ont entre elles d'exciter et de diriger tel mode d'action et non tel
autre, celui-là et non celui-ci? Suspendez ou supprimez cette influence mutuelle, cette mutuelle relation, cette intelligence et ce pouvoir mutuels, et
tout devient aberration, tout devient plus ou moins un manque de sanité
d'esprit [1].

---

[1] Lorsque je disais ceci, je n'avais pas encore découvert l'harmonisativité, faculté suprême et souveraine qui résume-l'individu dans sa totalité ; de sorte qu'alors cette faculté
supérieure et directrice, qui doit modérer et apaiser dans l'homme la tempête de ses
passions, était un mystère pour moi. Par la découverte de l'harmonisativité, leçons XLVI, XLVII, XLVIII, la représentation rationnelle de l'individualité ou personnalité
humaine dans l'âme s'explique d'une manière précise, complète et satisfaisante.

                                    (*Note de l'auteur pour l'édition française.*)

Je crois, messieurs, à moins que mon approbativité, origine de la vanité, n'ait perdu en ce moment sa communication intelligente avec les autres facultés et ne me trompe, avoir éclairé davantage avec le peu de paroles que vous venez d'entendre, l'origine de la folie et des œuvres de fiction, sur laquelle ont été écrits tant de volumes en dehors et en dedans du cercle de la phrénologie. Si je ne me fais pas illusion, il est donc de notre devoir de faire tous nos efforts pour qu'aucun organe cérébral ne s'irrite ou qu'aucune faculté mentale ne s'excite jusqu'au point de s'aveugler ou de perdre sa perceptivité, de ne pas laisser ainsi suspendre la relation intelligente et par suite l'influence mutuelle qui doit exister entre toutes les facultés, de se maintenir enfin dans une sanité parfaite de l'esprit et d'empêcher la folie.

Après ces observations, que je considère comme étant de la plus grande utilité pratique, nous allons entrer tout à fait dans l'étude de la localitivité.

10, LOCALITIVITÉ; auparavant 31, LOCALITÉ.

Définition. — Usage ou objet. Perception et conception du siége, de l'endroit, de la localité ou lieu qu'occupent les objets. Désir de satisfaction local, c'est-à-dire de voir de nouveaux siéges, de découvrir ou d'inventer de nouvelles localités. — Abus ou perversion. Locomotion extrême, déplaisir de se trouver dans le même lieu, idées extravagantes relativement au siége, direction de la faculté vers des fins illégitimes. — Inactivité. Peu d'instinct et de discernement locaux, manque de perception et de conception de siége, facilité de se perdre dans les localités qui ont été fréquentées[1].

Localité. — En direction ascendante entre l'individualité et la pesativité.

Découverte. — « Mon affection pour l'histoire naturelle, dit le père de la phrénologie, ouvr. cit., IV, p. 261-262, me conduisait souvent dans les bois, afin de tendre des filets ou de dénicher les oiseaux. En dernier lieu surtout, j'étais heureux, parce que j'avais continuellement remarqué de quel côté de l'arbre, oriental ou occidental, les diverses espèces d'oiseaux avaient l'habitude de construire leurs nids. Un semblable bonheur m'avait également suivi dans la pose de mes filets, parce que je m'étais habitué à examiner les localités que les oiseaux fréquentaient par leurs chants et leurs mouvements. Mais, lorsque au bout de cinq ou six jours que les oiseaux s'étaient réunis, j'allais voir ou lever le nid découvert, il m'était presque impossible de trouver le lieu où je l'avais rencontré ou l'endroit où j'avais tendu mes filets. Ceci m'était arrivé malgré que j'eusse toujours eu la précaution, avant de quitter ces lieux, d'y aller par divers sentiers, de les in-

---

[1] On ne doit pas perdre de vue, pour la suite, que le cercle d'action de toute faculté embrasse le désir, l'aversion, la perception, la conception, la sensation et la mémoire.
(*Note de l'auteur pour l'édition française.*)

diquer avec des branches que je plantais dans le sol et avec des incisions que je faisais aux arbres.

« Cette circonstance m'obligeait d'avoir avec moi un de mes condisciples nommé *Scheidler*, qui, sans aucun effort d'attention, allait directement à l'endroit où nous avions tendu un filet. La facilité avec laquelle il savait ou trouvait toujours son chemin était d'autant plus remarquable, que, sous d'autres rapports, ses talents ne dépassaient pas la moyenne ordinaire. Je lui disais souvent : « Mais, mon cher ami, comment fais-tu pour ne te per- « dre jamais? » Il me répondait sans cesse : « Et toi, comment fais-tu pour « te perdre toujours? »

Dans le but d'éclairer ce sujet, je pris un modèle de sa tête et je cherchai des personnes remarquables par cette même faculté. Le célèbre peintre de paysage *Schœnberger* me dit que dans ses voyages il avait l'habitude de faire un croquis très-léger et général des pays qui attiraient beaucoup son attention lorsqu'il voulait ensuite faire un tableau plus complet. Tous les arbres, tous les buissons et toutes les pierres d'une certaine grandeur qui existaient dans les lignes où il était passé se représentaient à son âme spon- tanément. Je pris un modèle de sa tête et je le mis à côté de celui de mon condisciple Scheidler. A cette époque, je connus M. Meyer, l'auteur du ro- man *Diana-Sore*, dont le seul plaisir était de se promener. Quelquefois il ne

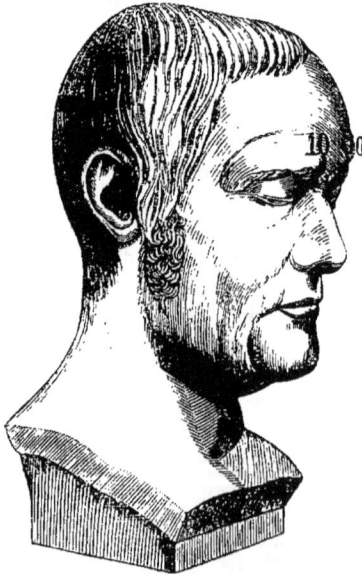

DUMONT-D'URVILLE, célèbre navigateur.

faisait qu'aller de maison en maison dans la campagne. D'autres fois, il s'adjoignait à un homme riche pour l'accompagner dans ses voyages. Il possédait une facilité admirable pour se rappeler les lieux qu'il avait vus. Je pris aussi un modèle de sa tête et je le mis à côté des deux autres. Alors je comparai entre eux les trois modèles avec un grand soin, et je les soumis à un examen scrupuleux. Je remarquai qu'ils étaient très-différents sous divers points de vue; mais je fus frappé de suite par une certaine forme com- mune à tous et placée immédiate- ment sur les yeux, à côté de l'édu- cabilité, aujourd'hui individualiti- vité. Je vis sur les trois modèles de grands reliefs qui commençaient justement à la partie supérieure externe de la racine du nez et se dirigeaient obliquement au-dessus et en dehors jusqu'au milieu du front. » Gall fit depuis plusieurs autres observations du même genre. D'autres phré-

nologues les ont continuées, et l'existence du siége de la localitivité est aujourd'hui complétement démontrée.

Dans le portrait ci-contre on voit un développement considérable de la localitivité, désignée par le chiffre 10. Dumont-d'Urville fut extraordinairement
aventureux et constant dans ses voyages. Il devait en grande partie ces qualités
au très-grand développement de la continuativité que vous venez de voir : elle
est aujourd'hui désignée par le nombre 44, elle l'était autrefois par le nombre 18, comme vous pouvez vous en assurer en comparant les deux têtes
phrénologiquement numérotées au commencement de cet ouvrage. On voit
la continuativité, indiquée par le nombre 18, dans Bampuni, p. 247, dans
le crâne d'un soldat français et dans celui d'une jeune Anglaise, p. 225.

Harmonisme et antagonisme. — J'en parlerai lorsque je décrirai, un
peu plus loin, toutes les facultés de connaissance physique en général.

Divers degrés d'activité. — Lorsque l'organe est *petit*, la faculté est *inactive*; c'est pourquoi l'individu possède peu de connaissance et peu de désir de
connaître des positions topographiques. Il observe rarement où il va; il se
perd facilement dans une ville, dans un bois ou dans un jardin. — Si l'organe
a un développement *moyen*, il peut, par l'étude, par l'attention et par l'application, arriver à retenir et à concevoir avec assez d'énergie et de précision
les lieux qu'il visite, les rapports de localité qu'il perçoit. Il trouvera, en
tâtonnant, sans trop de difficulté et sans perdre trop vite le discernement,
les objets qui se trouvent dans les endroits dont il se souvient. Dans ce cas,
si l'habitativité, antagonisme de la localitivité, est déprimée, l'individu se
sent porté à rechercher de nouveaux endroits et de nouveaux lieux. — Si
l'organe dont il s'agit est *grand*, la faculté est très-active; l'individu n'oublie presque jamais la topographie ou géographie des localités qu'il voit.
Son penchant pour les voyages est presque irrésistible; il s'extasie devant
la contemplation de nouveaux sites, de nouvelles vues, de nouvelles curio-
sités locales.

Il a un talent extraordinaire pour modifier et combiner des situations,
chose très-importante pour l'auteur qui décrit et pour le peintre d'histoire.
Newton, Mungopark, Galilée, Champollion, Ticho-Brahé, Descartes, possédaient ce degré de développement, ainsi que Humboldt, Herschell, Frazer,
les grands joueurs d'échecs et autres.

Direction et influence mutuelle. — Je me suis déjà tellement étendu sur
ce sujet, que je ne doute pas que vous ne soyez en état de le comprendre
et de le bien appliquer. Si la localitivité perd son intelligente relation et sa
communication avec les autres facultés, elle se trouve plus ou moins en
démence. On voit alors mille aberrations de localité, et tout est *incohérence
locale*. D'un autre côté, la localitivité n'est d'elle-même qu'un élément de
position relative. La localitivité, par conséquent, sans un bon développement
des autres facultés de connaissance physique, serait peu de chose. Enfin, la
bonne direction d'une faculté, par l'influence des autres, est si nécessaire,
qu'abandonnée à sa propre action tout serait en elle extravagance.

Incidents. — Cette faculté, comme toutes les autres, éprouve, par suite de maladies de l'organe ou d'autres causes, certaines *éclipses*, c'est-à-dire qu'elle perd le pouvoir d'agir. Lorsqu'il en est ainsi, l'individu ne sait où il se trouve. Il perd tout éveillé le discernement local. Il est dans une rue, et il ne sait pas où il est. Il m'est arrivé à moi-même quelquefois de perdre la connaissance locale du lieu où j'étais, de même qu'il nous arrive à tous d'oublier le nom d'une personne dont nous nous rappelons très-bien la physionomie. Dans ces circonstances, ce qu'il y a de préférable, c'est de bien fixer notre attention sur les objets visibles qui nous entourent, et cet effort active peu à peu la localitivité, jusqu'au point de former une perception du rapport qui existe entre ces mêmes objets et le lieu qu'ils occupent.

Observations générales. — Sans cette faculté l'homme n'aurait jamais le désir de changer de lieu, de même que, sans l'habitativité, il n'aurait jamais celui de se fixer d'une manière permanente dans un endroit spécial. L'organe de l'homme est plus grand que celui de la femme, ce qui correspond à leur destinée respective. Celui de la femme est pour le foyer domestique, celui de l'homme pour le dehors.

Dans mes voyages, j'ai vu de quelle merveilleuse manière le mode d'action conceptif de cette faculté agit d'ordinaire. Dans les déserts de la Louisiane, j'ai connu un médecin allemand qui trouvait d'instinct une chaumière ou un objet spécial à 30, 40 ou 50 milles de distance. Pour m'assurer de la vérité, je l'accompagnais quelquefois. Avec ma pauvre localitivité, je ne pouvais comprendre ces prodiges. A force de méditation sur ce sujet, j'entrevis la théorie de la perception et de la conception, que j'ai si longuement exposée en divers endroits et sur laquelle je ne cesserai, à cause de son importance, de fixer votre attention. La force conceptive d'une faculté crée, invente, voit ce qui jamais n'a impressionné les sens; et ces créations ou images peuvent être plus ou moins erronées, plus ou moins exactes, suivant l'activité de la faculté, dans sa parfaite union avec les autres facultés. Les conceptions de lieux du médecin dont je viens de parler étaient admirables d'exactitude. « Docteur, lui disait-on, pourrez-vous aller voir un malade? — Oui, répondait-il. Où est-il? » demandait-il ensuite. — Oh! voilà la difficulté, était l'observation naturelle qu'on lui faisait. — Bien, répliquait-il, je sais qu'il n'y a point de chemin que je n'aie là (en désignant la localitivité). Dites-moi le vent et la distance, et cela me suffit. » — On lui disait alors la direction du nord ou du sud, de l'est ou de l'ouest, la distance où se trouvait la maison, et il allait à travers ces déserts, sans route ni sentier, directement à l'endroit où était le malade, sans se tromper jamais.

Il y a des animaux qui ont cet instinct aussi admirablement développé. Gall raconte qu'on emporta en voiture un chien, de Vienne à Saint-Pétersbourg; et, au bout de six mois, il apparut une seconde fois à Vienne. Combe dit qu'en 1816 on embarqua à Gibraltar un âne à bord de la frégate anglaise *Ister*. Le navire s'échoua sur le cap de Gata ; mais l'âne gagna la terre à la nage, puis il courut d'un seul trait jusqu'à l'endroit d'où il était sorti, et qui était situé à deux cent milles de distance, distance qu'il n'avait jamais parcourue. Ainsi un bon matin, de très-bonne heure, l'âne se présenta aux portes de Gibraltar. A peine celles-ci furent-elles ouvertes, qu'i se dirigea en droite ligne vers son étable. Et que dirions-nous des oiseaux voyageurs ou de passage?

11, PESATIVITÉ; auparavant 29, POIDS ou RÉSISTANCE.

Définition. — Usage ou objet. Désir et pouvoir d'apprécier, de concevoir, de rappeler et d'appliquer la propriété des objets qui les rend pesants ou résistants. Elle applique les principes de la gravité spécifique, du mouvement des forces mobiles et du balancement ou équilibre, c'est-à-dire qu'elle proportionne instinctivement la force à la résistance et maintient l'équilibre. — Abus ou perversion. Ne penser qu'à éprouver les forces ou à les diriger à de mauvaises fins. — Inactivité. Ne pas sentir de désir, ne pas posséder un pouvoir d'appréciation, à l'égard du poids, ne pas proportionner la force à la résistance, et perdre ainsi avec facilité l'équilibre ou le balancement[1].

Localité. — Cet organe est très-petit. Il est situé sur le côté externe de celui de la méditivité ou mesurativité dans une direction ascendante. Vous étudierez cette localité bientôt, car je vous la présenterai indiquée par le numéro 11 sur quelques portraits. (Voyez un peu plus loin.) Le volume plus ou moins grand de cet organe est indiqué par la voussure plus ou moins saillante des orbites.

Découverte. — On la doit à Spurzheim. Cet illustre auteur eut l'idée que l'homme ne peut posséder une faculté qu'il n'ait instinctivement connaissance de la force qu'il doit opposer à la résistance qui se présente de toute part, afin de maintenir l'équilibre ou de produire d'autres phénomènes nécessaires à son existence et à son progrès. Contrairement à Gall, il ne nous dit point quelle est la circonstance qui lui suggéra l'idée de trouver dans le siége indiqué l'organe de cette faculté. Cette localité, discutée pendant quelque temps, fut complétement démontrée par les phrénologues d'Édimbourg.

Harmonisme et antagonisme. — J'en parlerai plus loin.

Degrés divers d'activité. — Si l'organe est *petit*, la faculté est inactive. Dans ce cas, l'individu ne maintient pas bien son centre de gravité; il danse mal, il ne se tient pas bien à cheval, il a une tenue peu agréable, il marche avec peu de grâce, il ne communique point à ses mouvements l'élan convenable qu'il devrait leur donner, de sorte qu'il ne lui est pas facile de bien toucher d'un instrument, malgré son talent musical. — Si l'organe est d'un développement *moyen*, la faculté peut acquérir par l'étude, l'application et l'exercice, une activité suffisante qui lui permet de remplir le but pour lequel elle a été concédée. — Si l'organe est *grand*, elle perçoit, conçoit, applique et se souvient facilement de tout ce qui est relatif à la pesanteur ou résistance. Il marche sur de mauvais chemins, il monte des chevaux fougueux, grimpe dans des lieux escarpés et maintient toujours son équilibre;

[1] Toute faculté, comme je l'ai souvent dit, a une force de désir, d'aversion, de perception, de conception ou d'imagination, de sensation ou de plaisir et de douleur, de mémoire ou de souvenir. *(Note de l'auteur pour l'édition française.)*

il vise et tire bien; il a une bonne embouchure pour apprendre les instruments à vent, une bonne main pour ceux à corde. Il possède en général habileté et dextérité des mains.

Direction et influence mutuelle. — La propriété physique de la pesanteur, de la résistance ou gravité que possèdent tous les objets combinés avec leur forme, leur individualité, leur volume, leur couleur et les relations qu'ils conservent relativement à la localité, à l'ordre, au nombre et autres choses, prouve incontestablement que toutes les facultés de connaissance physique doivent se prêter mutuellement aide et appui; elles doivent agir d'une manière combinée, afin que l'âme saisisse quelque élément d'existence externe, de sorte que, s'il est bien vrai que la faculté qui nous occupe est la source de toute espèce d'habileté ayant pour base le soutien de l'équilibre par l'adresse dans le maniement des forces, comme lorsqu'il s'agit de monter à cheval, de danser sur la corde, de nager, de jouer aux barres, au billard, de patiner, la pesativité ne servirait de rien sans l'action combinée des facultés qui nous mettent à même de percevoir les objets, de mesurer les distances, de reconnaître les formes et les autres propriétés et rapports. Il est certain aussi que c'est à elle qu'on doit l'origine de la dynamique et de la statique dans toute leur extension et toutes leurs relations. Mais, sans l'action des facultés que je viens d'énumérer, combinées à celles de relation universelle et autres, des sciences semblables ne sauraient exister. L'homme s'est servi en tout temps du levier, de la balance et du balancier, lesquels viennent directement sans doute de la pesativité; mais aurait-il jamais construit ces instruments sans la constructivité? Certaines facultés servent d'impulsion ou obéissent à d'autres pour satisfaire les désirs de toutes. Qu'est-ce que la hache, le marteau, l'enclume, le sabre, l'épée, l'étau et toute la classe des ustensiles et des ferrures, sinon le résultat de l'action continue de désirer de la constructivité, aidée par les facultés de connaissance physique, dirigée par celles de relation universelle, qui fournissent ensuite de nouvelles ressources pour satisfaire ce même désir de construire? De sorte qu'une faculté activant d'autres facultés, il résulte de cette action combinée pour toutes en général et pour chacune en particulier, des désirs et des moyens de satisfaction toujours croissant, s'agrandissant et destinés à s'accroître, à s'agrandir toujours. Telle est l'origine du progrès incessant auquel la Toute-Puissance a soumis la condition imparfaite, mais perfectible de l'homme.

Incidents. — Dans un long, habile et consciencieux article, publié dans le 1er volume du *Phrenological Journal*, M. Simpson démontre d'une manière incontestable que, lorsque cet organe devient malade, nous perdons l'attribut de l'équilibre et l'instinct du centre de gravité. John Hunter, le célèbre anatomiste anglais, eut en 1776 une maladie de la région où l'organe dont il est question se trouve et a son siége particulier. La première sensation qu'é-prouva le malade fut celle de l'ivresse. Il perdit l'instinct de l'équilibre. Parfois il s'imaginait qu'il était suspendu dans les airs; d'autres fois il se figurait que la chambre où il était tournait autour de lui. *Il avait perdu la connaissance*

de soi-même, c'est-à-dire qu'il ne conservait point son centre de gravité. —
Le mal de mer, les vertiges, les phénomènes de l'ivresse, peuvent, avec beaucoup de probabilité et même de certitude, être rapportés à l'état anomal de cet
organe. Je raconterai comme incident une anecdote publiée par Combe à propos
de cette faculté. Un épicier de bonne humeur, dit-il, se fit préparer un fromage
en bois qui en imitait parfaitement un autre naturel, très-grand et très-beau, à
côté duquel il le mit. Lorsque les personnes de sa connaissance entraient dans
la boutique, il leur indiquait le fromage naturel et leur disait de le lever; il leur
désignait ensuite le fromage artificiel et les engageait de même à le lever, afin
d'en comparer le poids. Dans ce but, ils faisaient naturellement un effort semblable à celui qu'ils avaient fait pour lever le premier. Comme cet effort était
démesuré, relativement au peu de résistance qu'offrait le faux fromage, ils faisaient, comme on peut se le représenter, un saut avec leurs bras levés et le
grand fromage s'enlevait de leurs mains.

Observations générales. — D'après ce que j'ai rapporté, il est évident qu'aucun grand danseur de corde, aucun saltimbanque, aucun joueur de billard,
aucun sculpteur, aucun grand chirurgien, ne peut exister sans un grand développement de cet organe. Toutes les personnes de cette classe dont j'ai examiné la
tête m'ont présenté la voussure des orbites très-saillante, ce qui indique un développement considérable de cet organe.

Il est indubitable qu'elle doit être très-prononcée chez certains animaux. Si
l'épervier se jette sur sa proie, si l'aigle fond sur l'objet qu'il voit sur le sol à
une très-grande distance, c'est que ces oiseaux de proie sentent instinctivement
les degrés de résistance que présente ce qu'ils doivent emporter. Il doit y avoir
chez eux et chez d'autres animaux un instinct qui mesure les distances sur-le-
champ, qui évalue la quantité d'action musculaire indispensable pour vaincre
telle ou telle résistance, et ils l'appliquent en effet instantanément. Mais je ne
cesserai de répéter que les animaux ne peuvent faire application de cet instinct
qu'à l'objet vers lequel ce même instinct est entraîné et déterminé naturellement de lui-même.

D'après les observations qui précèdent, on voit que cette faculté doit nécessairement agir très-souvent en combinaison avec la méditivité. Elle n'est
elle-même, si l'on veut, qu'un instinct mesuratif, l'instinct de mesurer une résistance. Mais, comme l'action de mesurer se rapporte à l'espace, et la pesanteur à la résistance, la faculté qui apprécie l'espace est celle qui véritablement
mesure, et la faculté qui apprécie la résistance celle qui véritablement *pèse*.

Les divers systèmes de poids et mesures sont à la méditivité ou mesurativité
et à la pesativité ce que les langues sont à la langagetivité.

Ils dépendent dans leur origine primitive de ces facultés spéciales, mais ils
varient suivant les diverses facultés internes et les différentes ressources externes qui participent à leur formation.

Suivant qu'une nation possède plus ou moins de constructivité, plus ou moins
d'individualitivité, plus ou moins de déductivité, suivant qu'elle a tel ou tel usage,
tel ou tel gouvernement, tel ou tel produit, les poids, les mesures, les langues,
sont variés ou différents, quoique par leur essence, par leur existence origi-
nelle, ils dépendent, je le répète, de ces deux facultés spéciales. Mais, comme
toute variété marche sans cesse vers l'uniformité, à cause de la loi du progrès à
laquelle toute l'humanité est soumise, il se trouve toujours, pour les langues
comme pour les poids et mesures, quelqu'un qui apporte une amélioration;

celle-ci, conçue dès le principe par un individu, est bientôt adoptée par un peuple, et de ce peuple elle se propage ensuite dans tous les autres pays. De sorte qu'à peine la *diversité* est-elle née, que tout marche déjà vers l'*uniformité* d'où elle est sortie. L'Espagne, il n'y a pas encore deux mille ans, avait plus de cinq cents langues différentes et autant de modes divers de mesurer et de peser. Dans peu de temps elle n'aura plus qu'une seule langue, la *langue castillane*, qu'un seul système de mesurer et de peser, le *système décimal*.

Rien de semblable ne peut exister parmi les animaux, parce qu'ils n'ont rien en eux ni par eux-mêmes, rien d'arbitraire ni rien de progressif; chez eux, tout est fixe et déterminé. Après les longues explications que j'ai données sur les sens externes, il est presque inutile d'avertir que, quelque saine que soit la vue, quelque fin que soit le tact, si les organes de la méditivité ou mesurativité et de la pesativité sont faibles, l'homme aura bien peu de connaissance des volumes, des distances et des résistances ; bien peu de disposition pour imaginer, concevoir ou inventer de nouveaux systèmes de poids et mesures.

12, COLORITIVITÉ; auparavant 30, COLORIS.

Définition. — Usage ou objet. Percevoir, concevoir, apprécier, combiner et modifier des couleurs, des teintes fortes, des teintes, des demi-teintes, des nuances, des ombres, des clairs-obscurs. — Abus ou perversion. Avoir une trop grande profusion de conceptions sur ce sujet ou diriger la faculté coloritive vers des objets illégitimes. — Inactivité. Peu de facilité pour percevoir les couleurs délicates, quelque saine que soit la vue; nulle facilité pour les concevoir ni pour les combiner

Localité. — On ne peut pas s'y tromper; elle est placée au centre des sourcils, sur le point plus élevé de l'arc sourcilier, entre la pesativité et l'ordinativité, comme on le voit désigné par le numéro 12 dans le portrait authentique de Murillo, que je vous présente ci-contre.

Ce portrait est copié sur un original fait par Murillo lui-même et qu'on trouve aujourd'hui au Louvre, à Paris.

Découverte. — « Tous les peintres, dit Roret (*Nouveau Manuel du Physionomiste et du Phrénologiste*, Paris, 1838, p. 87 et 88), ne sont pas doués du même genre de talent. Les uns se distinguent par la pureté du dessin, les autres par la composition, quelques-uns par le coloris. Gall avait observé ces différences sans en pouvoir trouver la cause. Pour la découvrir, il examina très-attentivement les peintres qui présentaient de la vigueur dans le coloris, et il reconnut que tous avaient la partie de l'arc sourcilier, au-dessus du centre de l'œil, très-développée, de manière que celui-ci paraissait enfoncé dans son orbite. Cette observation le conduisit à en faire de nouvelles, et enfin, dans quelques-uns de ses voyages, il vit une collection de portraits de tous les fameux peintres des deux sexes qui devaient leur réputation à leur coloris. Ces portraits ayant offert le même développement sur le milieu des sourcils, confirmèrent la découverte. »

Harmonisme et antagonisme. — J'en parlerai à la fin de l'explication de la classe II des facultés.

Divers degrés d'activité. — Lorsque cette faculté se manifeste par le moyen d'un organe *petit*, l'individu ne distingue pas les couleurs, quelque peu obscures qu'elles soient, et il manque complétement du talent de les appliquer.

M. Milne, d'Édimbourg, M. Hoane, de Leith, et beaucoup d'autres dont on fait mention dans les divers ouvrages de phrénologie, se trouvaient dans ce cas. — Si le volume de l'organe est *moyen*, nous apprécions, nous nous rappelons, nous concevons, etc., tout ce qui constitue l'objet de cette faculté par le moyen de l'application et de l'étude. — Si l'organe est *grand*, l'individu possède une disposition heureuse pour tout ce qui est relatif à cet objet. Il y a alors génie pour toute espèce de coloris : c'est ce génie que possédaient Murillo, Vélasquez, le Titien,

Murillo, né en 1618, mort en 1682.
Le point blanc au-dessus du 7 indique le siége de la méditivité.

Téniers, Claude Lorrain, Rubens, Van Dyck, Raphaël, Michel-Ange, et tout peintre qui s'est distingué dans ses œuvres par le coloris.

Direction et influence mutuelle. — Il ne faut pas oublier que le coloris est seul un *élément* pour la formation du peintre. La constructivité, l'imitativité, la configurativité, la méditivité ou mesurativité, la pesativité, l'individualitivité, la méliorativité, la stratégitivité, la localitivité, sont autant d'autres éléments nécessaires.

Le peintre d'histoire a besoin de plus d'un grand développement de la mouvementivité, de la comparativité, de la causativité et de la réalitivité. Si à ces facultés ne viennent point s'ajouter un tempérament favorable, l'étude et un travail opiniâtre, elles ne réussiront que peu.

Incidents. — Robert Cox, dont j'ai déjà fait mention dans la leçon XX, p. 332, a réuni une précieuse collection de cas d'individus qui, malgré une très-bonne vue, pouvaient déterminer à peine des couleurs, quelque peu obscures qu'elles fussent, à cause d'un faible développement de la coloritivité; cette circonstance prouve que la vue n'est pas le seul élément nécessaire au peintre, de même que l'ouïe n'est pas le seul élément nécessaire aux musiciens.

Observations générales. — La coloritivité est plus développée chez la femme que chez l'homme. Les femmes se distinguent très-souvent par le coloris, rarement par le dessin, qui procède de la configurativité. Parmi les nations européennes, les Français emportent la palme, quoique l'homme le lus éminent et devant lequel tous doivent s'humilier à cet égard, soit l'Espagnol Murillo.

Il paraît, d'après les quelques observations qui ont été faites à ce sujet, que dans les contrées où la végétation déploie ses brillantes couleurs, l'organe est d'ordinaire bien développé; il l'est peu, au contraire, là où la nature est triste, sombre et uniforme. Il est grand parmi les Chinois, il est très-petit parmi les Esquimaux, qui ne voient que le ciel, des neiges et des glaces. Le capitaine Parry, *Voyages*, t. V, p. 395, dit que la teinture est inconnue parmi ces derniers. Il y a des aveugles qui distinguent les couleurs par le toucher, mais sans savoir *par perception* ce qu'elles sont. Il paraît que les surfaces blanches sont plus douces que les noires. Je me suis entretenu, à cet égard, avec beaucoup d'aveugles célèbres, et il résulte de leurs témoignages et de leurs observations que, pour les couleurs, ils ne s'en forment qu'une *conception*, comme je l'ai expliqué dans la leçon XXVII, fin de la page 434.

Cette *conception* sera exacte ou inexacte comme toute autre *conception*; mais il ne leur est pas donné de la démontrer par la perception. Je crois qu'une grande visualitivité et une grande coloritivité réunies à un tempérament favorable peuvent avoir des *conceptions* exactes de couleurs, sans les avoir jamais vues. C'est de la même manière que Colomb vit avec les yeux de l'esprit et découvrit ensuite avec les yeux du corps le nouveau monde; que Daguerre vit d'abord et découvrit ensuite le daguerréotype; c'est de la même manière, enfin, que toute invention, avant d'exister matériellement dans le monde externe, doit avoir été vue dans son existence spirituelle dans le monde interne.

Quant à ses applications, le coloris n'est pas nécessaire seulement au peintre, il est nécessaire aussi à tous les décorateurs, aux modistes, aux fleuristes, et surtout aux mosaïstes.

Cette classe de travailleurs fabrique à Rome, suivant Gœthe, quinze mille variétés de couleurs et cinquante teintes différentes de chaque couleur; ce qui fait sept cent cinquante mille nuances différentes, que la coloritivité saisit, et dont elle forme une immense variété de combinaisons.

LEÇON XXXI

13, ORDONATIVITÉ; auparavant 33, ordre. — 14, COMPTATIVITÉ; auparavant 32, calcul numérique. — 15, MOUVEMENTIVITÉ: auparavant 34, éventualité.

MESSIEURS,

Il y a des choses qui émanent purement de la nature et d'autres qui proviennent de l'art. Ce n'est pas à dire pourtant que l'art humain puisse créer quelque chose de rien. Dieu seul possède une telle faculté; presque tout est susceptible de modification et de combinaison, d'où résultent des effets ou phénomènes conçus et produits exclusivement par l'homme.

L'ordre existe dans la nature sans aucun doute, soit au physique, soit au

moral. Dans les cieux et sur la terre, dans les minéraux et dans les végétaux, chez les animaux et parmi les hommes, il y a non-seulement un ordre
hiérarchique, un ordre de dépendance, un ordre du plus ou du moins, mais
encore un *ordre* qui provient d'un arrangement, un *ordre* qui dépend de
la situation que les choses conservent entre elles, un *ordre* qui s'oppose à
la confusion, à la perturbation, au désordre. Cet *ordre* n'a point une existence physique, une existence substantive, une existence déterminée par
une entité ou par un objet spécial. Elle n'est qu'une existence de pure connexion, de simple rapport.

Quel que soit, relativement à la position, au concert et à d'autres circonstances, le rapport qu'un objet possède à l'égard d'un autre objet, tel est
aussi l'ordre qui existe entre ces objets. L'ordre est donc une réalité, mais
il n'est pas une réalité substantive, une réalité qui, je le répète, existe
dans sa propre individualité ou comme objet séparé et indépendant d'un
autre objet, mais bien comme phénomène résultant des divers rapports re-
latifs à deux ou plusieurs objets. Pour percevoir et concevoir ce phénomène
à existence positive, réelle, indubitable, il faudrait que l'âme ait une faculté
spéciale propre, particulière et fondamentale ; sans cela, ce phénomène
spécial, appelé ordre, serait une non-existence pour nous.

Comme il n'est pas possible cependant qu'un phénomène primitif et fondamental existe sans qu'il existe aussi, en harmonie avec lui, une faculté
spéciale et particulière qui s'empare de ce phénomène, Dieu nous a concédé l'*ordonativité*. Cette faculté nous fait percevoir une existence qui est
un résultat exclusif d'une simple relation entre une foule de choses, et non
entre une substance particulière individuelle et isolée. Ce phénomène de
l'ordre ne se voit pas, ne s'entend pas, ne se touche pas, ne se flaire pas,
ne se goûte pas. Il n'a pas une existence corporelle, et pourtant il existe
dans le monde externe, dans le monde physique. Leçon sublime pour
ceux qui ne croient qu'à l'existence de ce qui est purement matériel ou du
domaine du contact immédiat des sens externes !

Mais, messieurs, l'ordre ne se perçoit pas seulement dans l'ordre externe. L'*ordonativité* nous permet encore de le concevoir intérieurement
d'une manière qui n'existe point à l'extérieur, et nous le rendons manifeste
par le moyen de la constructivité et par d'autres facultés qui constituent
l'*art humain*. C'est ainsi que l'homme met de l'ordre là où il y avait confusion auparavant, et un arrangement là où existait le désordre. Il fait
tout cela par l'*art*, c'est-à-dire par son intelligence et par toutes les ressources dont cette intelligence dispose.

Cette relation spéciale d'arrangement, de concert ou d'ordre entre les
objets étant perçue ou produite par l'*ordonativité*, l'individualitivité la perçoit comme existence séparée, comme s'il existait un être spécial, individuel et particulier, qui engendrerait la conception que nous nous formons
ensuite de l'*ordre*, tant au moral qu'au physique ; comme si un agent exé-
cuteur disait : « L'ordre est la première loi du ciel ; l'ordre rend tout facile ;

sans ordre il n'y a point de liberté, sans liberté point de progrès, et sans progrès point de vie sociale. »

L'ordre conçu et produit d'abord comme une existence particulière et fondamentale, servant de relation spéciale, de lien, de connexion et d'enchaînement entre deux ou plusieurs objets, et ensuite par l'individualité comme une existence matérielle, exécutrice, cet ordre, dis-je, prend une existence *substantive*. De là à la personnification, c'est-à-dire à la production idéale d'un être qui soit l'*ordre*, il n'y a plus qu'un pas. Cette pure relation, perçue par l'*ordonativité*, devenue substantive par l'individualivité et conçue comme forme par la configurativité, comme couleur par la coloritivité; la langagetivité parle et les autres facultés lui attribuent ou elles appliquent les autres propriétés qui existent dans sa conception et dans l'homme. Voilà l'explication et la véritable origine de la figure de rhétorique appelée personnification et de toutes les autres figures de sa classe ou qui lui sont analogues. Voilà la raison et l'explication de l'existence des idées et des principes en action ou en opération, bien longtemps avant, dans la pratique et la conduite des hommes, que dans les livres.

Vous comprenez maintenant d'une manière analytique comment l'âme forme ses fictions ou ses figures oratoires, distinguées de mille manières différentes par les rhétoriciens.

Vous savez avec précision et avec clarté que nous attribuons toute une classe de propriétés non seulement à des objets dont l'existence est réelle et positive pour les sens, mais encore à des relations qui n'ont ni existence substantive ni existence individuelle. Vous commencez à comprendre déjà comment nous trouvons dans la phrénologie l'explication de l'origine primitive des langues et des grammaires, de l'éloquence et des rhétoriques, de toute cette classe enfin de dispositions naturelles et de préceptes établis. Il ne sera donc pas inopportun de vous transcrire ici, à cause des grandes et sublimes vérités qu'elles renferment, quelques-unes des personnifications de divers principes, de désirs, d'affection et d'actions mentales simples et complexes, du bachiller Alfonso de la Torre, écrivain espagnol du commencement du quinzième siècle.

Dans un ouvrage intitulé : *Vision deleitable*, écrit quelques années avant la découverte de l'imprimerie, et imprimé ensuite plusieurs fois, l'auteur représente l'entendement, la raison, la prudence, la justice, la force, la tempérance, avec tous les attributs de l'homme. Il fait parler chacune de ses facultés mentales sur le mont Sacré, dans un langage qu'aujourd'hui nous appelons ancien, mais qui serait plus convenablement dénommé enfantin.

A l'époque du bachiller de la Torre, notre langue, en effet, sortait à peine de son enfance. Le langage de cet auteur, à son époque, était, il n'y a pas de doute, un type et un modèle du bien dire; mais, pour notre temps, ce n'est qu'un monument littéraire d'un grand prix qui nous révèle et nous démontre d'une manière irrécusable ce qu'était la langue castillane au commencement du quinzième siècle. Sa *Vision deleitable* est le plus grand pas qu'ait fait, à cette époque, dans la république des lettres, la *Fiction morale*. Vous en aurez des preuves convaincantes dans les deux extraits que je vais vous lire pour éclairer l'analyse des opérations mentales qui ont lieu dans la personnification. L'auteur décrit ainsi l'entendement, la vérité et la raison :

« La porte du mont Sacré étant ouverte, l'entendement entra très-content. En ce moment vinrent la vérité et la raison, qui lui prirent les mains et commencèrent à l'entraîner dans le jardin du plaisir. La vérité portait des vêtements très-précieux, d'une grande valeur et d'un prix inestimable pour les mortels ; la puissance de la crédulité était si grande pour ses sentences, qu'il était impossible à un homme raisonnable de les nier. L'amitié et la bienveillance dans son attitude, dans son geste, étaient telles, qu'il y avait un certain bonheur à regarder son visage. Sa stature et sa taille était proportionnée aux dimensions de l'entendement. Ses paroles étaient si sûres et donnaient au cœur une telle fermeté, qu'elles ne laissaient aucune prise à la contrariété. Dans sa main droite elle portait une espèce de diamant, très-brillant, garni d'une foule de perles et de pierres très-précieuses. Dans sa main gauche elle tenait un poids bien déterminé et très-juste, tout entier en or fin, sans mélange d'aucun autre métal.

« La raison lui ressemblait. Seulement elle portait des vêtements bien plus brillants, mais non d'un plus grand prix, et, chose merveilleuse ! la tête de la raison semblait parfois atteindre le ciel, d'autres fois les nuages, et quelquefois la raison elle-même prenait la forme et la stature humaines. Les yeux de ces deux sœurs brillaient plus que des étoiles, leurs cheveux plus que l'or, et leur visage plus que des miroirs de substance matérielle et corruptible. L'entendement était si content de les admirer, qu'il ne les quittait point des yeux. Celles-ci, le voyant hors de lui et à moitié stupéfait, le prièrent de regarder l'habitation et le jardin que les mortels ne foulaient point aux pieds par leur faute. L'entendement examina avec soin, et fut témoin de plaisirs incroyables et inimaginables.

« Il n'y avait pas là la persécution ennemie des langues envieuses et médisantes, ni celle des opinions futiles ni la discorde infernale, ni la zizanie fraternelle. Là on ne voyait pas l'insatiable avarice, la pauvreté méprisée, ni la vieillesse débile, craintive et triste. Il n'y avait point non plus l'ignorance et la faiblesse de l'enfance et du jeune âge, ni la présomption de la jeunesse, ni la folle espérance, ni la tristesse de la peur. Il ne manquait rien de ce qui était affable, beau, licite, honnête, juste, utile et bon ; tout était concorde affectueuse et tendre, tout était bienveillance et amitié sans déguisement, source de tout ce qui doit être vertueux, louable et bien ordonné. »

L'auteur décrit ainsi la *prudence* et ses maximes :

« La prudence portait les mêmes vêtements et les mêmes étoffes que les autres sœurs, parce que si, par hasard, elle les avait surpassées, elle se serait attiré leur envie ; et sa magnificence n'était pas moindre, afin qu'elle ne fût pas méprisée. Ses vêtements étaient en rapport avec son âge, avec la circonstance et avec le temps. Elle avait l'entendement très-délié, et une grande application de détail. Cet entendement avait lui-même une grande mémoire du passé et une grande prévoyance pour l'avenir. Il avait fait beaucoup d'observations dans le monde et il en avait fait application aux choses contingentes. L'entendement la supplia en grâce, puisque son principal rôle était de modérer les passions, de lui donner quelques informations sur la vie.

« La prudence lui répondit : Quiconque veut être mon ami doit suivre les préceptes suivants : — il doit prendre conseil de ce qu'il a à faire, et, s'il le suit bien, il ne perdra rien pour avoir demandé conseil aux autres, car il arrive souvent au simple ce qui n'arrive pas au sage : combien n'a-t-il pas besoin de conseils, celui qui ne sait pas ? — Ne pas agir sur une information douteuse, ni d'après une crédulité légère, car beaucoup se repentent de ce qu'ils ont fait dans de pareilles circonstances. — Ne pas regarder comme siennes les choses de la fortune, si l'on veut en jouir, et être prêt à les perdre, plutôt que les retenir et de les conserver comme celles d'autrui. — Celui qui veut être prudent ne doit pas s'isoler, mais se conformer au temps et aux gens, sans cela on le calomniera, on le poursuivra et on le haïra, et, si son cœur ne pouvait se conformer aux usages de la société, qu'il y conforme son visage, lorsque la conservation devient nécessaire. — Ne pas définir ni déterminer en mauvaise part le sens des choses douteuses. — Ne pas affirmer avec énergie la chose expérimentée, car tout ce qui est vraisemblable n'est pas vrai, de même que toute pierre qui est précieuse en apparence, n'est pas précieuse. — Conserver la mémoire des choses et des faits, car dans les choses contingentes et libres, les choses passées et à venir étant différentes, et les unes étant semblables aux autres, il est bon de savoir profiter de l'expérience d'autrui. Conserver de la prudence pour les choses de l'avenir et pour toutes celles qui sont possibles, croire qu'elles pourront se réaliser. Que celui qui a un état, des richesses, des enfants, sache qu'il peut les perdre : car il est fou, celui qui s'en va sur mer, et ne réfléchit pas qu'il peut lui arriver quelque accident; il n'arrivera à celui qui agira ainsi aucun événement soudain qui puisse le rendre malheureux, car le dard que l'on voit venir blesse rarement; quand les commencements feront défaut on imaginera les fins. — On ne commence point les choses, si on ne peut les terminer, à moins d'un grand danger ou d'une grande difficulté, ou si leur valeur n'excède pas infiniment les travaux. Il faut persévérer dans quelques-unes, parce qu'on les a commencées et pour ne pas paraître d'un caractère léger; il ne faut pas en commencer quelques autres, parce qu'il est dangereux de persister. — Que nos opinions soient de judicieuses appréciations sur lesquelles les hommes raisonnables soient d'accord, car c'est une imprudence d'avancer une opinion que peu d'hommes raisonnables admettent. — Éloignez de vous les pensées inutiles, difficiles et presque impossibles, car ce serait une folie d'imaginer que le bœuf volerait ; ce serait une folie aussi grande de penser que la poule pourrait labourer ou traîner la charrette. La pensée doit s'accorder avec le pouvoir et la convenance de la personne, autrement c'est bâtir une muraille en l'air, c'est planter des herbes sans racine.

«L'homme doit penser suivant le temps, suivant la circonstance et suivant l'usage, et non suivant son rêve, car le doigt n'est pas aussi gros qu'il le paraît dans une lame d'acier ; et pourtant il y a un miroir qui est celui de la raison, et un autre qui est celui de l'imagination fantastique ou illusoire.

«La parole de l'homme prudent doit avertir ou instruire, réjouir de telle manière, que ce ne soit pas en pure perte. Tu loueras avec modération, et tu n'iras pas blâmer celui que tu as courageusement loué, car cela signifierait que tu as peu de discernement ; car, si l'homme prudent ne veut pas tromper, il doit faire en sorte de ne pas l'être lui-même. Ayez pour principe de louer avec modération, mais blâmez avec beaucoup plus de modération encore, car à la louange on a l'habitude de mêler la flatterie et au blâme on a l'habitude de mêler l'envie. — Que le témoignage soit donné à la vérité seule et jamais à l'amitié. Promettez avec circonspection et donnez plus que vous n'avez promis. — Cherchez ce que vous pouvez trouver ; apprenez ce que vous pouvez savoir ; commencez ce que vous pouvez finir ; montez là où il n'est pas dangereux de rester et d'où il n'est pas dangereux de descendre ; entrez où il vous sera permis de sortir ; désirez seulement ce que vous n'auriez pas honte de faire connaître. — Il faut garder le juste milieu dans les actions, car ce qui est preuve de sagesse pour l'un est une preuve de grande ignorance pour l'autre ; ce qui est largesse et vertu pour celui-ci est prodigalité et excès pour celui-là ; ce qui est vertu pendant un temps est vice dans un autre. »

L'origine de la personnification et des autres figures de rhétorique étant expliquée avec une clarté et une simplicité que nous chercherions en vain à atteindre sans l'aide de la phrénologie, je vais entrer tout de suite dans l'explication de l'ordonativité.

13, ORDONATIVITÉ; AUPARAVANT 55, ORDRE.

Définition. — USAGE OU OBJET. Perception et conception de l'ordre, du système, de la méthode et de l'arrangement dans les choses. Désir de produire tout cela, et aversion pour tout ce qui en manque. *C'est l'origine de tout arrangement, de toute méthode, de tout système, tant au physique qu'au moral.* ABUS OU PERVERSION. Déplaisir extrême de produire le plus grand malheur en voyant le plus petit et le plus insignifiant désordre. Démangeaison excessive, passion violente pour la méthode, le système et la propreté. Direction de la faculté vers de mauvaises fins.

Inactivité. — Indifférence complète pour l'ordre ou pour le désordre; peu de désirs d'avoir ses affaires et sa conduite méthodiquement en règle ; presque pas de conception pour l'arrangement.

Localité. — Précisément située aux angles externes de la ligne inférieure du front, c'est-à-dire entre la comptativité et la coloritivité, immédiatement au-dessous de la tonotivité. Voici son siége indiqué par le n° 13 dans Cuvier. Ce naturaliste avait tous les organes de connaissance physique et de relation universelle très-développés. La configurativité, la méditivité ou mesurativité et l'ordonativité, faisaient relief dans la région inférieure du front, et la comparativité et la déductivité dans la région supérieure.

CUVIER, l'un des plus grands naturalistes qui aient existé, né en 1769, mort en 1832.
Le point blanc au-dessus du 7 indique la méditivité.

Découverte. — Gall disait que l'esprit d'ordre qu'on remarque chez beaucoup de personnes doit se manifester par le moyen d'un organe spécial ; mais il ne put jamais le localiser. Spurzheim, sans nous dire de quelle manière il fit la découverte, reconnut que le siége de l'ordonativité était le lieu indiqué ci-dessus. D'autres phrénologues firent des observations et accumulèrent des faits sur ce sujet ; de sorte que l'organe, suivant l'expression de Silas Jones, se trouve démontré par des milliers de preuves.

Harmonisme et antagonisme. — J'en parlerai plus loin.

Divers degrés d'activité. — Si cet organe est *petit*, la faculté est inactive ; si ce degré de développement existe dans un individu, tout est confusion et désordre en lui. Il vit avec la plus grande indifférence entre l'absence d'arrangement physique et de méthodes en tout. — Si son développement est *moyen*, l'ordre et l'arrangement nous plaisent, et, suivant le besoin que nous en éprouvons pour nous faciliter la conduite de nos affaires et l'accomplissement de nos obligations, tels seront nos efforts pour les maintenir. Ces efforts bien dirigés activent beaucoup la faculté.— Si l'organe est grand, l'individu a naturellement de l'ordre, de l'arrangement et un système pour tout. Il se plait beaucoup dans la propreté, dans la toilette. Toute faculté est l'origine de quelques principes ; l'ordonativité manifestée par un organe dont le développement est très-grand est celle qui nous dit toujours intérieurement : « Ayez un lieu pour chaque chose et mettez chacune d'elles à sa place. — Soyez propre et rangé, car un corps soigné et propre est l'emblème de la pureté et de la candeur de l'homme. »

Direction et influence mutuelle. — Il me semble toujours, messieurs, que, quelque chose que je dise sur ce sujet, je ne pourrais jamais en dire trop. Remarquez que l'ordonativité désire seulement l'ordre d'une manière abstraite, c'est-à-dire qu'elle désire seulement l'ordre et qu'elle a aveuglément de l'aversion pour le désordre, sans déterminer quelle *espèce* d'ordre ou de désordre, ni *de quelle manière* il faut obtenir l'un ou éviter l'autre. J'en ai donné l'explication en parlant de la philoprolétivité dans la leçon XX, p. 527 à 528, de la nature du désir dans la leçon XXII, p. 550 à 551, et en vous disant tout ce qui, je n'en doute pas, est présent à votre mémoire, car je vois sur votre visage toute l'importance que vous attachez à ce sujet.

En effet, le désir d'avoir de l'ordre dans les choses comme le désir d'élever les enfants, comme ceux de mesurer, d'opposer une force à la résistance, comme ceux de voir, de manger et de boire, etc., ne parvient pas à déterminer de lui-même les diverses individualités qui composent la classe avec laquelle il est en rapport. De même que nous désirons voir instinctivement, sans que ce désir soit de voir le blanc ou le noir, le haut ou le bas, l'anguleux ou le rond, choses que déterminent les *perceptions* de la visualitivité et l'action des autres facultés, nous ne désirons pas non plus instinctivement manger des herbes, des graines ou de la chair, mais bien plutôt une classe ou variété d'herbes, de graines ou de chair, jusqu'à ce que la perception, l'expérience, produisent la *connaissance*, établissent la *comparaison* et fassent naître la *préférence*. Dans ces opérations, la faculté qui *désire* n'agit pas seulement en général, comme je viens de le dire ; mais elle agit avec les autres facultés qui *déterminent*. S'il n'en était pas ainsi, si chacune de nos facultés possédait en elle-même l'idée de l'objet spécial qu'elle désire, sans pouvoir en choisir ou en préférer un autre de la même classe ou d'un autre genre quelconque, le libre arbitre alors n'aurait aucun cercle d'action et il serait inutile.

Nos désirs sont instinctivement abstraits ou aveugles. Ils déterminent seulement un genre, une classe, comme voir, entendre, sentir, goûter, mesurer, construire, ordonner, faire du bien, être juste, détruire, attaquer, etc. La détermination de l'*individualité*, désirer, dépend, je le répète et ne cesserai de le répéter, des perceptions qu'une faculté a eues du monde externe et interne, ou, ce qui revient au même, de l'expérience qu'elle possède et de l'influence que les autres facultés ont sur elle.

L'ordonativité désire instinctivement l'ordre d'une manière abstraite et aveugle, sans application ni préférence aucune. L'ordonativité a perçu dans le monde externe et interne diverses classes ou variétés d'ordres, elle peut désirer davantage tel ou tel mode de régler les choses ; elle peut se fixer davantage sur une méthode que sur une autre. Elle est parvenue à la *connaissance* ; dans cette connaissance se trouve comprise la *comparaison* ; la comparaison produit la *préférence*, et celle-ci fixe et détermine le désir spécial. Tous ces modes de désirer et de percevoir deviennent à leur tour autant de semences que fécondent les forces conceptives de la faculté et engendrent mille variétés *nouvelles* d'idées, d'ordres et de systèmes.

Si l'ordonativité agit avec l'influence prépondérante des facultés de connaissance physique, l'individu se fait remarquer par son arrangement physique; si elle agit avec celle des facultés morales, il se distingue par son ordre moral; si c'est avec celle des facultés de relation universelle, il se distingue par l'ordre dans le mode de concevoir des propositions, d'examiner des doctrines et de former des systèmes généraux. Si l'ordonativité agit sous l'influence complète d'une faculté spéciale, elle concentre alors son action en elle-même et dans toutes ses dépendances ou relations. Une armée rangée *en ordre de bataille* est la meilleure démonstration qu'on puisse offrir de l'impulsion primitive de l'ordonativité, influencée ensuite par d'autres facultés, et dirigée par toutes les inspirations de la destructivité, qui, en ce moment, forme le centre sur lequel s'irradient et d'où rayonnent ensuite toutes les idées, affections et désirs.

Il n'est pas difficile de déduire de tout ce qui vient d'être exposé que l'ordonativité s'applique tant au physique qu'au moral; qu'un bon développement de ces facultés n'est pas moins important dans la vie privée que dans la vie publique, et qu'il n'y a pas d'occupation où son influence ne se fasse sentir ou percevoir, car il existe à peine une action ou une production humaine dans laquelle l'ordre ne doive ou ne puisse entrer comme élément.

Incidents. — En examinant la tête d'un général espagnol, la première chose que je lui dis fut ceci : « Vous avez une grande aversion pour le désordre. — Il doit en être ainsi, me répondit-il; car, la nuit dernière, en me couchant, je me suis rappelé que j'avais déplacé un tableau, et je n'ai pu être tranquille qu'après m'être levé et l'avoir mis à sa place. Je ne puis souffrir le désordre en rien. » Franklin, dont je reproduirai le portrait authentique plus loin, avait cet organe extraordinairement développé; cet organe agissait en lui sous l'influence considérable des facultés de relation universelle, et il nous a offert l'un des plus grands modèles d'ordre, de méthode et d'arrangement que le monde ait connus par sa manière de discourir, de philosopher et d'agir. « Chez Napoléon, dit Broussais (ouvr. cit., p. 570), l'organe de l'ordre était développé d'une façon admirable, et, comme il avait en outre un excellent jugement, on le vit, en arrivant au pouvoir suprême, substituer promptement au désordre sous lequel gémissait la France une administration régulière et bien ordonnée en tout. » Spurzheim dit qu'il y avait à Édimbourg une dame stupide sous beaucoup d'idées qui ne pouvait jamais se décider à entrer dans la chambre de son frère, parce que le désordre qui existait partout lui faisait éprouver une impression extrêmement désagréable.

Observations générales. — Parmi toutes les nations que j'ai vues, l'ordonativité m'a paru plus développée chez les Anglais et chez leurs descendants les Américains du Nord que chez aucun autre peuple. Les Hollandais et les Belges se distinguent par ce développement. En Espagne, le grand développement de cet organe chez les Andalous m'a rendu compte de l'ordre, de l'arrangement et de la propreté qui règnent parmi eux, et qu'admirent les nationaux et les étrangers. Dans le sexe féminin, cet organe est ordinairement plus grand que dans le sexe masculin. C'est pourquoi nous, les hommes, sommes tellement habitués à voir en lui les effets de cette différence, que nous éprouvons un véritable dégoût et une véritable répugnance en voyant une femme malpropre et peu rangée. D'après les diverses relations des voyageurs intelligents, les peuples non civilisés, dont les habitudes et les coutumes sont tout à fait sales et repoussantes, faute d'ordre, ont cet organe très-peu développé. Tels sont les Esquimaux, d'après un mémoire très-bien écrit et rempli de faits curieux dans le *Phrenological Journal*, t. VIII, p. 455.

14, COMPTATIVITÉ; auparavant 32, CALCUL NUMÉRIQUE.

Définition. — Usage ou objet. Percevoir, concevoir, désirer, combiner et appliquer les nombres, c'est-à-dire la quantité discrète ou multiple dans ses variétés infinies. — Abus ou perversion. Employer d'une manière excessive la faculté à son détriment ou au détriment des autres facultés; s'en servir comme aide à des fins illégitimes. — Inactivité. Peu ou point de perception ni de conception *numérique;* une quasi-incapacité de compter ou de calculer, et par conséquent de *déterminer numériquement une quantité d'individualités.*

Localité. — Entre l'ordonativité et la tactivité, c'est-à-dire derrière l'orbite. L'ordonativité se trouve sur le même angle qui forme l'extrémité externe des sourcils; eh bien, le siége de la comptativité est placé derrière cet angle, dans la petite fosse ou cavité qu'on y remarque, comme il vous a été signalé par le numéro 32 sur Mangiamele, leçon XIX, page 307, et dans le langage naturel de la faculté, dont j'ai parlé encore dans cette même leçon.

Découverte. — Veuillez, je vous prie, vous rappeler ce que j'ai dit sur ce sujet dans la leçon XIX. Gall observa, à l'aide de son immense individualitivité, deux protubérances, de la grandeur et de la forme de deux noisettes, derrière l'orbite de l'enfant de Saint-Pœlten, auquel j'ai fait allusion dans la même leçon. On a noté ensuite le même développement dans Davoux, petit vaurien des rues qui parcourait les foires, faisant les comptes, volant l'argent des colporteurs et des autres revendeurs. Gall a réuni des observations et beaucoup de faits de ce genre pour arriver à démontrer l'existence d'un organe numérique situé dans le lieu indiqué. Aujourd'hui, on possède tant de données probantes et démonstratives de la comptativité, que son existence ne peut être mise en doute sans se mettre en contradiction complète avec la vérité.

Divers degrés d'activité. — Si l'organe est *petit*, la faculté est inactive. Alors l'individu forme à peine une idée de nombre; il apprend avec la plus grande difficulté à compter, à additionner et à soustraire, et il lui est presque impossible de multiplier les nombres et de les diviser. — Si son développement est *moyen*, l'individu apprend l'arithmétique par l'étude et l'application; il saisit avec peu de difficulté les relations qu'ont entre elles les quantités discrètes. Pour se vouer à une carrière qui a pour base les mathématiques, dont je parlerai bientôt, il faut que la comptativité soit au moins médiocrement développée. — Si l'organe est *grand*, nous apprenons avec la plus grande facilité à compter, ou nous comptons naturellement toutes sortes de quantités numériques. En voyant une foule ou une multitude d'objets, nous désirons savoir avec ardeur et passion combien il y en a, et nous ne nous arrêtons que lorsque nous les comptons. Par suite de ce développement, nous additionnons, nous soustrayons, nous multiplions, nous divisons et nous extrayons les racines avec la plus grande facilité; nous retenons facilement et avec ténacité des quantités discrètes qui servent de termes de comparaison pour résoudre très-facilement et très-rapidement de nouveaux problèmes. Dans ce degré de développement, la comptativité est le plus important élément des mathématiques.

Direction et influence mutuelle. — Il est évident que la comptativité, comme toutes les autres facultés, est *aveugle* dans son désir, et, comme telle, par conséquent, elle a besoin d'une *direction*. Lorsqu'elle combine des quantités indispensables pour produire une *machine infernale*, ou pour mieux exécuter un vol, ou pour mener à fin une fourberie, elle se trouve sous l'influence des autres facultés qui la dominent complètement pour arriver à de mauvaises fins. On voit donc clairement qu'il n'y a point de faculté qui ne soit exposée à produire le *mal*, source de douleur; nous voyons en même temps que toutes nous ont été évidemment concédées pour produire le bien, comme source de plaisir, ainsi que je l'ai expliqué longuement dans les leçons XXI, p. 330 à 338 et XXVI, p. 410 à 419.

La comptativité par elle-même n'agit que sur la quantité formée par deux ou plusieurs individualités, c'est-à-dire par la pluralité ou la multiplicité. Là où il n'y en a qu'*une*, il n'y a point de *relation numérique*, c'est-à-dire qu'il n'existe point cette connexion, cette quantité unitive que déterminent les diverses quantités appelées : deux, trois, etc. Tout nombre implique donc une pluralité; de sorte que le nombre, la quantité numérique plus petite, n'est plus le *un*, c'est le *deux*. Le *un* n'est pas un nombre, mais le type, la base ou point de départ du nombre.

La perception et la conception de l'unité et des différentes unités, considérées d'une manière isolée, sont du domaine de l'individualitivité. Cette faculté, et non la comptativité, engendre donc nos idées de *singulier* et de *pluriel*. La comptativité ne fait donc que déterminer la quantité fixe dont se compose une *pluralité* quelconque.

Eh bien, cette quantité pluralitive ou discrète existe réellement et positivement, lors même, comme je l'ai dit en parlant de l'ordre, qu'elle ne désigne ni odeur, ni couleur, ni saveur, ni aucune propriété physique, c'est-à-dire d'impression et de contact externe. Lorsque nous regardons les divers objets qui se trouvent sur une table, nous voyons ou leur rapport de lieu, c'est-à-dire la place qu'ils occupent; ou leur relation d'ordre, c'est-à-dire l'ordre dans lequel ils se trouvent arrangés; ou leurs relations de nombre, c'est-à-dire leur pluralité ou multiplicité *déterminée*. Ce lieu, cet arrangement, ce nombre, sont une existence aussi réelle et aussi positive que s'ils dépendaient de la concurrence de deux ou plusieurs objets, comme la couleur, la grandeur ou la forme qui existent dans un même objet. De même que la coloritivité perçoit, conçoit, désire, combine et applique les variétés infinies de couleur; l'individualitivité, les variétés infinies d'objets considérés un à un; la localitivité, les variétés infinies de lieu; l'ordonativité, les variétés infinies d'arrangement, de même la comptativité perçoit, conçoit, désire, combine et applique les variétés infinies de nombre.

L'objet des mathématiques est de déterminer la *quantité;* mais la quantité se rapporte tant au volume ou à la grandeur qu'à la multiplicité ou pluralité des objets. La détermination d'une quantité relative au volume ou à la grandeur est du domaine exclusif de la méditivité, de même que cette détermination relative à la multiplicité ou pluralité appartient au domaine de la comptativité. Les facultés dont l'action combinée constitue la base des mathématiques sont donc : la méditivité, point de départ de la géométrie et ses divisions, et la comptativité, point de départ de l'arithmétique, de l'algèbre et des logarithmes.

Avec ces deux organes bien développés nous possédons les premiers éléments du talent mathématique ; mais, pour en faire l'*application*, il faut présenter à la méditivité des objets avec leurs formes, leur résistance, leur ordre, leur position et leurs analogies, considérés chacun par eux-mêmes avec leurs propriétés et rapports; de même qu'il faut présenter également à la comptativité des objets avec toutes leurs propriétés et relations, considérés toutefois comme une multiplicité ou une pluralité d'individualités réunies, qu'on doit déterminer ou fixer à l'aide d'une seule perception ou conception appelée nombre. Et, comme le talent mathématique ne servirait de rien s'il n'y avait possibilité d'*application*, il s'ensuit, à proprement parler, que, pour l'avoir, l'individu a besoin de posséder lui-même, outre un bon développement de la méditivité et de la comptativité, un développement au moins moyen de l'individualitivité, de la configurativité, de la pesativité, de l'ordonativité, de la localitivité et de la comparativité. Tous ces organes, ainsi que les deux organes essentiellement mathématiques, étaient très-développés dans Mangiamele, Pascal, Newton, Kepler, Leibnitz, Balmès, Pierre Gassendi, Huggens, Sully, Descartes, Euler, Roberval, Lagni, Bernouilly, Lagrange, Laplace, Lalande, Herschell, Emerson et autres mathématiciens distingués dont j'ai vu les portraits ou dont j'ai examiné les têtes.

Avec un grand développement de la comptativité et un développement moyen des autres facultés qui nous offrent un champ d'application, nous ne nous distinguerions seulement que par notre talent arithmétique et algébrique, mais nullement par notre talent mathématique, puisqu'il nous manquerait l'élément essentiel, la méditivité ou mesurativité.

Incidents. — Georges Combe, célèbre avocat des tribunaux d'Édimbourg, et, après Gall et Spurzheim, le phrénologue le plus éminent qu'on connaisse, savait à grand'peine, selon son propre témoignage, la table de multiplication, parce qu'il avait cet organe très-faiblement développé. J'ai connu un savant avocat, à Palma, dans l'île Majorque, écrivain célèbre dans quelques branches de l'économie politique. Pendant qu'il était juge, il manifesta toujours une grande rectitude et une grande sagacité dans ses décisions; il n'a jamais pu apprendre à additionner. La dépression extraordinaire qui existe derrière l'angle externe de ses yeux correspond si parfaitement à son inaptitude numérique, que cette circonstance l'engagea à considérer avec respect la phrénologie, à l'étudier et à l'adopter comme une des plus grandes vérités naturelles que nous ayons. J'ai rencontré, entre Ripoll et Olot (Catalogne), un mendiant dont le front était si étroit, si déprimé à la place de la comptativité, que j'en fus surpris. Voici un cas négatif, me dis-je en moi-même. « Eh bien, brave homme, lui demandai-je, combien de morceaux de pain portez-vous dans votre panier? — Ah! monsieur, répondit-il, si je ne sais pas combien de doigts j'ai dans ma main, comment pourrais-je savoir ce que vous me demandez? » Sa perception et sa conception numérique ne pouvaient pas, en effet, dépasser le nombre trois. Gall prit, à Paris, le modèle de la tête d'un homme qui ne put jamais arriver à comprendre que deux et deux font quatre. Les tribus du Groënland regardent un nombre qui passe les doigts de la main et des pieds comme incompréhensible. Les Indiens Chaimas et les Esquimaux savent à peine compter. Les montagnards des contrées arctiques dont parle le capitaine Ross comptent seulement jusqu'à cinq. Les voyageurs ont remarqué que ces tribus ont l'angle externe de l'œil très-aplati. Je me demande maintenant quelles sont les mathématiques qu'il y aura ou qu'il peut y avoir chez des nations ainsi organisées? La réponse est facile, il ne peut y en avoir *aucunes.* En opposition extrême avec ces observations que je viens de rapporter, on peut citer les noms des mathématiciens éminents dont je viens de faire mention et les cas merveilleux dont j'ai fait une description minutieuse dans la leçon XIX, p. 306 à 314.

Observations générales. — Wellington a dit une fois : « Si les actions humaines dépendaient de principes fixes, c'est-à-dire de forces égales ou de quantités déterminées, il serait très-facile de faire toujours bien; mais, dans l'état où se trouve le monde, il ne nous reste jamais, entre deux maux, qu'à choisir le *moindre.* Bacon, dont je vous ai longuement parlé dans la leçon VI, p. 49 à 53, dit : « On voit des hommes qui ont la partie *mathématique* bonne et la *logique* mauvaise. » — COMBE, *Lecture,* p. 250, 251, a dit : « Les sciences mathématiques, pouvant servir à mesurer des forces qui opèrent avec une régularité fixe et stable, ne peuvent être employées, à mon avis, dans les cas où les forces ne sont pas égales.

« Les actions humaines proviennent de perceptions intellectuelles, d'impulsions morales et de la force des passions. Eh bien, il est évident qu'elles n'ont pas cette uniformité d'action indispensable pour l'application des mesures mathématiques. Pour juger les actions humaines, nous devons évaluer l'influence des impulsions internes et des circonstances externes par notre sagacité et par l'expérience. Ceci s'obtient surtout par l'action de la comparativité et de la causativité. Dans les mathématiques pures, c'est-à-dire dans l'arithmétique, l'algèbre, la géométrie et ses branches, la causativité est au contraire inactive. »

J'ai voulu vous citer ces passages, afin que vous compreniez bien que si les mathématiques servent à activer et à fortifier les facultés qui mesurent et qui calculent, elles n'activent pas et ne fortifient pas les facultés qui discourent et déduisent purement, quelles que soient les circonstances où nous nous trouvons et quelles que soient les données que nous ayons. La *logique* proprement dite cherche, compare et déduit; son origine est donc dans la causativité, la comparativité et la déductivité. De ces trois facultés, la comparativité seule s'exerce dans les mathématiques, lorsqu'il s'agit d'appliquer des quantités égales à des objets ayant des propriétés et des relations de diverses natures. Croire, donc, que les mathématiques enseignent la logique ou la logique les mathématiques est une absurdité; mais croire que ces deux sciences sont enchaînées et qu'elles s'aident mutuellement, c'est croire ce que personne ne pourra sainement nier. Qui pourra nier, sans fermer les yeux à l'évidence, que les mathématiques fournissent des données et des ressources à la logique et la logique aux mathématiques?

« Tout ce qui se rapporte à l'unité et à la pluralité appartient à cette faculté, » dit Spurzheim, dans sa *Phrenology*, t. I, p. 322. Ceci est, à mon avis, inexact. Tout ce qui concerne l'unité et la pluralité appartient à l'individualitivité, puisqu'elle considère les objets dans leur individualité. Le *un* n'est pas un nombre, c'est une unité, c'est le singulier, c'est la considération d'un objet unique, isolé, séparé d'un autre objet; il est, par conséquent, du domaine de l'*individualitivité*. *Deux* est un nombre, mais ce n'est pas un plus un, suivant la formule ordinaire, parce que un plus un, ou un et un autre un, sont deux individualités séparées sans connexion ni enchaînement d'aucune espèce, formant multiplicité ou pluralité *indéterminée*, objet de l'individualitivité; deux est un *uni* à un autre un, et cette union spéciale est précisément la relation qui forme et constitue le nombre ou la pluralité déterminée. *Un* ne sera jamais nombre, si ce n'est lorsqu'on le considérera comme la réunion de *uns subordonnés*, et, quand il en sera ainsi, on considérera déjà cet *un* comme plusieurs *uns* unis par un rapport spécial. Si, par exemple, nous considérons une pièce de cinq francs comme *un* objet individuel et isolé, cet un est du domaine de l'individualitivité; si nous le considérons comme une unité complexe formée par un nombre déterminé d'individualités, il est du domaine de la comptativité. Il est évident que, *pour compter*, il faut qu'il y ait plus de un et que les *uns* qu'il y a soient considérés relativement au *nombre* spécial qu'ils forment. Un panier rempli de graines considérées dans leur unité multiple ou complexe, considérées comme la réunion indéterminée de plusieurs uns, comme une pluralité ou une multiplicité non comptée ou non comptable, est du domaine de l'individualitivité. Dès qu'on les considère comme susceptibles d'être comptées, ou de *nombre*, comme une multiplicité qu'il faut déterminer en prenant pour *unité* ce qui fixe l'individualitivité seule ou aidée par d'autres facultés, c'est déjà du domaine de la comptativité.

Jovellanos est une démonstration admirable de ce principe. Homme de grande individualitivité, il décrivait les différents objets séparément ou leur multiplicité indéterminée d'une manière qui faisait notre admiration. Mais, lorsqu'il s'agissait de cette relation spéciale des objets déterminés par leurs différents nombres, il manifestait peu d'aptitude. Je n'avais jamais observé l'illustre Jovellanos sous cet aspect, lorsque, me trouvant, au mois de janvier 1847, à Jijon (Asturies), une personne attira mon attention sur ce point. En effet, en me présentant un buste de ce grand homme, qui passait pour très-exact, je remarquai que toute la ligne inférieure du front était extraordinairement développée, excepté dans le siége de la comptativité et de la mesurativité, qui était évidemment trop petit. Ceci correspondait si parfaitement avec ce qu'on savait sur Jovellanos, qu'il décida beaucoup de savants de Jijon à étudier la phrénologie. Entre une personne qui a l'organe du calcul numérique développé et celle qui l'a déprimé, il y aura cette différence que la première, en voyant un grand nombre d'objets, s'occupera très-peu de déterminer leur nombre, et ses efforts pour y arriver seront, pour ainsi dire, inutiles ; tandis que la seconde en percevra de suite le nombre, ou ne sera satisfaite qu'après l'avoir trouvé.

Dans l'un des ports que visita le capitaine Cook, quelques caciques sauvages vinrent à bord de son navire ; l'un d'eux, en voyant un livre, en compta quelques feuilles, et puis, sans pouvoir aller plus loin : « *Oh ! il y en a beaucoup!* » s'écria-t-il. Il se serait trouvé peut-être des hommes doués d'une organisation numérique si développée, qu'ils auraient deviné de combien de feuilles se composait ce livre, sans les compter. On rapporte, du moins, des anecdotes de certaines personnes qui, en entrant dans un théâtre ou en voyant une foule sur une place publique, ont dit de suite et d'une manière exacte : « *Il y a tant d'individus.* » Ceci n'est qu'une *conception* de la comptativité, de même que c'est une conception de la tonotivité dans le fils de l'aveugle Isern de Mataro, lorsqu'en frappant avec les deux mains sur les touches d'un piano, il nous dit sur-le-champ, avec une exactitude admirable, les notes que renferme le timbre du son qu'il entend, et les désigne par leur nom.

Ce qui tout à coup nous paraît impossible est si évident, qu'il est susceptible d'une simple et facile démonstration mathématique ; si quelqu'un nous présente trois, quatre, cinq jetons ou haricots, notre comptativité *perçoit* instinctivement ces nombres.

Si on nous en présente vingt, quarante ou cinquante, elle ne les *percevra* pas sur-le-champ. Pourquoi ? La raison en est très-simple, c'est qu'on n'a pas une *perception* ni une *conception* suffisante. Supposez, pour l'instant, une comptativité ayant une force dix, vingt, cinquante fois plus grande que celle de la comptativité que possède le commun des hommes. Il est clair comme le jour que nous *percevrons* le nombre de toutes les individualités que l'œil peut embrasser ou que les mains peuvent saisir d'un seul coup, comme nous percevons d'une manière instantanée deux, trois, quatre ou cinq individualités. Ce qui est vrai pour la comptativité l'est également pour les autres organes. Avec une méditivité ordinaire, nous déterminerons exactement une distance de deux ou trois pouces. Avec une méditivité très-développée, nous déterminerons d'un seul coup d'œil une distance d'une centaine de *mètres*. Avec ma petite tonotivité, je puis à peine déterminer une note musicale, malgré que le son normal, avec lequel je dois la comparer, me soit connu ; le fils d'Isern, avec son immense tonotivité, distingue et détermine, au contraire, vingt notes musicales différentes, toutes entendues confusément à la fois.

Dieu dirige tout, il dirige tout par des principes établis et qu'il a mis à la disposition de l'homme et à portée de ses découvertes successives, lorsqu'il lui a dit : « Regarde, tu es le roi de la nature, et toutes ses lois *seront* sous ta puissance. » Il n'est pas nécessaire, pour connaître et posséder ses lois, que tous les hommes les découvrent ; il suffit d'un génie privilégié qui les entrevoit par une grande force de conception, et bientôt, comme je l'ai expliqué dans la leçon XXV, p. 596, elles sont un patrimoine universel. Vous savez déjà la loi, la règle, le principe ou la manière suivant laquelle ce fait a lieu. Il y a peu de temps que je vous l'ai expliqué avec précision et avec détail. Cela dépend de ce qu'il y a peu d'hommes dont les facultés soient unies à des organes assez développés pour le *découvrir* ou le *trouver*, par la seule spontanéité de leur force innée, et de ce que presque tous nous avons des organes assez développés pour que nous puissions percevoir ou apprendre ce que les autres ont découvert ou inventé. Cette loi, expliquée dans l'exorde de la leçon précédente, sur la perception et conception, constitue la base du progrès humain. En ne considérant que la comptativité, nous voyons cette faculté unie dans la grande majorité des hommes à un organe si médiocre ou si petit, qu'il est seulement capable de percevoir, par sa force innée, exclusive, de petites quantités comme deux, trois, quatre, et même dix, vingt ou cinquante. La comptativité, sans le secours de la configurativité, ne peut transmettre des quantités déterminées de génération en génération; elle ne peut calculer que des quantités insignifiantes, parce que notre mémoire ne peut retenir qu'à l'aide d'un organe que peu d'entre nous possèdent bien développé. Qu'il vienne un génie favorisé par sa configurativité et sa comptativité immense, il percevra, à l'aide de signes ou de figures matérielles, la manière de présenter à l'âme d'une façon permanente des quantités numériques, et il augmentera, par sa seule invention, à un degré centuple, la force et l'exactitude mémorative de l'humanité pour les nombres. Ni la poudre, ni les canons, ni toutes les ressources de l'art de la guerre, ne donnent autant de force à la destructivité que celle que communique à la comptativité, par le moyen de la configurativité, la numération écrite. Depuis que les yeux voient, à l'aide de signes matériels, ce que l'âme, auparavant, pouvait seulement concevoir à l'aide de conceptions matérielles, il est apparu un génie privilégié, un Pythagore; celui-ci, par la seule force naturelle de sa comptativité immense, découvre certaines correspondances multiples, certaines lois numériques, certaines quantités fixes, qui contiennent deux ou plusieurs fois d'autres quantités inférieures exactes. Cette découverte, obtenue par une comptativité extrêmement *conceptive*, peut être communiquée à une autre comptativité médiocrement perceptive, et ce qui a coûté de pénibles et de continuels efforts à une intelligence supérieure est bientôt, par le moyen de l'enseignement, facilement accessible à un talent ordinaire. Tout progrès, objet de *perception*, sert de point de départ à un autre progrès, objet de *conception*. La réunion de toutes les découvertes actuelles constitue les arts et les sciences que nous possédons. Mais ces arts et ces sciences, issues de facultés qui ont une perception et un pouvoir inventif, marchent toujours du présent connu au futur inconnu; de sorte que le connu, aujourd'hui, n'est qu'un échelon pour ce que nous devons savoir demain. Voilà l'explication de l'origine des arts et des sciences dans leur marche incessante vers un progrès qu'on ne saurait arrêter.

Il paraît qu'il y a des animaux qui possèdent l'instinct de compter, borné toutefois, comme on le suppose, à leur nécessité actuelle ou du présent. Vimont (ouvr. cit.) raconte quelques stratagèmes ingénieux qu'il employa pour découvrir que quelques chiens savent compter jusqu'à trois. La pie compte jusqu'à cinq et à six. Le moyen qu'ont employé les chasseurs pour exterminer cette race d'oiseaux voraces est ingénieux et basé sur la découverte de leur instinct numérique. Les gardes forestiers cherchent à tuer la mère au moment de la ponte. Beaucoup d'entre elles abandonnent le nid dès qu'elles entendent quelqu'un s'approcher. Le plan consiste alors à dresser une embûche. On guette le moment où la pie revient; mais celle-ci veille également, et, si une personne pénètre dans l'embuscade, elle ne s'avance que lorsqu'elle est sortie : pour la tromper, deux hommes entrent ensemble, et l'un d'eux sort ensuite. Mais elle attend encore que le second s'en aille; puis trois hommes entrent, et deux sortent; mais elle tient un compte exact et ne s'en va pas non plus; enfin, il faut que six ou sept entrent dans l'embuscade, il en sort bientôt quatre ou cinq. Il en reste un au dedans. La pie s'embrouille, entre, et on la tue de cette manière. Cette expérience a été répétée plusieurs fois et toujours avec succès. Voyez Broussais (ouvr. cit., p. 564), Combe (Lectures, p. 257). Ces auteurs se rapportent à Georges Leroy, auteur d'un ouvrage intitulé : *Lettres à un physicien de Nuremberg sur l'instinct des animaux.*

Je ne puis terminer cet article sans vous dire que je suis convaincu que pas un seul d'entre vous n'ignore les raisons qui m'ont fait préférer la dénomination comptativité à celle de numérativité ou calculativité. Le mot *nombre* exprime la relation quantitative existant entre les objets dans le monde externe, et non la faculté qui désire, qui perçoit cette relation dans ses variétés infinies. Le mode d'action primitif ou primordial de cette faculté, c'est de désirer connaître ce nombre, lequel produit une autre action immédiate et simultanée, qui est *compter.* Ce mode d'action de désirer et de satisfaire qui caractérise fondamentalement cette faculté se trouve exprimé par le nom *comptativité*, ce que vous comprenez aussi bien que moi. D'un autre côté, calculer veut dire discourir logiquement beaucoup plus souvent que numériquement; c'est pourquoi je n'ai pas hésité un seul moment à préférer le mot comptativité à celui de calculativité.

Langage naturel. — On le voit dans l'individu qui est entièrement livré aux calculs mathématiques. Lorsque quelqu'un compte intérieurement avec beaucoup d'application, l'observateur voit naturellement sur l'expression du visage et à l'attitude de la tête de ce dernier que son âme est dans les chiffres. Eh bien, cette expression et cette attitude de la tête constituent le langage naturel de la comptativité. Si cette force d'expression numérique n'existait pas, comment le peintre représenterait-il sur la toile, et l'acteur sur la scène, l'individu dont l'âme est entièrement adonnée aux chiffres?

15, MOUVEMENTIVITÉ; auparavant 34, ÉVENTUALITÉ.

Définition. — USAGE OU OBJET. Saisir ce qui arrive, concevoir et percevoir les faits et les événements dans le monde moral et toute espèce de phénomènes actifs dans le monde physique. Curiosité, désir de savoir ce qui a lieu et répugnance pour la monotonie. — *C'est l'origine des verbes actifs et des verbes passifs dans leur mode infinitif.* Le présent, le passé et le futur dépendent de l'individualitivité, de la causativité et de la déductivité, comme je l'ai avancé dans la leçon XXIX, p. 473. — *Abus ou perversion.* Ennuyer dans la conversation ou dans les écrits par une profusion d'événements, de récits, d'anecdotes ou d'histoires. Employer cette faculté narrative avec une mauvaise intention. — *Inactivité.* Indifférence complète pour ce qui se passe. Nulle inclination pour les nouvelles connaissances; peu ou point de curiosité.

Localité. On ne peut pas s'y tromper. Située au centre du front, au-dessus de l'individualitivité, au-dessous de la comparativité et aux côtés internes de la durativité ou temps.

Lorsque son organe est grand, le front est voûté; lorsqu'il est petit, il y a un sillon à son centre, et, lorsque son développement est moyen, le front est droit dans son milieu. Voici le Poussin, dans lequel le siége de cet organe est désigné par le nombre 15, et celui de la pesativité par le nombre 11. Michel-Ange possédait un développement considérable de l'organe de la mouvementivité. Son siége est indiqué par le chiffre ancien 34 dans le portrait authentique que je vous ai donné de ce génie vraiment extraordinaire, leçon XIII, p. 202.

V.CHOQUET

Le Poussin, un des peintres français les plus célèbres, né en 1594, mort en 1665.

Découverte. — Je vous en ai raconté l'histoire en vous parlant de l'individualitivité, leçon XXIX, p. 467.

Harmonisme et antagonisme. — Je traiterai ce sujet à la fin de l'explication de la classe IIe des facultés dont nous nous occupons.

Divers degrés d'activité. — Si l'organe est *petit*, la faculté est inactive, et, par suite, l'individu est peu curieux, peu amateur de nouvelles, peu désireux de savoir ce qui se passe. Il manque du talent d'un orateur; il sera un mauvais conteur, un mauvais historien, un mauvais rapporteur d'anecdotes. Il ne saura pas bien présenter les faits. Sa conduite, sa conversation et ses écrits manqueront de mouvement. Il montrera peu de curiosité pour les événements ou phénomènes actifs. Si l'organe possède un développement *moyen*, la force naturelle et l'énergie de la faculté se développeront beaucoup par l'exercice. Dans cet état de développement, un individu peut arriver, avec de l'application et de l'étude, à être un assez bon orateur, un assez bon auteur descriptif, en supposant toujours qu'il y a un développement régulier des autres facultés nécessaires à cet effet. Si l'organe est *grand*, la faculté est naturellement active, c'est pourquoi l'individu se rappelle facilement des faits, des événements, des phénomènes actifs de toute sorte. Il désire toujours être au courant de ce qui se passe. Il lit avec plaisir les journaux et toute espèce de narrations, comme les voyages, les chroniques, les biographies, les anecdotes. Il possède le premier élément de génie qui produit ces compositions. Quelque sujet qu'il traite, il se distinguera par un style et un langage pleins de vie et d'animation, et dans sa conduite il montrera toujours de l'activité et du mouvement. Ce degré de développement est, sinon un élément indispensable, au moins un élément très-important pour les rédacteurs, les secrétaires, les historiens et les professeurs.

Direction et influence mutuelle. — Cette faculté agit presque toujours de concert avec l'individualitivité : celle-ci s'occupe de l'existence, celle-là du mouvement. Pour bien distinguer la fonction primitive et fondamentale de l'une et de l'autre de ces facultés, Spurzheim a dit : « Lorsqu'un cheval repose, on peut le regarder comme un objet de pure existence, et il appartient alors à la juridiction de l'individualitivité. Mais, quand ses poumons sont en action, son sang en circulation, ses muscles en contraction, quand il marche, quand il trotte ou galope, il se passe alors des phénomènes actifs qui appartiennent au domaine de la mouvementivité. L'individualitivité recherche les connaissances que fournissent les noms substantifs ; la mouvementivité s'occupe des événements, des actions que désignent les verbes. » Dans ces conceptions, l'individualitivité *substantifie* et la mouvementivité *verbifie*. Ces deux facultés doivent être bien developpées pour que l'individu soit propre à toutes sortes de descriptions et de narrations. Raconter sans fond ou substance, objet de l'individualitivité, ou décrire sans mouvement ou sans action, objet de la mouvementivité, c'est priver également la description et la narration de l'un de leurs éléments principaux. Aucun écrivain, à quelque genre qu'il appartienne, ne peut se distinguer par un style solide et animé, s'il ne possède un grand développement de ces deux organes. En effet, Solis, p. 70; Cervantes, p. 381; Shakspeare, p. 291, qui se distinguèrent tant par ce style vif et énergique, possédaient les deux organes développés d'une manière extraordinaire. Dans les auteurs dont le style excelle surtout par ses qualités narratives, comme dans Tite-Live, Mariana, Lingard, Walter Scott, Lope de Vega, Pope et autres, on voit la mouvementivité très-développée, de même que dans le style de ceux où brille la description des objets, comme Buffon, Linnée, Jussieu, Lacépède et autres, l'organe dominant est l'individualitivité.

La *chronologie*, ou relation des événements suivant leurs dates, a pour base la mouvementivité aidée par la comptativité et la durativité. Sans ces trois organes bien développés, il serait absurde de chercher à être un bon chronologiste. De même que la mouvementivité ne saurait agir dans sa sphère spéciale sans le secours des autres facultés, et, en particulier, de celles de connaissances physiques, de même, sans elle, celles-ci ne sauraient agir dans leur sphère particulière. Que seraient la poésie, le roman, la philosophie, la diplomatie, la politique, si les faits, les événements qui doivent leur donner vie et animation leur manquent? Aucune faculté ne peut et ne doit donc être considérée que comme un élément plus ou moins primordial ou secondaire, du moment où nous l'étudions et nous le considérons en relation avec un acte ou une production humaine.

Incidents. — J'ai connu à la Havane deux excellents professeurs de grammaire castillane; l'un mettait tout son soin et toute son attention à enseigner les verbes, et l'autre les substantifs. Ce dernier s'appliquait à prouver que tout verbe était une existence sans mouvement; c'est ainsi que le désirent, sans peut-être le savoir, ceux qui, pouvant dire : « Je suis aimant, » pour j'*aime* ; « Je suis écrivant, » pour j'*écris*, réduisent tout au simple *être* ou à la simple existence, comme si dans le même mot, aimant ou écrivant, n'était pas compris un événement, un fait, une circonstance. Celui qui faisait consister tout le mérite de son enseignement à bien conjuguer ne voyait que mouvement; l'existence paisible ou inerte était pour lui une vision. Il considérait tout comme le résultat de phénomènes en action, il niait le repos, et il disait qu'il était absurde de prendre en considération le mot « être, » signifiant seulement une simple existence, puisque pour « être » le mouvement était nécessaire. Chaque fois que je voyais le grand développement de l'individualitivité de l'un d'eux et celui de la mouvementivité de l'autre, je ne pouvais m'empêcher de m'écrier avec admiration : « Voici une autre preuve de la vérité de la phrénologie. » — Broussais, ouvr. cit., p. 381-385, suppose, et c'est vrai, que l'immense mouvementivité de Pitt forma la base de sa politique. Suivant le même Broussais, Casimir Périer, célèbre ministre de Louis-Philippe, dut sa fortune politique au grand développement de cet organe. Le général Foy et le célèbre naturaliste Bory de Saint-Vincent, tous deux hommes distingués par leur talent narratif, étaient remarquables par leur front saillant. Récemment arrivé en Espagne des États-Unis, un monsieur se présenta chez moi, pour que je fisse un examen phrénologique de sa tête. La première chose que je lui dis, en voyant son bon tempérament, le volume considérable de sa tête, et le *grand développement de la mouvementivité*, fut : « Monsieur, vous devez être un rapporteur. » Il ne répondit rien. Quelques jours après j'appris qu'il était l'un des rapporteurs les plus distingués de cette audience (Cour de cassation). Un autre personnage, ayant une tête grande et de belle apparence, vint, dans le même but que le précédent, me visiter quelques jours après. En voyant une dépression très-sensible au milieu de son front, je lui dis : « Vous n'avez qu'un défaut, source peut-être de beaucoup d'autres. — Quel est-il? répondit-il avec inquiétude. — C'est que vous regardez et vous ne voyez pas ce qui se passe devant vos yeux. — Ne m'en dites pas davantage, s'écria-t-il, je crois à la phrénologie. »

Observations générales. — Avant que j'eusse démontré dans la leçon XXI, p. 325 à 329, que, sans une mutuelle intelligence entre les facultés, il n'y avait point d'*unité mentale* dans l'âme, d'*unité d'action* entre les facultés, pas de *moi* enfin dans chacun des actes internes de l'esprit, tout était confusion dans cette importante partie psychologique. Spurzheim, par exemple, dit, *Phrénology*, I, p. 126, que les facultés réflexives appelées par nous de *relation universelle* sont les seules qui perçoivent avec intelligence ce qui se passe dans toutes les autres facultés mentales, admettant en même temps que la mouvementivité *connaît uniquement la relation qui existe entre les objets et leurs qualités.* » En parlant ensuite sur la mouvementivité en particulier (*loco cit.*), p. 323, d'une manière tout à fait contradictoire : « Il me parait évident, dit-il, que cette faculté reconnaît l'activité interne ou externe de toutes les autres et qu'elle agit à la fois sur toutes. » Il est certain qu'il en est ainsi, mais seulement lorsque cette faculté doit former ou appliquer des *conceptions* de mouvement. Si son objet, par exemple, consiste à faire marcher une machine arrêtée, elle reconnaîtra l'activité de la constructivité, sans les inspirations de laquelle il serait impossible d'y arriver. Si la constructivité conçoit une ma-

chine qui doit marcher, elle agira avec une intelligente perception des inspirations de la mouvementivité. Sans cette mutuelle intelligence, les deux facultés
ne pourraient avoir unité d'action en dirigeant tantôt l'une, tantôt l'autre; c'est-
à-dire en étant chacune à son tour excitante et excitée. Toute faculté, je n'ai
cessé et je ne cesserai de le répéter, dans sa juridiction spéciale et particulière,
communique aux autres ce que seule elle peut percevoir, concevoir et désirer;
mais elle reçoit à son tour, en échange, une intelligence complète de tout ce
qui est propre aux autres.

Lorsqu'en juillet et août 1851, je visitais presque tous les jours l'exposition
universelle de Londres, je me dirigeai d'abord vers le département des machi-
nes en action ou en travail. « Voici la mouvementivité avec ses prodiges, voici
comment son action communique un mouvement intelligent à la matière
inerte, me disais-je avec extase. Qui pourra se mesurer avec les Anglais dans
cette branche d'industrie humaine, continuai-je à me dire, si les Anglais en
général se distinguent des autres nations par le grand développement de leur
mouvementivité? » Un instant après je me rappelais que les Espagnols de tout
le centre de la Péninsule se distinguent également, d'après mes propres observations, par un grand développement de l'organe; mais, appliqué à des œuvres
dramatiques et non à l'industrie, celui-ci, au lieu de produire parmi nous ces
mille systèmes différents de communiquer le mouvement à la mécanique, n'a
produit qu'un nombre de bonnes comédies plus considérable que toutes celles
qui ont été conçues et publiées par toutes les autres nations réunies.

L'*action* d'une œuvre dramatique dépend autant de la mouvementivité que
son *unité* de l'individualitivité.

Chaque fois que j'ai entendu parler de la direction du ballon, je me suis toujours figuré que cette découverte était réservée à un Espagnol ou à un Anglais,
qui réunit à une immense individualitivité un développement surnaturel des
organes de la mouvementivité, de la pesativité, de la constructivité et d'autres
facultés indispensables.

La dénomination *éventualité*, qui, comme vous le savez, s'applique à la faculté dont nous nous occupons, est inexacte, parce qu'elle se fonde sur le mot
événement, lequel, étant synonyme d'un fait qui a lieu, est, en castillan, inusité
et suranné. Ce mot est donc défectueux, et son défaut le plus remarquable est
de ne pas exprimer l'usage de la faculté dans toute son extension. Son domaine
spécial ne se borne pas à des événements ou à des faits; il s'applique à tout ce
qui est phénomène actif, c'est-à-dire *mouvement*. C'est ainsi que l'entendent
Spurzheim, comme vous venez de le voir, et Combe, comme l'indiquent ses
propres paroles rapportées dans la leçon XXIX, p. 468. A mon avis, la dénomination *eventuality*, d'où est venu notre « eventualidad » et le mot français
« *éventualité*, » par lequel on distingue cet organe nouvellement découvert, a
été de beaucoup antérieure au jugement complet que ses auteurs se formèrent
définitivement sur sa fonction spéciale. Un mouvement n'est pas toujours considéré comme un événement, tandis qu'il ne peut y avoir un événement qui ne
présuppose un certain mouvement. De plus, le *mouvement*, dans le monde
physique comme dans le monde moral, est un phénomène d'une importance si
transcendantale, que la raison humaine suppose naturellement qu'il doit être
en relation avec une faculté primitive et fondamentale. Vous connaissez, depuis
que j'ai consacré trois leçons entières à l'explication de la nomenclature phrénologique, la raison pour laquelle j'ai ajouté au mot *movimiento* (mouvement)

la terminaison *ividad* (ivité), et supprimé, par considération idiomologique (idiomologica), un *o* et un *i*. Pour observer et pour expérimenter en dedans et en dehors de nous-mêmes, si cette faculté désire et a de la répugnance, si elle est ou non susceptible de sentir des affections agréables ou désagréables, il n'y a qu'à remarquer la satisfaction avec laquelle parle un nouvelliste ou une commère ; il n'y a qu'à voir combien l'un et l'autre se mettent en quête des notices ou des fariboles qu'il leur importe de découvrir ou d'inventer, et qu'à faire notre examen de conscience pour nous rappeler chaque fois que nous-mêmes nous avons péché par le style.

Langage naturel. — Dans les dernières leçons, je n'ai point parlé de ce sujet. Il est évident que le langage naturel, par exemple, de la localitivité se manifeste dans l'individu lorsque celui-ci est fortement occupé à reconnaître des terrains. Celui de la pesativité et de la méditivité s'aperçoit facilement chez un habile joueur de boules lorsqu'il en prend une, lorsqu'il la pèse avec la main et mesure de l'œil la distance qu'il veut lui faire parcourir, afin de produire l'effet que sa déductivité conçoit et contemple intérieurement.

Le langage naturel de la coloritivité se voit d'une manière évidente dans un peintre qui a l'intention arrêtée de produire un effet surprenant par la combinaison des couleurs. Pour saisir le langage naturel de l'ordonativité, il n'y a qu'à se représenter, par l'imagination, un jeune élégant, coquet et bien vêtu, lorsqu'il arrive dans la chambre d'un antiquaire, où tout est sale, confus et en désordre, ou bien une émeute où tous les individus veulent parler et commander à la fois et en même temps et produisent le plus grand brouhaha et la plus grande confusion. Le langage naturel de la mouvementivité peut s'observer lorsque, dans une fabrique, le directeur recherche péniblement la cause qui empêche le mouvement de la machine ; lorsque l'auteur dramatique fait tous ses efforts pour concevoir une action qui lui convienne, ou lorsqu'un nouvelliste rencontre un crédule qui écoute, ébahi, ses contes et ses babioles.

LEÇON XXXII

Conclusion des facultés de la classe II. — 16, DURATIVITÉ ; auparavant 35, temps ou durée. — 17, TONOTIVITÉ ; auparavant 36, tons.

MESSIEURS,

Je donnerai aujourd'hui immédiatement l'explication des facultés et de leurs organes, qui forment l'objet de cette leçon. Toutes les considérations importantes que je trouve à propos de vous communiquer à leur sujet sont renvoyées à la leçon prochaine; je ferai alors nécessairement une revue générale de toutes les facultés qui constituent la classe II, et qui nous ont occupés pendant plusieurs jours.

16, DURATIVITÉ; auparavant 55, TEMPS ou DURÉE.

Définition. — USAGE OU OBJET. Apprécier la mesure du temps et les intervalles de la durée. Elle est l'origine du rhythme, de la cadence, de la division régulière du temps et de la mesure dans la musique, dans la danse, dans les évolutions militaires, etc. Désir de produire tout cela et d'en jouir, par conséquent aversion ou répugnance pour ce qui, devant l'avoir, ne le possède pas; de là viennent toutes nos sensations de douleur et de plaisir que le temps est destiné à produire dans ses relations infinies. — ABUS OU PERVERSION. Sacrifier le sens des mots, la force du style à leur harmonie cadencée; être possédé d'une quasi-manie pour ne pas perdre le temps; employer ce temps à de mauvaises fins. — INACTIVITÉ. Peu ou point d'appréciation du temps; le laisser passer avec indifférence et sans sentir ses intervalles ni son importance.

Localité. — Au-dessus de la coloritivité, au côté externe de la mouvementivité, et au côté interne de la tonotivité, comme vous le verrez indiqué par le numéro 16 dans les portraits authentiques de Rossini et Meyerbeer, que je vous présenterai bientôt.

Découverte. — « L'organe du temps, dit Broussais (*ouv. cit.*, p. 585), appartient à Spurzheim. Gall ne fit qu'émettre l'idée qu'il devait y avoir un organe correspondant au temps, mais il ne l'indiqua pas. » Spurzheim ne donne pas toutefois l'histoire de cette découverte, pas plus que celle des autres qu'il a faites; c'est peut-être l'effet d'une modestie mal entendue, modestie qui lui a valu de graves et amères critiques. Boardmann, dans les *Leçons de Combe*, publiées en 1841, page 77, en parle avec beaucoup de regret.

Harmonisme et antagonisme. — Je m'en occuperai bientôt pour toutes les facultés de connaissance physique.

Divers degrés d'activité. — Si cet organe est *petit*, la faculté est inactive. L'individu est par conséquent très-indifférent au temps et à ses phénomènes. Dans cet état de développement, l'individu a beaucoup de peine à apprendre à danser, quoique la pesativité soit bien développée. Les nombreux conscrits dont j'ai examiné la tête, et qui étaient lourds pour apprendre l'exercice, ont toujours eu cet organe et celui de la mouvementivité petits.—Lorsque le développement de l'organe est *moyen*, son exercice, joint à celui des facultés avec lesquelles il agit et se combine ordinairement, donne beaucoup de vigueur et de force à la faculté. Ce degré de développement, aidé de l'application, permet à l'individu de posséder un talent ordinaire pour tout ce qui concerne la juridiction ou l'objet de cette faculté. — Si l'organe est *grand*, l'individu comprend naturellement l'importance du temps et lui accorde toute la considération qu'il mérite; il possède en lui une sorte d'horloge qui lui indique toujours l'heure qu'il est, et un mentor qui lui dit : « Fais attention, le temps fuit; » et celui-ci lui sert en outre de précepte pour ne pas perdre une minute. Son oreille et ses yeux sont toujours en alerte pour les plus petites divisions du temps, source du rhythme dans le langage, de la mesure dans la musique, dans la danse et dans tout ce qui doit avoir un mouvement bien réglé. Ce degré de développement est l'élément primitif de ces préceptes salutaires qui ont pour but de nous faire bien employer le temps. Franklin a dit : « Ne prodiguez pas le temps, c'est le tissu de la vie. » — Bacon a dit : « Le temps perdu ne se retrouve jamais. » — Young a dit : « Ne différez pas, car différer est le pire voleur du temps. » — J. B. Say a dit : « L'économie du temps consiste à faire *maintenant* ce qui doit forcément être fait *plus tard*. » — Johnson a dit : « *Demain !* oh ! le détestable mot ! *demain*, dont le son a de grands attraits pour nous, et dont la réalité ne se voit jamais ! »

Direction et influence mutuelle. — Il est évident que cette faculté, comme toutes les autres, peut être un élément du *bien*, source du *plaisir* et objet pour lequel elle nous a été concédée. Elle peut de même être un élément du *mal*, source de *douleur*, et auquel elle est accidentellement exposée, comme je l'ai dit plusieurs fois. La bonne direction de cette faculté, comme celle de toutes les autres, consiste donc à faire tous les efforts qui nous sont possibles pour qu'elle engendre le bien et évite le mal.

Suivant la règle commune à toutes, cette faculté agit en combinaison de celles qui lui servent d'auxiliaires indispensables pour la plus grande partie des actes dont elle est un élément principal beaucoup plus souvent qu'en combinaison des facultés avec lesquelles elle s'associe accidentellement. Dans le *rhythme* ou *cadence* de la prose ou des vers, elle doit opérer, comme on le suppose, avec toutes les autres facultés productrices de la même prose et des mêmes vers. S'il n'en était pas ainsi, où serait son objet, où seraient ses moyens de satisfaction? Dans la *chronologie*, ou détermination des intervalles du temps, elle doit évidemment agir avec la mouvementivité, mère des faits, et avec la comptativité, qui détermine le *nombre* des faits et le *nombre* des intervalles. Dans la *chronométrie*, outre son action combinée avec celle des facultés que je viens de mentionner, elle a un besoin indispensable de l'action de la constructivité. Quoi qu'on fasse, nous trouverons toujours, comme j'ai eu occasion de l'observer plusieurs fois, que, dans toute production humaine, il y a une faculté qui est l'élément du désir primordial et générateur, désir qui ne peut être satisfait sans la concurrence des autres facultés.

Étudions donc avec une grande circonspection, avec un examen analytique scrupuleux, nos opérations mentales, et nous trouverons qu'il y a dans toutes le désir qui pousse et les moyens qui les satisfont. L'astronomie, par exemple, prend son origine dans la méditivité, c'est-à-dire dans le désir de mesurer la distance et la grandeur des astres. Mais ce désir ne peut être satisfait sans le secours de la mouvementivité, qui apprécie son action; sans celui de la durativité, qui apprécie les intervalles de temps pendant lesquels s'exécute un mouvement, et sans celui de la comptativité, qui détermine et fixe les divers nombres.

Murillo ne fut pas seulement grand peintre parce que son coloris était le plus remarquable qu'on ait connu, mais parce qu'il avait de plus une grande tête, un tempérament excellent et un développement extraordinaire de tous les organes dont les facultés sont des éléments auxiliaires indispensables pour produire la peinture. Si Rubens, dont je vous présente ici le portrait authentique, se distingua également dans la peinture, ce fut parce qu'il possédait en plus du coloris, comme vous le voyez, une tête et un tempérament remarquables sous tous les rapports. Ainsi, chez lui, comme dans Murillo, le grand développement de la coloritivité a été la cause qui, parmi les nombreuses et précieuses qualités par

Rubens, célèbre peintre flamand, né en 1577, mort en 1640.

lesquelles se distinguent ses compositions, lui a fait élever à un degré éminent celle du coloris, de même qu'en Raphaël le dessin surpasse toutes les autres qualités[1].

Incidents. — Le célèbre musicien M. Rachelle, de Barcelone, passa une fois, par hasard, devant moi. Je ne le connaissais pas, mais l'on m'avait raconté des faits remarquables de sa *durativité.* « Si ce qu'on rapporte de Rachelle est vrai, dis-je à la personne avec laquelle je m'entretenais, ce monsieur doit être directeur d'orchestre. » J'appris plus tard que je ne m'étais pas trompé. — Jean-Daniel Cheralley, suivant le *Phrenological journal*, IV, p. 517, faisait souvent des paris, sur l'heure et la minute, à un moment donné quelconque, et il ne perdait jamais. M. Chavannes reconnut ce fait le 14 juillet 1823. En en rendant compte ensuite à la Société des sciences naturelles de la Suisse, il dit : « Cet homme possède une espèce de mouvement interne qui indique les minutes et les secondes avec la plus grande exactitude. » Sir George Mackensie, suivant Combe, *System of phrenology*, connut un paysan qui savait toujours l'heure du jour ou de la nuit. — Ceci n'est qu'*un plus ou moins que* nous

---

[1] Cette intéressante question a été complètement traitée dans la leçon XLVII, à laquelle je renvoie le lecteur.   *(Note de l'auteur pour l'édition française.)*

possédons tous. Nous avons tous perception et conception de la marche du temps, de la durée de l'existence, de la succession des instants, de même que tous nous avons perception et conception de l'espace ou de l'étendue. La conception d'un génie privilégié, comme celui de Chevalley, trouve avec exactitude la succession des instants. Un autre les trouve également, mais c'est plutôt dans leur ensemble, sans y apporter la même précision et la même exactitude. Un autre Chevalley se présente bientôt. A une immense durativité il joint un grand développement des autres organes, et il invente un système matériel pour mesurer avec une précision et une exactitude parfaites les instants et les intervalles; et ce qui fut un temps le privilége exclusif d'une *conception* merveilleuse devient ensuite un objet de la *perception* générale, comme je l'ai plusieurs fois expliqué, mais particulièrement dans les leçons XXV et XXIX, p. 396, 457 à 458. La forte application d'une ou de plusieurs facultés empêche ou arrête l'exercice de la *perception* et de la *conception* dans les autres; ainsi la destructivité très-active produit la *colère*, qui empêche la *réflexion*, c'est-à-dire l'action des facultés de relation universelle; eh bien, la méliorativité très-excitée empêche de même quelquefois le poëte de sentir la chaleur ou le froid excessif, c'est-à-dire l'exercice de la tactivité. — Il m'est arrivé une fois, en allant dîner avec assez d'appétit, d'entrer auparavant, pour quelques moments seulement, dans un tribunal de Baltimore (États-Unis), où parlait M. Wirt, célèbre orateur du barreau. En entendant un certain nombre de phrases, je m'imprégnais tellement de ce qu'il disait, que quelques facultés supérieures, absorbées et extasiées, empêchèrent l'alimentivité et la durativité d'exercer leur perception; l'une ne saisit pas pour un instant les sensations de l'estomac, ni l'autre le cours du temps. De sorte qu'après quatre heures, au moment des conclusions de l'orateur, je ne me souvins pas d'avoir jamais eu d'appétit ni que le temps se fût écoulé. Je me souviens seulement que tout cela n'avait duré qu'un moment. Beaucoup de personnes croient que la non-perception de la marche du temps, pendant que nous sommes fortement préoccupés d'une chose, est une circonstance exceptionnelle des opérations mentales, tandis que c'est une loi générale de toutes les facultés. — Dans quelques cas, l'organe de la faculté en question s'est trouvé malade. L'individu a ressenti une douleur dans le lieu spécial du front où les phrénologues le placent et il a perdu toute idée cohérente du temps.

Observations générales. — De même que le *il est*, le *être*, l'*existence* et toutes leurs divisions sont du domaine de la réalitivité[1], que le mouvement qui a lieu ou s'opère avec toutes ces variétés infinies, est du domaine de la mouvementivité; de même que la distance, l'étendue, l'espace, avec leurs divisions infinies, [sont du domaine de la méditivité; de même le temps, la durée, la succession des instants, dans leurs mille subdivisions, rapports et applications, sont du domaine de la durativité.

Que de personnes n'entendons-nous pas dire : « Je me réveille à l'heure que je veux, quand je l'ai résolu en me couchant. » L'observation prouve, en effet, qu'on ne se trompe pas. Comment expliquer ce phénomène, sinon que la durativité mesure en elle-même et d'elle-même la marche successive

[1] Toutefois l'idée rationnelle de l'être, comme celle de toute autre chose, est du domaine de l'harmonisativité. Voyez les leçons XLVI et L.
(*Note de l'auteur pour l'édition française.*)

du temps, comme la pesativité mesure la résistance, la méditivité l'espace? Dans ce cas, la durativité se maintient éveillée, elle ne dort pas; elle sent instinctivement comment le temps passe, et, le moment critique arrivé, elle s'élance et réveille les autres facultés. Les horloges sont à la durativité ce que les poids et les mesures sont à la pesativité et à la méditivité, c'est-à-dire des moyens de démontrer et de vérifier les conceptions. Lorsque la méditivité perçoit l'espace, elle détermine son étendue approximativement, comme la pesativité détermine la résistance de la même manière. Eh bien, la durativité est au cours du temps, c'est-à-dire à la durée de l'existence, ce que ces deux dernières facultés sont à l'espace et au poids.

Le temps ou durée est une propriété inséparable de tous les objets, parce que la durée commence là où l'existence commence; c'est une propriété aussi réelle et aussi positive que la forme, que la couleur. Mais, comme nous n'avons pas de sens externe pour l'apprécier, nous ignorons quel ordre de sensations elle produit dans le monde physique, elle n'en est pas moins cependant réelle et positive dans son existence et dans ses effets. En contemplant la jeunesse, la vieillesse, la succession des époques, et les résultats qu'elles produisent parmi les objets, qui ne perçoit ou qui ne conçoit ce que nous appelons temps ou durée, dont les mots : de bonne heure, tard, promptement, bientôt, vite, rapidement, aujourd'hui, à présent, instantanément, expriment les variations; de même que les mots : anguleux, droit, courbe, triangulaire, expriment les diversités de forme? Nous nous formons des conceptions de toute cette variété de temps; nous les appliquons en réalité et positivement au langage, à la musique, aux évolutions militaires, à la mécanique et aux autres œuvres humaines, qui, sans cet élément, ne pourraient avoir une existence.

La durativité ne perçoit, ne conçoit que le cours, c'est-à-dire l'existence des instants, dans leur succession ou leur durée, mais sans aucune idée du présent, du passé, ni du futur, ce qui est du domaine de la causalité, de la réalitivité et de la déductivité.

Le temps ou durée peut être personnifié en attribuant une existence objective à l'individualité et aux autres facultés les attributs qu'il est de leur domaine de percevoir et de concevoir. Ainsi le comte de Noroña, homme d'État, militaire et excellent poëte, dit dans sa composition sur le temps :

> Le temps vole toujours, sans que rien ne l'arrète,
> Et toujours devant lui, par les mêmes chemins,
> Sans trêve ni merci, sans détourner la tête,
> Et sans prêter l'oreille aux vains cris des humains.
> Chaque coup de son aile au front laisse une ride;
> Il ronge notre chair, il dessèche nos os,
> Et dans ce tourbillon incessant et rapide,
> Pour lui, notre sommeil n'est pas même un repos [1].

Pour représenter une personnification *à vue* du temps, il n'y avait qu'à peindre un personnage dont l'attitude et la physionomie fussent exprimées par les attributs que le comte de Noroña donne au temps considéré comme un être ou une entité individuelle.

Langage naturel. — Le temps se manifeste dans le directeur d'orchestre

[1] Traduction de M. Ernest Lafond, pour l'auteur de cet ouvrage. (Paris, 15 mai 1858.

lorsqu'il est attentif à la durée exacte qu'il a signalée, au son qu'il est prêt
à entendre, afin de leur faire produire un effet musical complet; dans le capo-
ral, quand, ordonnant une évolution, on voit peinte sur son visage la quantité de temps qu'il compte pour sa parfaite exécution; dans le mécanicien,
quand, l'horloge dans une main et les yeux sur la roue, il attend avec
exactitude le nombre de révolutions qui doivent se faire dans un temps
donné.

17, TONOTIVITÉ; AUPARAVANT 36, TONS OU MÉLODIE.

Définition. — USAGE OU OBJET. Bien percevoir les tons, c'est-à-dire les sons
mélodieux, harmonieux et contre-pointés qui constituent ce que nous appelons *musique;* former des conceptions de ces tons et les reproduire ensuite
avec la voix ou avec les instruments; en un mot, concevoir et percevoir intelligemment une musique vocale et instrumentale, et la produire par le
moyen de la partie active, réactive et dominatrice qui existe dans chaque
faculté, comme je l'ai expliqué leçon XXVII, p. 421 à 424. — ABUS OU PER-
VERSION. Penchant irrésistible pour la musique, jusqu'au point de nous faire
oublier nos devoirs; appli-
cation de cette faculté à des
excitations ou à des actions
impropres et inopportunes
pour une bonne fin. — INAC-
TIVITÉ. Indifférence com-
plète pour la musique; incapacité de la concevoir ou
de la produire.

Localité. — Au-dessus de
l'ordonativité et de la comptativité, au-dessous de la
saillietivité, au côté externe
de la durativité, et au côté
interne de la constructivité.
« Cet organe, dit Fossati,
dans son opuscule *sur le talent de la musique,* page 4,
se trouve immédiatement
au-dessus de l'angle externe
de l'œil, et produit, lorsqu'il est très-développé, des

Rossini, compositeur d'opéras le plus remarquable que
le monde ait produit, né à Pesaro, dans la Romagne,
en 1789.

fronts carrés ou très-sail-
lants à la partie latérale an-
térieure de la tête. » Voici le portrait de Rossini, considéré comme authentique. La tonotivité y est indiquée par le numéro 17. Il n'est pas douteux

que sur cette tête, comme sur celle de Meyerbeer, dont je vous présenterai bientôt le portrait authentique, la région indiquée par les numéros 16 et 17 est, à simple vue, extrêmement développée.

Découverte. — Avant que Gall eût découvert les divers ordres de mémoire, on lui fit voir, à Vienne, une jeune fille de cinq ans appelée Bianchi, qui avait une mémoire extraordinaire pour la musique seulement. Le père de la phrénologie ne put rien trouver de remarquable dans la configuration de la tête de cette enfant; mais il y en eut assez pour diriger son attention sur le développement du crâne des grands musiciens, chez lesquels il existe constamment, dans la région indiquée ci-dessus, une proéminence tantôt pyramidale, tantôt arrondie. « J'ai examiné avec beaucoup de soin, dit Gall, mesdames Mara, Sessi, Canabich, Schmalz, Gail, Bigot, Catalani, Barilli, Bertinotti, Vortus, Bills, Albert, Pasta, Fodor, etc., et MM. Krebs, Himmel, Reichard, Glœgle, Garat, Durong, Boïeldieu, Galli, Rossini, Lays, etc. Chez tous, le développement de la partie de la tête signalée est tellement complet, que, si nous pouvions placer tous leurs bustes sur une même ligne, les observateurs les plus superficiels auraient la conviction irrésistible que c'est là le signe constant et caractéristique du talent musical. » Un événement dans lequel cet organe joua un grand rôle fut la cause que le docteur Broussais se consacra d'une manière particulière à la phrénologie. « Avant de m'attacher à cette science, dit-il (*ouv. cit.*, p. 595 et 596), je me trouvai un jour en consultation dans la maison d'un marchand de musique. J'étais dans une pièce environnée de quarante portraits de musiciens. Sur ces portraits, on voyait sans exception aucune l'organe très-prononcé. Cette circonstance m'impressionna tellement, que je ne pus la faire disparaître de toute la journée; je me disais : *Gall n'est pas un insensé.* En effet, il y a peu d'organes qui soient aussi prononcés que celui-ci. Les sarcasmes ne peuvent rien contre ce fait. »

Harmonisme et antagonisme. — Je parlerai bientôt de ce sujet.

Divers degrés d'activité. — Lorsque cet organe est *petit*, l'individu peut à peine se faire une idée, soit de la mélodie, soit de l'harmonie, soit du contrepoint, qui forment la succession, la correspondance et la combinaison des sons. A l'égard d'effets musicaux, « les braiments de l'âne, suivant l'expression d'un individu chez lequel j'ai trouvé l'organe très-aplati, et l'opéra le plus sublime, le mieux exécuté, produisent le même résultat. » Si le développement de l'organe est *moyen*, l'individu aura une facilité ordinaire pour percevoir, concevoir et produire avec la voix, ou avec un instrument, des mélodies, des harmonies et des contre-points. Par l'application et l'étude, et avec un développement normal des organes auxiliaires de la tonotivité, il parviendra à être un *bon musicien*, mais il ne présentera rien d'extraordinaire. Ainsi se trouve organisée la tête de la majeure partie des individus qui suivent sans briller la musique comme profession. — Si l'organe est *grand*, l'individu possède une passion décidée pour la musique; il écoute avec plaisir une composition musicale quelconque; il a une perception ex-

quise de toutes sortes de mélodies, d'harmonie et de contre-points; il forme
naturellement des conceptions musicales et se sent saisi d'enthousiasme et

d'extase pour elles ; il possède l'élément primordial et
inséparable du génie musical, et, pourvu que les organes des facultés qui sont
d'un secours indispensable
soient un peu favorables, il
se distingue comme Meyer-
beer, dont je vous présente
ici le portrait authentique.
Son tempérament, le favo-
rable volume général de sa
tête, l'immense développement de la durativité et de
la tonotivité, tout annonce
ce qu'il fut dès l'âge de neuf
ans : un génie musical.

*Direction et influence
mutuelle.* — Après les explications que j'ai données
plusieurs fois sous ce titre,
vous comprendrez parfai-
tement que cette faculté

BEER MEYER ou MEYERBEER, né à Berlin, en 1791.

n'est, par rapport à la musique, que l'élément du désir primordial et
générateur. L'individu perçoit et conçoit la mélodie ou essence de la musique; mais, sans la durativité, il n'a point une juste appréciation des intervalles et de leurs effets, élément aussi nécessaire pour la musique que la
tonotivité elle-même. Sans ces deux facultés, dont l'une apprécie la concordance des sons, et l'autre la concordance des intervalles, il n'y a pas de
musique vocale. Pour la musique instrumentale, le concours de l'individualitivité, de la constructivité, de la configurativité et de la pesativité, qui engendre l'agilité et l'adresse mécanique, est indispensable. En plus de ces
facultés, il faut aussi le concours de la méliorativité, de la stratégitivité et de
l'imitativité, sinon comme éléments indispensables, du moins comme éléments importants, afin de communiquer à la musique, soit vocale, soit instrumentale, de l'élévation et de l'expression. Combe (*ouv. cit.*), dit très-
bien que la tonotivité très-développée ne pourra jamais bien toucher de la
harpe si la pesativité lui fait défaut, parce qu'alors il lui manque le moyen
de communiquer aux cordes l'impulsion vibrante, précise et nécessaire pour
la production des notes.

L'action des organes que je viens d'énumérer produit la musique; mais il
est bon de prévenir que le caractère distinctif de la musique dépendra du

développement plus ou moins grand de ceux qui dominent dans la tête du musicien. Gall, quoiqu'il ait parlé des organes considérés individuellement et isolément, a reconnu cette importante vérité. « Lorsqu'un développement considérable de l'organe de la musique, dit-il (*ouv. cit.*, t. V, p. 73), coexiste avec un grand développement de l'organe de la destruction (destructivité), l'individu a une prédilection pour la musique militaire. Quand il coexiste avec un grand développement de la théosophie, (inférioritivité) il a une prédilection pour la musique sacrée. Si les musiciens comprennent ces principes, ils pourront s'expliquer leur goût spécial et le caractère particulier de leurs compositions. » Ce principe, que j'ai cherché plusieurs fois à vous faire retenir, est général. Les plus puissantes facultés font toujours sentir leur influence dans tous les actes et toutes les actions de l'individu. Celui qui a beaucoup de combativité et de destructivité, tout en défendant la *paix*, laissera apercevoir, dans son ardeur belliqueuse, des manifestations *guerrières*.

Dans l'opuscule déjà cité *sur le talent musical*, le docteur Fossati analyse, à l'appui de ses idées, le génie de Catalani, Fodor, Crivelli, Galli, Tachinardi, · Grisi, Nourrit, Damoreau, Pellegrini, Lablache, Pasta, Malibran, Marcello, Cimarosa, Mozart, Hayden, Grétry, Rossini, Weber, Fétis, Castil-Blaze, Carafa et d'autres. Il dit de Bellini, l'auteur du *Pirate*, qui joint à un grand développement de la tonotivité, de la durativité, etc., celui de la bénévolentivité à un degré remarquable : « Il produira toujours une musique expressive, pathétique et dramatique. » Il dit de Rossini : « Sa tête volumineuse nous prouvera qu'elle réunit tous les organes et toutes les qualités nécessaires à la formation d'un génie extraordinaire. » Mais il ajoute ailleurs : « Sans l'instruction, sans l'exercice, sans le travail, nous ne sommes rien. » Toutes ces observations peuvent être faites sur la peinture, sur la sculpture et sur les autres arts mécaniques ou nobles; ce qui explique la grande rareté des véritables génies et la grande diversité d'un même genre de talent.

Incidents. — Voici un fait que rapporte Gall. Je pourrais en rapporter beaucoup d'autres semblables sur chaque organe, comme je l'ai fait dans la leçon précédente, p. 505, et même dans celle-ci, p. 510. Si la vérité, l'utilité, la religion, n'avaient pas été du côté de la phrénologie, c'en était fait de moi ! Où aurais-je trouvé un asile sûr contre toute l'opposition que j'ai soufferte pour elle? Mais passons au fait de Gall. « Un ecclésiastique vint me voir à Vienne, dit-il (*ouv. cit.*, t. V, p. 71), et, sans vouloir me dire son nom, il me pria de lui enseigner l'organologie [1].

« Dès que je lui eus expliqué ces principes généraux, il désira voir quelques organes bien développés. Je lui en montrai plusieurs sur des crânes et sur des modèles. Arrivés à l'organe de la *localité*, je lui dis qu'il l'avait très-développé

---

[1] Gall appliqua cette dénomination impropre à son immortelle découverte. Plus tard, on lui donna, comme j'aurai occasion de l'expliquer, le nom de phrénologie, science que vous connaissez sous ce nom. (Voyez à cet égard la leçon LV; le lecteur y trouvera la véritable signification des mots : phrénologie, philosophie, psychologie, etc.)

(*Note de l'auteur pour l'édition française.*)

et qu'il devait se sentir de l'inclination pour les voyages. A sa grande satisfaction il me répondit qu'en effet il en était ainsi. En lui annonçant qu'il avait encore l'organe des chiffres extrêmement développé, il se leva tout étonné de son
siége et s'écria avec une grande joie : « Je suis professeur de mathématiques.
— Et cependant, lui dis-je, vous vous seriez distingué bien plus dans la mu-
« sique et particulièrement dans sa théorie. » Il se jeta alors à mon cou et me
dit qu'il était l'abbé *Vogler*. Il racontait ensuite lui-même plus tard cette aven-
ture qui le rendit très-zélé partisan de l'*organologie*, dans toutes les sociétés
qu'il fréquentait. »

Le véridique et savant scrupuleux Andrew Combe, médecin des rois belges,
frère de Georges Combe, tant de fois cité dans ces leçons et dont la perte regret-
table jeta la consternation dans le monde scientifique, rapporte un fait de la
plus grande importance. Ce fait cependant n'est pas le seul de son genre, car,
dans ma grande pratique phrénologique, j'en ai vu plusieurs de semblables.
Combe dit donc qu'il avait parmi ses malades une demoiselle qui fut prise
d'une douleur de tête très-aiguë à l'angle externe de la ligne moyenne du front,
là où siége la tonotivité. L'organe de cette faculté était chez elle très-développé;
elle l'indiquait avec son doigt, afin de préciser exactement l'endroit où elle res-
sentait la douleur. Le lendemain, elle se plaignait encore de la douleur dans le
même point et lui dit que, pendant toute la nuit, *il lui avait semblé entendre
une musique délicieuse*, et que ce rêve lui avait laissé de telles impressions,
qu'elle ne pouvait les éloigner de son esprit.

Trois jours après, il alla visiter la malade. « Je vous attendais avec impa-
tience, » dit-elle. Elle lui raconta qu'elle avait eu encore des rêves analogues,
que déjà ce n'était plus seulement des rêves, mais qu'éveillée, elle avait éprouvé
de violents désirs d'entendre et de produire de la musique. Elle était très-habile
au piano; elle avait voulu à toute force se lever pour en jouer. Mais on ne lui
avait pas permis pour beaucoup de raisons. Quelque temps après, sa passion
musicale arriva à un tel degré de violence, que la tonotivité perdit toute relation avec les facultés qui devaient lui servir de contre-poids et de répression. La
malade se leva sans que personne pût l'en empêcher, se précipita sur une gui-
tare qui se trouvait là, s'assit sur un sofa et fit éclater une vraie tempête de
sons ; sa voix était si parfaite, si forte, si claire et accompagnée d'une habileté
et d'une pureté d'exécution si admirables, qu'elle eût ravi quiconque l'eût entendue deux jours auparavant. Elle continua ainsi, comme un cheval emporté,
jusqu'à ce que les forces de la tonotivité fussent épuisées. Andrew Combe,
voyant que ces phénomènes venaient d'une surexcitation des organes des tons,
prescrivit, dit-il, une application locale d'eau froide et d'autres moyens propres
à la calmer. Ce traitement soulagea la malade, et les symptômes ne se reprodui-
sirent plus depuis.

J'ai vu et examiné plusieurs faits de cette nature relativement à tous les organes appelés *intellectuels* par Spurzheim. Ils m'ont suggéré l'idée qu'il était
absurde de ne pas leur attribuer des désirs et des affections, contrairement à la
doctrine de presque tous les phrénologues. Cette doctrine, du reste, est en contradiction complète avec ceux-là mêmes qui la soutiennent, comme je l'ai expliqué avec détail et avec beaucoup d'insistance dans les leçons XX à XXIV, que je
vous engage à vous rappeler toujours. Vous avez donc entendu le fait rapporté
par Andrew Combe. Son frère Georges, qui le raconte tout au long dans son
Système de phrénologie, le cite non-seulement avec une foi sincère et entière,

mais il le confirme et le corrobore par son expérience et par ses connaissances. Eh bien, malgré son aveu, malgré qu'il ait été convaincu par mille autres observations et expériences que les facultés *intellectuelles* de la classe de la tonotivité sont susceptibles de fortes passions, il a écrit : « Si les organes des facultés intellectuelles avaient été aussi grands que ceux des penchants, nous aurions été sujets à des passions intellectuelles ; » comme s'il était possible de produire aucune œuvre littéraire de premier ordre, ou de faire aucune découverte scientifique importante, sans un vif désir et une surexcitation intellectuelle qui vont jusqu'au délire.

La tonotivité est quelquefois très-développée chez quelques idiots. Je l'ai vue saine et bien développée chez un aliéné qui avait souvent des accès de folie furieuse. C'était en 1836, je visitais à Worcester, Massachusets (États-Unis), le célèbre hôpital de fous, établi en cet endroit par le gouvernement, sous la direction du docteur Woodward. En traversant un des corridors, j'entendis une flûte, qui rendait une musique presque surhumaine. « Quelle musique céleste ! dis-je tout extasié au médecin directeur qui m'accompagnait. — Elle est d'un pauvre fou, comme vous verrez, » me répondit-il d'un ton mélancolique. Il me conduisit en effet à sa chambre. Je le vis. Ses yeux indiquaient l'état anomal de son cerveau. Il avait cependant alors un intervalle de calme. Il ne faisait plus de musique. Je le priai instamment de jouer de nouveau ; il le fit en effet. Pendant qu'il s'était entièrement abandonné aux sons délicieux qu'il produisait, j'examinai avec une grande attention l'expression de son visage. Il paraissait inspiré par une intelligence parfaite. « Il est à l'état sain maintenant, pensai-je. En finissant, continuai-je à me dire en moi-même, les organes musicaux ne retrouveront point leur correspondance avec les autres, et sa folie reviendra. » C'est ce qui arriva en effet au bout de quelques minutes, quand il eût fini de jouer. J'examinai sa tête. Elle avait une forme allemande, c'est-à-dire qu'elle était saillante dans la région de la tonotivité. Quelques instants après, remplis d'admiration et de pitié, nous sortîmes de sa chambre. A peine une demi-heure s'était écoulée, qu'il était pris d'un nouvel accès de folie. Ce fait m'inspira l'idée que toute classe d'aberrations mentales, ce qui a été vérifié depuis et démontré par d'autres circonstances analogues, provient du défaut de cohérence, d'union, d'enchaînement ou d'équilibre entre les organes céphaliques, comme je l'ai dit dans l'introduction ou exorde de la leçon XXX.

Observations générales. — La musique, objet de la faculté en question, se compose de mélodie, d'harmonie et du contre-point. La mélodie résulte de la succession de sons simples, formant entre eux un accord musical; elle présuppose un instrument de chant ou une voix. L'harmonie résulte d'une combinaison plus ou moins étendue de sons, qui frappent l'oreille en même temps, comme ceux d'un orchestre. Le contre-point est un accord de sons opposés, et qui s'harmonisent avec la voix. La production de la mélodie présuppose une tonotivité plus petite que la production de l'harmonie. Vous savez que l'une comme l'autre peuvent se distinguer par beaucoup de qualités très-différentes, suivant les diverses combinaisons qui participent à leur production.

Parmi les nations peu civilisées qui se distinguent le moins par la musique, on trouve les Chinois. Leur organisme cérébral est en harmonie avec ce manque de disposition. Les Esquimaux ne connaissent pas la musique. La tonotivité n'existe pas non plus dans leur tête. La tête des Italiens et des Allemands est en général beaucoup plus large, plus volumineuse et plus saillante, dans la région de la tonotivité, que celle des Espagnols, des Anglais et des Français. Les Écossais se font remarquer par une *mélodie* particulière, résultat de leur tonotivité moyenne et d'un caractère spécial. Il y a une grande différence entre les facultés nécessaires au musicien qui touche d'un instrument, et celles dont a besoin celui qui compose. Le joueur d'instrument peut se distinguer par une tonotivité et une durativité moyennes, pourvu qu'il possède de la force musculaire ou pulmonaire, un tempérament actif et un bon développement de la constructivité et de la pesativité, ainsi que les autres organes indispensables normalement développés. Le grand compositeur a besoin comme élément principal d'une tonotivité et d'une durativité considérables, ainsi que d'une ordonativité et d'une comptativité au moins moyennes; tandis que, pour le vocaliste ou chanteur, l'imitativité est, après les deux éléments primitifs musicaux, la tonotivité et la durativité, la faculté la plus importante.

Un grand nombre d'observations tendent à prouver, d'après un mémoire d'un grand mérite scientifique et littéraire publié dans le *Phrenological journal*, t. VIII, par M. Scott, que le volume de la voix est en rapport avec le volume de la tête. La femme a en général la tête plus petite que celle de l'homme. Sa voix est plus faible. L'enfant impubère, jeune, dont la tête est plus petite que celle de l'adulte, a la voix claire, fine et douce comme celle d'une femme. À mesure qu'il s'éloigne de la puberté, et qu'il s'approche de la virilité, sa tête prend un plus grand développement et sa voix aussi. Pour ma part, je peux dire que la Garcia, depuis madame Malibran, dont la voix possédait une étendue et un volume, dit-on, plus grand que toutes celles qu'on a connues, avait une tête qui, même pour un homme, aurait été regardée comme grande. Il n'est pas douteux, à moins qu'une mauvaise conformation de l'organe vocal ne s'y oppose, que la voix est en harmonie avec le caractère. Cependant il résulte de ma propre expérience à cet égard que, les organes de la voix étant sains et robustes, le développement plus ou moins grand des poumons et de la générativité correspond au développement plus ou moins grand de la voix, et que le caractère général de celle-ci dépend du caractère général de la tête. Gall, Spurzheim et Vimont, ont fait de nombreuses observations sur la tonotivité des animaux. Il résulte de ces observations et de tous les faits qui ont été recueillis sur ce sujet que le crâne et la tête des oiseaux qui chantent et de ceux qui ont plus ou moins de disposition pour le chant présentent des différences très-remarquables dans la région qui nous occupe. La tête, par exemple, des mâles et des femelles des oiseaux chanteurs se distingue très-facilement par le moindre développement que présente dans ces dernières la région indiquée.

Langage naturel. — Un directeur d'orchestre en action est celui qui exprime le mieux le langage naturel de la durativité et de la tonotivité. Remarquez sa tête dirigée vers la région des tons qui correspond au principe général de ce langage; observez ses yeux dirigés en haut et exprimant la cadence qu'il conçoit intérieurement et qu'en ce moment il attend du dehors. Le langage de la perception qui fixe notre attention sur un objet externe est très-différent de celui de la conception interne; l'un consiste à diriger les yeux, la tête et tout le corps vers l'objet observé; l'autre à concentrer la vue en elle-même, en portant la tête en arrière.

LEÇON XXXIII

Revue générale rétrospective des facultés de connaissance physique ou saisitives, que nous venons d'étudier individuellement. — Idéologie.

Messieurs,

Les facultés de connaissance physique ou saisitives, c'est-à-dire celles qui constituent la seconde des quatre classes, ayant été examinées une par une, considérons-les maintenant réunies dans leur ensemble, comme autant de parties confondues dans un grand tout. Jusqu'à présent, nous nous sommes trouvés parmi elles et au milieu d'elles, comme un géologue qui, placé sur une chaîne de montagnes, regarde tout autour et examine avec beaucoup d'attention, non la chaîne elle-même, ce qui lui est impossible, mais les diverses montagnes et les diverses collines qui la forment. Pour voir la chaîne proprement dite, il faut qu'il s'éloigne d'elle, qu'il la contemple d'un point culminant. C'est précisément ce que nous allons faire pour les facultés que nous venons d'étudier. Nous nous éloignerons, nous monterons sur une hauteur, et de là nous contemplerons l'ensemble formé par leur réunion. Nous considérerons ce groupe comme un objet seul, unique, isolé, comme un tout individuel avec ses propriétés diverses ; et cette contemplation, cette étude nous le fera reconnaître. En procédant ainsi nous imiterons la nature, dont les opérations consistent à composer et à décomposer, pour composer bientôt de nouveau, à unir et désunir, à désunir et à unir successivement, jusqu'à la limite que Dieu lui a prescrite. Voilà, en principe universel, le mode de procéder de tous les phénomènes.

Dénomination. — Les noms de toutes les facultés, et de leurs organes se terminent en *ivité;* nous en avons exposé longuement les raisons dans les leçons XXI à XXIV. Quand il s'est agi de changer le mot ou la racine primitive, que distingue l'individualité, ou juridiction spéciale de la faculté et de son organe, je l'ai fait en vertu de causes ou de motifs puissants que vous connaissez déjà [1].

Définition. — Considérées dans leur ensemble, ces facultés constituent une classe qui est la seconde par ordre de succession parmi les quatre que

---

[1] La dénomination de méditivité pourrait être changée en celle d'étendutivité. L'emploi ordinaire du mot *mesurer,* sa racine, est très-répandu. Il dépasse les limites du cercle dans lequel est compris le domaine de cette faculté. Non-seulement on entend mesurer l'espace et l'étendue, mais encore la résistance, la force, l'intensité, la rapidité, etc., dans lesquelles est compris la spécialité ou attribut général de diverses facultés. Le mot *étendutivité,* peut-être, limiterait avec plus d'exactitude le domaine spécial de la faculté que nous appelons méditivité, mais alors on n'exprimerait pas « le désir de mesurer, » qui est l'action fondamentale et particulière de la faculté.

forment toutes celles découvertes jusqu'à présent. Leur objet, considéré
dans leur unité totale, consiste, comme je l'ai dit dans la leçon XXIII,
page 569, à percevoir, à saisir des individualités, des propriétés et des relations physiques qui sont l'origine des sciences appelées *naturelles*.

Localité. — Pour bien comprendre la localité des organes qui constituent
cette région céphalique, il faut la considérer comme divisée par trois lignes
horizontales. — La *première ligne* passe par le centre des yeux; elle comprend : 6, langagetivité; 7, configurativité, et 8, méditivité, immédiatement au-dessus du 7. — La *seconde ligne* passe par le milieu des sourcils;
elle comprend : 9, individualitivité, située précisément au centre de cette
région; 10, localitivité, en direction ascendante et à côté du 9; 11, pesativité, en direction un peu descendante, toujours à côté du 9; 12, coloritivité,
placée au milieu de l'arc de chacun des sourcils; 13, ordonativité, ayant
son siége à côté et en dehors du 12, c'est-à-dire à l'angle externe des sourcils, et 14, complativité, située à côté du 13, en direction descendante et
immédiatement derrière l'orbite de l'œil. Afin que vous puissiez vous former une idée complète des organes compris dans les deux premières lignes,
je vous mets sous les yeux ce dessin, qui représente un œil et des sourcils
sous une forme exagérée. Supposez que le 10, localitivité, est placé entre
le 11, pesativité, et le 9, indivualitivité, comme on le voit indiqué par le
n° 10, leçon XXX, page 478, dans Dumont d'Urville, et vous aurez une
idée juste et complète de tous les organes situés dans la région des orbites

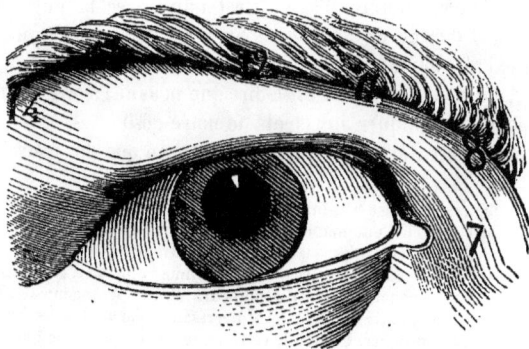

Aperçu des organes qui ont leur siége dans les orbites et sur les
arcs sourciliers ou des sourcils.

et des arcs sourciliers. La *troisième et dernière ligne* passe précisément
par le centre du front, elle comprend : 15, mouvementivité; 16, durativité,
et 17, tonotivité, comme on vient de le voir indiqué dans Rossini et
Meyerbeer.

Harmonisme et antagonisme. — D'abord, messieurs, il est évident,
d'après tout ce que j'ai dit sur les harmonismes et les antagonismes dans
les leçons XXVI, XXVII, XXVIII, et dont vous vous rappelez sans doute

très-bien, qu'il n'y a aucune faculté mentale, parmi toutes celles qui ont attiré et qui doivent encore attirer notre attention, qui ne se trouve en harmonie complète avec quelques parties de l'organisme ou avec sa totalité, pour servir d'instrument de satisfaction et d'exécution à son désir ou impulsion primitive. L'homme est destiné à manifester ses pensées par un langage arbitraire. Il n'en est pas ainsi des animaux. Voyez combien notre organisme vocal est plus compliqué que celui des êtres sans raison et privés d'une semblable faculté. L'homme est destiné non-seulement à percevoir les rapports que les couleurs ont entre elles, mais encore à les appliquer dans ses productions. Quelle admirable harmonie n'y a-t-il pas entre cette disposition et la *main*, qui paraît obéir, intelligente, aux ordres de l'esprit! L'homme est destiné à reproduire et à appliquer, pour mille usages différents, cette même chose qu'il perçoit et conçoit, et par conséquent nous voyons qu'il possède en harmonie avec cette destinée des facultés d'un ordre si supérieur, qu'il s'élève à la découverte des lois que Dieu a établies, pour les opérations ou modes d'action de la nature [1].

Mais cette connaissance isolée ne produira que les *sciences* et nullement les *arts*. Elle nous dira *comment* la nature procède dans la production de ses effets; mais elle ne nous donnera pas des moyens actifs d'agir suivant ce *comment*. Pour compléter donc cette divine harmonie, cette harmonie qui doit exister entre notre destin et nos forces pour l'accomplir, Dieu a créé nos facultés, non-seulement avec le pouvoir passif de *savoir*, mais encore avec le pouvoir actif d'agir, c'est-à-dire avec la puissance réactive pour exciter et diriger ses forces vers un objet déterminé, comme lorsque, ainsi que je l'ai expliqué, leçon XXVII, p. 421 à 424, nous regardons, nous entendons, ou nous flairons, c'est-à-dire que nous dirigeons la vue, l'ouïe et l'odorat pour les appliquer aux objets de notre désir.

Si la configurativité, par exemple, n'avait eu que le pouvoir passif de

---

[1] J'ai dit ailleurs, et il est très-important de le répéter ici, ce qui suit sur les lois naturelles : « Dieu a établi d'une manière fixe et déterminée, pour le gouvernement physique et moral de l'univers, le mode ou la règle suivant lequel doivent avoir lieu les choses, c'est-à-dire se succéder tous les effets. Comme ce mode d'action est constant et immuable, l'homme en conclut que c'est un ordre ou un arrangement sanctionné par Dieu, d'autant plus obligatoire, d'autant plus nécessaire, que toutes les forces humaines sont incapables de le révoquer. Cette loi, cette règle ou ce mode d'action s'appelle *naturel*, parce qu'il *agit par lui-même*. Mais, comme il reconnaît un auteur suprême comme origine de son existence et de son impulsion, il devient un second Évangile, une seconde révélation, une seconde loi divine. À l'exception des miracles par lesquels Dieu suspend le mode naturel suivant lequel les effets se succèdent, il n'y a pas d'action physique, pas d'action morale qui n'ait lieu en vertu d'un mode fixe et déterminé, établi dans le principe par le Créateur, et dont le mode de procéder s'appelle, je le répète, *loi naturelle*. Par son intelligence, l'homme observe ces modes, suivant lesquels se succèdent et doivent irrévocablement se succéder les effets. Une fois observés, ils sont pour lui un code de lois obligatoires ou prohibitives, auxquelles il peut se soumettre ou ne pas se soumettre, tout autant que le lui permettent les forces physiques et mentales, naturelles et acquises qui sont en son pouvoir.

« C'est une loi naturelle physique qu'un corps arrêté sans un appui correspondant tombe sur le sol avec une force accélérée proportionnée à la distance et à sa propre den-

percevoir et de concevoir, comment pourrait-elle être utile à la constructivité, lorsque celle-ci la contraint à agir activement sur un objet, sans le
secours duquel elle ne pourrait aller plus loin ? 'Si la langagetivité avait eu
seulement la force passive de percevoir et de concevoir, sans l'attribut de
réagir sur elle-même et de se diriger activement vers un but déterminé,
comment pourrait-elle écouter la comparativité qui la contraint à produire
un son devant exprimer intelligemment l'idée conçue ? Avec cette puissance
réactive ou de volonté et de direction que toutes les facultés possèdent (voir
indéfectiblement, leç. LVIII, à l'épigraphe *Volonté, Comparativité et Harmonisativité*), l'homme applique ses forces mentales d'une manière qui est en
harmonie avec le mode d'agir de la nature. L'harmonie entre les arts et
les sciences fait qu'ils se montrent et marchent sans cesse vers l'horizon de
leur perfection, et celui-ci, sans jamais cesser d'être entrevu par l'homme,
s'étend et s'agrandit à mesure que nous nous en approchons.

Nos facultés mentales ne sont pas seulement en harmonie avec notre organisation matérielle, avec notre destinée passive et active, elles sont encore individuellement et collectivement en harmonie complète avec le
monde externe. Si les objets qui nous entourent possèdent divers genres
de propriétés et de rapports, s'ils produisent des phénomènes de nature très-
variée, les facultés et les perceptions que chacune de ces différentes facultés
peut recevoir sont également très-variées.

Il y a, par exemple, certains sons primitifs dont les successions déterminées et les combinaisons particulières engendrent des mélodies, des harmonies et des contre-points qui constituent la musique dans ses variétés infinies. Il y a des couleurs primitives dont la succession déterminée et dont la
combinaison particulière produisent la peinture dans ses variétés infinies. Il
y a des durées, des instants ou des intervalles déterminés dont la succession

---

sité. Cette loi, sans laquelle les corps ne chercheraient point leur centre de gravité et
sans laquelle le monde ne saurait exister, étant connue, l'homme l'a appliquée, par
exemple, à la construction d'une machine à vapeur. Celle-ci élève à une grande hauteur
un corps très-lourd qui abandonne son appui et tombe, par conséquent, avec une vitesse
accélérée sur le sol, où se trouvent disposés pour cela, dans des lieux marécageux, des
poutres qu'il enfonce pour construire sur elles des chemins de fer. Dans cette circonstance, la loi naturelle est appliquée pour produire un bien réel et positif. Lorsqu'un
enfant grimpe sur un arbre. s'élance sur une branche jeune et faible, tombe sur le sol
et se blesse, la loi a été appliquée pour produire un mal réel et positif.

« Dans les deux cas, la loi ou la règle d'après laquelle doit irrévocablement tomber sur
le sol le poids qui n'a pas un appui suffisant a été exécutée, parce que l'ordre général de
l'univers l'exige ainsi, et toutes les forces humaines réunies ne peuvent l'empêcher.
Mais, relativement *à soi-même*, l'enfant, dans le cas indiqué ci-dessus, aurait pu empêcher
l'effet de la loi en évitant de monter sur un point où il n'avait pas d'appui, c'est-à-dire,
en appliquant la loi pour son bien.

« Lorsque l'homme exécute des actions dont l'exécution doit produire un *bien* en vertu
d'une loi naturelle, c'est-à-dire en vertu de l'effet inévitable et résultant de cette action, on dit qu'il a *obéi à la loi naturelle*, et le bien qu'il reçoit est le prix ou la récompense de son *obéissance*. Mais, lorsque l'homme exécute une action qui doit produire un
mal, on dit que l'homme *n'a pas obéi*, mais qu'il a transgressé la loi naturelle; et le mal
qu'il reçoit est la punition méritée et inévitable de sa désobéissance ou transgression. »

et la combinaison particulières, appliquées au mouvement et aux sons,
produisent la *cadence*, et, appliquées à d'autres objets ou à d'autres actions,
engendrent, suivant leur direction, une issue bonne ou mauvaise, telle ou
telle condition. Il y a un nombre infini d'unités ou d'individualités existant
ou devant exister dont les mille combinaisons possibles sont l'origine du
nombre et de ses variétés infinies. Dans l'espace comme parmi les autres
objets, il y a des limites naturelles ou artificielles, d'où provient la grandeur
ou l'étendue dans ses variétés infinies, et il y a aussi les autres propriétés
et rapports physiques dont j'ai parlé avec beaucoup de détail dans les dernières leçons.

Dieu nous a concédé des sens et des facultés en harmonie complète et sublime avec tous ces objets, toutes ces propriétés, tous ces rapports, et tous
ces phénomènes existant ou devant exister, afin de les connaitre instinctivement et instantanément, sans réflexion ni méditation, ni considération,
ni discussion d'aucune sorte. Une visualitivité saine voit la clarté dès qu'elle
ouvre ses yeux, c'est-à-dire sa partie impressionnable ; les couleurs sont
perçues de la même manière par une coloritivité saine. Une pesativité saine
perçoit, avant toute réflexion, toute espèce de résistance, de même qu'une
configurativité saine perçoit toute sorte de formes, ou une langagetivité
saine des signes et spécialement des sons de tout genre pour la représentation arbitraire des idées. Nous voyons donc que chacune de ces facultés
a sa juridiction, son domaine propre et particulier. L'une ne peut suppléer la
fonction d'une autre, ni envahir son terrain, de la même manière qu'un sens,
comme nous l'avons vu dans la leçon XXVIII, p. 438 à 442, ne peut remplacer un autre sens, pas plus qu'une faculté une autre faculté. Dieu a créé
les objets du monde externe avec leurs propriétés et leurs rapports variés.
De même que le voir est du domaine d'un sens, le toucher celui d'un autre, le goûter celui d'un troisième, de même aussi la perception ou conception de chaque ordre ou genre différent de propriété ou de relation appartient au domaine d'une faculté différente. L'organe de la tonotivité chez
les Esquimaux est très-déprimé, comme vous le savez. Par conséquent, il n'y
a point de musique chez eux, quoiqu'ils aient d'ailleurs la raison et la réflexion de tous les hommes en général. Les facultés de la classe II, que
nous venons de considérer individuellement, nous donnent, chacune par
elle-même et toutes en général, connaissance des objets, des relations et
des propriétés du monde externe. Mais il faut le répéter, et le répéter plusieurs fois, de même que le sourd, à force de regarder, ne recouvrera pas
l'ouïe, ni l'aveugle la vue à force d'écouter, Combe n'obtiendra pas non plus,
à force de méditer, un talent numérique, ni moi un talent de dessinateur
à force d'écrire sur la phrénologie. Chaque faculté, suivant sa force naturelle, peut, à moins que son organe ne soit très-faible, acquérir une force
artificielle par son exercice particulier et par l'impulsion et le secours des
autres facultés avec lesquelles elle se combine. Mais, quant à son objet spécial, il n'y a qu'elle et elle seule qui puisse l'accomplir. Chaque faculté a le

pouvoir de réfléchir sur la spécialité de son objet et peut avoir relativement à cet objet une perception intelligente de ce qui se passe dans les autres facultés, comme je l'ai expliqué longuement dans la leçon XXVI,
p. 327 à 329. Mais elle n'a pas d'attribut pour comparer, pour rechercher,
ni pour déduire des principes généraux et universels, principes qui doivent
être le résultat du concours des diverses facultés, ce qui constitue le domaine des facultés de relation universelle. Or la comparaison, l'induction
et la déduction par rapport aux généralités présuppose des données. Comment obtenir ces données relativement au monde externe, si ce n'est par
le moyen des facultés de connaissance physique, qui sont, en ce moment,
dans leur ensemble, l'objet de notre examen ? Un grand développement de
la partie supérieure du front ne remplacera donc jamais un aplatissement
de la partie inférieure, pas plus qu'un grand développement de la partie
inférieure ne suppléera jamais à un aplatissement de la partie supérieure.
Penser n'est pas acquérir des connaissances, et acquérir des connaissances
n'est pas penser, pas plus que digérer n'est proportionner la nourriture, et
que proportionner la nourriture n'est digérer. Les forces digestives peuvent,
dans leur mutuelle relation, aider les forces proportionnelles de l'alimentation et réciproquement ; mais chacune d'elles a une individualité séparée,
et l'une ne peut jamais être l'autre.

Je répète, il est vrai, ces vérités ; mais je ne les répéterai jamais assez,
parce qu'il y a eu une confusion telle, une confusion si grande dans l'emploi
spécieux qu'on a fait des mots penser, raisonner, réfléchir, que sans nous en
apercevoir nous les faisons synonymes d'apprendre, d'acquérir des faits ou
des connaissances pour la théorie et d'acquérir habileté et force active pour
la pratique. Quoique chaque faculté ait sa juridiction individuelle et chaque
classe de facultés leur juridiction hiérarchique, elles sont toutes destinées à
agir entre elles, comme les notes de la gamme musicale, ou comme les
lettres de l'alphabet, dans leur mille combinaisons différentes. L'admirable
harmonie de cette combinaison se retrouve, comme je l'ai expliqué leçon XXVI, p. 327 à 329, dans leur union et leur enlacement. Toutes servent
d'appui et d'aide les unes aux autres ; toutes sont dominantes et dominables,
réunissantes et réunissables, séparantes et séparables, comme je n'ai cessé
de le répéter depuis le commencement de ces leçons.

Si le progrès et le développement graduel sont une loi à laquelle la Toute-
Puissance a soumis notre nature, nous voyons également qu'en harmonie
avec elle toutes les facultés marchent d'elles-mêmes et par elles-mêmes de
la perception à la conception. Elles trouvent et appliquent avec exactitude et
utilité les vérités qui constituent les découvertes et les inventions. Et cette
échelle, qui va du plus petit au plus grand, est en harmonie complète et
sublime avec l'étendue des organes, ainsi que je l'ai expliqué dans les leçons XV, p. 224 à 227; XVI, p. 245 à 249, et XXIX, p. 457 à 458.

Le monde externe est disposé d'ailleurs d'une telle façon que toutes les
facultés, dans les divers degrés de force et de vigueur qu'elles ont ou

qu'elles doivent avoir, comme dans toutes les combinaisons qu'elles ont
faites et qu'elles doivent faire, trouvent en lui une sphère d'action convenable, toujours élastique et destinée à s'agrandir toujours. Quoique, par
exemple, la localitivité, la tonotivité, la comptativité, et d'autres facultés
quelconques, perçoivent, conçoivent et combinent, elles ne percevront, ne
concevront ni ne combineront jamais tous les siéges, tous les tons et tous
les nombres perceptibles, imaginables et susceptibles de combinaisons, et
pour lesquels le monde externe est et sera successivement un vaste champ
d'investigation ou recherche.

Le développement graduel du plus petit au plus grand, du moins au plus,
dont le germe existe dans la nature des facultés et de leurs organes, est
excité, favorisé, activé et étendu par l'enchainement et les combinaisons
variées de ces mêmes facultés. La localitivité, par exemple, n'aurait jamais
inventé d'elle-même, ni par elle-même, la boussole ; mais, celle-ci une fois
trouvée, la juridiction de la localitivité s'est considérablement agrandie par
son action combinée avec les autres facultés. L'harmonie qui existe entre
les facultés qui dirigent, l'organisme qui est dirigé et les objets qui nous
entourent, est sublime, admirable, ravissante. Mais l'homme est imparfait,
conditionnel, sujet à mille accidents, à mille incidents qui constituent les
antagonismes dont je vous ai parlé avec tant de détail dans les leçons XXI,
p. 330 à 334 ; XXVI, p. 410 à 419 ; XXVII, p. 428 à 430 ; XXVIII, p. 444
à 446, et dans d'autres endroits. Il serait donc inopportun et fastidieux de
m'étendre de nouveau sur ce sujet.

Divers degrés d'activité. — Les divers degrés d'activité des facultés dépendent de divers degrés de développement des organes considérés toujours par rapport aux circonstances modificatrices sur lesquelles je me suis
arrêté longtemps dans la leçon XIX. J'ai réduit ces degrés de développement, comme vous l'avez vu, à trois, savoir : *petit, moyen* et *grand.* Vous
devez avoir bien présentes à l'esprit les observations que j'ai faites dans la
leçon XVI, sur cette détermination des degrés ou graduation, et ce que j'ai
dit sur ce sujet dans les dernières leçons en décrivant les divers organes.

Quant à ce qui regarde le volume général ou de l'ensemble des organes des
facultés de connaissance physique, l'individu qui l'a grand se distinguera
par son génie observateur, par ses grandes connaissances pratiques, par son
immense facilité à percevoir et à concevoir les faits qu'on lui rapporte, les
propriétés qu'on lui explique et les connaissances qu'on lui apprend.

Comme toutes les facultés ont une force de direction vers leur but naturel, c'est-à-dire une réaction qui les dirige vers ce même objet que chacune d'elles, dans sa spécialité, est destinée à percevoir ou concevoir,
comme vous venez de le voir, comme je vous l'ai dit dans la leçon précédente, au paragraphe *Définition de la tonotivité,* et comme je l'ai longuement
expliqué dans la leçon XXVII, p. 420 à 424, l'individu qui possède un grand
développement de la région en question se distinguera promptement dans
ces arts, dans ces sciences, dans ces emplois, dans ces professions ou car-

rières, pour lesquelles nous avons surtout besoin de la connaissance physique des objets, de leurs propriétés et de leurs rapports.

Si, dans ce développement heureux de la région frontale moyenne et inférieure, un ou plusieurs organes ressortent d'une manière très-extraordinaire, ils domineront alors les autres et disposeront l'individu pour l'une des spécialités de ces mêmes branches, arts, sciences, emplois, professions et carrières; c'est ce que vous devez avoir compris déjà, conformément aux explications données dans les leçons V, XI, XII, XVIII et XXV, et à tout ce que j'ai dit dans le paragraphe *Direction et influence mutuelle* de chacune des facultés que nous venons de considérer. Ce sujet a une grande portée transcendantale pour l'étude de la phrénologie. C'est pourquoi j'ai montré dans son explication toute cette ardeur, tout cet intérêt et tout cet enthousiasme que vous avez remarqués en moi, et que vous remarquerez toutes les fois que j'aurai à vous en parler, comme je vais le faire maintenant pour les facultés considérées en général, et que nous venons d'étudier en leur particulier.

Direction et influence mutuelle. — Nous ne pouvons concevoir une manière d'agir, un art, une science, une carrière, une profession, un métier ou une production de l'homme qui ne soit le résultat de l'influence mutuelle ou de l'action combinée des diverses facultés. L'une, qui est la faculté primordiale, détermine la nature fondamentale et forme le point de départ de cette manière d'agir, de cette science, de cet art, etc.; et les autres, c'est-à-dire les facultés auxiliaires, constituent les moyens indispensables d'exécution. A cette combinaison peuvent ensuite s'associer toutes celles que nous possédons et qui servent d'élément qualificatif ou caractéristique plus ou moins important. Vous savez tous, par exemple, que la mouvementivité est la faculté primordiale et fondamentale de l'histoire et du journalisme. C'est elle qui nous inspire la première impulsion, qui nous communique le désir primitif de la narration des faits. Comment ce désir narratif pourrait-il se réaliser sans le secours des autres facultés? L'historien qui doit décrire une bataille, par exemple, reçoit sans aucun doute de la mouvementivité l'impulsion ou le désir de faire cette description ; mais pourrait-il jamais réaliser l'objet de ce désir sans l'individualitivité, qui doit précisément lui faire connaître les objets qui se sont trouvés en action; sans la configurativité, qui doit lui donner une idée de leur forme; sans la mesurativité, qui doit lui faire apprécier les distances; sans la localitivité, qui doit lui donner connaissance des lieux, et sans la comptativité, qui doit lui présenter les nombres; c'est-à-dire sans ces circonstances dans lesquelles et avec lesquelles les divers faits d'armes se sont réalisés? Ce serait impossible.

Après la mouvementivité, qui constitue l'essence de la chose objet de la narration; après les facultés d'exécution, qui constituent les moyens directeurs de la satisfaction narrative, d'autres facultés secondaires plus ou moins importantes peuvent concourir et modifier ainsi la description histo-

rique ou le journalisme. La méliorativité, la destructivité, la bénévolentivité, l'harmonisativité, etc., peuvent faire que la narration soit plus ou
moins brillante, plus ou moins riche en images, plus ou moins pathétique
et émouvante ; mais leur secours n'est pas aussi absolument nécessaire,
aussi indispensable que celui des facultés que nous venons de mentionner.

Les facultés supérieures de l'homme sont l'origine de toute législation, et
l'objet de celle-ci consiste à maintenir l'ordre parmi les éléments de désordre qui existent dans la société. Le législateur qui possède une destructivité proéminente ne décrétera que des lois qui verseront le sang, tandis que
les lois de celui qui est dominé complétement par la bénévolentivité ne ré-
pandront que de nombreux bienfaits ; les unes et les autres, par leurs extrêmes opposés, pourront cependant miner l'édifice social. L'organe ou le
concours d'organes très-puissamment développés communique aux facultés
un tel degré d'activité, qu'elles deviennent le prisme à travers lequel regardent les autres facultés, et qui nous force et nous oblige à faire tous nos
efforts pour qu'ils agissent sainement et se combinent avec harmonie,
comme je l'ai indiqué dans beaucoup de leçons sous l'épigraphe : *Direction
et influence mutuelle*, et dans d'autres endroits. Ces éclaircissements nous
expliquent d'une manière précise et définitive pourquoi il doit y avoir dans
toute action humaine une faculté primitive qui l'engendre, quoique cette
faculté ne puisse par elle-même accomplir ordinairement cette action.
Pour atteindre ce but, il faut le concours d'autres facultés auxiliaires plus
ou moins indispensables, plus ou moins importantes. Il existe et il doit forcément exister entre toutes ces facultés, originelles et auxiliaires, une intelligence complète de laquelle émane l'unité d'action dans tous nos actes,
dans toutes nos opérations de l'esprit, comme je l'ai expliqué en plusieurs
endroits et d'une manière toute particulière dans la leçon XXI, p. 325 à 328.

Il résulte de ces principes des règles très-importantes pour la pratique de
la phrénologie. Lorsqu'on veut savoir si telle ou telle personne a une disposition plus ou moins prononcée pour telle ou telle profession, telle ou telle
carrière, telle ou telle étude, tel ou tel métier, la première chose à faire,
c'est de déterminer la faculté ou les facultés qui constituent la base fondamentale, l'essence spéciale de cette profession, de cette carrière, de cette
étude ou de ce métier. Supposons que quelqu'un nous demande à l'instant
et d'une manière imprévue : « Suis-je bon pour la musique ? Ai-je de la disposition pour la peinture ? »

Pour répondre avec succès à cette demande, comment devons-nous procéder ? Déterminer d'abord quelle est la faculté ou quelles sont les facultés
qui servent de base fondamentale à la musique et à la peinture. Si, par
exemple, les organes par lesquels se manifestent ces facultés, qui sont, pour
la musique, la tonotivité et la durativité, et, pour la peinture, la coloritivité,
se trouvent très-petits, chose exceptionnelle parmi les Européens, l'individu
manque complétement de disposition pour ces deux arts. Si ces organes
avaient un développement moyen, ce qu'il y aurait de plus convenable alors

serait de lui demander à notre tour quel est le genre de musique ou de
peinture qui lui convient? Si l'individu répondait, par exemple : « La musique instrumentale ou la peinture de paysage, » il faudrait alors considérer
les facultés qui produisent ce genre de musique ou de peinture, et constater ensuite le degré de développement de ces organes. La première
chose qu'on doit examiner, en supposant une vue bonne et une oreille saine,
c'est de voir si la constructivité est assez développée, parce que, sans cette
condition, il n'y a point et il ne peut y avoir jeu artistique de la main ni
d'aucune autre partie nécessaire de l'organisme.

Par rapport ensuite à la peinture de paysage, il faut déterminer quel est
le degré de développement de la localitivité. Si les organes ont un développement moyen, la disposition de l'individu pour les arts en question sera
médiocre, parce que les autres facultés indispensables plus ou moins importantes, comme la pesativité, l'individualitivité, la méliorativité, l'imitativité, se développent suffisamment par l'exercice actif que leur nécessite leur
combinaison avec les autres facultés. Ce que je dis sur la musique et sur la
peinture, je le dis aussi pour les autres arts et sciences.

Quand une personne possède un développement très-considérable de tous
les organes primordiaux et auxiliaires dont l'action combinée produit un art,
une science ou une certaine ligne de conduite, l'individu est un génie de
naissance. Il sait, à ce qu'il paraît, par inspiration ou science infuse, tout
ce que Dieu a permis qu'on sût par le moyen d'un seul individu sur cet art,
sur cette science ou sur ce mode de conduite. Je vous présente ici une tête
très-remarquable ; c'est celle du Français P. Véron, né à Saintonge, petit
hameau du département de la Charente.

Dans une lettre du 2 novembre 1851, Henri Levoix écrit au directeur de
l'*Illustration* et lui dit entre autres choses : « Véritablement, ce paysan n'est
ni un homme commun ni un homme vulgaire. Sa physionomie, comme
vous pouvez en juger par le portrait que je vous soumets, est belle et intelligente, et sa conversation pleine d'intérêt et de curiosité. » Dans un autre
endroit, on lit ces paroles : « Le fond de sa pharmacopée est un peu compliqué. Il est composé de plantes et de racines du pays. L'herboriste du
village le remplace. Les cures de cet homme sont extraordinaires, et les
malades qui vont le voir encore plus. » J'ai suivi le courant de la foule, dit
ailleurs le correspondant; ma voiture avait été précédée par plus de quatre-
vingts, qui venaient de tous les coins du département. Des lignes spéciales d'*omnibus* s'étaient organisées, avec cette inscription : « *De* (tel endroit) *chez Véron*. » Véron a écrit toutes ses formules, et M. Levoix en
communique quelques-unes à l'*Illustration*. Celui-ci compare ce génie avec
le meunier de l'Alsace, auteur de l'*Hydrothérapie*, et conclut en disant :
« Les Vérons et les Saintongeais sont et seront de toute éternité. »

En effet, il n'y a pas de différence entre Véron et Hahnemann, entre Pries-
nitz et Hippocrate, entre Broussais et le célèbre empirique de Chaudrais, si
ce n'est que les uns sont des génies sans étude, c'est-à-dire sans s'être

T. I.   34 occupés de ce que savaient leurs prédécesseurs, et les autres des génies instruits, c'est-à-dire qui savaient ce que le passé avait transmis au présent.

Le docteur Véron, célèbre herbo-thérapeuticien ou guérisseur au moyen des herbes, qui étonne actuellement par ses cures tout l'ouest de la France.

Chacun suivit la route que son inspiration lui désigna et qui lui était indiquée par le développement de sa tête. Je ne crois pas qu'il eût pu sortir d'une tête comme celle de Broussais, douée d'une destructivité et d'une combativité immenses, le système curatif de Véron, qui est, à ce qu'il paraît, tout à fait simple. Je doute beaucoup plus encore que ce système pût surgir d'une tête comme celle de Hahnemann, tête dans laquelle tout était combinaison et déduction. Tous ces hommes sont des génies que l'humanité admire et admirera longtemps. Ils n'ont qu'un défaut, la prétention à l'exclusivisme. Chacun d'eux croit que son système est la *médecine*, tandis que la *médecine* est la réunion de tous les systèmes existant et devant exister. Si Dieu avait voulu qu'il n'y eût qu'une seule manière de guérir, ou d'écrire, ou de légiférer, ou de penser, il aurait établi la monotonie comme principe unique et universel de toute la création. Il ne serait point vrai alors de dire : « Autant de têtes autant d'opinions, » parce qu'il n'y aurait qu'une seule

tête, qu'une seule opinion. Les diverses combinaisons des facultés qui produisent maintenant mille modifications dans une doctrine, base ou principe
fondamental d'un art, d'une science ou d'un procédé, n'existeraient point,
parce que tout serait une seule et même combinaison.

Nous voyons cependant qu'il n'en est pas ainsi; nous voyons que le particulier et le général, que les ordres et les classes, que les classes et les variétés, sont, dans le monde moral comme dans le monde physique, une loi à
l'influence de laquelle nous ne pouvons nous soustraire. Nous ne voyons
pas seulement une couleur unique, nous voyons encore que, parmi les différentes classes de couleurs primitives, il y a un nombre infini de variétés;
non-seulement il n'y a pas égalité absolue entre tous les objets, mais il n'y
en a aucun qui soit absolument égal à un autre.

Maintenant seulement nous commençons à pouvoir nous expliquer scientifiquement ces différences, dans les éléments primitifs comme dans les diverses combinaisons de ces éléments, par la lumière que la phrénologie
répand sur elles relativement au monde mental.

Observations générales. — IDÉOLOGIE [1]. — Avant la découverte de la
phrénologie, l'étude de l'entendement humain se divisait et se divise encore généralement en deux sciences séparées et distinctes, savoir : l'IDÉOLO-
GIE, dans laquelle est comprise la *logique;* ou la *logique,* dans laquelle on
comprend l'*idéologie,* et l'*éthique,* ou philosophie morale. La première
s'occupe des idées et des raisonnements, la seconde des actions et des principes. Il y a des auteurs cependant qui, sous le titre de *philosophie mentale,* comprennent, comme ils le doivent, en une seule science l'idéologie et
l'éthique, mais ce n'est pas là la coutume générale.

L'origine d'une si grande séparation doit être recherchée dans les conceptions absurdes des divers philosophes anciens et modernes, qui supposent
dans l'homme deux âmes ou plus, suivant les différents principes moteurs
qu'ils croient devoir admettre en lui. Autrement une division des sciences
sur ce qui est indivisible est inconcevable. Ce n'est point l'âme, mais une
faculté quelconque de l'âme quand elle est excitée, qui forme et qui seule
peut former une *idée* de cette impulsion. La faculté qui, par cette influence
excitante, nous conduit à exécuter une action est la même qui doit percevoir
ou former une idée de cette action, ou, pour mieux dire, la *seule* qui puisse
la former. Eh bien, si une même faculté désire, sent et perçoit, ou forme
une idée de tout ce qu'elle désire et de tout ce qu'elle sent, pourquoi
l'*idée* doit-elle être l'objet d'une science, le désir et le sentiment l'objet
d'une autre science distincte? Une semblable division est tout à fait anti-

---

[1] Avant d'étudier cette question de l'idéologie, le lecteur doit savoir ce que j'en ais dans
la leçon XXXVIII, et lire les éclaircissements et les rectifications que je donne sur ce
sujet sous le titre *Idées,* dans la leçon LVIII, ou dernière de ce cours.

(*Note de l'auteur pour l'édition française.*)

philosophique. Elle a conduit à de grandes erreurs sur l'*unité mentale*, que la phrénologie démontre et proclame d'une manière éclatante.

Les médecins de Reuss, comprenant les avantages que la phrénologie doit apporter dans toutes les branches du savoir humain, et surtout dans la psychologie, pour démontrer la nécessité qu'il y a à étudier l'âme dans ses actes tant intelligents qu'impulsifs, comme objet d'une *seule science*, s'expriment ainsi, dans le témoignage public qu'ils me donnèrent à la fin du cours de mes leçons dans cette ville :

« Il y a deux sciences qui, séparées et opposées sur quelque point, expliquent les facultés mentales de l'homme. L'étude des qualités morales, des qualités du cœur, des affections de l'âme, des passions, etc., constitue la *science morale*. L'étude des facultés intellectuelles, des facultés de l'esprit, de l'intelligence, de l'entendement, forme l'objet de l'*idéologie*. Toutes deux reconnaissent le cerveau comme le grand organe par le moyen duquel ses facultés se manifestent. Toutes deux circonscrivent dans le cerveau le cercle de leurs études et de leurs méditations. Quelques moralistes s'égarent encore dans la recherche de la passion fondamentale, germe de toutes les autres. Les classifications qu'ils donnent des passions sont arbitraires, sans fondement et tout à fait fausses.

« Les idéologues ont également admis une faculté de laquelle ils font dépendre toutes les autres : c'est la faculté de sentir; mais, depuis que Condillac a admis l'existence de huit facultés primitives, tous les idéologues célèbres ont dirigé leurs efforts vers la découverte des facultés qui leur sont encore inconnues, et Kant, l'un d'eux, est arrivé à en admettre jusqu'à vingt-cinq.

« On appellerait blasphémateur l'homme qui oserait refuser les caractères d'une science à toutes les parties qu'embrasse la *morale*. On regarderait comme un ignorant méprisable celui qui mettrait en question les attributs de l'*idéologie*. Ces sciences, qui, considérées en particulier et séparément, passent pour telles aux yeux de tous, ne peuvent pas perdre leur vérité et leur certitude en se réunissant pour se fortifier mutuellement; oui, en se réunissant, puisque la phrénologie ne fait que les réunir : ce sont l'idéologie et la morale dans leurs parties descriptives; ou, ce qui revient au même, l'idéologie et la morale ne sont qu'une division inopportune de la phrénologie. »

Cette division paraît même plus étrange quand on considère pour un moment que ni les idées ou l'*idéologie*, ni les actions ou l'*éthique*, ne pourront jamais être les seules études psychologiques, et que bien moins encore elles ne constitueront jamais les éléments de la *philosophie fondamentale* de l'âme. Mais ces éléments seront toujours les facultés de l'âme, véritable origine des idées et des actions.

C'est ainsi que le comprirent enfin les écoles philosophiques. Elles se mirent, par conséquent, à la recherche de ces facultés, comme je l'ai expliqué dans toute son étendue dans les premières leçons de ce cours. Gall a été l'homme à qui Dieu avait réservé non la *conjecture* seule, non la supposition seule, mais encore la découverte et la démonstration de ces diverses facultés.

Avant lui, à proprement parler, la philosophie fondamentale se trouvait exclusivement sur le terrain de la conjecture, de la supposition, de l'obscurité et de l'incertitude. Je ne dirai pas que la phrénologie a éclairé tous les doutes; je ne dirai pas qu'elle a fait disparaître les ténèbres qui enveloppaient toutes les études psychologiques avant sa découverte, ce serait supposer que l'homme a atteint ou est capable d'atteindre la perfection absolue dans telle ou telle branche du savoir. Il y a eu, il y a et il y aura toujours des difficultés à vaincre, des terrains à défricher, non-seulement en phrénologie, mais dans toutes les branches du savoir humain. Mon but précis et final consiste à vous dire ce que vous venez d'entendre, c'est-à-dire qu'il n'y a point de philosophie fondamentale de l'homme en dehors de celle qui a pour base la connaissance de ses facultés. Or ces facultés ne peuvent, dans l'ordre de la nature, être observées ou mises en évidence que par les manifestations des organes auxquels Dieu les a mystérieusement unies; il est donc tout naturel que, sans la découverte de quelques-uns de ces organes, la connaissance de ces facultés, et par conséquent celle de l'âme, auraient manqué de *fondement* philosophique.

Ainsi donc la phrénologie est le seul système de philosophie qui est en vérité ou qui peut, avec raison, être appelé *fondamental;* car seul et lui seulement est fondé sur les instruments ou organes avec lesquels Dieu a voulu que l'âme se manifestât directement en ce monde.

L'*idéologie* s'occupe des *idées*, c'est-à-dire des perceptions et des conceptions des facultés, et l'*éthique* de leurs désirs ou impulsions. La connaissance primitive exacte ou inexacte d'une chose et d'une autre dépend donc de la connaissance exacte ou inexacte des facultés. Ainsi donc, loin de constituer les *sciences mentales*, l'idéologie et l'éthique ne sont que des divisions secondaires de la *science mentale*, divisions qui s'expliqueront d'autant mieux ou d'autant moins qu'on connaîtra plus ou moins les facultés qui lui servent de base. C'est pourquoi celui qui comparera les traités d'*idéologie* et d'*éthique*, expliqués à l'aide de la lumière phrénologique, avec ceux qui ne sont pas éclairés par cette lumière, y trouvera une très-grande différence. Dans le premier cas, on voit que tout est à découvrir, que tout est à former, qu'il n'y a qu'expectation, incertitude et conjecture. Dans le second cas, on voit que malgré le champ qui reste à parcourir, il existe déjà quelque chose de fixe, de positif, de fondamental; il y a déjà une lumière, et une lumière brillante.

Je ne dis point cela par esprit de parti ni de système. Avant de me livrer à l'étude de la phrénologie, je m'étais voué à celle des autres systèmes psychologiques. Leur comparaison, la seule qui puisse produire une préférence, me fait parler de la phrénologie dans les termes que vous connaissez. Je ne doute pas que déjà vous ne pensiez comme moi, et je suis persuadé que que vous vous identifierez encore plus avec ma manière de sentir à cet égard, lorsque vous aurez entendu le peu qui me reste à dire dans cette leçon.

Afin de pouvoir comprendre nettement et avec beaucoup de précision, et bien mieux, à mon avis, qu'on ne l'a compris jusqu'à présent, le sens que nous désirons attacher au mot *idée*, il faut que vous ayez présent et très-présent à l'esprit que Dieu a donné à chaque faculté un principe *aveugle* et un autre principe *intelligent*, comme je l'ai expliqué longuement dans les leçons XX et XXI. Le principe *aveugle* constitue un pouvoir impressionnable qui engendre des désirs, des aversions et des affections agréables et désagréables, et toute une classe de sensations. Le principe *intelligent*, comme l'indique l'étymologie de ce mot, est un pouvoir contemplatif par le moyen duquel on compare et on choisit ou on détermine ces désirs, ces aversions, ces affections et ces sensations, dont les actes se nomment percevoir, concevoir, comprendre, connaitre ou former une idée. Mais, comme il n'est pas possible de se *former une idée* d'une affection ou d'une sensation sans l'expérimenter, le mot *idée* exprime la même affection ou la même sensation choisie ou déterminée. De sorte que *idée* est un désir, une aversion, une affection, une sensation perçue ou conçue, c'est-à-dire intelligemment choisie ou déterminée.

La configurativité, par exemple, éprouve une sensation qui produit en elle une propriété physique spéciale d'un objet. Mais elle ne la connait pas ou ne s'en forme pas une idée. Elle ne la détermine que lorsque son principe intelligent, *sans avoir ni sans reconnaître en lui-même une individualité séparée*, l'a comparée avec d'autres formes. Alors seulement la sensation a été perçue avec intelligence; alors seulement elle est connue ; alors seulement elle est une *idée*, parce que seulement alors on *sait* qu'elle est une *forme*. Ce qui est vrai pour les sensations produites par le monde externe l'est également pour les émotions du monde interne. La bénévolentivité, en voyant une personne souffrante, éprouve une sensation désagréable ; mais elle n'en a pas connaissance, elle ne la détermine pas, elle ne peut s'*en faire une idée* que lorsque son principe intelligent, sans posséder une individualité propre, l'a comparée avec d'autres sensations de sa classe. Alors seulement on a perçu la sensation avec intelligence ; alors seulement on la connait ; alors seulement elle est une *idée*, parce que seulement alors on sait ce que c'est qu'une compassion. De même que ces deux facultés se forment des *idées particulières* et *générales* de ce qui se passe en elles et de ce qui se passe dans les autres facultés qui ont une relation immédiate avec leur objet spécial, de même les facultés de relation universelle contemplent non-seulement leur propre juridiction, mais encore la juridiction individuelle de toutes ; elles les comparent, les déterminent entre elles et *perçoivent des causes et des applications d'idées universelles*, dont je m'occuperai en lieu opportun.

Mon but principal en ce moment, c'est de m'efforcer à vous faire comprendre, comme je le comprends moi-même, que les sensations éprouvées par nos facultés sont une chose, et que former une *idée*, ou la connaissance de ces sensations, en est une autre. Une sensation peut exister d'une manière aveugle, c'est-à-dire sans être comparée ni choisie ni déterminée ; en ce cas, l'âme n'en a pas formé une notion, et, par conséquent, cette sensation n'est pas devenue *idée*. De sorte que, par *idée*, nous devons toujours entendre une sensation quelconque dont l'âme s'est formé une notion après avoir opéré sur elle avec intelligence.

Toutes les idées, à quelque classe qu'elles appartiennent, peuvent se représenter et se représentent par des signes arbitraires, ainsi que je l'ai expliqué complétement dans la langagetivité, leçon XXVIII. Les signes par excellence que nous connaissons à cet égard jusqu'à présent, et pour la formation et l'usage desquels Dieu nous a donné un organisme vocal vraiment admirable, sont les *mots*. Il importe cependant de répéter et de répéter sans cesse que les mots ne représentent pas les sensations considérées en elles-mêmes, mais les sensations suivant l'idée, suivant le jugement ou la connaissance que l'âme s'en est formée. Le mot *arbre*, par exemple, ne représente pas la sensation exclusive que l'arbre produit dans nos facultés, mais la sensation suivant l'acte intellectuel qui l'a déterminée. Le mot *colère* ne représente pas exclusivement l'affection que nous appelons *colère*, mais il la représente suivant l'idée ou l'appréciation que l'âme s'en est formée, lorsque pour la première fois elle s'est sentie impressionnée par elle.

Les mots se rapportent à des sensations et à des affections, suivant que l'âme les a déterminées avec intelligence. Ces sensations et ces affections, ainsi déterminées, sont appelées *idées*. Pour un individu dont l'âme n'aurait pas éprouvé, ou n'aurait pu manifester une sensation ou une affection déterminée, le mot qui l'exprime n'aurait aucun sens. Nous disons, par exemple, que l'avare ne peut se former une *idée* de la générosité; que l'aveugle ne peut non plus se former une *idée* des couleurs, parce que l'avare est incapable de sentir l'impression sur laquelle l'une doit fonder le mode d'action intelligent de la bénévolentivité, et que l'aveugle est incapable de ressentir l'impression sur laquelle l'autre doit fonder le mode d'action intelligent de la coloritivité. Ces faits sont dus à l'observation. Ils sont une preuve complète, incontestable et irrécusable de ce que j'ai démontré et expliqué dans les leçons XX à XXIV, et que vous devez avoir toujours présent à l'esprit. Ce qui veut dire que pour l'*union intelligente*, pour l'*intelligence* une de l'âme, il est nécessaire que toute faculté, en plus de son mode d'action aveugle ou sensitif, ait, comme elle l'a réellement, un autre mode d'action intelligent ou de connaissance.

Pour *représenter* directement les objets, les propriétés, les affections et les désirs, il faudrait *imiter* par la peinture les objets externes et le *langage naturel*, sur lequel je me suis si longuement étendu dans les leçons XXIV à XXV, p. 584 à 395. La représentation théâtrale ou déclamatoire est une autre *imitation* du langage naturel, qui s'adresse aussi immédiatement à la partie sensitive des facultés.

Ces représentations excitent la partie intelligente de l'âme d'une manière tout opposée à celle des mots. La représentation d'objets et du langage naturel produit en elle une sensation immédiate, vive et active, comme si elle était tout à fait naturelle et vraie. L'intelligence qui doit convertir les sensations en *idées* agit ensuite. Les mots, au contraire, s'adressent à la partie intelligente pour susciter, reproduire ou suggérer les idées que les facultés ont formées, quand elles ont éprouvé les sensations qui sont devenues ensuite des *idées*. De sorte que les représentations excitent le mode d'action *aveugle*, et les mots s'adressent au mode d'action *intelligent*. Les unes produisent d'abord des sensations; elles s'en forment ensuite instantanément les *idées*. Les autres produisent d'abord une conception ou un souvenir des idées que ces sensations ont produites; puis elles suscitent ou elles ne suscitent pas des sensations. Dans les deux cas, tout est inexplicable et mystérieux, mais dans le second cela l'est bien davantage, car l'âme forme une idée ou une conception d'une impression ou affection qu'elle ne sent pas ni qui n'est pas présente, comme je l'ai déjà dit, dans la langagetivité. Voyez *Observations générales*, leçon XXVIII, p. 451.

Puisque les *idées* ne sont que des perceptions et des conceptions *intelligentes*, bien entendu, comme vous venez de le voir et comme je l'ai répété plusieurs fois, plus l'organe auquel une faculté est unie, comme je l'ai mentionné leçon XXX, p. 474, sera grand, plus elle formera d'idées, et plus cet organe sera petit, moins elle formera d'idées. Il n'est donc pas étonnant, comme je l'ai dit leçon XXX, p. 485, que si nous trouvons des individus qui ne peuvent percevoir ni se former une idée d'une couleur, alors même qu'on leur présente à la vue cette même couleur, il en est aussi qui, en voyant le mot qui la représente, reproduisent non-seulement cette idée et toutes les idées analogues qu'ils ont eues dans leur faculté, mais encore leur âme, faisant abstraction de toute sensation produite par le monde externe et de toute affection produite dans le monde interne, agit comme si elle existait seulement dans sa partie conceptive, sans entraves matérielles; elle forme et conçoit de nouvelles idées relatives aux données, aux faits ou aux lois à découvrir, c'est-à-dire qu'elle voit, qu'elle détermine, qu'elle sait d'avance par idée ou conception purement intellectuelle, ce qui jamais n'est entré par les sens ni ne s'est fait sentir par les affections.

A cette classe d'hommes, quant à la science photographique, appartient Daguerre, dont je vous présente ici le portrait authentique d'après l'*Illustration*. L'âme de cet homme célèbre eut une *idée*, une conception, une connaissance, avant qu'aucune sensation la produisît, des effets que pouvait engendrer la lumière appliquée d'une certaine façon et agissant sur certains objets, de même que Colomb eut celle de l'existence du nouveau monde et Newton celle des lois de l'attraction. Il est certain que tout est graduel, toût est résultat, tout est déduction. Il est certain que si d'autres hommes n'avaient point préparé le terrain, ni Daguerre, ni Colomb, ni Newton n'auraient jamais fait leurs découvertes. Mais cela n'empêche nullement que le daguerréotype ne fût déjà une vérité purement idéale pour Daguerre, avant d'être une vérité *impressionnante* pour nous. D'ailleurs, il suffit de contempler le portrait de cet homme véritablement remarquable pour apercevoir la correspondance entre son génie et le développement des organes de ses facultés de connaissance physique. La ligne inférieure et médiane du front de Daguerre est immense; elle devait l'être, puisqu'il

Daguerre, né en 1787, mort en 1851.

s'est livré avec une sorte d'enthousiasme passionné aux études qui le préoccupèrent, et qu'il a fait les brillantes découvertes qui ont immortalisé son nom. Chez lui la visualitivité, dans sa partie perceptive et conceptive, était considérable, et le développement de son organe devait par conséquent l'être aussi. Mais, comme je l'ai dit leçon XXVIII, p. 436, nous n'avons pas de moyen pour l'observer à l'extérieur.

J'ai dit en divers endroits que quelques facultés sont correctives ou rectificatives de quelques autres. En effet, s'il n'en était pas ainsi, nous nous formerions des idées fausses et illusoires à chaque instant dans l'imitation des objets et de leurs conditions par le moyen de la peinture et des représentations théâtrales ou déclamatoires. En entrant une fois dans une galerie de peinture, j'allai saisir ce que mes yeux voyaient, ce que mon âme percevait comme la liste ou le catalogue. Mais, au moment d'y mettre la main, la tactivité rectifia l'idée fausse, et les facultés compétentes formèrent la véritable idée relative à cet objet, c'est-à-dire l'idée que c'était un morceau de bois peint.

Dans la représentation d'une tragédie, ne nous sentons-nous pas plus ou moins douloureusement affectés, suivant que les facultés de relation universelle et d'autres sont plus ou moins éveillées, et ne rectifions-nous pas à chaque instant les impressions que les facultés morales reçoivent directement? Pourquoi en est-il ainsi? C'est que la peinture aussi bien que les fonctions théâtrales sont des représentations d'objets et d'actions qui impressionnent beaucoup les facultés, comme si ces représentations étaient des choses réelles et vraies. La couleur, la forme, etc., étaient aussi réelles et aussi positives dans le morceau de bois que je prenais pour le catalogue que si elles eussent été le catalogue lui-même. Les objets, le mode de procéder, le mode d'exprimer des affections, sont aussi réels et aussi positifs dans un défi qui se représente sur les planches que celui qui a lieu en réalité et positivement sur le champ de bataille. On se forme donc beaucoup d'*idées* qui sont vraies, relativement à un tout pour lequel on peut se former quelques idées fausses; de sorte que nous vivrions presque toujours dans une illusion complète si certaines facultés ne servaient à rectifier les autres.

Comme chaque faculté peut agir *simplement* par elle-même ou *d'une manière complexe* ou en combinaison avec d'autres, les idées se divisent naturellement en *simples* et en *complexes*. Il y a autant de classes d'idées simples que de facultés et autant de classes d'idées composées qu'il y a de modes suivant lesquels elles peuvent se combiner.

Si nous regardons seulement un objet par rapport à sa couleur, la colorivité est la seule faculté qui perçoit ou forme une *idée;* ici l'*idée* est *simple.* Si nous le regardons à la fois sous le point de vue de sa couleur et de sa grandeur, il y a alors deux facultés qui agissent en action combinée; dans ce cas l'*idée* est *complexe,* et elle le sera d'autant plus ou d'autant moins que le nombre des facultés qui opèrent en même temps en action combinée sera plus ou moins grand. Dans cette action combinée, il y a toujours, comme je l'ai dit plusieurs fois, une faculté qui sert de centre vers lequel convergent les autres et dans lequel elles prennent une essence individuelle; c'est avec ce dernier caractère que l'individualitivité les contemple. Voilà la raison pourquoi deux ou plusieurs facultés, chacune intelligente et capable de connaître par elle-même, forment une seule perception, une seule conception, une seule intention, un seul projet, un seul dessein, une seule *idée.* Voilà comment une *idée* perçue ou conçue comme une peut en embrasser mille autres *subordonnées*, tandis qu'elle est la principale ou celle qui sert de centre d'action, quelle que soit celle sur laquelle l'âme se fixe. C'est ainsi que nous nous formons une idée d'un arbre, qui comprend mille idées, une idée d'*un homme*, qui nous rappelle mille idées ; et cependant nous avons en même temps et à la fois, chose admirable ! chose incompréhensible ! une perception unique, avec conscience de mille autres perceptions comprises dans cette seule perception. Cette *constitution mentale* séparante et séparable, réunissante et réunissable, est toujours sous le domaine d'une intelligence une. Qu'elle agisse dans son pouvoir actif ou qu'elle soit affectée dans son pouvoir passif, elle se trouve toujours en harmonie complète et sublime avec le *monde matériel*. Elle est toujours simple, toujours composée, toujours divisible, toujours réunissable.

Avec ce qui précède, vous avez, messieurs, la clef pour comprendre d'une manière nette et précise ce qui est idée particulière et ce qui est idée générale.

Une *idée*, de quelque ordre quelle soit, peut se rapporter à un objet particulier, à une propriété, à une relation, à une affection ou à un phénomène d'une classe ; elle peut être considérée encore comme embrassant ou comprenant une classe entière. Dans le premier cas, elle se nomme *idée particulière*, et, dans le second, *idée générale*.

Lorsque la coloritivité perçoit la couleur que nous distinguons par le mot *vert*, elle se forme cette idée en comparant cette couleur avec une autre couleur ou des couleurs différentes ; après cette comparaison, elle individualise ou détermine cette différence, origine de l'idée formée. Mais, comme les variétés de vert qui existent ou qui peuvent exister sont infinies, il en résulte que la coloritivité a à peine déterminé le *vert*, et l'a perçu comme *idée particulière*, que déjà elle peut se former de ce même vert une idée générale, car elle peut embrasser avec elle *toutes les différentes couleurs vertes*. Mais là ne se termine pas la division, puisque la coloritivité peut encore former une idée particulière de l'un de ces verts distincts ; celui-ci, renfermant en lui-même des variétés différentes, peut changer cette idée particulière en idée générale et embrasser en elle une autre subdivision de couleurs vertes. On comprend bien cela, si l'on considère qu'il n'y a pas d'UNITÉ dont on ne puisse se former une *idée particulière* et une *idée générale* en même temps. L'idée particulière se forme de l'*unité*, quand on considère cette idée comme type ou modèle d'une autre *unité* pareille. Une *idée générale* se forme de l'unité quand on considère cette idée comme un composé des éléments, des fragments ou parties dans lesquelles elle peut se diviser.

Ce que je viens de dire sur la coloritivité peut s'appliquer aussi aux autres facultés. La durativité, par exemple, forme constamment, comme la coloritivité, des idées qui peuvent être considérées à la fois comme particulières et générales. Son objet fondamental consiste à connaître la durée, de même que celui de la coloritivité consiste à connaitre la couleur. Mais,

comme il est impossible de se former une *idée* d'une couleur sans COMPA-
RAISON, il est également impossible de se former sans elle une idée de temps,
ou de quelque autre phénomène mental ou physique. Pour qu'il y ait comparaison, il faut qu'il y ait des différences, et ces différences doivent se
fonder sur des phénomènes matériels ou immatériels. La durativité se
forme des idées de durée par les différentes impressions que produit en
elle la succession de phénomènes externes et internes. Cette succession indique des divisions de durée ou de temps plus ou moins longues. Cette durée plus ou moins grande, indiquée par les successions de phénomènes,
présente des différences qui permettent à la durativité de former des idées
ou perceptions d'instants et d'intervalles que cette faculté, dirigeante et dirigée, applique ensuite, dans son *pouvoir actif,* à la production de CADENCES,
ou d'autres phénomènes, comme je l'ai expliqué précédemment.

Ce qui est vrai à cet égard pour les facultés de connaissance physique
l'est également pour les facutés d'action morale. L'approbativité est l'origine
de ce désir qui nous pousse à agir de manière à mériter ou à obtenir l'approbation de nos semblables présents ou futurs. Mais ce désir est comme
la couleur, comme la durée, divisible jusqu'à l'infini, réunissable jusqu'à
l'infini, dans leurs degrés d'intensité comme dans leurs intervalles de durée ; ce qui est la source de la variété des désirs approbatifs et de la possibilité de nous en former une *idée.* Il y a lieu, en effet, à une *comparaison*
et par la comparaison à l'*élection,* ce qui constitue les opérations propres
de la partie intelligente, ou pouvoir de former des idées, des sensations
et des affections de toutes les facultés.

Si, pour pouvoir former des idées particulières et générales des diverses
couleurs, des durées différentes, des désirs approbatifs, il a été nécessaire,
comme vous venez de le voir, de les comparer entre eux comme individualités distinctes, il est évident que pour se former une idée, ou pour avoir la
connaissance de ce qu'est une *couleur* dans sa généralité ou dans toute son
extension, c'est-à-dire en comprenant toutes les couleurs ; de ce qu'est une
durée dans toute son extension ou dans toute sa généralité, c'est-à-dire
embrassant tous les instants ; de ce qu'est une *approbativité* dans toute son
extension possible, c'est-à-dire embrassant toutes les affections approbatives,
il faut également pouvoir considérer toutes ces différentes idées générales
comme des *idées particulières,* c'est-à-dire comme des *unités* composées,
comme des *touts* qui sont des réunions d'autres *touts* subordonnés. C'est
de cette considération que naît la possibilité de pouvoir les comparer entre
elles et de les choisir ou de les déterminer comme des individualités d'un
tout, d'un cercle, ou d'une classe plus étendue.

Je vais m'expliquer plus clairement et plus brièvement. La formation de
toute idée toujours particulière et générale, suivant la manière de l'envisager, présuppose une double comparaison ; elle présuppose qu'une faculté
compare ses actes entre eux et avec ceux d'autres facultés. Sans l'une, on
ne pourrait, par exemple, avoir connaissance des diverses couleurs, des di-

vers intervalles, des différentes affections approbatives, et sans l'autre on ignorerait ce qu'est une couleur, un intervalle, une affection approbative considérés dans leur généralité et dans leur essence propre[1]. Voilà pourquoi il doit y avoir, comme il y a incontestablement, cette mutuelle relation intelligente entre toutes les facultés de l'âme que j'ai décrites et démontrées, à mon avis, avec beaucoup de clarté, dans la leçon XX, p. 325 à 328. Le principe intelligent ou le pouvoir de former des idées appartient à toutes les facultés. Il opère dans toutes d'une manière différente; mais dans aucune il ne se montre le même comme individualité isolée, parce que son essence mystérieuse est une et indivisible. Quelle que soit la faculté vers laquelle convergent pour un moment les autres facultés et au dessein ou à l'idée de laquelle elles s'identifient, tandis qu'elle fait entendre sa voix, qu'elle fait sentir son *moi*, c'est toujours la même âme avec ces divers attributs. Le *moi* d'une faculté qui prédomine est le même *moi* de toutes, parce qu'il n'y a qu'un *moi*. Dans tous les cas, c'est la même âme qui agit différemment, ou qui se manifeste avec des manières d'être différentes, possédant en même temps une connaissance intime de ces états, de ces modes et de ces manières d'être divers.

L'âme forme donc, de ses divers modes d'action, comme des divers modes d'action et des divers modes d'existence du monde externe, des *idées* particulières qui renferment toujours une conception *générale*, et des idées générales qui renferment toujours une conception particulière. Toutefois ces idées sont *finies* et *limitées*, quoique toujours susceptibles d'être augmentées et quoique destinées à s'accroître. Les œuvres du Créateur, au contraire, sont *infinies* et *illimitées*. L'âme n'arrivera jamais, par son intelligence naturelle, à se former une idée de tous ses modes d'action, parce qu'elle n'arrivera jamais à une *classe* qui ne puisse être divisée en une *autre*, incompréhensible pour elle. Elle n'arrivera jamais pareillement à connaître un objet ou un phénomène externe dans toutes ses relations possibles, ni aucune relation, qui, étant connue, ne soit susceptible de pouvoir être subdivisée.

Les idées simples ou complexes, particulières ou générales, peuvent être considérées comme *confuses* ou *claires*. Une idée *confuse*, mais simple, est la perception imparfaite formée par une faculté au moyen d'un petit organe ou par une autre cause quelconque qui la rende inactive. L'idée *claire* est celle que forme une faculté par le moyen d'un organe sain et bien développé. Si l'*idée* est complexe, elle sera confuse lorsque toutes les facultés qui doivent se combiner pour percevoir ses éléments constituants ne seront pas bien actives; elle sera *claire* quand ces mêmes facultés seront très-actives. L'activité

---

[1] Au moment où je prononçais ce qu'on vient de lire ci-dessus, je n'avais pas encore découvert qu'il y a dans l'âme une faculté, l'harmonisativité, dont le pouvoir exclusif consiste à former une seconde comparaison de généralités, de classes, de principes abstraits, afin d'arriver à déterminer ce que c'est qu'une chose. Voyez les leçons XLV et L.
(*Note de l'auteur pour l'édition française.*)

des facultés s'alimente et s'accroît par l'exercice qui les excite et les habitue à agir en action simultanée, comme je l'ai expliqué dans la leçon XIX, p. 301 à 304 et dans d'autres endroits. C'est pourquoi il arrive souvent que nous ne comprenons bien, ou que nous ne percevons clairement l'idée complexe qui nous est communiquée qu'après un effort plus ou moins soutenu. Du reste, une *idée* peut se trouver enlacée avec une autre dont elle provient, et dont la perception claire nécessite une connaissance complète de l'origine d'où elle émane. Voilà pourquoi un livre de mathématiques, par exemple, peut renfermer des idées très-confuses pour celui qui n'a pas étudié cette science, et quelque heureuses que soient ses dispositions naturelles à cet égard.

En dehors des idées dont nous venons de parler, il y a une autre classe d'*idées* d'un ordre très-supérieur. Ce ne sont ni des idées de sensations ni des idées d'affections, mais des idées de principes. Tant que l'on considère une chose comme origine fondamentale ou comme cause primitive, on ne peut s'en former, à proprement parler, ni une idée particulière, ni une idée générale, car le particulier, comme je l'ai dit, comprend toujours une idée de classe ou de généralité, et le général peut toujours être envisagé comme une idée particulière ; mais ici il n'y a ni particularité ni généralité, mais bien un principe d'action. Tant qu'on envisagera donc un principe d'action simple ou composé, matériel ou immatériel, explicable ou inexplicable, naturel ou artificiel, l'âme ne pourra s'en former qu'une idée connue par ses effets, appliquée et utilisée également par ses effets. Les facultés de relation universelle, qui placent l'homme à une immense distance au-dessus des autres êtres de la création, peuvent seules former une *idée* de ces principes d'action ou lois naturelles. Toutes les facultés dont nous avons parlé ont le pouvoir de se former des idées particulières et des idées générales des phénomènes du monde externe et de ceux du monde interne. Mais les facultés de relation universelle seulement peuvent se former des *idées*, des principes d'action, des *idées* de leur origine ; elles peuvent produire ces principes ou cesser de les produire ; elles peuvent se former des *idées* des puissances fondamentales productrices, des *idées* de cause et d'effet, et des *idées* d'application de cette cause et de cet effet, afin d'arriver à des résultats conçus d'avance[1]. Je renvoie la conclusion de cette intéressante et importante question, que j'ai commencée aujourd'hui à présenter à votre considération, au moment où je m'occuperai de ces facultés.

Je ne dois pas cependant terminer cette leçon sans attirer de nouveau votre attention sur le principe fondamental, qui permet à toute faculté de sentir et de savoir, de se former une idée de ce qu'elle sent et de ce qu'elle

---

[1] L'attribut de former idée de principes généraux que j'accorde ici aux facultés de relation universelle appartient au domaine exclusif de l'harmonisativité, comme je l'ai définitivement prouvé dans les leçons XLV à L.

(Note de l'auteur pour l'édition française.)

sait, et sans vous faire remarquer que les idéologues forment néanmoins
une science du savoir, en dehors du sentir, tandis que le savoir et le sentir,
l'impression et la conscience de l'impression sont et doivent être des modes
d'action de toutes les facultés et de chacune d'elles. Mais pourquoi s'étonner que les idéologistes et les moralistes aient fait de l'âme *une*, de l'esprit
un, du *moi un*, l'objet de *deux* sciences distinctes, si les phrénologues ont
fait virtuellement la même chose en accordant l'intelligence à certaines facultés et la refusant à d'autres, comme je l'ai longuement expliqué dans les
leçons XX à XXIV, dont le contenu, à mon grand désir, ne doit jamais s'effacer de votre mémoire?

Sentir et savoir, c'est recevoir des impressions, éprouver des affections
et se former une idée de tout cela. Telles sont les opérations essentielles
de toute faculté. La faculté qui engendre une affection ou reçoit une impression est la même qui perçoit et conçoit, c'est-à-dire qui se forme une idée de
cette affection et de cette impression. Voilà pourquoi l'avare qui ne sent
pas de générosité ne peut pas non plus s'en former une idée. Voilà pourquoi l'individu qui possède des sentiments mesquins doit nécessairement
avoir des *idées* mesquines, et celui qui a des *sentiments* nobles aura aussi
des idées nobles; car l'*idée* n'est que la perception ou la conception du
sentiment, c'est-à-dire sa partie intelligente. Si, en vertu de notre méliorativité, de notre progressivité, de notre perfectibilité dont j'ai longuement
expliqué la théorie dans diverses leçons et en particulier dans la leçon XVIII, l'avare acquiert des sentiments généreux et le mesquin des sentiments nobles, ceux-ci pourront-ils exister sans des idées de ces mêmes
sentiments? Pourra-t-on jamais supposer qu'un *sentiment* quelconque
peut-être appliqué, dirigé avec l'idée de ce même sentiment, sans qu'il s'engendre dans la même faculté qui a donné naissance à l'idée? Comment
pourrait-on communiquer de l'expression ou de l'énergie à la musique, à
l'art oratoire, au langage, si la méliorativité n'avait pas un pouvoir d'intelligence, d'intention ou de direction? Comment le sentiment constructeur
pourrait-il venir en aide à la coloritivité, à la configurativité, à l'imitativité
et à toutes ces facultés pour produire tel ou tel ouvrage d'art, si une idée,
une résolution, une intention, une direction intelligente et spéciale n'accompagnait pas en même temps l'impulsion aveugle et particulière de chacune de ces facultés? Tout cela serait impossible.

Si, d'un autre côté, une faculté ne pouvait pas se former une idée d'une
affection ou d'un désir né dans le monde interne, de la même manière
quelle se forme une idée d'une impression ou d'une sensation venue du
monde externe, comment serait-il possible de manifester une intelligence
par le moyen de signes? Si la durativité ne pouvait se former une *idée* des
instants ou intervalles de temps, si la bénévolentivité ne pouvait se former
une *idée* des affections bienveillantes, quel sens pourrait-on jamais attacher
aux mots minute, heure, jour, année, pitié, compassion, miséricorde, largesse, ces expressions ne signifiant, ne pouvant signifier que les idées que

leurs facultés respectives se sont formées en éprouvant ces diverses impressions et ces diverses affections? C'est pourquoi, selon moi, le principe fondamental de toute psychologie saine, vraie et compréhensible, est que l'âme
a plusieurs facultés et que chaque faculté possède un mode d'action sensible et un mode d'action intelligent. Toute idéologie, toute éthique, toute
philosophie morale qui n'est pas fondée sur ce principe, principe qui est
en harmonie sublime et admirable avec l'action variée de l'âme et avec
l'*unité de son essence* que la phrénologie rend évidente et fait resplendir
d'une manière éclatante, reposera toujours sur un terrain sablonneux et
fragile.

FIN DU TOME PREMIER.

TABLE DES LEÇONS

CONTENUES DANS LE PREMIER VOLUME

FIN DE LA TABLE DES LEÇONS DU PREMIER VOLUME.

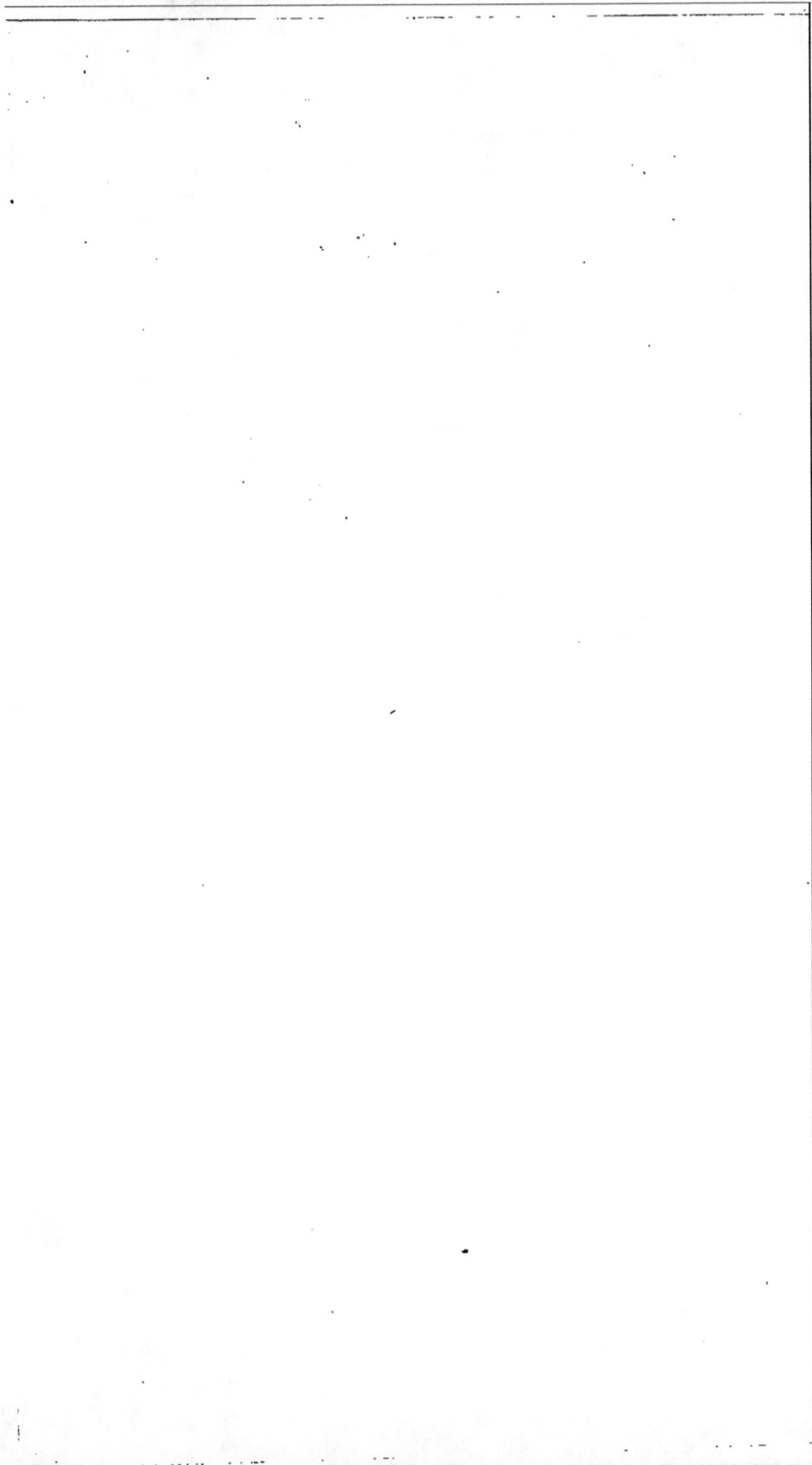

www.ingramcontent.com/pod-product-compliance
Lightning Source LLC
Chambersburg PA
CBHW031350210326
41599CB00019B/2711